U0731294

西门子PLC
与变频器 触摸屏
综合应用教程

阳胜峰 吴志敏 编著

（第二版）

中国电力出版社
CHINA ELECTRIC POWER PRESS

内 容 提 要

本书介绍了西门子 S7-200 PLC、MM440 变频器、G110 变频器、西门子人机界面、自由口通信及综合应用，通过大量的实例，深入浅出地介绍了 S7-200 PLC 的原理与编程，变频器的各种功能调试、组态软件 WinCC flexible 组态技术，以及它们的综合应用和 S7-200 PLC 的自由口通信技术。

本书以大量的实例为载体，对各项目都画出了电路接线图与控制程序，读者通过本书的学习，能尽快地、全面地掌握 PLC 应用技术。

本书可作为高等学校和职业院校电气工程、机电一体化、自动化等相关专业的教材，也可供技术培训及在职技术人员自学使用。

图书在版编目（CIP）数据

西门子 PLC 与变频器、触摸屏综合应用教程/阳胜峰，吴志敏编著. —2 版. —北京：中国电力出版社，2013.5（2020.7 重印）
ISBN 978-7-5123-4117-3

Ⅰ.①西… Ⅱ.①阳…②吴… Ⅲ.①plc 技术-应用-变频器-教材②plc 技术-应用-触摸屏-教材 Ⅳ.①TM571.6②TP273

中国版本图书馆 CIP 数据核字（2013）第 043220 号

中国电力出版社出版、发行
（北京市东城区北京站西街 19 号　100005　http：//www.cepp.sgcc.com.cn）
三河市航远印刷有限公司印刷
各地新华书店经售
*
2009 年 7 月第一版
2013 年 5 月第二版　2020 年 7 月北京第十九次印刷
787 毫米×1092 毫米　16 开本　21.5 印张　582 千字
印数 40001—42000 册　　定价 **45.00** 元

版 权 专 有　侵 权 必 究

本书如有印装质量问题，我社营销中心负责退换

前 言

自动控制技术在各行业的应用越来越广泛，构成自动控制的控制器PLC技术也成为自动化相关专业很重要的核心内容，但PLC不是一个独立使用的器件，它必须与传感器、变频器、人机界面等设备配合使用，才能构造功能齐全、方便的自动控制系统。为此，作者结合自己的工程经验、培训经验及自动化专业的教学经验，特编写了本书，使学生和具有一定电气控制基础知识的人员能较快地掌握西门子PLC、变频器和触摸屏综合应用技术。

本书共分为五部分：PLC部分、变频器部分、触摸屏部分、综合应用部分和自由口通信技术部分。

在PLC部分，重点介绍了S7家族、S7-200 PLC功能、S7-200通信、S7-200扩展模块、可编程控制器的硬件组成、Micro/WIN软件的使用、PLC工作原理及软元件、PLC的I/O接线、基本指令及其应用、顺序控制指令及其应用、常用功能指令及其应用。

在变频器部分，重点介绍了变频调速基本知识、G110接线电路、BOP的按钮及其功能、参数的设置方法、G110变频器运行控制信号的设定、G110变频器的调试、MM440变频器的电路结构、调试及其基本控制电路。

在触摸屏部分，重点介绍了西门子HMI、WinCC flexible组态软件的使用，设计了两个典型项目，即WinCC flexible循环灯控制项目和多种液体混合控制模拟项目，以项目教学的方法，介绍各种基本对象的组态、脚本组态、趋势曲线、报警、配方、用户管理等组态技术，并实现HMI与PLC的真正连接运行。

在综合应用部分，重点介绍了9个非常典型的应用项目，分别为给料分拣系统的控制，基于PLC、触摸屏的温度控制，基于PLC、变频器和触摸屏的液位控制，PLC与变频器控制电动机实现15段速运行，PLC与步进电机的运动控制，PLC的PPI通信，S7-200 PLC与文本显示器TD400C的连接，PLC通过USS协议网络控制变频器的运行和四层电梯模型的控制。在这些项目中，既有较复杂的开关量控制，也有模拟量控制和运动控制，充分体现了西门子PLC、变频器和触摸屏各种功能与综合应用。

在第一版的基础上，本书增加了第五部分自由口通信技术的内容，在该部分重点介绍了S7-200 PLC自由口通信方式的10种典型应用。

本书具有以下特点：

● 内容丰富。全面覆盖了S7-200 PLC的常用理论和技术、变频器、触摸屏及其综合应用知识。

● 重点突出。本书抓住了PLC、变频器、触摸屏最常用的功能，对开关量控制、模拟量控制和运动控制进行了重点介绍。

● 难易结合。本书由浅入深、循序渐进地介绍了PLC及综合应用技术，尽可能地将基本控制要求与控制流程的实践相结合，直观地将设计过程呈现给读者。

● 强调实用。书中项目设计直接面对用户的实际应用需求，示例丰富，重视培养读者的应用能力。

● 本书以大量的实例为载体，对各项目都给出了电路接线图与控制程序，读者通过本书的学习，可以尽快地、全面地掌握西门子 PLC、变频器、触摸屏综合应用技术。

　　本书由深圳职业技术学院西门子小型自动化培训中心阳胜峰、吴志敏负责编写并统编全稿，同时参与编写及项目开发工作的还有吴锋、常江、李志斌、叶伟渊、师红波、李佐平等，另外，在编写过程中得到西门子（中国）有限公司自动化与驱动集团和深圳科莱德科技发展有限公司的大力支持，在此一并表示感谢。

　　由于时间仓促，书中难免存在遗漏和不足之处，恳请广大读者提出宝贵意见。

作　者

2013 年 1 月

目　录

第一部分

PLC

第一章　S7－200 PLC　介　绍

第一节　S7 家族、S7－200 系列 PLC

一、S7 家族

西门子可编程控制器系列产品包括小型 PLC（S7－200）系列、中低性能系列（S7－300）和中/高性能系列（S7－400）。西门子 S7 家族产品 PLC 的 I/O 点数、运算速度、存储容量及网络功能趋势如图 1－1 所示。

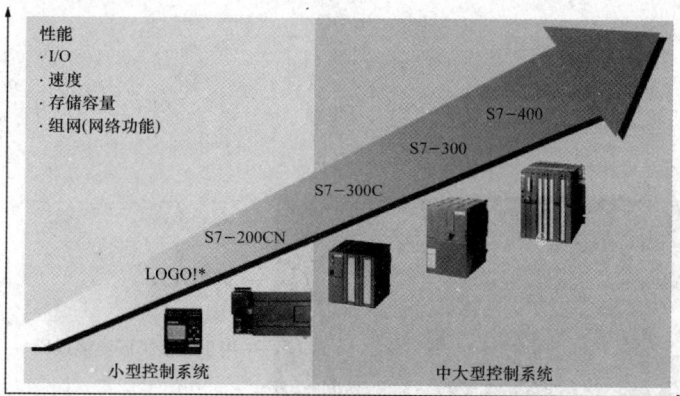

图 1－1　S7 家族 PLC

二、S7－200 分类

S7－200 PLC 是小型模块式的 PLC，整机 I/O 点数从 10～40 点，在小型自动化设备中得到了广泛的应用。

从 CPU 模块的功能来看，SIMATIC S7－200 系列小型可编程序控制器发展至今，大致经历了两代。

第一代产品 CPU 模块为 CPU 21X，主机都可进行扩展，它具有四种不同结构配置的 CPU 单元：CPU 212、CPU 214、CPU 215 和 CPU 216，在此对第一代 PLC 产品不再作具体介绍。

第二代产品其 CPU 模块为 CPU 22X，是在 21 世纪初投放市场的，其速度快，具有较强的通信能力。它具有四种不同结构配置的 CPU 单元：CPU 221、CPU 222、CPU 224 和 CPU 226，除 CPU 221 之外，其他都可加扩展模块。

S7－200 的各种型号如图 1－2 所示。

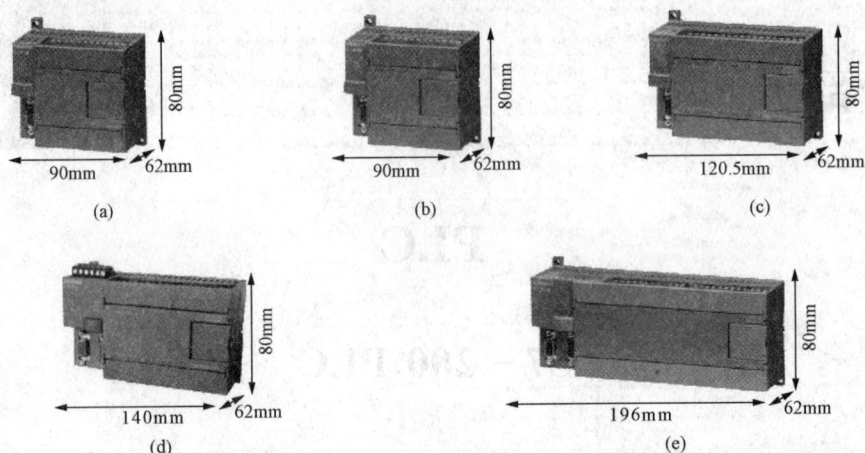

图 1-2   S7-200 外形图

(a) CPU 221（6DI/4DO）；(b) CPU222 CN（8DI/6DO）；(c) CPU224 CN（14DI/10DO）；
(d) CPU 224XP CN/224XPsi CN（14DI/10DO+2AI/IAO）；(e) CPU 226 CN（24DI/16DO）

三、S7-200 PLC 端子和硬件介绍

图 1-3 所示为 S7-224CN XP 外形图，在图中有两个通信端口，有电源端子、输入端子、输出端子、模拟量 AI/AO 端子、24V 直流电源输出端子、拨码开关、用于连接扩展电缆的接口等。

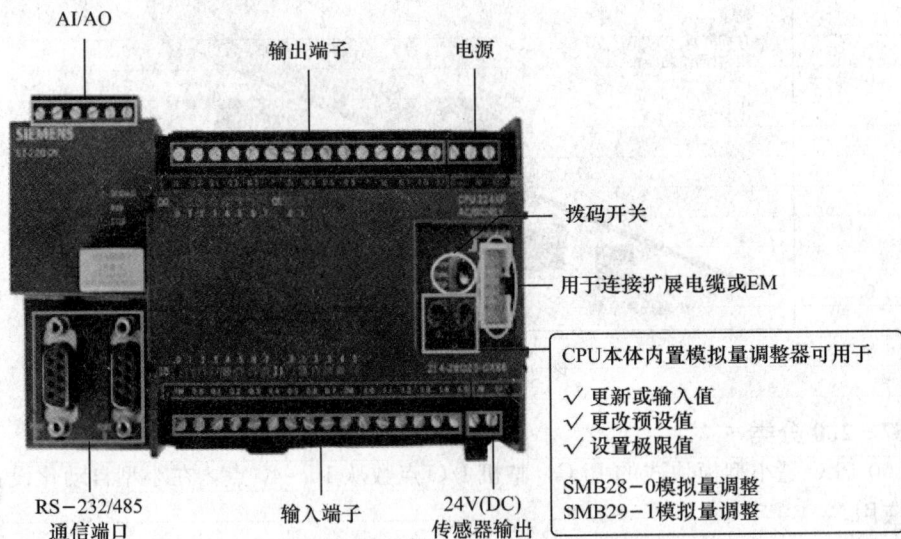

图 1-3   S7-224CN XP 外形图

第二节   S7-200 PLC 的功能

S7-200 PLC 在工业生产中得到了充分地应用，它可用于开关量控制，如逻辑、定时、计数、顺序等；可用于模拟量控制，具有 PID 控制功能，可实现过程控制；也可用于运动控制，具有发送高速脉冲功能；也可用于计算机监控，用 PLC 可构成数据采集和处理的监控系统；还

可用 PLC 建立工业网络，为适应复杂的控制任务且节省资源，可采用单级网络或多级分布式控制系统。

S7-200 PLC 所具有的重要功能如图 1-4 所示，具体功能如表 1-1 所示。

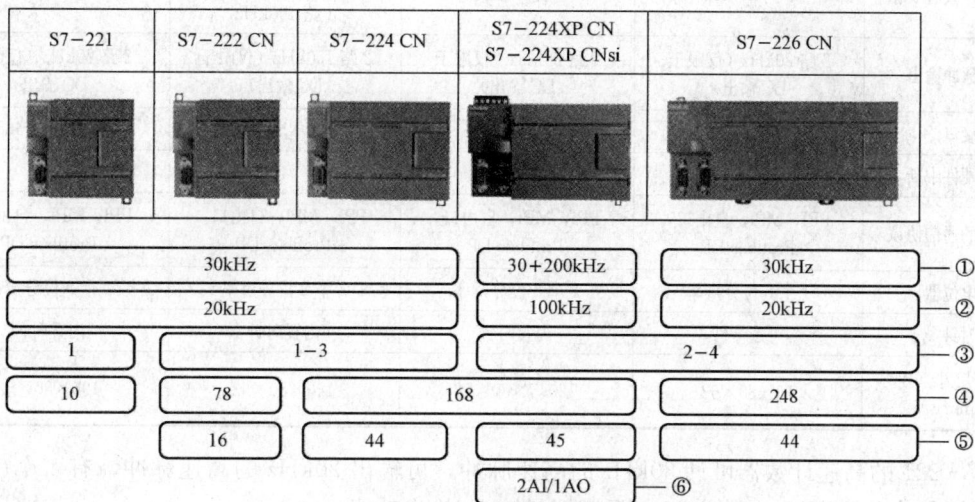

图 1-4　S7-200 PLC 的重要功能

①—高速计数器；②—脉冲串输出；③—串行通信端口；
④—最大 DI/DO；⑤—最大 AI/AO；⑥—CPU 本体集成功能

表 1-1　　　　　　　　　　　　　　S7-200 PLC 技术规范

技术规范	CPU 222 CN	CPU 224 CN	CPU 224XPCN	CPU 226 CN
集成的数字量输入/输出	8 入/6 出	14 入/10 出	14 入/10 出	24 入/16 出
可连续的扩展模块数量（最大）	2 个	7 个	7 个	7 个
最大可扩展的数字量输入/输出范围	78 点	168 点	168 点	248 点
最大可扩展的模拟量输入/输出范围	10 点	35 点	38 点	35 点
用户程序区	4kB	8kB	12kB	16kB
数据存储区	2kB	8kB	10kB	10kB
数据后备时间（电容）	50 小时	100 小时	100 小时	100 小时
后备电池（选择）	200 天	200 天	200 天	200 天
编程软件	Step 7·Micro/WIN 4.0 SP3 及以上脚本	Step 7·Micro/WIN 4.0 SP3 及以上脚本	Step 7·Micro/WIN 4.0 SP3 及以上脚本	Step 7·Micro/WIN 4.0 SP3 及以上脚本
布尔量运算执行时间	$0.22\mu s$	$0.22\mu s$	$0.22\mu s$	$0.22\mu s$
标志寄存器/计数器/定时器	256/256/256	256/256/256	256/256/256	256/256/256
高速计数器单相	4 路 30kHz	6 路 30kHz	4 路 30kHz 2 路 200kHz	6 路 30kHz

续表

技术规范	CPU 222 CN	CPU 224 CN	CPU 224XPCN	CPU 226 CN
高速计数器双相	2 路 20kHz	4 路 20kHz	3 路 20kHz 1 路 100kHz	4 路 20kHz
高速脉冲输出	2 路 20kHz（仅限于 DC 输出）	2 路 20kHz（仅限于 DC 输出）	2 路 100kHz（仅限于 DC 输出）	2 路 20kHz（仅限于 DC 输出）
通信接口	1 个 RS·485	1 个 RS·485	2 个 RS·485	2 个 RS·485
外部硬件中断	4	4	4	4
支持的通信协议	PPI，MPI，自由口，Profibus DP	PPI，MPI，自由口，Profibus DP	PPI，MPI，自由口，Profibus DP	PPI，MPI，自由口，Profibus DP
模拟电位器	1 个 8 位分辨率	2 个 8 位分辨率	2 个 8 位分辨率	2 个 8 位分辨率
实时时钟	可选卡件	内置时钟	内置时钟	内置时钟
外形尺寸（$W \times H \times D$）mm	90×80×62	120.5×80×62	140×80×62	196×80×62

S7-221 的高速计数器可计 30kHz 的高速脉冲，可输出 20kHz 的高速脉冲，有 1 个串行通信端口，最大的 DI/DO 点数为 10，无模拟量输入/输出功能。

S7-222CN PLC 的高速计数器可计 30kHz 的高速脉冲，可输出 20kHz 的高速脉冲，有 1 个串行通信端口，最大的 DI/DO 点数可扩展到为 78，最大的 AI/AO 可扩展到 16 点。

S7-224CN PLC 的高速计数器可计 30kHz 的高速脉冲，可输出 20kHz 的高速脉冲，有 1 个串行通信端口，最大的 DI/DO 点数可扩展到为 168，最大的 AI/AO 可扩展到 44 点。

S7-224XP CN 或 S7-224XP CNsi PLC 的高速计数器可计 230kHz 的高速脉冲，可输出 100kHz 的高速脉冲，有 2 个串行通信端口，最大的 DI/DO 点数可扩展到 168，最大的 AI/AO 可扩展到 45 点。并且在本机体上自带有 2AI/1AO，不用配置模拟量模块即可进行单回路的模拟量控制，提供了很大的方便，具有良好的性价比，如图 1-5 所示。

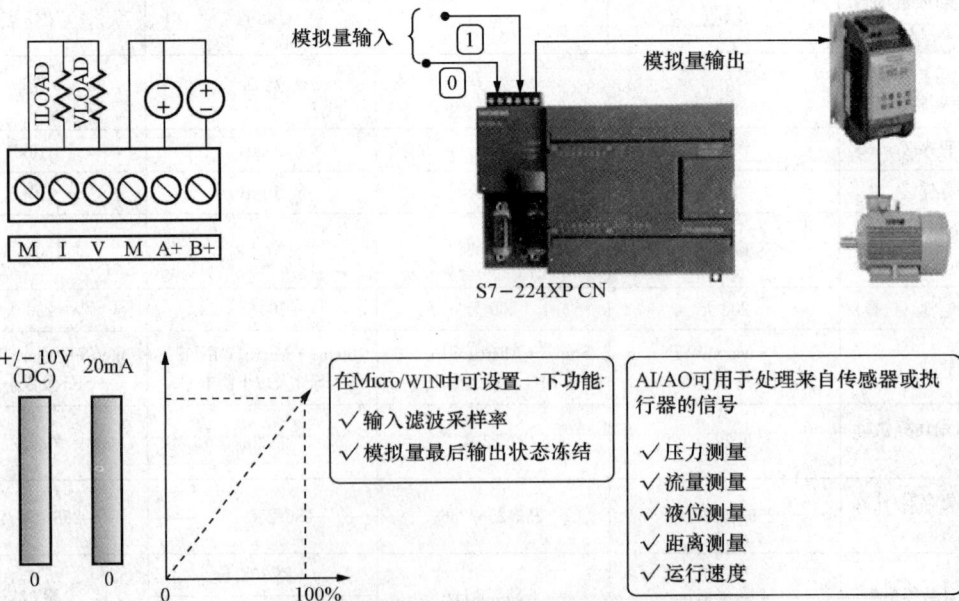

图 1-5 集成的模拟量输入/输出功能用于模拟量控制

S7-226CN PLC的高速计数器可计30kHz的高速脉冲，可输出20kHz的高速脉冲，有2个串行通信端口，最大的DI/DO点数可扩展到2488点，最大的AI/AO可扩展到44点。

高速计数器可用于PLC接收外部的高速脉冲，常用来接收如编码器、光栅尺等高速脉冲信号，用来检测电动机转速、位移等量，如图1-6和图1-7所示。

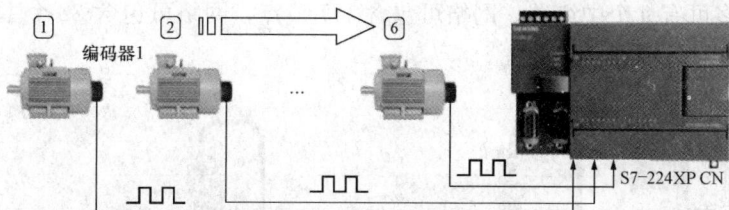

图1-6 PLC高速计数器对编码器的高速脉冲计数

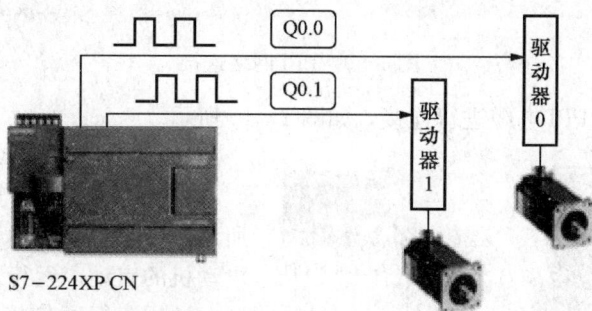

图1-7 PLC发出高速脉冲控制步进电动机或伺服电动机

第三节 S7-200 PLC通信简介

S7-200 PLC具有强大而又灵活的通信能力，它可实现PPI协议、MPI协议、自由口通信，还可通过Profibus-DP协议、AS-I接口协议、Modem通信-PPI或Modbus协议及Ethernet与其他设备进行通信。图1-8所示为S7-200 PLC可构建的通信网络。

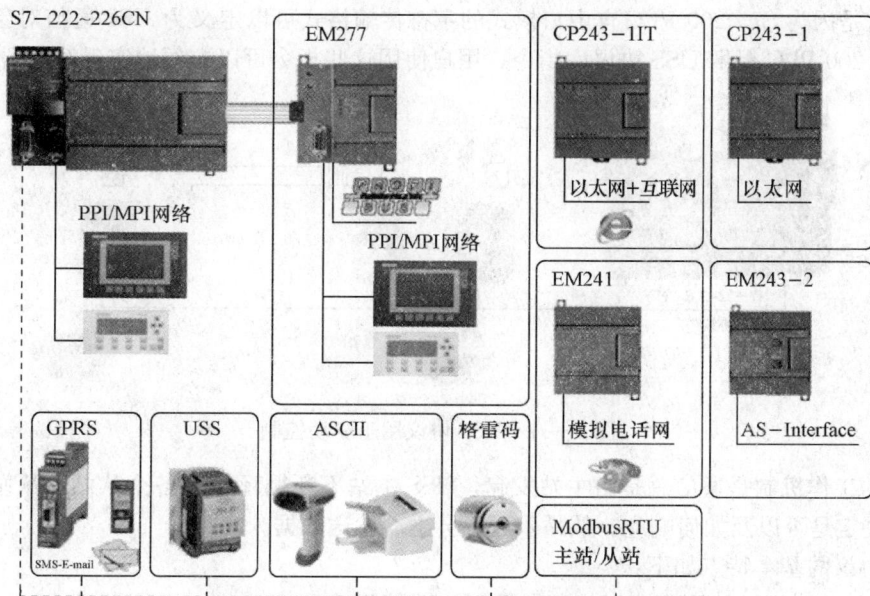

图1-8 S7-200 PLC可构建的通信网络

一、PPI 协议

PPI（Point to Point Interface）是点到点的主从协议，S7-200 PLC 既可作主站又可作从站，通信波特率为 9.6、19.2kb/s 和 187.5kb/s。

PPI 网络扩展连接，每个网段 32 个网络节点，每个网段长 50m（不用中继器），可通过中继器扩展网络，最多可有 9 个中继器。网络可包含 127 节点，网络可包含 32 个主站，网络总长为 9600m，其连接如图 1-9 所示。

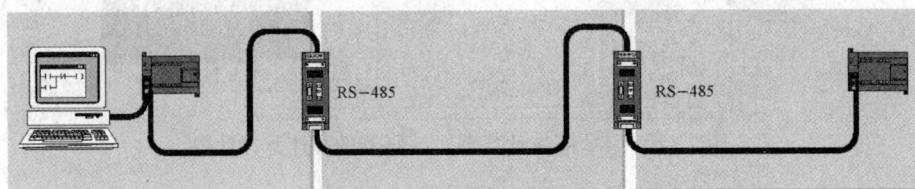

图 1-9 PPI 网络连接

PC 与 PLC 可通过 PPI 电缆进行连接，如图 1-10 所示。

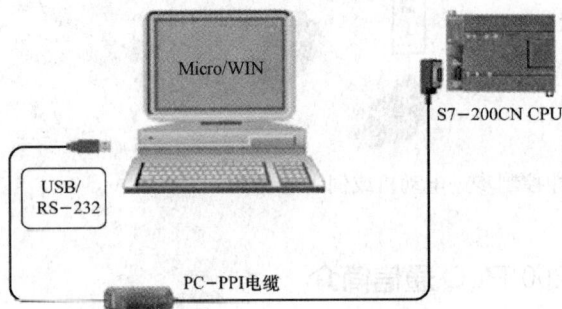

图 1-10 PC 与 PLC 的连接

二、USS 协议

USS 协议专门用于驱动控制，如图 1-11 所示，用来驱动变频器，从而控制三相交流电动机的启动、运行及调速。

通用串行通信接口 USS 是西门子专为驱动装置开发的通信协议。USS 因其协议简单、硬件要求较低，越来越多地用于和 PLC 的通信，实现一般水平的通信控制。由于其本身的设计，USS 不能用在对通信速率和数据传输量有较高要求的场合。在对通信要求高的场合，应当选择实时性更好的通信方式，如 PROFIBUS-DP 等。S7-200 CPU 上的通信口在自由口模式下，可以支持 USS 通信协议。这是因为 S7-200 PLC 自由口模式的字符传输格式可以定义为 USS 通信对象所需要的模式。S7-200 PLC 提供 USS 协议库指令，用户使用这些指令可以方便地实现对变频器的控制。

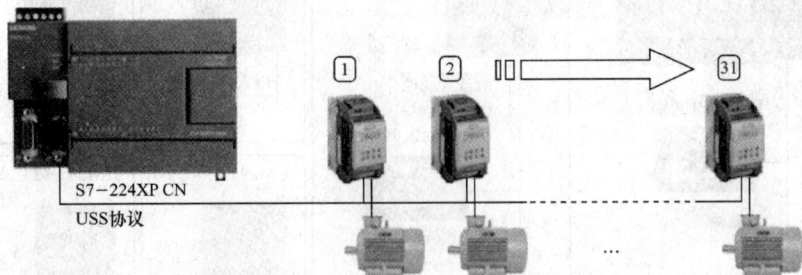

图 1-11 USS 协议用于驱动控制

USS 的工作机制是通信总是由主站发起，USS 主站不断循环轮询各个从站，从站根据收到的指令，决定是否以及如何响应。从站永远不会主动发送数据。

USS 协议的基本特点如下：

（1）支持多点通信，因而可以应用在 RS-485 等网络上；

（2）采用单主站的主/从访问机制；

（3）一个网络上最多可以有 32 个节点，即最多有 31 个从站；

（4）简单可靠的报文格式，使数据传输灵活高效；

（5）容易实现，成本较低。

PLC 与驱动装置连接配合，实现的主要任务如下：

（1）控制驱动装置的启动、停止等运行状态；

（2）控制驱动装置的转速等参数；

（3）获取驱动装置的状态和参数。

三、MPI 协议

多点通信（Multi-Point Interface，MPI）是 S7 系列产品之间的一种专用通信协议。MPI 协议可以是主/主协议或主/从协议，协议如何操作有赖于通信设备的类型。如果是 S7-300/400 PLC 之间通信，那就建立主/主连接，因为所有的 S7-300/400 PLC 在网站中都是主站。如果设备是一个主站与 S7-200 PLC 通信，那么就建立主/从连接，因为 S7-200 PLC 在 MPI 网络中只能作为从站。

MPI 协议可用于 S7-300 与 S7-200 之间的通信，也可用于 S7-400 与 S7-200 之间的通信，通信速率为 19.2kb/s 和 187.5kb/s。

四、自由口通信

自由口通信模式（Freeport Mode）是 S7-200 PLC 的一个很有特色的功能。借助于自由口通信，可以通过用户程序对通信口进行操作，自己定义通信协议（如 ASCII 协议）。自由口通信方式使 S7-200 PLC 可以与任何通信协议已知且具有串口的智能设备和控制器进行通信，也可以实现两个 PLC 之间的简单数据交换。

当连接的智能设备具有 RS-485 接口时，可以通过双绞线进行连接，当连接的智能设备具有 RS-232 接口时，可以通过 PC/PPI 电缆连接起来进行自由口通信。

自由口通信速率为 1.2～9.6kb/s、19.2kb/s 或 115.2kb/s，用户可使用自定义的通信协议与所用的智能设备进行通信。

第四节　S7-200 PLC 扩展模块简介

S7-200 PLC 扩展模块种类有 I/O 扩展模块、通信模块、功能模块等。

一、扩展模块

1. I/O 扩展模块

数字量 I/O 扩展模块：EM221、EM222 和 EM223。

模拟量 I/O 模块：EM231、EM232 和 EM235。

2. 通信模块

EM277：PROFIBUS-DP/MPI 通信模块。

EM241：模拟音频调制解调器（Modem）模块。

CP243-1：以太网模块。

CP243-1IT：带因特网功能的以太网模块。

CP243-2：AS-Interface（执行器—传感器接口）主站模块。

MD720：GPRS 通信模块。

3. 功能模块

EM253：定位模块。

SIWAREX MS：称重模块。

二、影响 S7 - 200 PLC 最大 I/O 能力的因素

影响 S7 - 200 PLC 最大 I/O 能力有以下三个因素：

（1）S7 - 200 CPU 电源设计和电源耗能计算；

（2）最大 I/O 的扩展能力；

（3）特殊模块最大连接个数。

第五节　可编程控制器的硬件组成

PLC 的硬件主要由中央处理器（CPU）、存储器、输入单元、输出单元、通信接口、扩展接口、电源等组成，如图 1 - 12 所示。

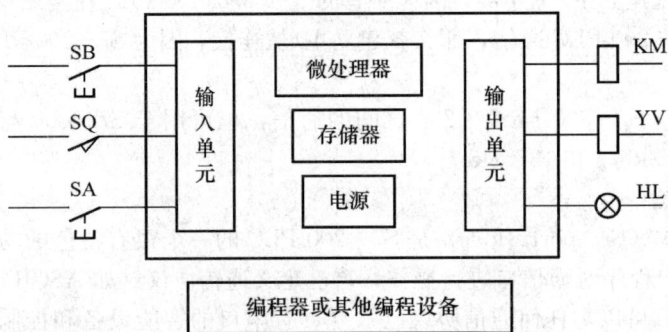

图 1 - 12　PLC 的硬件组成

和计算机一样，CPU 是 PLC 的核心。存储器主要用来存放系统程序、用户程序以及工作数据。常用的存储器主要有两种，一种是可读/写操作的随机存储器 RAM；另一种是只读存储器 ROM、PROM、EPROM 和 EEPROM。

输入/输出单元通常也称 I/O 单元或 I/O 模块，是 PLC 与工业生产现场之间连接的部件。PLC 通过输入单元可以接收外部信号，如按钮开关等信号，这些信号作为 PLC 对控制对象进行控制的依据，同时 PLC 也可通过输出单元将处理结果送给被控制对象，以实现控制的目的。PLC（直流输入）的输入接口电路如图 1 - 13 所示，输出（继电器输出）接口电路如图 1 - 14 所示。

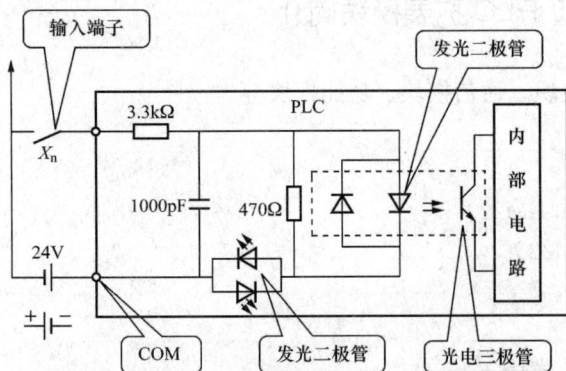

图 1 - 13　直流输入接口电路

为了实现人机交互，PLC 配有各种通信接口。PLC 通过这些通信接口可与监视器、打印机以及其他的 PLC 或计算机等设备实现通信。

编程器或编程设备的作用是供用户编辑、调试、输入用户程序，也可在线监控 PLC 内部状态和参数，与 PLC 进行人机对话。

PLC 配有电源，以供内部电路使用。与普通电源相比，PLC 电源的稳定性好、抗干扰能力强，对电网稳定度要求不高。

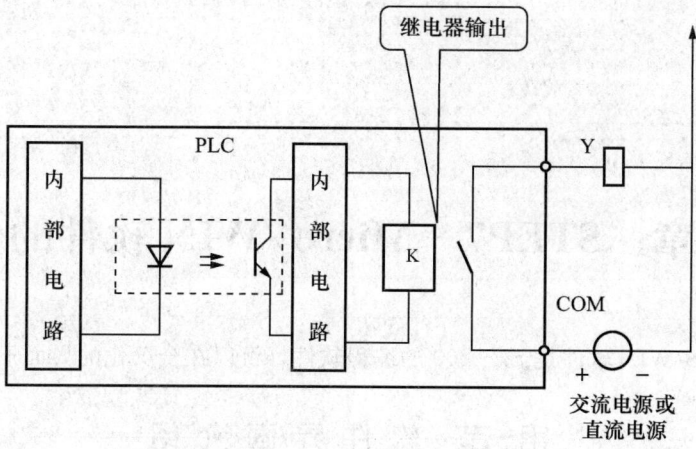

图 1-14　继电器输出接口电路

第二章　STEP7 – Micro/WIN 软件的使用

STEP7 – Micro/WIN 软件是 S7 – 200 的编程软件，可以在全汉化的界面下进行操作。

第一节　软件界面介绍

如图 2 – 1 所示，双击 PC 桌面上的 STEP7 – Micro/WIN 软件，或从"开始"菜单项进入 STEP7 – Micro/WIN 软件，即可打开软件界面。

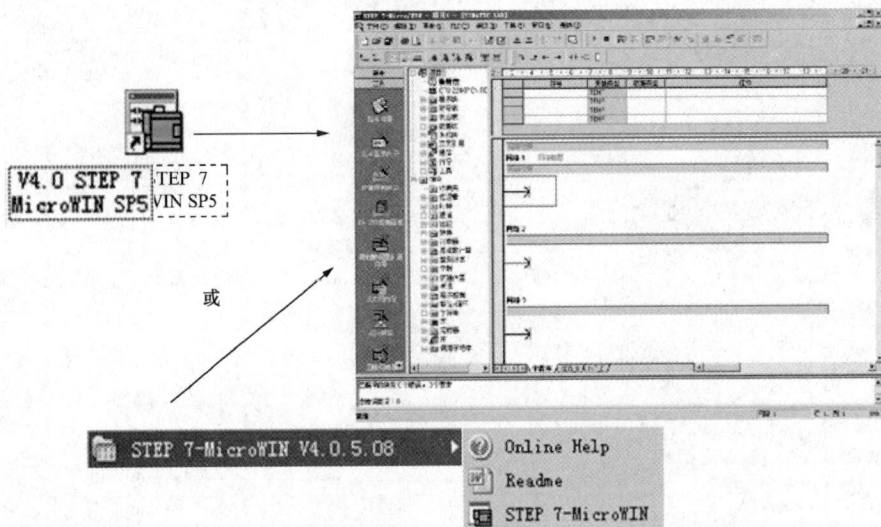

图 2 – 1　打开编程软件

软件窗口画面如图 2 – 2 所示，包括标题栏、菜单栏、浏览条、指令树、输出窗口、状态条、局部变量表和程序编辑区等。

（1）浏览条。提供按钮控制的快速窗口切换功能。可用"检视"菜单的"浏览栏"项选择是否打开。引导条包括程序块（Program Block）、符号表（Symbol Table）、状态图表（Status Chart）、数据块（Data Block）、系统块（System Block）、交叉索引（Cross Reference）和通信（Communications）七个组件。一个完整的项目文件（Project）通常包括前六个组件。

（2）指令树。提供编程时用到的所有快捷操作命令和 PLC 指令，可用"检视"菜单的"指令树"项决定是否将其打开。

（3）输出窗口。显示程序编译的结果信息。

（4）状态条。显示软件执行状态，编辑程序时，显示当前网络号、行号、列号；运行时，显示运行状态、通信波特率、远程地址等。

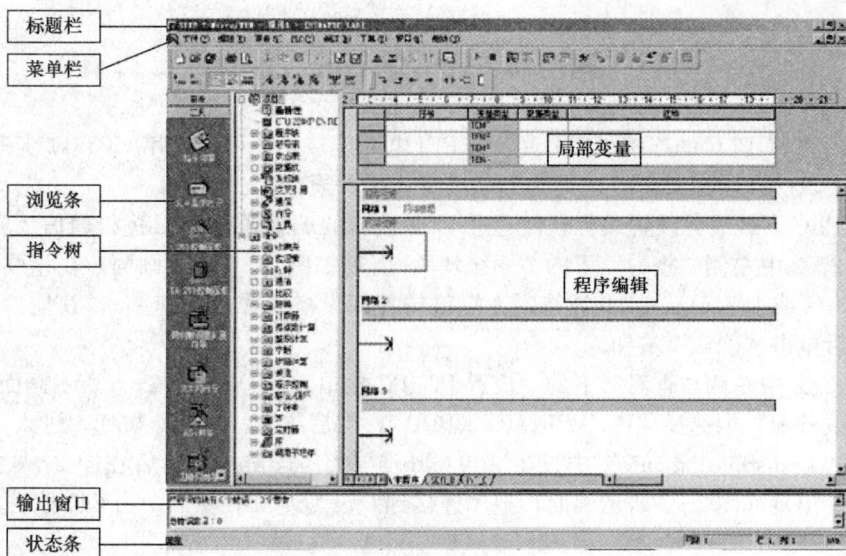

图 2-2 软件窗口画面

（5）程序编辑器。梯形图、语句表或功能图表编辑器编写用户程序，或在联机状态下从 PLC 上装用户程序进行程序的编辑或修改。

（6）局部变量表。每个程序块都对应一个局部变量表，在带参数的子程序调用中，参数的传递就是通过局部变量表进行的。

对于 CN 的 S7-200 PLC，编写 PLC 程序时编程软件必须设置为中文界面，才可下载 PLC 程序，下面演示如何把英文的操作界面转换成中文的操作界面。

打开 STEP7-Micro/WIN 软件，如图 2-3 所示。在菜单栏中选中"Tools→Options→General"，在语言选择栏中选择"Chinese"，单击"确定"按钮并关闭软件，然后重新打开后系统即为中文界面。

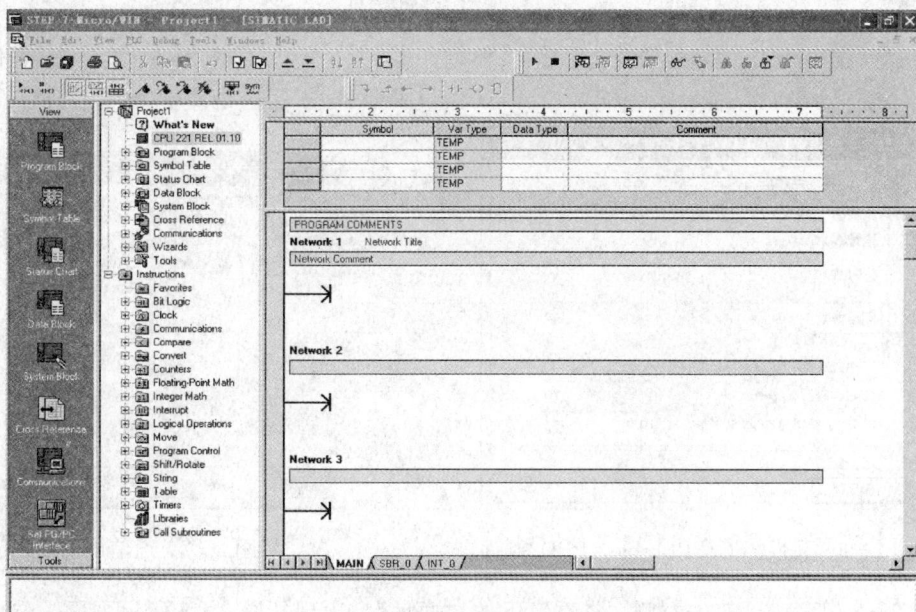

图 2-3 软件英文界面

第二节 通 信 设 置

PC 与 S7-200 PLC 的连接可以采用 PC/PPI 电缆连接，也可以采用 CP5611 卡等进行通信，下面以使用 USB 接口的 PC/PPI 电缆为例来进行连接并通信。

连接好 PLC 下载线，设置编程软件通过 USB 接口的下载线与 PLC 进行通信。

双击图 2-2 中左侧 "查看" 下的 "系统块"，出现如图 2-4 所示画面。在该画面中把波特率设为 9.6kb/s 或 187.5kb/s（此波特率为端口与外部设备工作通信速率），其他参数按缺省设置即可，然后单击 "确认" 按钮。

单击图 2-2 中左侧 "查看" 下的 "设置 PG/PC 接口"，出现如图 2-5 所示画面。在 "已使用的接口参数分配" 中选择 "PC/PPI cable（PPI）"，然后单击 "属性" 按钮，进入如图 2-6 所示画面。在 "Transmission rate" 中设置为 9.6kb/s 或 187.5kb/s。然后在图 2-6 中单击选项 "本地连接"，出现如图 2-7 所示画面，把 "连接到" 设为 USB，然后单击 OK 按钮，回到图 2-2 初始界面。

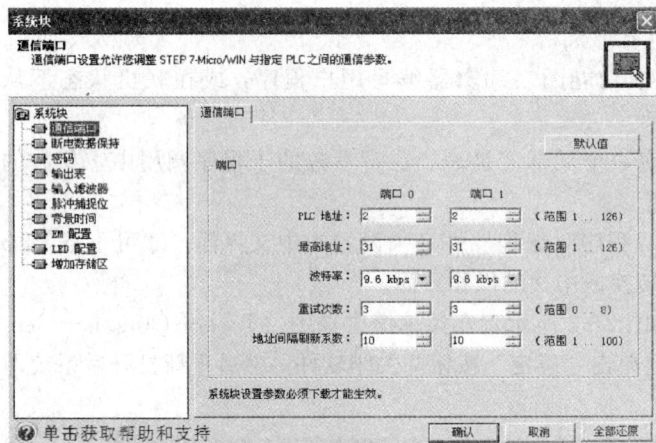

图 2-4 通道通信设置画面

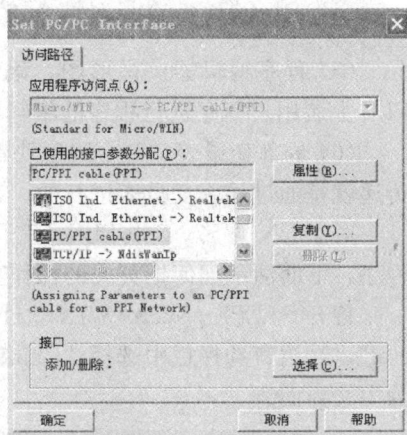

图 2-5 接口设置画面

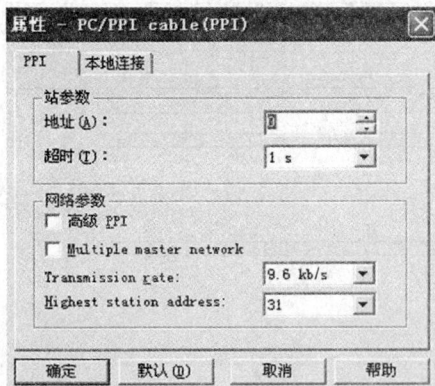

图 2-6 属性-PC/PPI cable（PPI）画面

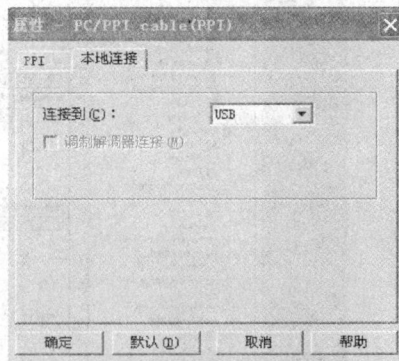

图 2-7 通信口设置

在图 2-2 界面中，双击左侧 "查看" 下的 "通信"，出现如图 2-8 所示画面。选中 "搜索所有波特率"，双击右侧的 "双击以刷新" 刷新后如图 2-9 所示，把 PLC 刷新到 PLC 的地址后，把 PLC 的地址数写入到远程地址中，图 2-9 中所示地址为 2。能够刷新到 PLC 的地址，意味着 PC 与 PLC 的通信连接成功。

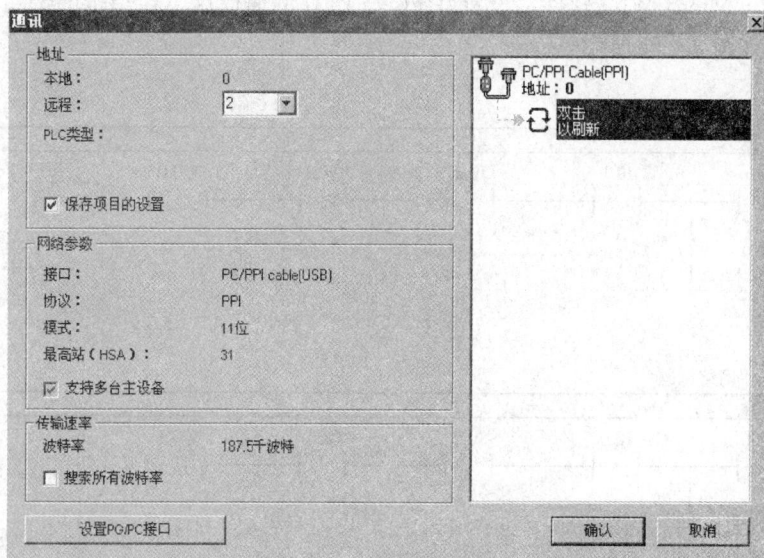

图 2-8 通信画面

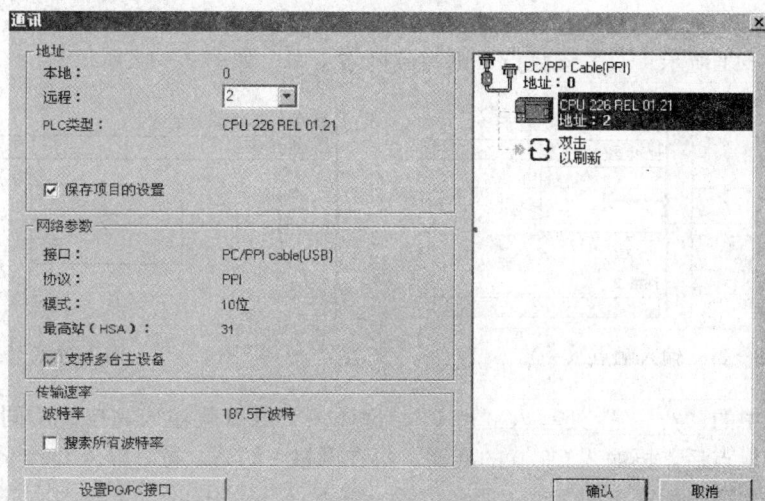

图 2-9 刷新 PLC

第三节 编 程 实 例

下面以三相交流异步电动机正反转控制为例来说明 PLC 编程软件的使用。三相交流异步电动机正反转控制需用到正转启动控制按钮一个、反转启动控制按钮一个、停止按钮一个，控制正反转用的交流接触器两个，其中一个控制电动机接通正转电源，另一个接通反转电源，注意两个接触器不能同时动作，否则会造成电源短路。主电路的连接与电气控制方法相同，控制电路用 PLC 来实现。

设 I/O 分配如下：正转启动按钮：I0.0；反转启动按钮：I0.1；停止按钮：I0.2；Q0.0：控

西门子PLC与变频器、触摸屏综合应用教程（第二版）

制正转接触器线圈通电；Q0.1：控制反转接触器线圈通电。

一、编写、输入梯形图程序

打开 STEP7 - Micro/WIN 软件，设置好 PC 与 PLC 的通信后，在编辑区编写 PLC 梯形图程序，梯形图程序如图 2 - 10 所示。

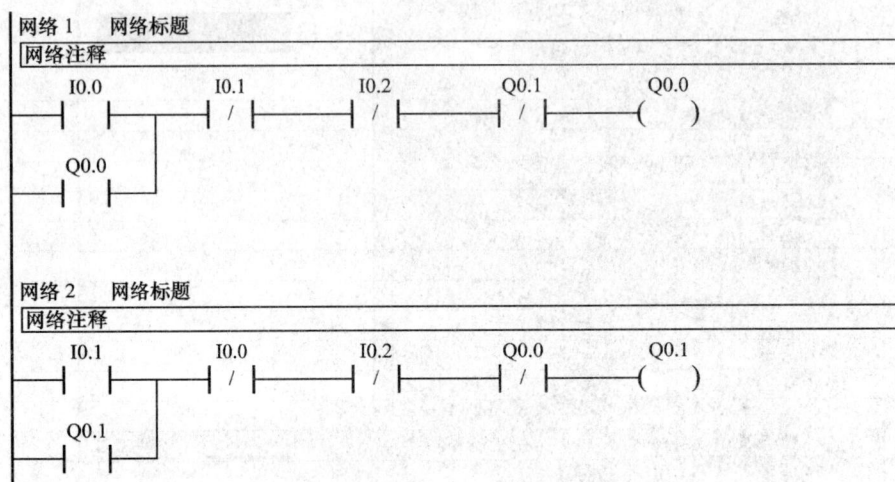

图 2 - 10 PLC 梯形图程序

编辑方法如下：把光标置于程序编辑区网络 1 的最左边，在指令树的"位逻辑"下找到动合触点，如图 2 - 11 所示，双击该触点，则写到网络 1 中，如图 2 - 12 所示。

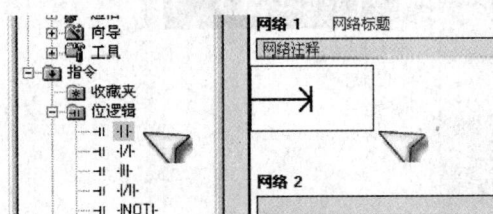

图 2 - 11 输入触点（一）

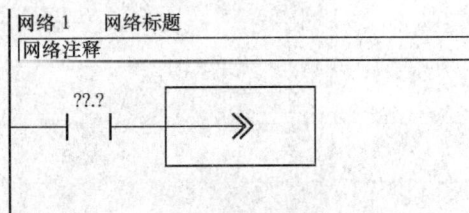

图 2 - 12 输入触点（二）

在图 2 - 12 中的"?? .?"处写入"I0.0"，这样一个触点就输入完毕。用同样的方法写入图 2 - 13 所示的触点后，再输入 Q0.0 的线圈。再在网格 1 的第二行，输入 Q00 的动合触点，如图 2 - 14 所示，并把光标置于图 2 - 14 所示位置，按下工具栏中如图 2 - 15 所示的往下连线的按钮，即可往下连线，把 Q0.0 的动合触点并于 I0.0 动合触点的两端。

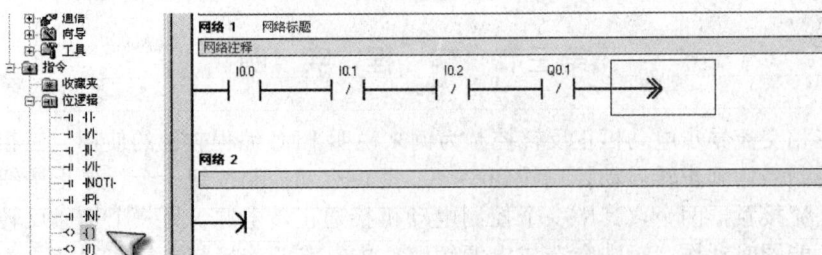

图 2 - 13 输入触点（三）

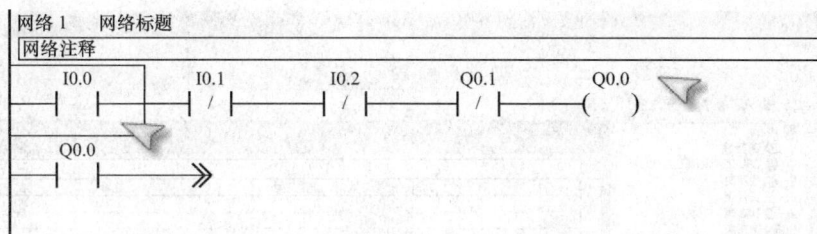

图 2-14　输入触点（四）

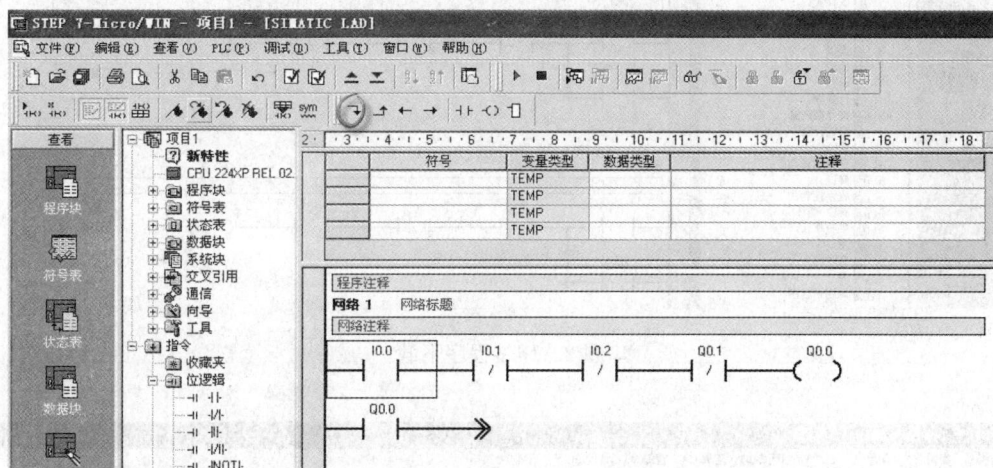

图 2-15　输入触点（五）

网络 2 的梯形图用类似方法输入。

注意

（1）某元件的触点数量无限制，可无限次使用。

（2）某元件的输出线圈一般在程序只出现一次。

（3）一个网络中只能写入一条支路，允许出现触点或块的串并联。

二、程序编译与下载

程序输入完后，单击菜单"PLC→全部编译"，对程序进行编译，编译结果会在输出窗口中显示，如"总错误数目：0"表示程序无语法错误，否则会指示出错误的个数，必须修改好，程序编译无错才可以下载。

在图 2-16 中，单击工具栏中的 ▀ 按钮，在下载画面中单击下载，就可把程序下载至 PLC中，若无法下载，则需要重新设置通信或检查程序有无语法性错误。

三、程序监控

把梯形图程序下载至 PLC 中后，把 PLC 调至运行状态，即可开始梯形图的状态监控。

1. 状态监控

单击工具栏中的 ▨ 状态监控按钮，如图 2-17 所示，即可对梯形图中各触点、线圈等的状态进行监控。如图 2-18 所示状态监控的梯形图中，黑体部分的触点表示当前状态为 ON，否则为 OFF。

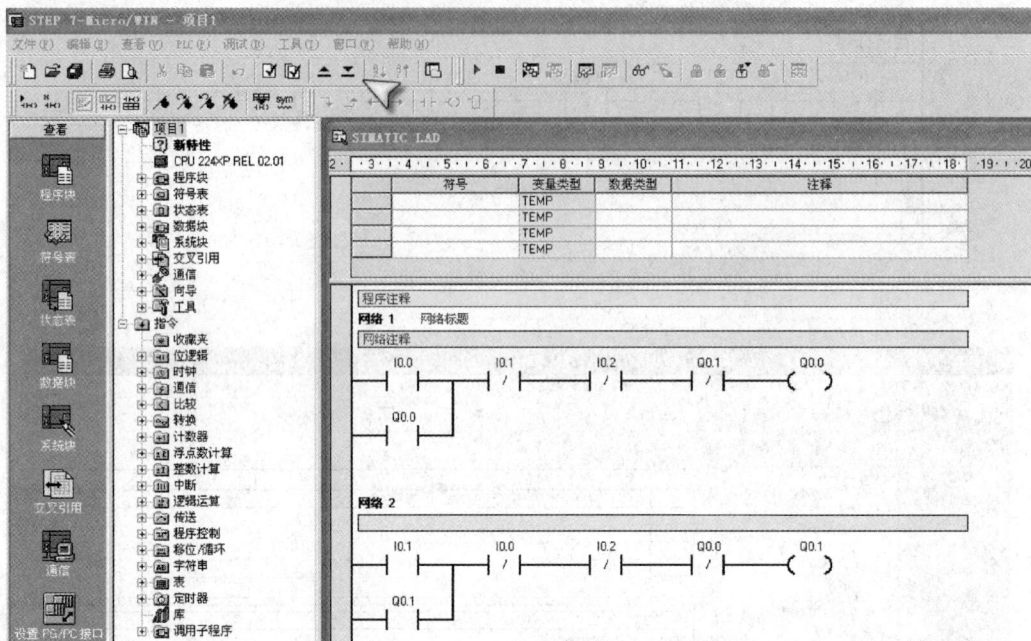

图 2-16　程序下载

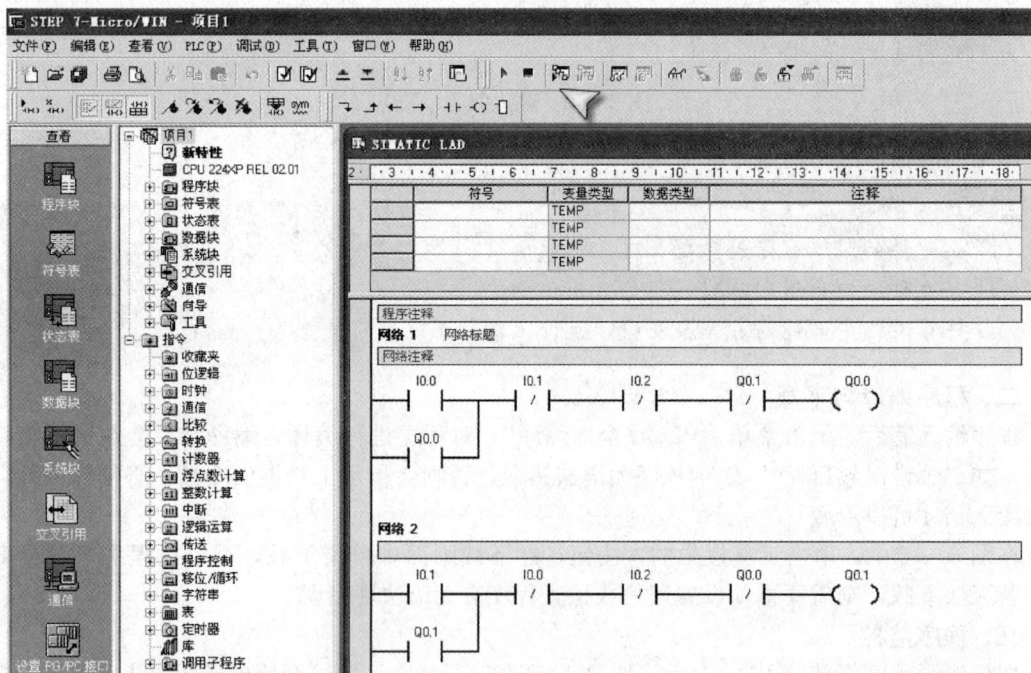

图 2-17　状态监控按钮

2. 状态表监控

　　单击工具栏中的 按钮，如图 2-19 所示，就可调出状态表进行监控，如表 2-1 所示。在表中输入要监视元件的地址，如输入 Q0.0 和 Q0.1，则可在表中显示该元件的当前值。

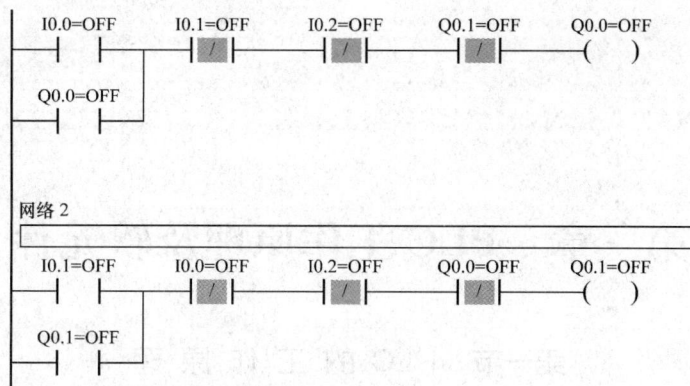

图 2 - 18　程序状态监控

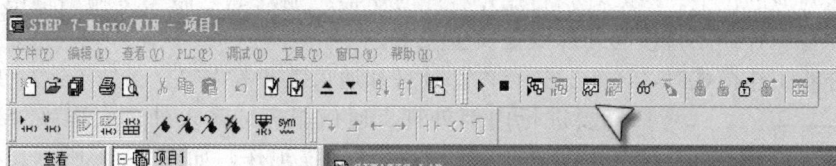

图 2 - 19　状态表监控图标

表 2 - 1　　　　　　　　　　　　状 态 监 控 表

序号	地址	格式	当前值	新值
1	Q0.0	位	2#0	
2	Q0.1	位	2#0	
3		有符号		
4		有符号		
5		有符号		

习　　　题

试在编程序软件中输入以下程序，并下载到 PLC 中。

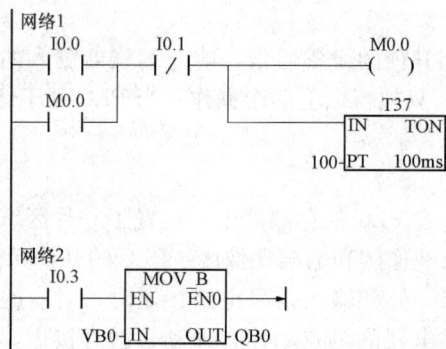

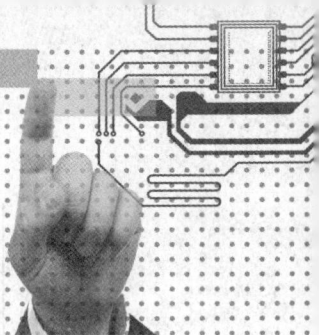

第三章 PLC 工作原理及软元件

第一节 PLC 的工作原理

PLC 工作时，将采集到的输入信号状态存放在输入映像区对应的位上，将运算的结果存放到输出映像区对应的位上。PLC 在执行用户程序时所需"输入继电器"、"输出继电器"的数据取自于 I/O 映像区，而不直接与外部设备发生关系。

当处于停止工作模式时，PLC 只进行内部处理和通信服务等内容。当处于运行工作模式时，PLC 要进行内部处理、通信服务、输入处理、程序处理、输出处理，然后按上述过程循环扫描工作，如图 3 - 1 所示。在运行模式下，PLC 通过反复执行反映控制要求的用户程序来实现控制功能。为了使 PLC 的输出及时地响应随时可能变化的输入信号，用户程序不是只执行一次，而是不断地重复执行，直至 PLC 断电或切换至 STOP 工作模式。

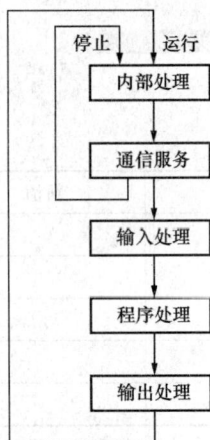

除了执行用户程序之外，在每次循环过程中，PLC 还要完成内部处理、通信服务等工作。当 PLC 运行时，一次循环可分为五个阶段：内部处理、通信服务、输入处理、程序处理和输出处理。PLC 的这种周而复始地循环工作方式称为扫描工作方式。当然，由于 PLC 执行指令的速度极快，所以从输入与输出关系来看，处理过程似乎是同时完成的，但严格地说，它们是有时间差异的。

图 3 - 1 PLC 工作流程

1. 内部处理阶段

在内部处理阶段，PLC 检查 CPU 内部的硬件是否正常，将监控定时器复位，以及完成一些其他内部工作。

2. 通信服务阶段

在通信服务阶段，PLC 与其他的设备通信，响应编程器键入的命令，更新编程器的显示内容。当 PLC 处于停止模式时，只执行以上两个操作；当 PLC 处于运行模式时，还要完成另外三个阶段的操作。

3. 输入处理阶段

输入处理又叫输入采样。在 PLC 的存储器中，设置了一片区域用来存放输入信号和输出信号的状态。它们分别称为输入映像区和输出映像区。PLC 的其他元件如 M 等也有对应的映像存储区，统称为元件映像寄存器。外部输入信号电路接通时，对应的输入映像区中的位为 ON 状态，则梯形图中对应的输入继电器的触点动作，即动合触点接通，动断触点断开。外部输入信号电路断开时，对应的输入映像区中的位为 OFF 状态，则梯形图中对应的输入继电器的触点保持原状态，即动合触点断开，动断触点闭合。

在输入处理阶段，PLC顺序读入所有输入端子的通断状态，并将读入的信息存入到输入映像区中。此时，输入映像区中的状态被刷新。接着进入程序处理阶段，在程序处理时，输入映像区与外界隔离，此时即使有输入信号发生变化，其映像区中的各位的内容也不会发生改变，只有在下一个扫描周期的输入处理阶段才能被读入。

4. 程序处理阶段

根据PLC梯形图程序扫描原则，按先左后右、先上后下的顺序，逐行逐句扫描，执行程序。但若遇到程序跳转指令，则根据跳转条件是否满足来决定程序的跳转地址。当用户程序涉及输入/输出状态时，PLC从输入映像寄存器中读取上一阶段输入处理时对应输入继电器的状态，从输出映像寄存器中读取对应输出继电器的状态，根据用户程序进行逻辑运算，运算结果存入有关元件寄存器中。因此，输出映像区中所寄存的内容，会随着程序执行过程而变化。

5. 输出处理阶段

在输出处理阶段，CPU将输出映像区中的每位的状态传送到输出锁存器。梯形图中某一输出继电器的线圈接通时，对应的输出映像区中的位为ON状态。信号经输出单元隔离和功率放大后，继电器型输出单元中对应的硬件继电器的线圈通电，其动合触点闭合，使外部负载通电工作。若梯形图中输出继电器的线圈断开，对应的输出映像区中的位为OFF状态，在输出处理阶段之后，继电器输出单元中对应的硬件继电器的线圈断电，其动合触点断开，外部负载断开。

可编程序控制器对用户程序进行循环扫描可分为三个阶段进行，即输入采样阶段、程序执行阶段和输出刷新阶段，如图3-2所示。

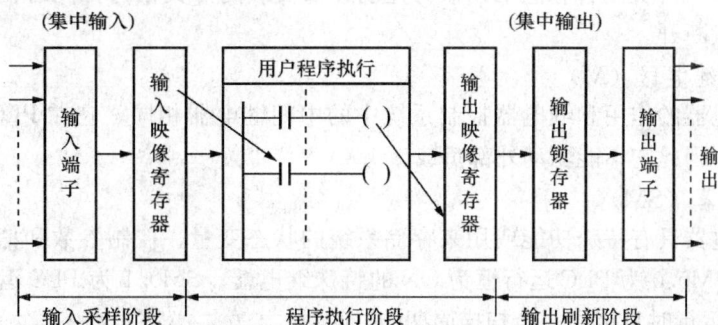

图 3-2　循环扫描的工作原理

程序扫描时的工作过程如图3-3中的时序图所示。图3-3中共分析了三个周期，若I0.0

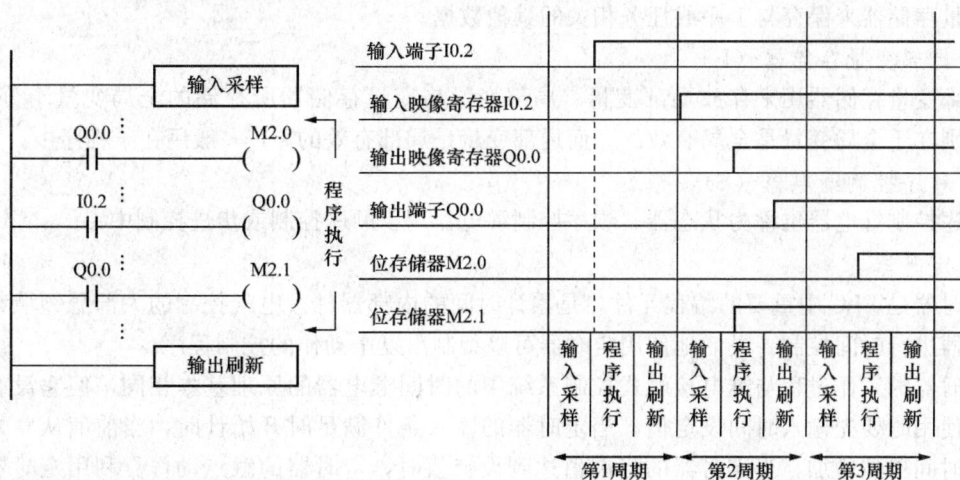

图 3-3　PLC循环扫描工作分析

在第一个周期的程序执行阶段导通，则因其错过了第一个周期的输入采样阶段，状态不能更新，只有等到第二个周期的输入采样阶段才更新，所以输出映像寄存器Q0.0的状态要等到第二个周期的程序执行阶段才会变为ON，Q0.0的状态对外输出要等到第二个周期的输出刷新阶段。而M2.0和M2.1虽然都是由Q0.0的触点驱动，但由于M2.0的线圈在Q0.0线圈的上面，M2.1的线圈在Q0.0线圈的下面，所以M2.1在第二个周期的程序执行阶段就变成ON，而M2.0需等到第三个周期的程序执行阶段才变成ON。

第二节　S7-200系列PLC的软元件

S7-200 PLC中的软元件有输入继电器、输出继电器、通用辅助继电器、特殊继电器、变量存储器、局部变量存储器、顺序控制继电器、定时器、计数器、模拟量输入映像寄存器、模拟量输出映像寄存器、高速计数器和累加器等。

1. 输入继电器（I）

输入继电器都有一个PLC的输入端子与之对应，它用于接收外部开关信号。外部的开关信号闭合，则输入继电器的线圈得电，在程序中其动合触点闭合，动断触点断开。

2. 输出继电器（Q）

输出继电器有一个PLC上的输出端子与之对应。当通过程序使输出继电器线圈导通为ON时，PLC上的输出端开关闭合，它可以作为控制外部负载的开关信号，同时在程序中其动合触点闭合，动断触点断开。

3. 通用辅助继电器（M）

通用辅助继电器的作用和继电器控制系统中的中间继电器相同，它在PLC中没有输入/输出端子与之对应，因此它不能驱动外部负载。

4. 特殊继电器（SM）

有些辅助继电器具有特殊功能或用来存储系统的状态变量、控制参数和信息，我们称其为特殊继电器。如SM0.0为PLC运行恒为ON的特殊继电器；SM0.1为PLC运行时的初始化脉冲，当PLC开始运行时只接通一个扫描周期的时间。

5. 变量存储器（V）

变量存储器用来存储变量。它可以存放程序执行过程中控制逻辑操作的中间结果，也可以使用变量存储器来保存与工序或任务相关的其他数据。

6. 局部变量存储器（L）

局部变量存储器用来存放局部变量。局部变量与变量存储器所存储的全局变量十分相似，主要区别在于全局变量是全局有效的，而局部变量是局部有效的。L一般用在子程序中。

7. 顺序控制继电器（S）

顺序控制继电器也称为状态器。顺序控制继电器用于顺序控制或步进控制中。

8. 定时器

定时器是PLC中重要的编程元件，是累计时间的内部器件。电气控制的大部分领域都需要用定时器进行时间控制，灵活地使用定时器可以编制出复杂动作的控制程序。

定时器的工作过程与继电接触式控制系统中的时间继电器的原理基本相同，但它没有瞬动触点。使用时要先输入时间设定值，当定时器的输入条件满足时开始计时，当前值从0开始按一定的时间单位增加，当定时器的当前值达到设定值时，定时器的触点动作。利用定时器的触点就可以完成所需要的定时控制任务。

9. 计数器 (C)

计数器用来累计输入脉冲的个数，经常用来对产品进行计数或进行特定功能的编程。使用时要先输入它的设定值。如增计数器，当输入触发条件满足时，计数器开始计数它的输入端脉冲上升沿的次数，当计数器计数达到设定值时，其动合触点闭合，动断触点断开。

10. 模拟量输入映像寄存器 (AI)、模拟量输出映像寄存器 (AQ)

模拟量输入电路用以实现模拟量/数字量 (A/D) 之间的转换，而模拟量输出电路用以实现数字量/模拟量 (D/A) 之间的转换。

11. 高速计数器 (HC)

一般计数器的计数频率受扫描周期的影响，不能太高，而高速计数器可累计比 CPU 的扫描速度更快的计数。高速计数器的当前值是一个双字长（32 位）的整数，且为只读值。

12. 累加器 (AC)

累加器是用来暂存数据的寄存器，它可以用来存放运算数据、中间数据和结果。PLC 提供 4 个 32 位累加器，分别为 AC0、AC1、AC2 和 AC3。累加器可进行读写操作。

第三节 S7 - 200 PLC 存储器的数据类型与寻址方式

一、数据类型与单位

S7 - 200 系列 PLC 数据类型可以是布尔型、整型和实型（浮点数）。实数采用 32 位单精度数来表示，其数值有较大的表示范围：正数为 $+1.175495E-38 \sim +3.402823E+38$；负数为 $-1.175495E-38 \sim -3.402823E+38$。不同长度的整数所表示的数值范围如表 3 - 1 所示。

表 3 - 1 　　　　　　　　　整数长度及数据范围

整数长度	无符号整数表示范围		有符号整数表示范围	
	十进制表示	十六进制表示	十进制表示	十六进制表示
字节 B（8 位）	0～255	0～FF	-128～127	80～7F
字 W（16 位）	0～65 535	0～FFFF	−32 768～32 767	8000～7FFF
双字 D（32 位）	0～4 294 967 295	0～FFFFFFFF	−2 147 483 648～2 147 483 647	80 000 000～7FFFFFFF

常用的整数长度单位有位（1 位二进制数）、字节（8 位二进制数，用 B 表示）、字（16 位二进制数，用 W 表示）和双字（32 位二进制数，用 D 表示）等。

在编程中经常会使用常数。常数数据长度可为字节、字和双字，在机器内部的数据都以二进制形式存储，但常数的书写可以用二进制、十进制、十六进制、ASCII 码或浮点数（实数）等多种形式。几种常数形式分别如表 3 - 2 所示。

表 3 - 2 　　　　　　　　　常 数 的 表 示 方 式

进制	书写格式	举例
十进制	进制数值	1052
十六进制	16#十六进制值	16#3F7A6
二进制	2#二进制值	2#1010_0011_1101_0001
ASCII 码	'ASCII 码文本'	'Show termimals.'
浮点数（实数）	ANSI/IEEE 754 - 1985 标准	$+1.036782E-36$（正数）
		$-1.036782E-36$（负数）

二、寻址方式

1. 直接寻址

（1）编址形式。若用 A 表示元件名称（I、Q、M 等），T 表示数据类型（B、W、D，若为位寻址无此项），x 表示字节地址，y 表示字节内的位地址（只有位寻址才有此项）则编址形式有以下三种。

1）按位寻址的格式为：Ax.y，例如：I0.0、Q0.0、M0.0、SM0.0、S0.0、V0.0、L0.0 等。

2）存储区内另有一些元件是具有一定功能的硬件，由于元件数量很少，所以不用指出元件所在存储区域的字节，而是直接指出它的编号。其寻址格式为：Ax，如 T0、C0、HC0、AC0 等。

3）数据寻址格式为：ATx，如 IB0、IW0、ID0、QB0、QW0、QD0、MB0、MW0、MD0、SMB0、SMW0、SMD0、SB0、SW0、SD0、VB0、VW0、VD0、LB0、LW0、LD0、AIW0、AQW0 等。

S7-200 PLC 将编程元件统一归为存储器单元，存储单元按字节进行编址，无论所寻址的是何种数据类型，通常应指出它所在存储区域和在区域内的字节地址。每个单元都有惟一的地址，地址用名称和编号两部分组成，元件名称（区域地址符号）如表 3-3 所示。

表 3-3   元件名称及直接编址格式

元件符号（名称）	所在数据区域	位寻址格式	其他寻址格式
I（输入继电器）	数字量输入映像位区	Ax.y	ATx
Q（输出继电器）	数字量输入映像位区	Ax.y	ATx
M（通用辅助继电器）	内部存储器标志位区	Ax.y	ATx
SM（特殊标志继电器）	特殊存储器标志位区	Ax.y	ATx
S（顺序控制继电器）	顺序控制继电器存储区	Ax.y	ATx
V（变量存储器）	变量存储器区	Ax.y	ATx
L（局部变量存储器）	局部存储器区	Ax.y	ATx
T（定时器）	定时器存储器区	Ax	Ax（仅字）
C（计数器）	计数器存储器区	Ax	Ax（仅字）
AI（模拟量输入映像寄存器）	模拟量输入存储器区	无	Ax（仅字）
AQ（模拟量输出映像寄存器）	模拟量输出存储器区	无	Ax（仅字）
AC（累加器）	累加器区	无	Ax
HC（高速计数器）	高速计数器区	无	Ax（仅双字）

（2）按位寻址的格式为：Ax.y。必须指定元件名称、字节地址和位号，如图 3-4 所示，MSB 表示最高位，LSB 表示最低位。

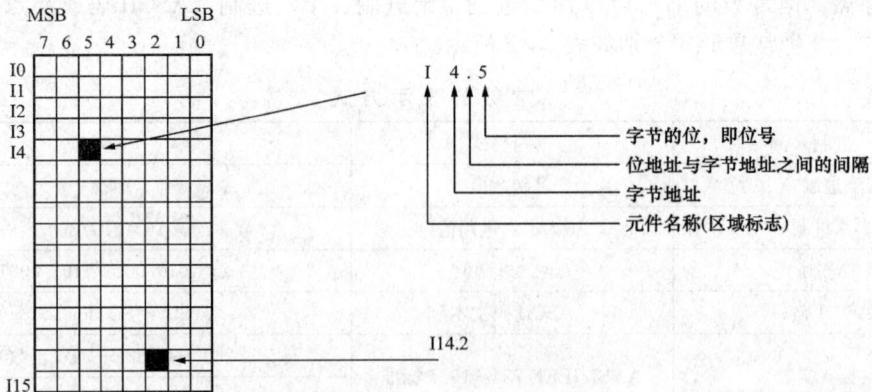

图 3-4 位寻址方式

2. 间接寻址

间接寻址方式是：数据存放在存储器或寄存器中，在指令中只出现所需数据所在单元的内存地址的地址。存储单元地址的地址又称为地址指针。这种间接寻址方式与计算机的间接寻址方式相同。间接寻址在处理内存连续地址中的数据时非常方便，而且可以缩短程序所生成的代码的长度，使编程更加灵活。

用间接寻址方式存取数据的工作方式有 3 种：建立指针、间接存取和修改指针。

（1）建立指针。建立指针必须用双字传送指令（MOVD），将存储器所要访问的单元的地址装入用来作为指针的存储器单元或寄存器，装入的是地址而不是数据本身，格式如下：

```
例:MOVD        &VB200,VD302
   MOVD        &MB10,AC2
   MOVD        &C2,LD14
```

其中"&"为地址符号，它与单元编号结合使用表示所对应单元的 32 位物理地址。VB200只是一个直接地址的编号，并非其物理地址。指令中的第二个地址数据长度必须是双字长，如VD、LD、AC 等。

注 意

建立指针用 MOVD 指令。

（2）间接存取。指令中在操作数的前面加"＊"表示该操作数为一个指针。

下面两条指令是建立指针和间接存取的应用方法：

```
MOVD        &VB200,AC0
MOVW        *AC0,AC1
```

存储区的地址及单元中所存的数据如图 3 - 5（a）所示，执行过程如图 3 - 5（b）所示。

（3）修改指针 。修改指针的用法如下：

```
MOVD        &VB200,AC0        //建立指针
INCD        AC0               //修改指针,加 1
INCD        AC0               //修改指针,再加 1
MOVW        *AC0,AC1          //读指针
```

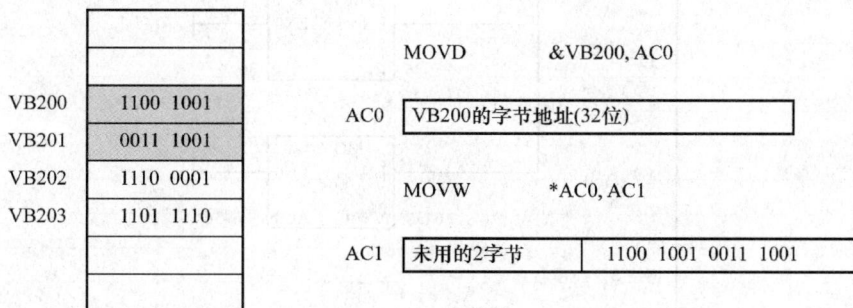

图 3 - 5　建立指针与间接读数

执行结果如图 3 - 6 所示。

```
MOVD          &VB200, AC0
```

AC0 | VB200的字节地址(32位)

VB200	1100 1001
VB201	0011 1001
VB202	1110 0001
VB203	1101 1110

执行情况如下：

```
INCD    AC0
INCD    AC0
```

AC0 | VB 202的字节地址(32位)

```
MOVW          *AC0, AC1
```

AC1 | 未用的2字节 | 1110 0001 1101 1110

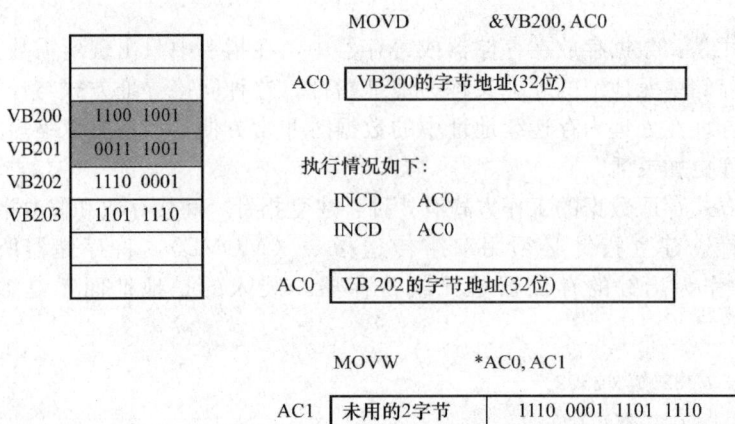

图 3-6　建立、修改、读取指针操作

注意

VW0 为 16 位二进制数，是由 VB0、VB1 两个字节组成，其中 VB0 中的 8 位为高 8 位，VB1 中的 8 位为低 8 位。

VD0 是由 VB0、VB1、VB2、VB3 四个字节组成，其中 VB0 中的 8 位为高 8 位，VB3 中的 8 位为低 8 位。

若 VB0＝25，VB1＝36，则 VW0 和 V0.5 分别为何值？

把 VB0 中的 25 转化成 8 位二进制数为 0001 1001，把 VB1 中的 36 转化成 8 位二进制数为 0010 0100，VW0 由 VB0、VB1 组成，且 VB0 为高 8 位，VB1 为低 8 位，故 VW0 的 16 位二进制数为：0001 1001 0010 0100，把此数转化成十进制为 6436，所以 VW0＝6436。

V0.5 表示变量存储器 V 的第 0 个字节的第 5 位的状态，即为 0。

以上结果可通过如图 3-7 所示的 PLC 程序加以验证。

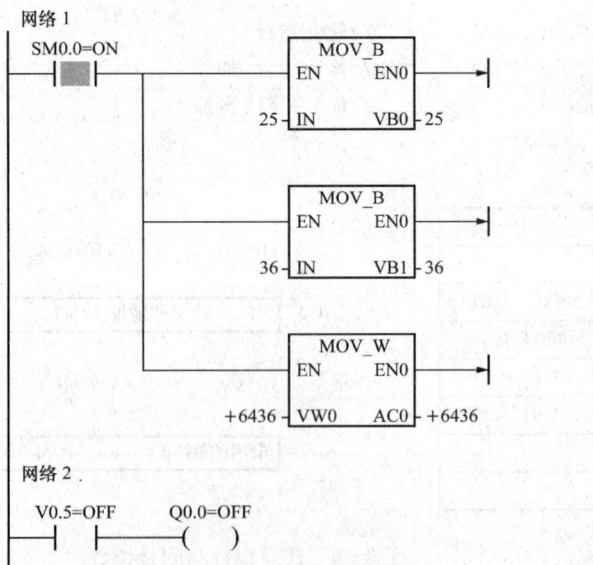

网络 1

SM0.0=ON

MOV_B
EN EN0
25 - IN VB0 - 25

MOV_B
EN EN0
36 - IN VB1 - 36

MOV_W
EN EN0
+6436 - VW0 AC0 - +6436

网络 2

V0.5=OFF   Q0.0=OFF
──┤├──────────( )

图 3-7　PLC 程序

第四节 PLC 的 接 线

PLC按输出形式划分，可分为继电器输出、晶体管输出和晶闸管输出形式。继电器输出的PLC其输出点可控制交流或直流负载，晶体管输出的PLC其输出点只能控制直流负载，晶闸管输出的PLC其输出点只能控制交流负载。按PLC输入端所接电源的不同，可分为交流输入和直流输入。不同输入形式、输出形式的PLC的接线略有所不同，但原理是相似的。

从S7-200 PLC的型号可判别其输入、输出形式。如型号为CPU226AC/DC/继电器是工作电源为交流、直流数字输入、输电器输出的PLC；如型号为CPU224DC/DC/DC是工作电源为直流（24V）、直流数字输入、直流输出的PLC。

一、CPU226AC/DC/继电器的接线

下面以CPU226AC/DC/继电器为例来介绍PLC的接线，其接线图如图3-8所示，图中L1、N端子接PLC的交流工作电源，该电源电压允许范围为85～264V（AC）。L+、M为PLC向外输出的24V（DC）/400mA直流电源，L+为电源正极，M为电源负极，该电源可作为输入端的电源使用，也可向其他传感器提供电源。

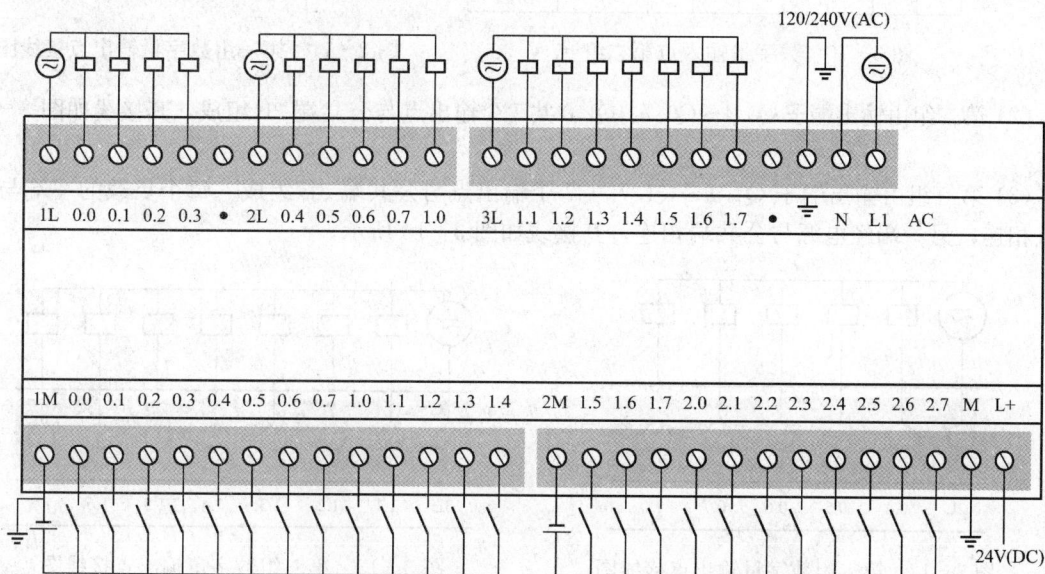

图3-8 CPU226AC/DC/继电器接线图

1. 24个数字量输入点

24个数字量输入点分成以下两组。

（1）第一组由输入端子I0.0～I0.7、I1.0～I1.4共13个输入点组成，每个外部输入的开关信号均由各输入端子接出，经一个直流电源终至公共端1M，如图3-9所示。

（2）第二组由输入端子I1.5～I1.7、I2.0～I2.7共11个输入点组成，各输入端子的接线与第一组类似，公共端为2M，如图3-10所示。

2. 16个数字量输出点

16个数字量输出点分成以下三组。

（1）第一组由输出端子Q0.0～Q0.3共四个输出点与公共端1L组成。其接线如图3-11所示，图3-11中电源为负载的工作电源，同组负载的工作电源要相同。

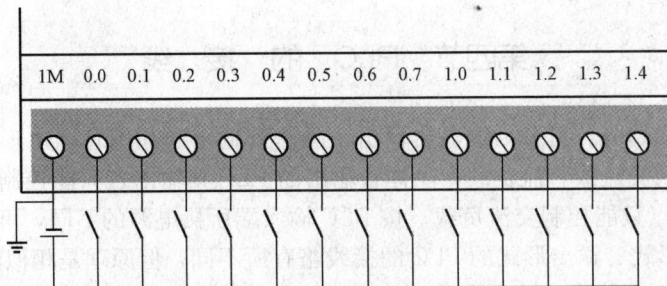

图 3-9　数字量输入点第一组

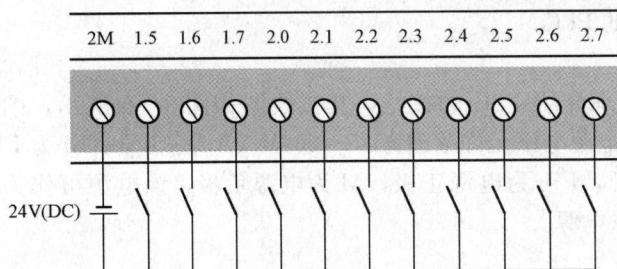

图 3-10　数字量输入点第二组

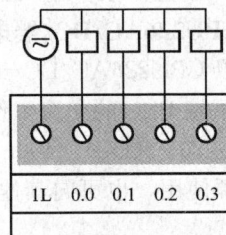

图 3-11　第一组数字量输出点接线图

（2）第二组由输出端子 Q0.4～Q0.7、Q1.0 共 5 个输出点与公共端 2L 组成，其接线如图 3-12 所示。

（3）第三组由输出端子 Q1.1～Q1.7 共 7 个输出点与公共端 3L 组成。每个负载的一端与输出点相连，另一端经电源与公共端相连，其接线如图 3-13 所示。

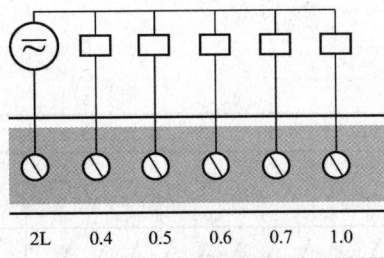

图 3-12　第二组数字量输出点接线图

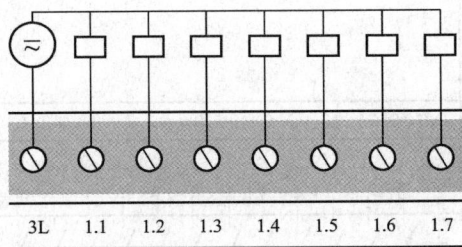

图 3-13　第三组数字量输出点接线图

二、CPU224DC/DC/DC 的接线

CPU224DC/DC/DC 的工作电源为 DC 24V，数字量输入点的接线与上面介绍的 CPU226AC/DC/继电器的数字量输入点的接线相同，不同之处是数字量输出点的接线，其接线如图 3-14 所示，且负载电源只能是直流，即只能控制直流负载。

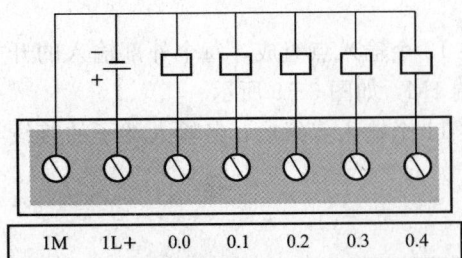

图 3-14　CPU224DC/DC/DC 数字
量输出点接线图

三、接近开关与 PLC 数字量输入点的连接

下面以三线制电容传感器为例来介绍它与 PLC 输入端的接线。

电容传感器可分为 NPN 集电极开路输出和 PNP 集电极开路输出两种类型，其原理如图 3-15 所示。

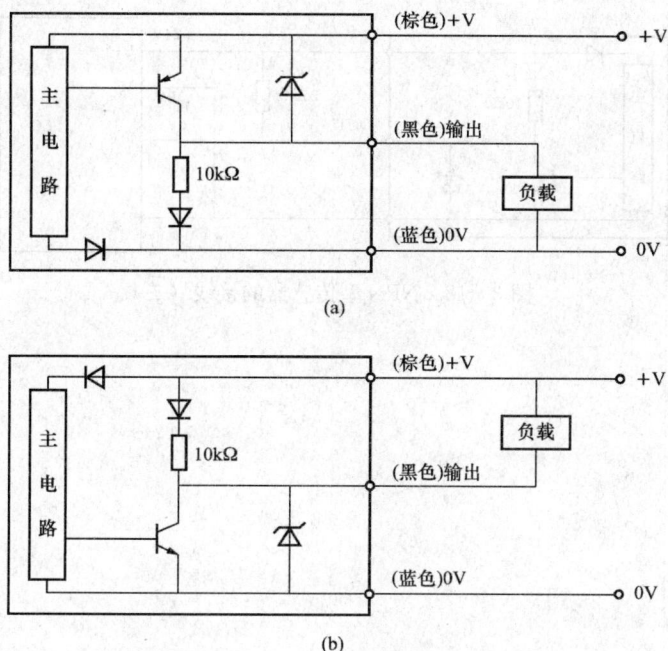

图 3-15　电容传感器原理图

（a）PNP 型；（b）NPN 型

1. PNP 型传感器的接线

PNP 型传感器的接线如图 3-16 所示。

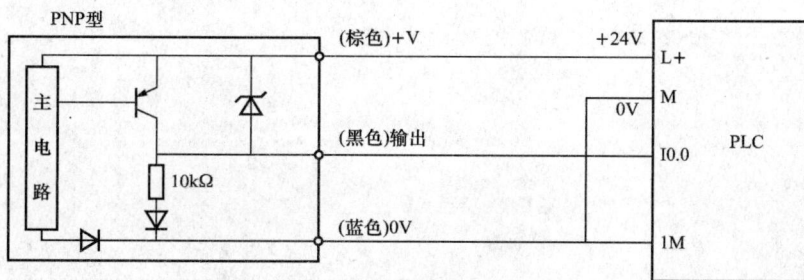

图 3-16　PNP 型传感器的接线

2. NPN 型传感器的接线

NPN 型传感器的接线有两种方法。一种为不加下接电阻的接法，如图 3-17 所示；另一种为加下接电阻的接法，如图 3-18 所示。

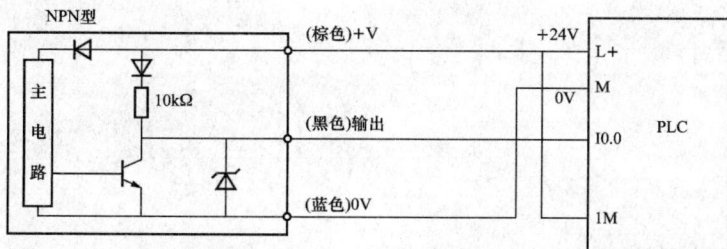

图 3-17　NPN 型传感器的接线（一）

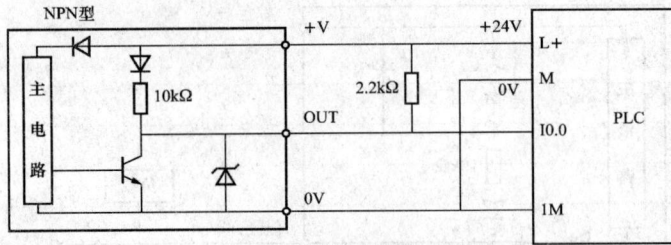

图 3-18 NPN 型传感器的接线（二）

第四章 基本指令及其应用

S7 - 200 PLC 的指令包括最基本的逻辑指令和完成特殊任务的功能指令。本章主要讲解 S7 - 200 PLC 的常用基本逻辑指令及其使用方法，然后举例介绍典型程序的编写。

第一节 基本逻辑指令

一、标准触点指令

标准触点指令有以下几条。

(1) LD：逻辑取指令（Load），用于网络块逻辑运算开始的动合触点与母线相连。

(2) LDN：逻辑取反指令（Load Not），用于网络块逻辑运算开始的动断触点与母线相连。

(3) A：触点串联指令（And），用于单个动合触点的串联连接。

(4) AN：与常闭触点（And Not），用于单个动断触点的串联连接。

(5) O：触点并联或指令（Or），用于单个动合触点的并联。

(6) ON：触点并联或反指令（Or Not），用于单个动断触点的并联。

(7) NOT：触点取反指令，该指令将复杂逻辑结果取反，为用户使用反逻辑提供方便。

(8) ＝：输出指令，该指令用于驱动线圈。

常用基本逻辑指令的基本逻辑关系、梯形图与助记符之间的对应关系如表 4 - 1 所示。

表 4 - 1　　　　　　　　　　　　逻辑关系、梯形图与助记符对应表

逻辑关系	梯形图	助记符
当 I0.0 与 I0.1 都为 ON 时，则输出 Q0.0 ON	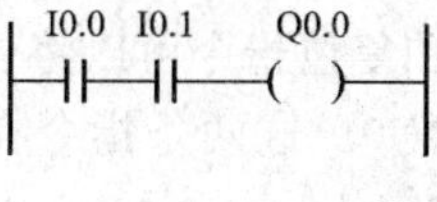 I0.0 I0.1 Q0.0	LD　I0.0 A　I0.1 ＝　Q0.0
当 I0.0 或 I0.0 为 ON 时，则输出 Y0 ON	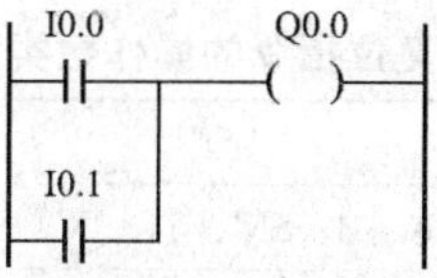 I0.0 Q0.0 / I0.1	LD　I0.0 O　I0.1 ＝　Q0.0
当 I0.1 为 OFF 时，则输出 Q0.0 ON	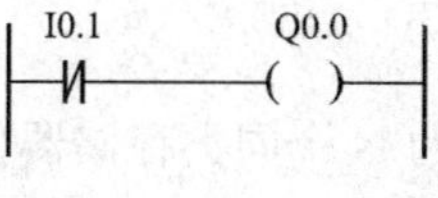 I0.1 Q0.0	LDN　I0.1 ＝　Q0.0

【例 4 - 1】　　用 PLC 控制三相交流异步电动机的启停。

传统电气控制三相交流异步电动机的启停电路如图 4 - 1 所示。

现在改为由 PLC 来对电动机进行控制，只需对图 4-1 中的主电路部分进行电气连接，控制电路删除，由 PLC 来代替其控制功能，如图 4-2 所示。PLC 的 I/O 接线图如图 4-3 所示，PLC 的控制程序如图 4-4 所示。

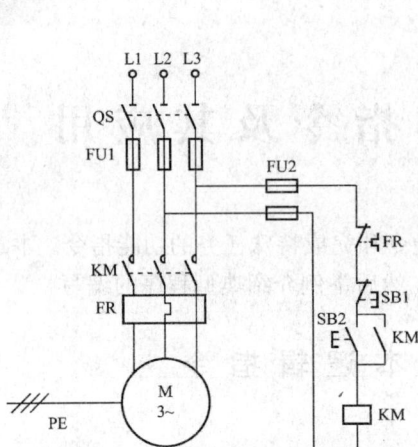

图 4-1　继电器控制电路图　　　　　　图 4-2　主电路

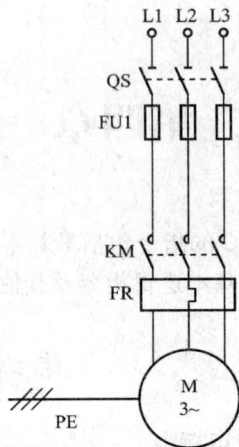

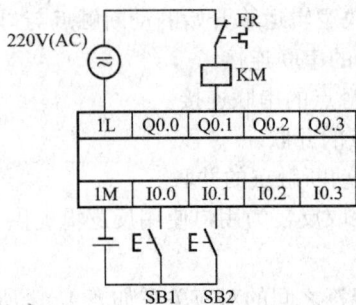

图 4-3　PLC 的 I/O 接线图　　　　　图 4-4　PLC 控制程序

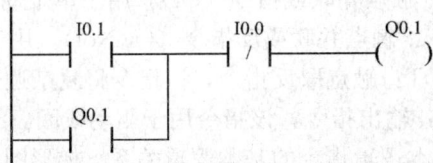

I/O 分配如下：I0.0，停车；I0.1，启动；Q0.1，KM。

二、置位（S）指令与复位指令（R）

置位即置 1，复位即置 0。置位指令和复位指令可以将位存储区的某一位开始的一个或多个（最多可达 255 个）同类存储器位置 1 或置 0。这两条指令在使用时需指明三点：操作元件、开始位和位的数量。各操作数类型及范围如表 4-2 所示。

表 4-2　　　　　　　　　　　置位与复位指令的操作数类型

操作数	范围	类型
位（bit）	I、Q、M、SM、TC、V、S、L	BOOL 型
数量（N）	VB、IB、QB、MB、SMB、LB、SB、AC、*VD、*AC、*LD	BYTE 型

1. 置位指令（S）

将位存储区的指定位（位 bit）开始的 N 个同类存储器位置位。

STL 格式：　S　bit，　N

如：

S　Q0.0，1　　//该指令是把 Q0.0 一个点置位为 1

2. 复位指令 (R)

将位存储区的指定位（位 bit）开始的 N 个同类存储器位复位。当用复位指令时，如果是对定时器 T 位或计数器 C 位进行复位，则定时器位或计数器位被复位，同时，定时器或计数器的当前值被清零。

STL 格式： R bit, N

如：

R Q0.2, 3 //该指令是把 Q0.2 开始的连续 3 个点复位为 0，即把 Q0.2、Q0.3、Q0.4 复位为 0

注 意

置位指令与复位指令执行的结果可以保持。

【**例 4-2**】 如图 4-5 所示的程序，动作时序图如图 4-6 所示。只有 I0.0 和 I0.1 同时为 ON 时，Q1.0 才会为 ON；只要 I0.0 和 I0.1 同时接通，Q0.0 就会置 1，Q0.2～Q0.4 复位为 0。当 I0.0 或 I0.1 断开时，Q0.0 保持为 1，Q0.2～Q0.4 也保持为 0。

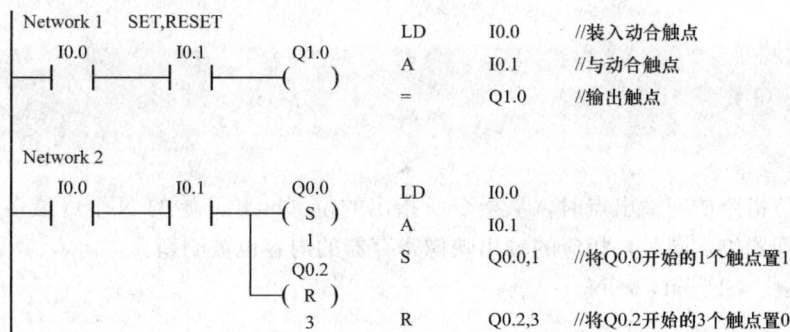

图 4-5 置位与复位指令

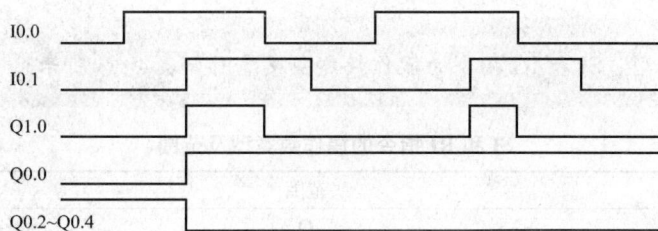

图 4-6 动作时序图

三、立即 I/O 指令

立即 I/O 指令有以下 4 种类型：

（1）立即输入指令；

（2）=I，立即输出指令；

（3）SI，立即置位指令；

（4）RI，立即复位指令。

1. 立即输入指令

在每个标准触点指令的后面加"I"，就是立即触点指令。指令执行时，立即读取物理输入点的值，但是不刷新对应映像寄存器的值。这类指令包括：LDI、LDNI、AI、ANI、OI 和

ONI。下面以 LDI 指令为例介绍。

STL 格式： LDI bit

如：

LDI I0.2

注意

bit 只能是 I 类型。

2. 立即输出指令

用立即指令访问输出点时，把栈顶值立即复制到指令所指定的物理输出点，同时，相应的输出映像寄存器的内容也被刷新。

STL 格式： =I bit

如：

= I Q0.2

注意

bit 只能是 Q 类型。

3. 立即置位指令

用立即置位指令访问输出点时，从指令所指出的位（bit）开始的 N 个（最多为 128 个）物理输出点被立即置位，同时，相应的输出映像寄存器的内容也被刷新。

STL 格式： SI bit，N

如：

SI Q0.0，2

注意

bit 只能是 Q 类型。SI 和 RI 指令的操作数类型及范围如表 4-3 所示。

表 4-3　　　　　　　　　　　　SI 和 RI 指令的操作数类型及范围

操作数	范围	类型
位（bit）	Q	BOOL 型
数量（N）	VB、IB、QB、MB、SMB、LB、SB、AC、＊VD、＊AC、＊LD、常数	BYTE 型

4. 立即复位指令

用立即复位指令访问输出点时，从指令所指出的位（bit）开始的 N 个（最多为 128 个）物理输出点被立即复位，同时，相应的输出映像寄存器的内容也被刷新。

STL 格式：RI bit，N

如：

RI Q0.0，1

图 4-7 所示为立即指令应用中的一段程序，图 4-8 所示是程序对应的时序图。

四、边沿脉冲指令

边沿脉冲指令分为上升沿脉冲指令（EU）和下降沿脉冲指令（ED）两种。

上升沿脉冲指令是对其之前的逻辑运算结果的上升沿产生一个宽度为一个扫描周期的脉冲。
下降沿脉冲指令是对其之前的逻辑运算结果的下降沿产生一个宽度为一个扫描周期的脉冲。

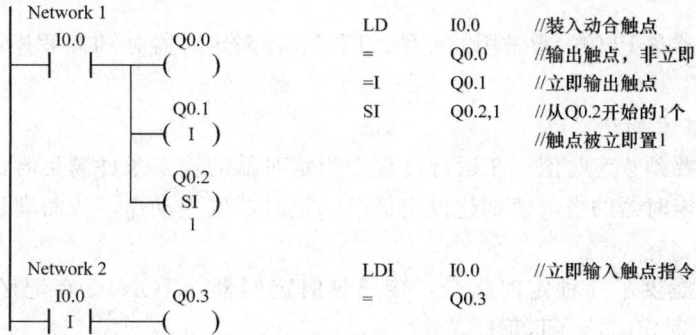

```
Network 1
  I0.0      Q0.0         LD    I0.0      //装入动合触点
  ┤├       ( )          =     Q0.0      //输出触点，非立即
                         =I    Q0.1      //立即输出触点
           Q0.1          SI    Q0.2,1    //从Q0.2开始的1个
           ( I )                         //触点被立即置1
           Q0.2
           ( SI )
             1

Network 2                   LDI   I0.0      //立即输入触点指令
  I0.0      Q0.3             =     Q0.3
  ┤ I ├    ( )
```

图 4-7 立即指令的应用

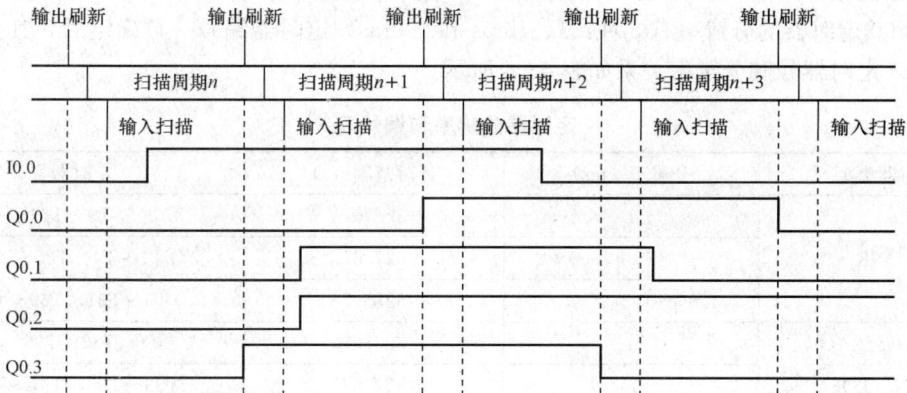

图 4-8 时序图

上升沿脉冲指令 STL 格式：EU，LAD 格式：┤P├。
下降沿脉冲指令 STL 格式：ED，LAD 格式：┤N├。

在如图 4-9 所示中，若 I0.0 由 OFF→ON，则 Q0.0 接通为 ON，一个扫描周期的时间后重新变成 OFF。若 I0.0 由 ON→OFF，则 Q0.1 接通为 ON，一个扫描周期的时间后重新变成 OFF。对应的动作时序图如图 4-10 所示。

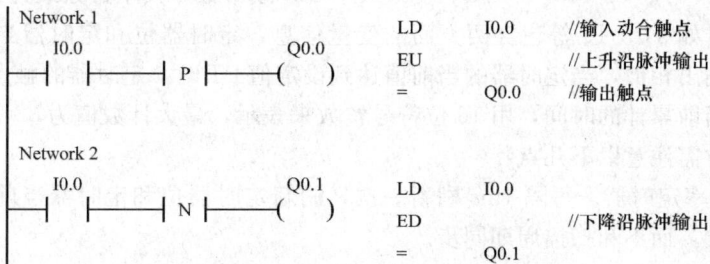

```
Network 1
  I0.0          Q0.0      LD    I0.0      //输入动合触点
  ┤├ ┤P├      ( )       EU               //上升沿脉冲输出
                         =     Q0.0      //输出触点

Network 2
  I0.0          Q0.1      LD    I0.0
  ┤├ ┤N├      ( )       ED               //下降沿脉冲输出
                         =     Q0.1
```

图 4-9 边沿脉冲指令的应用

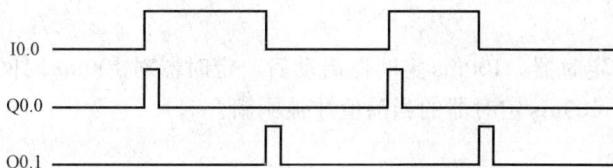

图 4-10 时序图

第二节 定时器与计数器

定时器和计数器是 PLC 中很常用的元件。用好、用对定时器对 PLC 程序设计非常重要。

一、定时器

1. 定时器的基本知识

定时器编程时要预置定时值，在运行过程中当定时器的输入条件满足时，当前值开始按一定的单位增加，当定时器的当前值到达设定值时，定时器发生动作，从而满足各种定时逻辑控制的需要。

S7-200 PLC 提供了 3 种定时指令：接通延时定时器（TON）、有记忆接通延时定时器（TONR）和断开延时定时器（TOF）。

定时器的编号用 T 和常数编号（最大为 255）表示，如 T0、T1 等。

S7-200 定时器的分辨率有 3 种：1、10ms 和 100ms，定时器编号一旦确定后，其分辨率也随之确定，定时器号和分辨率关系如表 4-4 所示。

表 4-4　　　　　　　　　　　　　　定时器分辨率和编号表

定时器类型	分辨率（ms）	计时范围（s）	定时器号
TONR	1	32.767	T0、T64
	10	327.67	T1~T4，T65~T68
	100	3276.7	T5~T31，T69~T95
TON、TOF	1	32.767	T32、T96
	10	327.67	T33~T36，T97~T100
	100	3276.7	T37~T63，T101~T255

定时器的实际设定时间 T＝设定值 PT×分辨率

如 TON 指令使用 T97（为 10ms 定时器），设定值为 100，则实际定时时间为

$$T=100×10ms=1000ms$$

定时器的设定值 PT，数据类型为 INT 型。操作数可为：VW、IW、QW、MW、SW、SMW、LW、AIW、T、C、AC、* VD、* AC、* LD 或常数，其中常数最为常用。

定时器的编号如 T0、T1 等包含两方面的变量信息：定时器位和定时器当前值。定时器位与其他继电器的输出相似，当定时器的当前值达到设定值 PT 时，定时器的触点动作。定时器的当前值是存储器当前累计的时间，用 16 位符号整数来表示，最大计数值为 32 767。

定时器使用时需注意以下几点：

（1）1ms 分辨率定时器。每隔 1ms 刷新一次，刷新定时器位和定时器当前值，在一个扫描周期中要刷新多次，而不和扫描周期同步。

（2）10ms 分辨率定时器。10ms 分辨率定时器启动后，定时器对 10ms 时间间隔进行计时。程序执行时，在每次扫描周期的开始对 10ms 定时器刷新，在一个扫描周期内定时器位和定时器当前值保持不变。

（3）100ms 分辨率定时器。100ms 定时器启动后，定时器对 100ms 时间间隔进行计时。只有在定时器指令执行时，100ms 定时器的当前值才被刷新。

2. 定时器指令

如图 4-11 所示程序中，用了一个 T37 的定时器，该定时器类型为 TON，PT 为设定值，

IN 为使能输入。

（1）接通延时定时器（TON）。接通延时定时器用于单一时间间隔的定时。上电周期或首次扫描时，定时器位为 OFF，当前值为 0。输入端接通时，定时器位为 OFF，当前值从 0 开始计时；当前值达到设定值时，定时器位为 ON，当前值仍连续计数到 32 767。若输入端断开，定时器自动复位，即定时器位为 OFF，当前值为 0。

接通延时定时器（TON）的 LAD 格式如图 4-12 所示。

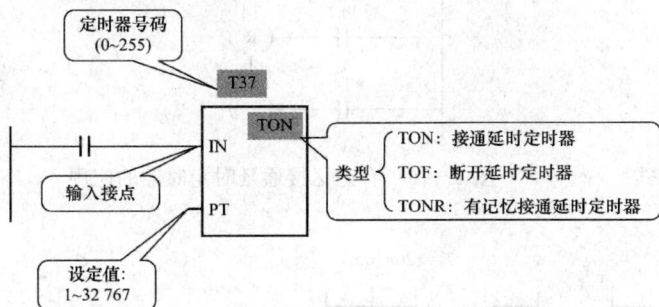

图 4-11　定时器指令的应用

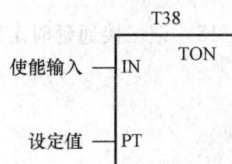

图 4-12　接通延时定时器 LAD 格式

在图 4-13 的程序中，由 I0.1 接通定时器 T38 的使能输入端，设定值为 120，设定时间为 120×100ms＝12s。当 I0.1 接通时开始计时，计时时间达到或超过 12s，即 T38 的当前值达到或超过 120 时，T38 的位动作为 ON，则 Q0.1 输出为 ON。若 I0.1 变为 OFF，则 T38 的位立即复位断开，当前值也回到 0。动作时序图如图 4-14 所示。

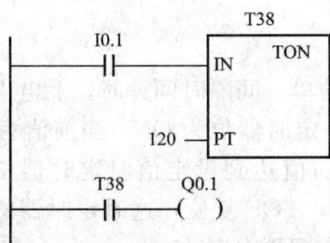

图 4-13　接通延时定时器的应用

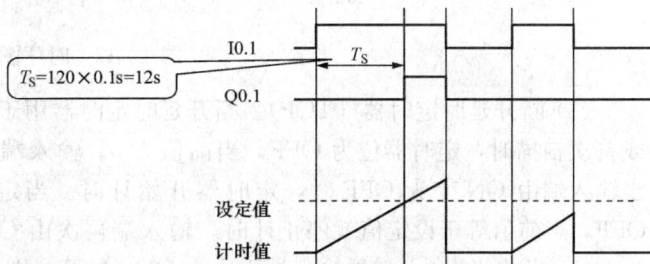

图 4-14　时序图

（2）有记忆接通延时定时器（TONR）。有记忆接通延时定时器具有记忆功能，它用于对许多间隔的累计定时。上电周期或首次扫描时，定时器位为掉电前的状态，当前值保持在掉电前的值。当输入端接通时，当前值从上次的保持值继续计时；当累计当前值达到设定值时，定时器位为 ON，当前值可继续计数到 32 767。

注意

TONR 定时器只能用复位指令 R 对其进行复位操作。TONR 复位后，定时器位为 OFF，当前值为 0。

有记忆接通延时定时器（TONR）的 LAD 格式如图 4-15 所示。

在图 4-16 的程序中，由 I0.1 接通定时器 T4 的使能输入端，设定值为 120，设定时间为 120×10ms＝1.2s。当 I0.1 为 ON 时开始计时，当计时时间达到或超过 1.2s 时，T4 的位动作，Q0.1 驱动为 ON。当 I0.2 为 ON 时，T4 的位复位断开，当前值也回到 0。若 I0.2 为 OFF，I0.0

接通开始计时，不到 1.2s I0.0 就断开，则 T4 会把当前值记忆下来，当下次 I0.0 再次为 ON 时，T4 的当前值会在上次计时的基础上累计，当累计计时时间达到或超过 1.2s 时，T4 的位动作，Q0.1 驱动为 ON。动作时序图如图 4-17 所示。

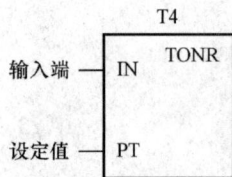

图 4-15　记忆接通延时定时器 LAD 格式　　　　图 4-16　有记忆接通延时定时器的应用

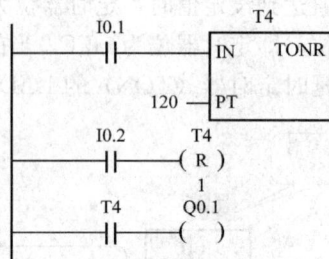

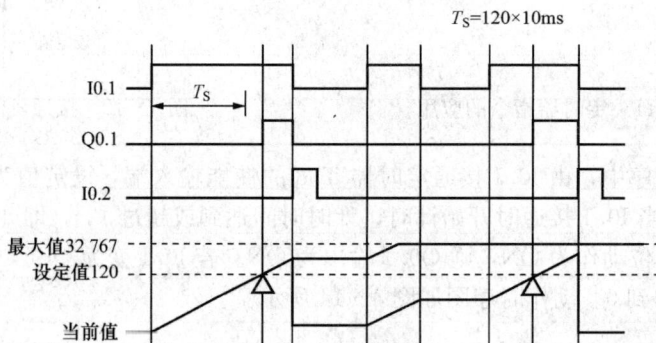

图 4-17　时序图

（3）断开延时定时器（TOF）。断开延时定时器用于断开后的单一间隔时间计时。上电周期或首次扫描时，定时器位为 OFF，当前值为 0。输入端接通时，定时器位为 ON，当前值为 0。当输入端由 ON 变为 OFF 时，定时器开始计时。当定时器当前值达到设定值时定时器位为 OFF，当前值等于设定值就停止计时。输入端再次由 OFF→ON，TOF 复位，这时定时器的位为 ON，当前值为 0。如果输入端再次由 ON→OFF，则 TOF 可实现再次启动。

断开延时定时器（TOF）的 LAD 格式如图 4-18 所示。

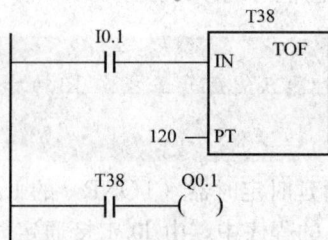

在图 4-19 的程序中，由 I0.1 接通定时器 T38 的使能输入端，设定值为 120，设定时间为 120×100ms＝12s。当 I0.1 为 ON 时，T38 的位立即动作为 ON，则 Q0.1 驱动为 ON。当 I0.1 断开时，T38 开始计时，当计时时间达到 12s 时，T38 的位就复位为 OFF，Q0.1 变为 OFF。动作时序图如图 4-20 所示。

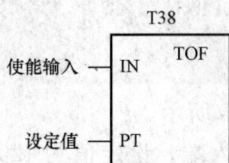

图 4-18　断开延时定时器的 LAD 格式　　　　图 4-19　断开延时定时器的应用

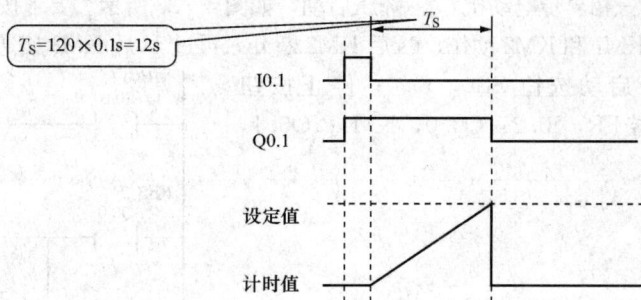

图 4-20 时序图

【例 4-3】 图 4-21 所示是介绍 3 种定时器的工作特性的程序片断，其中 T35 为通电延时定时器，T2 为有记忆通电延时定时器，T36 为断电延时定时器。梯形图程序中输入/输出执行时序关系如图 4-22 所示。

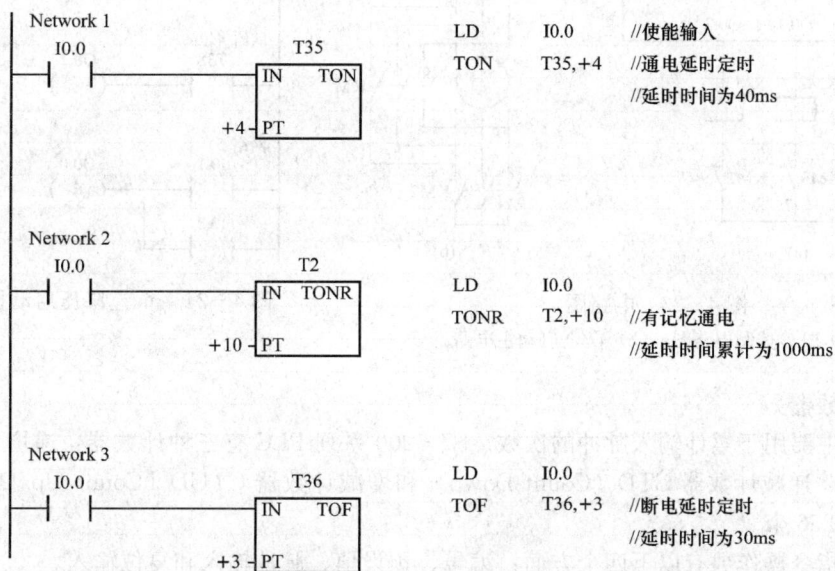

```
Network 1
I0.0          T35        LD    I0.0      //使能输入
 ┤├        IN   TON      TON   T35,+4    //通电延时定时
                                         //延时时间为40ms
          +4 ─PT

Network 2
I0.0          T2         LD    I0.0
 ┤├        IN   TONR     TONR  T2,+10    //有记忆通电
                                         //延时时间累计为1000ms
          +10 ─PT

Network 3
I0.0          T36        LD    I0.0
 ┤├        IN   TOF      TOF   T36,+3    //断电延时定时
                                         //延时时间为30ms
          +3 ─PT
```

图 4-21 定时器的应用

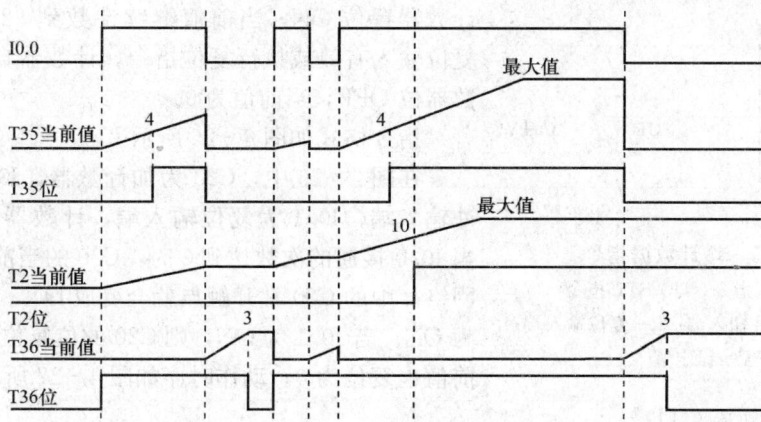

图 4-22 时序图

【例4-4】 控制三相异步电动机Y/△降压启动，如图4-23所示。要求按下启动按钮后，电动机绕组星形接法启动 KM1 和 KM2 动作，6s 后 KM2 断开，再过 1s 后 KM3 接通绕组组成△接法。

I/O 分配如下：启动按钮 SB2，I0.0；停止按钮 SB1，I0.1；热继电器 FR，I0.2；Q0.0，KM1；Q0.1，KM2；Q0.2，KM3。

控制程序如图4-24所示。

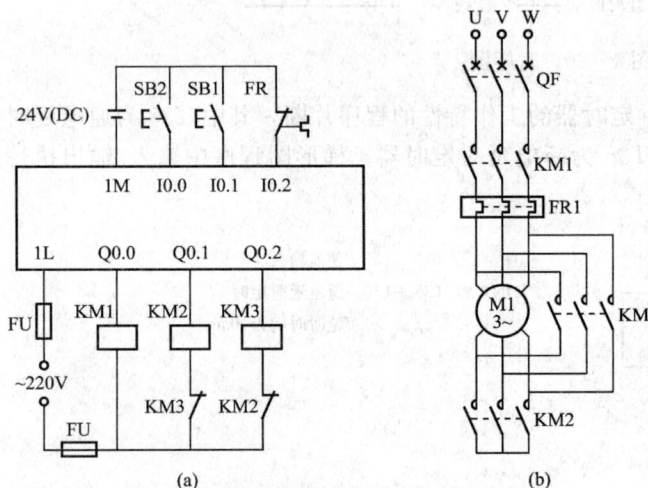

图4-23　电路图

(a) PLC 控制电路图；(b) Y/△启动主电路

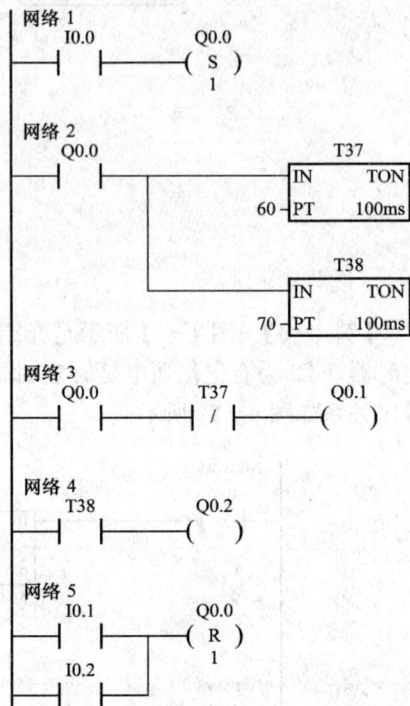

图4-24　Y/△降压启动控制程序

二、计数器

计数器主要用于累计输入脉冲的次数。S7-200 系列 PLC 有三种计数器：递增计数器 CTU (Count Up)、递减计数器 CTD (Count Down) 和增减计数器 CTUD (Count Up/Down)。三种计数器共有 256 个。

计数器指令操作数有以下四个方面：编号、预设值、脉冲输入和复位输入。

1. 增计数器 CTU

脉冲输入的每个上升沿，计数器计数 1 次，当前值增加 1 个单位，当前值达到预设值时，计数器置位 ON，当前值继续计数到 32767 停止计数。复位输入有效或执行复位指令，计数器自动复位，即计数器位 OFF，当前值为 0。

指令格式如图4-25所示。

在图4-26中，C20 为加计数器，I0.0 为加计数脉冲输入端，I0.1 为复位输入端，计数器的设定值为 3，当 I0.0 接通的次数达到 3 时，C20 的当前值由 0 加到 3，网络 2 中的 C20 常开触点就会变成 ON，从而驱动 Q0.0 为 ON。若 I0.1 为 ON，则 C20 的位复位到 0，C20 的当前值也复位为 0。动作时序如图4-27所示。

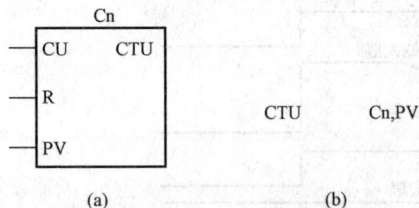

图4-25　增计数据指令

(a) 梯形图指令；(b) STL 指令

CU—加计数脉冲输入端；R—复位输入端；

PV—设定值

2. 递减计数器 CTD

递减计数器指令，脉冲输入端 CD 用于递减计数。首次扫描，定时器位置 OFF，当前值等于预设值 PV。计数器检测到 CD 输入的每个上升沿时，计数器当前值减小 1 个单位，当前值减到 0 时，计数器位为 ON。

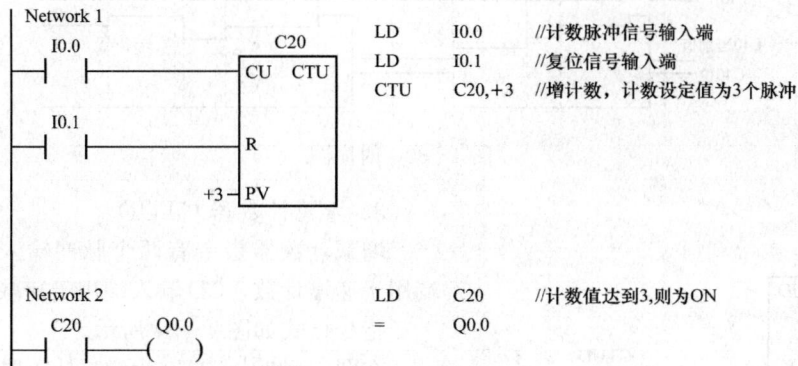

```
Network 1                    C20        LD      I0.0      //计数脉冲信号输入端
  I0.0                                  LD      I0.1      //复位信号输入端
 ─┤ ├─────────────┐CU  CTU              CTU     C20,+3    //增计数，计数设定值为3个脉冲
  I0.1            │
 ─┤ ├─────────────┤R
                 │
            +3 ──┤PV

Network 2                              LD      C20       //计数值达到3,则为ON
  C20      Q0.0                        =       Q0.0
 ─┤ ├──────( )─
```

图 4 - 26　增计数器的应用

复位输入有效或执行复位指令，计数器自动复位，即计数器位为 OFF，当前值复位为预设值，而不是 0。

指令格式如图 4 - 28 所示。

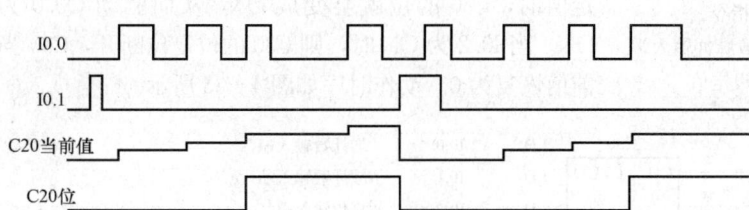

图 4 - 27　时序图

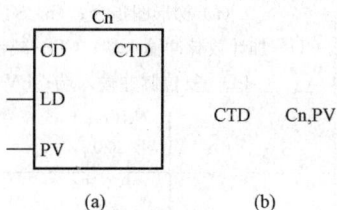

图 4 - 28　减计数器指令
（a）梯形图指令；（b）STL 指令
CD—减计数脉冲输入端；LD—复位
脉冲输入端；PV—设定值

在图 4 - 29 中，C40 为减计数器，I0.0 为减计数脉冲输入端，I0.1 为复位输入端，计数器的设定值为 4，当 I0.0 接通的次数达到 4 时，C40 的当前值由 4 减到 0，网络 2 中的 C20 常开触点就会变成 ON，从而驱动 Q0.0 为 ON。当 I0.1 为 ON 时，则 C40 的位复位断开，C40 当前值恢复为 4。动作时序如图 4 - 30 所示。

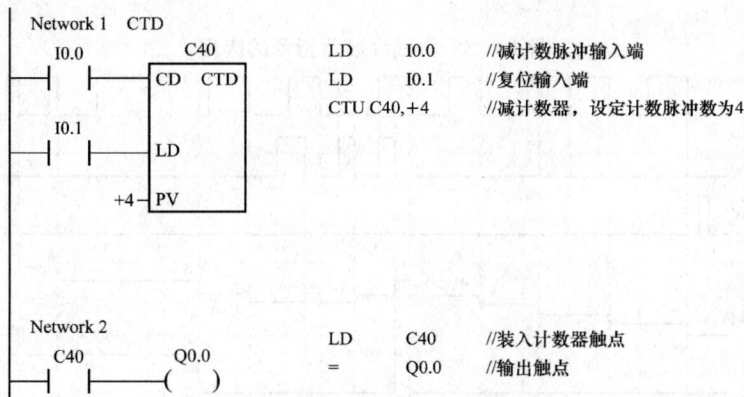

```
Network 1   CTD              LD      I0.0      //减计数脉冲输入端
  I0.0            C40        LD      I0.1      //复位输入端
 ─┤ ├─────────────┐CD  CTD   CTU     C40,+4    //减计数器，设定计数脉冲数为4
  I0.1            │
 ─┤ ├─────────────┤LD
                 │
            +4 ──┤PV

Network 2                    LD      C40       //装入计数器触点
  C40      Q0.0              =       Q0.0      //输出触点
 ─┤ ├──────( )─
```

图 4 - 29　减计数器的应用

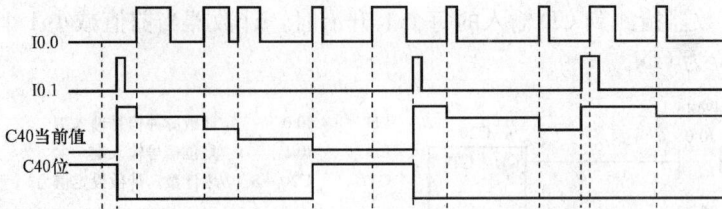

图 4-30 时序图

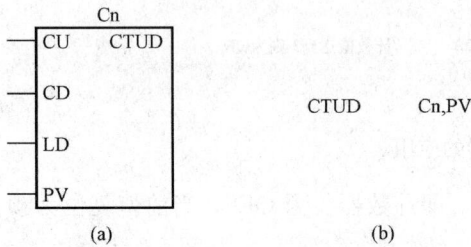

(a)   (b)

图 4-31 增减计数器指令

（a）梯形图指令；（b）STL 指令

CU—加计数脉冲输入端；CD—减计数脉冲输入端；

LD—复位脉冲输入端；PV—设定值

3. 增减计数器 CTUD

增减计数器指令有两个脉冲输入端：CU 输入端用于递增计数，CD 输入端用于递减计数。

指令格式如图 4-31 所示。

在图 4-32 中，C30 为增减计数器，I0.0 为增计数脉冲输入端，I0.1 为减计数脉冲输入端，I0.2 为复位输入端，计数器的设定值为 5，当 I0.0 每接通的次数，C30 的当前值就加 1；当 I0.1 每接通的次数，C30 的当前值就减 1。当 C30 的当前值达到或超过设定值时，C30 的位就会变成 ON，从而驱动 Q0.0 为 ON。当 I0.2 为 ON 时，则 C30 的位复位断开，C30 当前值恢复为 0。动作时序如图 4-33 所示。

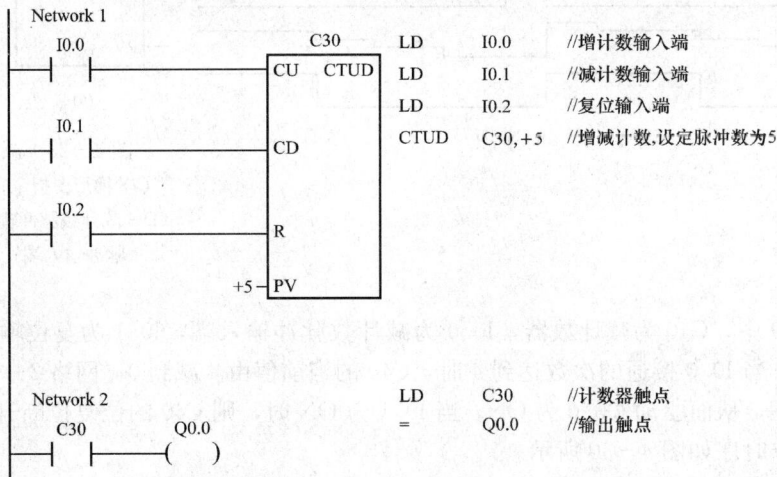

图 4-32 增减计数器指令的应用

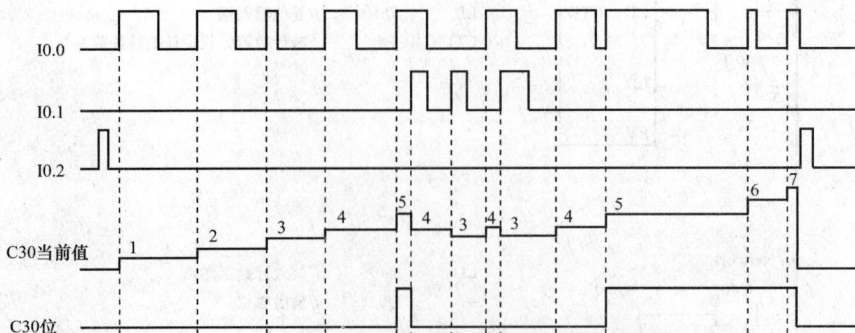

图 4-33 时序图

【例 4-5】 用一个按钮控制一只灯,按钮接于 PLC 的 I0.0,灯接于 PLC 的 Q0.0。编写控制程序,当按钮按下 3 次时灯为 ON,再按下按钮 2 次时灯为 OFF,如此重复。

用增计数器编写程序如图 4-34 所示。

【例 4-6】 用计数器和定时器配合扩展延时时间,如图 4-35 所示。该程序中,当 I0.0 为 ON 时,T50 的位每隔 3000s 就 ON 一个脉冲(宽度为一个扫描周期),T50 的位每接通一次,计数器 C20 的当前值就加 1,当 C20 的当前值加到 10 时,C20 的位动作,Q0.0 驱动为 ON。从 I0.0 接通开始到 Q0.0 驱动为 ON 的时间间隔为 $10 \times 1000s = 10\ 000s$。这样就增加了延时时间,否则 T50 定时时间最长只能是 $32\ 767 \times 100ms$。该程序动作时序图如图 4-36 所示。

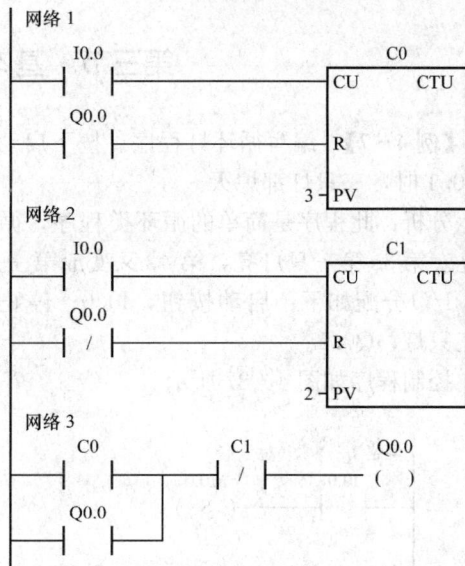

图 4-34 计数器应用程序

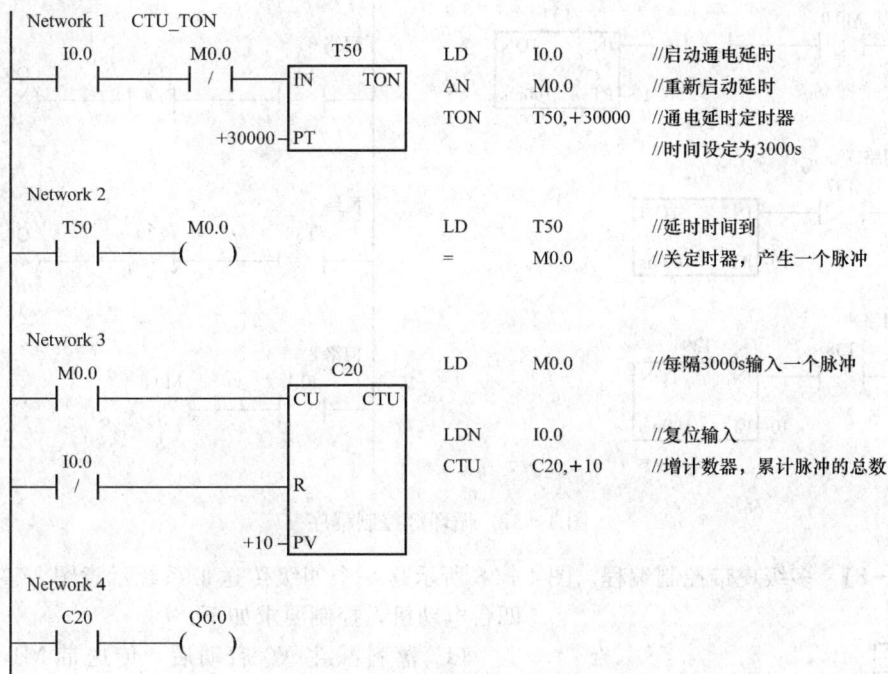

图 4-35 计数器和定时器配合扩展延时时间程序

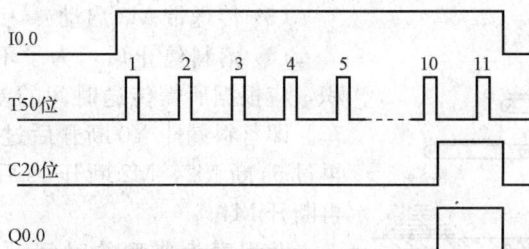

```
Network 1  CTU_TON
    I0.0    M0.0            T50
    ─┤├──────┤/├──────   IN    TON
                          +30000─PT

LD   I0.0      //启动通电延时
AN   M0.0      //重新启动延时
TON  T50,+30000  //通电延时定时器
               //时间设定为3000s

Network 2
    T50    M0.0
    ─┤├──────( )

LD   T50       //延时时间到
=    M0.0      //关定时器,产生一个脉冲

Network 3
    M0.0            C20
    ─┤├──────   CU    CTU

    I0.0
    ─┤/├──────  R

              +10─PV

LD   M0.0      //每隔3000s输入一个脉冲
LDN  I0.0      //复位输入
CTU  C20,+10   //增计数器,累计脉冲的总数

Network 4
    C20    Q0.0
    ─┤├──────( )
```

图 4-36 时序图

第三节　基本指令应用编程举例

【例 4-7】　编写循环灯程序。按下启动按钮时，三只灯每隔 1s 轮流闪亮，并循环。按下停止 I0.1 时，三只灯都熄灭。

分析：此程序是简单的循环类程序，循环周期长为 3s，即第 1s 第一只灯亮，第 2s 第二只灯亮，第 3s 第三只灯亮，第 4s 又变成第一只灯亮，如此循环。

I/O 分配如下：启动按钮，I0.0；停止按钮，I0.1；第一只灯，Q0.0；第二只灯，Q0.1；第三只灯，Q0.2。

控制程序如图 4-37 所示。

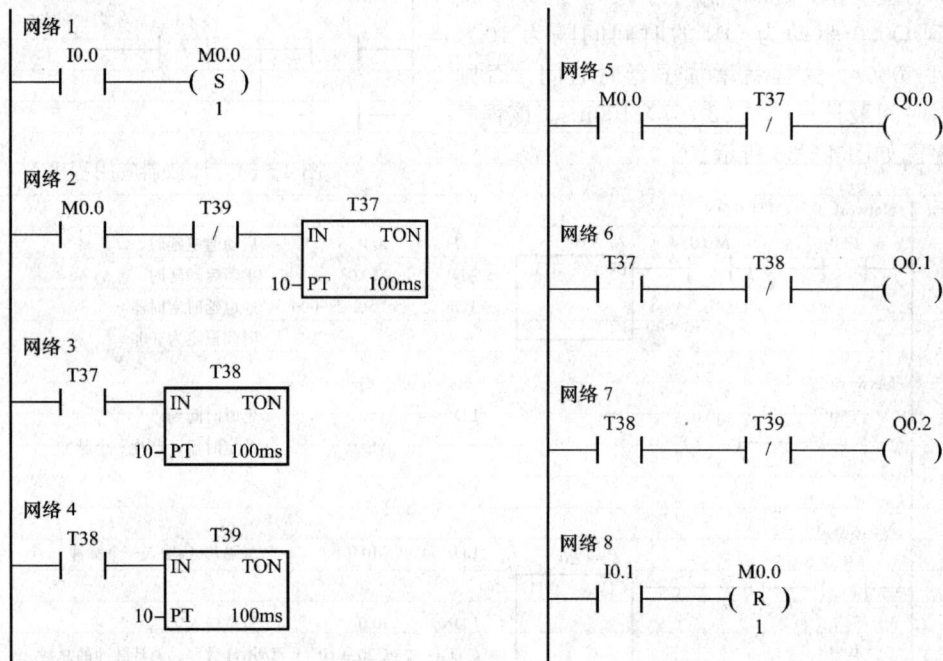

图 4-37　循环灯控制程序

【例 4-8】　多级皮带控制编程。图 4-38 所示是一个四级传送带系统示意图。整个系统有四台电动机，控制要求如下：

（1）落料漏斗 Y0 启动后，传送带 M1 应马上启动，经 6s 后须启动传送带 M2；

（2）传送带 M2 启动 5s 后应启动传送带 M3；

（3）传送带 M3 启动 4s 后应启动传送带 M4；

（4）落料停止后，为了不让各级皮带上有物料堆积，应根据所需传送时间的差别，分别将四台电机停车。即落料漏斗 Y0 断开后过 6s 再断 M1，M1 断开后再过 5s 断 M2，M2 断开 4s 后再断 M3，M3 断开 3s 后再断开 M4。

此程序为典型的时间顺序控制。I/O 分配如下：启动，I0.0；停止，I0.1；落料 Y0，Q0.0；传送带

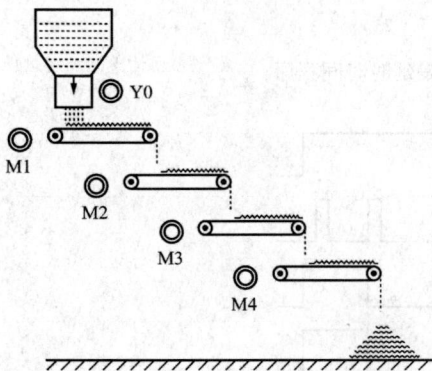

图 4-38　四级传送带系统示意图

M1，Q0.1；传送带 M2，Q0.2；传送带 M3，Q0.3；传送带 M4，Q0.4。控制程序如图 4 - 39 所示，程序中 M0.0 控制启动过程，M0.1 控制停止过程。

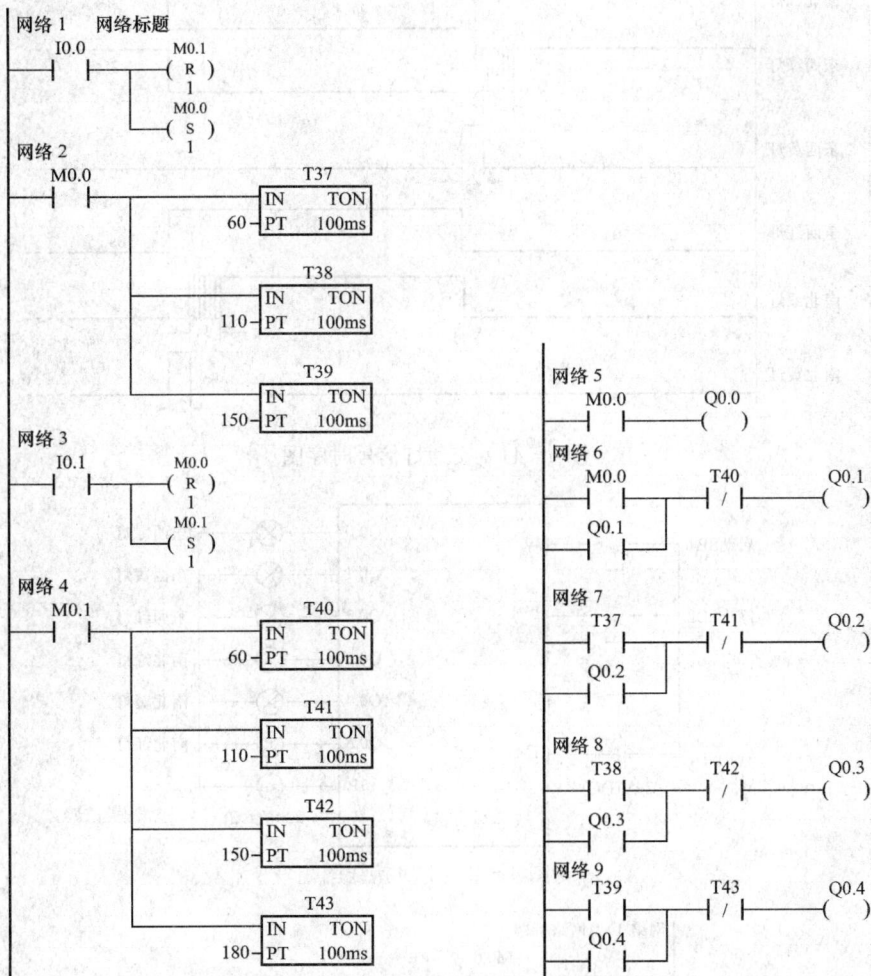

图 4 - 39 皮带运输控制程序

【例 4 - 9】 编写交通灯控制程序。

对如图 4 - 40 所示十字路口交通灯进行编程控制，该系统输入信号有：一个启动按钮 SB1 和一个停止按钮 SB2，输出信号有东西向红灯、绿灯、黄灯，南北向红灯、绿灯、黄灯。控制要求：按下启动按钮，信号灯系统按图 4 - 41 的时序开始工作（绿灯闪烁的周期为 1s），并能循环运行；按一下停止按钮，所有信号灯都熄灭。

PLC 的 I/O 分配及 I/O 接线图如图 4 - 42 所示。该程序是一个循环类程序，交通灯执行一周的时间为 60s，可把周期 60s 分成 0～25s、25～28s、28～30s、30～55s、55～58s、58～60s 共 6 段时间，在 25～28s、55～58s 段编一个周期为 1s

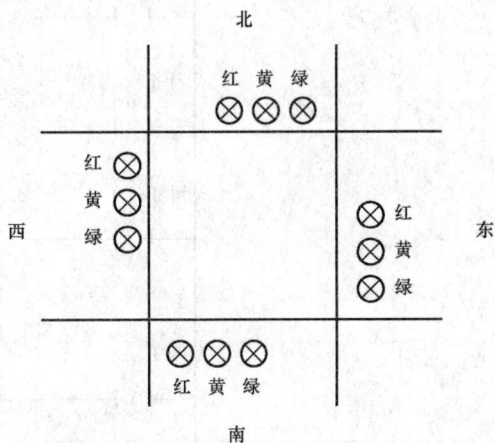

图 4 - 40 交通灯示意图

的脉冲程序串入其中。控制程序如图4-43所示。

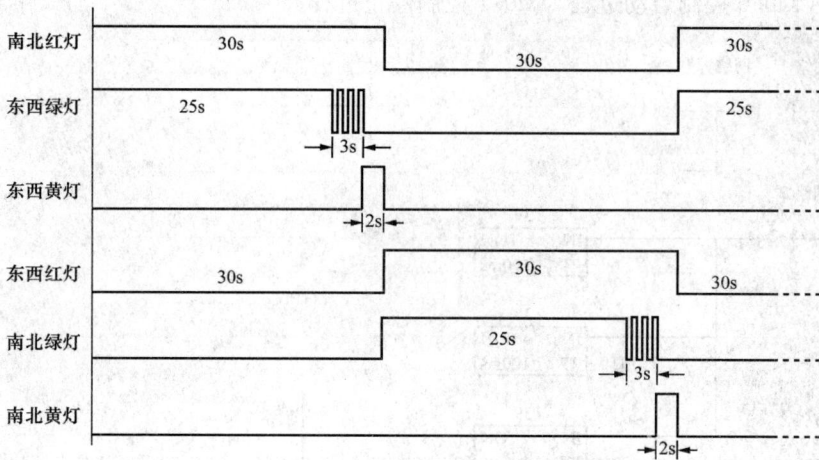

图4-41 交通灯信号时序图

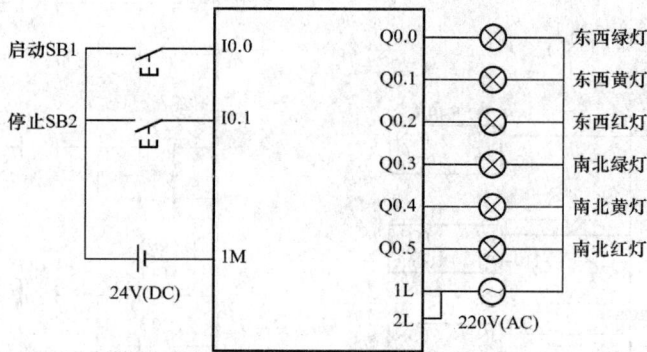

图4-42 I/O接线图

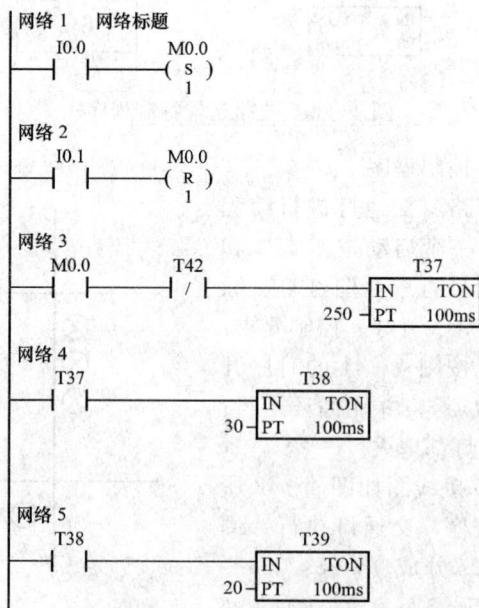

图4-43 交通灯控制程序（一）

网络 6

```
    T39              T40
────┤├──────────┤    IN    TON ├──
              250 ┤PT   100ms  │
```

网络 7

```
    T40              T41
────┤├──────────┤    IN    TON ├──
               30 ┤PT   100ms  │
```

网络 8

```
    T41              T42
────┤├──────────┤    IN    TON ├──
               20 ┤PT   100ms  │
```

网络 9

```
    T37     T38       T51      T50
────┤├──────┤/├───┬──┤/├───┤   IN    TON ├──
    T40     T41   │            5 ┤PT   100ms │
────┤├──────┤/├───┘
```

网络 10

```
    T50              T51
────┤├──────────┤    IN    TON ├──
                5 ┤PT   100ms  │
```

网络 11

```
    M0.0    T37                    Q0.0
────┤├──────┤/├──────────┬────────( )──
    T37     T38     T50   │
────┤├──────┤/├──────┤├───┘
```

网络 12

```
    T38     T39      Q0.1
────┤├──────┤/├──────( )──
```

网络 13

```
    T39     T42      Q0.2
────┤├──────┤/├──────( )──
```

网络 14

```
    T40     T41     T50        Q0.3
────┤├──────┤/├─────┤├──┬──────( )──
    T39     T40          │
────┤├──────┤/├──────────┘
```

网络 15

```
    T41     T42      Q0.4
────┤├──────┤/├──────( )──
```

网络 16

```
    M0.0    T39      Q0.5
────┤├──────┤/├──────( )──
```

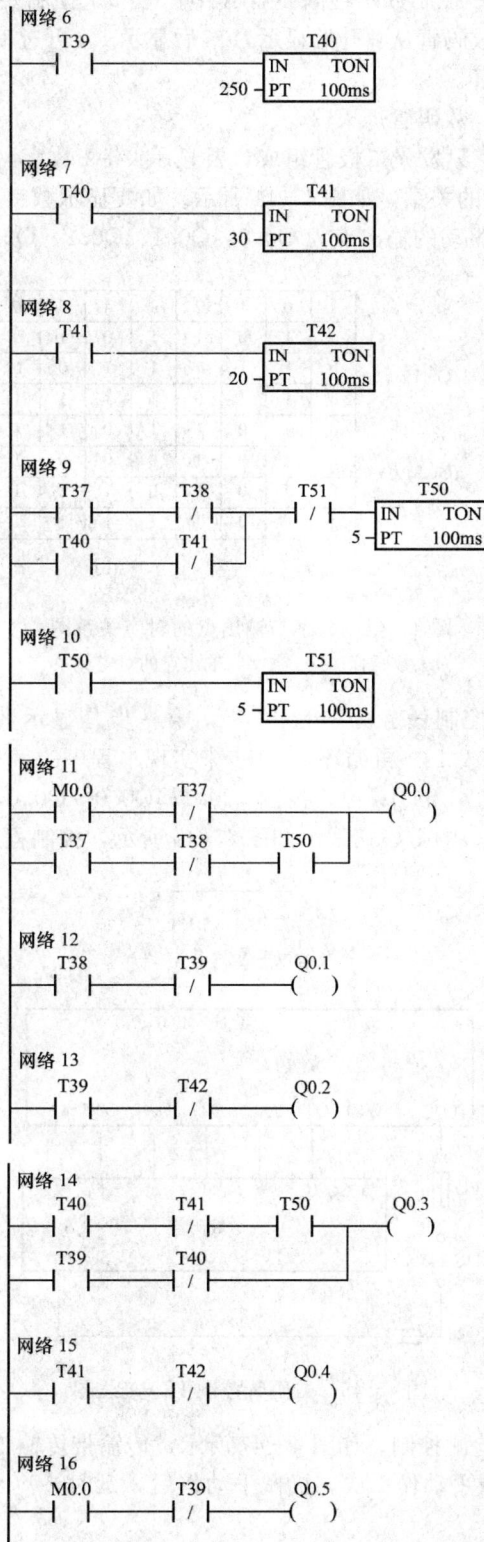

图 4-43 交通灯控制程序（二）

【例4－10】 设计用PLC控制数码管循环显示数字0～9。控制要求如下：

（1）按下启动按钮后，数码管从0开始显示，1s后显示1，再过1s后显示2，……，显示9，1s后再重新显示0，如此循环。

（2）当按下停止按钮后，数码管熄灭。

7段数码管实际上是由7只发光二极管组成，要显示0～9数字，首先确定数字与7只发光管（即PLC的输出控制点）的关系，如图4－44所示。如要显示数字0，则需要a、b、c、d、e、f管亮，则对应的PLC的需驱动的输出点为Q0.0、Q0.1、Q0.2、Q0.3、Q0.4、Q0.5。

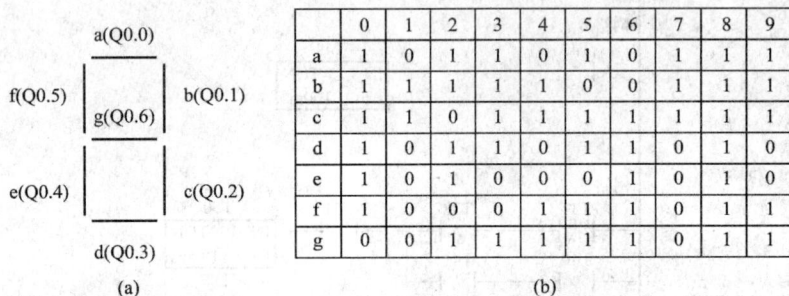

	0	1	2	3	4	5	6	7	8	9
a	1	0	1	1	0	1	0	1	1	1
b	1	1	1	1	1	0	0	1	1	1
c	1	1	0	1	1	1	1	1	1	1
d	1	0	1	1	0	1	1	0	1	0
e	1	0	1	0	0	0	1	0	1	0
f	1	0	0	0	1	1	1	0	1	1
g	0	0	1	1	1	1	1	0	1	1

(a)　　　(b)

图4－44　数字与输出点的对应关系图
（a）数码管；（b）数字与输出点的对应关系

另外，可把一个周期的控制任务分解为10步，第一步是显示数字01s，第二步显示数字11s，一直到第十步显示数字9 1s。再循环这10步来实现本程序的编写。

I/O分配如下：启动按钮，I0.0；停止控制，I0.1；Q0.0～Q0.6，数码管a～g。

根据系统控制要求，PLC的I/O接线图如图4－45所示，控制程序如图4－46所示。

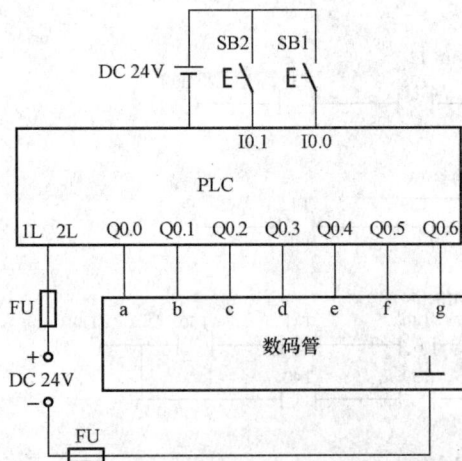

图4－45　数码管控制I/O接线图

【例4－11】 产品数量检测控制。如图4－47所示，传输带传输工件，用传检器检测通过的产品数量，每24个产品机械手动作1次。机械手动作后，延时2s，将机械手电磁铁切断复位。试编写控制程序。

PLC的I/O分配：

I0.0，传送带启动按钮；I0.1，传送带停机按钮；I0.2，产品通过检测器PH；Q0.0，传送带电机KM1；Q0.1，机械手KM2。

网络 1
```
  I0.0        M0.0
──┤ ├────────( S )
              1
```

网络 2
```
  I0.1        M0.0
──┤ ├────────( R )
              1
```

网络 3
```
  M0.0       T46         T37
──┤ ├────────┤/├────┌──────────┐
                    │IN     TON│
              10────┤PT  100ms │
                    └──────────┘
```

网络 4
```
  T37                    T38
──┤ ├──────────────┌──────────┐
                    │IN     TON│
              10────┤PT  100ms │
                    └──────────┘
```

网络 5
```
  T38                    T39
──┤ ├──────────────┌──────────┐
                    │IN     TON│
              10────┤PT  100ms │
                    └──────────┘
```

网络6
```
  T39                    T40
──┤ ├──────────────┌──────────┐
                    │IN     TON│
              10────┤PT  100ms │
                    └──────────┘
```

网络7
```
  T40                    T41
──┤ ├──────────────┌──────────┐
                    │IN     TON│
              10────┤PT  100ms │
                    └──────────┘
```

网络8
```
  T41                    T42
──┤ ├──────────────┌──────────┐
                    │IN     TON│
              10────┤PT  100ms │
                    └──────────┘
```

网络9
```
  T42                    T43
──┤ ├──────────────┌──────────┐
                    │IN     TON│
              10────┤PT  100ms │
                    └──────────┘
```

网络10
```
  T43                    T44
──┤ ├──────────────┌──────────┐
                    │IN     TON│
              10────┤PT  100ms │
                    └──────────┘
```

网络11
```
  T44                    T45
──┤ ├──────────────┌──────────┐
                    │IN     TON│
              10────┤PT  100ms │
                    └──────────┘
```

网络12
```
  T45                    T46
──┤ ├──────────────┌──────────┐
                    │IN     TON│
              10────┤PT  100ms │
                    └──────────┘
```

网络 13
```
  M0.0       T37         Q0.0
──┤ ├────────┤/├──────┬──( )
  T38        T40       │
──┤ ├────────┤ ├───────┤
  T41        T42       │
──┤ ├────────┤/├───────┤
  T43        T46       │
──┤ ├────────┤ ├───────┘
```

网络 14
```
  M0.0       T41         Q0.1
──┤ ├────────┤/├──────┬──( )
  T43        T46       │
──┤ ├────────┤ ├───────┘
```

网络 15
```
  M0.0       T38         Q0.2
──┤ ├────────┤/├──────┬──( )
  T39        T46       │
──┤ ├────────┤/├───────┘
```

网络 16
```
  M0.0       T37         Q0.3
──┤ ├────────┤/├──────┬──( )
  T38        T40       │
──┤ ├────────┤ ├───────┤
  T41        T43       │
──┤ ├────────┤ ├───────┤
  T44        T45       │
──┤ ├────────┤/├───────┘
```

网络 17
```
  M0.0       T37         Q0.4
──┤ ├────────┤/├──────┬──( )
  T38        T39       │
──┤ ├────────┤/├───────┤
  T42        T43       │
──┤ ├────────┤ ├───────┤
  T44        T45       │
──┤ ├────────┤/├───────┘
```

网络 18
```
  M0.0       T37         Q0.5
──┤ ├────────┤/├──────┬──( )
  T40        T43       │
──┤ ├────────┤ ├───────┤
  T44        T46       │
──┤ ├────────┤/├───────┘
```

网络 19
```
  T38        T43         Q0.6
──┤ ├────────┤/├──────┬──( )
  T44        T46       │
──┤ ├────────┤ ├───────┘
```

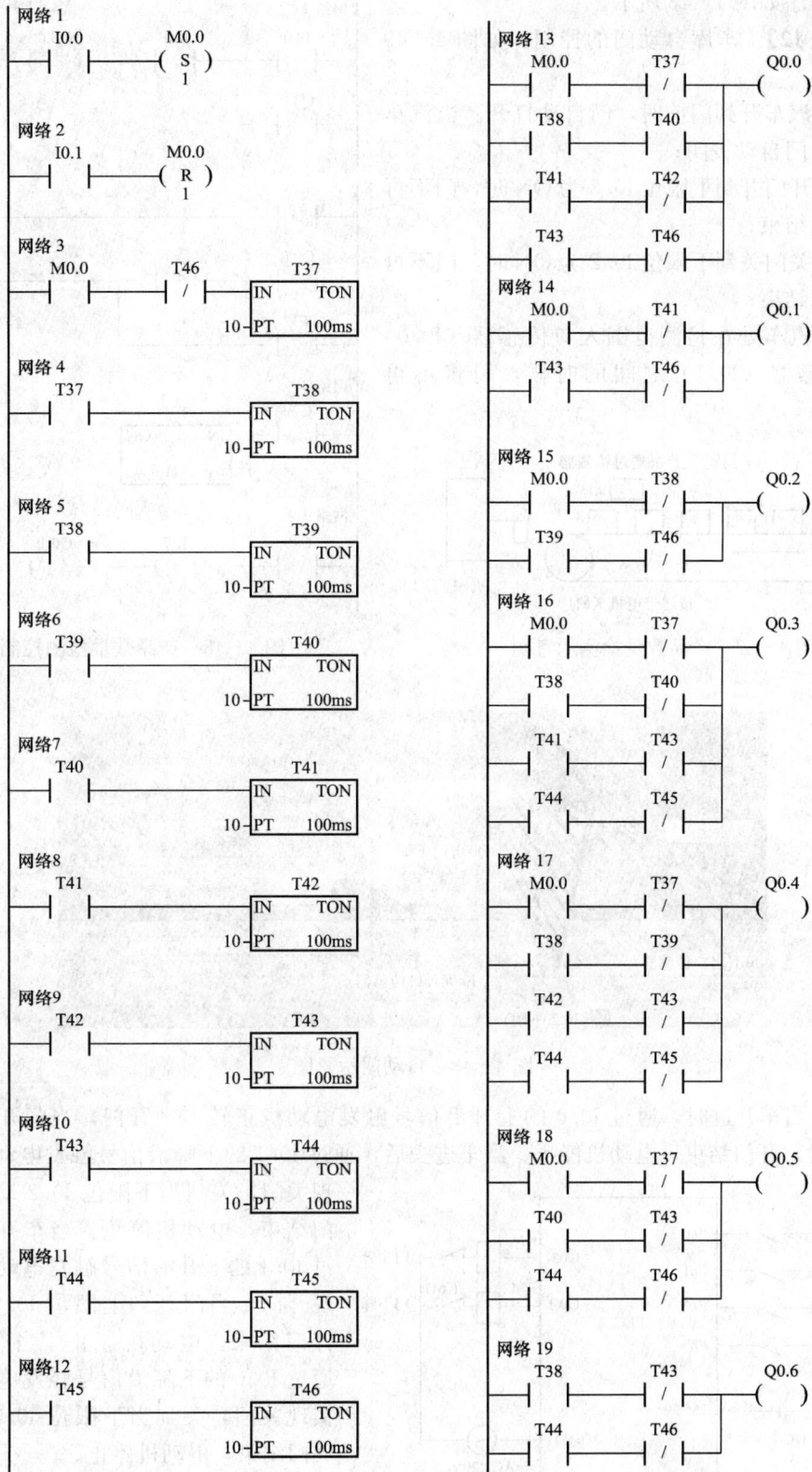

图 4-46 数码管循环显示程序

控制程序如图4-48所示。

【例4-12】 车库自动门的控制，如图4-49所示。

（1）当汽车开到门前时，门自动打开。当汽车经过门后，门自动关闭；

（2）当开门开到上限位I0.3为ON时，门不再打开，开门结束；

（3）当关门关到下限位I0.2为ON时，门不再关闭，关门结束；

（4）当汽车处在检测范围入口传感器（I0.0）和出口传感器（I0.1）之间的时候，门将不再关闭。

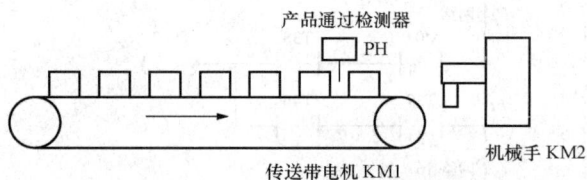

图4-47 产品数量检测示意图

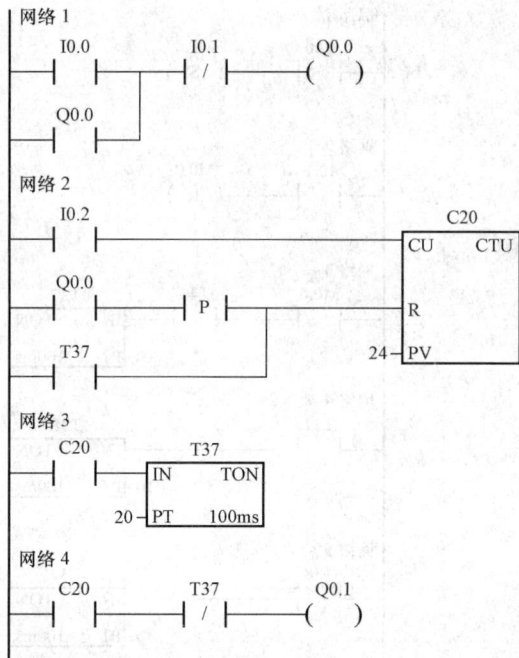

图4-48 产品数量检测控制程序

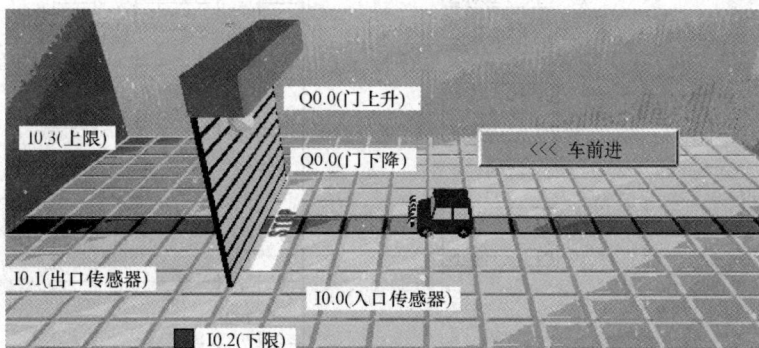

图4-49 自动门示意图

分析：当车开进时，通过I0.0的上升沿信号触发电动机正转实现开门，当门开到上限位I0.3动作时，开门结束，电动机停止。当车进去后，通过I0.1的下降沿信号触发电动机反转实现关门，关到当下限位I0.2动作时，关门结束，电动机停止。当车开出时，通过I0.1的上升沿信号触发电动机正转实现开门，当门开到上限位I0.3动作时，开门结束，电动机停止。当车出来后，通过I0.0的下降沿信号触发电动机反转实现关门，关到当下限位I0.2动作时，关门结束，电动机停止。

系统I/O接线图如图4-50所示。控制程序如图4-51所示，通过数脉冲

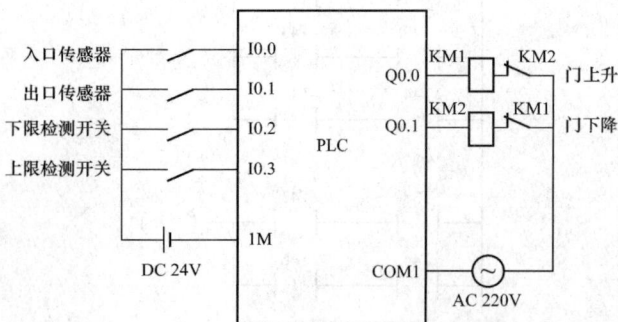

图4-50 I/O接线图

次数的方法来设计程序。关门的条件是用 I0.0 和 I0.1 产生的第二个下降沿来触发。

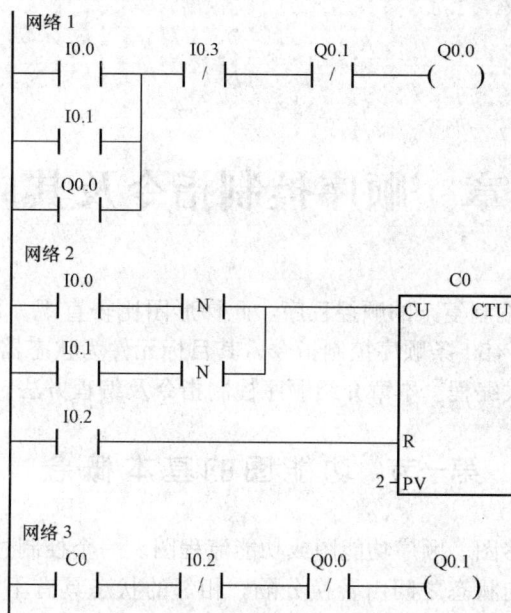

图 4-51 自动门控制程序

习　题

1. 设计抢答器 PLC 控制系统，控制要求如下：

(1) 抢答台 A、B、C、D，有指示灯，抢答键。

(2) 裁判员台，指示灯，复位按键。

(3) 抢答时，有 2s 声音报警。

2. 设计 PLC 三速电动机控制系统。控制要求：启动低速运行 3s，KM1，KM2 接通；中速运行 3s，KM3 通 （KM2 断开）；高速运行 KM4，KM5 接通 （KM3 断开）。

3. 设计喷泉电路。要求：喷泉有 A、B、C 三组喷头。启动后，A 组先喷 5s，后 B、C 同时喷，5s 后 B 停，再 5s 后 C 停，而 A、B 又喷，再过 2s，C 也喷，持续 5s 后全部停，再过 3s 后重复上述过程。

第五章　顺序控制指令及其应用

顺序功能图 SFC 用于编制复杂的顺控程序，此梯形图比较直观，也为越来越多的电气技术人员所接受。S7-200 PLC 有 4 条顺序控制指令，其目标元件为状态器，可用类似于顺序功能图 SFC 语言的状态转移图方式编程。本章介绍顺序控制指令及编程方法。

第一节　功能图的基本概念

功能图也称为状态转移图、顺序功能图或功能流程图。一个控制过程可以分为若干个阶段，每个阶段称为状态。状态与状态之间由转换分隔。相邻的状态具有不同的动作。当相邻两状态之间的转换条件得到满足时，就实现转换。即上面状态的动作结束而下一状态的动作开始。可用功能图来描述控制系统的控制过程，状态转移图具有直观、简单的特点，是设计 PLC 顺序控制程序的一种有力工具。

状态器是功能图基本的软元件。

一、功能图的基本概念

状态具有控制系统中一个相对不变的性质，对应于一个稳定的情形。状态的符号如图 5-1 (a) 所示。矩形框中可写上该状态的状态器元件编号。

1. 初始状态

初始状态是功能图运行的起点，一个控制系统至少要有一个初始状态。初始状态的图形符号为双线的矩形框，如图 5-1 (b) 所示。

2. 工作状态

工作状态是控制系统正常运行的状态。根据控制系统是否运行，状态可以为动态和静态两种。动状态是指当前正在运行的状态，静状态是指当前没有运行的状态。

3. 与状态对应的动作

在每个稳定的状态下，一般会有相应的动作。动作的表示方法如图 5-2 所示。

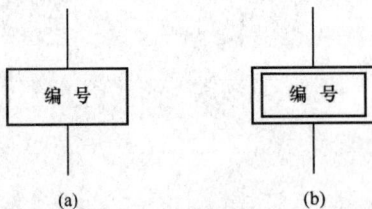

图 5-1　状态的图形符号
(a) 状态；(b) 初始状态

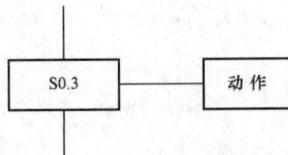

图 5-2　状态下动作的表示

4. 转移

为了说明从一个状态到另一个状态的变化，需用转移的概念。转移的方向用一条有向线段来表示，两个状态之间的有向线段上再用一条横线可表示这一转移，如图5-3所示。

转移是一种条件，当此条件成立时，称为转移使能。该转移如果能够使状态发生转移，则称为触发。一个转移能够触发必须满足以下条件：状态为动状态及转移使能。转移条件是指使系统从一个状态向另一个状态转移的必要条件。

二、功能图的构成

功能图的绘制必须满足以下规则：

(1) 状态与状态不能直接相连，必须用转移分开。

(2) 转移与转移不能相连，必须用状态分开。

(3) 状态与转移、转移与状态之间的连接采用有向线段，从上向下画时，可以省略箭头；当有向线段从下向上画时，必须画上箭头，以表示方向。

(4) 一个功能图至少要有一个初始状态。

下面以一台汽车自动清洗机的动作为例来说明功能图的绘制。汽车自动清洗机的动作如下：按下启动按钮后，打开喷淋阀门，同时清洗机开始移动。当检测到汽车到达刷洗范围时，启动旋转刷子开始清洗汽车。当检测到汽车离开清洗机时，停止清洗机移动、停止刷子旋转并关闭阀门，接着清洗机返回至原点。图5-4所示为功能图表示的汽车自动清洗机的运行过程。

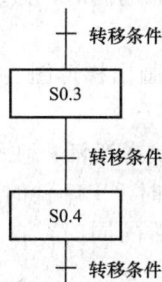

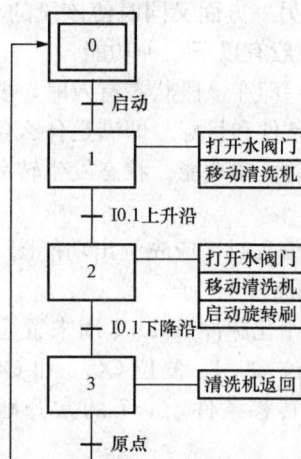

图5-3 转移符号　　　　图5-4 汽车自动清洗机功能图

第二节 顺序控制指令

一、顺序控制指令介绍

顺序控制指令是PLC生产厂家为用户提供的可使功能图编程简单化和规范化的指令。S7-200 PLC提供了四条顺序控制指令，其中最后一条条件顺序状态结束指令CSCRE使用较少，它们的STL、LAD格式和功能如表5-1所示。

表5-1 顺控指令表

STL	LAD	功　能	操作元件
LSCR S_bit	s_bit ─┤SCR├	顺序状态开始	S（位）

续表

STL	LAD	功　　能	操作元件
SCRT S_bit	s_bit ——(SCRT)	顺序状态转移	S（位）
SCRE	——(SCRE)	顺序状态结束	无
CSCRE		条件顺序状态结束	无

从表5-1中可以看出，顺序控制指令的操作元件为顺序控制器S，也称为状态器，每一个S位都表示功能图中的一种状态。S的范围为S0.0～S31.7。

注意

这里使用的是S的位元件。

从LSCR指令开始到SCRE指令结束的所有指令组成一个顺序控制器（SCR）段。LSCR指令标记一个SCR段的开始，当该段的状态器置位时，允许该SCR段工作。SCR段必须用SCRE指令结束。当SCRT指令的输入端有效时，一方面置位下一个SCR段的状态器，以便使下一个SCR段开始工作；另一方面又同时使该段的状态器复位，使该段停止工作。由此可以总结出每一个SCR程序段一般有以下三种功能：

（1）驱动处理。即在该段状态有效时，要做什么工作，有时也可能不做任何工作。

（2）指定转移条件和目标。即满足什么条件后状态转移到何处。

（3）转移源自动复位功能。状态发生转移后，置位下一个状态的同时，自动复位原状态。

二、举例说明

在使用功能图编程时，应先画出功能图，然后对应于功能图画出梯形图。如图5-5所示为顺序控制指令使用的一个例子。

在该例中，初始化脉冲SM0.1用来置位S0.1，即把S0.1状态激活；在S0.1状态的SCR段要做的工作是置位Q0.4、复位Q0.5和Q0.6，使T37开始计时。T37计时1s后状态发生转移，T37即为状态转移条件，T37的常开触点将S0.2置位激活的同时，自动使原状态S0.1复位。

在状态S0.2的SCR段，要做的工作是输出Q0.2，同时T38计时；T38计时20s后，状态从S0.2转移到S0.3，同时状态S0.2自动复位。

注意

在SCR段输出时，常用SM0.0（常ON）执行SCR段的输出操作。因为线圈不能直接与母线相连，所以需借助SM0.0来与母线相连。

使用说明：

（1）顺控指令仅对元件S有效，顺控继电器S也具有一般继电器的功能，所以对它能够使用其他指令。

（2）SCR段程序能否执行取决于该状态器（S）是否被置位，SCRE与下一个LSCR之间的指令逻辑不影响下一个SCR段程序的执行。

（3）不能把同一个S位用于不同程序中，如在主程序中用了S0.1，则在子程序中就不能再使用它。

（4）在SCR段中不能使用JMP和LBL指令，就是说不允许跳入、跳出或在内部跳转，但可以在SCR段附近使用跳转和标号指令。

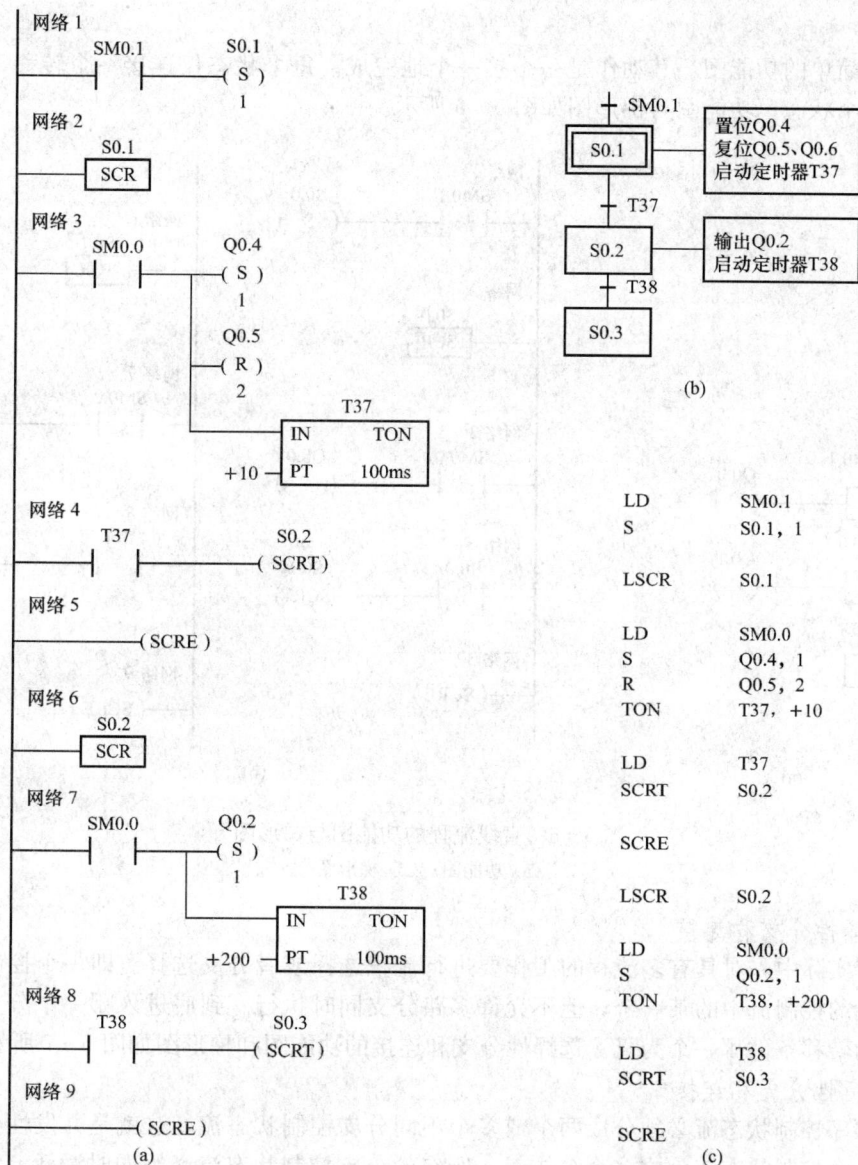

网络 1
```
     SM0.1          S0.1
   ──┤├──────────────( S )
                       1
```

网络 2
```
     S0.1
   ──┤ SCR ├──
```

网络 3
```
     SM0.0          Q0.4
   ──┤├──────────────( S )
                       1
                     Q0.5
                    ──( R )
                       2
                            T37
                    ┌─────────────┐
                    │ IN      TON │
              +10 ──┤ PT    100ms │
                    └─────────────┘
```

网络 4
```
      T37           S0.2
   ──┤├──────────────( SCRT )
```

网络 5
```
   ──────────────────( SCRE )
```

网络 6
```
     S0.2
   ──┤ SCR ├──
```

网络 7
```
     SM0.0          Q0.2
   ──┤├──────────────( S )
                       1
                            T38
                    ┌─────────────┐
                    │ IN      TON │
             +200 ──┤ PT    100ms │
                    └─────────────┘
```

网络 8
```
      T38           S0.3
   ──┤├──────────────( SCRT )
```

网络 9
```
   ──────────────────( SCRE )
```
(a)

SM0.1
┌──────┐   置位Q0.4
│ S0.1 │── 复位Q0.5、Q0.6
└──────┘   启动定时器T37
   │ T37
┌──────┐   输出Q0.2
│ S0.2 │── 启动定时器T38
└──────┘
   │ T38
┌──────┐
│ S0.3 │
└──────┘

(b)

```
LD        SM0.1
S         S0.1, 1

LSCR      S0.1

LD        SM0.0
S         Q0.4, 1
R         Q0.5, 2
TON       T37, +10

LD        T37
SCRT      S0.2

SCRE

LSCR      S0.2

LD        SM0.0
S         Q0.2, 1
TON       T38, +200

LD        T38
SCRT      S0.3

SCRE
```
(c)

图 5-5 顺序控制指令的使用

(a) 梯形图；(b) 功能图；(c) 指令表

（5）在 SCR 段中不能使用 FOR、NEXT 和 END 指令。

（6）在状态发生转移后，所有的 SCR 段的元器件一般也要复位，如果希望继续输出，可使用置位/复位指令。

（7）在使用功能图时，状态器的编号可以不按顺序编排。

（8）S7-200 PLC 的顺控程序段中，不支持多线圈输出。如程序中出现多个 Q0.0 的线圈，则以后面线圈的状态优先输出。

第三节 功能图的主要类型

功能图的主要类型有直线流程、选择性分支和连接、并行分支和连接、跳转和循环等。

1. 直线流程

这是最简单的功能图，其动作是一个接一个地完成。每个状态仅连接一个转移，每个转移也仅连接一个状态。功能图与梯形图如图 5-6 所示。

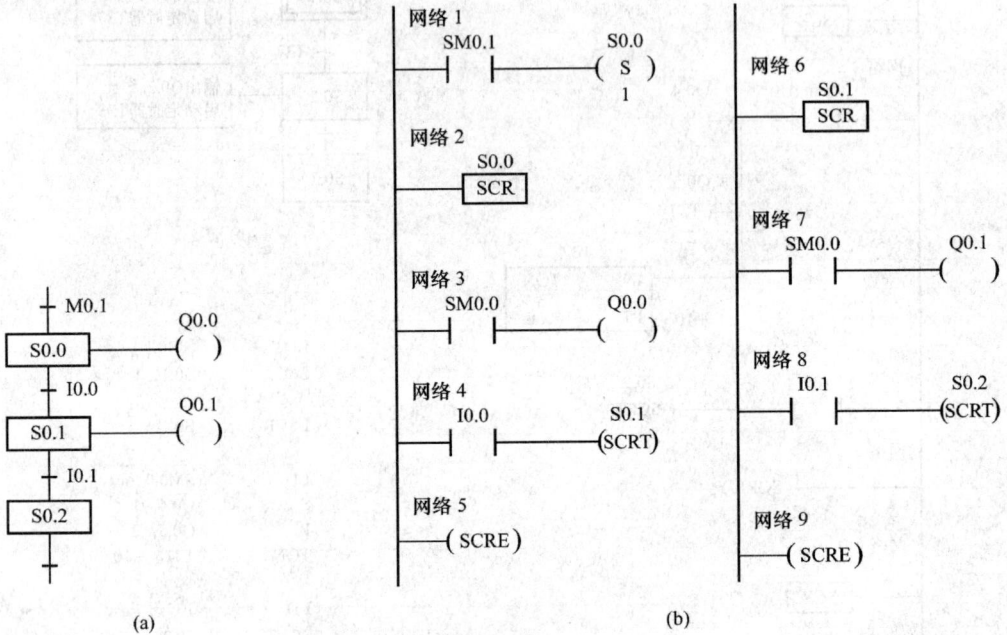

图 5-6 直线流程的功能图与梯形图

(a) 功能图；(b) 梯形图

2. 选择性分支和连接

在生产实际中，对具有多流程的工作要进行流程选择或者分支选择。即一个控制流可能转入多个可能的控制流中的某一个，但不允许多路分支同时执行。到底进入哪一个分支取决于控制流前面的转移条件哪一个为真。选择性分支和连接的功能图和梯形图如图 5-7 所示。

3. 并行性分支和连接

一个顺序控制状态流必须分成两个或多个不同分支控制状态流，这就是并发性分支或并行分支。但一个控制状态流分成多个分支时，所有的分支控制状态流必须同时激活。当多个控制流产生的结果相同时，可以把这些控制流合并成一个控制流，即并行性分支的连接。

图 5-8 所示为并行分支和连接的功能图和梯形图。并行分支连接时，要同时使所有分支状态转移到新的状态，完成新状态的启动。另外，在状态 S0.2 和 S0.4 的 SCR 中，由于没有使用 SCRT 指令，所以 S0.2 和 S0.4 的复位不能自动进行，最后要用复位指令对其进行复位。这种处理方法在并行分支的连接合并时经常用到，而且在并行分支连接合并前的最后一个状态往往是"等待"过渡状态，它们要等待所有并行分支都为活动状态后一起转移到新的状态。这些"等待"状态不能自动复位，它们的复位就要使用复位指令来完成。

4. 跳转和循环

直线流程、并行和选择是功能图的基本形式。多数情况下，这些基本形式是混合出现的，跳转和循环是其典型代表。

利用功能图语言可以很容易实现流程的循环重复操作。在程序设计过程中可以根据状态的转移条件，决定流程是单周期操作还是多周期循环，是跳转还是顺序向下执行。

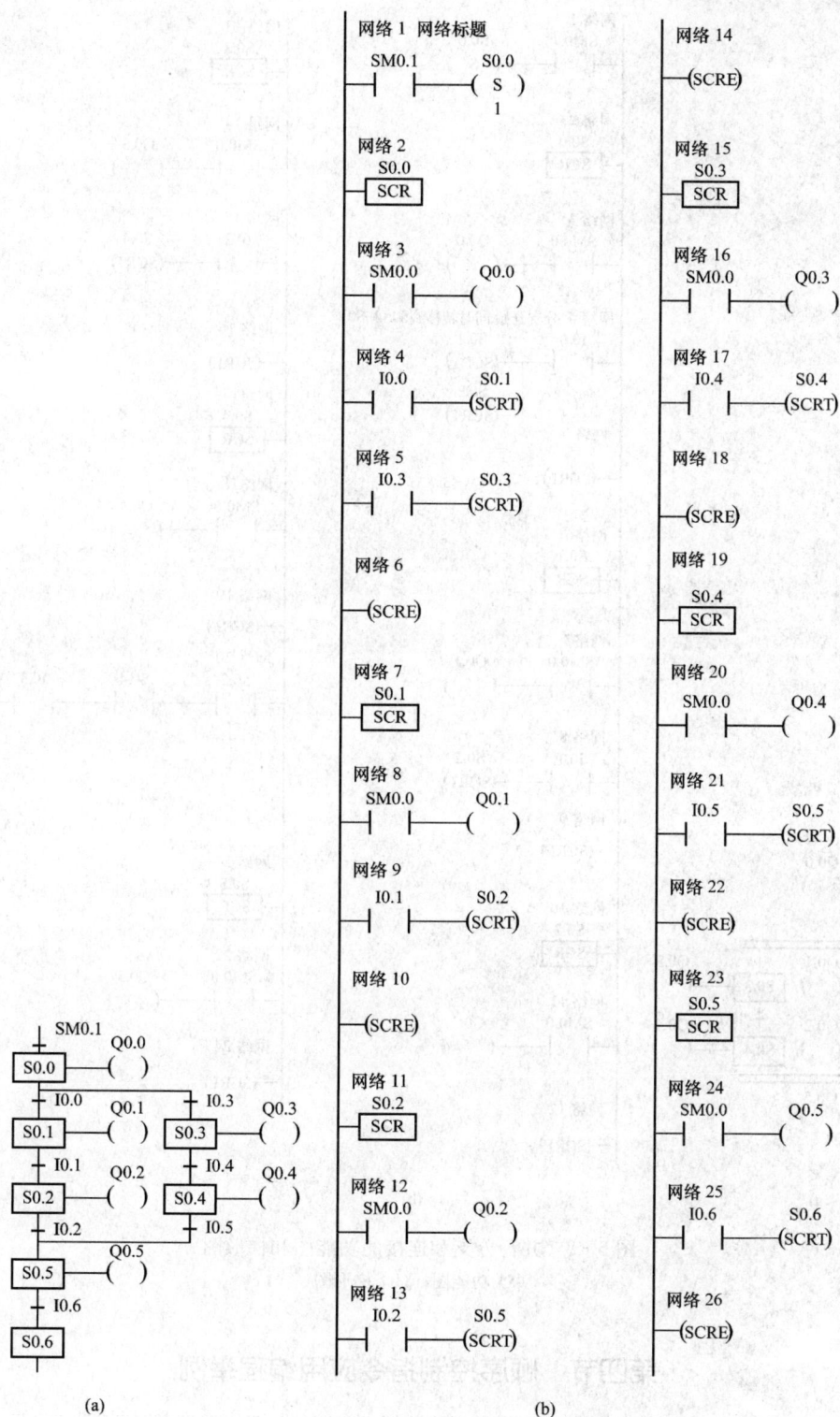

图 5-7　选择性分支和连接功能图与梯形图
(a) 功能图；(b) 梯形图

网络1
SM0.1　　　S0.0
├─┤├─────(S)
　　　　　　　1

网络2
S0.0
─┤SCR├─

网络3
SM0.0　　　Q0.0
├─┤├─────( )

网络4　分支开始,同时转移到S0.1和S0.3
I0.0　　　S0.1
├─┤├─────(SCRT)
　　　　　S0.3
　　　　─(SCRT)

网络5
─(SCRE)

网络6
S0.1
─┤SCR├─

网络7
SM0.0　　　Q0.1
├─┤├─────( )

网络8
I0.1　　　S0.2
├─┤├─────(SCRT)

网络9
─(SCRE)

网络10
S0.2
─┤SCR├─

网络11
SM0.0　　　Q0.2
├─┤├─────( )

网络12
─(SCRE)

网络13
S0.3
─┤SCR├─

网络14
SM0.0　　　Q0.3
├─┤├─────( )

网络15
I0.2　　　S0.4
├─┤├─────(SCRT)

网络16
─(SCRE)

网络17
S0.4
─┤SCR├─

网络18
SM0.0　　　Q0.4
├─┤├─────( )

网络19
─(SCRE)

网络20
S0.2　　　S0.4　　　I0.3　　　S0.5
├─┤├───┤├───┤├───(S)
　　　　　　　　　　　　　1
　　　　　　　　　　　S0.2
　　　　　　　　　─(R)
　　　　　　　　　　　1
　　　　　　　　　　　S0.4
　　　　　　　　　─(R)
　　　　　　　　　　　1

网络21
S0.5
─┤SCR├─

网络22
SM0.0　　　Q0.5
├─┤├─────( )

网络24
─(SCRE)

(a) 功能图

SM0.1
　　　Q0.0
┤S0.0├──( )
　│
　┼ I0.0
━━┯━━━━━━━━━┯━━
　　Q0.1　　　　　　　Q0.3
┤S0.1├─( )　┤S0.3├─( )
　│　　　　　　　│
　┼ I0.1　Q0.2　┼ I0.2　Q0.4
┤S0.2├─( )　┤S0.4├─( )
━━┷━━━━━━━━━┷━━
　┼ I0.3　Q0.5
┤S0.5├─( )
　│
　┼ I0.4

(a)

(b)

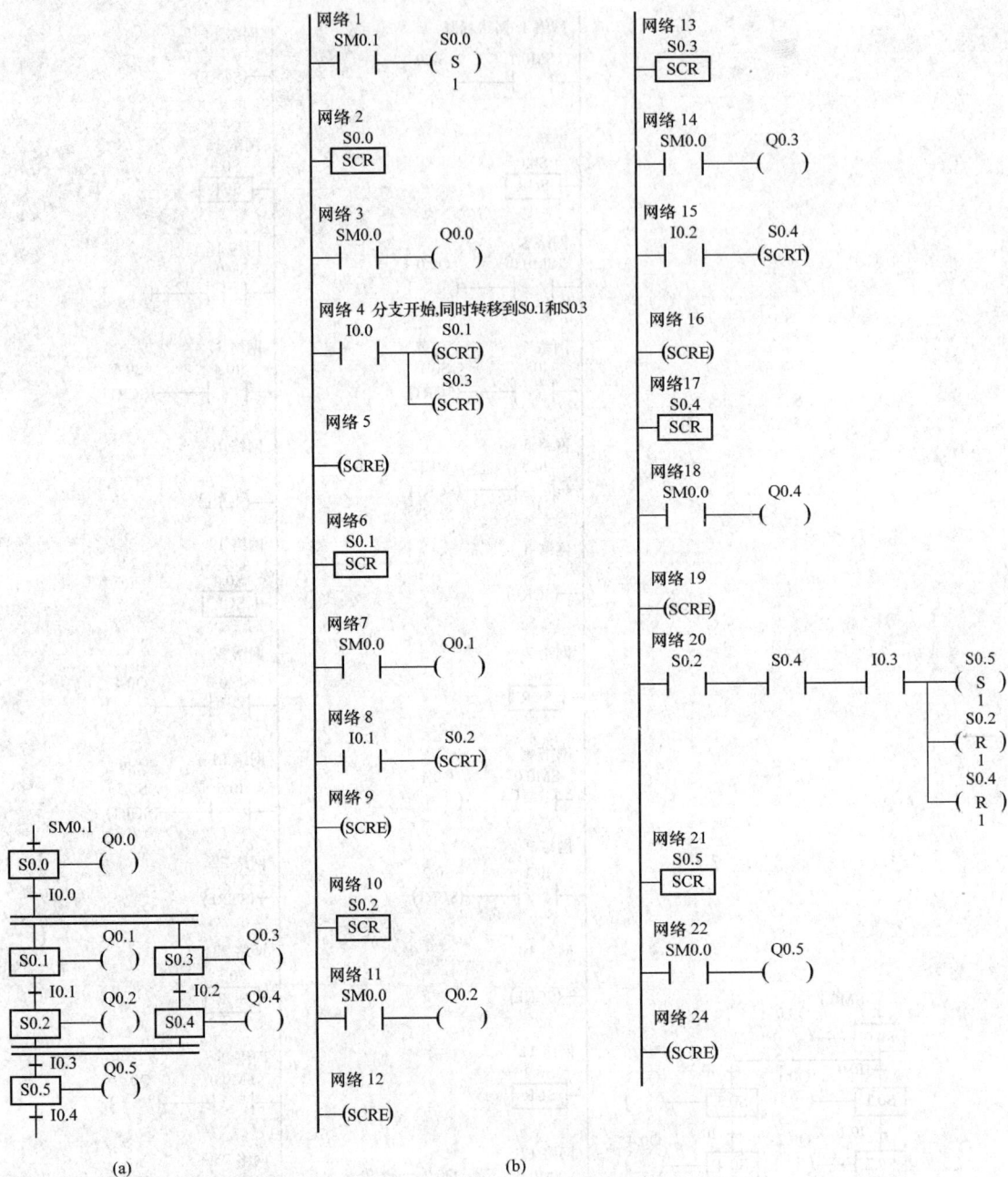

图 5-8　并行分支和连接的功能图和梯形图
(a) 功能图；(b) 梯形图

第四节　顺序控制指令应用编程举例

【例5-1】　简单机械手的自动控制。

机械手工作示意图如图5-9所示，机械手将工件从 A 位置向 B 位置移送。机械手的上升、下降与左移、右移都是由双线圈两位电磁阀驱动气缸来实现的。抓手对物件的松开、夹紧是由一个单线圈两位电磁阀驱动气缸完成，只有在电磁阀通电时抓手才能夹紧。该机械手工作原点在左上方，按下降、夹紧、上升、右移、下降、松开、上升、左移的顺序依次运行。

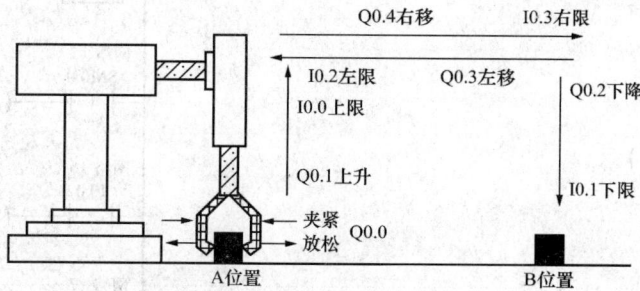

图 5-9 机械手工作示意图

机械手开始是处于原点位置，此时必须是压住左限 I0.2 和上限 I0.0，而且手爪是松开的；当接收到开始信号时，手臂下降，碰到下限 I0.1 时，手爪抓紧，抓住工件，延时 1s 后，手臂上升，碰到上限 I0.0，右移，碰到右限 I0.3，手臂开始下降，碰到下限 I0.1 手臂松开，延时 1s，放开工件，手臂上升，碰到上限 I0.0 开始左移，再碰到左限 I0.2 完成一个周期。自动运行，如此循环进行，就把工件从 A 位置搬到 B 位置。

图 5-10 所示为机械手自动运行方式下的功能图。

功能图的特点是由某一状态转移到下一状态后，前一状态自动复位。

在图 5-10 中，S0.0 为初始状态，用双线框表示。PLC 运行时，按下启动按钮，会接通一个脉冲，令状态器 S0.0 置位。当机械手在原点位置时，状态由 S0.0 向 S0.1 转移。下降输出 Q0.2 动作。当下限位开关 I0.1 接通时，状态器 S0.1 向 S0.2 转移，下降输出 Q0.2 断开，夹紧输出 Q0.0 接通并保持。同时启动定时器 T37，1s 后定时器 T37 的接点动作，状态转至 S0.3，上升输出 Q0.1 动作。当上限位开关 I0.0 动作时，状态转移至 S0.4，右移输出 Q0.4 动作。右限位开关 I0.3 接通，转移至 S0.5 状态，下降输出 Q0.2 再次动作。当下限位开关 I0.1 又接通时，状态转移至 S0.6，使输出 Q0.0 复位，即抓手松开，同时启动定时器 T38，1s 之后状态转移至 S0.7，上升输出 Q0.1 动作。到上限位开关 I0.0 接通，状态转移至 S1.0，左移输出 Q0.3 动作，到达左限位开头 I0.2 接通，状态返回 S0.0，又进入下一个循环。

程序如图 5-11 所示，程序中 I1.0 为启动信号，

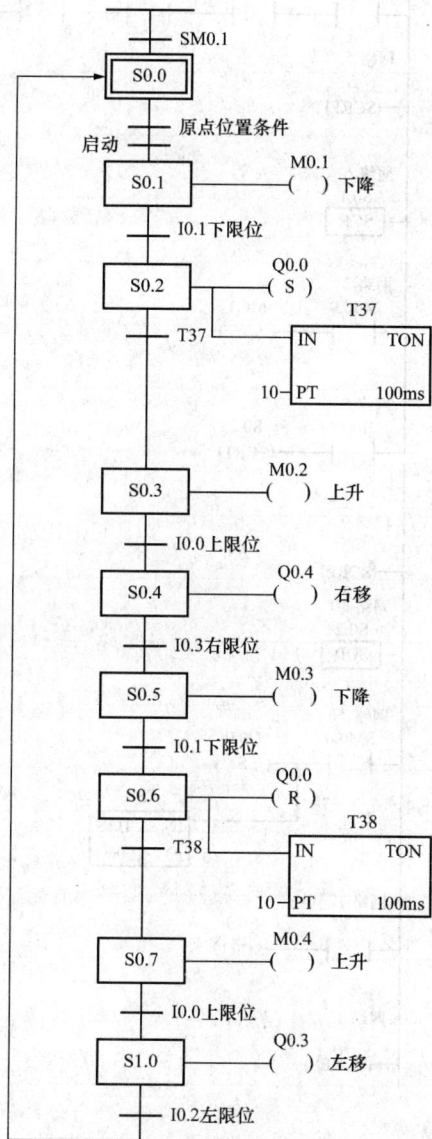

图 5-10 机械手工作流程功能图

网络 1
I1.0　I1.1　M0.0
　┤├──┤/├──( )
M0.0
┤├

网络 2
SM0.1　S0.0
┤├──(S)
　　　　1

网络 3
S0.0
[SCR]

网络 4
I0.0　I0.2　Q0.0　M0.0　S0.1
┤├──┤├──┤/├──┤├──(SCRT)

网络 5
(SCRE)

网络 6
S0.1
[SCR]

网络 7
SM0.0　M0.1
┤├──( )

网络 8
I0.1　S0.2
┤├──(SCRT)

网络 9
(SCRE)

网络 10
S0.2
[SCR]

网络 11
SM0.0　Q0.0
┤├──(S)
　　　　1
　　　　　　　T37
　　　　┤IN　TON
　　10─┤PT　100ms

网络 12
T37　S0.3
┤├──(SCRT)

网络 13
(SCRE)

网络 14
S0.3
[SCR]

网络 15
SM0.0　M0.2
┤├──( )

网络 16
I0.0　S0.4
┤├──(SCRT)

网络 17
(SCRE)

网络 18
S0.4
[SCR]

网络 19
SM0.0　Q0.4
┤├──( )

网络 20
I0.3　S0.5
┤├──(SCRT)

网络 21
(SCRE)

网络 22
S0.5
[SCR]

网络 23
SM0.0　M0.3
┤├──( )

网络 24
I0.1　S0.6
┤├──(SCRT)

网络 25
(SCRE)

网络 26
S0.6
[SCR]

网络 27
SM0.0　Q0.0
┤├──(R)
　　　　1
　　　　　　　T38
　　　　┤IN　TON
　　10─┤PT　100ms

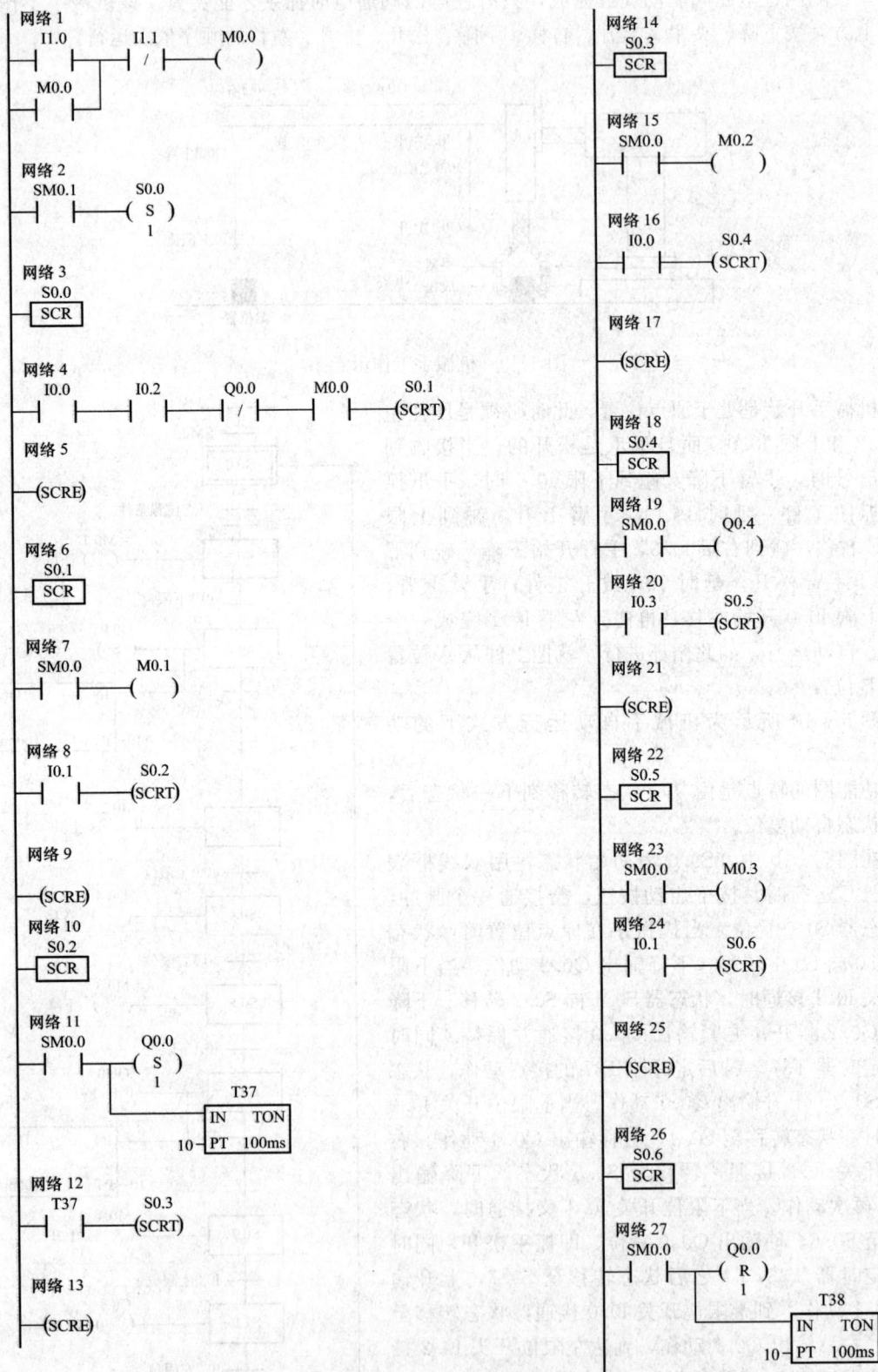

图 5-11　机械手自动控制程序（一）

网络 28
T38　　　　S0.7
├─┤├────(SCRT)

网络 29
──(SCRE)

网络 30
S0.7
┤SCR├

网络 31
SM0.0　　　　M0.4
├─┤├────( )

网络 32
I0.0　　　　S1.0
├─┤├────(SCRT)

网络 33
──(SCRE)

网络 34
S1.0
┤SCR├

网络 35
SM0.0　　　　Q0.3
├─┤├────( )

网络 36
I0.2　　　　S0.0
├─┤├────(SCRT)

网络 37
──(SCRE)

网络 38
M0.2　　　　Q0.1
├─┤├────( )
│
M0.4
├─┤├

网络 39
M0.2　　　　Q0.2
├─┤├────( )
│
M0.3
├─┤├

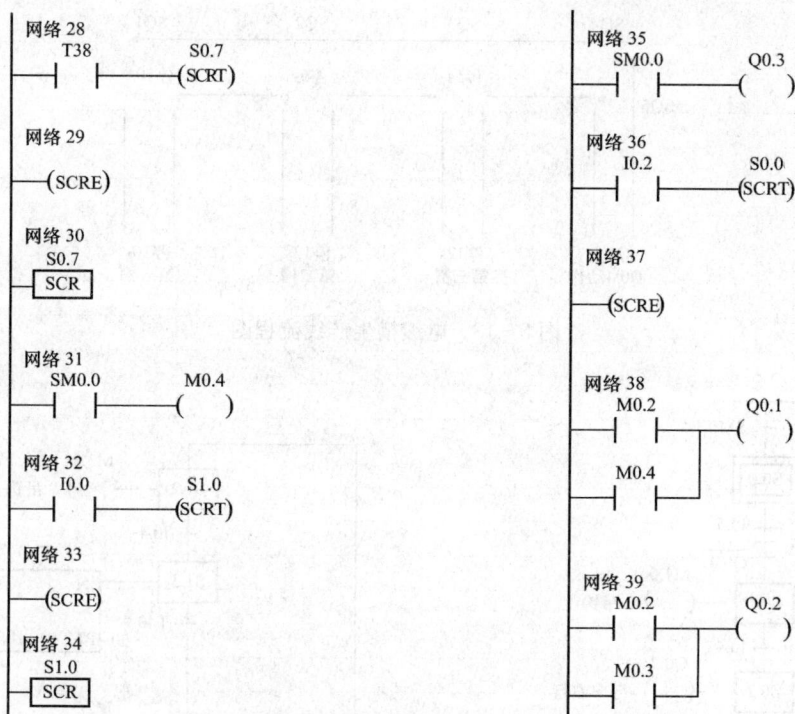

图 5-11 机械手自动控制程序（二）

按下启动按钮时，机械手从原点开始自动运行。I1.1 为停止信号，按下停止按钮时，机械手运行完该周期回到原点就停止。

机械手启动运行同上，但当按下停止按钮时，要求机械手立即停止，而不是运行完该周期才停止，程序如图 5-12 所示。

【例 5-2】 用顺序控制指令设计电镀槽生产线的自动控制程序。控制要求如下：按下启动按钮后，从原点开始按图 5-13 所示的流程运行一周回到原点自动停止；图 5-13 中 SQ1～SQ4 为行车进退限位开关，SQ5、SQ6 为吊钩上、下限位开关。

I/O 分配如下：

I0.0，右限位；I0.1，第二槽限位；I0.2，第三槽限位；I0.3，左限位；I0.4，吊钩上限位；I0.5，吊钩下限位；I0.6，启动；Q0.0，吊钩上；Q0.1，吊钩下；Q0.2，行车右行；Q0.3，行车左行；Q0.4，原点指示。

功能图如图 5-14 所示，控制程序如图 5-15 所示。

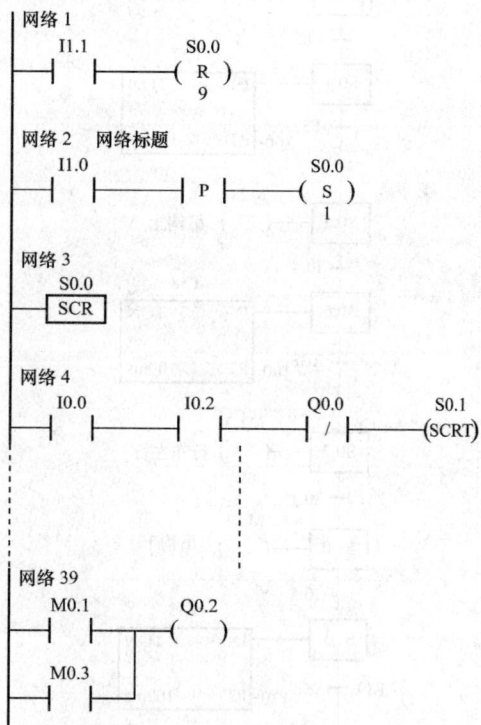

网络 1
I1.1　　　　S0.0
├─┤├────(R)
　　　　　　　9

网络 2　网络标题
I1.0　　　　　　　S0.0
├─┤├──┤P├────(S)
　　　　　　　　　1

网络 3
S0.0
┤SCR├

网络 4
I0.0　　I0.2　　Q0.0　　S0.1
├─┤├──┤├──┤/├────(SCRT)

网络 39
M0.1　　　　Q0.2
├─┤├────( )
│
M0.3
├─┤├

图 5-12 机械手自动控制程序
注：本程序与图 5-11 中的程序只有前 4 个网络不同，从网络 5～网络 39 相同。

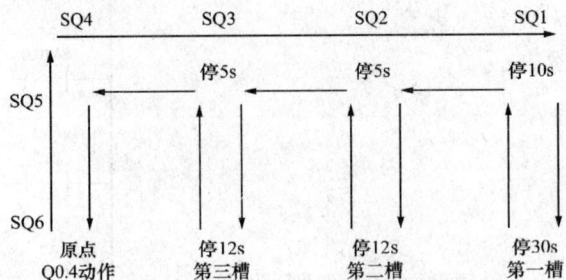

图 5-13 电镀槽生产线流程图

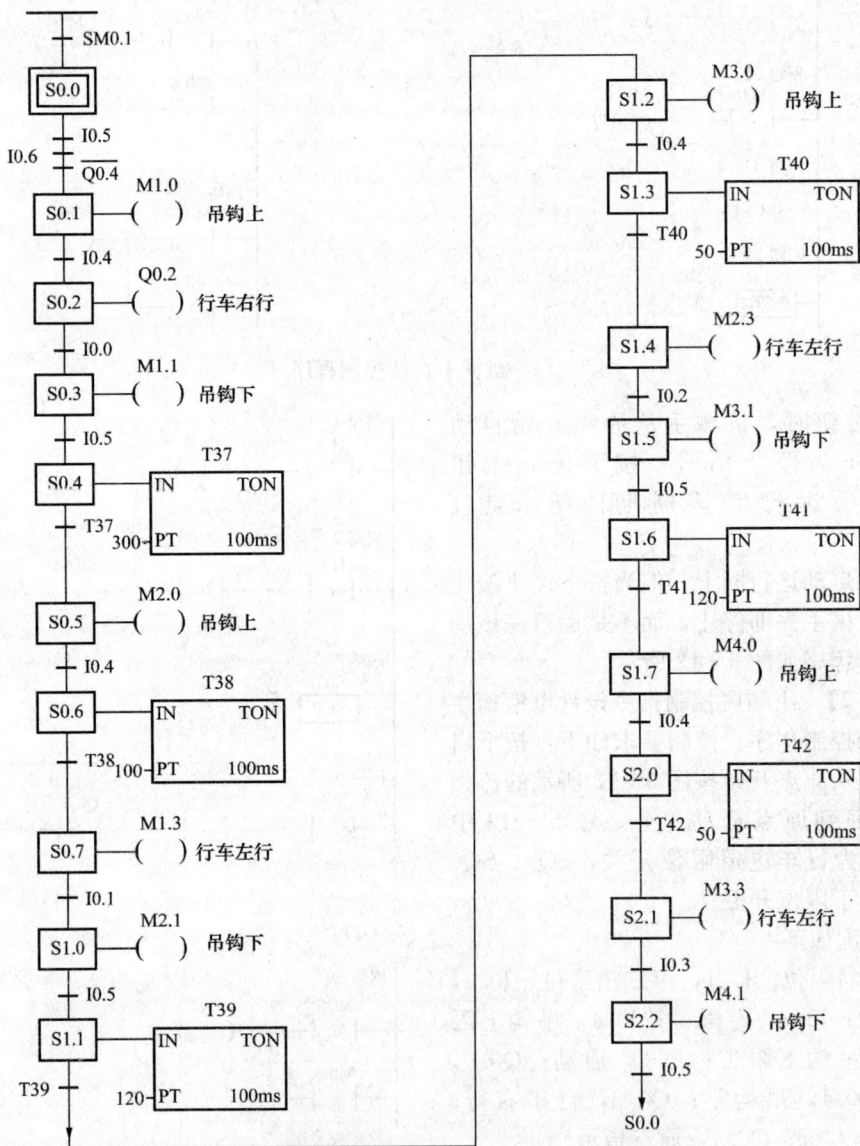

图 5-14 电镀槽生产线功能图

网络 1
SM0.1　　S0.0
├┤├──┤├──(S)
　　　　　　　1

网络 2
S0.0
─┤SCR├

网络 3
I0.5　　I0.6　　Q0.4　　S0.1
├┤├──┤├──┤/├──(SCRT)

网络 4
─(SCRE)

网络 5
S0.1
─┤SCR├

网络 6
SM0.0　　M1.0
├┤├──( )

网络 7
I0.4　　S0.2
├┤├──(SCRT)

网络 8
─(SCRE)

网络 9
S0.2
─┤SCR├

网络 10
SM0.0　　Q0.2
├┤├──( )

网络 11
I0.0　　S0.3
├┤├──(SCRT)

网络 12
─(SCRE)

网络 13
S0.3
─┤SCR├

网络 14
SM0.0　　M1.1
├┤├──( )

网络 15
I0.5　　S0.4
├┤├──(SCRT)

网络 16
─(SCRE)

网络 17
S0.4
─┤SCR├

网络 18
SM0.0
├┤├────┤ T37
　　　　　IN　　TON
　　300─┤PT　100ms

网络 19
T37　　S0.5
├┤├──(SCRT)

网络 20
─(SCRE)

网络 21
S0.5
─┤SCR├

网络 22
SM0.0　　M2.0
├┤├──( )

网络 23
I0.4　　S0.6
├┤├──(SCRT)

网络 24
─(SCRE)

网络 25
S0.6
─┤SCR├

网络 26
SM0.0
├┤├────┤ T38
　　　　　IN　　TON
　　100─┤PT　100ms

网络 27
T38　　S0.7
├┤├──(SCRT)

网络 28
─(SCRE)

网络 29
S0.7
─┤SCR├

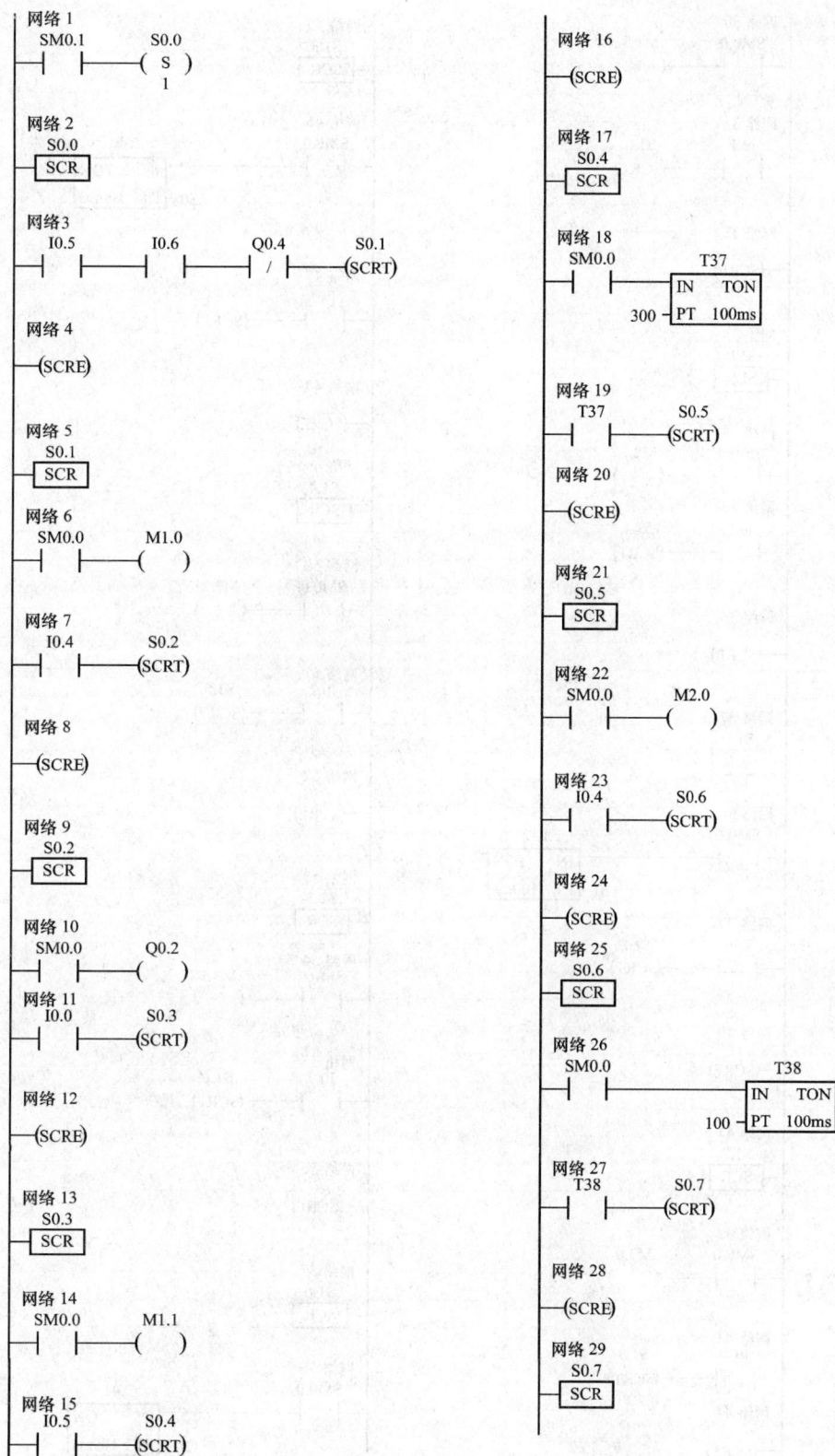

图 5-15　电镀槽生产线控制程序（一）

网络 30
SM0.0   M1.3
├─┤ ├──────( )

网络 31
I0.1   S1.0
├─┤ ├──────(SCRT)

网络 32
─(SCRE)

网络 33
S1.0
┤SCR├

网络 34
SM0.0   M2.1
├─┤ ├──────( )

网络 35
I0.5   S1.1
├─┤ ├──────(SCRT)

网络 36
─(SCRE)

网络 37
S1.1
┤SCR├

网络 38
SM0.0   T39
├─┤ ├─────────────┤IN   TON
                   120─┤PT 100ms

网络 39
T39   S1.2
├─┤ ├──────(SCRT)

网络 40
─(SCRE)

网络 41
S1.2
┤SCR├

网络 42
SM0.0   M3.0
├─┤ ├──────( )

网络 43
I0.4   S1.3
├─┤ ├──────(SCRT)

网络 44
─(SCRE)

网络 45
S1.3
┤SCR├

网络 46
SM0.0   T40
├─┤ ├─────────────┤IN   TON
                    50─┤PT 100ms

网络 47
T40   S1.4
├─┤ ├──────(SCRT)

网络 48
─(SCRE)

网络 49
S1.4
┤SCR├

网络 50
SM0.0   M2.3
├─┤ ├──────( )

网络 51
I0.2   S1.5
├─┤ ├──────(SCRT)

网络 52
─(SCRF)

网络 53
S1.5
┤SCR├

网络 54
SM0.0   M3.1
├─┤ ├──────( )

网络 55
I0.5   S1.6
├─┤ ├──────(SCRT)

网络 56
─(SCRE)

网络 57
S1.6
┤SCR├

网络 58
SM0.0   T41
├─┤ ├─────────────┤IN   TON
                   120─┤PT 100ms

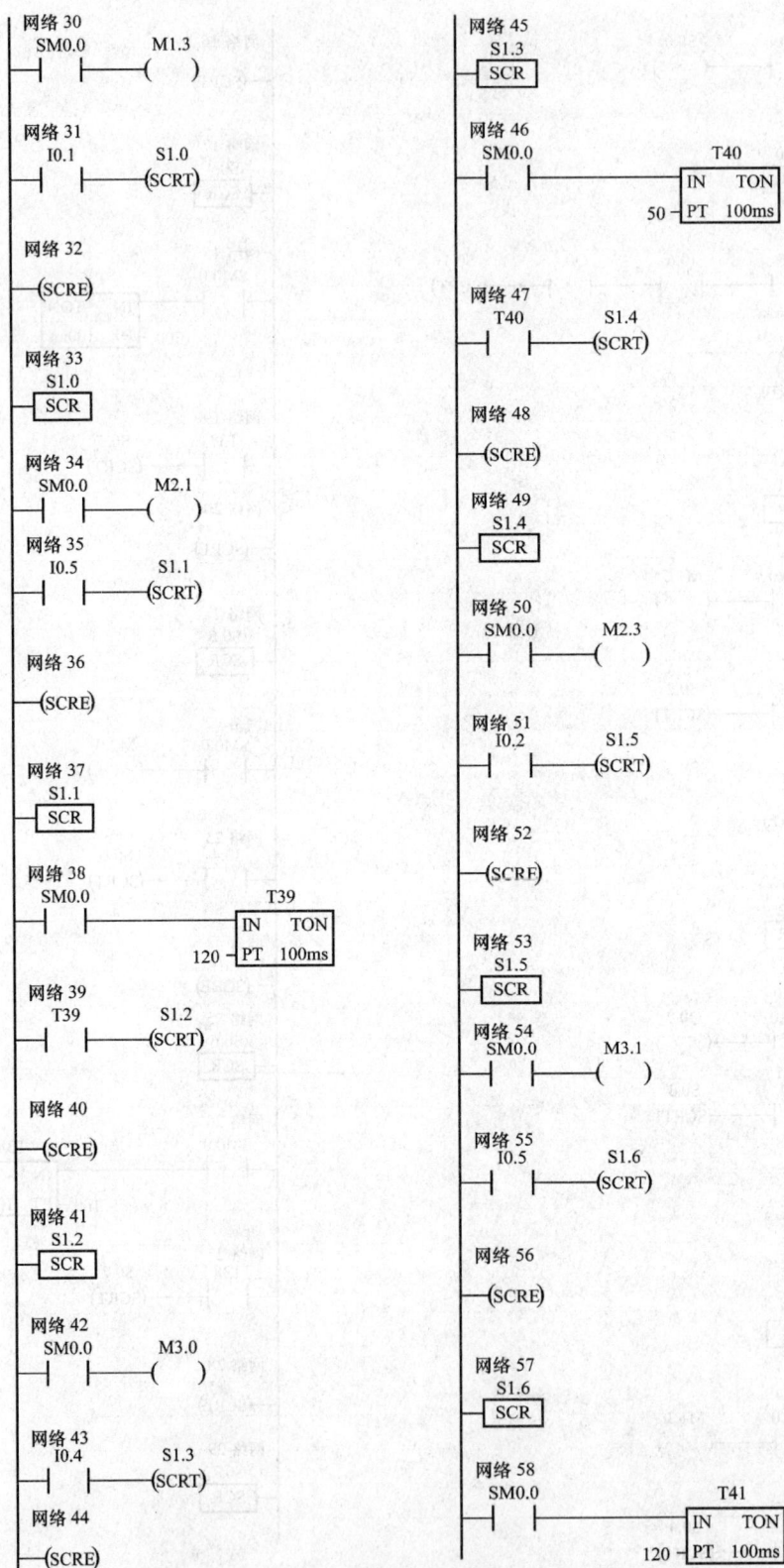

图 5-15　电镀槽生产线控制程序（二）

网络 59
```
   T41      S1.7
───┤├────────┤├──────(SCRT)
```

网络 60
```
─(SCRE)
```

网络 61
```
   S1.7
───┤ SCR ├
```

网络 62
```
   SM0.0        M4.0
───┤├───────────( )
```

网络 63
```
   I0.4      S2.0
───┤├────────┤├──────(SCRT)
```

网络 64
```
─(SCRE)
```

网络 65
```
   S2.0
───┤ SCR ├
```

网络 66
```
   SM0.0                    T42
───┤├──────────────────┤IN    TON│
                     50─┤PT  100ms│
```

网络 67
```
   T42       S2.1
───┤├─────────┤├─────(SCRT)
```

网络 68
```
─(SCRE)
```

网络 69
```
   S2.1
───┤ SCR ├
```

网络 70
```
   SM0.0        M3.3
───┤├───────────( )
```

网络 71
```
   I0.3       S2.2
───┤├─────────┤├─────(SCRT)
```

网络 72
```
─(SCRE)
```

网络 73
```
   S2.2
───┤ SCR ├
```

网络 74
```
   SM0.0        M4.1
───┤├───────────( )
```

网络 75
```
   I0.5       S0.0
───┤├─────────┤├─────(SCRT)
```

网络 76
```
─(SCRE)
```

网络 77
```
   M1.0          Q0.0
───┤├─────┬──────( )
   M2.0   │
───┤├─────┤
   M3.0   │
───┤├─────┤
   M4.0   │
───┤├─────┘
```

网络 78
```
   M1.1          Q0.1
───┤├─────┬──────( )
   M2.1   │
───┤├─────┤
   M3.1   │
───┤├─────┤
   M4.1   │
───┤├─────┘
```

网络 79
```
   M1.3          Q0.3
───┤├─────┬──────( )
   M2.3   │
───┤├─────┤
   M3.3   │
───┤├─────┘

   I0.5      I0.3      Q0.4
───┤├────────┤├────────( )
```

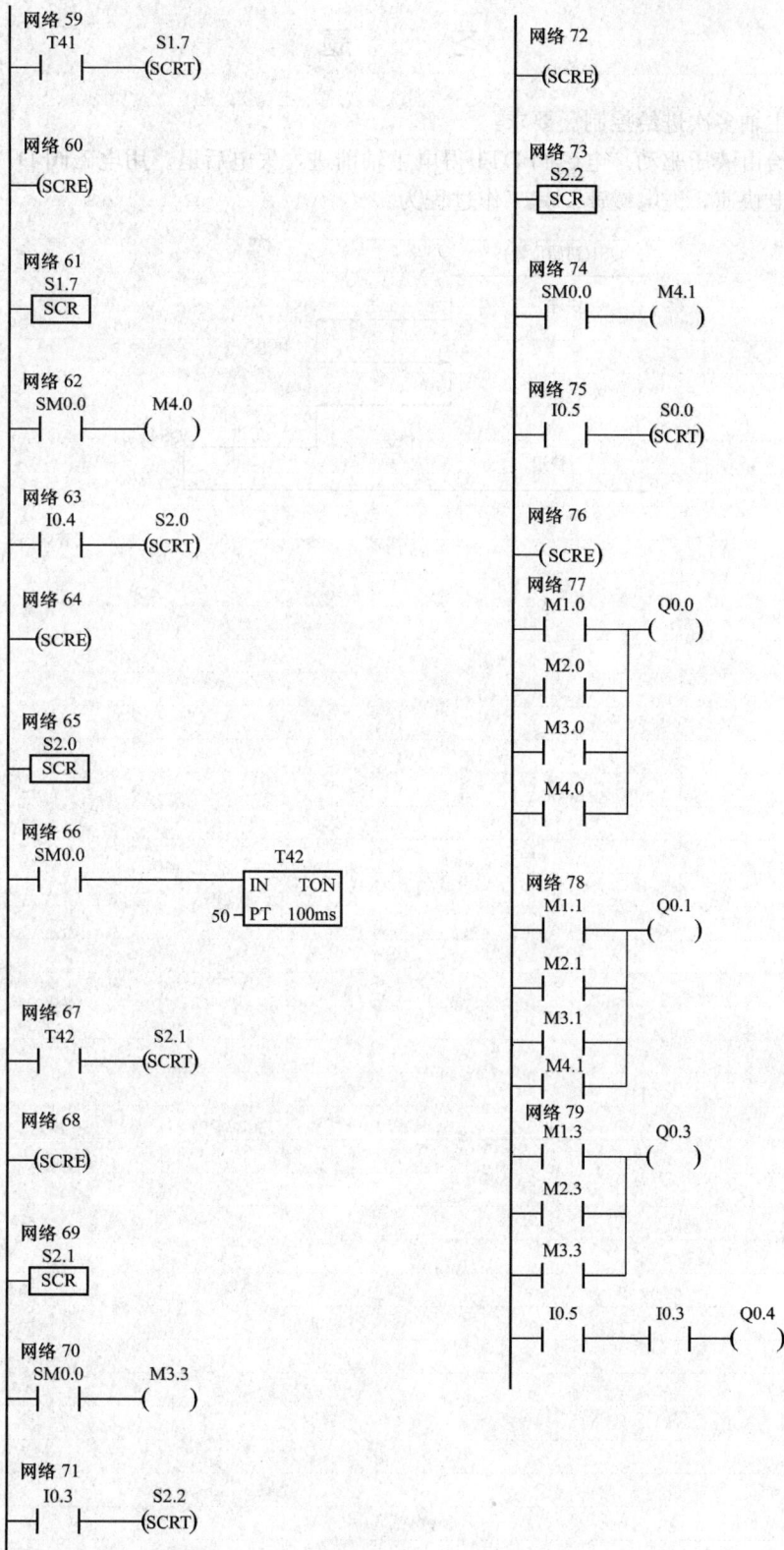

图 5-15　电镀槽生产线控制程序（三）

习　　题

设计钻床主轴多次进给控制。要求：

该机床进给由液压驱动。电磁阀 DT1 得电主轴前进，失电后退。用电磁阀 DT2 控制前进及后退速度，得电快速，失电慢速。其工作过程为：

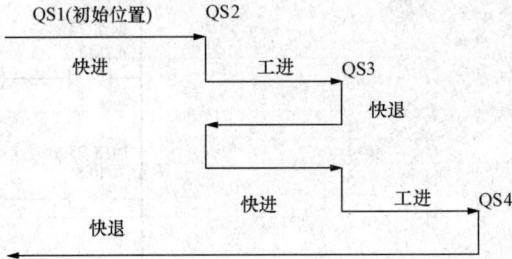

第六章　常用功能指令及其应用

S7－200 PLC 具有丰富的功能指令，它极大地拓宽了 PLC 的应用范围，增强了 PLC 编程的灵活性，它可以完成更为复杂的控制程序的编写，完成特殊工业环节的控制，使程序设计更加方便。

S7－200 PLC 的功能指令主要包括以下类型：

（1）传送、移位和填充指令；

（2）算术运算与逻辑运算指令；

（3）数据转换指令；

（4）时钟指令；

（5）高速处理指令；

（6）PID 指令；

（7）通信指令等。

本章介绍一些常用的功能指令。为更好地表述指令的功能和简化烦琐的介绍，特做以下说明。

（1）字符含义。B 表示字节，W 表示字，I 表示整数，DW 表示双字（LAD 中），DI 表示双整数（LAD 中），D 表示双字或双整数（STL 中），R 表示实数。

（2）数据类型。对于操作数的形式，做如下约定：

1）字节型包括 VB、IB、QB、MB、SB、SMB、LB、AC、＊VD、＊LD、＊AC 和常数。

2）字型及 INT 型包括 VW、IW、QW、MW、SW、SMW、LW、AC、T、C、＊VD、＊LD、＊AC 和常数。

3）双字型及 DINT 型包括 VD、ID、QD、MD、SD、SMD、LD、AC、＊VD、＊LD、＊AC 和常数。

4）字符型字节包括 VB、LB、＊VD、＊LD 和 ＊AC。

（3）操作数类型。操作数分输入操作数（IN）和输出操作数（OUT），输出操作数一般不包括常数和元件 I。

（4）标志位。标志位由一些特殊继电器组成，如 SMB1。它们用来记录在执行功能指令时所产生的一些特殊信息。

第一节　传　送　指　令

数据传送指令用于各个编程元件之间进行数据传送。根据每次传送数据的数量多少可分为：单一传送和块传送指令，本节介绍单一传送指令。

单一数据传送指令每次传送一个数据，按传送数据的类型分为：字节传送、字传送、双字传送和实数传送。

1. 字节传送指令

字节传送指令，指令格式如图6-1所示，图中的 IN 表示输入操作数，OUT 表示输出操作数。输入和输出操作数都为字节型数据，且输出操作数不能为常数。

2. 字传送指令

字传送指令，指令格式如图6-2所示。输入和输出操作数都为字型或 INT 型数据，且输出操作数不能为常数。

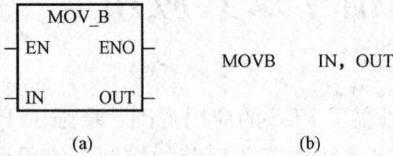

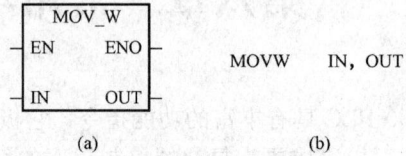

图6-1 字节传送指令　　　　　　　　图6-2 字传送指令
（a）梯形图指令；（b）STL 指令　　　（a）梯形图指令；（b）STL 指令

3. 双字传送指令

双字传送指令，指令格式如图6-3所示。输入和输出操作数都为双字节型或 DINT 型数据，且输出操作数不能为常数。

4. 实数传送指令

实数传送指令，指令格式如图6-4所示。输入输出操作数都为实数（32 位），且输出操作数不能为常数。

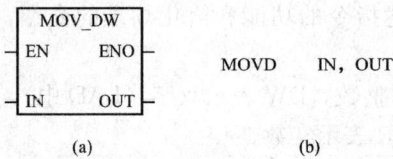

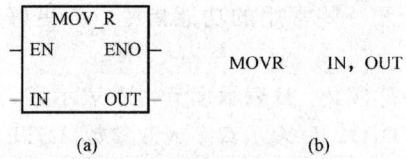

图6-3 双字传送指令　　　　　　　　图6-4 实数传送指令
（a）梯形图指令；（b）STL 指令　　　（a）梯形图指令；（b）STL 指令

传送指令的应用如图6-5所示，应用时，一定要注意数据类型的对应。

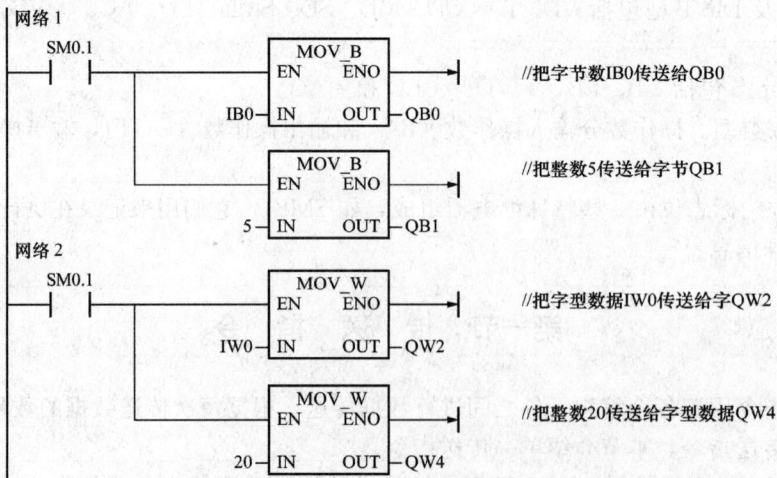

图6-5 传送指令的用法（一）

网络3

```
        SM0.1          MOV_DW
        ┤ ├┬─────────┤EN    ENO├──          //把双字型数据ID0传送给双字型数据QD6
              │
          ID0 ─┤IN    OUT├─ QD6
              │
              │           MOV_DW
              ├─────────┤EN    ENO├──        //把整数40传送给双字型数据QD10
              │
           40 ─┤IN    OUT├─ QD10
```

网络4

```
        SM0.1          MOV_R
        ┤ ├┬─────────┤EN    ENO├──          //把实数0.1传送给AC0，注意AC0为32位的数据
              │
          0.1 ─┤IN    OUT├─ AC0
```

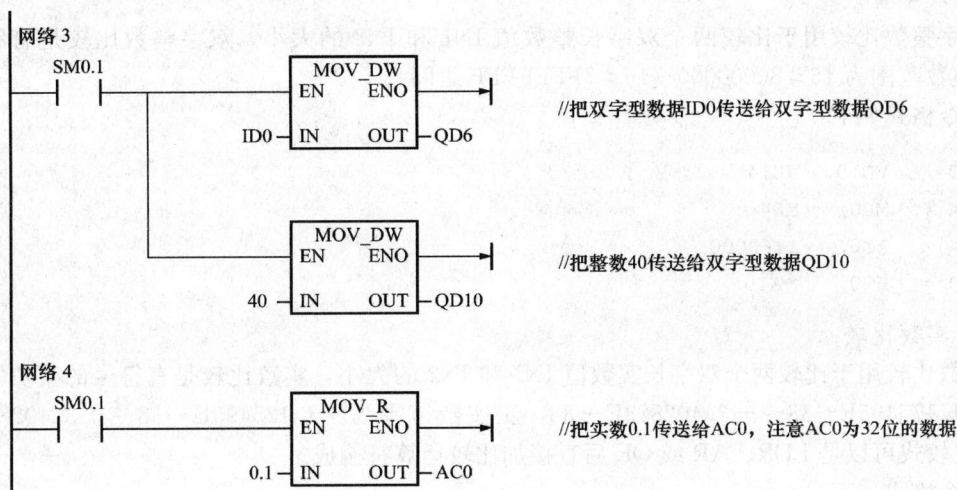

图6-5　传送指令的用法（二）

第二节　比 较 指 令

比较指令是将两个数值或字符串按指定条件进行比较，条件成立时，触点就闭合，否则断开，所以比较指令实际上也是一种位指令。在实际应用中，比较指令为上、下限控制以及数值条件的判断提供了方便。

比较指令的类型有：字节比较、整数比较、双字整数比较、实数比较和字符串比较。

数值比较指令的运算符有：＝、＞＝、＜、＜＝、＞和＜＞等6种，而字符串比较指令只有＝和＜＞两种。

1. 字节比较

字节比较用于比较两个字节型整数值 IN1 和 IN2 的大小，字节比较是无符号的。比较式可以是 LDB、AB 或 OB 后直接加比较运算符构成。如：LDB＝、AB＜＞、OB＞＝ 等。

整数 IN1 和 IN2 都为字节型数据类型。

指令格式如下：

```
LDB=    VB10,   VB12
AB< >   MB0,    MB1
OB< =   AC1,    116
```

2. 整数比较

整数比较用于比较两个字型整数值 IN1 和 IN2 的大小，整数比较是有符号的（整数范围为 16#8000～16#7FFF 之间，即－32 768～＋32 767）。比较式可以是 LDW、AW 或 OW 后直接加比较运算符构成。如：LDW＝、AW＜＞、OW＞＝ 等。

指令格式如下：

```
LDW=    VW10,   VW12
AW< >   MW0,    MW2
OW< =   AC2,    1160
```

3. 双字整数比较

双字整数比较用于比较两个双字长整数值 IN1 和 IN2 的大小，双字整数比较是有符号的（双字整数范围为 16#80000000~16#7FFFFFFF 之间）。

指令格式如下：

```
LDD=      VD10,   VD14
AD< >     MD0,    MD4
OD< =     AC0,    1160000
LDD>=     HC0,    *AC0
```

4. 实数比较

实数比较用于比较两个双字长实数值 IN1 和 IN2 的大小，实数比较是有符号的（负实数范围为 $-1.175495E-38 \sim -3.402823E+38$，正实数范围为 $+1.175495E-38 \sim +3.402823E+38$）。比较式可以是 LDR、AR 或 OR 后直接加比较运算符构成。

指令格式如下：

```
LDR=      VD10,   VD18
AR< >     MD0,    MD12
OR< =     AC1,    1160.478
AR>       *AC1,   VD100
```

比较指令的应用如图 6-6 所示，应用时，一定要注意数据类型的对应。

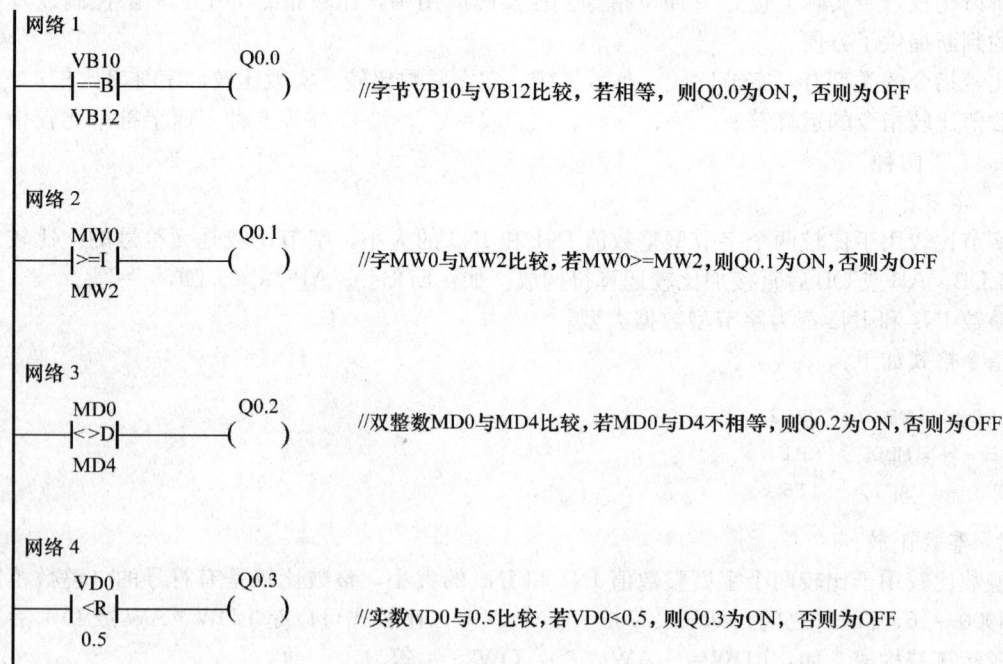

```
网络 1
    VB10        Q0.0
    ┤==B├       ─( )─        //字节VB10与VB12比较，若相等，则Q0.0为ON，否则为OFF
    VB12


网络 2
    MW0         Q0.1
    ┤>=I├       ─( )─        //字MW0与MW2比较，若MW0>=MW2，则Q0.1为ON，否则为OFF
    MW2


网络 3
    MD0         Q0.2
    ┤<>D├       ─( )─        //双整数MD0与MD4比较，若MD0与D4不相等，则Q0.2为ON，否则为OFF
    MD4


网络 4
    VD0         Q0.3
    ┤<R├        ─( )─        //实数VD0与0.5比较，若VD0<0.5，则Q0.3为ON，否则为OFF
    0.5
```

图 6-6 比较指令的用法

【例 6-1】 一自动仓库存放某种货物，最多可达 6000 箱，需对所存的货物进出计数。货物多于 1000 箱，灯 L1 亮；货物多于 5000 箱，灯 L2 亮。

控制程序如图 6-7 所示，其中 L1 和 L2 分别由 Q0.0 和 Q0.1 驱动。

网络1

```
    I0.0        C30
    ┤├      ┤├ CU   CTUD        LD    I0.0        //增计数输入端
                                LD    I0.1        //减计数输入端
    I0.1                        LD    I0.2        //复位输入端
    ┤├      ┤├ CD               CTUD  C30,-10000  //增减计数，设定脉冲数为10000

    I0.2
    ┤├      ┤├ R

    +10000 ─ PV                        1000

                                LDW>= C30,1000    //比较计数器
```

网络2

```
    C30       Q0.0
    ┤>=I├    ─( )                =     Q0.0        //输出触点
    1000

                                LDW>= C30,5000    //比较计数器
```

网络3

```
    C30       Q0.1
    ┤>=I├    ─( )                =     Q0.1        //输出触点
    5000
```

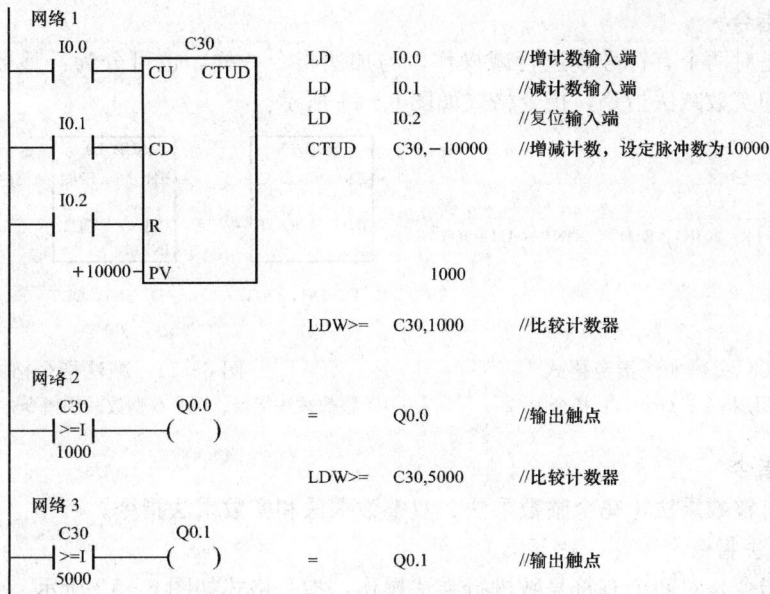

图 6-7 控制程序

第三节 运 算 指 令

PLC 除了具有极强的逻辑功能外，还具备较强的运算功能。在使用算术运算指令时要注意存储单元的分配。在使用 LAD 编程时，IN1、IN2 和 OUT 可以使用不一样的存储单元，这样编写的程序比较清晰易懂。但在用 STL 方式编程时，OUT 要和其中的一个 IN 操作数使用同一个存储单元，这样用起来比较麻烦，编写程序和使用计算结果时都不方便。LAD 格式与 STL 格式程序相互转化时会有不同的转换结果。因此建议在使用算术指令和数学指令时，最好使用 LAD 形式编程。

本节介绍常用的运算指令：加法指令、减法指令、乘法指令、除法指令、加1指令和减1指令。

一、加法指令

加法指令是对两个有符号数进行相加，有整数加法指令、双整数加法指令和实数加法指令。

1. 整数加法指令

这里指的整数加法是16位整数的加法，指令格式如图6-8所示。

2. 双整数加法指令

双整数加法是32位整数的加法，指令格式如图6-9所示。

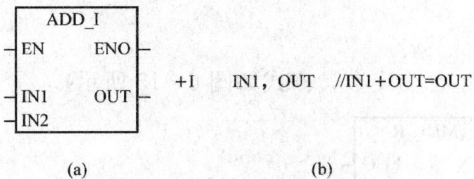

```
┌──────────────┐                          ┌──────────────┐
│    ADD_I     │                          │    ADD_DI    │
│ EN      ENO  │                          │ EN      ENO  │
│              │  +I  IN1, OUT             │              │  +D  IN1, OUT
│ IN1     OUT  │      //IN1+OUT=OUT        │ IN1     OUT  │      //IN1+OUT=OUT
│ IN2          │                          │ IN2          │
└──────────────┘                          └──────────────┘
    (a)            (b)                        (a)             (b)
```

图 6-8 整数加法指令格式	图 6-9 双整数加法指令格式
(a) 梯形图；(b) STL 指令	(a) 梯形图指令；(b) STL 指令

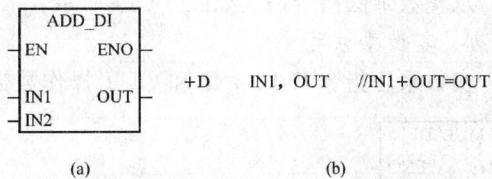

3. 实数加法指令

实数加法是32位实数的加法，指令格式如图6-10所示。

二、减法指令

减法指令是对两个有符号数进行减操作，与加法指令一样，也可分为：整数减法指令、双整数减法指令和实数减法指令，指令格式如图6-11所示。

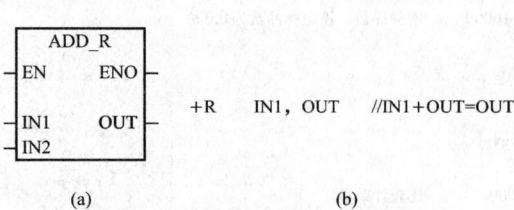

图6-10 实数加法指令格式

（a）梯形图指令；（b）STL指令

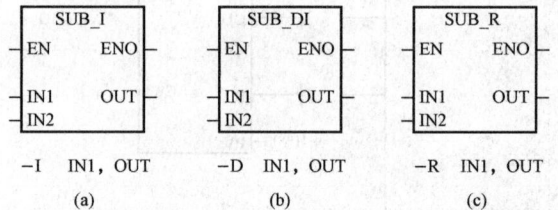

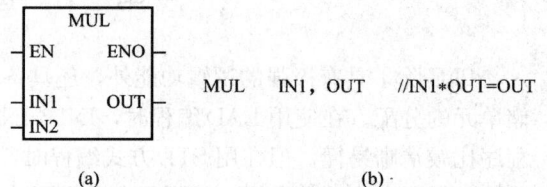

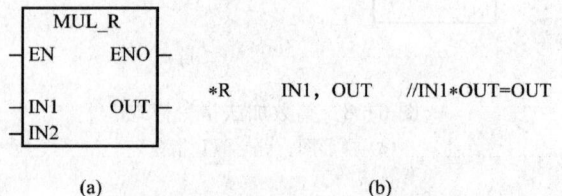

$+R$ IN1, OUT //IN1+OUT=OUT

图6-11 减法指令格式

（a）整数减法指令；（b）双整数减法指令；（c）实数减法指令

$-I$ IN1, OUT　$-D$ IN1, OUT　$-R$ IN1, OUT

三、乘法指令

乘法指令有整数乘法、完全整数乘法、双整数乘法和实数乘法指令。

1. 整数乘法指令

整数乘法指令是对两个有符号数进行乘法操作，指令格式如图6-12所示。

2. 完全整数乘法指令

完全整数乘法指令是将两个单字长（16位）的符号整数IN1和IN2相乘，产生一个32位双整数结果写入到OUT操作数。指令格式如图6-13所示。

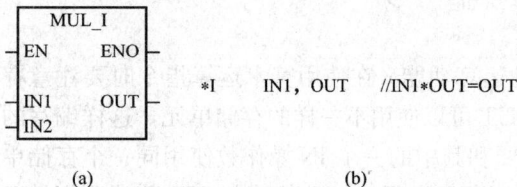

$*I$ IN1, OUT //IN1*OUT=OUT

MUL IN1, OUT //IN1*OUT=OUT

图6-12 整数乘法指令格式

（a）梯形图指令；（b）STL指令

图6-13 完全整数乘法指令格式

（a）梯形图指令；（b）STL指令

注意

OUT数据类型为双字。

说明：在LAD中，IN1×IN2＝OUT；在STL中，IN1×OUT＝OUT，32位运算结果存储的低16位运算前用于存放被乘数。

3. 双整数乘法指令

双整数乘法指令格式如图6-14所示。

4. 实数乘法指令

实数乘法指令IN1、IN2和OUT操作数数据类型都为实数，格式如图6-15所示。

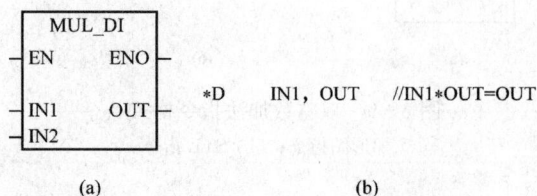

$*D$ IN1, OUT //IN1*OUT=OUT

$*R$ IN1, OUT //IN1*OUT=OUT

图6-14 双整数乘法指令格式

（a）梯形图指令；（b）STL指令

图6-15 实数乘法指令格式

（a）梯形图指令；（b）STL指令

四、除法指令

除法指令是对两个有符号数进行除法操作，除法指令也可分为：整数除法指令（/I）、完全整数除法指令（DIV）、双整数除法指令（/D）和实数除法指令（/R），格式如图6-16所示。

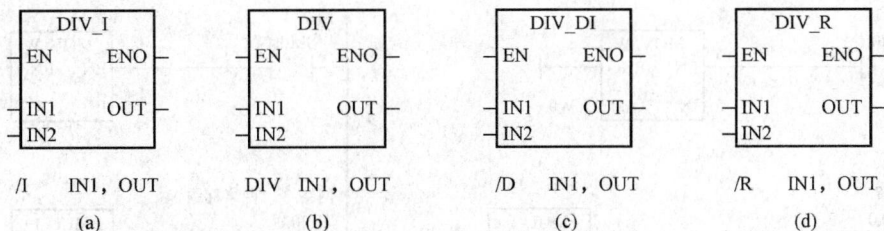

图6-16　除法指令格式

(a) 整数除法指令；(b) 完全除法指令；(c) 双整数除法指令；(d) 实数除法指令

注　意

（1）整数相除时，不保留余数。如9÷2＝4。

（2）完全整数除法将两个16位的符号整数相除，产生一个32位结果，其中低16位为商，高16位为余数。

【例6-2】　算术运算指令应用实例如图6-17所示，用梯形图编程输入图6-17（a），图6-17（b）可以通过编程软件转换后得到对应的语句表程序。

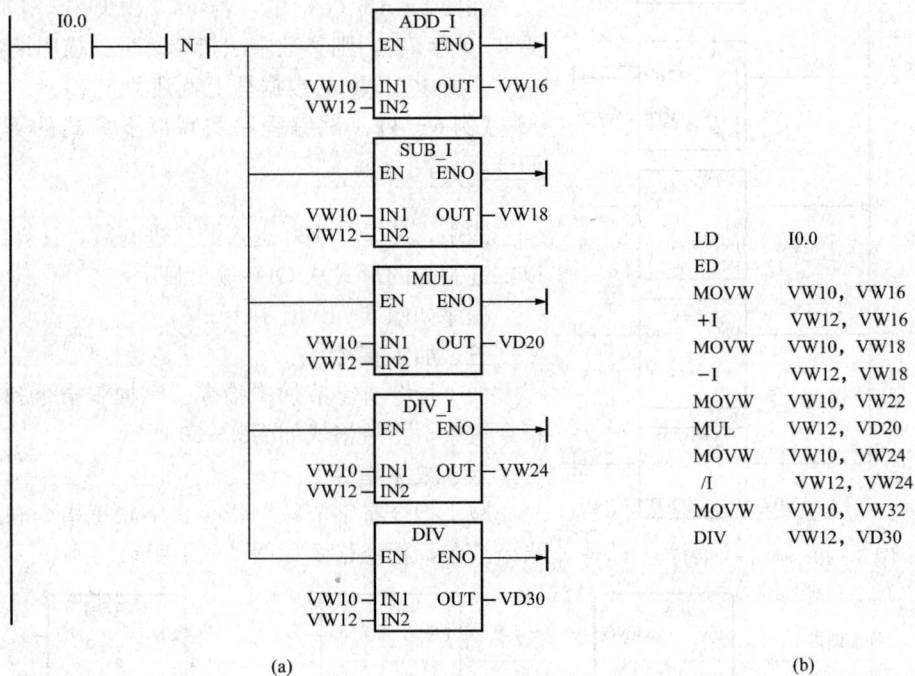

```
LD     I0.0
ED
MOVW   VW10, VW16
+I     VW12, VW16
MOVW   VW10, VW18
-I     VW12, VW18
MOVW   VW10, VW22
MUL    VW12, VD20
MOVW   VW10, VW24
/I     VW12, VW24
MOVW   VW10, VW32
DIV    VW12, VD30
```

图6-17　例6-2程序

(a) 梯形图；(b) 语句表

本例中，若VW10＝2000，VW12＝150，则执行完该段程序后，各有关结果存储单元的数值为：VW16＝2150，VW18＝1850，VD＝300 000，VW30＝50，VW32＝13。

【例6-3】 在图6-18中，分析图6-18（a）和（b）的执行结果有何不同。

分析：两段时间的区别在于图6-18（a）中用了上升沿脉冲输出指令，而图6-18（b）中没有用上升沿脉冲输出指令。

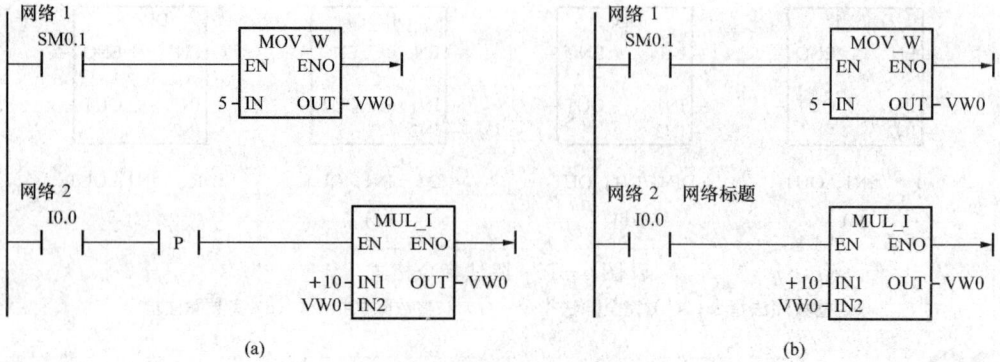

网络1
SM0.1 —| |— MOV_W (EN ENO) 5 IN OUT—VW0

网络2
I0.0 —| |— P — MUL_I (EN ENO) +10 IN1 OUT—VW0 VW0 IN2

（a）

网络1
SM0.1 —| |— MOV_W (EN ENO) 5 IN OUT—VW0

网络2 网络标题
I0.0 —| |— MUL_I (EN ENO) +10 IN1 OUT—VW0 VW0 IN2

（b）

图6-18 例6-3程序

在图6-18（a）中，若I0.0第一次由OFF→ON时，整数乘法指令只执行一次，所以执行完后VW0=50；当I0.0第二次由OFF→ON时，VW0=500，当I0.0第三次由OFF→ON时，VW0=5000；到I0.0第四次由OFF→ON时，VW0的值就保持5000不变了。因为若第四次再乘以10，数据变为50 000，超过16位二进制数的最大值32 767，所以产生了溢出。

在图6-18（b）中，若I0.0由OFF→ON时，只要I0.0为ON，则整数乘法指令每个扫描周期都要执行一次，所以VW0的数据马上就到了5000。

网络1
SM0.0

MOV_B (EN ENO) IB0 IN OUT—VB1

ADD_I (EN ENO) VW0 IN1 OUT—VW2 +50 IN2

DIV_I (EN ENO) VW2 IN1 OUT—VW4 +3 IN2

MUL_I (EN ENO) VW4 IN1 OUT—VW6 +2 IN2

MOV_B (EN ENO) VB7 IN OUT—QB0

图6-19 例6-4程序

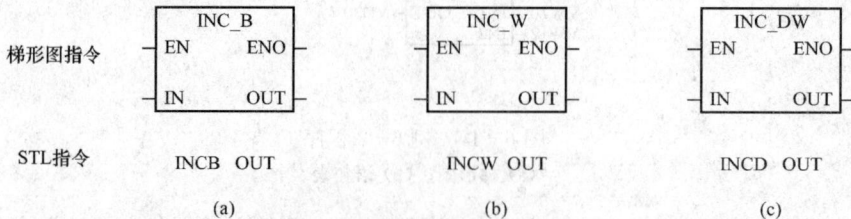

【例6-4】 试编程序实现以下算式的算法：$Y=\dfrac{X+50}{3}\times2$

式中，X是从IB0送入的二进制数，计算出的Y值以二进制数的形式从QB0输出显示。

程序如图6-19所示。

五、加1指令

加1指令有字节加1指令、字加1指令和双字加1指令三条，指令格式如图6-20所示。

六、减1指令

减1指令有字节减1指令、字减1指令和双字减1指令三条，指令格式如图6-21所示。

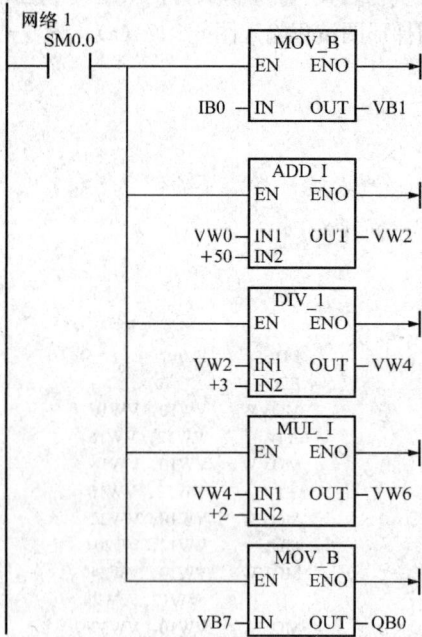

梯形图指令

INC_B (EN ENO) IN OUT

INC_W (EN ENO) IN OUT

INC_DW (EN ENO) IN OUT

STL指令　INCB OUT　　INCW OUT　　INCD OUT

（a）　　　　（b）　　　　（c）

图6-20 加1指令

（a）字节加1指示；（b）字加1指令；（c）双字加1指令

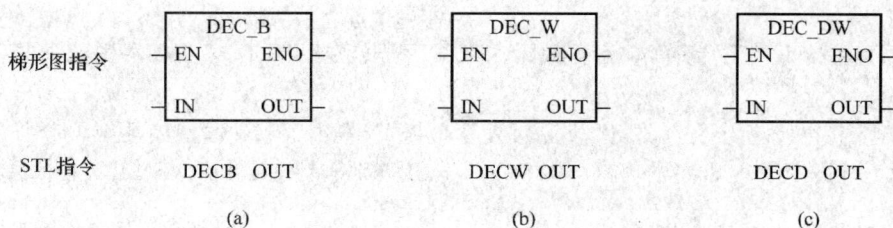

图 6-21 减 1 指令
(a) 字节减 1 指令；(b) 字减 1 指令；(c) 双字减 1 指令

第四节 数 据 转 换 指 令

PLC 中的主要数据类型包括字节、整数、双整数和实数，主要的码制有 BCD 码、ASCII 码、十进制数和十六进制数等。不同性质的指令对操作数的类型要求不同，如一个数据是字型，另一个数据是双字型，这两个数据就不能直接进行数学运算操作。因此，在指令使用之前需要将操作数转化成相应的类型，才能保证指令的正确执行。转换指令可以完成数据类型转换的任务。

数据类型转换指令主要有：字节与整数转换指令、整数与双整数转换指令、双整数与实数转换指令和整数与 BCD 码转换指令等。

一、字节与整数转换指令

字节与整数转换指令有 2 条：字节到整数的转换指令（BIT）和整数到字节的转换指令（ITB）。指令格式如图 6-22 所示。

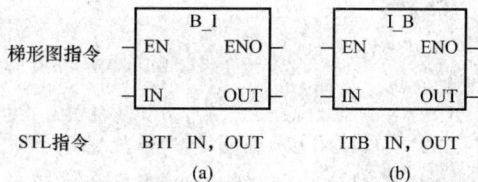

图 6-22 字节与整数转换指令格式
(a) 字节到整数转换指令；(b) 整数到字节转换指令

> **注意**
>
> （1）BIT 指令将字节型输入数据 IN 转换为整数类型，并将结果送到 OUT 输出。字节型是无符号的，所以没有符号扩展位。
>
> （2）ITB 指令将整数输入数据 IN 转换为字节类型，并将结果送到 OUT 输出。输入数据超出字节范围（0～255）时产生溢出（SM1.1 置位为 ON）。

二、整数与双整数转换指令

整数与双整数转换指令有 2 条：整数到双整数的转换指令（ITD）和双整数到整数的转换指令（DTI）。指令格式如图 6-23 所示。

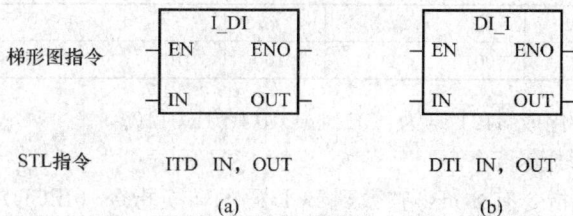

图 6-23 整数与双整数转换指令格式
（a）整数到双整数转换指令；（b）双整数到整数转换指令

> 注意
>
> （1）ITD指令将有符号的16位整数输入数据IN转换为32位双整数类型，并将结果送到OUT输出。
>
> （2）DTI指令将有符号的32位双整数输入数据IN转换为16位整数类型，并将结果送到OUT输出。输入数据超出字范围（−32 768～+32 767）时产生溢出（SM1.1置位为ON）。

三、双整数与实数转换指令

双整数与实数转换指令有3条：双字整数转为实数指令、ROUND取整指令和TRUNC取整指令。指令格式如图6-24所示。

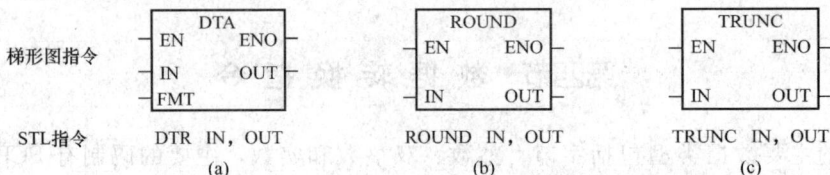

图6-24　双整数与实数转换指令

(a) 双字整数转为实数指令；(b) ROUND取整指令；(c) TRUNC取整指令

> 注意
>
> （1）双字整数转为实数（DTR）指令，将输入端（IN）指定的32位有符号整数转换成32位实数。
>
> （2）ROUND取整指令，转换时实数的小数部分四舍五入，转换成32位有符号整数。
>
> （3）TRUNC取整指令，实数舍去小数部分后，转换成32位有符号整数。
>
> （4）取整指令被转换的输入值应是有效的实数，如果实数值太大，使输出无法表示，那么溢出位（SM1.1）被置位。
>
> （5）没有直接的整数到实数转换指令，转换时，要先把整数转换到双整数，再把双整数转换到实数。

四、整数与BCD码转换指令

1. BCD码

在一些数字系统，如计算机和数字式仪器中，如数码开关设置数据，往往采用二进制码表示十进制数。通常，把用一组四位二进制码来表示一位十进制数的编码方法称作BCD码。

4位二进制码共有16种组合，可从中选取10种组合来表示0～9这10个数，根据不同的选取方法，可以编制出多种BCD码，其中8421BCD码最为常用。十进制数与8421BCD码的对应关系如表6-1所示。

表6-1　　　　　　　　　　十进制数与8421BCD码对应表

十进制数	0	1	2	3	4	5	6	7	8	9
8421码	0000	0001	0010	0011	0100	0101	0110	0111	1000	1001

如：十进制数7256化成8421码为：0111 0010 0101 0110。

2. 整数与BCD码转换指令

整数与BCD码转换指令有2条：整数到BCD码的转换指令（IBCD）和BCD码到整数的转换指令（BCDI）。指令格式如图6-25所示。

【例6-5】　1ft=2.54cm，英尺数由数码开关输入（BCD码）到IW0，编写PLC程序，把长度由英尺转化成厘米，厘米数由QW0用BCD码向外输出显示。

PLC 程序如图 6-26 所示。

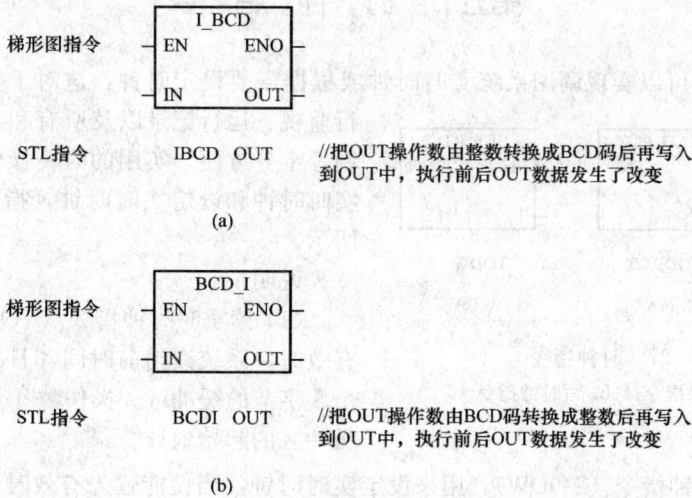

梯形图指令

```
      I_BCD
 EN        ENO
 IN        OUT
```

STL指令　　　　IBCD OUT　　//把OUT操作数由整数转换成BCD码后再写入
　　　　　　　　　　　　　　　　到OUT中，执行前后OUT数据发生了改变

(a)

梯形图指令

```
      BCD_I
 EN        ENO
 IN        OUT
```

STL指令　　　　BCDI OUT　　//把OUT操作数由BCD码转换成整数后再写入
　　　　　　　　　　　　　　　　到OUT中，执行前后OUT数据发生了改变

(b)

图 6-25　整数与 BCD 码转换指令

（a）整数到 BCD 转换指令；（b）BCD 到整数转换指令

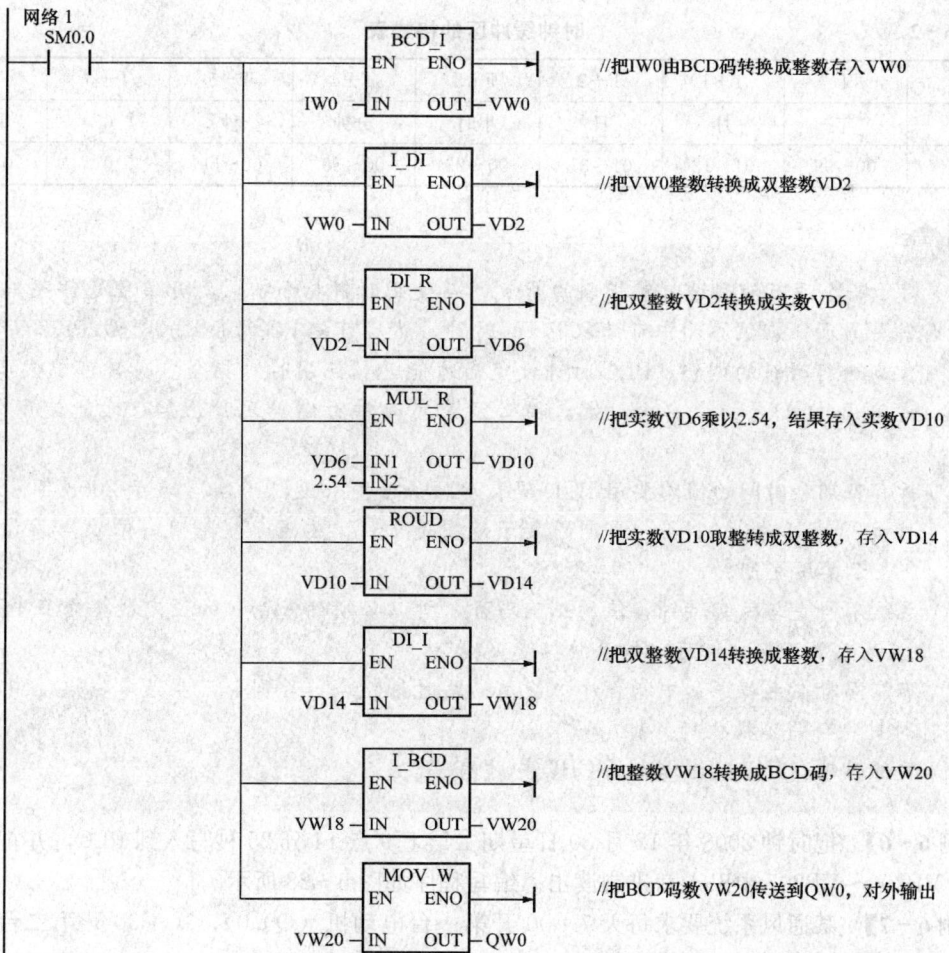

网络 1
SM0.0

```
      BCD_I
 EN        ENO
 IW0 IN   OUT  VW0
```
//把IW0由BCD码转换成整数存入VW0

```
      I_DI
 EN        ENO
 VW0 IN   OUT  VD2
```
//把VW0整数转换成双整数VD2

```
      DI_R
 EN        ENO
 VD2 IN   OUT  VD6
```
//把双整数VD2转换成实数VD6

```
      MUL_R
 EN        ENO
 VD6  IN1  OUT  VD10
 2.54 IN2
```
//把实数VD6乘以2.54，结果存入实数VD10

```
      ROUD
 EN        ENO
 VD10 IN   OUT  VD14
```
//把实数VD10取整转换成双整数，存入VD14

```
      DI_I
 EN        ENO
 VD14 IN   OUT  VW18
```
//把双整数VD14转换成整数，存入VW18

```
      I_BCD
 EN        ENO
 VW18 IN   OUT  VW20
```
//把整数VW18转换成BCD码，存入VW20

```
      MOV_W
 EN        ENO
 VW20 IN   OUT  QW0
```
//把BCD码数VW20传送到QW0，对外输出

图 6-26　例 6-5 程序

第五节 时 钟 指 令

利用时钟指令可以实现调用系统实时时钟或根据需要设定时钟，这对于实现控制系统的运行监视、运行记录以及所有和实时时间有关的控制等十分方便。实用的时钟操作指令有两种：读实时时钟和设定实时时钟，指令格式如图 6 - 27 所示。

梯形图指令

STL指令　　TODR T　　　　TODW T

(a)　　　　　　(b)

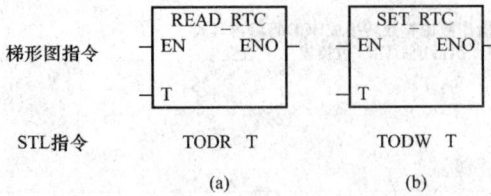

图 6 - 27　时钟指令

(a) 读时钟指令；(b) 写时钟指令

说明：

（1）读实时时钟指令（TODR），当使能输入有效时，系统读当前时间和日期，并把它装入一个 8 字节的缓冲区。操作数 T 用来指定 8 个字节缓冲区的起始地址。

（2）写实时时钟指令（TODW），用来设定实时时钟，当使能输入有效时，系统将包含当前时间和日期，一个 8 字节的缓冲区将装入时钟。操作数 T 用来指定 8 个字节缓冲区的起始地址。

时钟缓冲区的格式如表 6 - 2 所示。

表 6 - 2　　　　　　　　　　　时钟缓冲区的格式表

字节	T	T+1	T+2	T+3	T+4	T+5	T+6	T+7
含义	年	月	日	小时	分钟	秒	0	星期几
范围	00～99	01～12	01～31	00～23	00～59	00～59		01～07

注意

（1）对于一个没有使用过时钟指令的 PLC，在使用时钟指令前，打开编程软件菜单"PLC→实时时钟"界面，在该界面中可读取 PC 的时钟，然后可把 PC 的时钟设置成 PLC 的实时时钟，也可重新进行时钟的调整。PLC 时钟设定后才能开始使用时钟指令。时钟可以设成与 PC 中一样，也可用 TODW 指令自由设定，但必须先对时钟存储单元赋值后，才能使用 TODW 指令。

（2）所有日期和时间的值均要用 BCD 码表示。如对年来说，16#03 表示 2003 年；对于小时来说，16#23 表示晚上 11 点。星期的表示范围是 1～7，1 表示星期日，依次类推，7 表示星期六，0 表示禁用星期。

（3）系统不检查与核实时钟各值的正确与否，所以必须确保输入的设定数据是正确的。如 2 月 31 日虽为无效日期，但可以被系统接受。

（4）不能同时在主程序和中断程序中使用读写时钟指令，否则会产生致命错误，中断程序中的实时时钟指令将不被执行。

（5）硬件时钟在 CPU224 以上的 CPU 中才有。

【例 6 - 6】 把时钟 2008 年 12 月 30 日星期二早上 9 点 14 分 25 秒写入到 PLC，并把当前的时间从 VB200～VB207 中以十六进制读出。编写程序如图 6 - 28 所示。

【例 6 - 7】 某通风系统要求每天 7：00 开第一台电动机（Q0.0），10：30 开第二台电动机（Q0.1），16：00 关第一台电动机（Q0.0），23：30 关第二台电动机（Q0.1）。试用时钟指令编写程序。

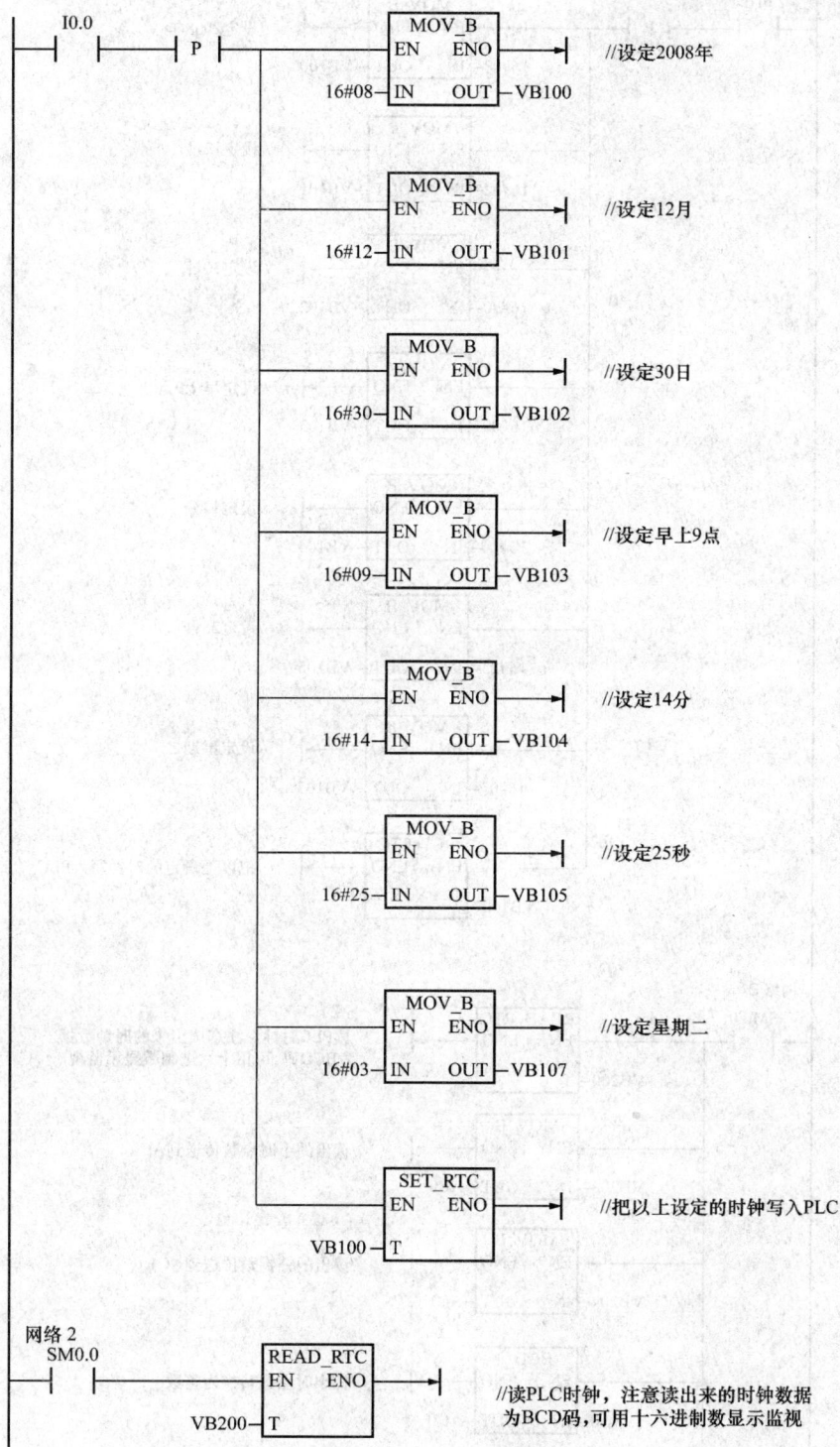

```
  I0.0
───┤ ├──┤P├──┬──┌─MOV_B──┐
              │  │EN   ENO├──►      //设定2008年
              │  │         │
              │ 16#08─┤IN  OUT├─VB100
              │
              ├──┌─MOV_B──┐
              │  │EN   ENO├──►      //设定12月
              │  │         │
              │ 16#12─┤IN  OUT├─VB101
              │
              ├──┌─MOV_B──┐
              │  │EN   ENO├──►      //设定30日
              │  │         │
              │ 16#30─┤IN  OUT├─VB102
              │
              ├──┌─MOV_B──┐
              │  │EN   ENO├──►      //设定早上9点
              │  │         │
              │ 16#09─┤IN  OUT├─VB103
              │
              ├──┌─MOV_B──┐
              │  │EN   ENO├──►      //设定14分
              │  │         │
              │ 16#14─┤IN  OUT├─VB104
              │
              ├──┌─MOV_B──┐
              │  │EN   ENO├──►      //设定25秒
              │  │         │
              │ 16#25─┤IN  OUT├─VB105
              │
              ├──┌─MOV_B──┐
              │  │EN   ENO├──►      //设定星期二
              │  │         │
              │ 16#03─┤IN  OUT├─VB107
              │
              └──┌─SET_RTC──┐
                 │EN   ENO├──►      //把以上设定的时钟写入PLC
                 │          │
             VB100─┤T        │
```

网络2
```
  SM0.0
───┤ ├──────┌─READ_RTC──┐
            │EN   ENO├──►          //读PLC时钟,注意读出来的时钟数据
            │           │           为BCD码,可用十六进制数显示监视
        VB200─┤T        │
```

图 6-28 例 6-6 程序

　　时钟的设置与读出与图 6-28 程序相同,在此基础上用小时与分钟数值与具体时间进行比较,就可实现该通风系统的控制,控制程序如图 6-29 所示,I0.0 接设定时间按钮。

```
    I0.0                              MOV_B
  ──┤├──────┤P├──────┬──────────────┤EN    ENO├──────►    //设定2008年
                     │                │             │
                     │         16#08─┤IN    OUT├─VB100
                     │
                     │                MOV_B
                     ├──────────────┤EN    ENO├──────►    //设定12月
                     │                │             │
                     │         16#12─┤IN    OUT├─VB101
                     │
                     │                MOV_B
                     ├──────────────┤EN    ENO├──────►    //设定30日
                     │                │             │
                     │         16#30─┤IN    OUT├─VB102
                     │
                     │                MOV_B
                     ├──────────────┤EN    ENO├──────►    //设定早上9点
                     │                │             │
                     │         16#09─┤IN    OUT├─VB103
                     │
                     │                MOV_B
                     ├──────────────┤EN    ENO├──────►    //设定14分
                     │                │             │
                     │         16#14─┤IN    OUT├─VB104
                     │
                     │                MOV_B
                     ├──────────────┤EN    ENO├──────►    //设定25秒
                     │                │             │
                     │         16#25─┤IN    OUT├─VB105
                     │
                     │                MOV_B
                     ├──────────────┤EN    ENO├──────►    //设定星期二
                     │                │             │
                     │         16#03─┤IN    OUT├─VB107
                     │
                     │                SET_RTC
                     └──────────────┤EN    ENO├──────►    //把以上设定的时钟写入PLC
                                      │             │
                              VB100─┤T
```

网络 2

```
  SM0.0              READ_RTC
  ──┤├──────┬──────┤EN    ENO├──────►    //读PLC时钟,注意读出来的时钟数据
            │        │             │       为BCD码,可用十六进制数显示监视
            │ VB200─┤T
            │
            │        MOV_B
            ├──────┤EN    ENO├──────►    //读出的小时点数传送到AC0
            │        │             │
            │ VB203─┤IN    OUT├─AC0
            │
            │        MOV_B
            ├──────┤EN    ENO├──────►    //读出的分钟数传送到AC1
            │        │             │
            │ VB204─┤IN    OUT├─AC1
            │
            │        BCD_I
            ├──────┤EN    ENO├──────►    //把小时点数转换为整数
            │        │             │
            │   AC0─┤IN    OUT├─AC0
            │
            │        BCD_I
            └──────┤EN    ENO├──────►    //把分钟数转换为整数
                     │             │
                AC1─┤IN    OUT├─AC1
```

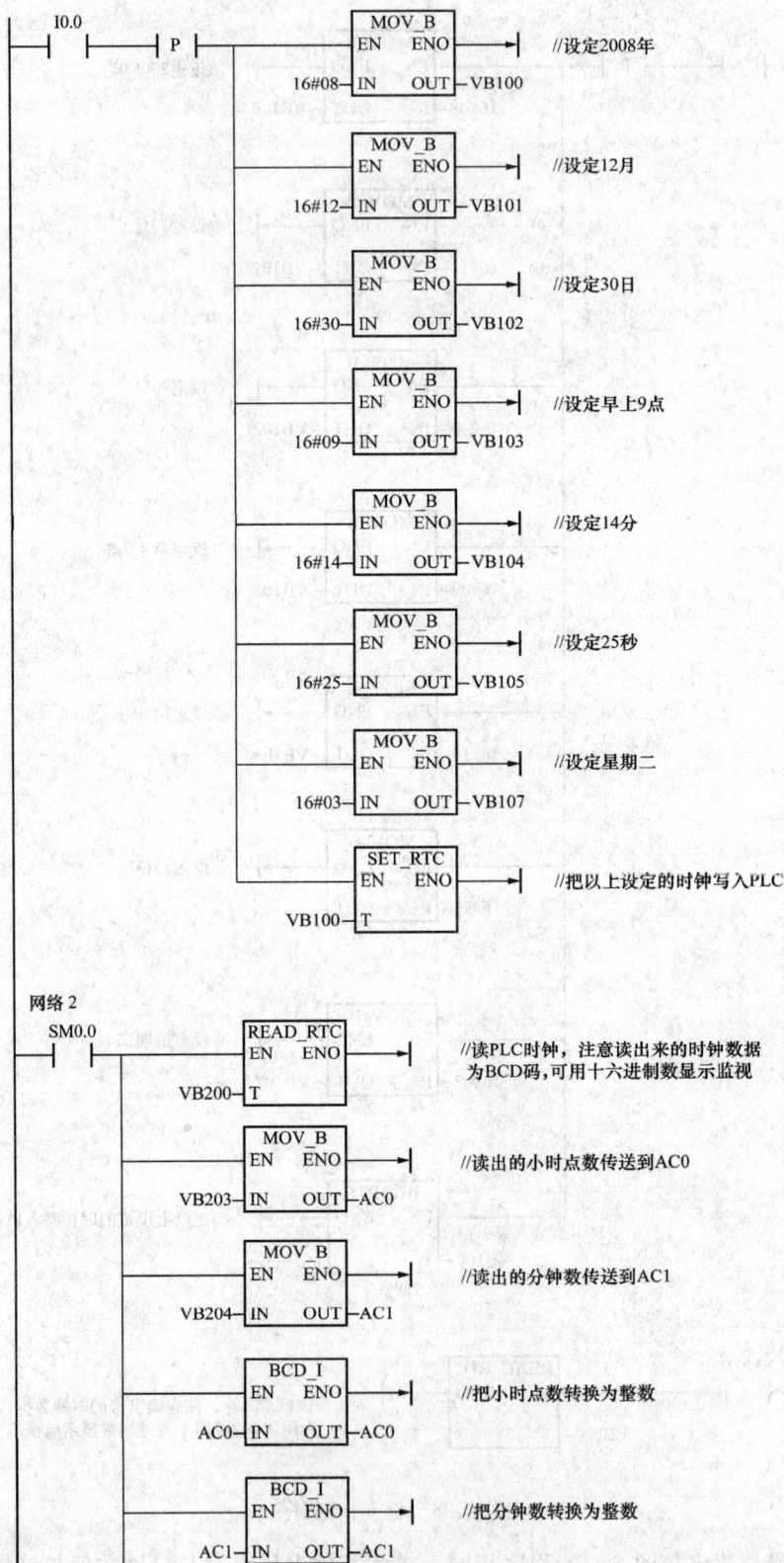

图 6-29 通风系统控制程序（一）

网络2

```
         MOV_B
        EN   ENO        //把小时点数传送到字节VB0
   AC0──IN   OUT──VB0
```

```
         MOV_B
        EN   ENO        //把分钟数传送到字节VB1
   AC1──IN   OUT──VB1
```

网络3

```
   VB0       VB0      Q0.0
  ─┤>=B├─────┤<B├─────( )      //大于7点，小于16点，则Q0.0驱动为ON
    7        16
```

网络4

```
   VB0       VB0      Q0.1
  ─┤>=B├─────┤<B├─────( )      //把时间7:30至23:30分为3段
    8        23
   VB0       VB1
  ─┤==B├─────┤>=B├             第1段：8:00~23:30
    7        30
   VB0       VB1               第2段：7:30~8:00
  ─┤==B├─────┤<=B├
    23       30                第3段：23:30~23:30
```

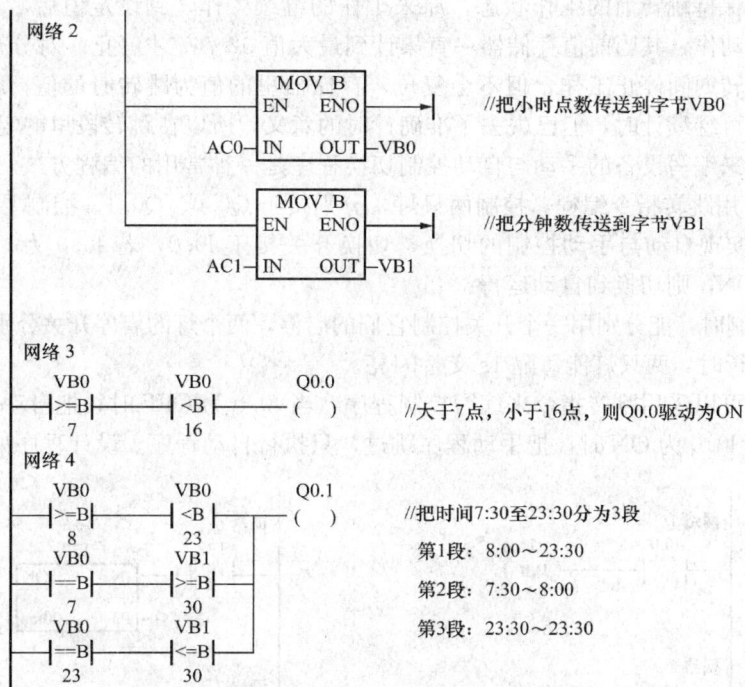

图6-29 通风系统控制程序（二）

第六节 跳 转 指 令

跳转指令主要用于较复杂程序的设计，使用该类指令可以用来优化程序结构，增强程序功能。跳转指令可以使 PLC 编程的灵活性大大提高，使 PLC 可根据不同条件的判断，选择不同的程序段执行程序。与跳转有关的指令有两条：跳转指令（JMP）和标号指令（LBL）。

跳转指令：跳转指令使能输入有效时，使程序跳到同一程序中的指定标号 n 处执行。

标号指令：标号指令用来标记程序段，作为跳转指令执行时跳转到目的位置。操作数 n 为 0~255 的字型数据。

跳转指令的使用方法如图 6-30 所示。

```
   I0.0      1
  ─┤ ├─────( JMP )          LD   I0.0
                            JMP  1


    1
  ┌─────┐
  │ LBL │                   LBL1
  └─────┘
    (a)                      (b)
```

图6-30 跳转指令的使用
(a) 梯形图；(b) 语句表

说明：

（1）跳转指令和标号指令必须配合使用，而且只能使用在同一程序块中，如主程序、同一主程序或同一个中断程序。不能在不同的程序块中相互跳转。

（2）执行跳转后，被跳过程序段中的各元件状态为：

1）Q、M、S、C 等元件的位保持跳转前的状态。

2）计数器 C 停止计数，当前值存储器保持跳转前的计数值。

3）对定时器来说，因刷新方式不同而工作状态不同。在跳转期间，分辨率为 1ms 和 10ms

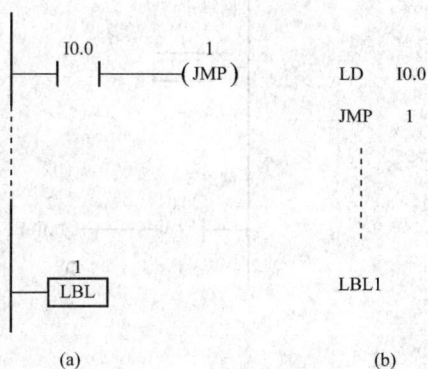

的定时器会一直保持跳转前的工作状态,原来工作的继续工作,到设定值后,其位的状态也会改变,输出触点动作,其当前值存储器一直累计到最大值 32 767 才停止。对分辨率为 100ms 的定时器来说,跳转期间停止工作,但不会复位,存储器里的值为跳转时的值,跳转结束后,若输入条件允许,可继续计时,但已失去了准确计时的意义,所以在跳转段里的定时器要慎用。

用跳转指令来编写设备的手动与自动控制切换程序是一种常用的编程方式。

【例6-8】 用跳转指令编程,控制两只灯,分别接于 Q0.0、Q0.1。控制要求如下:

(1)要求能实现自动与手动控制的切换,切换开关接于 I0.0,若 I0.0 为 OFF 则为手动操作,若 I0.0 为 ON,则切换到自动运行;

(2)手动控制时,能分别用一个开关控制它们的启停,两个灯的启停开关分别为 I0.1、I0.2;

(3)自动运行时,两只灯能每隔 1s 交替闪亮。

分析如下:可以采用跳转指令来编写控制程序,当 I0.0 为 OFF 时,把自动程序跳过,只执行手动程序;当 I0.0 为 ON 时,把手动程序跳过,只执行自动程序。设计程序如图 6-31 所示。

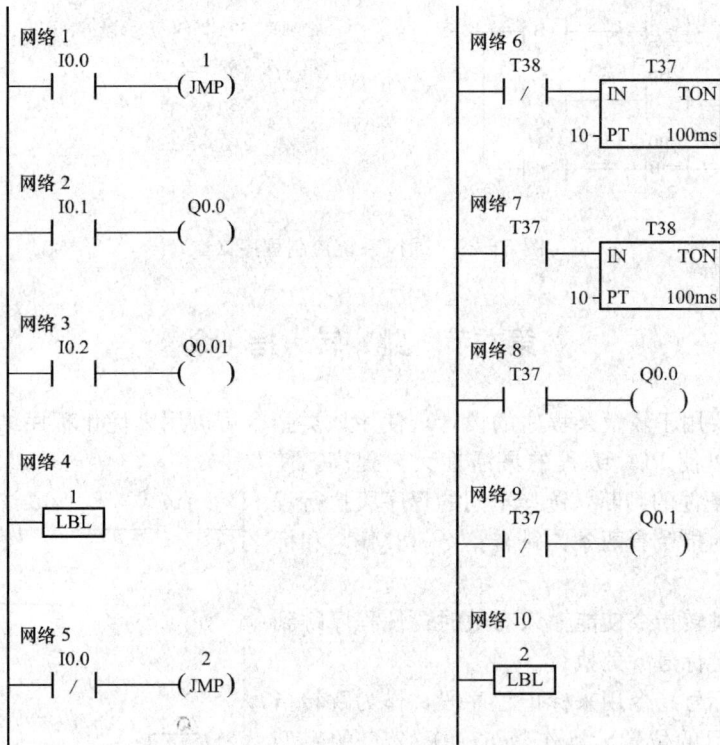

图 6-31 例 6-8 程序

第七节 子 程 序 指 令

子程序在结构化程序设计中是一种方便有效的工具。S7-200 PLC 的指令系统具有简单、方便、灵活的子程序调用功能。与子程序有关的操作有:建立子程序、子程序的调用和返回。

一、建立子程序

建立子程序是通过编程软件来完成的。可用编辑软件中的菜单"编辑→插入→子程序",以建立或插入一个新的子程序;同时,在指令窗口中可以看到新建的子程序图标。在一个程序中可以有多个子程序,其地址序号排列为 SBR_0～SBR_n,用户也可以在图标上直接更改子程序的名称，把它变为能描述该子程序功能的名字。

不同的 CPU，所允许的子程序个数也不同。对于 CPU221、CPU222、CPU224，最多可以编写 64 个子程序；对于 224XP 和 CPU226，最多可编写 128 个子程序。

在指令树窗口双击"调用子程序"中的子程序，就可对它进行子程序的编程。

二、子程序指令

子程序指令有 2 条：子程序调用指令（CALL）和子程序条件返回指令（CRET）。

1. 子程序调用指令

在使用输入有效时，主程序调用并执行子程序。子程序的调用可以带参数，也可以不带参数。指令格式如图 6-32 所示。

2. 子程序条件返回指令

在使能输入有效时，结束子程序的执行，返回主程序中（返回到调用此子程序的下一条指令）指令格式如图 6-33 所示。

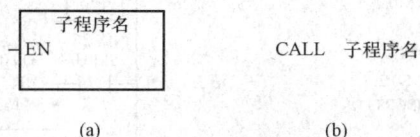

```
    ┌─────────┐
    │ 子程序名 │
   ─┤EN       │            CALL   子程序名
    └─────────┘
                                        ──( RET )          CRET

      (a)              (b)               (a)              (b)
```

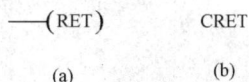

图 6-32 子程序调用指令　　　　图 6-33 子程序条件返回指令格式
(a) 梯形图指令；(b) STL 指令　　　(a) 梯形图；(b) STL 指令

3. 指令说明

(1) CRET 指令多用于子程序的内部，由判断条件决定是否结束子程序的调用，RET 用于子程序的结束。用编程软件编程时，在子程序结束处，不需要输入 RET 指令，软件会自动在内部加到每个子程序的结尾（不显示出来）。

(2) 如果在子程序的内部又对另一子程序执行调用指令，则这种调用称作子程序的嵌套。子程序的嵌套深度最多为 8 级。

(3) 当一个子程序被调用时，系统自动保存当前的堆栈数据，并把栈顶置 1，堆栈中的其他值为 0，子程序占有控制权。子程序执行结束，通过返回指令自动恢复原来的逻辑堆栈值，调用程序又重新取得控制权。

(4) 累加器可在调用程序和被调用子程序之间自由传递，所以累加器的值在子程序调用时既不保存也不恢复。

(5) 当子程序在一个扫描周期内被多次调用时，在子程序中不能使用上升沿、下降沿、定时器和计数器指令。

【例 6-9】 简易机械手的控制。在第五章中介绍了机械手的自动控制，如图 5-9 所示，现要求在原自动控制的基础上加手动控制，用一个输入点来进行自动与手动操作的切换。要求机械手要原点才能开始自动运行。

I/O 分配如下：I0.0，上限位检测开关；I0.1，下限位检测开关；I0.2，左限位检测开关；I0.3，右限位检测开关；I0.4，手动/自动切换，当 I0.4 为 OFF 时手动控制，为 ON 时自动控制；I0.5，手动向上运行；I0.6，手动向下运行；I0.7，手动向左运行；I1.0，手动向右运行；I1.1，手动松开；I1.2，手动夹紧；Q0.0，驱动手抓夹紧；Q0.1，驱动上升；Q0.2，驱动下降；Q0.3，驱动左移；Q0.4，驱动右移。

编程思路如下：设计一个手动程序和一个自动程序，当 I0.4 为 OFF 时调用手动子程序，当 I0.4 为 ON 时调用自动子程序。

主程序如图 6-34 所示,手动子程序如图 6-35 所示,自动子程序如图 6-36 所示。

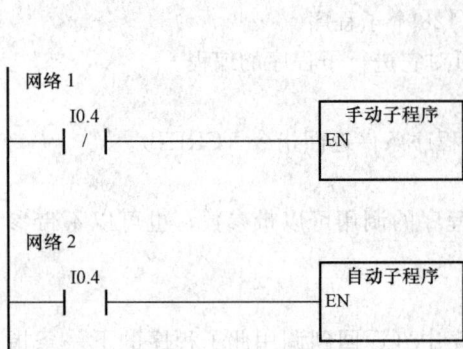

网络 1

I0.4 —|/|— 手动子程序 EN

网络 2

I0.4 —| |— 自动子程序 EN

图 6-34 主程序

网络 1
I0.5 —| |— I0.0 —|/|— Q0.1 —( )

网络 2
I0.6 —| |— I0.1 —|/|— Q0.2 —( )

网络 3
I0.7 —| |— I0.2 —|/|— Q0.3 —( )

网络 4
I1.0 —| |— I0.3 —|/|— Q0.4 —( )

网络 5
I1.2 —| |— Q0.0 —(S)
1

网络 6
I1.1 —| |— Q0.0 —(R)
1

网络 7
SM0.0 —| |— S0.0 —(R)
9

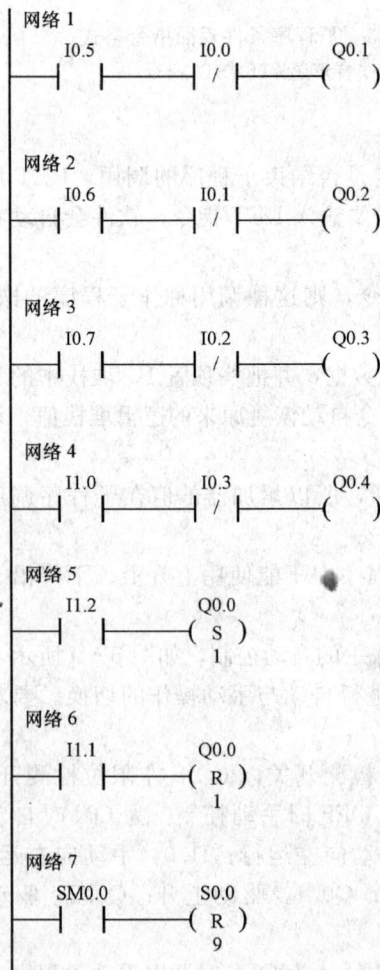

图 6-35 手动子程序

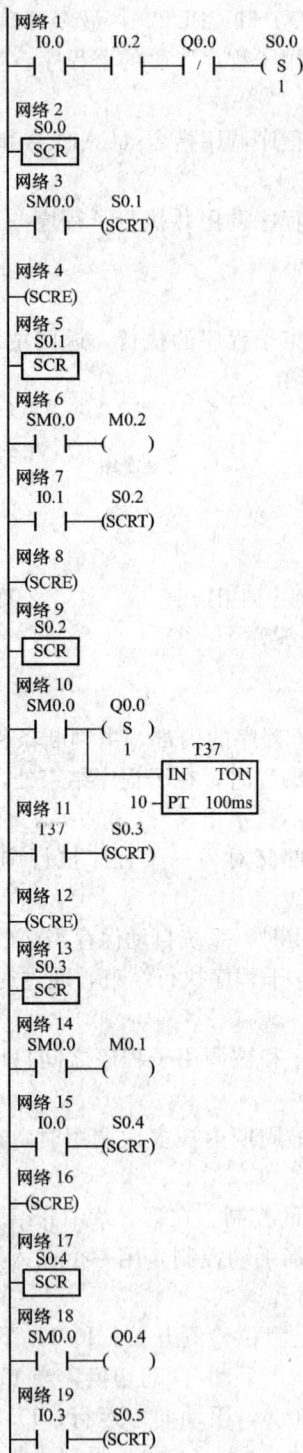

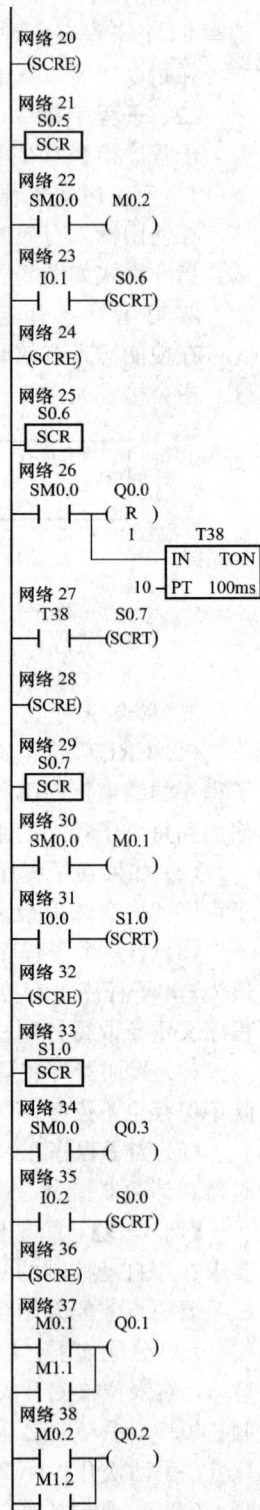

(a)

网络 1
I0.0 —| |— I0.2 —| |— Q0.0 —|/|— S0.0 —(S)
1

网络 2
S0.0 —[SCR]

网络 3
SM0.0 —| |— S0.1 —(SCRT)

网络 4
—(SCRE)

网络 5
S0.1 —[SCR]

网络 6
SM0.0 —| |— M0.2 —( )

网络 7
I0.1 —| |— S0.2 —(SCRT)

网络 8
—(SCRE)

网络 9
S0.2 —[SCR]

网络 10
SM0.0 —| |— Q0.0 —(S)
1
T37
IN   TON
10 — PT   100ms

网络 11
T37 —| |— S0.3 —(SCRT)

网络 12
—(SCRE)

网络 13
S0.3 —[SCR]

网络 14
SM0.0 —| |— M0.1 —( )

网络 15
I0.0 —| |— S0.4 —(SCRT)

网络 16
—(SCRE)

网络 17
S0.4 —[SCR]

网络 18
SM0.0 —| |— Q0.4 —( )

网络 19
I0.3 —| |— S0.5 —(SCRT)

(b)

网络 20
—(SCRE)

网络 21
S0.5 —[SCR]

网络 22
SM0.0 —| |— M0.2 —( )

网络 23
I0.1 —| |— S0.6 —(SCRT)

网络 24
—(SCRE)

网络 25
S0.6 —[SCR]

网络 26
SM0.0 —| |— Q0.0 —(R)
1
T38
IN   TON
10 — PT   100ms

网络 27
T38 —| |— S0.7 —(SCRT)

网络 28
—(SCRE)

网络 29
S0.7 —[SCR]

网络 30
SM0.0 —| |— M0.1 —( )

网络 31
I0.0 —| |— S1.0 —(SCRT)

网络 32
—(SCRE)

网络 33
S1.0 —[SCR]

网络 34
SM0.0 —| |— Q0.3 —( )

网络 35
I0.2 —| |— S0.0 —(SCRT)

网络 36
—(SCRE)

网络 37
M0.1 —| |— Q0.1 —( )
M1.1 —| |—

网络 38
M0.2 —| |— Q0.2 —( )
M1.2 —| |—

图 6-36 自动子程序

三、带参数的子程序

子程序中可以有参变量，带参变量的子程序调用极大地扩大了子程序的使用范围，增加了调用的灵活性。它主要用于功能类似的子程序块的编程。子程序的调用过程如果存在数据的传递，则在调用指令中应包含相应的参数。

1. 子程序参数

子程序最多可以传递 16 个参数。参数在子程序的局部变量表中加以定义。参数包含下列信息：变量名、变量类型和数据类型。

(1) 变量名。变量名最多用 23 个字符表示，第一个字符不能是数字。

(2) 变量类型。变量类型是按变量对应数据的传递方向来划分的，可以是传入子程序 (IN)、传入和传出子程序（IN_OUT）、传出子程序（OUT）和暂时变量（TEMP）4 种类型。4 种类型的参数在变量表中的位置必须按以下先后顺序：

1) IN 类型。IN 类型为传入子程序参数。参数可以是直接寻址数据（如 VB200）、间接寻址数据（如 * AC1）、立即数（如 16♯2344）或数据的地址值（&VB100）。

2) IN_OUT 类型。IN_OUT 类型为传入和传出子程序参数。调用时将指定参数位置的值传到子程序，返回时从子程序得到的结果值被返回到同一地址。参数可以采用直接或间接寻址，但立即数和地址值不能作为参数。

3) OUT 类型。OUT 类型为传出子程序参数。它将从子程序返回的结束值送到指定的参数位置。输出参数可以采用直接寻址和间接寻址，但不能是立即数和地址编号。

4) TEMP 类型。TEMP 类型是暂时变量参数。在子程序内部暂时存储数据，但不能用来与调用程序传递数据。

(3) 数据类型。局部变量表中还要对数据类型进行声明。数据类型可以是：能流、布尔型、字节型、字型、双字型、整数型和实型。

1) 能流：仅允许对位输入操作，是位逻辑运算的结果。

2) 布尔型：用于单独的位输入和输出。

3) 字节、字和双字型：这 3 种类型分别声明一个 1 字节、2 字节、4 字节的无符号输入或输出参数。

4) 整数、双整数型：这两种类型分别声明一个 2 字节和 4 字节的有符号输入或输出参数。

5) 实型：是 32 位浮点参数。

2. 参数子程序调用的规则

(1) 常数参数必须声明数据类型。如值为 223344 的无符号双字作为参数传递时，必须用 DW♯223344 来指明。如果缺少常数参数的这一描述，常数可能会被当作不同类型使用。

(2) 输入或输出参数没有自动数据类型转换功能。如局部变量表中声明一个参数为实型，而在调用时使用一个双字，则子程序中的值就是双字。

(3) 参数在调用时必须按照一定的顺序排列，先是输入参数，然后是输入输出参数，最后是输出参数和暂时变量。

3. 变量表的使用

按照子程序指令的调用顺序，参数值分配给局部变量存储器，起始地址是 L0.0。当在局部变量表中加入一个参数时，系统自动给各参数分配局部变量存储空间。使用编程软件时，地址分配是自动的。在局部变量表中要加入一个参数，单击要加入的变量类型区可以得到一个选择菜单，选择"插入"，然后选择"下一行"即可。局部变量表使用局部变量存储器 L。

【例 6 - 10】 在子程序的局部变量表中建立 IN1、IN2 和 OUT 三个变量，变量类型和数据类型如表 6 - 3 所示。IN1 和 IN2 为 IN 变量类型，OUT 为 OUT 变量类型，数据类型都为字节。变量 IN1 的分配地址为 LB0，变量 IN2 分配地址为 LB1，变量 OUT 分配地址为 LB2。则在主程序中调用该子程序格式如图 6 - 37 所示，EN 前接一个位元件（布尔量），IN1、IN2、OUT 在主程序中设置的数据类型必须与局部变量表中的数据类型一致。

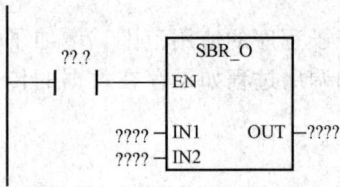

图 6 - 37 带参数子程序

表 6 - 3 局 部 变 量 表

地址	符号	变量类型	数据类型
	EN	IN	BOOL
LB0	1N1	IN	BYTE
LB1	1N2	IN	BYTE
		IN	
		IN_OUT	
LB2	OUT	OUT	BYTE
		OUT	
		TEMP	

【例 6 - 11】 编写一个计算 $Y = (X + 30) \times 4 \div 5$ 的子程序，使该公式能在多处调用。其中 X、Y 的数据类型为整数。

打开子程序，组态局部变量表，设置变量 X，变量类型为 IN，数据类型为 INT。设置变量 Y，变量类型为 OUT，数据变量为 INT。如表 6 - 4 所示。

表 6 - 4 局 部 变 量 表

地址	符号	变量类型	数据类型	注释
	EN	IN	BOOL	
LW0	X	IN	INT	
		IN		
		IN_OUT		
LW2	Y	OUT	INT	

编写子程序如图 6 - 38 所示，子程序中实现例 6 - 11 中的数学式的编程。

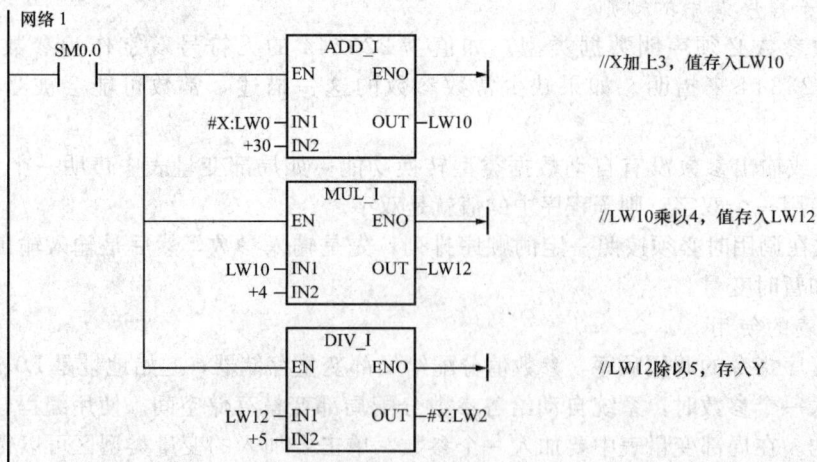

图 6 - 38 子程序

主程序如图 6-39 所示，在主程序中调用 3 次子程序，相当于把 VW0 作为 X 的值代入式中计算出 Y 的值，传送给 VW10；把 VW2 作为 X 的值代入式中计算出 Y 的值，传送给 VW12；VW4 作为 X 的值代入式中计算出 Y 的值，传送给 VW14。这样多次调用子程序，就简化了类似程序的编写，充分体现了结构化编程的思想。

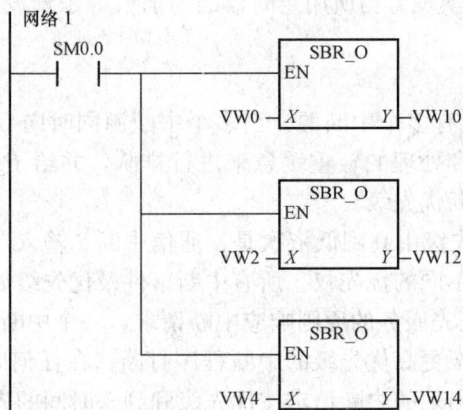

图 6-39 主程序

第八节 中 断

所谓中断，是当控制系统执行正常程序时，系统中出现了某些急需处理的异常情况或特殊请求，这时系统暂时中断现行程序，转去对随机发生的更紧迫事件进行处理（执行中断程序），当该事件处理完毕后，系统自动回到原来被中断的程序继续执行。

一、中断源与中断优先级

1. 中断源

中断源是中断事件向 PLC 发出中断请求的来源。S7-200 CPU 最多可达 34 个中断源，每个中断源都分配一个编号用于识别，称为中断事件号。这些中断源大致分为三大类：通信中断、输入/输出中断和时基中断。

（1）通信中断。PLC 的通信口可由程序来控制，通信中的这种操作模式称作自由口通信模式，利用数据接收和发送中断可以对通信进行控制。在该模式下，用户可以通过编程来设置波特率、奇偶校验和通信协议等参数。

（2）输入/输出中断。输入/输出中断包括外部输入中断、高速计数器中断和脉冲串输出中断。外部输入中断是利用 I0.0～I0.3 的上升沿或下降沿产生中断，这些输入点可用做连接某些一旦发生就必须引起注意的外部事件；高速计数器中断可以响应当前值等于预设值、计数方向改变、计数器外部复位等事件所引起的中断；脉冲串输出中断可以用来响应给定数量的脉冲输出完成所引起的中断，其典型应用是对步进电动机的控制。

（3）时基中断。时基中断包括定时中断和定时器中断。

定时中断可用来支持一个周期性的活动，周期时间以 1ms 为计量单位，周期时间可以是 1～255ms。对于定时中断 0，把周期时间值写入到 SMB34；对于定时中断 1，把周期时间值写入到 SMB35。每当达到定时时间值，相关定时器溢出，执行中断程序。定时中断可以用来以固定的时间间隔作为采样周期来对模拟量输入进行采样，也可以用来执行一个 PID 控制回路。另外，定时中断在自由口通信编程时非常有用。

　　当把某个中断程序连接在一个定时中断事件上时，如果该定时中断被允许，那就开始计时。当定时中断重新连接时，定时中断功能能清除前一次连接时的任何累计值，并用新值重新开始计时。

　　定时器中断可以利用定时器来对一个指定的时间段产生中断。这类中断只能使用分辨率为1ms的定时器T32和T96来实现。当所用定时器的当前值等于预设值时，在主机正常的定时刷新中，执行中断程序。

　　2. 中断优先级

　　在PLC应用系统中可能有多个中断源。当多个中断源同时向CPU申请中断时，要求CPU能将全部中断源按中断性质和处理的轻重缓急来进行排队，并给予优先权。给中断源指定处理的次序就是给中断源确定中断优先级。

　　S7-200 PLC的中断优先级由高到低依次是：通信中断、输入/输出中断、时基中断。每种中断中的不同中断事件也有不同的优先权。所有中断事件及优先级如表6-5所示。

　　在PLC中，CPU按先来先服务的原则响应中断请求，一个中断程序一旦执行，就一直执行到结束为止，不会被其他甚至更高优先级的中断程序打断。在任何时刻，CPU只执行一个中断程序。中断程序执行中，新出现的中断请求按优先级和到来时间的先后顺序进行排队等候处理。中断队列能保存的最大中断个数有限，如果超过队列容量，则会产生溢出，某些特殊标志存储器被置位。中断队列、溢出标志位及队列容量如表6-6所示。

表6-5　　　　　　　　　　　中断事件及优先级表

优先级分组	组内优先级	中断事件号	中断事件说明	中断事件类别
通信中断	0	8	通信口0：接收字符	通信口0
	0	9	通信口0：发送完成	
	0	23	通信口0：接收信息完成	
	1	24	通信口1：接收信息完成	通信口1
	1	25	通信口1：接收字符	
	1	26	通信口1：发送完成	
I/O中断	0	19	PTO 0脉冲串输出完成中断	脉冲输出
	1	20	PTO 1脉冲串输出完成中断	
	2	0	I0.0上升沿中断	外部输入
	3	2	I0.1上升沿中断	
	4	4	I0.2上升沿中断	
	5	6	I0.3上升沿中断	
	6	1	I0.0下降沿中断	
	7	3	I0.1下降沿中断	
	8	5	I0.2下降沿中断	
	9	7	I0.3下降沿中断	
	10	12	HSC0当前值＝预置值中断	高速计数器
	11	27	HSC0计数方向改变中断	
	12	28	HSC0外部复位中断	
	13	13	HSC1当前值＝预置值中断	
	14	14	HSC1计数方向改变中断	

优先级分组	组内优先级	中断事件号	中断事件说明	中断事件类别
I/O中断	15	15	HSC1外部复位中断	高速计数器
	16	16	HSC2当前值＝预置值中断	
	17	17	HSC2计数方向改变中断	
	18	18	HSC2外部复位中断	
	19	32	HSC3当前值＝预置值中断	
	20	29	HSC4当前值＝预置值中断	
	21	30	HSC4计数方向改变	
	22	31	HSC4外部复位	
	23	33	HSC5当前值＝预置值中断	
定时中断	0	10	定时中断0	定时
	1	11	定时中断1	
	2	21	定时器T32 CT＝PT中断	定时器
	3	22	定时器T96 CT＝PT中断	

表 6-6 中断队列的最多中断个数和溢出标志位

中断队列种类	CPU 221	CPU 222	CPU 224	CPU 226 和 CPU 224XP	溢出标志位
通信中断队列	4	4	4	8	SM4.0
I/O 中断队列	16	16	16	16	SM4.1
时基中断队列	8	8	8	8	SM4.2

二、中断指令

中断指令有 4 条，包括开、关中断指令，中断连接和分离指令。指令格式如表 6-7 所示。

表 6-7 中 断 指 令 格 式

LAD	—(ENI)	—(DISI)	ATCH EN ENO INT EVNT	DTCH EN ENO EVNT
STL	ENI	DISI	ATCH INT，EVNT	DTCH EVNT
操作数说明	无	无	INT：中断程序名 EVNT：中断事件号	EVNT：中断事件号

1. 开、关中断指令

开中断（ENI）指令全局性允许所有中断事件，关中断（DISI）指令全局性禁止所有中断事件。

PLC 转换到 RUN（运行）模式时，中断开始时被禁用，可以通过执行开中断指令，允许所有中断事件。执行关中断指令会禁止处理中断，但是现用中断事件将继续排队等候。

2. 中断连接、分离指令

中断连接（ATCH）指令将中断事件（EVNT）与中断程序（INT）相连接，并启用中断事件。

分离中断（DTCH）指令取消某中断事件（EVNT）与所有中断程序之间的连接，并禁用该中断事件。

注意

> 一个中断事件只能连接一个中断程序，但多个中断事件可以调用一个中断程序。在一个程序中若使用了中断功能，则至少要使用一次 ENI 指令，否则程序中的 ATCH 指令不能完成使能中断的任务。

三、中断程序

1. 中断程序的概念

中断程序是为处理中断事件而事先编写好的程序。中断程序不是由程序调用的，而是在中断事件发生时由操作系统调用。中断程序应实现特定的任务，应"越短越好"，在中断程序中禁止使用 DISI、ENI、HDEF、LSCR 和 END 指令。

2. 建立中断程序的方法

方法一：从"编辑"菜单→选择插入（Insert）→中断（Interrupt）。

方法二：从指令树，用鼠标右键单击"程序块"图标并从弹出菜单→选择插入（Insert）→中断（Interrupt）。

方法三：从"程序编辑器"窗口，从弹出菜单用鼠标右键单击插入（Insert）→ 中断（Interrupt）。

【例 6-12】 编写由 I0.1 的上升沿产生的中断程序，要求当 I0.1 的上升沿产生时立即把 VW0 的当前值变为 0。

分析：查表 6-5 可知，I0.1 上升沿产生的中断事件号为 2。所以在主程序中用 ATCH 指令将事件号 2 和中断程序 0 连接起来，并全局开中断。主程序和中断程序如图 6-40 所示。

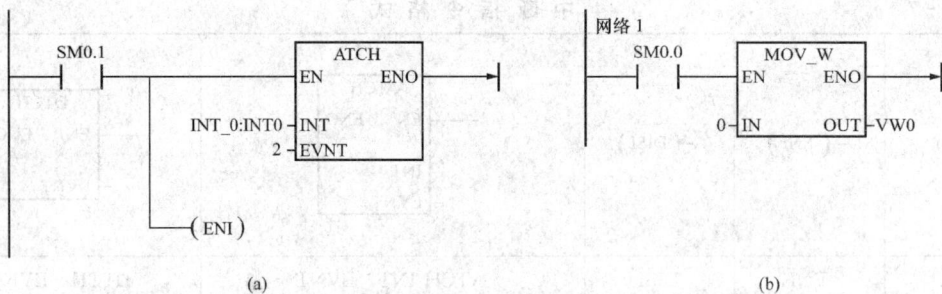

图 6-40 例 6-12 程序
(a) 主程序；(b) 中断程序

【例 6-13】 编程完成采样工作，要求每 10ms 采样一次。

分析：完成每 10ms 采样一次，需用定时中断，查表 6-5 可知，定时中断 0 的中断事件号为 10。因此在主程序中将采样周期（10ms）即定时中断的时间间隔写入定时中断 0 的特殊存储器 SMB34，并将中断事件 10 和 INT_0 连接，全局开中断。在中断程序 0 中，将模拟量输入信号读入，程序如图 6-41 所示。

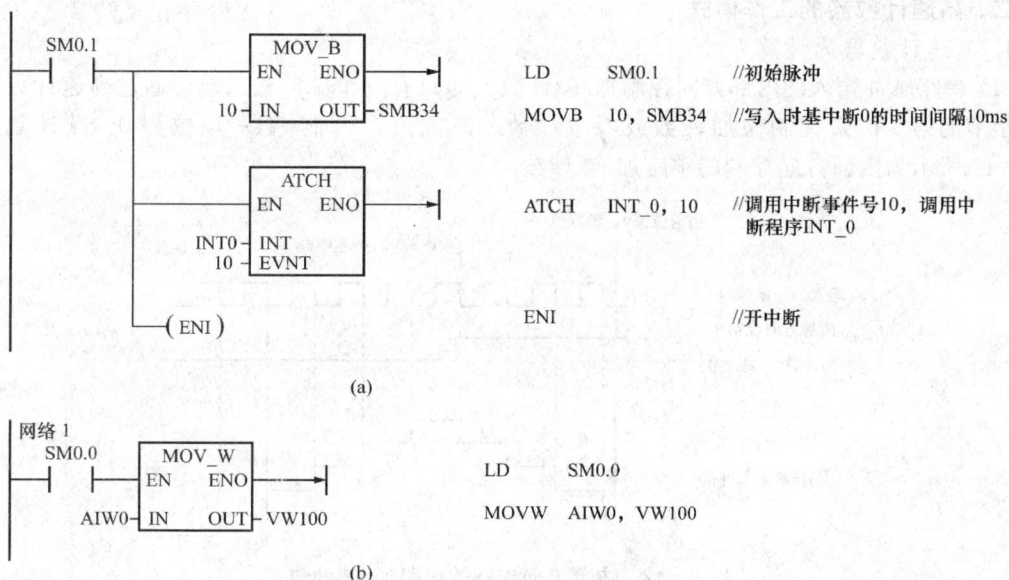

SM0.1──┤ ├── MOV_B 　EN　ENO 10─IN　OUT─SMB34	LD　　SM0.1　　//初始脉冲 MOVB　10，SMB34　//写入时基中断0的时间间隔10ms
ATCH 　EN　ENO INT0─INT 10─EVNT	ATCH　INT_0, 10　//调用中断事件号10，调用中断程序INT_0
─(ENI)	ENI　　//开中断

(a)

网络1 SM0.0──┤ ├── MOV_W 　EN　ENO AIW0─IN　OUT─VW100	LD　　SM0.0 MOVW　AIW0，VW100

(b)

图 6 - 41　例 6 - 13 程序
(a) 主程序；(b) 中断程序

第九节　高速计数器的应用

前面介绍的计数器指令的计数频率比 PLC 扫描周期小，对比 CPU 扫描频率高的高速脉冲输入，就不能满足控制要求了。为此，SIMATIC S7 - 200 系列 PLC 设计了高速计数功能（HSC），其计数自动进行不受扫描周期的影响，最高计数频率取决于 CPU 的类型，SIMATIC S7 - 200 CPU22x 系列 PLC 最高计数频率为 30kHz，CPU224XP CN 最高计数频率为 230kHz，用于捕捉比 CPU 扫描速度更快的事件，并产生中断，执行中断程序，完成预定的操作。高速计数器最多可设置 12 种不同的操作模式。用高速计数器可实现高速运动的精确控制。

一、高速计数器占用输入端子

CPU224 有六个高速计数器，其占用的输入端子如表 6 - 8 所示。

表 6 - 8　　　　　　　　　高速计数器占用的输入端子

高速计数器	使用的输入端子	高速计数器	使用的输入端子
HSC0	I0.0、I0.1、I0.2	HSC3	I0.1
HSC1	I0.6、I0.7、I1.0、I1.1	HSC4	I0.3、I0.4、I0.5
HSC2	I1.2、I1.3、I1.4、I1.5	HSC5	I0.4

各高速计数器不同的输入端有专用的功能，如：时钟脉冲端、方向控制端、复位端、启动端等。

注意

同一个输入端不能用于两种不同的功能。但是高速计数器当前模式未使用的输入端均可用于其他用途，如作为中断输入端或作为数字量输入端。例如，如果在模式 2 中使用高速计数器 HSC0，模式 2 使用 I0.0 和 I0.2，则 I0.1 可用于 HSC3 或用于其他用途。

二、高速计数器的工作模式

1. 高速计数器的计数方式

（1）单路脉冲输入的内部方向控制加/减计数。即只有一个脉冲输入端，通过高速计数器的控制字节的第 3 位来控制做加计数或者减计数。该位为 1，加计数；该位为 0，减计数。如图 6-42 所示为内部方向控制的单路加/减计数。

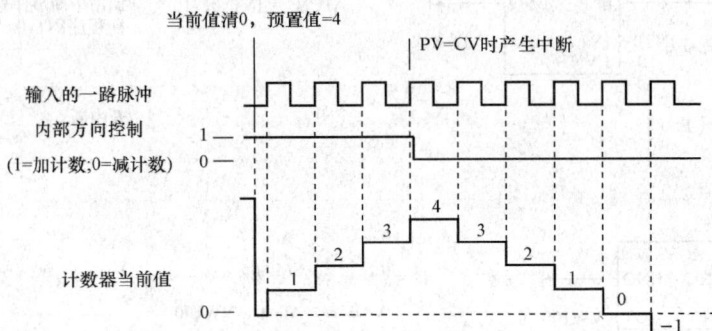

图 6-42 内部方向控制的单路加/减计数

该计数方式可调用当前值等预设值中断，即当高速计器的计数当前值与预设值相等时调用中断程序。

（2）单路脉冲输入的外部方向控制加/减计数。即有一个脉冲输入端，有一个方向控制端，方向输入信号等于 1 时，加计数；方向输入信号等于 0 时，减计数。如图 6-43 所示为外部方向控制的单路加/减计数。

该计数方式可调用当前值等预设值中断和外部输入方向改变的中断。

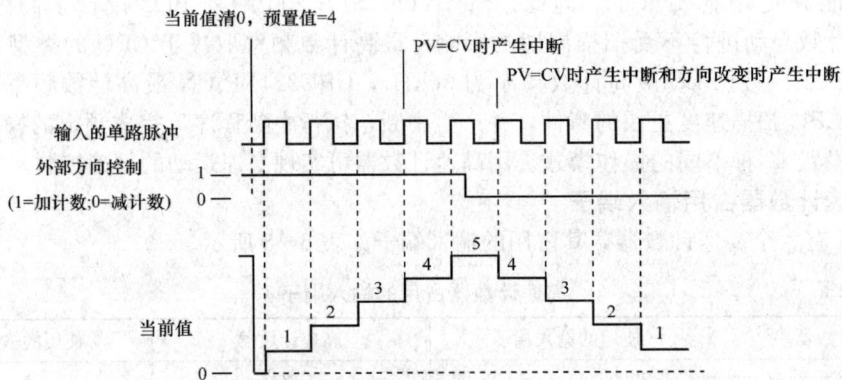

图 6-43 外部方向控制的单路加/减计数

（3）两路脉冲输入的单相加/减计数。即有两个脉冲输入端，一个是加计数脉冲，一个是减计数脉冲，计数值为两个输入端脉冲的代数和，如图 6-44 所示。

该计数方式可调用当前值等预设值中断和外部输入方向改变的中断。

（4）两路脉冲输入的双相正交计数。即有两个脉冲输入端，输入的两路脉冲 A 相、B 相，相位互差 90°（正交），A 相超前 B 相 90°时，加计数；A 相滞后 B 相 90°时，减计数。在这种计数方式下，可选择 1x 模式（单倍频，一个时钟脉冲计一个数）和 4x 模式（四倍频，一个时钟脉冲计四个数）。如图 6-45 和图 6-46 所示。

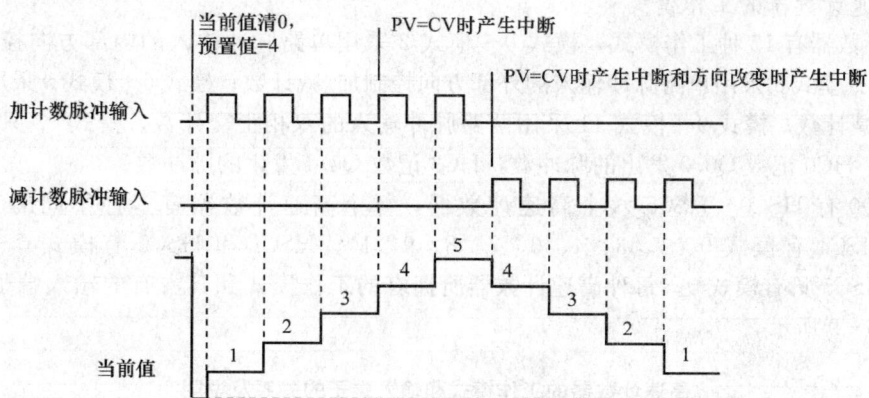

图 6-44　两路脉冲输入的单相加/减计数

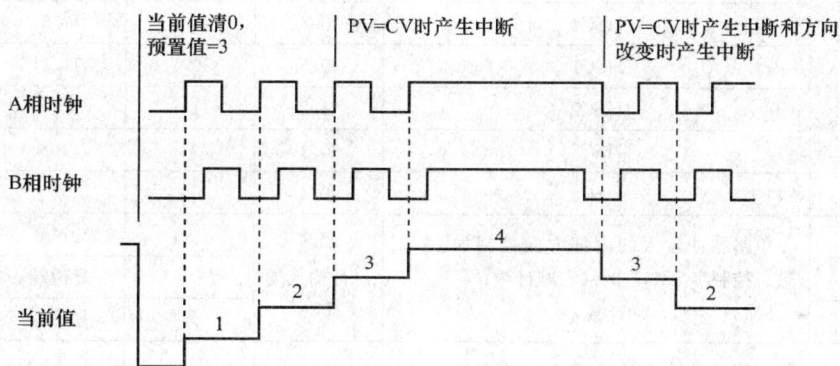

图 6-45　双相正交计数 1x 模式

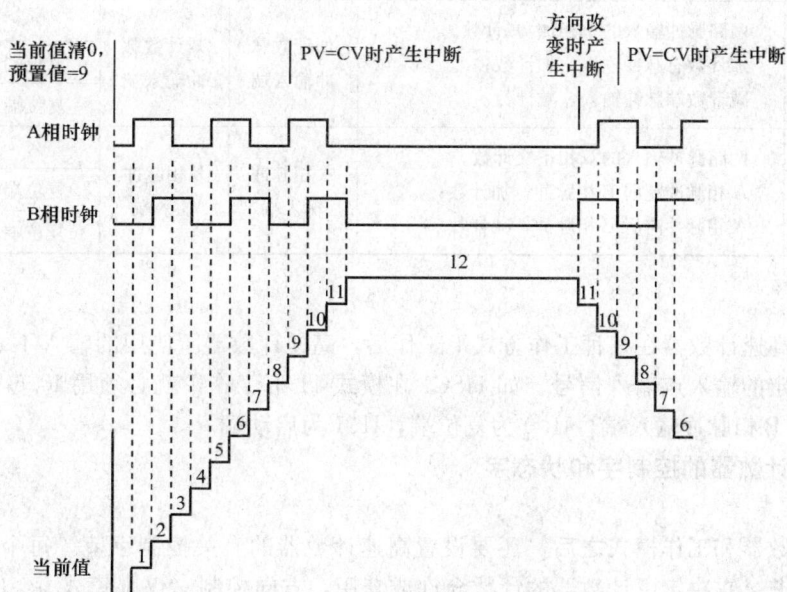

图 6-46　双相正交计数 4x 模式

西门子PLC与变频器、触摸屏综合应用教程（第二版）

2. 高速计数器的工作模式

高速计数器有 13 种工作模式，模式 0～模式 2 采用单路脉冲输入的内部方向控制加/减计数；模式 3～模式 5 采用单路脉冲输入的外部方向控制加/减计数；模式 6～模式 8 采用两路脉冲输入的加/减计数；模式 9～模式 11 采用两路脉冲输入的双相正交计数。模式 12 只有 HC0 和 HC3 支持，HC0 记数 Q0.0 发出的脉冲数，HC3 记数 Q0.1 发生的脉冲数。

S7 - 200 有 HSC0～HSC5 六个高速计数器，每个高速计数器有多种不同的工作模式。HSC0 和 HSC4 有模式 0、1、3、4、6、7、8、9、10；HSC1 和 HSC2 有模式 0～模式 11；HSC3 和 HSC5 只有模式 0。每种高速计数器所拥有的工作模式和其占有的输入端子的数目有关，如表 6 - 9 所示。

表 6 - 9　　　　　　　　高速计数器的工作模式和输入端子的关系及说明

	功能及说明	占用的输入端子及其功能			
HSC 编号及其对应的输入端子 HSC 模式	HSC0	I0.0	I0.1	I0.2	×
	HSC4	I0.3	I0.4	I0.5	×
	HSC1	I0.6	I0.7	I1.0	I1.1
	HSC2	I1.2	I1.3	I1.4	I1.5
	HSC3	I0.1	×	×	×
	HSC5	I0.4	×	×	×
0	单路脉冲输入的内部方向控制加/减计数。控制字 SM37.3＝0，减计数；SM37.3＝1，加计数	脉冲输入端	×	×	×
1			×	复位端	×
2			×	复位端	启动
3	单路脉冲输入的外部方向控制加/减计数。方向控制端＝0，减计数；方向控制端＝1，加计数	脉冲输入端	方向控制端	×	×
4				复位端	×
5				复位端	启动
6	两路脉冲输入的单相加/减计数。加计数有脉冲输入，加计数；减计数端脉冲输入，减计数	加计数脉冲输入端	减计数脉冲输入端	×	×
7				复位端	×
8				复位端	启动
9	两路脉冲输入的双相正交计数。A 相脉冲超前 B 相脉冲，加计数；A 相脉冲滞后 B 相脉冲，减计数	A 相脉冲输入端	B 相脉冲输入端	×	×
10				复位端	×
11				复位端	启动

注　表中×表示没有。

选用某个高速计数器在某种工作方式下工作后，高速计数器所使用的输入不是任意选择的，必须按系统指定的输入点输入信号。如 HSC1 在模式 11 下工作，就必须用 I0.6 为 A 相脉冲输入端，I0.7 为 B 相脉冲输入端，I1.0 为复位端，I1.1 为启动端。

三、高速计数器的控制字和状态字

1. 控制字节

定义了计数器和工作模式之后，还要设置高速计数器的有关控制字节。每个高速计数器均有一个控制字节，它决定了计数器的计数允许或禁用，方向控制（仅限模式 0、1 和 2）或对所有其他模式的初始化计数方向，装入初始值和预置值。控制字节每个控制位的说明如表 6 - 10 所示。

表 6 - 10　　　　　　　　　　　　高速计数器的控制字节

HSC0	HSC1	HSC2	HSC3	HSC4	HSC5	说明
SM37.0	SM47.0	SM57.0	SM37.0	SM147.0	SM57.0	复位有效电平控制： 0＝复位信号高电平有效；1＝低电平有效
SM37.1	SM47.1	SM57.1	SM37.1	SM147.1	SM157.1	启动有效电平控制： 0＝启动信号高电平有效；1＝低电平有效
SM37.2	SM47.2	SM57.2	SM37.2	SM147.2	SM157.2	正交计数器计数速率选择： 0＝4x 计数速率；1＝1x 计数速率
SM37.3	SM47.3	SM57.3	SM137.3	SM147.3	SM157.3	计数方向控制位： 0＝减计数；1＝加计数
SM37.4	SM47.4	SM57.4	SM137.4	SM147.4	SM157.4	向 HSC 写入计数方向： 0＝无更新；1＝更新计数方向
SM37.5	SM47.5	SM57.5	SM137.5	SM147.5	SM157.5	向 HSC 写入新预置值： 0＝无更新；1＝更新预置值
SM37.6	SM47.6	SM57.6	SM137.6	SM147.6	SM157.6	向 HSC 写入初始值： 0＝无更新；1＝更新初始值
SM37.7	SM47.7	SM57.7	SM137.7	SM147.7	SM157.7	HSC 指令执行允许控制： 0＝禁用 HSC；1＝启用 HSC

2. 状态字节

每个高速计数器都有一个状态字节，状态位表示当前计数方向以及当前值是否大于或等于预置值。每个高速计数器状态字节的状态位如表 6 - 11 所示，状态字节的 0～4 位不用。监控高速计数器状态的目的是使外部事件产生中断，以完成重要的操作。

表 6 - 11　　　　　　　　　　　　高速计数器状态字节的状态位

HSC0	HSC1	HSC2	HSC3	HSC4	HSC5	说明
SM36.5	SM46.5	SM56.5	SM136.5	SM146.5	SM156.5	当前计数方向状态位： 0＝减计数；1＝加计数
SM36.6	SM46.6	SM56.6	SM136.6	SM146.6	SM156.6	当前值等于预设值状态位： 0＝不相等；1＝等于
SM36.7	SM46.7	SM56.7	SM136.7	SM146.7	SM156.7	当前值大于预设值状态位： 0＝小于或等于；1＝大于

四、高速计数器指令及使用

1. 高速计数器指令

高速计数器指令有两条：高速计数器定义指令 HDEF 和高速计数器指令 HSC。指令格式如表 6 - 12 所示。

表 6 - 12　　　　　　　　　　　　高速计数器指令格式

LAD	HDEF EN　ENO —HSC —MODE	HSC EN　ENO —N
STL	HDEF HSC，MODE	HSC N

续表

功能说明	高速计数器定义指令 HDEF	高速计数器指令 HSC
操作数	HSC：高速计数器的编号，为常量（0～5）MODE 工作模式，为常量（0～11）	N：高速计数器的编号，为常量（0～5）
ENO=0 的出错条件	SM4.3（运行时间），0003（输入点冲突），0004（中断中的非法指令），000A（HSC 重复定义）	SM4.3（运行时间），0001（HSC 在 HDEF 之前），0005（HSC/PLS 同时操作）

（1）高速计数器定义指令 HDEF。指令指定高速计数器（HSCx）的工作模式。工作模式的选择即选择了高速计数器的输入脉冲、计数方向、复位和启动功能。每个高速计数器只能用一条"高速计数器定义"指令。

（2）高速计数器指令 HSC。根据高速计数器控制位的状态和按照 HDEF 指令指定的工作模式，控制高速计数器。参数 N 指定高速计数器的号码。

2. 高速计数器指令的使用

（1）每个高速计数器都有一个 32 位初始值和一个 32 位预置值，初始值和预设值均为带符号的整数值。要设置高速计数器的初始和新预置值，必须设置控制字节（见表 6-10），令其第五位和第六位为 1，允许更新预置值和初始值，初始值和预置值写入特殊内部标志位存储区。然后执行 HSC 指令，将新数值传输到高速计数器。初始值和预置值占用的特殊内部标志位存储区如表 6-13 所示。

表 6-13　　　　　HSC0～HSC5 初始值和预置值占用的特殊内部标志位存储区

要装入的数值	HSC0	HSC1	HSC2	HSC3	HSC4	HSC5
初始值	SMD38	SMD48	SMD58	SMD138	SMD148	SMD158
预置值	SMD42	SMD52	SMD62	SMD142	SMD152	SMD162

除控制字节以及预设值和初始值外，还可以使用数据类型 HC（高速计数器当前值）加计数器号码（0、1、2、3、4 或 5）读取每台高速计数器的当前值。因此，读取操作可直接读取当前值，但只有用上述 HSC 指令才能执行写入操作。

（2）执行 HDEF 指令之前，必须将高速计数器控制字节的位设置成需要的状态，否则将采用默认设置。默认设置为：复位和启动输入高电平有效，正交计数速率选择 4x 模式。执行 HDEF 指令后，就不能再改变计数器的设置。

（3）执行 HSC 指令时，CPU 检查控制字节和有关的初始值和预置值。

3. 高速计数器指令的初始化

高速计数器指令的初始化的说明如下。

（1）用 SM0.1 对高速计数器初始化。

（2）在初始化程序中，根据希望的控制设置控制字（SMB37、SMB47、SMB137、SMB147、SMB157），如设置 SMB47=16♯F8，则为：允许计数，允许写入初始值，允许写入预置值，更新计数方向为加计数，若为正交计数设为 4x 模式，复位和启动设置为高电平有效。

（3）执行 HDEF 指令，设置 HSC 的编号（0～5），设置工作模式（0～11）。如 HSC 的编号设置为 1，工作模式输入设置为 11，则为既有复位又有启动的正交计数工作模式。

（4）把初始值写入 32 位当前值寄存器（SMD38、SMD48、SMD58、SMD138、SMD148、SMD158）。如写入 0，则清除当前值，用指令 MOVD 0，SMD48 实现。

（5）把预置值写入 32 位预置值寄存器（SMD42、SMD52、SMD62、SMD142、SMD152、SMD162）。如执行指令 MOVD 1000，SMD52，则设置预置值为 1000。若写入预置值为 16♯00，则高速计数器处于不工作状态。

（6）为了捕捉当前值等于预置值的事件，将条件 CV＝PV 中断事件（如事件 13）与一个中断程序相联系。

（7）为了捕捉计数方向的改变，将方向改变的中断事件（如事件 14）与一个中断程序相联系。

（8）为了捕捉外部复位，将外部复位中断事件（如事件 15）与一个中断程序相联系。

（9）执行全局中断允许指令（ENI）允许 HSC 中断。

（10）执行 HSC 指令使 S7-200 对高速计数器进行编程。

（11）编写中断程序。

【例 6-14】 采用测频方法测量电动机的转速。

分析：用测频法测量电动机的转速是指在单位时间内采集编码器脉冲的个数，因此可以选用高速计数器对转速脉冲信号进行计数，同时用时基来完成定时。知道了单位时间内的脉冲个数，再经过一系列的计算就可得到电动机的转速。下面的程序只是有关 HSC 的部分。

设计步骤如下：

（1）选择高速计数器 HSC0，并确定工作模式为 0。用 SM0.1 对高速计数器进行初始化。

（2）令 SMB37＝16#F8，其功能为：计数方向为增、允许更新计数方向、允许写入新初始值，允许写入新预置值，允许执行 HSC 指令。

（3）执行 HDEF 指令，输入端 HSC 为 0，MODE 为 0。

（4）写入初始值，令 SMD38＝0。

（5）写入时基定时设定值，令 SMB34＝200。

（6）执行中断连接 ATCH 指令，中断事件号为 10。执行中断允许指令 ENI，重新启动时基定时器，清除高速计数器的初始值。

（7）执行 HSC 指令，对高速计数器编程。主程序和中断程序如图 6-47 所示。

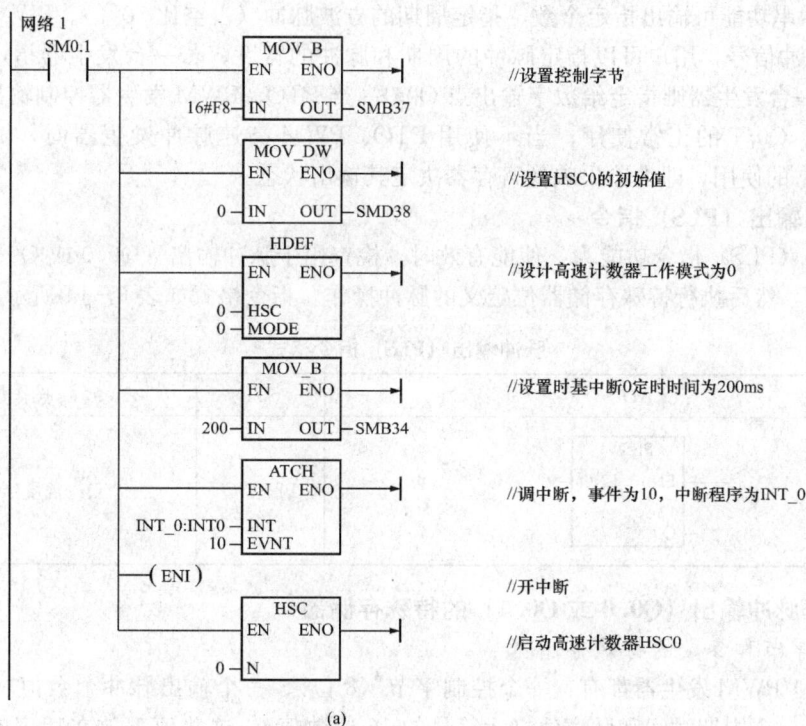

图 6-47 例 6-14 程序（一）
(a) 主程序

网络1

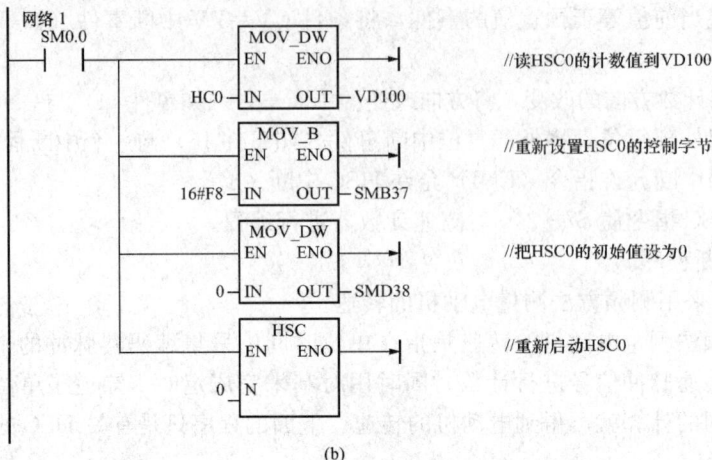

图 6 - 47　例 6 - 14 程序（二）
(b) 中断程序

第十节　高速脉冲输出指令

西门子 S7 - 200 PLC 具有高速脉冲输出功能，用来驱动负载实现精确控制，这在运动控制中具有广泛应用。S7 - 200 PLC 有两条高速脉冲输出指令：PTO（输出一个频率可调，占空比为 50% 的脉冲）和 PWM（输出占空比可调的脉冲）。使用高速脉冲输出功能时，PLC 主机应选用晶体管输出型，以满足高速输出的频率要求。

PTO 脉冲串功能可输出指定个数、指定周期的方波脉冲（占空比 50%）。PWM 功能可输出脉宽变化的脉冲信号，用户可以指定脉冲的周期和脉冲的宽度。若一台发生器指定给数字输出点 Q0.0，另一台发生器则指定给数字输出点 Q0.1。当 PTO、PWM 发生器控制输出时，将禁止输出点 Q0.0、Q0.1 的正常使用；当不使用 PTO、PWM 高速脉冲发生器时，输出点 Q0.0、Q0.1 恢复正常的使用，即由输出映像寄存器决定其输出状态。

一、脉冲输出（PLS）指令

脉冲输出（PLS）指令功能为：使能有效时，检查用于脉冲输出（Q0.0 或 Q0.1）的特殊存储器位（SM），然后执行特殊存储器位定义的脉冲操作。指令格式如表 6 - 14 所示。

表 6 - 14　　　　　　　　　脉冲输出（PLS）指令格式

LAD	STL	操作数
PLS EN　ENO Q0.X	PLS　Q	Q: 常量（0 或 1）

二、用于脉冲输出（Q0.0 或 Q0.1）的特殊存储器

1. 控制字节和参数的特殊存储器

每个 PTO/PWM 发生器都有：一个控制字节（8 位）、一个输出脉冲个数值（无符号的 32 位数值）以及一个周期时间和脉宽值（无符号的 16 位数值）。这些值都放在特定的特殊存储区（SM），如表 6 - 15 所示。执行 PLS 指令时，S7 - 200 读这些特殊存储器位（SM），然后执行特殊存储器位定义的脉冲操作，即对相应的 PTO/PWM 发生器进行编程。

表 6 - 15　　　　　　　　　　脉冲输出（Q0.0 或 Q0.1）的特殊存储器

Q0.0 和 Q0.1 对 PTO/PWM 输出的控制字节		
Q0.0	Q0.1	说明
SM67.0	SM77.0	PTO/PWM 刷新周期值，0：不刷新；1：刷新
SM67.1	SM77.1	PWM 刷新脉冲宽度值，0：不刷新；1：刷新
SM67.2	SM77.2	PTO 刷新脉冲计数值，0：不刷新；1：刷新
SM67.3	SM77.3	PTO/PWM 时基选择，0：$1\mu s$；1：1ms
SM67.4	SM77.4	PWM 更新方法，0：异步更新；1：同步更新
SM67.5	SM77.5	PTO 操作，0：单段操作；1：多段操作
SM67.6	SM77.6	PTO/PWM 模式选择，0：选择 PTO；1：选择 PWM
SM67.7	SM77.7	PTO/PWM 允许，0：禁止；1：允许
Q0.0 和 Q0.1 对 PTO/PWM 输出的周期值		
Q0.0	Q0.1	说明
SMW68	SMW78	PTO/PWM 周期时间值（范围：2～65 535）
Q0.0 和 Q0.1 对 PWM 输出的脉宽值		
Q0.0	Q0.1	说明
SMW70	SMW80	PWM 脉冲宽度值（范围：0～65 535）
Q0.0 和 Q0.1 对 PTO 脉冲输出的计数值		
Q0.0	Q0.1	说明
SMD72	SMD82	PTO 脉冲计数值（范围：1～4 294 967 295）
Q0.0 和 Q0.1 对 PTO 脉冲输出的多段操作		
Q0.0	Q0.1	说明
SMB166	SMB176	段号（仅用于多段 PTO 操作），多段流水线 PTO 运行中的段的编号
SMW168	SMW178	包络表起始位置，用距离 VB0 的字节偏移量表示（仅用于多段 PTO 操作）

【例 6 - 15】　设置控制字节。用 Q0.0 作为高速脉冲输出，对应的控制字节为 SMB67，如果希望定义的输出脉冲操作为 PTO 操作，允许脉冲输出，多段 PTO 脉冲串输出，时基为 ms，设定周期值和脉冲数，则应向 SMB67 写入 2♯10101101，即 16♯AD。

通过修改脉冲输出（Q0.0 或 Q0.1）的特殊存储器 SM 区（包括控制字节），然后再执行 PLS 指令 PLC 就可发出所要求的高速脉冲。

注意

所有控制位、周期、脉冲宽度和脉冲计数值的默认值均为零。向控制字节（SM67.7 或 SM77.7）的 PTO/PWM 允许位写入零，然后执行 PLS 指令，将禁止 PTO 或 PWM 波形的生成。

2. 状态字节的特殊存储器

除了控制信息外，还有用于 PTO 功能的状态位，如表 6 - 16 所示。程序运行时，根据运行状态使某些位自动置位。可以通过程序来读取相关位的状态，用此状态作为判断条件，实现相应的操作。

表 6 - 16　　　　　　　　　　Q0.0 和 Q0.1 的状态位

Q0.0	Q0.1	说　明
SM66.4	SM76.4	PTO 包络由于增量计算错误异常终止，0：无错；1：异常终止
SM66.5	SM76.5	PTO 包络由于用户命令异常终止，0：无错；1：异常终止
SM66.6	SM76.6	PTO 流水线溢出，0：无溢出；1：溢出
SM66.7	SM76.7	PTO 空闲，0：运行中；1：PTO 空闲

三、对输出的影响

PTO/PWM生成器和输出映像寄存器共用Q0.0和Q0.1。在Q0.0或Q0.1使用PTO或PWM功能时，PTO/PWM发生器控制输出，并禁止输出点的正常使用，输出波形不受输出映像寄存器状态、输出强制、执行立即输出指令的影响；在Q0.0或Q0.1位置没有使用PTO或PWM功能时，输出映像寄存器控制输出，所以输出映像寄存器决定输出波形的初始和结束状态，即决定脉冲输出波形从高电平或低电平开始和结束，使输出波形有短暂的不连续，为了减小这种不连续有害影响，应注意：

（1）可在起用PTO或PWM操作之前，将用于Q0.0和Q0.1的输出映像寄存器设为0。

（2）PTO/PWM输出必须至少有10％的额定负载，才能完成从关闭至打开以及从打开至关闭的顺利转换，即提供陡直的上升沿和下降沿。

四、PTO的使用

PTO是可以指定脉冲数和周期的占空比为50％的高速脉冲串的输出。状态字节中的最高位（空闲位）用来指示脉冲串输出是否完成。可在脉冲串完成时启动中断程序，若使用多段操作，则在包络表完成时启动中断程序。

1. 周期和脉冲数

周期范围从50～65 535μs或从2～65 535ms，为16位无符号数，时基有μs和ms两种，通过控制字节的第三位选择。

注意

（1）如果周期小于两个时间单位，则周期的默认值为两个时间单位。

（2）周期设定奇数微秒或毫秒（例如75ms），会引起波形失真。

脉冲计数范围从1～4 294 967 295，为32位无符号数，如设定脉冲计数为0，则系统默认脉冲计数值为1。

2. PTO的种类及特点

PTO功能可输出多个脉冲串，当前脉冲串输出完成时，新的脉冲串输出立即开始。这样就保证了输出脉冲串的连续性。PTO功能允许多个脉冲串排队，从而形成管线。管线分为两种：单段管线和多段管线。

单段管线是指管线中每次只能存储一个脉冲串的控制参数，初始PTO段一旦启动，必须按照对第二个波形的要求立即刷新SM，并再次执行PLS指令，第一个脉冲串完成，第二个波形输出立即开始，重复这一步骤可以实现多个脉冲串的输出。

单段管线中的各段脉冲串可以采用不同的时间基准，但有可能造成脉冲串之间的不平稳过渡。输出多个高速脉冲时，编程较复杂。

多段管线是指在变量存储区V建立一个包络表。包络表存放每个脉冲串的参数，执行PLS指令时，S7-200 PLC自动按包络表中的顺序及参数进行脉冲串输出。包络表中每段脉冲串的参数占用8个字节，由一个16位周期值（2字节）、一个16位周期增量值（2字节）和一个32位脉冲数量值（4字节）组成。包络表的格式如表6-17所示。

表6-17　　　　　　　　　　　　　包 络 表 的 格 式

从包络表起始地址的字节偏移	段	说明
VB_n		段数（1～255）；数值0产生非致命错误，无PTO输出
VW_{n+1}		初始周期（2～65 535个时基单位）
VW_{n+3}	段1	每个脉冲的周期增量（符号整数：-32 768～32 767个时基单位）
VD_{n+5}		脉冲数（1～4 294 967 295）

续表

从包络表起始地址的字节偏移	段	说明
VW_{n+9}		初始周期（2～65 535 个时基单位）
VW_{n+11}	段2	每个脉冲的周期增量（符号整数：－32 768～32 767 个时基单位）
VD_{n+13}		脉冲数（1～4 294 967 295）
VW_{n+17}		初始周期（2～65 535 个时基单位）
VW_{n+19}	段3	每个脉冲的周期增量值（符号整数：－32 768～32 767 个时基单位）
VD_{n+21}		脉冲数（1～4 294 967 295）

注　周期增量值为整数微秒或毫秒。

多段管线的特点是编程简单，能够通过指定脉冲的数量自动增加或减少周期，周期增量值为正值会增加周期，周期增量值为负值会减少周期，若为零，则周期不变。在包络表中的所有的脉冲串必须采用同一时基，在多段管线执行时，包络表的各段参数不能改变。多段管线常用于步进电动机的控制。

【例 6-16】 有一启动按钮接于 I0.0，停止按钮接于 I0.1。要求当按下启动按钮时，Q0.0 输出 PTO 高速脉冲，脉冲的周期为 30ms，个数为 10 000 个。若输出脉冲过程中按下停止按钮，则脉冲输出立即停止。

编写单段管线 PTO 脉冲输出程序。程序如图 6-48 所示。

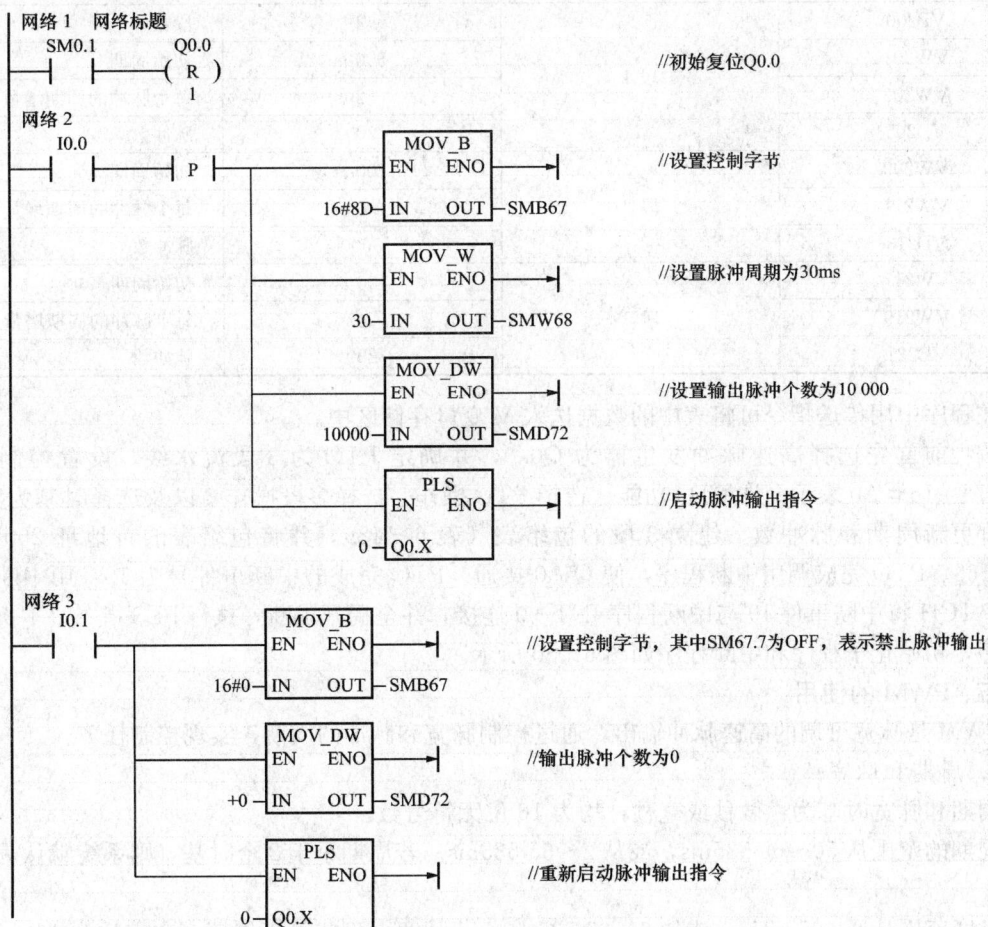

图 6-48　例 6-16 程序

【例6-17】 步进电动机的控制要求如图6-49所示。从A点到B点为加速过程，从B到C为恒速运行，从C到D为减速过程。

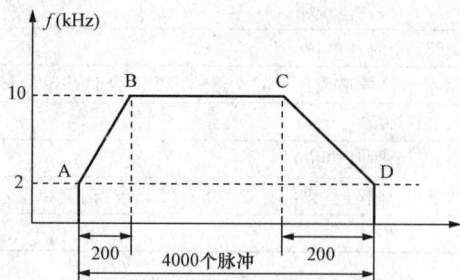

图6-49 步进电动机的控制要求

在本例中，PTO管线可以分为3段，需建立3段脉冲的包络表。起始和终止脉冲频率为2kHz，最大脉冲频率为10kHz，所以起始和终止周期为500μs，最大频率的周期为100μs。

AB段：加速运行，应在200个脉冲时达到最大脉冲频率；

BC段：恒速运行，运行的脉冲个数为4000－200－200＝3600个；

CD段：减速运行，应在200个脉冲时完成。

某一段每个脉冲周期增量值用下式确定：

周期增量值＝（该段结束时的周期时间－该段初始的周期时间）/该段的脉冲数

用该式可计算出AB段的周期增量值为－2μs，BC段的周期增量值△为0，CD段的周期增量值为2μs。假设包络表位于从VB200开始的V存储区中，包络表如表6-18所示。

表6-18　　　　　　　　　　　包　络　表

V变量存储器地址	段号	参数值	说明
VB200		3	段数
VW201	段1	500μs	初始周期
VW203		－2μs	每个脉冲的周期增量
VD205		200	脉冲数
VW209	段2	100μs	初始周期
VW211		0	每个脉冲的周期增量
VD213		3600	脉冲数
VW217	段3	100μs	初始周期
VW219		2μs	每个脉冲的周期增量
VD221		200	脉冲数

在程序中用传送指令可将表中的数据送入V变量存储区中。

编程前首先选择高速脉冲发生器为Q0.0，并确定PTO为3段流水线。设置控制字节SMB67为16＃A0表示允许PTO功能、选择PTO操作、选择多段操作，以及选择时基为微秒，不允许更新周期和脉冲数。建立3段的包络表（表6-18），并将包络表的首地址200装入SMW168。PTO完成调用中断程序，使Q1.0接通。PTO完成的中断事件号为19。用中断调用指令ATCH将中断事件19与中断程序INT-0连接，并全局开中断，执行PLS指令。本例题的主程序，初始化子程序和中断程序如图6-50所示。

五、PWM的使用

PWM是脉宽可调的高速脉冲输出，通过控制脉宽和脉冲的周期，实现控制任务。

1. 周期和脉宽

周期和脉宽时基为：微秒或毫秒，均为16位无符号数。

周期的范围从50～65 535ms，或从2～65 535ms。若周期小于2个时基，则系统默认为两个时基。

脉宽范围从0～65 535ms或从0～65 535ms。若脉宽大于或等于周期，占空比为100%，是输出连续接通。若脉宽为0，占空比为0%，则输出断开。

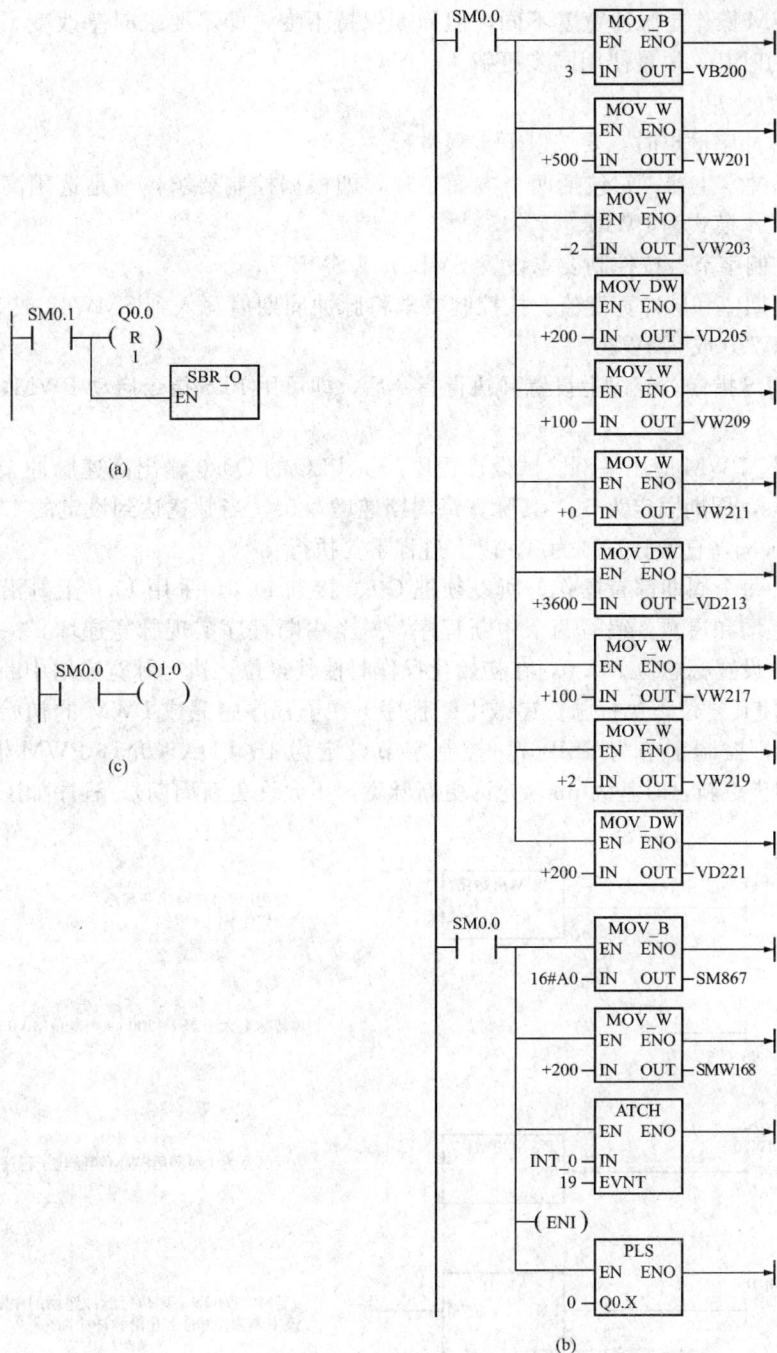

图 6-50 例 6-17 程序

(a) 主程序；(b) 子程序；(c) 中断程序

2. 更新方式

有两种改变 PWM 波形的方法：同步更新和异步更新。

同步更新：不需改变时基时，可以用同步更新。执行同步更新时，波形的变化发生在周期的边缘，形成平滑转换。

异步更新：需要改变 PWM 的时基时，则应使用异步更新。异步更新使高速脉冲输出功能被瞬时禁用，与 PWM 波形不同步。这样可能造成控制设备震动。

常见的 PWM 操作是脉冲宽度不同，但周期保持不变，即不要求时基改变。因此先选择适合于所有周期的时基，尽量使用同步更新。

3. PWM 的使用

使用高速脉冲串输出时，要按以下步骤进行：

(1) 确定脉冲发生器。它包括两个方面工作，即根据控制要求，一是选用高速脉冲串输出端；二是选择工作模式为 PWM。

(2) 设置控制字节。按控制要求设置 SMB67 或 SMB77。

(3) 写入周期值和脉冲宽度值。按控制要求将脉冲周期值写入到 SMW68 或 SMW78，将脉宽值写入到 SMW70 或 SMW80。

(4) 执行 PLS 指令。经以上设置并执行指令后，即可用 PLS 指令启动 PWM，并由 Q0.0 或 Q0.1 输出。

【例 6-18】 PWM 应用举例。试设计程序，从 PLC 的 Q0.0 输出高速脉冲。该串脉冲脉宽的初始值为 0.5s，周期固定为 5s，其脉宽每周期递增 0.5s，当脉宽达到设定的 4.5s 时，脉宽改为每周期递减 0.5s，直到脉宽减为 0。以上过程重复执行。

分析：因为每个周期都有操作，所以须把 Q0.0 接到 I0.0，采用 I0.0 上升沿中断的方法完成脉冲宽度的递增和递减。编写两个中断程序，一个中断程序实现脉宽递增，一个中断程序实现脉宽递减，并设置标志位 M0.0，在初始化操作时使其置位，执行脉宽递增中断程序，当脉宽达到 4.5s 时，使其复位，执行脉宽递减中断程序。在子程序中完成 PWM 的初始化操作，选用输出端为 Q0.0，控制字为 SMB67，控制字节设定为 16#DA（允许 PWM 输出，Q0.0 为 PWM 方式，同步更新，时基为 ms，允许更新脉宽，不允许更新周期）。程序如图 6-51 所示。

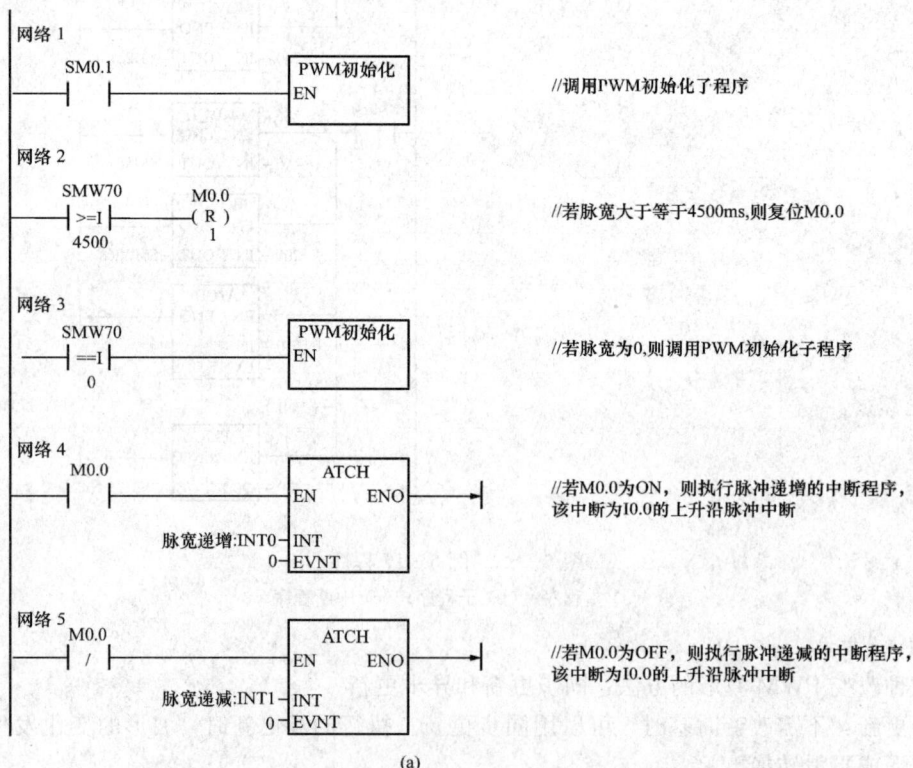

图 6-51 例 6-18 程序（一）

(a) 主程序

网络1

SM0.0　M0.0
├──┤├──┤├──(S)
　　　　　　　1　　　　　　　　　　　　　　　　　//置位M0.0

```
        ┌─────────┐
        │  MOV_B  │
        │EN    ENO├───
        │         │
16#DA ──┤IN    OUT├── SMB67      //输入控制字
        └─────────┘
```

```
        ┌─────────┐
        │  MOV_W  │
        │EN    ENO├───
        │         │
  500 ──┤IN    OUT├── SMW70      //输入初始脉冲宽度
        └─────────┘
```

```
        ┌─────────┐
        │  MOV_W  │
        │EN    ENO├───
        │         │
 5000 ──┤IN    OUT├── SMW68      //输入初始周期
        └─────────┘
```

──(ENI)　　　　　　　　　　　　　　　//开中断

```
        ┌─────────┐
        │   PLS   │
        │EN    ENO├───
        │         │
    0 ──┤Q0.X     │                //输出脉冲
        └─────────┘
```

(b)

网络1

SM0.0
├──┤├──┬───
```
        ┌─────────┐
        │  ADD_I  │
        │EN    ENO├───
        │         │
  500 ──┤IN1   OUT├── SMW70      //脉冲宽度加500ms
SMW70 ──┤IN2      │
        └─────────┘
```

```
        ┌─────────┐
        │   PLS   │
        │EN    ENO├───
        │         │
    0 ──┤Q0.X     │                //重新启动脉冲输出指令
        └─────────┘
```

```
        ┌─────────┐
        │  DTCH   │
        │EN    ENO├───
        │         │
    0 ──┤EVNT     │                //关中断
        └─────────┘
```

(c)

网络1

SM0.0
├──┤├──┬───
```
        ┌─────────┐
        │  SUB_I  │
        │EN    ENO├───
        │         │
SMW70 ──┤IN1   OUT├── SMW70      //脉冲宽度减少500ms
  500 ──┤IN2      │
        └─────────┘
```

```
        ┌─────────┐
        │   PLS   │
        │EN    ENO├───
        │         │
    0 ──┤Q0.X     │                //重新启动脉冲输出指令
        └─────────┘
```

```
        ┌─────────┐
        │  DTCH   │
        │EN    ENO├───
        │         │
    0 ──┤EVNT     │                //关中断
        └─────────┘
```

(d)

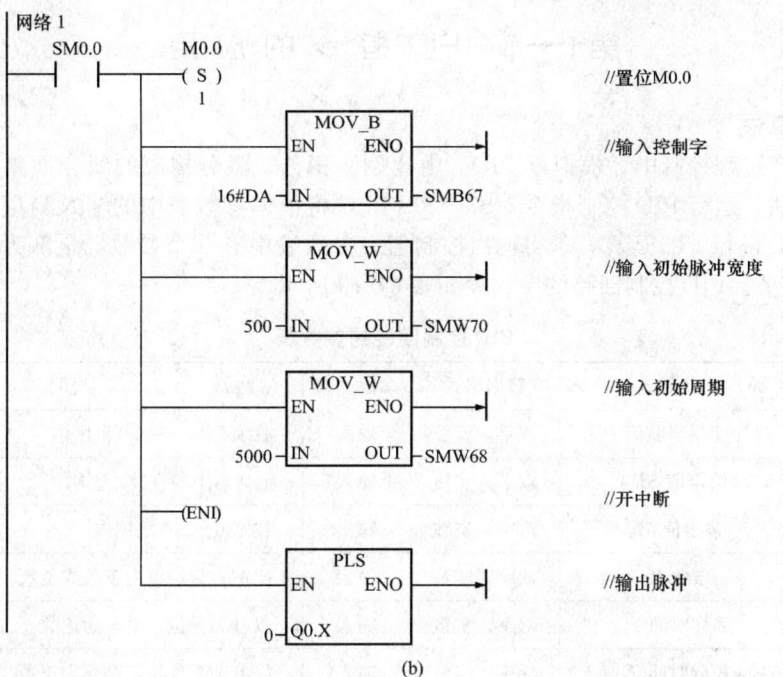

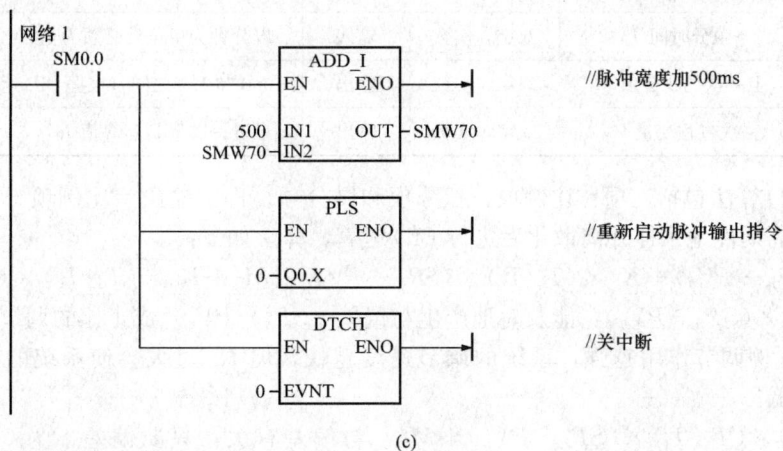

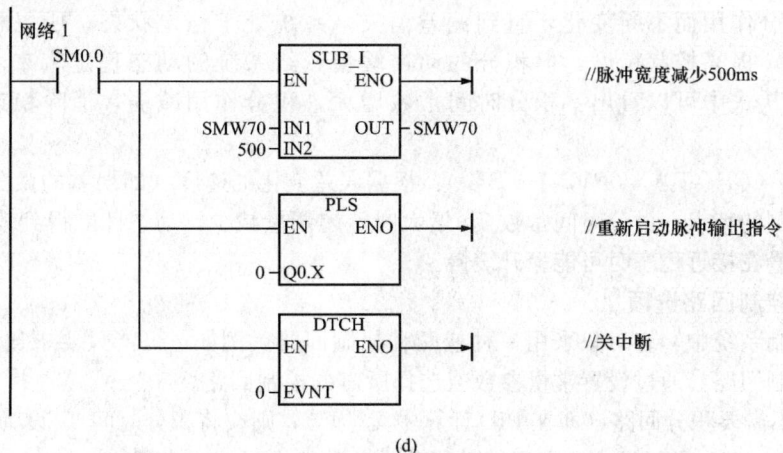

图6-51　例6-18程序（二）

(b) PWM初始化子程序；(c) 脉宽递增中断程序；(d) 脉宽递减中断程序

第十一节 PID 指令的应用

一、PID 算法

在工业生产过程控制中，模拟量 PID（由比例、积分、微分构成的闭合回路）调节是常用的一种控制方法。运行 PID 控制指令，S7 - 200 PLC 将根据参数表中的输入测量值、控制设定值及 PID 参数，进行 PID 运算，求得输出控制值。参数表中有 9 个参数，全部为 32 位的实数，共占用 36 个字节。PID 控制回路的参数表如表 6 - 19 所示。

表 6 - 19　　　　　　　　　　　PID 控制回路的参数表

地址偏移量	参数	数据格式	参数类型	说明
0	过程变量当前值 PV_n	双字，实数	输入	必须在 0.0～1.0 范围内
4	给定值 SP_n	双字，实数	输入	必须在 0.0～1.0 范围内
8	输出值 M_n	双字，实数	输出	在 0.0～1.0 范围内
12	增益 K_c	双字，实数	输入	比例常量，可为正数或负数
16	采样时间 T_s	双字，实数	输入	以秒为单位，必须为正数
20	积分时间 T_i	双字，实数	输入	以分钟为单位，必须为正数
24	微分时间 T_d	双字，实数	输入	以分钟为单位，必须为正数
28	上一次的积分值 M_x	双字，实数	输出	0.0 和 1.0 之间（根据 PID 运算结果更新）
32	上一次过程变量 PV_{n-1}	双字，实数	输出	最近一次 PID 运算值

典型的 PID 算法包括三项：比例项、积分项和微分项。即：输出＝比例项＋积分项＋微分项。计算机在周期性地采样并离散化后进行 PID 运算，算法如下：

$$M_n = K_c \times (SP_n - PV_n) + K_c \times (T_s/T_i) \times (SP_n - PV_n) + M_x + K_c \times (T_d/T_s) \times (PV_{n-1} - PV_n)$$

比例项 $K_c \times (SP_n - PV_n)$：能及时地产生与偏差（$SP_n - PV_n$）成正比的调节作用，比例系数 K_c 越大，比例调节作用越强，系统的调节速度越快，但 K_c 过大会使系统的输出量振荡加剧，稳定性降低。

积分项 $K_c \times (T_s/T_i) \times (SP_n - PV_n) + M_x$：与偏差有关，只要偏差不为 0，PID 控制的输出就会因积分作用而不断变化，直到偏差消失，系统处于稳定状态，所以积分的作用是消除稳态误差，提高控制精度，但积分的动作缓慢，给系统的动态稳定带来不良影响，很少单独使用。从式中可以看出：积分时间常数增大，积分作用减弱，消除稳态误差的速度减慢。

微分项 $K_c \times (T_d/T_s) \times (PV_{n-1} - PV_n)$：根据误差变化的速度（即误差的微分）进行调节，具有超前和预测的特点。微分时间常数 T_d 增大时，超调量减少，动态性能得到改善，如 T_d 过大，系统输出量在接近稳态时可能上升缓慢。

二、PID 控制回路选项

在很多控制系统中，有时只采用一种或两种控制回路。例如，可能只要求比例控制回路或比例和积分控制回路。通过设置常量参数值选择所需的控制回路。

（1）如果不需要积分回路（即在 PID 计算中无"I"），则应将积分时间 T_i 设为无限大。由于积分项 M_x 的初始值，虽然没有积分运算，积分项的数值也可能不为零。

（2）如果不需要微分运算（即在 PID 计算中无"D"），则应将微分时间 T_d 设定为 0.0。

（3）如果不需要比例运算（即在 PID 计算中无"P"），但需要 I 或 ID 控制，则应将增益值 K_c 指定为 0.0。因为 K_c 是计算积分和微分项公式中的系数，将循环增益设为 0.0 会导致在积分和微分项计算中使用的循环增益值为 1.0。

三、回路输入量的转换和标准化

每个回路的给定值和过程变量都是实际数值，其大小、范围和工程单位可能不同。在 PLC 进行 PID 控制之前，必须将其转换成标准化浮点表示法。步骤如下：

（1）将回路输入量数值从 16 位整数转换成 32 位浮点数或实数。下列指令说明如何将整数数值转换成实数。

```
ITD   AIW0, AC0        //将输入数值转换成双字
DTR AC0,AC0            //将 32 位整数转换成实数
```

（2）将实数转换成 0.0～1.0 之间的标准化数值。用下式：

实际数值的标准化数值＝实际数值的非标准化数值或原始实数/取值范围＋偏移量

其中取值范围＝最大可能数值－最小可能数值＝32 000（单极数值）或 64 000（双极数值）。偏移量：对单极数值取 0.0，对双极数值取 0.5；单极（0～32 000），双极（－32 000～32 000）。

将上述 AC0 中的双极数值（间距为 64 000）标准化，如下所示：

```
/R     64000.0,AC0       //使累加器中的数值标准化
+R     0.5,AC0           //加偏移量 0.5
MOVR   AC0,VD100         //将标准化数值写入 PID 回路参数表中
```

四、PID 回路输出转换为成比例的整数

程序执行后，PID 回路输出 0.0～1.0 之间的标准化实数值，必须被转换成 16 位成比例整数数值，才能驱动模拟输出。

PID 回路输出成比例实数数值＝（PID 回路输出标准化实数值－偏移量）×取值范围

程序如下：

```
MOVR    VD108, AC0        //将 PID 回路输出送入 AC0
-R      0.5,AC0           //双极数值减偏移量 0.5
*R      64000.0,AC0       //AC0 的值乘以取值范围,变为成比例实数数值
ROUND   AC0,AC0           //将实数四舍五入取整,变为 32 位整数
DTI     AC0,AC0           //32 位整数转换成 16 位整数
MOVW    AC0,AQW0          //16 位整数写入 AQW0
```

五、PID 指令

PID 指令：使能有效时，根据回路参数表中的过程变量当前值、控制设定值及 PID 参数进行 PID 计算。指令格式如表 6 - 20 所示。

表 6 - 20　　　　　　　　　PID 指 令 格 式

LAD	STL	说明
PID — EN　ENO — — TBL — LOOP	PID TBL，LOOP	TBL：参数表起始地址 VB，数据类型：字节；LOOP：回路号，常量（0～7），数据类型：字节

说明：

（1）程序中可使用 8 条 PID 指令，分别编号 0～7，不能重复使用。

（2）使 ENO=0 的错误条件：0006（间接地址），SM1.1（溢出，参数表起始地址或指令中指定的 PID 回路指令号码操作数超出范围）。

（3）PID 指令不对参数表输入值进行范围检查。必须保证过程变量和给定值积分项前值和过程变量前值在 0.0～1.0 之间。

六、PID 指令应用

1. 控制任务

一供水水箱，通过变频器驱动的水泵供水，维持水位在满水位的 70%，满水位为 200cm。过程变量 PV_n 为水箱的水位（由水位检测计提供），设定值为 70%，PID 输出控制变频器，即控制水泵电动机的转速。

2. PID 回路参数表

PID 回路参数表如表 6-21 所示。

表 6-21　　　　　　　　　　　供水水箱 PID 控制参数表

地址	参数	数值
VD200	过程变量当前值 PV_n	水位检测计提供的模拟量经 A/D 转换后的标准化数值
VD204	给定值 SP_n	0.7
VD208	输出值 M_n	PID 回路的输出值（标准化数值）
VD212	增益 K_c	0.3
VD216	采样时间 T_s	0.1
VD220	积分时间 T_i	30
VD224	微分时间 T_d	0（关闭微分作用）
VD228	上一次积分值 M_x	根据 PID 运算结果更新
VD232	上一次过程变量 PV_{n-1}	最近一次 PID 的变量值

3. 程序分析

（1）I/O 分配。模拟量输入：AIW0；模拟量输出：AQW0。

（2）程序。编写符号表如表 6-22 所示，在此表中标记了 PID 回路用到的各元件的符号。控制程序如图 6-52 所示。

表 6-22　　　　　　　　　　　符　号　表

序号	符号	地址
1	设定值	VD204
2	回路增益	VD212
3	采样时间	VD216
4	积分时间	VD220
5	微分时间	VD224
6	控制输出	VD208
7	检测值	VD200

网络1
SM0.1

MOV_R
EN　ENO
0.7─IN　OUT─设定值：VD204

MOV_R
EN　ENO
0.3─IN　OUT─回路增益：VD212

MOV_R
EN　ENO
0.1─IN　OUT─采样时间：VD216

MOV_R
EN　ENO
0.0─IN　OUT─微分时间：VD224

网络2
SM0.0

I_DI
EN　ENO
AIW0─IN　OUT─AC0

DI_R
EN　ENO
AC0─IN　OUT─AC0

DIV_R
EN　ENO
AC0─IN1　OUT─AC0
32000.0─IN2

MOV_R
EN　ENO
AC0─IN　OUT─检测值：VD200

网络3
SM0.0

PID
EN　ENO
VB200─TBL
0─LOOP

网络4
SM0.0

MUL_R
EN　ENO
控制输出：VD208─IN1　OUT─AC1
32000.0─IN2

ROUND
EN　ENO
AC1─IN　OUT─AC1

DI_I
EN　ENO
AC1─IN　OUT─VW0

MOV_W
EN　ENO
VW0─IN　OUT─AQW0

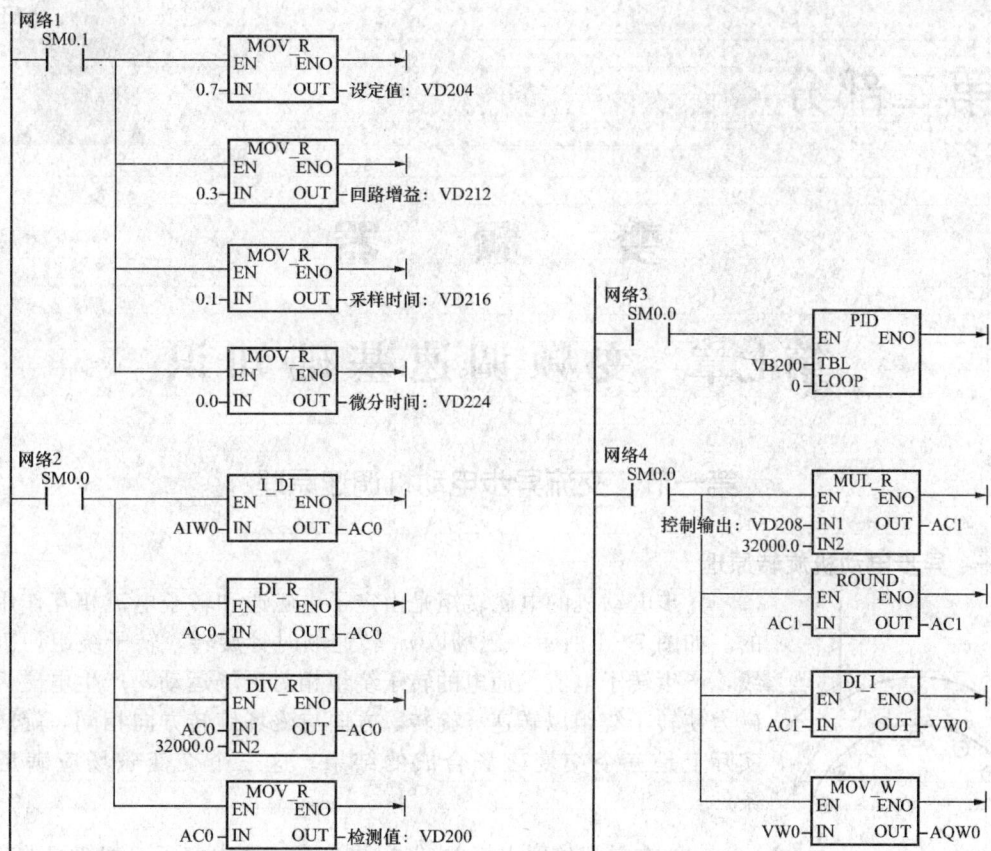

图 6-52　PID 控制程序

习　　题

1. 炉温控制系统。要求：假定允许炉温的下限值和上限值，实测炉温，按下启动按钮，系统开始工作，低于下限值加热器工作；高于上限值停止加热；温度在上、下限之间维持。按下停止按钮，系统停止。试设计该系统。

2. 要实现某温室的温度恒定，试选择 PLC、传感器及执行器，对温度实现 PID 调节。根据选择的元器件画出电路图，并编写 PLC 控制程序。

3. 运用高速脉冲输出及高数计数器编程实现以下功能：由 PLC 发出频率为 5kHz 的脉冲；发出的脉冲又从 PLC 输入口输入，高速计数脉冲的数量，当脉冲数量达到 10 000 个时，停止脉冲输出。

第二部分

变　频　器

第七章　变频调速基础知识

第一节　交流异步电动机调速原理

一、异步电动机旋转原理

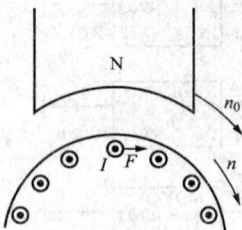

图 7-1　异步电动
机旋转原理

异步电动机的电磁转矩是由定子主磁通和转子电流相互作用产生的。如图 7-1 所示，磁场以 n_0 转速顺时针旋转，转子绕组切割磁力线，产生转子电流，通电的转子绕组相对磁场运动，产生电磁力。电磁力使转子绕组以转速 n 旋转，方向与磁场旋转方向相同，旋转磁场实际上是三个交变磁场合成的结果。这三个交变磁场应满足以下条件：

（1）在空间位置上互差 $\frac{2\pi}{3}$ rad 电度角，这由定子三相绕组的布置来确定；

（2）在时间上互差 $\frac{2\pi}{3}$ rad 相位角（或 1/3 周期），这由通入的三相交变电流来保证。

产生转子电流的必要条件是转子绕组切割定子磁场的磁力线。因此，转子的转速 n 低于定子磁场的转速 n_0，两者之差称为转差

$$\Delta n = n_0 - n$$

转差与定子磁场转速（常称为同步转速）之比，称为转差率

$$s = \Delta n / n_0$$

同步转速 n_0 的计算公式为

$$n_0 = 60f/p$$

式中，f 为输入电流的频率；p 为旋转磁场的极对数。

由此可得转子的转速

$$n = 60f(1-s)/p$$

二、异步电动机调速

由转速 $n=60f(1-s)/p$ 可知异步电动机调速有以下几方法。

1. 改变磁极对数 p（变极调速）

定子磁场的极对数取决于定子绕组的结构。所以，要改变 p，必须将定子绕组制为可以换接成两种或两种以上磁极对数的特殊形式。通常一套绕组只能换接成两种磁极对数。

变极调速的主要优点是设备简单、操作方便、机械特性较硬、效率高、既适用于恒转矩调

速，又适用于恒功率调速；其缺点是为有极调速，且极数有限，因而只适用于不需平滑调速的场合。

2. 改变转差率 s（变转差率调速）

以改变转差率为目的调速方法有：定子调压调速、转子变电阻调速、电磁转差离合器调速等。

（1）定子调压调速。当负载转矩一定时，随着电动机定子电压的降低，主磁通减少，转子感应电动势减少，转子电流减少，转子受到的电磁力减少，转差率 s 增大，转速减小，从而达到速度调节的目的；同理，定子电压升高，转速增加。

调压调速的优点是调速平滑，采用闭环系统时，机械特性较硬，调速范围较宽；缺点是低速时，转差功率损耗较大，功率因数低，电流大，效率低。调压调速既非恒转矩调速，也非恒功率调速，比较适合于风机、泵类特性的负载。

（2）转子变电阻调速。当定子电压一定时，电动机主磁通不变，若减小转子电阻，则转子电流增大，转子受到的电磁力增大，转差率减小，转速升高；同理增大定子电阻，转速降低。转子变电阻调速的优点是设备和线路简单，投资不高，但其机械特性较软，调速范围受到一定限制，且低速时转差功率损耗较大，效率低，经济效益差。目前，转子变电阻调速只在一些调速要求不高的场合采用。

（3）电磁转差离合器调速。异步电动机电磁转差离合器调速系统以恒定转速运转的异步电动机为原动机，通过改变电磁转差离合器的励磁电流进行速度调节。

电磁转差离合器由电枢和磁极两部分组成，二者之间没有机械的联系，均可自由旋转。离合器的电枢与异步电动机转子轴相连并以恒速旋转，磁极与工作机械相连。

电磁转差离合器的工作原理如图 7-2 所示，如果磁极内励磁电流为零，电枢与磁极间没有任何电磁联系，磁极与工作机械静止不动，相当于负载被"脱离"；如果磁极内通入直流励磁电流，磁极即产生磁场，电枢由于被异步电动机拖动旋转，因而电枢与磁极间有相对运动而在电枢绕组中产生电流，并产生力矩，磁极将沿着电枢的运转方向而旋转，此时负载相当于被"合上"，调节磁极内通入的直流励磁电流，就可调节转速。

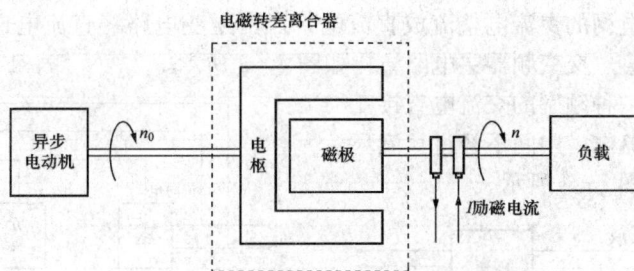

图 7-2　电磁转差离合器工作原理

电磁转差离合器调速的优点是控制简单，运行可靠，能平滑调速，采用闭环控制后可扩大调速范围，常用于通风类或恒转矩类负载；其缺点是低速时损耗大，效率低。

3. 改变频率 f（变频调速）

当极对数 p 和转差率 s 不变时，电动机转子转速与定子电源频率成正比，因此，连续改变供电电源的频率，就可以连续平滑的调节电动机的转速。

异步电动机变频调速具有调速范围广、调速平滑性能好、机械特性较硬的优点，可以方便地实现恒转矩或恒功率调速。

第二节 变 频 调 速

一、变频器与逆变器、斩波器

变频调速是以变频器向交流电动机供电，并构成开环或闭环系统。变频器是把固定电压、固定频率的交流电变换为可调电压、可调频率的交流电的变换器，是异步电动机变频调速的控制装置。逆变器是将固定直流电压变换成固定的或可调的交流电压的装置（DC—AC 变换）。将固定直流电压变换成可调的直流电压的装置称为斩波器（DC—DC 变换）。

二、变压变频调速

在进行电动机调速时，通常要考虑的一个重要因素是，希望保持电动机中每极磁通量为额定值，并保持不变。

如果磁通太弱，即电动机出现欠励磁，将会影响电动机的输出转矩，有转矩公式

$$T_M = K_T \Phi_M I_2 \cos\varphi_2$$

式中，T_M 为电磁转矩；Φ_M 为主磁通；I_2 为转子电流；$\cos\varphi_2$ 为转子回路功率因数；K_T 为比例系数。

由上式可知，电动机磁通的减小，势必造成电动机电磁转矩的减小。

由于设计时，电动机的磁通常处于接近饱值，如果进一步增大磁通，将使电动机铁芯出现饱和，从而导致电动机中流过很大的励磁电流，增加电动机的铜损耗和铁损耗，严重时会因绕组过热而损坏电动机。因此，在改变电动机频率时，应对电动机的电压进行协调控制，以维持电动机磁通的恒定。为此，用于交流电气传动中的变频器实际上是变压（Variable Voltage，VV）变频（Variable Frequency，VF）器，即 VVVF。所以，通常也把这种变频器叫做 VVVF 装置或 VVVF。

三、变频器的分类

1. 按变频器主电路结构形式分类

按变频器主电路的结构形式可分为交—直—交变频器和交—交变频器。交—直—交变频器首先通过整流电路将电网的交流电整流成直流电，再由逆变电路将直流电逆变为频率和幅值均可变的交流电。交—直—交变频器主电路结构如图 7-3 所示。

交—交变频器把一种频率的交流电直接变换为另一种频率的交流电，中间不经过直流环节。它的基本结构如图 7-4 所示。

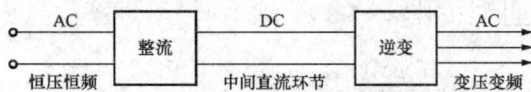

图 7-3 交—直—交变频器主电路结构

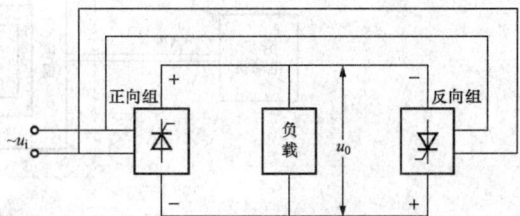

图 7-4 交—交变频器电路结构

常用的交—交变频器输出的每一相都是一个两组晶闸管整流装置反并联的可逆线路。正、反向两组按一定周期相互切换，在负载上就获得交变的输出电压 u_0。输出电压 u_0 的幅值决定于各组整流装置的控制角 α，输出电压 u_0 的频率决定于两组整流装置的切换频率。如果控制角 α 一直不变，则输出平均电压是方波，要得到正弦波输出，就需在每一组整流器导通期间不断改变其控制角。

对于三相负载，交—交变频器其他两相也各用一套反并联的可逆线路，输出平均电压相位依次相差 120°。

　　交—交变频器由其控制方式决定了它的最高输出频率只能达到电源频率的 1/3～1/2，不能高速运行，这是它的主要缺点。但由于没有中间环节，不需换流，提高了变频效率，并能实现四象限运行，因而多用于低速大功率系统中，如回转窑、轧钢机等。

　　2. 按变频电源的性质分类

　　按变频电源的性质可分为电压型变频器和电流型变频器。对交—直—交变频器，电压型变频器与电流型变频器的主要区别在于中间直流环节采用什么样的滤波器。

　　电压型变频器的主电路典型形式如图 7-5 所示。在电路中中间直流环节采用大电容滤波，直流电压波形比较平直，使施加于负载上的电压值基本上不受负载的影响，而基本保持恒定，类似于电压源，因而称为电压型变频器。

　　电压型变频器逆变输出的交流电压为矩形波或阶梯波，而电流的波形经过电动机负载滤波后接近于正弦波，但有较大的谐波分量。

　　由于电压型变频器是作为电压源向交流电动机提供交流电功率的，主要优点是运行几乎不受负载的功率因素或换流的影响；缺点是当负载出现短路或在变频器运行状态下投入负载，都易出现过电流，必须在极短的时间内施加保护措施。

　　电流型变频器与电压型变频器在主电路结构上基本相似，所不同的是电流型变频器的中间直流环节采用大电感滤波，如图 7-6 所示，直流电流波形比较平直，使施加于负载上的电流值稳定不变，基本不受负载的影响，其特性类似于电流源，所以称为电流型变频器。

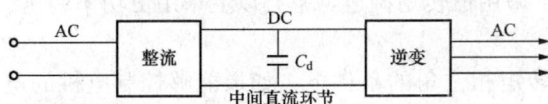

图 7-5　电压型变频器的主电路结构　　　　图 7-6　电流型变频器的主电路结构

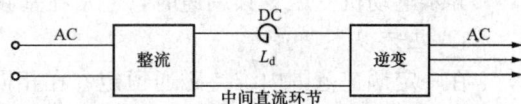

　　电流型变频器的整流部分一般采用相控整流，或直流斩波，通过改变直流电压来控制直流电流，构成可调的直流电源，达到控制输出的目的。

　　电流型变频器由于电流的可控性较好，可以限制因逆变装置换流失败或负载短路等引起的过电流，保护的可靠性较高，所以多用于要求频繁加减速或四象限运行的场合。

　　一般的交—交变频器虽然没有滤波电容，但供电电源的低阻抗使它具有电压源的性质，也属于电压型变频器。也有的交—交变频器用电抗器将输出电流强制变成矩形波或阶梯波，具有电流源的性质，属于电流型变频器。

　　3. 按 VVVF 调制技术分类

　　交—直—交变频器按 VVVF 调制技术可分为 PAM 和 PWM 两种。

　　PAM 是把 VV 和 VF 分开完成的，称为脉冲幅值调制（Pulse Amplitude Modulation）方式，简称 PAM 方式。

　　PAM 调制方式又分为两种：一种是调压采用可控整流，即把交流电整流为直流电的同时进行相控整流调压，调频采用三相六拍逆变器，这种方式结构简单，控制方便，但由于输入环节采用晶闸管可控整流器，当电压调得较低时，电网端功率因素较低，而输出环节采用晶闸管组成的三相六拍逆变器，每周日期换相六次，输出的谐波较大。另一种是采用不可控整流、斩波调压，即整流环节采用二极管不控整流，只整流不调压，再单独设置 PWM 斩波器，用脉宽调压，调频仍采用三相六拍逆变器，这种方式虽然多了一个环节，但调压时输入功率因素不变，克服了上面那种方式中输入功率因数低的缺点。而其输出逆变环节未变，仍有谐波较大的问题。

　　PWM 是将 VV 与 VF 集中于逆变器—起来完成的，称为脉冲宽度调制（Pulse Width Modulation）方式，简称 PWM 方式。

PWM 调制方式采用不控整流，则输入功率因素不变，用 PWM 逆变同时进行调压和调频，则输出谐波可以减少。

在 VVVF 调制技术发展的早期均采用 PAM 方式，这是由于当时的半导体器件是普通晶闸管等半控型器件，其开关频率不高，所以逆变器输出的交流电压波形只能是方波。而要使方波电压的有效值随输出频率的变化而改变，只能靠改变方波的幅值，即只能靠前面的环节改变中间直流电压的大小。随着全控型快速半导体开关器件 BJT、IGBT、GTO 等的发展，才逐渐发展为 PWM 方式。由于 PWM 方式具有输入功率因数高、输出谐波少的优点，因此在中小功率的变频器中，几乎全部采用 PWM 方式，但由于大功率、高电压的全控型开关器件的价格还较昂贵，因此，为降低成本，在数百千瓦以上的大功率变频器中，有时仍需要使用以普通晶闸管为开关器件的 PAM 方式。

四、变压变频协调控制

进行电动机调速时，为保持电动机的磁通恒定，需要对电动机的电压与频率进行协调控制。对此，需要考虑基频（额定频率）以下和基频以上两种情况。

基频，即基本频率 f_1，是变频器对电动机进行恒转矩控制和恒功率控制的分界线，应按电动机的额定电压（指额定输出电压，是变频器输出电压中的最大值，通常它总是和输入电压相等）进行设定，即在大多数情况下，额定输出电压就是变频器输出频率等于基本频率时的输出电压值，所以，基本频率又等于额定频率 f_N（即与电动机额定输出电压对应的频率）。

异步电动机变压变频调速时，通常在基频以下采用恒转矩调速，基频以上采用恒功率调速。

1. 基频以下调速

在一定调速范围内维持磁通恒定，在相同的转矩相位角的条件下，如果能够控制电机的电流为恒定，即可控制电机的转矩为恒定，称为恒转矩控制，即电机在速度变化的动态过程中，具有输出恒定转矩的能力。

由于恒定 U_1/f_1 控制能在一定调速范围内近似维持磁通恒定，因此恒定 U_1/f_1 控制属于恒转矩控制。

严格地说，只有控制 E_g/f_1 恒定才能控制电机的转矩为恒定。

（1）恒定气隙磁通 Φ_M 控制（恒定 E_g/f_1 控制）。根据异步电动机定子的感应电势

$$E_g = 4.44 f_1 N_1 K N_1 \Phi_M$$

式中，E_g 为气隙磁通在每相定子感应的电动势；f_1 为电源频率；N_1 为定子每相绕组串联匝数；K、N_1 为与绕组结构有关的常数；Φ_M 为每极气隙磁通。要保持 Φ_M 不变，当频率 f_1 变化时，必须同时改变电动势 E_g 的大小，使

$$E_g/f_1 = 常值$$

即采用恒定电动势与频率比的控制方式。（恒定 E_g/f_1 控制）

电动机定子电压

$$U_1 = E_g + (r_1 + jx_1) I_1$$

式中，U_1 为定子电压；r_1 为定子电阻；x_1 为定子漏磁电抗；I_1 为定子电流。如果在电压、频率协调控制中，适当地提高电压 U_1，使它在克服定子阻抗压降以后，能维持 E_g/f_1 为恒值，则无论频率高低，每极磁通 Φ_M 均为常值，就可实现恒定 E_g/f_1 控制。

（2）恒定压频比控制（恒定 U_1/f_1 控制）。在电动机正常运行时，由于电动机定子电阻 r_1 和定子漏磁电抗 x_1 的压降较小，可以忽略，则电动机定子电压 U_1 与定子感应电动势 E_g 近似相等，即

$$U_1 \approx E_g$$

则得

$$U_1/f_1 = 常值$$

这就是恒压频比的控制方式。

由于电动机的感应电势检测和控制比较困难，考虑到在电动机正常运转时电动机的电压和电势近似相等，因此可以通过控制 U_1/f_1 恒定，以保持气隙磁通基本恒定。

恒定 U_1/f_1 控制是异步电动机变频调速的最基本控制方式，它在控制电动机的电源频率变化的同时控制变频器的输出电压，并使二者之比 U_1/f_1 为恒定，从而使电动机的磁通基本保持恒定。

恒定 U_1/f_1 控制最容易实现，它的变频机械特性基本上是平行下移，硬度也较好，能够满足一般的调速要求，突出优点是可以进行电动机的开环速度控制。

恒定 U_1/f_1 控制存在的主要问题是低速性能较差。这是由于低速时异步电动机定子电阻压降所占比重增大，已不能忽略，电动机的电压和电势近似相等的条件已不满足，仍按 U_1/f_1 恒定控制已不能保持电动机磁通恒定。电动机磁通的减小，会使电动机电磁转矩减小。因此，在低频运行的时候，要适当的加大 U_1/f_1 的值，以补偿定子压降。

2. 基频以上调速

当电动机的电压随着频率的增加而升高时，若电动机的电压已达到电动机的额定电压，继续增加电压有可能破坏电动机的绝缘。为此，在电动机达到额定电压后，即使频率增加仍维持电动机电压不变。这样，电动机所能输出的功率由电动机的额定电压和额定电流的乘积所决定，不随频率的变化而变化，具有恒功率特性。

在基频以上调速时，频率可以从基频往上增加，但电压却不能超过额定电压，此时，电动机调速属于恒功率调速。

第三节　变频器的作用

变频调速能够应用在大部分的电机拖动场合，由于它能提供精确的速度控制，因此可以方便地控制机械传动的上升、下降和变速运行。变频应用还可以大大地提高工艺的高效性（变速不依赖于机械部分），同时可以比原来的定速运行电动机更加节能。变频器主要有以下作用：

（1）控制电动机的启动电流。当电动机通过工频直接启动时，它将使启动电流达到额定电流的 7~8 倍。这个电流值将大大增加电动机绕组的电应力并产生热量，从而降低电动机的寿命。而变频调速则可以在零速零电压启动（当然可以适当增加转矩提升）。一旦频率和电压的关系建立，变频器就可以按照 V/F 或矢量控制方式带动负载进行工作。使用变频调速能充分降低启动电流，提高绕组承受力，用户最直接的好处就是电动机的维护成本将进一步降低、电动机的寿命则相应增加。

（2）降低电力线路电压波动。在电动机工频启动，电流剧增的同时，电压也会大幅度波动，电压下降的幅度将取决于启动电动机的功率大小和配电网的容量。电压下降将会导致同一供电网络中的电压敏感设备故障跳闸或工作异常，如 PC 机、传感器、接近开关和接触器等均会动作出错。而采用变频调速后，由于能在零频零压时逐步启动，则能最大程度上消除电压下降。

（3）启动时需要的功率更低。电动机功率与电流和电压的乘积成正比，那么通过工频直接启动的电动机消耗的功率将大大高于变频启动所需要的功率。在一些工况下其配电系统已经达到了最高极限，其直接工频启动电动机所产生的电涌就会对同电网上的其他用户产生严重的影响，从而将受到电网运营商的警告，甚至罚款。如果采用变频器进行电动机启停，就不会产生类似的问题。

（4）可控的加速功能。变频调速能在零速启动并按照用户的需要进行光滑地加速，而且其加速曲线也可以选择（直线加速、S形加速或者自动加速）。而通过工频启动时对电动机或相连的机械部分轴或齿轮都会产生剧烈的振动。这种振动将进一步加剧机械磨损和损耗，降低机械部件和电动机的寿命。另外，变频启动还能应用在类似灌装线上，以防止瓶子倒翻或损坏。

（5）可调的运行速度。运用变频调速能优化工艺过程，并能根据工艺过程迅速改变，还能通过远控 PLC 或其他控制器来实现速度变化。

（6）可调的转矩极限。通过变频调速后，能够设置相应的转矩极限来保护机械不致损坏，从而保证工艺过程的连续性和产品的可靠性。目前的变频技术使得不仅转矩极限可调，甚至转矩的控制精度都能达到 3％～5％。在工频状态下，电动机只能通过检测电流值或热保护来进行控制，而无法像在变频控制一样设置精确的转矩值来动作。

（7）受控的停止方式。如同可控的加速一样，在变频调速中，停止方式可以受控，并且有不同的停止方式可以选择（减速停车、自由停车、减速停车＋直流制动），同样它能减少对机械部件和电动机的冲击，从而使整个系统更加可靠，寿命也会相应增加。

（8）节能。离心风机或水泵采用变频器后都能大幅度地降低能耗，这在十几年的工程经验中已经得到了体现。由于最终的能耗是与电动机的转速成立方比，所以采用变频后投资回报就更快，厂家也乐意接受。

（9）可逆运行控制。在变频器控制中，要实现可逆运行控制无须额外的可逆控制装置，只需要改变输出电压的相序即可，这样就能降低维护成本和节省安装空间。

（10）减少机械传动部件。由于目前矢量控制变频器加上同步电动机就能实现高效的转矩输出，从而节省齿轮箱等机械传动部件，最终构成直接变频传动系统。从而就能降低成本和空间，提高设备的性价比。

第八章　G110　变　频　器

本章主要介绍西门子G110变频器的接线端子、BOP（Basic Operator Panel）的按钮及功能、参数的设置操作方法、G110变频器运行控制方式的设定以及变频器的调试方法等。

第一节　G110 接 线 端 子

一、电源和电动机接线端子

电源和电动机接线端子如图8-1所示，其中端子L1、L2/N接200～240V±10％，47～63Hz的交流电源，U、V、W接三相交流异步电动机。

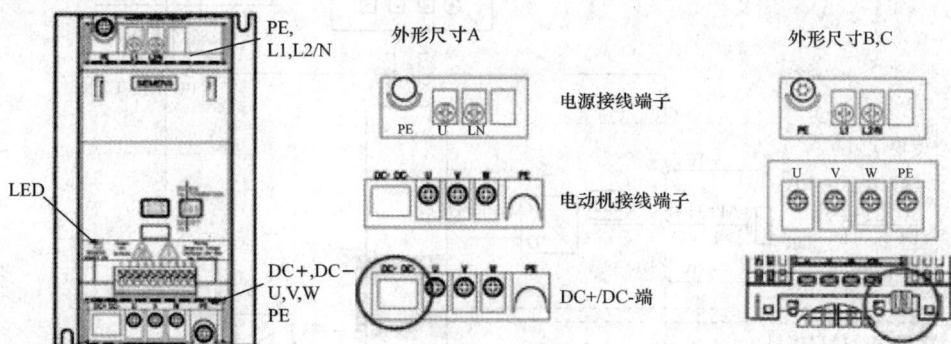

图 8-1　电源和电动机接线端子

二、控制端子

G110变频器总共有10个控制端子，端子编号分别为1～10。各端子的端子号、标识及功能如表8-1所示。1、2号端子为一数字输出信号，可用来输出某开关信号；3～5号端子为数字量输入信号，各端子都可往变频器输入一开关信号；6号端子为输出24V电源正极；7号端子为输出0V（即电源负极）；8～10号端子的功能按控制方式来确定，在模拟控制方式下，8号端子为输出+10V，9号端子为模拟量输入信号，变频器按此信号大小决定输出频率，10号端子为0V；在USS串行接口控制方式下，8、9号端子分别为RS-485通信的P+和N-。

表 8-1　　　　　　　　　　　　G110 控制端子功能表

端子号	标识	功　能
1	DOUT-	数字输出（-）
2	DOUT+	数字输出（+）
3	DIN0	数字输入 0
4	DIN1	数字输入 1

续表

端子号	标识	功 能	
5	DIN2	输入输入 2	
6	—	带电位隔离的输出＋24V/50mA	
7	—	输出 0V	
控制方式		模拟控制	USS 串行接口控制
8	—	输出＋10V	RS－485P＋
9	ADC	模拟输入	RS－485N－
10	—	输出 0V	

三、变频器接线图

变频器接线如图 8－2 所示。

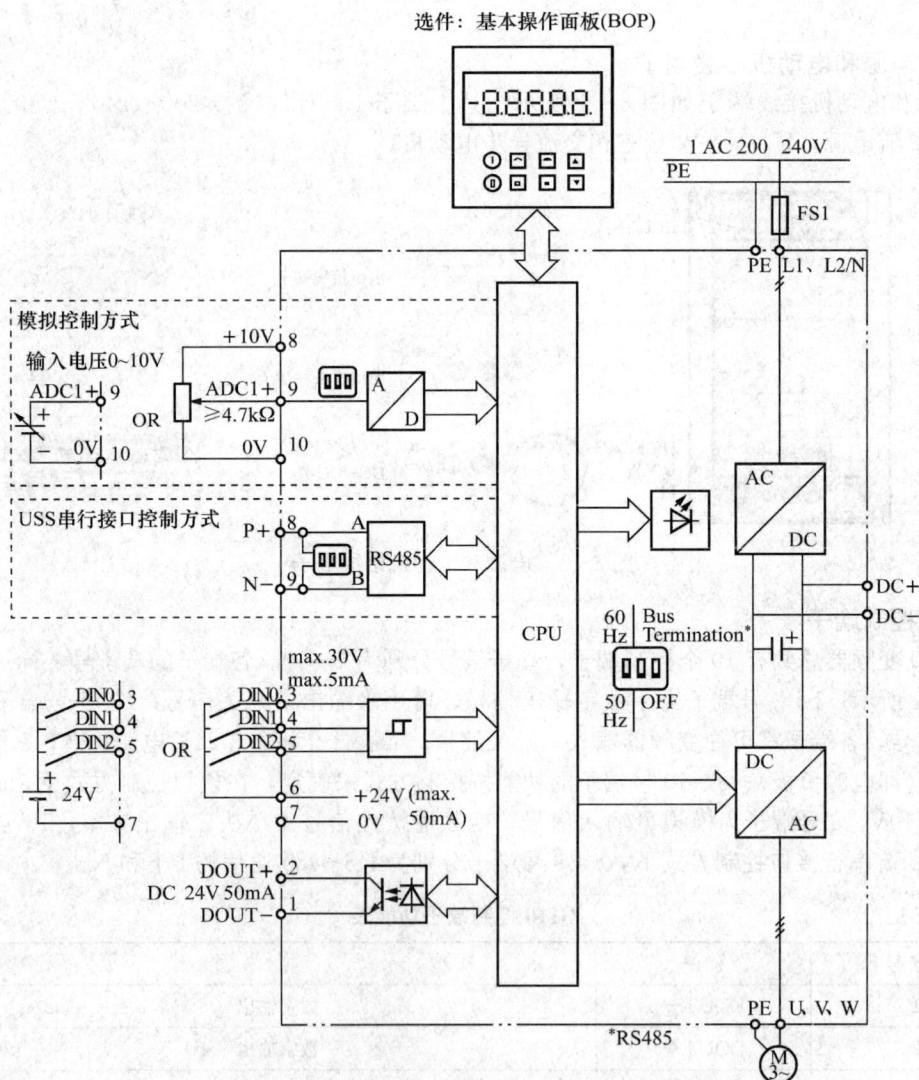

图 8－2 变频器接线图

第二节　BOP的按钮及其功能

BOP是基本操作面板，可用来设置变频器的参数，控制变频器的运行及监视变频器的运行状态等，其外形如图8-3所示。

图8-3　BOP操作面板

BOP的按钮及其功能如表8-2所示。

表8-2　　　　　　　　　　　　BOP的按钮及其功能表

显示/按钮	功能	功能说明
r0000	状态显示	LCD显示变频器当前所用的设定值
I	启动变频器	按此键启动变频器。缺省值运行时此键是被封锁的。为了使此键的操作有效，应按照下面的数值进行设置： P0700＝1或P0719＝10～15
O	停止变频器	OFF1：按此键，变频器将按选定的斜坡下降速率减速停车。缺省值运行时此键被封锁；为了使此键的操作有效，应设置：P0700＝1或P0719＝10～15； OOF2：按此键两次（或一次，但时间较长）电动机将在惯性作用下自由停车。此功能总是"使能"的
∩	改变电动机的方向	按此键可以改变电动机的转动方向。电动机的反向用负号（—）表示或用闪烁的小数点表示。缺省值运行时此键是被封锁的。为了使此键的操作有效，应设置：P0700＝1或P0719＝10～15
JOG	电动机点动	在变频器"运行准备就绪"的状态下，按下此键，将使电动机启动，并按预设定的点动频率运行。释放此键时，变频器停车。如果电动机正在运行，按此键将不起作用
Fn	功能	此键用于浏览辅助信息。 变频器运行过程中，在显示任何一个参数时按下此键并保持不动，将显示以下参数的数值： ① 直流回路电压（用d表示，单位为V）。 ② 输出频率（Hz）。 ③ 输出电压（用o表示，单位为V）。 ④ 由P0005选定的数值〔如果P0005选择显示上述参数中的任何一个（1～3），这里将不再显示〕。 连续多次按下此键，将轮流显示以上参数。 跳转功能：在显示任何一个参数（rXXXX或PXXXX）时短时间按下此键，将立即跳转到r0000，如果需要的话，您可以接着修改其他的参数。跳转到r0000后，按此键将返回原来的显示点。 故障确认：在出现故障或报警的情况下，按Fn键可以对故障或报警进行确认

显示/按钮	功能	功 能 说 明
P	参数访问	按此键即可访问参数
▲	增加数值	按此键即可增加面板上显示的参数数值
▼	减少数值	按此键即可减少面板上显示的参数数值

第三节 参数的设置操作方法

一、设置更改参数

更改参数的操作举例：将 P0003 的"访问级"更改为 3。操作步骤如表 8-3 所示。

表 8-3　　　　　　　　　　　　设置更改参数操作步骤

	操作步骤	显示的结果
1	按 P 键，访问参数	r0000
2	按 ▲ 键，直到显示出 P0003	P0003
3	按 P 键，进入参数访问级	1
4	按 ▲ 或 ▼ 键，达到所要求的数值（例如：3）	3
5	按 P 键，确认并存储参数的数值	P0003
6	现在已设定为第 3 访问级，使用者可以看到第 1 至第 3 级的全部参数	

二、利用 BOP 复制参数

简单的参数设置可以由一台 SINAMICSG110 变频器上装，然后下载到另一台 SINAMICSG110 变频器。为了把参数的设置值由一台变频器复制到另一台变频器，必须完成以下操作步骤：

1. 上装 （SINAMICSG110→BOP）

（1）在需要复制其参数的 SINAMICSG110 变频器上安装基本操作面板（BOP）。

（2）确认将变频器停车是安全的。

（3）将变频器停车。

（4）把参数 P0003 设定为 3，进入专家访问级。

（5）把参数 P0010 设定为 30，进入参数克隆（复制）方式。

（6）把参数 P0802 设定为 1，开始由变频器向 BOP 上装参数。

（7）在参数上装期间，BOP 显示"BUSY（忙碌）"。

（8）在参数上装期间，BOP 和变频器对一切命令都不予响应。

（9）如果参数上装成功，BOP 的显示将返回常规状态，变频器则返回准备状态。

（10）如果参数上装失败，则应尝试再次进行参数上装的各个操作步骤，或将变频器复位为出厂时的缺省设置值。

（11）从变频器上拆下 BOP。

2. 下载 （BOP→SINAMICSG110）

（1）把 BOP 装到另一台需要下载参数的 SINAMICSG110 变频器上。

（2）确认该变频器已经上电。

（3）把该变频器的参数 P0003 设定为 3，进入专家访问级。

（4）把参数 P0010 设定为 30，进入参数复制方式。

（5）把参数 P0803 设定为 1，开始由 BOP 向变频器下载参数。

（6）在参数下载期间，BOP 显示"BUSY（忙碌）"。

（7）在参数下载期间，BOP 和变频器对一切命令都不予响应。

（8）如果参数下载成功，BOP 的显示将返回常规状态，变频器则返回准备状态。

（9）如果参数下载失败，则应尝试再次进行参数下载的各个操作步骤，或将变频器复位为工厂的缺省设置值。

（10）从变频器上拆下 BOP。

说明：

在进行参数复制操作时，应该注意以下一些重要的限制条件。

（1）只是把当前的数据上装到 BOP。

（2）一旦参数复制的操作已经开始，操作过程就不能中断。

（3）额定功率和额定电压不同的变频器之间也可以进行参数复制。

（4）在数据下载期间，如果数据与变频器不兼容（例如，由于软件版本不同），将把该参数的缺省设置值写入变频器。

（5）在参数复制过程中，BOP 中已有的任何数据都将被重写。

（6）如果参数的上装或下载失败，变频器将不会正常运行。

第四节 G110 变频器运行控制方式设定

G110 变频器运行控制方式主要有以下三种。

（1）BOP 控制方式。启动、停止由基本操作面板 BOP 控制，频率输出大小也由 BOP 来调节。

（2）由控制端子控制。启动、停止由控制端子控制，频率输出大小也由控制端子来调节。

（3）USS 串行接口控制。启动、停止及频率输出大小都由 RS-485 通信来控制。

一、BOP 控制方式

启动、停止（命令信号源）由基本操作面板 BOP 控制，频率输出大小（设定值信号源）也由 BOP 来调节。在该控制方式下需设定的参数如表 8-4 所示。

表 8-4　　　　　　　　　　　　　　　　BOP 控制设置参数

名称	参数	功能
命令信号源	P0700＝1	BOP 设置
设定值信号源	P1000＝1	BOP 设置

二、由控制端子控制

启动、停止（命令信号源）由控制端子控制，频率输出大小（设定值信号源）也由控制端子来调节。

控制接线图如图 8-4 所示。需设置的参数及功能如表 8-5 所示。

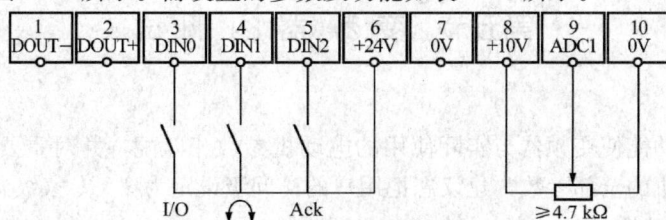

图 8-4　端子控制接线图

表 8-5　　　　　　　　　　　　端子控制时设置的参数与功能

数字输入	端子	参数	功能
命令信号源	3、4、5	P0700＝2	数字输入
设定值信号源	9	P1000＝2	模拟输入
数字输入 0	3	P0701＝1	ON/OFF1（I/O）
数字输入 1	4	P0702＝12	反向（🎧）
数字输入 2	5	P0703＝9	故障复位（Ack）
控制方式	—	P0727＝0	西门子标准控制

三、USS 串行接口控制

启动、停止（命令信号源）及频率输出大小（设定值信号源）都由 RS-485 通信来控制。需设置的参数和接线如表 8-6 和图 8-5 所示。

表 8-6　　　　　　　　　　USS 串行接口控制时需设置的参数与接线

数字输入	端子	参数	功能
命令信号源		P0700＝5	符合 USS 协议
设定值信号源		P1000＝5	符合 USS 协议的输入频率
USS 地址	8，9	P2011＝0	USS 地址＝0
USS 波特率		P2010＝6	USS 波特率＝9600b/s
USS-PZD 长度		P2012＝2	在 USS 报文中 PZD 是两个 16 位字

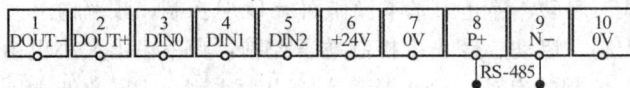

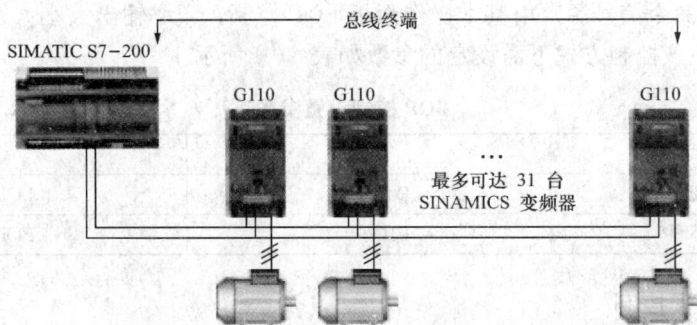

图 8-5　USS 总线

第五节　变频器的调试

一、快速调试

利用快速调试功能使变频器与实际使用的电动机参数相匹配，并对重要的技术参数进行设定。为了访问电动机的全部参数，建议您把用户的访问级设定为 3（专家级），即 P0003＝3。快速调试过程如图 8-6 所示。

流程		参数说明	缺省设置值

```
      ( START )
          │
    ┌───────────┐
    │ P0010=1   │
    └───────────┘
          │
      ◇ P0100=...
     P0100=1
         P0100=0,2
          │
   ┌──────────┬──────────┐
   │P0304=... │P0304=... │
   └──────────┴──────────┘
          │
   ┌──────────┬──────────┐
   │P0305=... │P0305=... │
   └──────────┴──────────┘
          │
   ┌──────────┬──────────┐
   │P0307=... │P0307=... │
   └──────────┴──────────┘
          │
   ┌──────────┬──────────┐
   │P0308=... │P0308=... │
   └──────────┴──────────┘
          │
   ┌──────────┬──────────┐
   │P0309=... │P0309=... │
   └──────────┴──────────┘
          │
    ┌───────────┐
    │ P0310=... │
    └───────────┘
          │
    ┌───────────┐
    │ P0311=... │
    └───────────┘
          │
    ┌───────────┐
    │ P0335=... │
    └───────────┘
          │
    ┌───────────┐
    │ P0640=... │
    └───────────┘
          │
    ┌───────────┐
    │ P0700=... │
    └───────────┘
          │
```

调试参数过滤器* ——— 缺省设置值 `0`
　0　准备
　1　快速调试
30出厂时的缺省设置
说明
参数P0010应设定为1，以便进行电动机铭牌数据的参数化。

欧洲/北美地区 ——— `0`
（键入缺省的电动机基本频率和功率设置值hp/kW）
　0　欧洲[kW],频率缺省值为50Hz
　1　北美[hp],频率缺省值为60Hz
　2　北美[kW],频率缺省值为60Hz
说明
在参数P0100=0或1的情况下，P0100的数值哪个有效决定于开关DIP的设置(参看参数表)。

提示
电动机的参数必须正确地配置，保证在运行频率大于5Hz时能够正确地进行过载保护。

P0310 P0304

电动机的额定电压 ——— `230V`
（根据电动机的铭牌数据键入，单位：V）
必须按照星形/三角形绕组接法核对电动机铭牌上的电动机额定电压，确保电压的数值与电动机端子板上实际配置的电路接线方式相对应。

P0307 P0305
P0308 P0311

电动机的额定电流 ——— `FU-spec.`
（根据电动机的牌数据键入，单位：A）

电动机的额定功率 ——— `FU-spec.`
（根据电动机的铭牌数据键入，单位：kW/hp）。
如果P0100=0或2，那么，应键入kW数，如果P0100=1，应键入hp数。

电动机的额定功率因数 ——— `0.`
（根据电动机的铭牌数据键入，$\cos\varphi$）。
如果设置为0，变频器将自动计算功率因数的数值。
P0100=1时；P0308无意义，不要求键入数值。

电动机的额定功率 ——— `0.`
（根据电动机的铭牌数据键入，以%值输入）。
如果设置为0，变频器将自动计算电动机效率的数值。
P0100=0，2时：P0309无意义，不要求键入数值。

电动机的额定频率 ——— `50.00 Hz`
（根据电动机的铭牌数据键入，单位：Hz）。
如果参数有改变，电动机的极对数是变频器自动计算的。

电动机的额定速度 ——— `FU-spec`
（根据电动机的铭牌数据键入，单位：RPM)
如果设置为0，额定速度的数值是在变频器内部进行计算的。
说明：
具有滑差补偿功能时，必须键入这一参数。

电动机的冷却 ——— `0.`
（键入电动机采用的冷却系统)
　0　自冷：采用电动机轴上安装的内置冷却风机进行冷却。
　1　强制冷却：采用由独立电源供电的冷却风机进行冷却。

电动机的过载因子 ——— `150%`
（以P0305的%值表示的电动机过载因子。)
这一参数确定以电动机额定电流(P0305)的%值表示的最大输出电流限制值。

选择命令信号源 ——— `2/5`
　0　出厂时的缺省设置
　1　BOP(键盘)
　2　由端子排输入
　5　USS设置

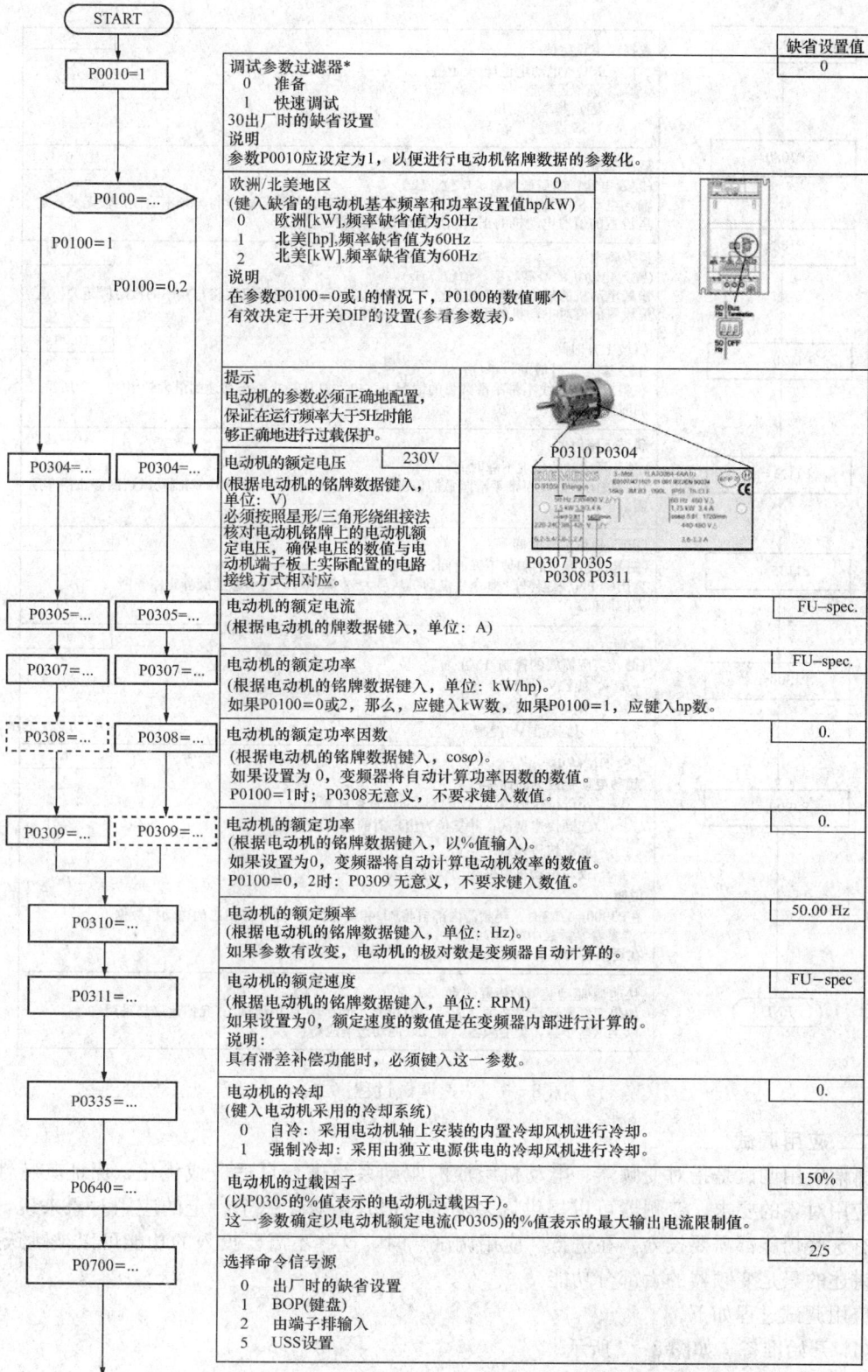

图 8-6　快速调试过程（一）

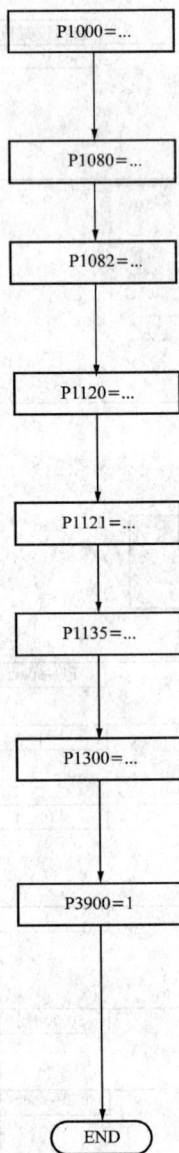

流程	内容	值
P1000=…	选择频率设定值 1 MOP(电动电位计)设定值 2 模拟设定值 3 固定频率设定值 5 USS 设置	2/5
P1080=…	最小频率 (键入电动机的最低频率，单位：Hz) 输入电动机的最低频率，达到这一频率时，电动机的运行速度将与频率的设定值无关，这里设置的值对电动机的正转和反转都是适用的。	0.00 Hz
P1082=…	最大频率 (键入电动机的最高频率，单位：Hz) 输入电动机的最高频率，达到这一频率时，电动机的运行速度将与频率的设定值无关，这里设置的值对电动机的正转和反转都是适用的。	50.00 Hz
P1120=…	斜坡上升时间 (键入斜坡上升时间，单位：s) 在斜坡函数曲线不带平滑圆弧的情况下，电动机从静止停车加速到最大频率(P1082)所需的时间。	10.00 s
P1121=…	斜坡下降时间 (键入降速时的斜坡下降时间，单位：s) 在斜坡函数曲线不带平滑圆弧的情况下，电动机从最大频率(P1082)制动减速到静止停车所需的时间。	10.00 s
P1135=…	OFF3 斜坡下降时间 (键入快速停车的斜坡下降时间，单位：s) 发出OFF3(快速停车)命令后电动机从最大频率(P1082)制动减速到静止停车所需的时间。	5.00 s
P1300=…	控制方式 (键入实际需要的控制方式) 0 线性V/f控制 2 抛物线V/f控制 3 可编程的V/f控制	0
P3900=1	快速调试结束 (起动电动机数据的计算) 0 不进行快速调试(不进行电动机数据计算) 1 起动快速调试，并复位为出厂时的缺省设置值 2 起动快速调试 3 仅对电动机数据起动快速调试 说明 在P3900=1,2,3时，变频器内部自将P0340设定为1，并计算相应的电动机数据 (请参看参数表中的 P0340)。 在更换电动机时，应设置P3900=3。	0
END	快速调/驱动装置的设置结束 如果变频器运行时必须完成辅助的功能，请参看"应用调试"。我们建议您采用以上这些步骤，使变频器具有良好的动态响应特性。	

图 8-6 快速调试过程（二）

二、应用调试

所谓应用调试是指对变频器、电动机组成的驱动系统进行自适应或优化，保证其特性符合特定应用对象的要求。变频器可以提供许多功能，但是，对于一个特定的应用对象来说，并不是所有这些功能都需要投入。在进行"应用调试"时，这些不需要投入的功能可以被跳跃过去。这里讲述的只是变频器的大部分功能。

应用调试过程如下。

（1）开始准备，如图 8-7 所示。

（2）USS 通信设置，如图 8-8 所示。

（3）命令源设置，如图 8-9 所示。

START

出厂时的缺省设置值

P0003＝3

用户访问级 *
1　标准级：可以访问使用最频繁的参数。
2　扩展级：可以进行扩展级的参数访问，例如变频器的I/O功能。
3　专家级(仅供专家使用)。

| 1 |

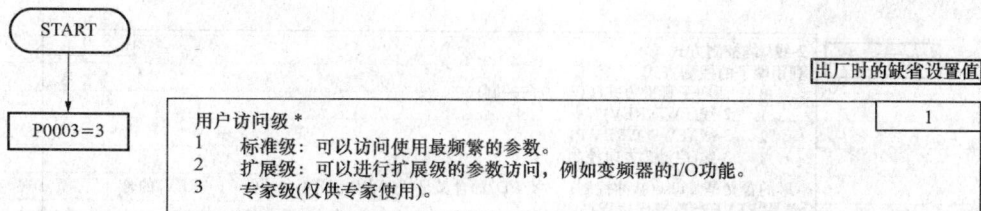

图 8－7　开始准备

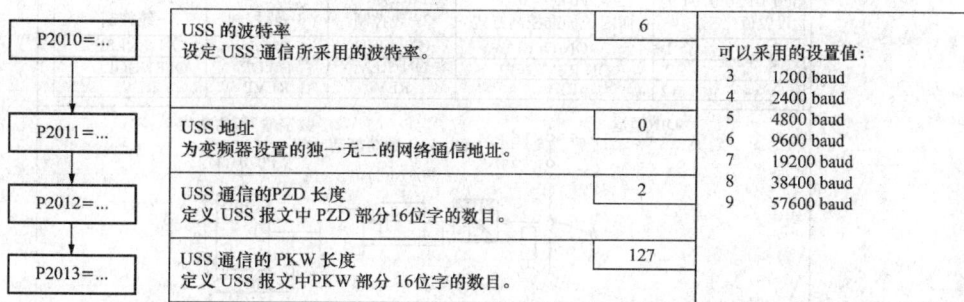

P2010＝…

USS 的波特率
设定 USS 通信所采用的波特率。

| 6 |

P2011＝…

USS 地址
为变频器设置的独一无二的网络通信地址。

| 0 |

P2012＝…

USS 通信的PZD 长度
定义 USS 报文中 PZD 部分16位字的数目。

| 2 |

P2013＝…

USS 通信的 PKW 长度
定义 USS 报文中PKW 部分 16位字的数目。

| 127 |

可以采用的设置值：
3　　1200 baud
4　　2400 baud
5　　4800 baud
6　　9600 baud
7　　19200 baud
8　　38400 baud
9　　57600 baud

图 8－8　通信设置

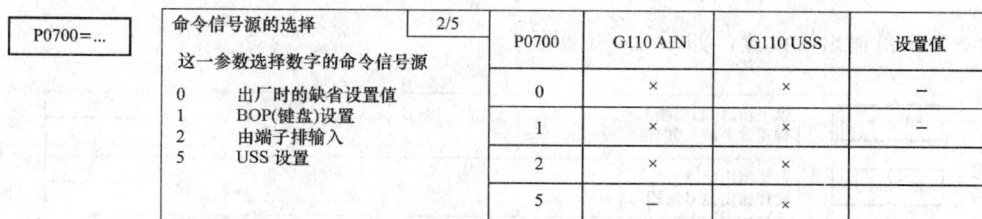

P0700＝…

命令信号源的选择　　2/5

这一参数选择数字的命令信号源

0　出厂时的缺省设置值
1　BOP(键盘)设置
2　由端子排输入
5　USS 设置

P0700	G110 AIN	G110 USS	设置值
0	×	×	—
1	×	×	—
2	×	×	
5	—	×	

图 8－9　命令源设置

（4）数字量输入端设置（DIN），如图 8－10 所示。

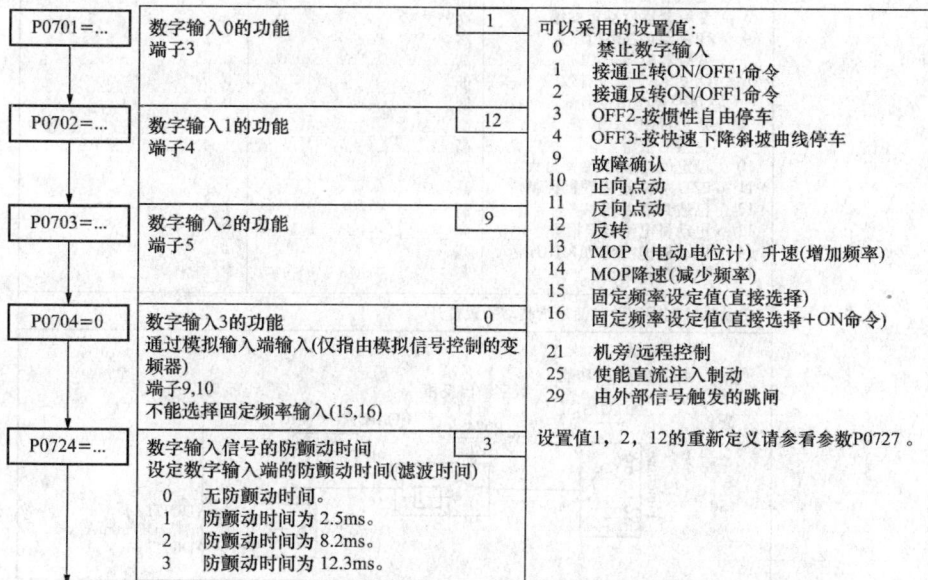

P0701＝…

数字输入0的功能
端子3

| 1 |

P0702＝…

数字输入1的功能
端子4

| 12 |

P0703＝…

数字输入2的功能
端子5

| 9 |

P0704＝0

数字输入3的功能
通过模拟输入端输入(仅指由模拟信号控制的变频器)
端子9,10
不能选择固定频率输入(15,16)

| 0 |

P0724＝…

数字输入信号的防颤动时间
设定数字输入端的防颤动时间(滤波时间)
0　无防颤动时间。
1　防颤动时间为 2.5ms。
2　防颤动时间为 8.2ms。
3　防颤动时间为 12.3ms。

| 3 |

可以采用的设置值：
0　禁止数字输入
1　接通正转ON/OFF1命令
2　接通反转ON/OFF1命令
3　OFF2-按惯性自由停车
4　OFF3-按快速下降斜坡曲线停车
9　故障确认
10　正向点动
11　反向点动
12　反转
13　MOP（电动电位计）升速(增加频率)
14　MOP降速(减少频率)
15　固定频率设定值(直接选择)
16　固定频率设定值(直接选择＋ON命令)
21　机旁/远程控制
25　使能直流注入制动
29　由外部信号触发的跳闸

设置值1，2，12的重新定义请看参数P0727。

图 8－10　数字量输入端设置（一）

P0727=...	2-线/3线控制方式			0
	利用端子的控制方式			
	0 西门子标准方式(启动/方向控制)			
	1 2-线(FWD/REV)			
	2 3-线 (FWD P/REV P)			
	3 3-线(启动P/方向控制)			
	"P"的含义是"Pulse(脉冲控制)"；"FWD"的含义是"FORWARD(正向运行)"；"REV"的含义是"REVERSE(反向运行)"。			

数字输入端的重新定义

P0701～P0704 的设置值	P0727=0 西门子标准控制方式	P0727=1 2-线控制	P0727=2 3-线控制	P0727=3 3-线控制
1	ON/OFF1	ON_FWD	STOP	ON_PULSE
2	ON REV/OFF1	ON_REV	FWDP	OFF1/HOLD
12	REV	REV	REVP	REV

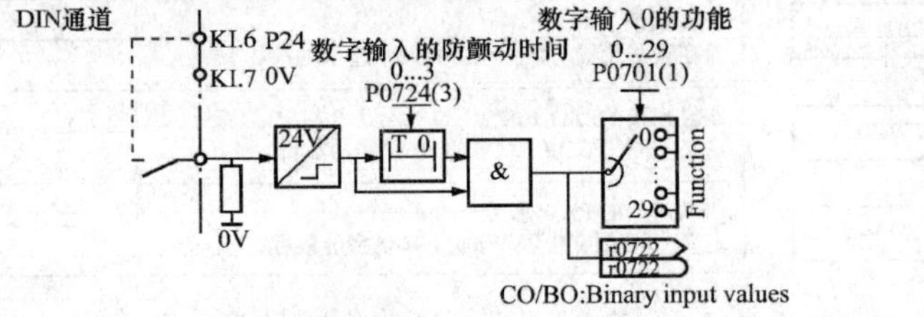

图 8-10 数字量输入端设置（二）

(5) 数字量输出端设置，如图 8-11 所示。

P0731=...	数字输出0的功能 * 确定数字输入0的信号源。		0
P0748=0	数字输出反向 允许输出信号反相向。		0

逻辑激活信号(0=打开，1=闭合)时DOUT的状态。

经常采用的设置值：	激活	状态
0 未激活	-	0 (总是这一状态)
1 激活	-	1 (总是这一状态)
2 变频器准备	高	1
3 变频器运行准备就绪	高	1
4 变频器正在运行	高	1
5 变频器故障	高	0
6 OFF2停车命令有效	低	0
7 OFF3停车命令有效	低	0
8 禁止合闸	高	1
9 变频器报警	高	1
10 设定值/实际值偏差过大	高	1
11 PZD控制(过程数据控制)	高	1
12 已达到最大频率	高	1
13 电动机电流极限报警	高	0
14 电动机抱闸制动(MHB)投入	高	1
15 电动机过载	高	0

*电动机的抱闸制动激活是指制动装置打开。

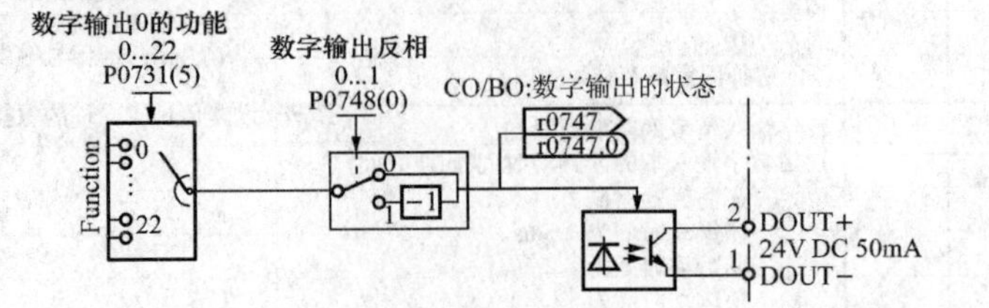

图 8-11 数字量输出端设置

（6）频率设定值的选择，如图 8-12 所示。

频率设定值的选择	2/5	P1000	G110 AIN	G110 USS	设置值
0 无主设定值 1 MOP设定值 2 模拟设定值 3 固定频率设定值 5 USS设置		0	×	×	—
		1	×	×	—
		2	×	—	
		3	×	×	
		5	—	×	

P1000=...

图 8-12 频率设定值的选择

（7）模拟输入端（ADC），如图 8-13 所示。

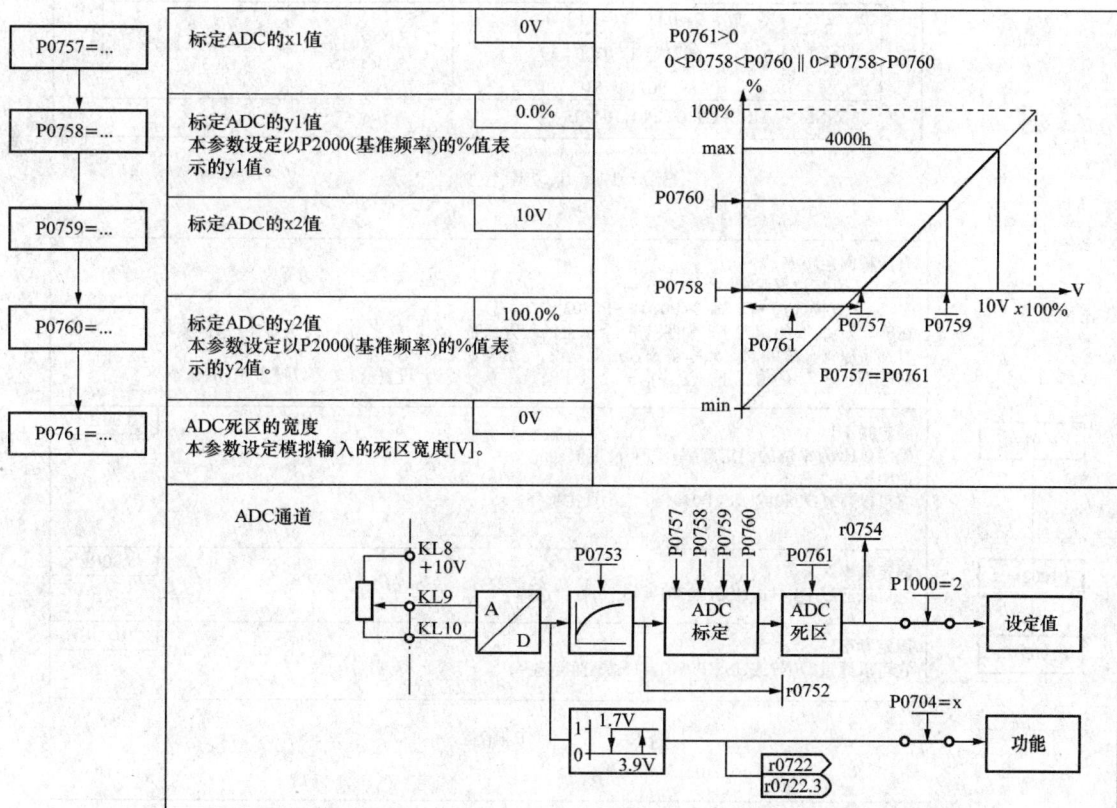

图 8-13 模拟输入端

（8）电动电位计（MOP），如图 8-14 所示。

（9）固定频率（FF），如图 8-15 所示。

（10）JOG（点动），如图 8-16 所示。

（11）基准频率/限定频率，如图 8-17 所示。

| P1031＝… | MOP 的设定值存储
这一参数确定，在发出OFF命令或断开供电电源之前已经激活的电动电位计(MOP)设定值是否要存储。
0　MOP 设定值不存储
1　MOP 设定值存入P1040(P1040被刷新) | 0 |

| P1032＝… | 禁止负向的MOP 设定值
0　允许负向的MOP 设定值
1　禁止负向的MOP 设定值 | 1 |

| P1040＝… | MOP的设定值
确定由电动电位计(MOP)控制时的设定值。 | 5.00Hz |

MOP的斜坡上升时间和斜坡下降时间由参数P1120和P1121确定。

选择MOP设定值时可以有以下的参数设置方法：

	选择	MOP升速	MOP降速
DIN	P0719＝0,P0700＝2,P1000＝1 或 P0719＝1,P0700＝2	P0702＝13 (DIN1)	P0703＝14 (DIN2)
BOP	P0719＝0,P0700＝1,P1000＝1 或 P0719＝1,P0700＝1 或 P0719＝11	UP键	DOWN键
USS*	P0719＝0,P0700＝5,P1000＝1 或 P0719＝1,P0700＝5 或 P0719＝51	USS 控制字 r2036位13	USS 控制字 r2036位14

*仅指SINAMICS G110 CPM110 USS

图 8－14　电动电位计

| | 有两种固定频率：
　　1.直接选择(P0701～P0703＝15)。
　　2.直接选择＋ON命令(P0701～P0703＝16)。
在P0727＝2,3的情况下：如果有一个以上的设置值是"16"，数字输入(设定为16) 每次接收脉冲时都将原来分配的固定频率解锁，这就是说，"重写原来的固定频率"。
在P0727＝1,2,3的情况下：至少有一个数字输入请求分配为"设置值16"，以便发出ON命令。 | |

| P1001＝… | 固定频率1
确定以Hz为单位的固定频率1(FF1)设定值。
说明：
它可以通过 DIN0 或USS(P0701＝15,16)直接选择。 | 0.00Hz |

| P1002＝… | 固定频率2
它可以通过 DIN1或USS(P0701＝15,16)直接选择。 | 5.00Hz |

| P1003＝… | 固定频率3
它可以通过 DIN2或USS(P0701＝15,16)直接选择。 | 10.00Hz |

图 8－15　固定频率

| P1058＝… | 点动频率
电动机点动时在所选转动方向上以Hz为单位的频率设定值。 | 5.00Hz |

| P1060＝… | 点动斜坡上升/下降时间
点动时的斜坡上升/下降时间，点动上升的最大频率由P1058限制。 | 10.00s |

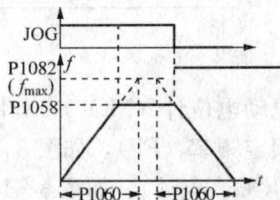

图 8－16　点动

P1080＝...	最小频率(键入以Hz为单位的数据) 本参数设定电动机运行的最低频率[Hz]。电动机运行在最低频率时，将不顾频率的设定值是多少。当设定值低于P1080的数值时。输出频率将设定为P1080，符号与设定值相同。	0.00Hz
P1082＝...	最大频率(键入以Hz为单位的数据) 本参数设定电动机运行的最高频率[Hz]。电动机运行在最高频率时，将不顾频率的设定值是多少。当设定值高于P1082的数值时。输出频率将限定为P1082的数值。这里设定的数值对顺时针方向和反时针方向转动都有效。	50.00Hz
P2000＝...	最大频率(键入以Hz为单位的数据) 以Hz为单位的基准频率相当于频率设置值的100%。 如果要求最大频率高于50Hz。应改变这一设置值。如果利用选择50/60Hz频率的DIP开关或参数P0100已经选定标准频率为60Hz。基准频率的设置值将自动改变为60Hz。 说明 这一基准频率影响模拟设定值的标定(100%≙P2000)和USS频率设定值的标定(4000H≙P2000)。	50.00Hz

图 8-17　基准频率/限定频率

第九章 MicroMaster440（MM440）变频器

本章介绍西门子 MicroMaster440 通用型变频器的安装、接线、功能、参数的设置操作方法、变频器运行控制方式的设定及变频器的调试方法与维护，并阐述了西门子变频器的基本控制电路和应用。

第一节 MM440 变频器的特点

MicroMaster440 变频器简称 MM440 变频器，是西门子公司一种适合于三相电动机速度控制和转矩控制的变频器系列，其应用较广。该变频器在恒定转矩（CT）控制方式下功率范围为 120W～200kW，在可变转矩（VT）控制方式下功率可达 250kW，有多种型号可供用户选用。

MM440 变频器由微处理器控制，采用具有现代先进技术水平的绝缘栅双极型晶体管 IGBT 作为功率输出器件。因此，它具有很高的运行可靠性和功能的多样性。其脉冲宽度调制的开关频率是可选的，因而可降低电动机运行的噪声。同时，全面而完善的保护功能为变频器和电动机提供了良好的保护。

一方面，MM440 变频器可工作于缺省的工厂设置参数状态下，是为数量众多的简单的电动机变速驱动系统供电的理想变频驱动装置。另一方面，用户也可以根据需要设置相关参数，充分利用 MM440 所具有的全面、完善的控制功能，为需要多种功能的复杂电动机控制系统服务。

1. MM440 变频器的主要特性

MM440 变频器的主要特性如下：

（1）易于安装、调试；

（2）具有牢固的 EMC 设计；

（3）可由 IT 中性点不接地电源供电；

（4）对控制信号的响应是快速和可重复的；

（5）参数设置功能强大，参数设置的范围很广，确保它可对广泛的应用对象进行配置；

（6）具有多个继电器输出，多个模拟量输出（0～20mA）；

（7）6 个带隔离的数字输入，并可切换为 NPN/PNP 接线；

（8）2 个模拟输入：AIN1（0～10V，0～20mA、－10～＋10V）和 AIN2（0～10V，0～20mA）；2 个模拟输入也可以作为第 7 和第 8 个数字输入；

（9）BiCo（二进制互联连接）技术；

（10）模块化设计，配置非常灵活；

（11）脉宽调制的频率高，因而电动机运行的噪声低；

（12）详尽的变频器状态信息和全面的信息功能；

（13）有多种可选件供用户选用，包括与 PC 通信的通信模块、基本操作面板（BOP）、高级操作面板（AOP）以及进行现场总线通信的 PROFIBUS 通信模块。

2. MM440 变频器的性能特征

（1）具有矢量控制性能，并有两种矢量控制方式。

1）无传感器矢量控制（SLVC）；

2）带编码器的矢量控制（VC）。

（2）具有 V/f 控制性能，有两种 V/f 控制方式：

1）磁通电流控制（FCC），能改善动态响应和电动机的控制特性；

2）多点 V/f 特性控制。

（3）具有快速电流限制（FCL）功能，可避免运行中不应有的跳闸。

（4）具有内置的直流注入制动，还具有复合制动功能。

（5）具有内置的制动单元（仅限外形尺寸为 A～F 的 MM440 变频器）。

（6）加速/减速斜坡特性具有可编程的平滑功能，包括起始和结束段带平滑圆弧，以及起始和结束段不带平滑圆弧两种方式。

（7）具有比例、积分和微分 PID 控制功能的闭环控制。

（8）各组参数的设定值可以相互切换，包括电动机数据组（DDS）、命令数据组和设定值信号源（CDS）。

（9）具有自由功能块。

（10）具有动力制动的缓冲功能，定位控制的斜坡下降曲线。

3. MM440 变频器的保护特性

MM440 变频器的保护特性如下：

（1）具有过电压/欠电压保护；

（2）具有变频器过热保护；

（3）具有接地故障保护；

（4）具有短路保护，以及 I^2t 电动机过热保护；

（5）具有 PTC/KTY84 温度传感器的电动机保护。

第二节　MM440 变频器的电路结构

MM440 变频器的电路如图 9-1 所示，包括主电路和控制电路两部分。主电路完成电能的转换（整流、逆变），控制电路处理信息的收集、变换和传输。

在主电路中，由电源输入单相或三相恒压恒频的交流电，经过整流电路转换成恒定的直流电，供给逆变电路。逆变电路在 CPU 的控制下，将恒定的直流电压逆变成电压和频率均可调的三相交流电压给电动机负载。由图 9-1 中可以看出，MM440 变频器直流环节是通过电容进行滤波的，因此属于电压型交—直—交变频器。

MM440 变频器的控制电路由 CPU、模拟输入（AIN1、AIN2）、模拟输出（AOUT1、AOUT2）、数字输入（DIN1～DIN6）、继电器输出（RL1、RL2、RL3）、操作板等组成，如图 9-1 所示。两个模拟输入回路也可以作为两个附加的数字输入 DIN7 和 DIN8 使用，此时的外部线路的连接如图 9-2 所示。当模拟输入作为数字输入时，电压门限值如下：1.75V(DC)＝OFF、3.70V(DC)＝ON。

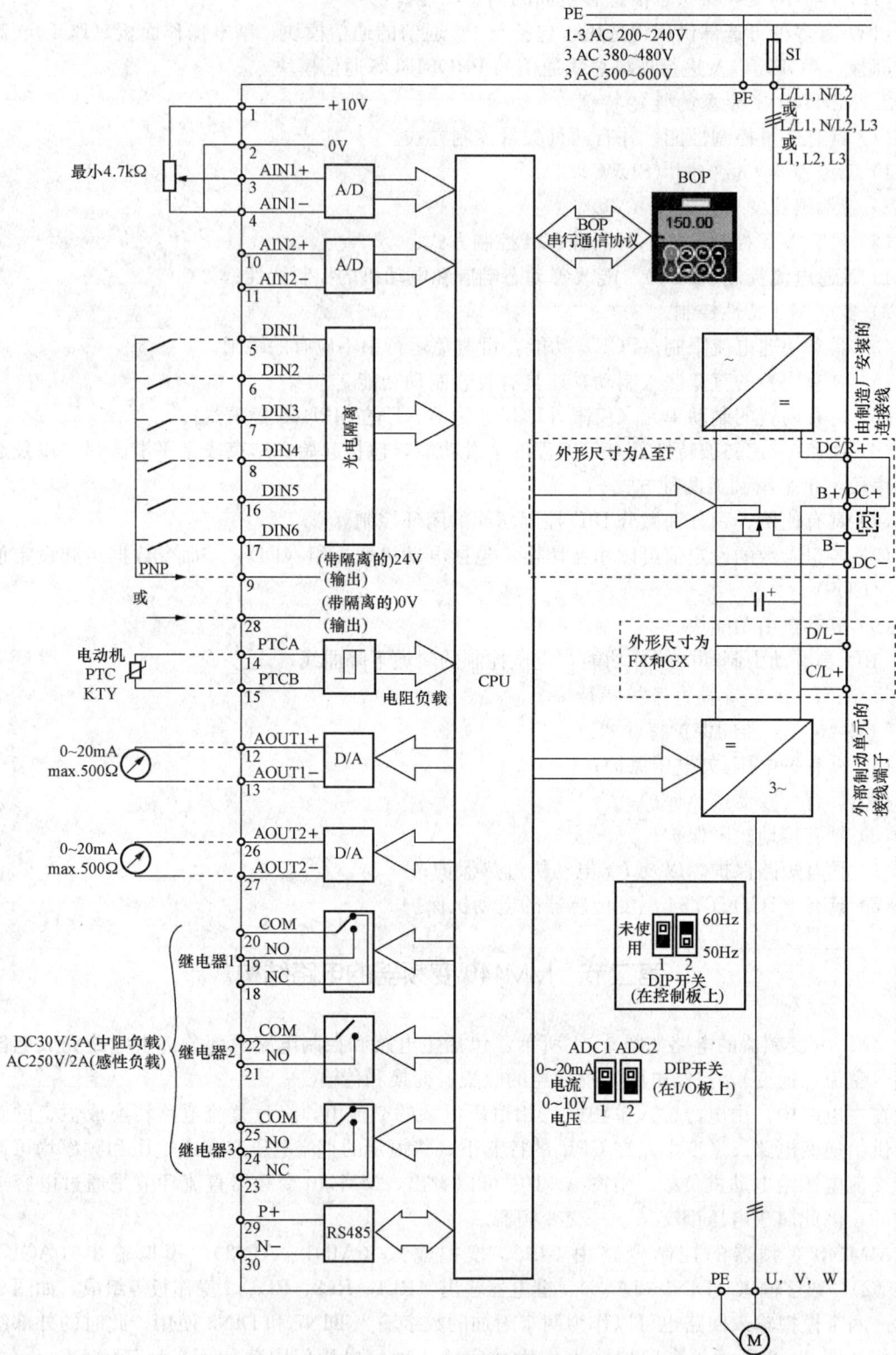

图 9-1 MM440 变频器电路图

端子 1、2 是变频器为用户提供的 10V 直流
稳压电源。当采用模拟电压信号输入方式输入
给定频率时，为提高交流变频调速系统的控制
精度，必须配备一个高精度的直流稳压电源作
为模拟电压信号输入的直流电源。

模拟输入 3、4 和 10、11 端为用户提供了
两对模拟电压给定输入端，作为频率给定信号，
经变频器内的 A/D 转换器，将模拟量转换成数
字量，并传输给 CPU 来控制系统。

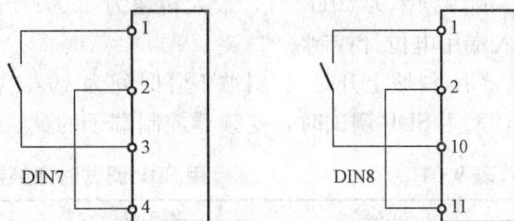

图 9-2　模拟输入作为数字输
入时外部线路的连接

数字输入 5、6、7、8 和 16、17 端为用户提供了 6 个完全可编程的数字输入端，数字信号经
光电隔离输入 CPU，对电动机进行正反转、正反向点动、固定频率设定值控制等。

端子 9 和 28 是 24V 直流电源端。端子 9（24V）在作为数字输入使用时也可用于驱动模拟
输入，要求端子 2 和 28（0V）必须连接在一起。

输出 12、13 和 26、27 端为两对模拟输出端；输出 18～25 端为输出继电器的触头；输入
14、15 端为电动机过热保护输入端；输入 29、30 端为串行接口 RS-485（USS 协议）端。

第三节　MM440 变频器的调试

MM440 变频器在标准供货方式时装有状态显示板（SDP），对于很多用户来说，利用 SDP
和制造厂的缺省设置值，就可以使变频器成功地投入运行。如果工厂的缺省设置值不适合用户
的设备情况，可以利用基本操作板（BOP）或高级操作板（AOP）修改参数，使变频器与设备
相匹配。BOP 和 AOP 是作为可选件供货的，用户也可以用 DriveMonitor 软件或 STARTER 软
件来调整工厂的设置值。

设置电动机频率的 DIP 开关位于 I/O 板的下面，共有两个开关，即 DIP 开关 2 和 DIP 开关
1。DIP 开关 2 设置在 Off 位置时，默认值为 50Hz，功率单位为 kW，用于欧洲地区；DIP 开关 2
设置在 On 位置时，默认值为 60Hz，功率单位为 hp，用于北美地区。DIP 开关 1 不供用户使用。
在调试前，需要首先设置 DIP 开关 2 的位置，选择正确的频率匹配。

一、用状态显示屏（SDP）进行调试

如图 9-3 所示，SDP 上有两个 LED 指示灯用于指示变频器的运行状态。采用 SDP 进行操
作时变频器的预设定必须与电动机的参数（额定功率、额定电压、额定电流、额定频率）兼容。

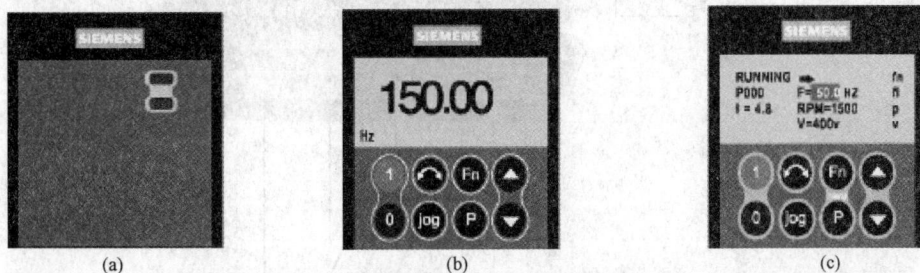

(a)　　　　　　　　　　　(b)　　　　　　　　　　　(c)

图 9-3　适用于 MM440 变频器的操作面板
(a) SDP，状态显示板；(b) BOP，基本操作板；(c) AOP，高级操作板

此外，必须满足以下条件
(1) 按照线性 V/f 控制特性，由模拟电位计控制电动机速度；

（2）频率为50Hz时，最大转速为3000r/min（60Hz时为3600r/min），可通过变频器的模拟输入端用电位计控制；

（3）斜坡上升时间/斜坡下降时间为10s。

采用SDP调试时，变频器控制端子的默认设置如表9-1所示。

表9-1　　　　　　　　　　用SDP调试时变频器控制端子的默认设置

输入信号	端子号	参数的设置值	缺省的操作
数字输入1	5	P0701=1	ON，正向运行
数字输入2	6	P0702=12	反向运行
数字输入3	7	P0703=9	故障确认
数字输入4	8	P0704=15	固定频率
数字输入5	16	P0705=15	固定频率
数字输入6	17	P0706=15	固定频率
数字输入7	经由AIN1	P0707=0	不激活
数字输入8	经由AIN2	P0708=0	不激活

使用变频器上装设的SDP进行调试的基础电路如下：

（1）启动和停止电动机（数字输入DIN1由外接开关控制）；

（2）电动机反向（数字输入DIN2由外接开关控制）；

（3）故障复位（数字输入DIN3由外接开关控制）。

用SDP进行调试的基本操作如图9-4所示，按图连接模拟输入信号，即可实现对电动机速度的控制。

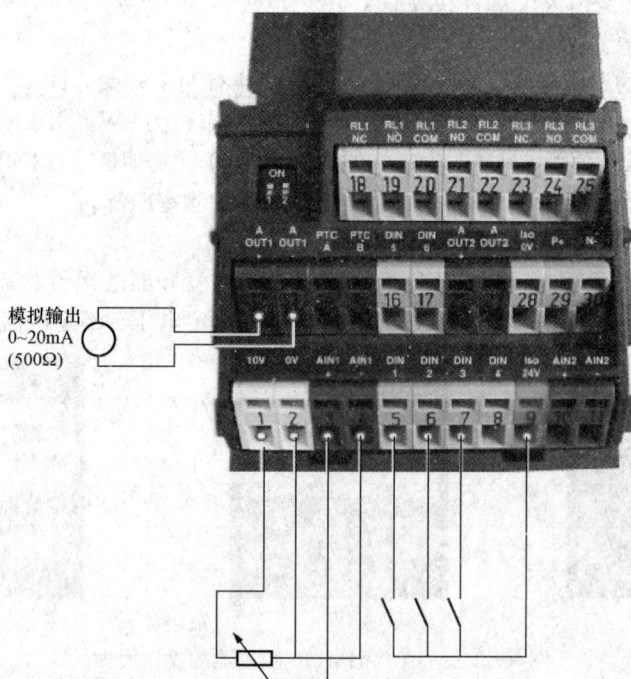

图9-4　用SDP进行的基本操作

二、用基本操作板（BOP）进行调试

利用基本操作面板（BOP）可以更改变频器的各个参数。为了用BOP设置参数，首先必须

将 SDP 从变频器上拆卸下来，然后装上 BOP。

BOP 具有五位数字的七段显示，用于显示参数的序号和数值报警和故障信息，以及该参数的设定值和实际值，见图 9-3。BOP 不能存储参数的信息。

表 9-2 表示由 BOP 操作时的工厂缺省设置值。

在缺省设置时，用 BOP 控制电动机的功能是被禁止的。如果要用 BOP 进行控制，参数 P0700 应设置为 1，参数 P1000 也应设置为 1。

基本操作面板 BOP 上的按钮及其功能说明如表 9-3 所示。

表 9-2   **用 BOP 操作时的缺省设置值**

参数	说明	缺省值，欧洲（或北美）地区
P0100	运行方式，欧洲/北美	50Hz，kW（60Hz，hp）
P0307	功率（电动机额定值）	量纲〔kW（hp）〕取决于 P0100 的设定值（数值决定于变量）
P0310	电动机的额定频率	50Hz（60Hz）
P0311	电动机的额定速度	1395（1680）r/min（决定于变量）
P1082	最大电动机频率	50Hz（60Hz）

表 9-3   **操作板（BOP/AOP）的按键及其功能**

显示/按钮	功能	功能的说明
`r0000`	状态显示	LCD 显示变频器当前所用的设定值
（启动键）	启动电动机	按此键启动变频器。缺省值运行时此键是被封锁的。为了使此键的操作有效，应按照下面的数值修改 P0700 或 P0719 的设定值： BOP：P0700=1 或 P0719=10....16 AOP：P0700=4 或 P0719=40....46 对 BOP 链路 P0700=5 或 P0719=50....56 对 COM 链路
（停止键）	停止电动机	OFF1：按此键，变频器将按选定的斜坡下降速率减速停车。默认值运行时此键被封锁；为了允许此键操作，请参看"启动电动机"按钮的说明。 OFF2：按此键两次（或一次，但时间较长）电动机将在惯性作用下自由停车。此功能总是"使能"的。
（换向键）	改变电动机的方向	按此键可以改变电动机的转动方向。电动机的反向用负号（-）表示或用闪烁的小数点表示。缺省值运行时此键是被封锁的，为了使此键的操作有效，请参看"启动电动机"按钮的说明
（点动键 jog）	电动机点动	在变频器"准备运行"的状态下，按下此键，将使电动机启动，并按预设定的点动频率运行。释放此键时，变频器停车。如果变频器/电动机正在运行，按此键将不起作用
（功能键 Fn）	功能	此键用于浏览辅助信息。变频器运行过程中，在显示任何一个参数时按下此键并保持不动 2s，将显示以下参数值： （1）直流回路电压（用 d 表示，单位：V）； （2）输出电流（A）； （3）输出频率（Hz）； （4）输出电压（用 o 表示，单位：V）； （5）由 P0005 选定的数值〔如果 P0005 选择显示上述参数中的任何一个（1～4），这里将不再显示〕 连续多次按下此键，将轮流显示以上参数。 跳转功能 在显示任何一个参数（r××××或 P××××）时短时间按下此键，将立即跳转到 r0000，如果需要的话，您可以接着修改其他的参数。跳转到 r0000 后，按此键将返回原来的显示点。 退出 在出现故障或报警的情况下，按 键可以对它进行确认，并将操作板上显示的故障或报警信号复位

续表

显示/按钮	功能	功能的说明
 P	参数访问	按此键即可访问参数
 ▲	增加数值	按此键即可增加面板上显示的参数数值
 ▼	减少数值	按此键即可减少面板上显示的参数数值
 Fn + P	AOP 菜单	直接调用 AOP 主菜单（仅对 AOP 有效）

　　用 BOP 可以更改参数的数值，下面以更改参数 P0004 为例介绍数值的更改步骤，如表 9-4 所示；并以 P0719 为例说明如何修改下标参数的数值，如表 9-5 所示。按照表 9-4 和表 9-5 中说明的类似方法，可以用 BOP 更改任何一个参数。

表 9-4　　　　　　　　　　　　　设置更改参数操作步骤

操作步骤	显示的结果
1 按 P 访问参数	r0000
2 按 ▲ 直到显示出 P0004	P0004
3 按 P 进入参数数值访问级	0
4 按 ▲ 或 ▼ 达到所需要的数值	7
5 按 P 确认并存储参数的数值	P0004
6 使用者只能看到电动机的参数	

表 9-5　　　　　　　　　　　　　修改下标参数 P0719 步骤

操作步骤	显示的结果
1 按 P 访问参数	r0000
2 按 ▲ 直到显示出 P019	P0719
3 按 P 进入参数数值访问级	in000
4 按 P 显示当前的设定值	0
5 按 ▲ 或 ▼ 选择运行所需要的数值	12
6 按 P 确认和存储这一数值	P0719
7 按 ▲ 直到显示出 r0000	r0000
8 按 P 返回标准的变频器显示（由用户定义）	

　　用 BOP 修改参数的数值时，BOP 有时会显示"busy"，这表明变频器正忙于处理优先级更高的任务。

三、用高级操作板（AOP）调试变频器

高级操作板（AOP）也是可选件。AOP 的按键及其功能见表 9-3，除了像 BOP 一样的方法进行参数设置与修改外，AOP 还具有以下附加功能特点：

（1）清晰的多种语言文本显示；

（2）多组参数组的上装和下载功能；

（3）可以通过 PC 机进行编程；

（4）具有连接多个站点的能力，最多可以连接 30 台变频器。

四、BOP/AOP 的快速调试功能

如果变频器还没有进行适当的参数设置，那么，在采用闭环矢量控制和 V/f 控制的情况下必须进行快速调试，同时执行电动机技术数据的自动检测子程序。快速调试可采用 BOP 或 AOP，也可以采用带有调试软件 STARTER 或 DriveMonitor 的 PC 工具。

采用 BOP 或 AOP 进行快速调试中，P0010 的参数过滤调试功能和 P0003 的选择用户访问级别的功能非常重要。P0010＝1 表示启动快速调试。变频器的参数有三个用户访问级，即标准访问级（基本的应用）、扩展访问级（标准应用）和专家访问级（复杂的应用）。访问的等级由参数 P0003 来选择。对于大多数应用对象，只要访问标准级（P0003＝1）和扩展级（P0003＝2）参数就足够了。

快速调试的进行与参数 P3900 的设定有关，当它被设定为 1 时，快速调试结束后要完成必要的电动机计算，并使其他所有的参数（P0010＝1 不包括在内）复位为工厂的缺省设置。当 P3900＝1 时，完成快速调试以后，变频器即已做好了运行准备。

快速调试（QC）的流程如下：

（1）设置用户访问级别 P0003。对于大多数应用对象，可采用缺省设定值（标准级）就可以满足要求。P0003 的设定值如下：

P0003＝1 标准级（基本的应用）；

P0003＝2 扩展级（标准应用）；

P0003＝3 专家级（复杂的应用）。

（2）设置参数过滤器 P0004。该参数的作用是按功能的要求筛选（过滤）出与该功能相关的参数，这样可以更方便地进行调试。

P0004 的设定值如下：

P0004＝0 全部参数（缺省设置）；

P0004＝2 变频器参数；

P0004＝3 电动机参数；

P0004＝4 速度传感器。

（3）设置调试参数过滤器 P0010，开始快速调试。

P0010 的设定值如下：

P0010＝0 准备运行；

P0010＝1 快速调试；

P0010＝30 工厂的缺省设置值。

在变频器投入运行之前应将本参数复位为 0。在 P0010 设定为 1 时变频器的调试可以非常快速和方便地完成，这时，只有一些重要的参数（如 P0304、P0305 等）是可以看得见的。这些参数的数值必须一个一个地输入变频器。当 P3900 设定为 1～3 时，快速调试结束后立即开始变频器参数的内部计算。然后，自动把参数 P0010 复位为 0。

当进行电动机铭牌数据的参数化设置时，参数 P0010 应设定为 1。

（4）设置参数 P0100，选择工作地区。

P0100 的设定值如下：

P0100＝0 欧洲；功率单位为 kW；频率缺省值为 50Hz。

P0100＝1 北美；功率单位为 hp；频率缺省值 60Hz。

P0100＝2 北美；功率单位为 kW；频率缺省值 60Hz。

该参数的用户访问级为标准级（P0003＝1）。

本参数用于确定功率设定值的单位是 kW 还是 hp，在我国使用 MM440 变频器，P0100 应设定为 0。在参数 P0100＝0 或 1 的情况下，P0100 的数值哪个有效决定于开关 DIP2 的设置。

OFF＝kW50Hz；ON＝hp60Hz

（5）设置参数 P0205，确定变频器的应用对象（转矩特性）。

P0205 的设定值如下：

P0205＝0 恒转矩（如压缩机生产过程恒转矩机械）；

P0205＝1 变转矩（如水泵风机）。

说明：这一参数只对大于或等于 5.5kW/400V 的变频器有效，其用户访问级为专家级（P0003＝3）。此外，对于恒转矩的应用对象，如果把 P0205 参数设定为 1 时，可能导致电动机过热。

（6）设置参数 P0300，选择电动机的类型。

P0300 的设定值如下：

P0300＝1 异步电动机（感应电动机），

P0300＝2 同步电动机。

说明：在 P0300＝2（同步电动机）的情况下只允许 V/f 控制方式（P1300＜20）。

（7）设置参数 P0304，确定电动机的额定电压。根据电动机的铭牌数据键入 P0304＝电动机的额定电压（V）。

该参数的用户访问级为标准级（P0003＝1）。

注意

注意：必须按照星形/三角形绕组接法核对电动机铭牌上的电动机额定电压确保电压的数值与电动机端子板上实际配置的电路接线方式相对应。

（8）设置参数 P0305，确定电动机的额定电流。电动机额定电流 P0305 设定值范围一般为 0～2 倍变频器额定电流，根据电动机的铭牌数据键入，P0305＝电动机的额定电流（A）。对于异步电动机，电动机电流的最大值定义为变频器的最大电流；对于同步电动机，电动机电流的最大值定义为变频器的最大电流的两倍。

该参数的用户访问级为标准级（P0003＝1）。

（9）设置参数 P0307，确定电动机的额定功率。电动机额定功率 P0307 的设定值范围一般为 0～2000kW，应根据电动机的铭牌数据来设定。键入 P0307＝电动机的额定功率。如果 P0100＝0 或 2，那么应键入 kW 数；如果 P0100＝1 应键入 hp 数。

（10）设置参数 P0308，输入电动机的额定功率因数。电动机额定功率因数 P0308 的设定值范围一般为 0.000～1.000，应根据所选电动机的铭牌上的额定功率因数来设定。键入 P0308＝电动机额定功率因数。如果设置为 0，变频器将自动计算功率因数的数值。

注意

本参数只有在 P0100＝0 或 2 的情况下（电动机的功率单位是 kW 时）才能看到。

（11）设置参数 P0309，确定电动机的额定效率。该参数的设定值的范围为 0.0～99.9%，根据电动机铭牌键入。如果设置为 0，变频器将自动计算电动机效率的数值。只有在 P0100＝1 的情况下（电动机的功率单位是 hp 时）才能看到。

（12）设置参数 P0310，确定电动机的额定频率。该参数的设定值的范围为 12～650Hz，根据电动机的铭牌数据键入。电动机的极对数是变频器自动计算的。

（13）设置参数 P0311，确定电动机的额定速度。该参数的设定值的范围为 0～40 000r/min，根据电动机的铭牌数据键入电动机的额定速度（r/min）。如果设置为 0，额定速度的数值是在变频器内部进行计算的。

（14）设置参数 P0320，确定电动机的磁化电流。该参数设定值的范围为 0.0～99.0%，是以电动机额定电流（P0305）的百分数表示的磁化电流。

（15）设置参数 P0335，确定电动机的冷却方式。该参数的取值为：

P0335＝0，利用安装在电动机轴上的风机自冷；

P0335＝1，强制冷却采用单独供电的冷却风机进行冷却；

P0335＝2，自冷和内置冷却风机；

P0335＝3，强制冷却和内置冷却风机。

（16）设置参数 P0640，确定电动机的过载因子。该参数的设定值的范围为 10.0%～400.0%，它确定以电动机额定电流（P0305）的%值表示的最大输出电流限制值。在恒转矩方式（由 P0205 确定）下，这一参数设置为 150%；在变转矩方式下，这一参数设置为 110%。

（17）设置参数 P0700，确定选择命令信号源。该参数的取值为：

P0700＝0，将数字 I/O 复位为出厂的缺省设置值；

P0700＝1，命令信号源选择为 BOP（变频机键盘）；

P0700＝2，命令信号源选择为由端子排输入（出厂的缺省设置）；

P0700＝4，命令信号源选择为通过 BOP 链路的 USS 设置；

P0700＝5，命令信号源选择为通过 COM 链路的 USS 设置（经由控制端子 29 和 30）；

P0700＝6，命令信号源选择为通过 COM 链路的 CB 设置（CB＝通信模块）。

（18）设置参数 P1000，选择频率设定值。该参数用于键入频率设定值信号源，其取值为：

P0700＝1，电动电位计设定（MOP 设定）；

P0700＝2，模拟输入设定值 1（工厂的缺省设置）；

P0700＝3，固定频率设定值；

P0700＝4，通过 BOP 链路的 USS 设置；

P0700＝5，通过 COM 链路的 USS 设置（控制端子 29 和 30）；

P0700＝6，通过 COM 链路的 CB 设置（CB＝通信模块）；

P0700＝7，模拟输入设定值 2。

（19）设置参数 P1080，确定电动机的最小频率。该参数设置电动机的最低频率，其设定值范围为 0～650Hz，低于这一频率时电动机的运行速度将与频率的设定值无关。这里设置的值对电动机的正转和反转都适用。

（20）设置参数 P1082，确定电动机的最大频率。该参数设置电动机的最高频率，其设定值范围为 0～650Hz。当输入电动机的最高频率高于这一频率时，电动机的运行速度将与频率的设定值无关。这里设置的值对电动机的正转和反转都适用。

（21）设置参数 P1120，确定斜坡上升时间。斜坡上升时间是电动机从静止停车加速到电动机最大频率 P1082 所需的时间，其设定值范围为 0～650s。如果斜坡上升时间设置的太短，那么可能出现报警信号 A0501（电流达到限制值）或变频器因故障 F0001（过电流）而停车。

（22）设置参数 P1121，确定斜坡下降时间。斜坡下降时间是电动机从最大频率 P1082 制动减速到静止停车所需的时间，其设定值范围为 0～650s。如果斜坡下降时间设定的太短，那么可能出现报警信号 A0501（电流达到限制值），A0502（达到过电压限制值）或变频器因故障 F0001（过电流）或 F0002（过电压）而断电。

（23）设置参数 P1135，确定 OFF3 的斜坡下降时间。OFF3 的斜坡下降时间是发出 OFF3（快速停车）命令后电动机从其最大频率（P1082）制动减速到静止停车所需的时间，其设定值范围为 0～650s。如果设置的斜坡下降时间太短，可能出现报警信号 A0501（电流达到限制值）、A0502（达到过电压限制值）或变频器因故障 F0001（过电流）或 F0002（过电压）而断电。

（24）设置参数 P1300，确定实际需要的控制方式。该参数的取值为：

P1300＝0，线性 V/f 控制；

P1300＝1，带 FCC（磁通电流控制）功能的 V/f 控制；

P1300＝2，抛物线 V/f 控制；

P1300＝5，用于纺织工业的 V/f 控制；

P1300＝6，用于纺织工业的带 FCC 功能的 V/f 控制；

P1300＝19，带独立电压设定值的 V/f 控制；

P1300＝20，无传感器矢量控制；

P1300＝21，带传感器的矢量控制；

P1300＝22，无传感器的矢量转矩控制；

P1300＝23，带传感器的矢量转矩控制。

（25）设置参数 P1500，选择转矩设定值。该参数的取值为：

P1500＝0，无主设定值；

P1500＝2，模拟设定值1；

P1500＝4，通过 BOP 链路的 USS 设置；

P1500＝5，通过 COM 链路的 USS 设置（控制端子 29 和 30）；

P1500＝6，通过 COM 链路的 CB 设置（CB＝通信模块）；

P1500＝7，模拟设定值2。

（26）设置参数 P1910，选择电动机技术数据自动检测方式。该参数的取值为：

P1910＝0，禁止自动检测；

P1910＝1，自动检测全部参数并改写参数数值，这些参数被控制器接收并用于控制器的控制；

P1910＝2，自动检测全部参数但不改写参数数值，显示这些参数但不供控制器使用；

P1910＝3，饱和曲线自动检测并改写参数数值，生成报警信号 A0541（电动机机技术数据自动检测功能激活）并用后续的 ON 命令启动检测。

（27）设置参数 P3900，快速调试结束。该参数的取值为：

P3900＝0，不进行快速调试（不进行电动机数据计算）；

P3900＝1，结束快速调试，进行电动机数据计算，并且将不包括在快速调试中的其他全部参数都复位为出厂时的缺省设置值；

P3900＝2，结束快速调试，进行电动机技术数据计算，并将 I/O 设置复位为出厂时的缺省设置；

P3900＝3，结束快速调试，只进行电动机技术数据计算，其他参数不复位。

当 P3900＝3 时，接通电动机，开始电动机数据的自动检测，在完成电动机数据的自动检测以后，报警信号 A0541 消失。如果电动机要弱磁运行，操作要在 P1910＝3（"饱和曲线"）下重复。

（28）快速调试结束，变频器进入"运行准备"就绪状态。

五、复位为出厂时变频器的缺省设置值的方法

使用 BOP、AOP 或通信选件，按下面的数值设置参数，大约需要 3min 就可以把变频器的所有参数复位为出厂时的缺省设置值。具体参数设置如下：

（1）设置 P0010＝30；

（2）设置 P0970＝1。

六、MM440 的常规操作

常规操作应该满足的前提条件为：

（1）P0010＝0，为了正确地进行运行命令的初始化；

（2）P0700＝1，使能 BOP 的启动/停止按钮；

（3）P1000＝1，使能电动电位计的设定值。

用 BOP/AOP 进行的基本操作如下：

（1）按下绿色按键◎启动电动机；

（2）在电动机转动时按下◎键使电动机升速到 50Hz；

（3）在电动机达到 50Hz 时按下◎键电动机速度及其显示值都降低；

（4）用◎键改变电动机的转动方向；

（5）用红色按键◎停止电动机。

在操作时应注意以下几点：

（1）变频器没有主电源开关，因此当电源电压接通时，变频器就已带电；在按下运行（RUN）键或者在数字输入端 5 出现 ON 信号（正向旋转）之前，变频器的输出一直被封锁，处于等待状态。

（2）如果装有 BOP 或 AOP，并且已选定要显示输出频率（P0005＝21），那么在变频器减速停车时，相应的设定值大约每一秒钟显示一次。

（3）变频器出厂时已按相同额定功率的西门子四极标准电动机的常规应用对象进行编程。如果用户采用的是其他型号的电动机，就必须输入电动机铭牌上的规格数据。

（4）除非 P0010＝1，否则是不能修改电动机参数的。

（5）为了使电动机开始运行，必须将 P0010 返回 0 值。

第四节　MM440 变频器的基本控制电路

一、基于输入端子的变频器操作控制

1. 项目训练内容和目的

训练内容：用两个开关 SA1 和 SA2 控制 MM440 变频器，实现电动机正转和反转功能，电动机加减速时间为 15s。其中，DIN1 端口设为正转控制，DIN2 端口设为反转控制。

训练目的：掌握 MM440 变频器基本参数的输入方法和基于输入端子的操作控制方式，熟习 MM440 变频器的运行操作过程。

2. 基本知识要点

MM440 变频器有 6 个数字输入端口（DIN1～DIN6），即端口 "5"、"6"、"7"、"8"、"16"和 "17"，具体参见图 9 - 1。每个数字输入端口功能很多，可根据需要进行设置。每个端口功能设置通过分别选定参数 P0701～P0706 的值来实现，默认值为 1。可能的设定值及定义如下：

参数值为 0：禁止数字输入。

参数值为 1：ON/OFF1（接通正转/停车命令 1）。

参数值为 2：ONreverse/OFF1（接通反转/停车命令 1）。

参数值为3：OFF2（停车命令2），按惯性自由停车。

参数值为4：OFF3（停车命令3），按斜坡函数曲线快速降速。

参数值为9：故障确认。

参数值为10：正向点动。

参数值为11：反向点动。

参数值为12：反转。

参数值为13：MOP（电动电位计）升速（增加频率）。

参数值为14：MOP降速（减少频率）。

参数值为15：固定频率设定值（直接选择）。

参数值为16：固定频率设定值（直接选择＋ON命令）。

参数值为17：固定频率设定值（二进制编码选择＋ON命令）。

参数值为25：直流注入制动。

参数值为29：由外部信号触发跳闸。

参数值为33：禁止附加频率设定值。

参数值为99：使能BICO参数化。

变频器有3种基本的停车方法：OFF1、OFF2和OFF3。

(1) OFF1停车命令能使变频器按照选定的斜坡下降速率减速并停止转动，而斜坡下降时间参数可通过改变参数P1121来修改。

注意

ON命令和OFF1命令必须来自同一信号源，如果ON/OFF1的数字输入命令不止由一个端子输入，那么只有最后一个设定的数字输入才是有效的。

(2) OFF2停车命令能使电动机依惯性滑行最后停车脉冲被封锁。

注意

OFF2命令可以有一个或几个信号源，OFF2命令以缺省方式设置到BOP/AOP。

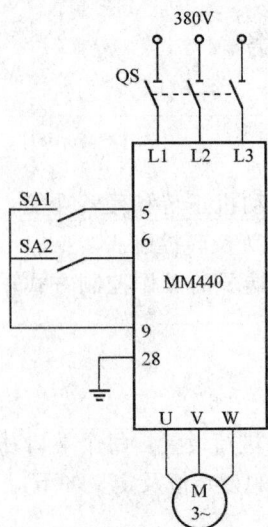

图9-5 输入端子操作控制运行电路

(3) OFF3停车命令能使电动机快速地减速停车。在设置了OFF3的情况下，为了启动电动机，二进制输入端必须闭合（高电平）。如果OFF3为高电平，电动机才能启动，并用OFF1或OFF2方式停车；如果OFF3为低电平，电动机是不能启动的。OFF3停车斜坡下降时间用参数P1135来设定。

3. 电路接线

按图9-5所示连接电路。检查正确无误后，合上主电源开关QS。

4. 参数设置

(1) 恢复变频器工厂默认值。设定P0010＝30和P0970＝1，按下P键，开始复位，复位过程大约需要3min，结果可使变频器的参数恢复到工厂默认值。

(2) 设置电动机参数。为了使电动机与变频器相匹配，需要设置电动机参数。电动机选用型号为YS-7112，电动机参数设置见表9-6。电动机参数设置完成后，设P0010＝0，变频器当前处于准备状态，可正常运行。

（3）设置数字输入控制端口参数，见表9-7。

表9-6   **电动机参数设置**

参数号	出厂值	设置号	说　明
P003	1	1	设用户访问级为标准级
P0010	0	1	快速调试
P0100	0	0	工作地区：功率 kW 表示，频率为 50Hz
P0304	230	380	电动机额定电压（V）
P0305	3.25	0.95	电动机额定电流（A）
P0307	0.75	0.37	电动机额定功率（kW）
P0308	0	0.8	电动机额定功率因数（cosφ）
P0310	50	50	电动机额定功率（Hz）
P0311	0	2800	电动机额定转速（r/min）

表9-7   **数字输入控制端口参数**

参数号	出厂值	设置值	说　明
P003	1	2	设用户访问级为标准级
P0700	2	2	命令源选择由端子排输入
P0701	1	1	ON 接通正转，OFF 停止
P0702	1	2	ON 接通反转，OFF 停止
P1000	2	1	由键盘（电动电位计）输入设定值
P1080	0	0	电动机运行的最低频率（Hz）
P1082	50	50	电动机运行的最高频率（Hz）
P1040	5	40	设定键盘控制的频率值

5. 操作控制

（1）电动机正向运行。当合上开关 SA1 时，变频器数字输入端口 DIN1 为"ON"，电动机按 P1120 所设置的 15s 斜坡上升时间比例正向启动，然后经 15s 后稳定运行在 1240r/min 的转速上。此转速与 P1040 所设置的 40Hz 频率对应。

断开开关 SA1，数字输入端口 DIN1 为"OFF"，电动机按 P1121 所设置的 20s 斜坡下降时间比例停车。

（2）电动机反向运行。如果要使电动机反转，合上开关 SA2，变频器数字输入端口 DIN2 为"ON"，电动机按 P1120 所设置的 15s 斜坡上升时间比例反向启动后，稳定运行在 1240r/min 的转速上。此转速与 P1040 所设置的 40Hz 频率对应。

（3）电动机停止。数字输入端口 DIN2 为"OFF"，电动机按 P1121 所设置的 15s 斜坡下降时间比例停车，松开自锁按钮 SB2，断开开关 SA2 电动机停止运行。

训练内容：

（1）电动机正转运行控制，要求稳定运行频率为 45Hz。DIN4 端口设为正转控制。画出 MM440 变频器外部接线图，写出参数设置。

（2）利用变频器外部输入端子实现电动机正转和反转功能，电动机加减速时间为 5s。DIN4 端口设为正转控制，DIN3 端口设为反转控制，写出参数设置。

二、基于模拟信号的变频器操作控制

1. 项目训练内容和目的

训练内容：用两个开关 SA1 和 SA2 控制 MM440 变频器，实现电动机正转和反转功能，由模拟输入端控制电动机转速的大小。其中，DIN1 端口设为正转控制，DIN2 端口设为反转控制。

训练目的：掌握 MM440 变频器基本参数的输入方法和基于模拟信号的操作控制方式，熟习 MM440 变频器的运行操作过程。

2. 基本知识要点

MM440 变频器可以用模拟输入端控制电动机转速的大小，它为用户提供了两对模拟输入端口 AIN1＋、AIN1－、AIN2＋、AIN2－，即端口"3"、"4"和端口"10"、"11"，如图9-1所示。

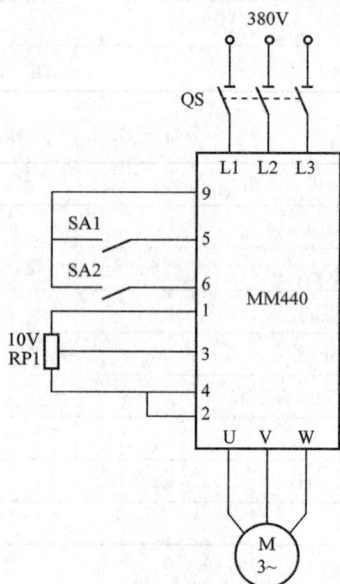

图 9-6 模拟信号控制电路

MM440 变频器的输出端口"1"、"2"为用户提供了一个高精度的＋10V 直流稳压电源。外接转速调节电位器 RP1 串接在电路中，调节 RP1 时，输入端口 AIN1＋给定的模拟输入电压改变，变频器的频率输出量紧紧跟踪给定量的变化，从而平滑无级地调节电动机转速的大小。

3. 电路接线

按照图9-6所示进行模拟信号控制电路接线。检查正确无误后，合上主电源开关 QS。

4. 参数设置

（1）恢复变频器工厂默认值。设定 P0010＝30 和 P0970＝1，按下 P 键，开始复位，复位过程大约 3min，这样就保证了变频器的参数恢复到工厂默认值。

（2）设置电动机参数。为了使电动机与变频器相匹配，需设置电动机参数。电动机参数设置完成后，设定 P0010＝0，变频器当前处于准备状态，可正常运行。

（3）设置模拟信号操作控制参数。模拟信号操作控制参数如表9-8所示。

表 9-8　　　　　　　　　　　模拟信号操作控制参数

参数号	出厂值	设置值	说　　明
P0003	1	2	设用户访问级为标准级
P0700	2	2	命令源选择由端子排输入
P0701	1	1	ON 接通正转，OFF 停止
P0702	1	2	ON 接通反转，OFF 停止
P1000	2	2	频率设定值选择为模拟输入
P1080	0	0	电动机运行的最低频率（Hz）
P1082	50	50	电动机运行的最高频率（Hz）

5. 操作控制

（1）电动机正向运行。当合上开关 SA1 时，数字输入端口 DIN1 为"ON"，电动机正向运

行，转速由外接电位器 RP1 来控制，模拟电压信号在 0～10V 之间变化，对应变频器的频率在 0～50Hz 之间变化，对应电动机的转速在 0～2800r/min 之间变化。

松开自锁按钮 SB1，数字输入端口 DIN1 为"OFF"，电动机停止运行。

（2）电动机反向运行。如果要使电动机反转，合上 SA2，变频器数字输入端口 DIN2 为"ON"，电动机反向运行，与电动机正转相同，反转转速的大小仍由外接电位器 RP1 来调节。断开 SA2，电动机停止运转。

6．进一步练习内容

用开关 SA1 控制实现电动机启停功能，由模拟输入端控制电动机转速的大小。画出变频器外部接线图，写出参数设置。

三、变频器的多段速频率控制

1．项目训练内容和目的

训练内容：利用 MM440 变频器实现电动机三段速频率运转。其中，DIN3 端口设为电动机启停控制，DIN1 和 DIN2 端口设为三段速频率输入选择，三段速度设置如下：

第一段：输出频率为 15Hz；电动机转速为 840r/min；

第二段：输出频率为 35Hz；电动机转速为 1960r/min；

第三段：输出频率为 50Hz；电动机转速为 2800r/min。

训练目的：掌握 MM440 变频器多段速频率控制方式，熟悉 MM440 变频器的运行操作过程。

2．基本知识要点

由于工艺上的需要，很多设备在不同的阶段需要在不同的转速下运行。为方便这种负载，大多数变频器都提供了多段频率控制功能。它是通过几个开关的通、断组合来选择不同的运行频率。

MM440 变频器的六个数字输入端口（DIN1～DIN6），即端口"5"、"6"、"7"、"8"、"16"和"17"，可根据需要通过分别选定参数 P0701～P0706 的值来实现多段速频率控制。每一个频段的频率可分别由 P1001～P1015 参数设置，最多可实现 15 频段控制。在多频段控制中，电动机的转速方向是由 P1001～P1015 参数所设置的频率正负决定的。六个数字输入端口，哪一个作为电动机运行、停止控制，哪些作为多频段控制，是可以由用户任意确定的。一旦确定了某一数字输入端口的控制功能，其内部参数的设置值必须与端口的控制功能相对应。例如，用 DIN1、DIN2、DIN3、DIN4 四个输入端来选择 16 段频率，其组合形式如表 9-9 所示。

表 9-9　　　　　　　　运行固定频率对应表

DIN4	DIN3	DIN2	DIN1	运行频率	DIN4	DIN3	DIN2	DIN1	运行频率
0	0	0	1	P1001	1	0	0	1	P1009
0	0	1	0	P1002	1	0	1	0	P1010
0	0	1	1	P1003	1	0	1	1	P1011
0	1	0	0	P1004	1	1	0	0	P1012
0	1	0	1	P1005	1	1	0	1	P1013
0	1	1	0	P1006	1	1	1	0	P1014
0	1	1	1	P1007	1	1	1	1	P1015
1	0	0	0	P1008	0	0	0	0	0

3. 电路接线

按照图 9-7 接线。检查正确无误后，合上主电源开关 QS。

4. 参数设置

（1）恢复变频器工厂默认值。设定 P0010＝30 和 P0970＝1，按下 P 键，开始复位，复位过程大约 3min，这样就保证了变频器的参数恢复到工厂默认值。

（2）设置电动机参数。电动机参数设置同表 9-6。电动机参数设置完成后，设 P0010＝0，变频器当前处于准备状态，可正常运行。

（3）设置三段固定频率控制参数，如表 9-10 所示。

5. 操作控制

当合上开关 SA3，数字输入端口 DIN3 为"ON"，允许电动机运行。

（1）第 1 段控制。当 SA1 接通、SA2 断开时，变频器数字输入端口 DIN1 为"ON"，端口 DIN2 为"OFF"，变频器工作在由 P1001 参数所设定的频率为 15Hz 的第 1 段上，电动机运行在对应的 840r/min 的转速上。

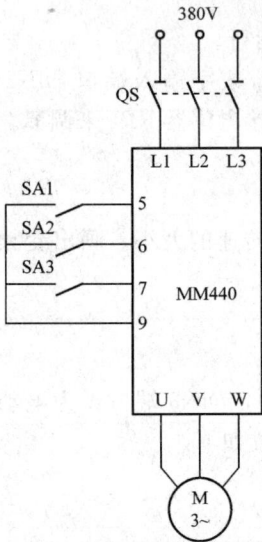

图 9-7 三段速频控制接线图

表 9-10　　　　　　　　　　　三段固定频率控制参数表

参数号	出厂值	设置值	说　　明
P0003	1	2	设用户访问级为标准级
P0700	2	2	命令源选择由端子排输入
P0701	1	17	选择固定频率
P0702	1	17	选择固定频率
P0703	1	1	ON 接通正转，OFF 停止
P1000	2	3	选择固定频率设定值
P1001	0	15	设定固定频率 1（Hz）
P1002	5	35	设定固定频率 2（Hz）
P1003	10	50	设定固定频率 3（Hz）

（2）第 2 段控制。当 SA2 接通、SA1 断开时，变频器数字输入端口 DIN2 为"ON"，端口 DIN1 为"OFF"，变频器工作在由 P1002 参数所设定的频率为 35Hz 的第 2 段上，电动机运行在对应的 1960r/min 的转速上。

（3）第 3 段控制。当开关 SA1 接通、SA2 接通时，变频器数字输入端口 DIN1 为"ON"，端口 DIN2 为"ON"，变频器工作在由 P1003 参数所设定的频率为 50Hz 的第 3 段上，电动机运行在对应的 2800r/min 的转速上。

（4）电动机停车。当开关 SA1、SA2 都断开时，变频器数字端口 DIN1、DIN2 均为"OFF"，电动机停止运行。或者在电动机正常运行的任何频段，将 SA3 断开使数字输入端口 DIN3 为"OFF"，电动机也能停止运行。

6. 进一步练习内容

用自锁按钮控制变频器实现电动机 9 段速频率运转。9 段速设置分别为：第 1 段输出频率为 5Hz；第 2 段输出频率为 10Hz；第 3 段输出频率为 15Hz；第 4 段输出频率为 10Hz；第 5 段输出频率为-10Hz；第 6 段输出频率为-20Hz；第 7 段输出频率为 35 Hz；第 8 段输出频率为 50 Hz；第 9 段输出频率为 30 Hz。画出变频器外部接线图，写出参数设置。

四、PLC 与变频器联机延时控制

1. 项目训练内容和目的

训练内容：通过 S7 - 200 PLC 和 MM440 变频器联机，实现电动机延时控制运转。按下正转按钮 SB1，延时 10s 后，电动机启动并运行在频率为 30 Hz，对应电动机转速为 1680r/min。按下反转按钮 SB3，延时 20s 后，电动机反向运行在频率为 30 Hz，对应电动机转速为 1680r/min。按下停止按钮 SB2，电动机停止运行。

训练目的：掌握 PLC 和 MM440 联机控制方法，熟悉 PLC 和 MM440 联机调试方法。

2. S7 - 200 PLC 输入/输出分配表

根据控制要求写出 PLC 的 I/O 端口分配，如表 9 - 11 所示。

表 9 - 11   S7 - 200 PLC 输入/输出分配表

输　　入			输　　出	
外接元件	地址	功能	地址	功能
SB1	I0.1	电动机正转按钮	Q0.1	电动机正转/停止
SB2	I0.2	电动机停止按钮	Q0.2	电动机反转/停止
SB3	I0.3	电动机反转按钮		

3. 电路接线

根据 PLC 输入/输出分配表，按照图 9-8 接线。检查正确无误后，合上主电源开关 QS。

4. PLC 程序设计

程序如图 9-9 所示。

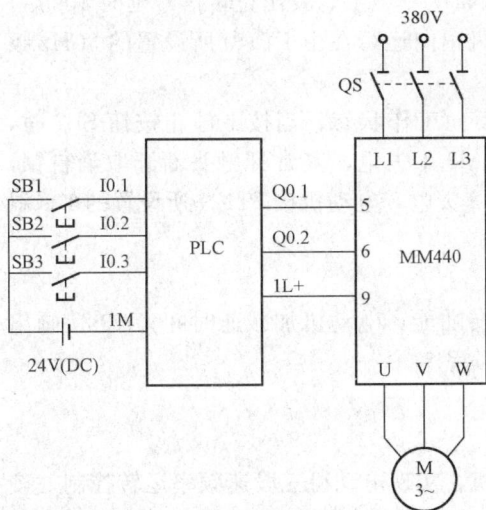

图 9 - 8　PLC 和 MM440 变频器联机延时
　　　正反向控制电路

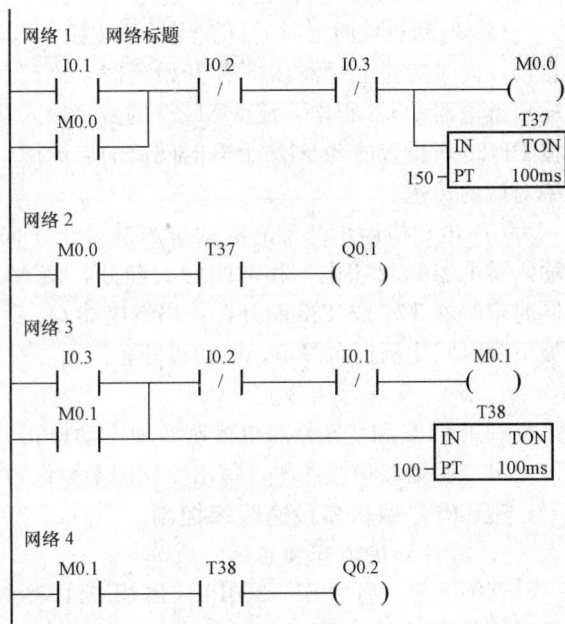

图 9 - 9　PLC 程序图

5. 变频器参数设置

复位变频器工厂默认值，P0010＝30 和 P0970＝1，按下 P 键，开始复位，复位过程大约 3min，这样就保证了变频器的参数恢复到工厂默认值。

变频器参数设置如表 9-12 所示。

表 9-12　　　　　　　　　　　变频器参数设置表

参数号	出厂值	设置值	说　　明
P0003	1	2	设用户访问级为标准级
P0700	2	2	由端子输入
P0701	1	1	ON 接通正转，OFF 停止
P0702	1	2	ON 接通反转，OFF 停止
P1000	2	1	频率设定值为键盘（MOP）设定值
P1080	0	0	电动机运行的最低频率（Hz）
P1082	50	50	电动机运行的最高频率（Hz）
P1120	10	8	斜坡上升时间（s）
P1121	10	10	斜坡下降时间（s）
P1040	5	30	设定键盘控制的频率值（Hz）

6. 操作方法

（1）电动机正向延时运行。当按下按钮 SB1 时，位存储器 M0.0 得电，其常开触头闭合实现自锁，同时接通定时器 T37 并开始延时，当延时时间达到 15s 时，定时器 T37 输出逻辑"1"，输出继电器 Q0.1 得电，使 MM440 的数字输入端口 DIN2 为"ON"，在发出正转信号延时 15s 后，按 P1120 所设置的 8s 斜坡上升时间比例正向启动，经 8s 后电动机正向运行在由 P1040 所设置的 30Hz 频率对应的转速上。

（2）电动机反向延时运行。当按下按钮 SB3 时，位存储器 M0.1 得电，其常开触头闭合实现自锁，同时接通定时器 T38 并开始延时，当延时时间达到 10s 时，定时器 T38 输出逻辑"1"，输出继电器 Q0.2 得电，使 MM440 的数字输入端口 DIN2 为"ON"，发出正转信号延时 10s 后，按 P1120 所设置的 8s 斜坡上升时间反向启动后，电动机正向运行在由 P1040 所设置的 30Hz 频率对应的转速上。

（3）电动机停止。无论电动机当前处于正向还是反向工作状态，当按下停止按钮 SB2 时，输入继电器 I0.2 得电，其常闭触头断开，使 M0.0 或 M0.1 失电，其常开触头断开取消自锁，同时定时器 T37 或 T38 断开，输出继电器 Q0.1 或 Q0.2 失电，电动机按 P1121 所设置的 10s 斜坡下降时间比例正向停车，电动机停止。

7. 进一步练习内容

利用 PLC 和变频器联机控制实现电动机正转和反转功能，电动机加减速时间为 10s。画出 PLC 和变频器联机接线图，写出变频器参数设置和 PLC 程序。

五、PLC 联机多段速频率控制

1. 项目训练内容和目的

训练内容：通过 S7-200PLC 和 MM440 变频器联机，实现电动机三段速频率运转控制。按下启动按钮 SB1，电动机启动并运行在第 1 段，频率为 10Hz，对应电动机转速为 560r/min；延时 20s 后，电动机反向运行在第 2 段，频率为 30Hz，对应电动机转速为 1680r/min；再延时 20s 后，电动机正向运行在第 3 段，频率为 50Hz，对应电动机转速为 2800r/min。按下停车按钮

SB2，电动机停止运行。

训练目的：掌握 PLC 和 MM440 多段速频率联机控制方法，熟悉 PLC 和 MM440 联机调试方法。

2. S7 - 200 PLC 输入/输出分配表

MM440 变频器数字输入端口 DIN1、DIN2 通过 P0701、P0702 参数设为三段固定频率控制端，每一个频段的频率可分别由 P1001、P1002 和 P1003 参数设置。变频器数字输入端口 DIN3 设为电动机的运行、停止控制端，可由 P0703 参数设置。

PLC 的 I/O 分配如表 9 - 13 所示。

表 9 - 13　　　　　　　　　　S7 - 200 PLC 输入/输出分配表

输　入			输　出	
外接元件	地址	功能	地址	功能
SB1	I0.1	启动按钮	Q0.1	DIN1，3 速功能
SB2	I0.2	停止按钮	Q0.2	DIN2，3 速功能
			Q0.3	DIN3，启停功能

3. 电路接线

根据 PLC 输入/输出分配表，按照图 9 - 10 接线。检查正确无误后，合上主电源开关 QS。

4. PLC 程序设计

PLC 程序设计 PLC 程序设计的编程，程序如图 9 - 11 所示。

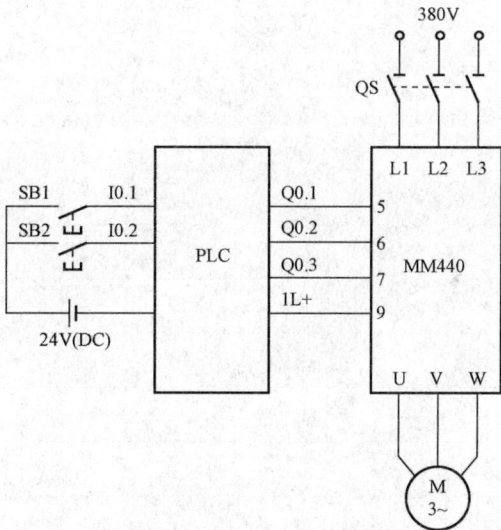

图 9 - 10　PLC 和 MM440 变频器联机三段速控制电路

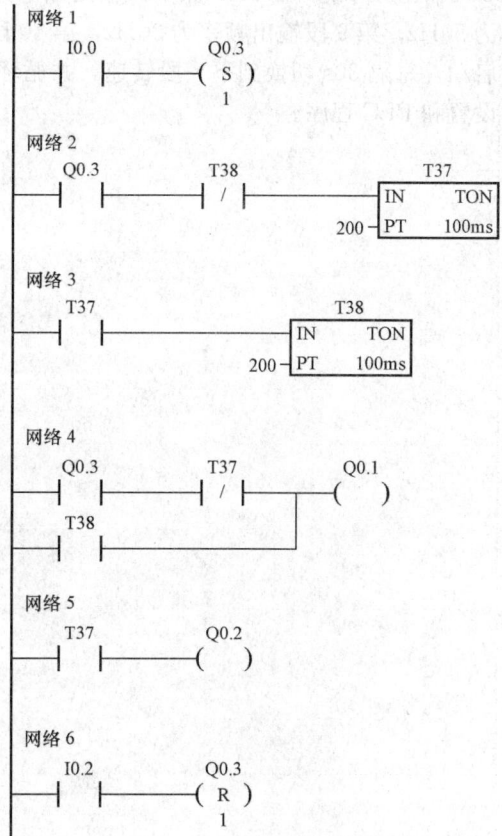

图 9 - 11　PLC 程序

5. 变频器参数设置

复位变频器工厂默认值，P0010＝30 和 P0970＝1，按下 P 键，开始复位，这样就保证了变频器的参数恢复到工厂默认值，如表 9 - 14 所示。

表 9 - 14 变频器参数设置表

参数号	出厂值	设置值	说　明
P0003	1	2	设用户访问级为标准级
P0700	2	2	命令源选择由端子排输入
P0701	1	17	选择固定频率
P0702	1	17	选择固定频率
P0703	1	1	ON 接通正转，OFF 停止
P1000	2	3	选择固定频率设定值
P1001	0	10	设定固定频率 1（Hz）
P1002	5	−30	设定固定频率 2（Hz）
P1003	10	50	设定固定频率 3（Hz）

6. 进一步练习内容

利用 PLC 和变频器联机控制实现电动机 10 段速频率运转。10 段速设置分别为：第 1 段输出频率为 5Hz；第 2 段输出频率为 −10Hz；第 3 段输出频率为 15Hz；第 4 段输出频率为 10Hz；第 5 段输出频率为 −10Hz；第 6 段输出频率为 −20Hz；第 7 段输出频率为 35Hz；第 8 段输出频率为 50Hz；第 9 段输出频率为 30Hz，第 10 段输出频率为 40Hz。按下启动按钮时从第一段速开始启动，每隔 30s 切换到下一段转速，并循环。画出 PLC 和变频器联机接线图，写出变频器参数设置和 PLC 程序。

第三部分

触 摸 屏

第十章 西门子 HMI 与 WinCC flexible 介绍

第一节 人 机 界 面 概 述

一、人机界面的基本概念

人机界面装置是操作人员与 PLC 之间双向沟通的桥梁，很多工业被控对象要求控制系统具有很强的人机界面功能，用来实现操作人员与计算机控制系统之间的数据交换。人机界面装置用来显示 PLC 的 I/O 状态和各种系统信息，接收操作人员发出的各种命令和设置的参数，并将它们传送到 PLC。

人机界面（Human Machine Interface）又称为人机接口，简称为 HMI。从广义上说，HMI 泛指计算机与操作人员交换信息的设备。在控制领域，HMI 一般特指用于操作人员与控制系统之间进行对话和相互作用的专用设备。

人机界面是按工业现场环境应用来设计的，正面的防护等级为 IP65，背面的防护等级为 IP20，坚固耐用，其稳定性和可靠性与 PLC 相当，能在恶劣的工业环境中长时间连续运行，因此人机界面是 PLC 的最佳搭档。

人机界面可以承担下列任务：

（1）过程可视化。在人机界面上动态显示过程数据（即 PLC 采集的现场数据）。

（2）操作员对过程的控制。操作员通过图形界面来控制过程。如操作员可以用触摸屏画面上的输入域来修改系统的参数，或者用画面上的按钮来启动电动机等。

（3）显示报警。过程的临界状态会自动触发报警，如当变量超出设定值时。

（4）记录功能。顺序记录过程值和报警信息，用户可以检索以前的生产数据。

（5）输出过程值和报警记录。如可以在某一轮班结束时打印输出生产报表。

（6）过程和设备的参数管理。将过程和设备的参数存储在配方中，可以一次性将这些参数从人机界面下载到 PLC，以便改变产品的品种。

在使用人机界面时，需要解决画面设计和通信的问题。人机界面生产厂家用组态软件很好地解决了以上两个问题，组态软件使用方便、易学易用。使用组态软件可以很容易地生成人机界面的画面，还可以实现某些动画功能。人机界面用文字或图形动态地显示 PLC 中开关量的状态和数字量的数值，通过各种输入方式，将操作人员的开关量命令和数字量设定值传送到 PLC。

二、人机界面的分类

现在的人机界面几乎都使用液晶显示屏，小尺寸的人机界面只能显示数字和字符，称为文本显示器，大一些的可以显示点阵组成的图形。显示器颜色有单色、8 色、16 色、256 色或更多的颜色。

1. 文本显示器

文本显示器（Text Display，TD）是一种价格便宜的单色操作员界面，一般只能显示几行数字、字母、符号和文字。

西门子的TD200（如图10-1所示）和TD200C与小型的S7-200PLC配套使用，可以显示两行信息，每行20个数字或字符，或每行显示10个汉字。

2. 操作员面板

西门子的操作员面板（Operator Panel，OP），使用液晶显示器和薄膜按键，有的操作员面板的按键多达数十个。操作员面板的面积大，直观性较差。如图10-2所示是西门子的操作员面板OP270。

3. 触摸屏

西门子的触摸屏面板（Touch Panel，TP），一般俗称为触摸屏（如图10-3所示），触摸屏是人机界面的发展方向。可以由用户在触摸屏的画面上设置具有明确意义和提示信息的触摸式按键，触摸屏的面积小，使用直观方便。

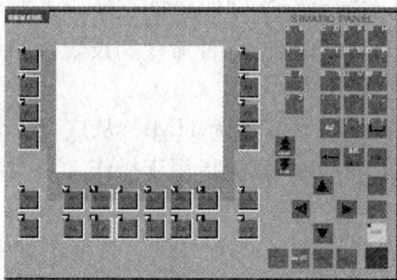

图10-1 文本显示器 TD200

图10-2 操作员面板 OP270

图10-3 触摸屏 TP270

三、触摸屏原理

触摸屏是一种最直观的操作设备，只要用手指触摸屏幕上的图形对象，计算机便会执行相应的操作。人的行为和机器的行为变得简单、直接、自然，达到完美的统一。用户可以用触摸屏上的文字、按钮、图形和数字信息等，来处理或监控不断变化的信息。

触摸屏是一种透明的绝对定位系统，首先它必须是透明的，透明问题是通过材料技术来解决的。其次是它能给出手指触摸处的绝对坐标，绝对坐标系统的特点是每一次定位的坐标与上一次定位的坐标没有关系，触摸屏在物理上是一套独立的坐标定位系统，每次触摸的位置转换为屏幕上的坐标。

触摸屏系统一般包括两个部分：检测装置和控制器。触摸屏检测装置安装在显示器的显示表面，用于检测用户的触摸位置，再将该处的信息传送给触摸屏控制器。控制器的主要作用是接收来自触摸点检测装置的触摸信息，并将它转换成触点坐标，判断出触摸的意义后送给PLC。它同时能接收PLC发来的命令并加以执行，如动态地显示开关量和模拟量等。

第二节 人机界面的功能

人机界面最基本的功能是显示现场设备（通常是PLC）中开关量的状态和寄存器中数字变

量的值，用监控画面向 PLC 发出开关量命令，并修改 PLC 寄存器中的参数。

1. 对监控画面组态

"组态"一词有配置和参数设置的意思。人机界面用个人计算机上运行的组态软件来生成满足用户要求的监控画面，用画面中的图形对象来实现其功能，用项目来管理这些画面。

使用组态软件可以很容易地生成人机界面的画面，用文字或图形动态地显示 PLC 中的开关量的状态和数字量的数值。通过各种输入方式，将操作人员的开关量命令和数字量设定值传送到 PLC。画面的生成是可视化的，一般不需要用户编程，组态软件的使用简单方便，且容易掌握。

在画面中生成图形对象后，只需要将图形对象与 PLC 中的存储器地址联系起来，就可以实现控制系统运行时 PLC 与人机界面之间的自动数据交换。

2. 人机界面的通信功能

人机界面具有很强的通信功能，配备有多个通信接口，可使用各种通信接口和通信协议，人机界面能与各主要生产厂家的 PLC 通信，还可以与运行组态软件的计算机通信。通信接口的个数和种类与人机界面的型号有关。用得最多的是 RS-232C 和 RS-422/485 串行通信接口，有的人机界面配备有 USB 或以太网接口，有的可以通过调制解调器进行远程通信。西门子人机界面的 RS-485 接口可以使用 MPI/PROFIBUS-DP 通信协议。有的人机界面还可以实现一台触摸屏与多台 PLC 通信，或多台触摸屏与一台 PLC 通信。

3. 编译和下载项目文件

编译项目文件是指将建立的画面及设置的信息转换成人机界面可以执行的文件。编译成功后，需要将组态计算机中的可执行文件下载到人机界面的 FlashEPROM（闪存）中，这种数据传送称为下载。为此首先应在组态软件中选择通信协议，设置计算机侧的通信参数，同时还应通过人机界面上的 DIP 开关或画面上的菜单设置人机界面的通信参数。

4. 运行阶段

在控制系统运行时，人机界面和 PLC 之间通过通信来交换信息，从而实现人机界面的各种功能。不需要为 PLC 或人机界面的通信编程，只需要在组态软件中和人机界面中设置通信参数，就可以实现人机界面与 PLC 之间的通信了。

第三节　西门子人机界面设备简介

西门子的手册将人机界面设备简称为 HMI 设备，有时也简称为面板（Panel），如触摸面板（Touch Panel，TP）、操作员面板（Operator Panel，OP）和多功能面板（Multi Panel，MP）。

西门子有品种丰富的人机界面产品，如 TD17、OP3、OP7、OP17、OP170B、OP70、TP270、TP170B、MP270B、MP370 等，WinCC flexible 几乎可以为该公司所有的 HMI 设备组态。

一、文本显示器与微型面板

1. 文本显示器

(1) TD200。文本显示面板又叫文本显示器，只能显示数字、字符和汉字，不能显示图形。

文本显示器 TD200（见图 10-1）是为 S7-200 量身定做的小型监控设备，用 S7-200 的编程软件 STEP7-Micro/WIN 来组态。

TD200 通过 S7-200 供电，显示 2 行，每行 20 个字符或 10 个汉字，有 4 个可编程的功能键，5 个系统键，DC 24V 电源的额定电流为 120mA。

(2) TD200C。TD200C 如图 10-4 所示，它具有标准 TD200 的基本操作功能，另外还增加了一些新的功能。TD200C为用户提供了非常灵活的键盘布置和面板设计功能。用S7-200的编程软件STEP7-Micro/WIN来组态。

(3) TD400C。TD400C(如图10-5所示)是新一代文本显示器,完全支持西门子S7-200PLC,4行中文文本显示,与S7-200PLC通过PPI高速通信,速率可达到187.5kb/s,STEP7-Micro/WIN 4.0SP4中文版组态,HMI程序存储于PLC,无需单独下载,便于维护。

图 10-4　文本显示器 TD200C　　　　　　图 10-5　TD400C

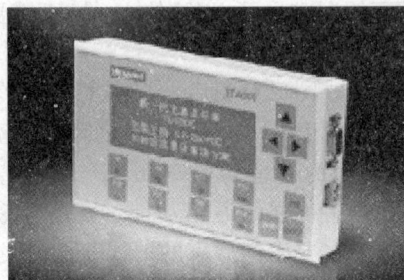

2. 微型面板

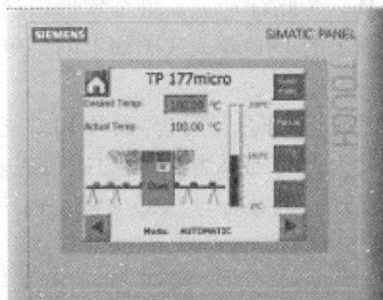

TP070、TP170micro、TP177micro和K-TP178micro都是专门用于S7-200的5.7in的STL-LCD,4种蓝色色调,有CCFL背光,320×240像素,通信接口均为RS-485。支持的图形对象有位图、图标或背景图片,有软件实时时钟,可以使用的动态对象为棒图,如图10-6~图10-9所示。

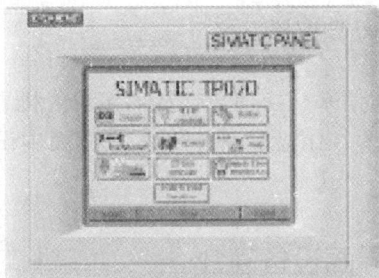

图 10-6　TP070　　　　　　　　　图 10-7　TP170micro

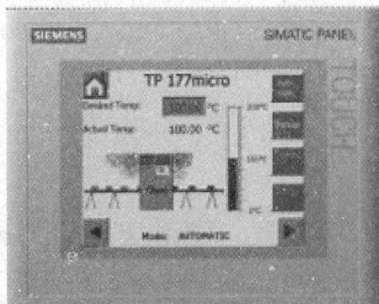

图 10-8　TP178micro　　　　　　　图 10-9　K-TP178micro

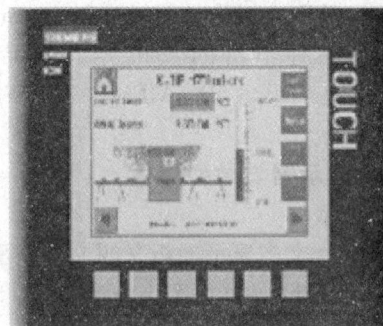

二、触摸屏与移动面板

触摸面板(触摸屏)包括TP170A、TP170B和TP270,分别如图10-5~图10-7所示。它们都使用 MicrosoftWindowsCE3.0 操作系统。可用于 S7 系列 PLC 和其他主要生产厂家的 PLC，用组态软件 WinCC flexible 来组态。它们有 5 种在线语言，可以使用 MPI/PROFIBUS-DP 通信协议。

1. 触摸屏

TP170A 是用于 S7 系列 PLC 的简单任务的经济型触摸屏，采用 5.7in 蓝色 STN-LCD，4 级灰度，支持位图、图标和背景图画，动态对象有棒图，有一个 RS-232 接口和一个 RS-422/485 接口。

TP170B 采用 5.7in、蓝色或 16 色 STN-LCD，有 2 个 RS-232 接口、1 个 RS-422/485 接口和 1 个 CF 卡插槽，支持位图、图标、背景图画和矢量图形对象，动态对象有图表、柱形图和隐藏按钮，有配方功能。

TP270 采用 5.7in 或 10.4in256 色 STN 触摸屏，通过改进的显示技术，提高了亮度。可以通过 CF 卡、MPI 和可选的以太网接口备份或恢复。可以远程下载/上载组态和硬件升级。有 2 个 RS-232 接口、1 个 RS-422/485 接口和 1 个 CF 卡插槽，可以通过 USB、RS-232 串口和以太网接口驱动打印机。

TP270 和 OP270 可以使用标准的 Windows 数据存储格式（*.csv），用标准工具软件（如 Excel）处理保存的数据。

2. 移动面板

在大型生产工厂、复杂或隔离系统、长传送线和生产线，以及材料处理的应用中，使用移动面板进行对象的监控具有明显的优势，调试工程师或操作员使用它，可以在现场监视设备的工作过程，直接进行控制。其调试时间短、调试准确，有助于减少更新、维护和故障检测的停机时间。

移动面板 MobilePanel170 是基于 WindowsCE 操作系统的移动 HMI 设备，它有一个串口和一个 MPI/PROFIBUS-DP 接口，两个接口都可以用于传送项目，具有棒图、趋势图、调度器、打印、带缓冲的报警警和配方管理功能，用 CF 卡备份配方数据和项目。如图 10-10 所示为 MobilePanel170 移动面板。

3. 操作员面板

操作员面板 OP3、OP7、OP77B、OP17、OP170B 和 OP270 通过密封薄膜键进行操作、控制与监视。操作员面板有很多按键，与触摸屏显示器相比，操作员面板上的密封薄膜键比较耐油污。

OP3（见图 10-11）是为小型程序和 S7 系列 PLC 而设计的，也可以用作掌上设备，液晶显示器有背光 LED，可显示 2 行，每行 20 个字符，有 18 个系统键，其中 3 个是软键，用 Pro-Tool/Lite 组态。

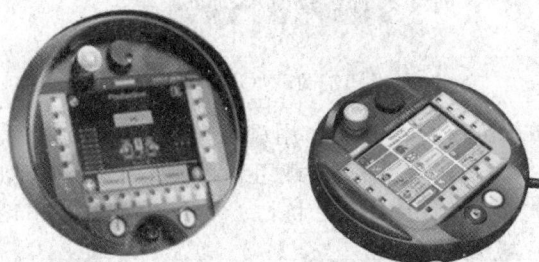

图 10-10 MobilePanel170

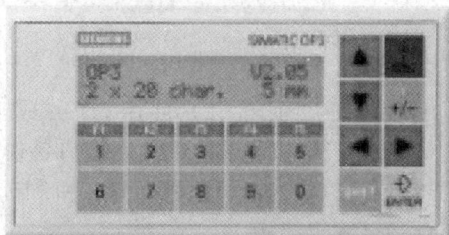

图 10-11 OP3

OP7（见图 10 - 12）可以用多种方法与不同的 PLC 连接，液晶显示器有背光 LED，可显示 4 行，每行 20 个字符，有 22 个系统键，8 个用户自定义的软键，用 ProTool/Lite 组态。

OP77B（见图 10 - 13）是全新小型、高性价比的操作员面板，是 OP7 的升级产品，安装开口尺寸与 OP7 相同。在拥有 OP7 优点的同时，还集成有一个 4.5in 的图形显示屏，可以显示位图或棒图，字符可以缩放。OP77B 有 8 个功能键，23 个系统键。配置有多种通信接口，可以通过 RS - 232、USB 或 PROFIBUS - DP/MPI 接口连接组态的计算机，可以与西门子等 PLC 通信，USB 接口可以连接打印机。可以用多媒体卡扩展存储空间，储存和重新装载项目组态，以及存储配方，可以进行数据存储。

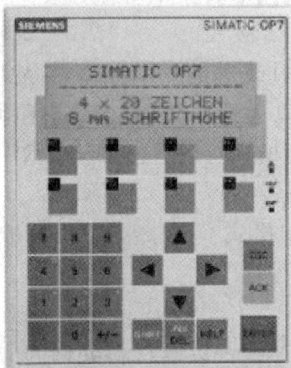

图 10 - 12　OP7

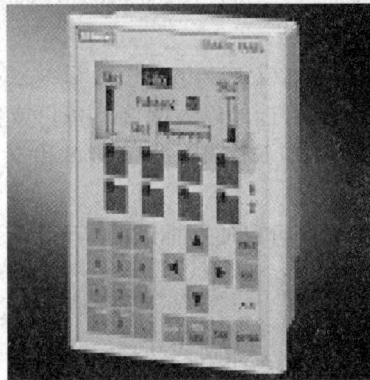

图 10 - 13　OP77B

OP17（见图 10 - 14）有背光 LED，显示 8 行，每行 40 个字符，有 22 个系统键，24 个用户自定义功能键，其中 16 个是软键，用 ProTool/Lite 组态。

OP170B（见图 10 - 15）基于 WindowsCE 操作系统，采用 320×240 像素，5.7in 的蓝色 STN - LCD，有 24 个功能键，其中 18 个带 LED。有两个 RS - 232 接口、一个 RS - 422/485 接口和一个 CF 卡插槽，可以连接其他品牌的 PLC。它支持位图、图标、背景图形和矢量图形对象，动态对象有图表、柱形图和隐藏按钮，具有配方功能。

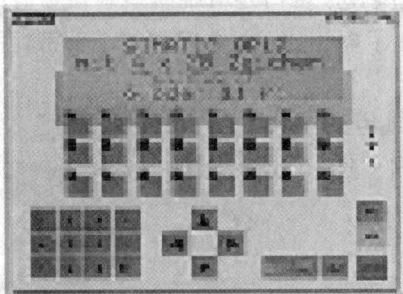

图 10 - 14　OP17

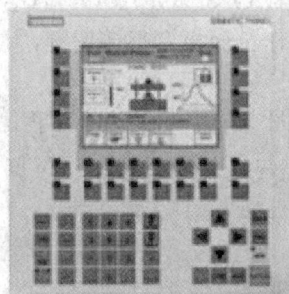

图 10 - 15　OP170B

OP270（见图 10 - 2）使用 5.7in 或 10.4in256 色 STN - LCD，用键盘操作，可以通过 CF 卡、MPI、USB 和可选的以太网接口备份或恢复，可以远程下载/上载组态和硬件升级。集成的 USB 接口可以接键盘、鼠标、打印机和读码器等。有两个 RS - 232 接口、一个 RS - 422/485 接口和一个 CF 卡插槽。

4. 多功能面板

多功能面板（MultiPanel，MP）是性能最高的人机界面，高性能、具有开放性和可扩展性是其突出特点。它采用 WindowsCEV3.0 操作系统，用 WinCC flexible 组态，用于高标准的复杂机器的可视化，可以使用 256 色矢量图形显示功能、图形库和动画功能。它有过程值和信息归档功能、曲线图功能和在线语言选择功能。如图 10 - 16 所示为 MP370 多功能触摸面板。

MP 系列多功能面板有两个 RS - 232 接口、RS - 422/485 接口、USB 接口和 RJ45 以太网接口，RS - 485 接口可以使用 MPI、PROFIBUS - DP 协议，还可以通过各种通信接口传送组态。而距离较长时可以用调制解调器、SIMATICTeleService 或 Internet，通过 WinCC flexible 的 SmartService 进行传输。此外它还有 PC 卡插槽和 CF 卡插槽。

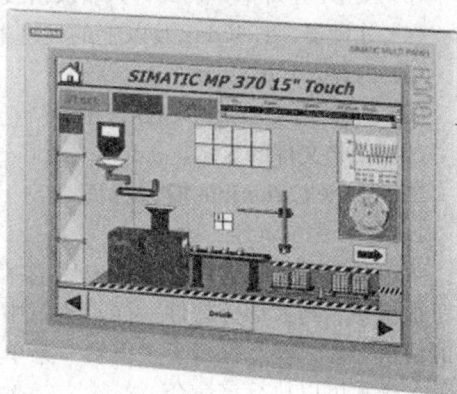

图 10 - 16　MP370 多功能触摸面板

第四节　WinCC flexible 简介

一、WinCC flexible 概述

1. ProTool 与 WinCC flexible

西门子的人机界面以前使用 ProTool 组态，SIMATICWinCC flexible 是在被广泛认可的 ProTool 组态软件上发展起来的，并且与 ProTool 保持了一致性。ProTool 适用于单用户系统，WinCC flexible 可以满足各种需求，从单用户、多用户到基于网络的工厂自动化控制与监视。大多数 SIMATICHMI 产品可以用 ProTool 或 WinCC flexible 组态，某些新的 HMI 产品只能用 WinCC flexible 组态。我们可以非常方便地将 ProTool 组态的项目移植到 WinCC flexible 中。

WinCC flexible 具有开放简易的扩展功能，带有 VB 脚本功能，集成了 ActiveX 控件，可以将人机界面集成到 TCP/IP 网络。

WinCC flexible 带有丰富的图库，提供了大量的对象供用户使用，其缩放比例和动态性能都是可变的。使用图库中的元件，可以快速方便地生成各种美观的画面。

2. WinCC flexible 的改进

WinCC flexible 改进后的特点如下：

（1）可以通过以太网与 S7 系列 PLC 和 WinAC 连接。

（2）对象库中的屏幕对象可以任意定义并重新使用，集中修改。

（3）画面模板用于创建画面的共同组成部分。

（4）智能工具。用于创建项目的项目向导、画面分层和运动轨迹和图形组态。

（5）具有数字信息和模拟信息的信息报警系统。

（6）可以任意定义信息类别，可以对响应行为和显示进行组态。

（7）可以在 5 种语言之间切换。

（8）扩展的密码系统。通过用户名和密码进行身份认证，最多有 32 个用户组特定权限。

（9）通过使用 VB 脚本来动态显示对象，以访问文本、图形或条形图等屏幕对象属性。

3. 安装 WinCC flexible 的计算机推荐配置

WinCC flexible 对计算机硬件要求较高，推荐配置如下：

（1）操作系统，Windows2000SP4 或 WindowsXPProfessional。

（2）Internet 浏览器，MicrosoftInternetExplorerV6.0SP1/SP2。

（3）图形/分辨率，1028×768 像素或更高，256 色或更多。

（4）处理器，1.6GHz 及以上的处理器。

（5）内存，1GB 以上。

（6）硬盘空闲空间，1.5G 以上。

（7）PDF 文件的显示，AdobeAcrobatReader5.0 或更高版本。

二、WinCC flexible 操作界面

1. 菜单和工具栏

菜单和工具栏是大部分软件应用的基础，通过操作了解菜单中的各种命令和工具栏中各个按钮很重要。与大部分软件一样，菜单中浅灰色的命令和工具栏中浅灰色的按钮在当前条件下不能使用。如只有在执行了"编辑"菜单中的"复制"命令后，"粘贴"命令才会由浅灰色变成黑色，表示可以执行该命令。

2. 项目视图

图 10 - 17 中左上角的窗口是项目视图，包含了可以组态的所有元件。生成项目时自动创建了一些元件，如名为"画面 1"的画面和画面模板等。

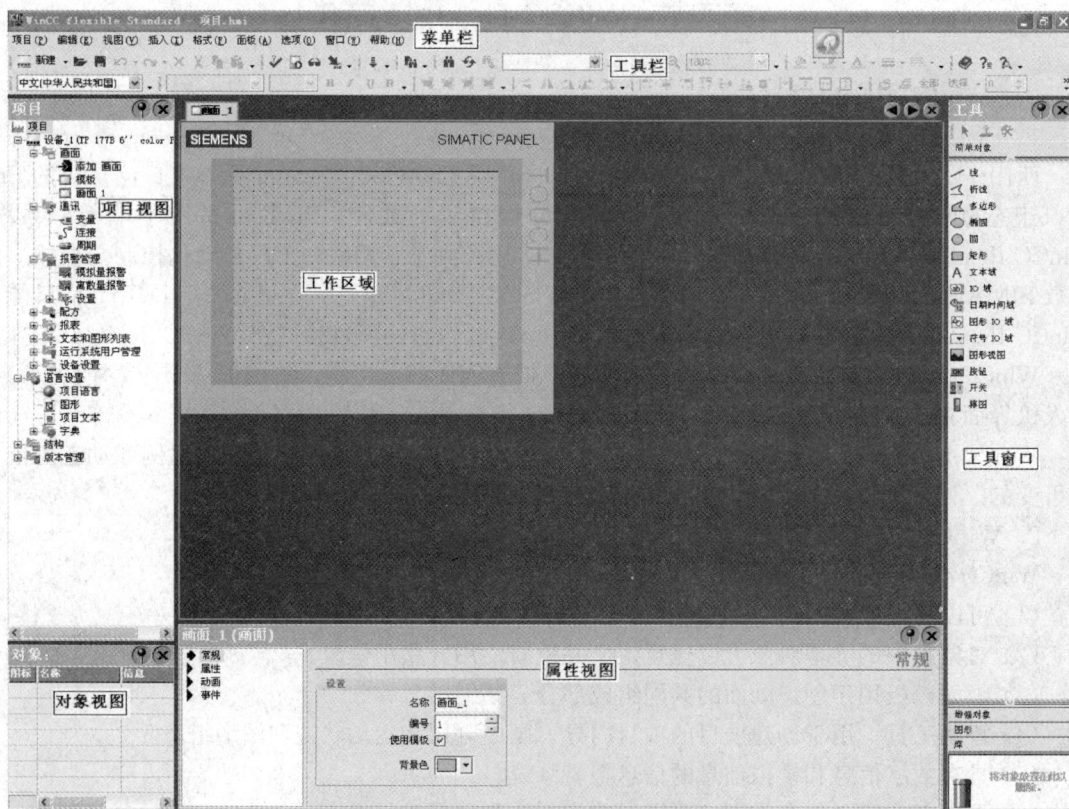

图 10 - 17　WinCC flexible 操作界面

项目中的各组成部分在项目视图中以树形结构显示，分为 4 个层次：项目、HMI 设备、文件夹和对角。项目视图的使用方式与 Windows 的资源管理器相似。

作为每个编辑器的子元件，用文件夹以结构化的方式保存对象。在项目窗口中，还可以访问 HMI 设备的设置、语言设置和版本管理。

3. 工作区

用户在工作区编辑项目对象，除了工作区之外，可以对其他窗口（如项目视图和工具箱等）

进行移动、改变大小和隐藏等操作。工作区上的编辑器标签处最可以同时打开 20 个编辑器。

4. 属性视图

属性视图用于设置在工作区中选取的对象的属性，输入参数后按回车键生效。属性窗口一般在工作区的下面。

在编辑画面时，如果未激活画面中的对象，在属性对话框中将显示该画面的属性，可以对画面的属性进行编辑。

5. 工具箱中的对象

工具箱中可以使用的对象与 HMI 设备的型号有关。

工具箱包含过程画面中需要经常使用的各种类型的对象。如图形对象或操作员控制元件，工具箱还提供许多库，这些库包含许多对象模板和各种不同的面板。

可以用"视图"中的"工具"命令显示或隐藏工具箱视图。

根据当前激活的编辑器，"工具箱"包含不同的对象组。打开"画面"编辑器时，工具箱提供的对象组有简单对象、增强对象、图形和库。不同的人机界面可以使用的对象也不同。简单对角中有线、折线、多边形、矩形、文本域、图形视图、按钮、开关、IO 域等对象。增强对象提供增强的功能，这些对象的用途之一是显示动态过程，如配方视图、报警视图和趋势图等。库是工具箱视图元件，是用于存储常用对象的中央数据库。只需对库中存储的对象组态一次，以后便可以多次重复使用。

WinCC flexible 的库分为全局库和项目库。全局库存放在 WinCC flexible 的安装上的一个文件夹中，全局库可用于所有的项目，它存储在项目的数据库中，可以将项目库中的元件复制到全局库中。

6. 输出视图

输出视图用来显示在项目投入运行之前自动生成的系统报警信息，如组态中存在的错误等会在输出视图中显示。

可以用"视图"菜单中的"输出"命令来显示或隐藏输出视图。

7. 对象视图

对象窗口用来显示在项目视图中指定的某些文件夹或编辑器中的内容，执行"视图"菜单中的"对象"命令，可以打开或关闭对象视图。

第十一章　触摸屏快速入门

本章首先介绍了触摸屏中变量的定义。为了帮助用户能在最短的时间内对西门子触摸屏组态有一个全面的认识和了解，本章将通过组态一个简单项目，进行模拟运行与监示。

第一节　变　　量

一、变量的分类

变量（Tag）分为外部变量和内部变量，每个变量都有一个符号名和数据类型。

外部变量是人机界面与 PLC 进行数据交换的桥梁，是 PLC 中定义的存储单元的映像，其值随 PLC 程序的执行而改变。可以在 HMI 设备和 PLC 中访问外部变量。

内部变量存储在 HMI 设备的存储器中，与 PLC 没有连接关系，只有 HMI 设备能访问内部变量。内部变量用于 HMI 设备内部的计算或执行其他任务。内部变量用名称来区分，没有地址。

二、变量的数据类型

WinCC flexible 软件中可定义的变量的基本数据类型有字符、字节、有符号整数、无符号整数、长整数、无符号长整数、实数（浮点数）、双精度浮点数、布尔（位）变量、字符串及日期时间，如表 11-1 所示。

表 11-1　　　　　　　　　　　变量的基本数据类型

变量类型	符号	位数（bit）	取值范围
字符	Char	8	—
字节	Byte	8	$0\sim255$
有符号整数	Int	16	$-32\,768\sim32\,767$
无符号整数	Unit	16	$0\sim65\,535$
长整数	Long	32	$-2\,147\,483\,648\sim2\,147\,483\,647$
无符号长整数	Ulong	32	$0\sim4\,294\,967\,295$
实数（浮点数）	Float	32	$\pm1.175\,495e-38\sim\pm3.402\,823e+38$
双精度浮点数	Double	64	—
布尔（位）变量	Bool	1	True（1）、False（0）
字符串	String	—	—
日期时间	DateTime	64	日期/时间

第二节　组态一个简单项目

本节通过一个简单的例子来说明如何建立和编辑 WinCC flexible 项目。使用 WinCC flexible 建立一个项目一般包括以下几个步骤。

（1）启动 WinCC flexible。

（2）建立项目。

（3）建立通信连接。

（4）组态变量。

（5）画面组态。

（6）仿真或下载运行。

下面在 WinCC flexible 上组态一个如图 11-1 所示的画面，要求按下启动按钮时指示灯变成红色，按下停止按钮时指示灯变成灰色。

一、启动 WinCC flexible 创建项目

启动 WinCC flexible，单击"开始"→"所有程序"→SIMATIC→WinCC flexible 2007→WinCC flexible 或双击桌面上的快捷图标，如图 11-2 所示，打开 WinCC flexible。

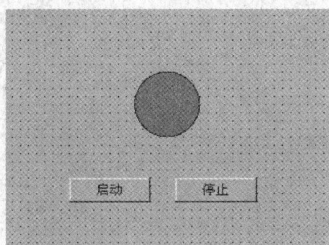

图 11-1　简单项目画面　　　　　图 11-2　图标

打开 WinCC flexible 软件后，出现如图 11-3 所示界面，选择"创建一个空项目"，进入如

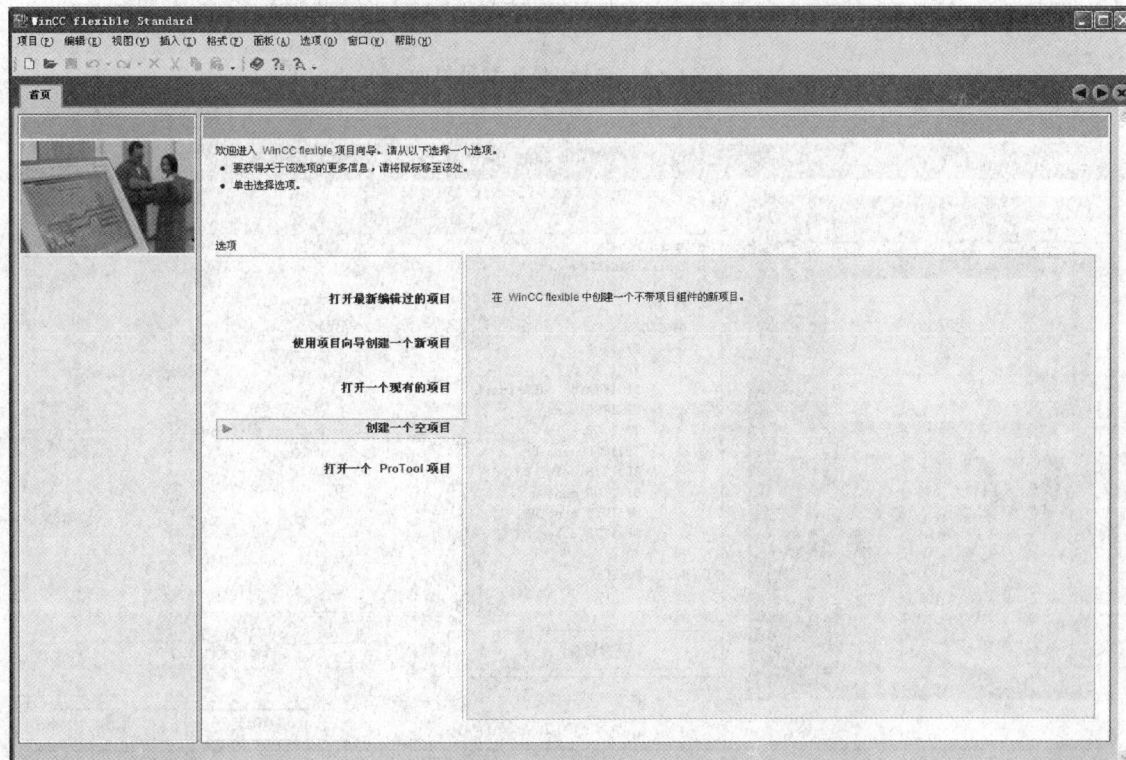

图 11-3　创建一个空项目

图11-4所示画面，在该画面里可选择HMI型号。按图11-5所示选择型号为TP177BcolorPN/DP的HMI，然后单击"确定"按钮，进入如图11-6所示画面。

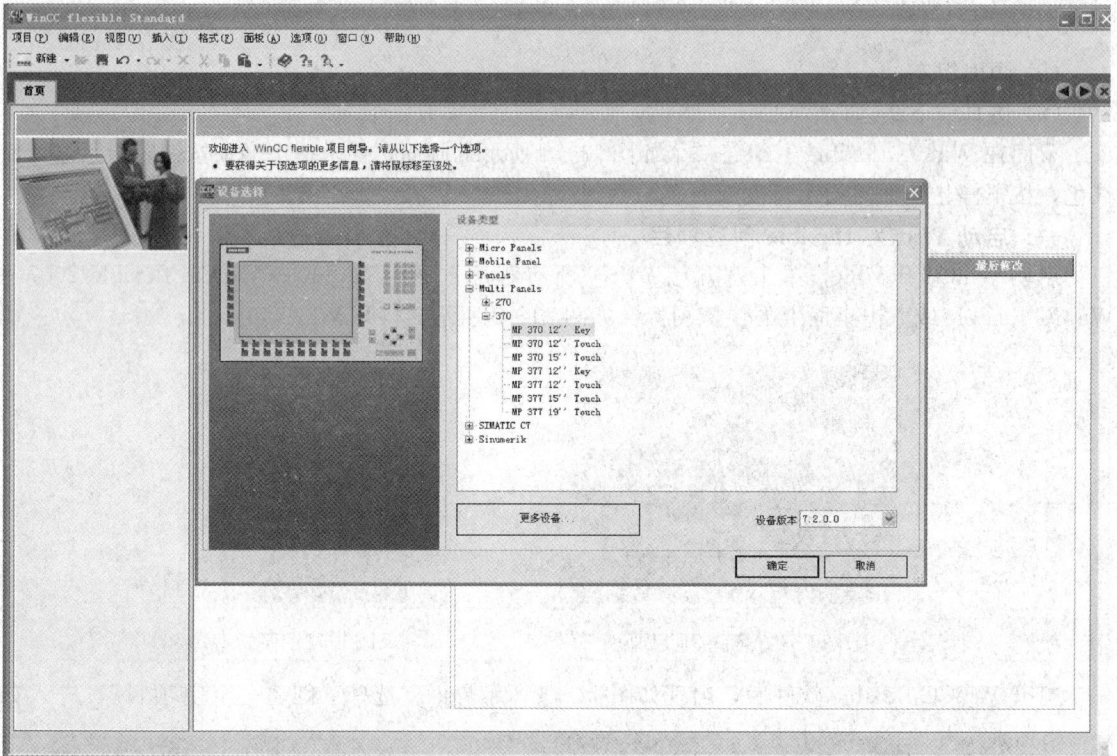

图11-4 选择HMI型号界面

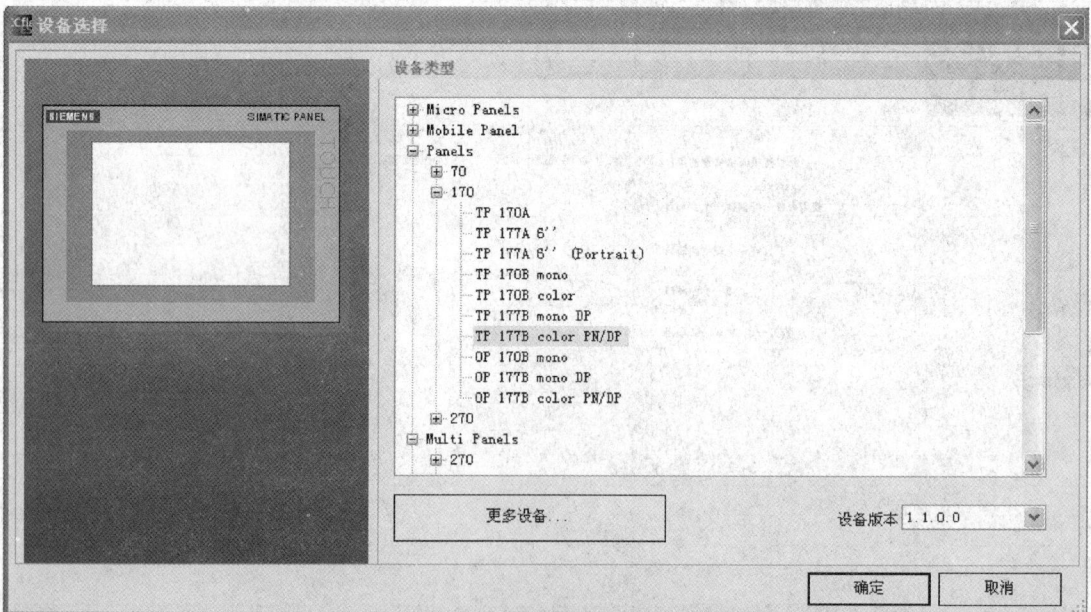

图11-5 组态TP177BcolorPN/DP

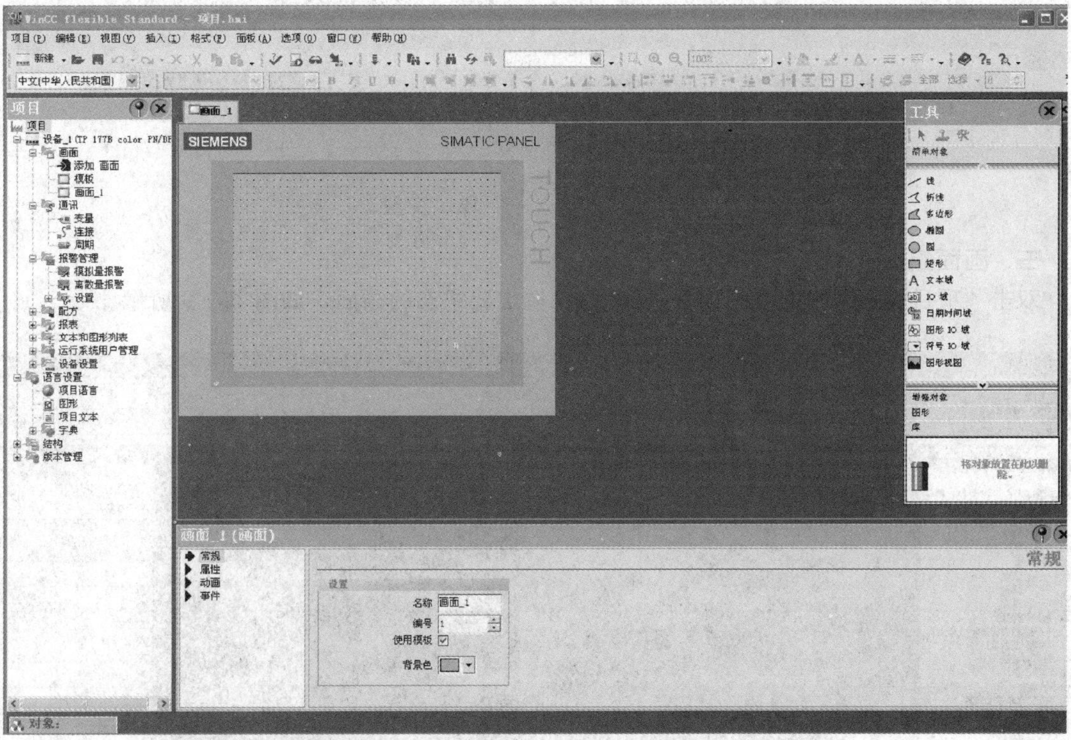

图 11-6　初始画面

二、变量组态

创建项目后，如果 HMI 要与 PLC 之间进行数据交换，则下一步是组态建立通信连接。本项目免去了与 PLC 交换的数据，所以下一步就进入变量的组态。下面组态一个 Bool 型的内部变量。

双击"项目视图"中的"通信→变量"调出变量表，如图 11-7 所示。

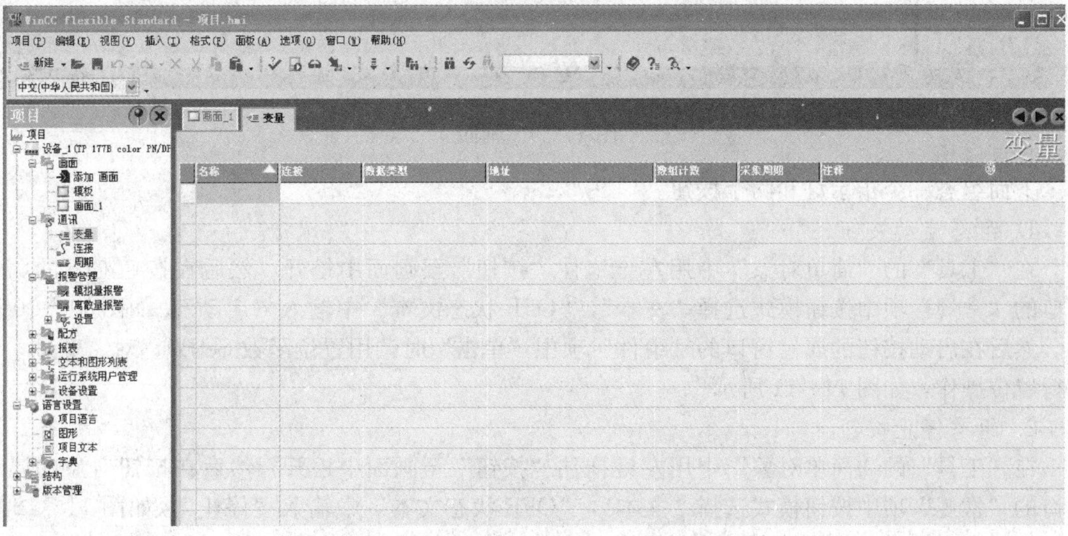

图 11-7　变量表

双击变量表的第一行，自动产生一个变量，把该变量的数据类型改为 Bool。如图 11 - 8 所示。

名称	连接	数据类型	地址	数组计数	采集周期	注释
变量_1	<内部变量>	Bool	<没有地址>	1	1 s	

图 11 - 8　建立一个 Bool 变量

三、画面组态

双击"项目视图"中的"画面→画面_1"调出要组态的画面，如图 11 - 9 所示。

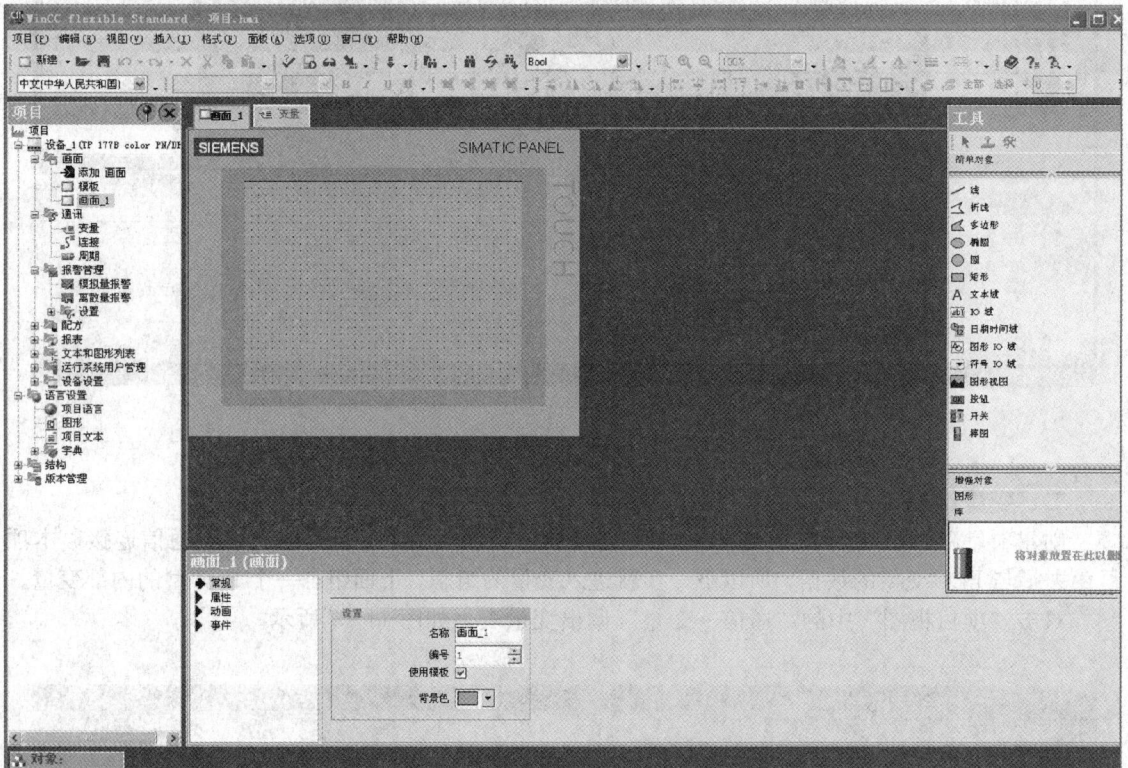

图 11 - 9　画面

下面组态一个指示灯和两个按钮。

1. 组态启动按钮

在"工具"的"简单对象"中用左键拖住"按钮"至画面中松开，然后在按钮对象的属性窗口的"常规"项中按钮模式选择"文本"，"OFF 状态文本"中输入"启动"，如图 11 - 10 所示。然后在启动按钮的属性窗口的"事件"项中"单击"时调用置位函数 SetBit，对"变量_1"进行置位操作，如图 11 - 11 所示。

2. 组态停止按钮

在"工具"的"简单对象"中用左键拖住"按钮"至画面中松开，然后在按钮对象的属性窗口的"常规"项中按钮模式选择"文本"，"OFF 状态文本"中输入"停止"，如图 11 - 12 所示。然后在启动按钮的属性窗口的"事件"项中"单击"时调用置位函数 ResetBit，对"变量_1"进行复位操作，如图 11 - 13 所示。

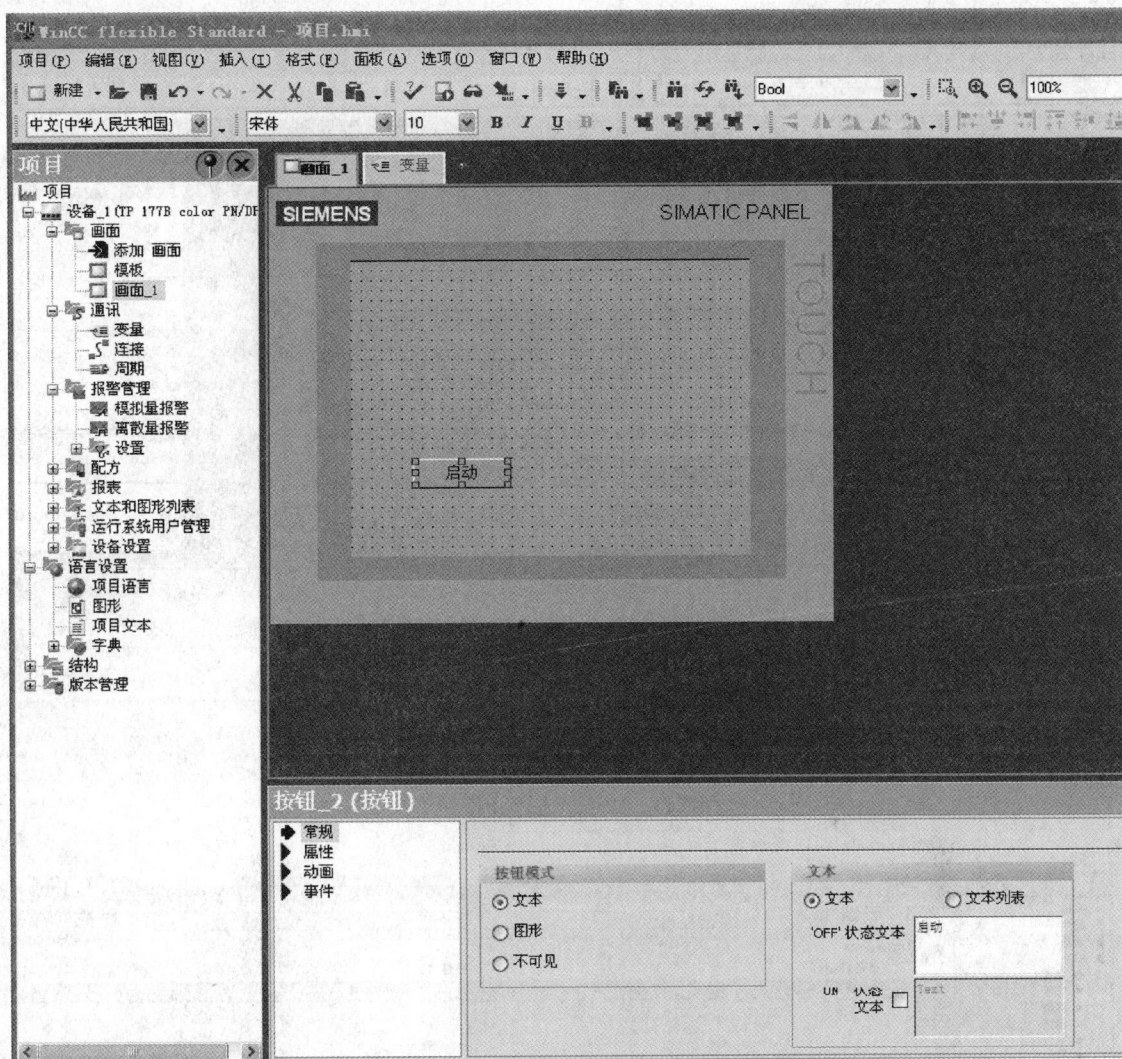

图 11 - 10　组态启动按钮

图 11 - 11　组态置位函数

3. 组态指示灯

在"工具"的"简单对象"中用左键拖住"圆"至画面中松开，并调整到合适大小。在它的属性窗口中，组态"动画"→"外观"属性，启用"变量_1"，变量类型为"位"，组态"变量_1"为 0 时和为 1 时的背景色为灰色和红色，如图 11 - 14 所示。

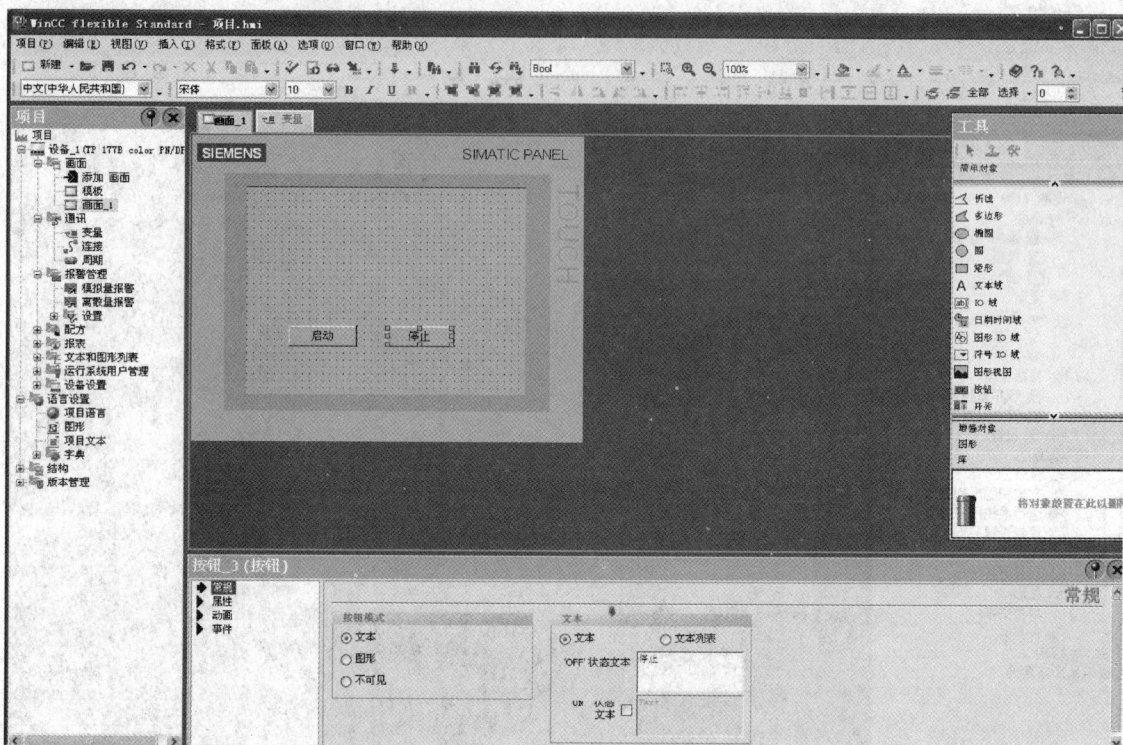

图 11 - 12 组态停止按钮

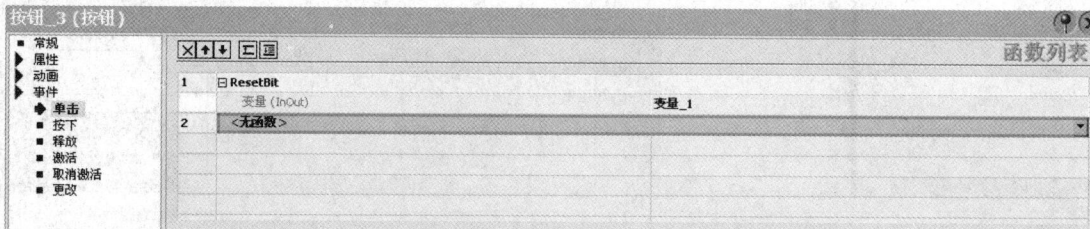

图 11 - 13 组态复位函数

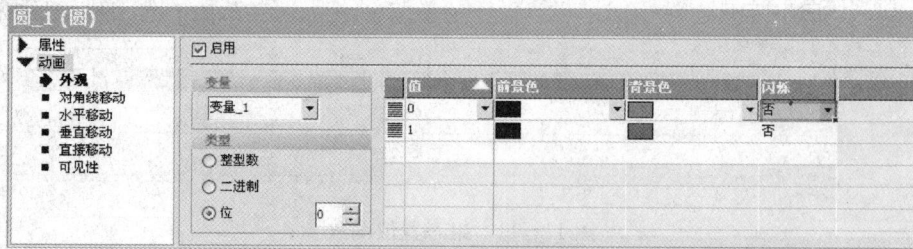

图 11 - 14 组态圆属性

四、模拟运行

如图 11 - 15 所示，单击"启动运行系统"图标，以上的组态项目即可运行。当单击启动按钮时，指示灯就变为红色，单击停止按钮时，指示灯就变为灰色，实现组态效果。

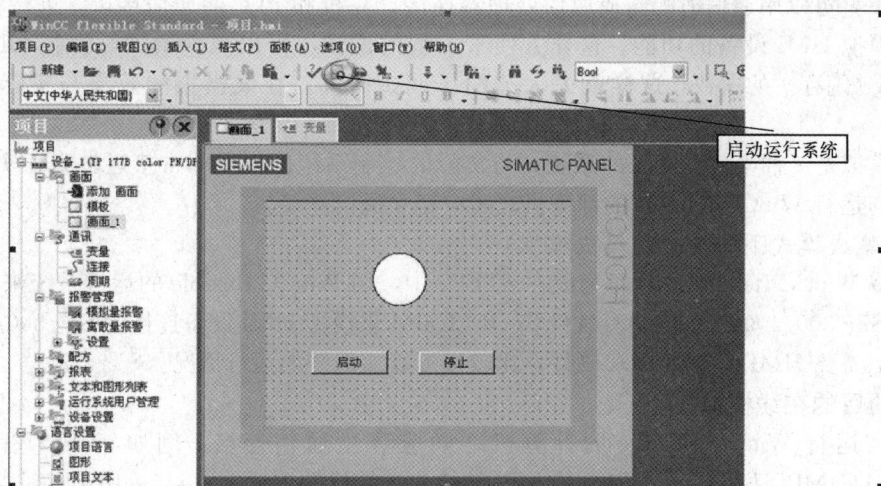

图 11 - 15 模拟运行

第三节 WinCC flexible 项目的运行与模拟

WinCC flexible 运行系统（Runtime）用来在计算机上运行 WinCC flexible 组态的项目，并查看进程，还可用于在组态用的计算机上测试和模拟编译后的项目文件。WinCC flexible 运行系统的功能与使用的 HMI 设备的型号有关，如内存容量和功能键的数量等。功能的范围和性能（如变量的个数）由授权许可证类型决定。

如果在标准 PC 或 PanelPC（面板式 PC）上安装 WinCC flexible 运行系统软件，需要授权才能无限制地使用。如果授权丢失，WinCC flexible 运行系统将以演示模式运行。在演示模式下，将会定期提示安装授权信息。如果在安装运行系统软件时没有许可证，也可以在以后安装。

一、WinCC flexible 模拟调试的方法

WinCC flexible 提供了一个模拟器软件，在没有 HMI 设备的情况下，可以用 WinCC flexible 的运行系统模拟 HMI 设备，用它来测试项目，调试已组态的 HMI 设备的功能。模拟调试是学习 HMI 设备组态方法和提高动手能力的重要途径。具体调试方法有三种：不带控制器连接的模拟、带控制器连接的模拟和在集成模式下的模拟。

1. 不带控制器连接的模拟（离线模拟）

不带控制器连接的模拟又称为离线模拟，如果手中既没有 HMI 设备，也没有 PLC，可以用离线模拟功能来检查人机界面的部分功能，还可以在模拟表中指定标志和变量的数值，它们由 WinCC flexible 运行系统的模拟程序读取。

离线模拟因为没有运行 PLC 的用户程序，离线模拟只能模拟实际系统的部分功能，如画面的切换和数据的输入过程等。

在模拟项目之前，首先应创建、保存和编译项目。单击 WinCC flexible 的编译器工具栏中的按钮，或执行菜单命令"项目→编译器→启动带模拟器的运行系统"，启动模拟量。如果启动模拟器之前没有预先编译项目，则自动启动编译，编译成功后才能模拟运行。编译出现错误时，在输出视图中的红色文字显示。改正错误编译成功后，才能模拟运行。

2. 带控制器连接的模拟（在线模拟）

带控制器连接的模拟又称为在线模拟，设计好 HMI 设备的画面后，如果没有 HMI 设备，而是有 PLC，可以用通信适配器或通信处理器连接计算机和 PLC 的通信接口，进行在线模拟，用计算机模拟 HMI 设备的功能。这样方便了工程的调试，可以减少调试时刷新 HMI 设备的 FlashROM（闪存）的次数，这样就大大节约了调试时间。在线模拟的效果与实际系统基本相同。

在线模拟是一种半"真实"的系统，与实际的控制系统的性能非常接近。为了实现在线模拟，PLC 与运行 WinCC flexible 的计算机之间应建立通信连接。

3. 在集成模式下的模拟（集成模拟）

可以将 WinCC flexible 的项目集成在 STEP7 中，用 WinCC flexible 的运行系统来模拟 HMI 设备，用 S7-300/400 PLC 的仿真软件 S7-PLCSIM 来模拟 HMI 设备连接的 S7-300/400 PLC。这种模拟不需要 HMI 设备和 PLC 硬件，比较接近真实系统的运行情况。

二、项目的在线模拟

PLC 与运行 WinCC flexible 的计算机之间应建立通信连接。例如，CP5512、CP5611、CP5613 或 PC/MPI 适配器。将 PLC 的 MPI 转换为计算机的 RS-232 接口，用于点对点连接。

下面以一台设备的启动与停止为例介绍项目的在线模拟。

1. 编写 PLC 的用户程序

在 S7-300/400 PLC 的编程软件 STEP7 中，建立一个名为"在线模拟"的项目。首先在符号表中定义与 WinCC flexible 变量表中的变量相同的符号地址，如图 11-16 所示，PLC 梯形图如图 11-17 所示。

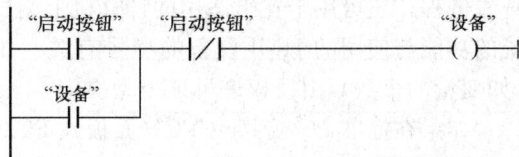

	Status	Symbol	Address	Data type
1		启动按钮	M 0.0	BOOL
2		停止按钮	M 0.1	BOOL
3		设备	Q 0.0	BOOL
4				

图 11-16　PLC 的符号表　　　　　　　图 11-17　PLC 梯形图

2. 组态在线模拟用的画面

为了用 PLC 的用户程序来实现对设备的控制，在 WinCC flexible 中新建一个项目，单击项目视图中的"新建画面"，在工作区中出现了名为"画面_2"的新生成的画面。用鼠标右键单击该画面的图标，在弹出的快捷菜单中执行"重命名"命令，将它的名称改为"在线模拟"。

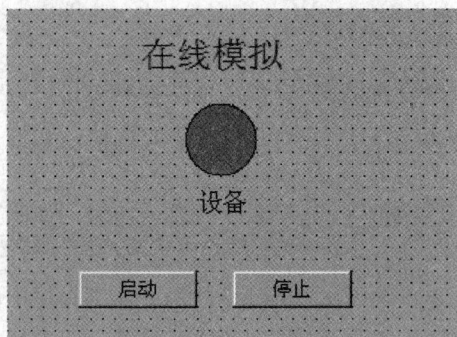

图 11-18　组态画面

单击项目视图的"通信→连接"，建立一个"SIMATICS7-300/400"的连接。然后单击项目视图的"通信→变量"，在变量表中建立三个变量：启动、停止和设备，分别与 PLC 的 M0.0、M0.1 和 Q0.0 对应。并修改按钮的"事件"属性，在按下启动按钮时执行系统命令"SetBit 启动"，在释放启动按钮时执行系统命令"ResetBit 启动"，使启动按钮具有点动按钮的功能。用同样的方法将停止按钮设置为点动按钮。然后组态一个指示灯，指示变量"设备"的状态，如图 11-18 所示。

3. 在线模拟操作

用于组态的 WinCC flexible 的工程系统和 WinCC flexible 的运行系统安装在同一台 PC 上，在生成 WinCC flexible 的项目时组态了 HMI 与 SIMATICS7-300/400 的连接。

　　首先在 STEP7 中将 OB1 中的用户程序下载到 PLC。用 PC/MPI 适配器连接 S7 - 300 的 MPI 接口和计算机的 RS - 232 接口，将它们通电后，将 PLC 切换到 RUN 运行模式。在 WinCC flexible 中，执行菜单命令"项目"→"编译器"→"启动运行系统"，或单击"编译"工具栏中的 按钮，启动 WinCC flexible 运行系统，系统进入在线模式状态，初始画面打开。

　　单击画面中的"启动"按钮，PLC 中的位存储器 M0.0 变为 ON 状态，由于 11 - 17 中梯形图的运行，变量"设备"变为 ON 状态，画面中与该变量连接的指示灯亮。

　　单击画面中的"停止"按钮，PLC 中的位存储器 M0.1 变为 ON 状态，由于图 11 - 17 中梯形图的运行，变量"设备"变为 OFF 状态，画面中与该变量连接的指示灯熄灭。

三、WinCC flexible 与 STEP7 的集成

　　西门子的 HMI 设备可与 SIMATICS7-300/400 配合使用，由于它们的价格较高，初学者编写出 PLC 的程序和组态好 HMI 的项目后，一般没有条件用硬件来实验。前面介绍的离线模拟方法虽然不需要 HMI 设备就可以模拟运行 HMI 的项目，但模拟的功能极为有限，模拟系统的性能与实际系统的性能相比有很大的差异。

　　为了解决这一问题，可以将 HMI 的项目集成在 SIMATICS7 - 300/400 的编程软件 STEP7 中，用仿真软件 PLCSIM 来模拟 S7 - 300/400 的运行，用 WinCC flexible 的运行系统来模拟 HMI 设备的功能。因为 HMI 和 PLC 的项目集成在一起，同时还可以模拟 HMI 设备和 PLC 之间的通信和数据交换。虽然没有 PLC 和 HMI 的硬件设备，只用计算机也能很好地模拟真实的 PLC 和 HMI 设备组成的实际控制系统的功能。模拟系统与硬件系统的功能基本相同。

　　1. 集成的优势

　　在 STEP7 中集成 WinCC flexible 有以下优势：

　　(1) 以 SIMATICManager（管理器）为中心来创建、处理和管理西门子 PLC 和 WinCC flexible 项目。

　　(2) 集成后 WinCC flexible 可以访问 STEP7 中组态 PLC 时创建的组态数据。

　　(3) 在创建 WinCC flexible 项目时，自动使用 STEP7 中设置的通信参数。在 STEP7 中更改通信参数时，WinCC flexible 中的通信参数将会随之更新。

　　(4) 在 WinCC flexible 中组态变量和区域指针时，可以直接访问 STEP7 中的符号地址。在 WinCC flexible 中，只需选择想要连接的变量的 STEP7 符号，在 STEP7 中修改变量的符号，WinCC flexible 中的变量会同时自动更新。

　　(5) 只需在 STEP7 的变量表中指定一次符号名，便可以在 STEP7 和 WinCC flexible 中使用它。

　　(6) WinCC flexible 支持 STEP7 中组态的 ALARM ＿ S 和 ALARM ＿ D 报警信息，信息文本保存在二者共享的数据库中，创建项目时，WinCC flexible 自动导入所需的数据，并且可以传送到 HMI 设备上。

　　(7) 在集成的项目中，SIMATIC 管理器提供下列功能：

　　1) 使用 WinCC flexible 运行系统创建一个 HMI 或 PC 站；

　　2) 插入 WinCC flexible 对象；

　　3) 创建 WinCC flexible 文件夹；

　　4) 打开 WinCC flexible 项目；

　　5) 编译和传送 WinCC flexible 项目；

　　6) 启动 WinCC flexible 运行系统；

　　7) 导出和导入要转换的文本；

　　8) 指定语言设置；

9）复制或覆盖 WinCC flexible 项目；

10）在 STEP7 项目框架内归档和检索 WinCC flexible 项目。

2. 集成的方法

有以下两种方法可以在 STEP7 中集成 WinCC flexible：

（1）创建一个独立的 WinCC flexible 项目，以后再将它集成到 STEP7 中。

（2）通过在 STEP7 的 SIMATIC 管理器中创建一个 HMI 站，创建集成在 STEP7 中的 WinCC flexible 项目。

也可以将 WinCC flexible 项目从 STEP7 中分离开，将它作为单独的项目使用。方法如下：在 STEP7 中打开集成的 WinCC flexible 项目，在 WinCC flexible 中将它另存为其他项目，就可以将它从 STEP7 中分离。

3. 集成的条件

为了实现 WinCC flexible 与 STEP7 的集成，应先安装 STEP7（其版本不能低于 V5.3.1），然后再安装 WinCC flexible。安装 WinCC flexible 时，如果检测到已安装的 STEP7，将自动安装到 STEP7 中的支持选项。如果用户自定义安装，则应激活"与 STEP7 集成"选项。

4. 集成的注意事项

（1）在创建新的 STEP7 项目前，应关闭所有的 WinCC flexible 项目。如果在创建 STEP7 项目时，一个 WinCC flexible 项目处于打开状态，则 STEP7 的符号与 WinCC flexible 变量之间的互连性将会出现问题。

（2）在 STEP 项目中进行较大范围的更改可能会在符号服务器中引发问题。在 STEP7 项目中进行任何有实质性的更改前，应关闭所有的 WinCC flexible 项目。

（3）STEP7 项目的文件夹和名称中只能包含除单引号以外的 ASCII 字符，不能使用汉字。

（4）打开集成 STEP7 中的 HMI 项目后，如果所有 STEP7 变量符号都被标记为错误（符号单元格的背景为橙色标记），可以通过使用 SIMATIC 管理器中的"另存为"功能，用另一个名称保存 STEP7 项目来解决该问题。

5. 建立 STEP7 与 WinCC flexible 项目的连接步骤

（1）在 SIMATIC 管理器中创建 HMI 站。在 STEP7 的 SIMATIC 管理器中生成一个新项目，单击管理器左侧项目视图窗口中树形结构最上端的项目视图，在弹出的快捷菜单中执行"InsertNewObject"→"SIMATICHMIStation"命令，创建 HMI 站。

（2）在 NetPro 中建立连接或在 HWConfig 中建立连接。PLC 与 HMI 的连接有两种方法可实现，可在 NetPro 中建立连接，也可在 HWConfig 中建立连接。

（3）将 WinCC flexible 中生成的项目集成到 STEP 中。

为了实现 STEP7 与 WinCC flexible 的集成，可在 STEP7 中创建 HMI 站对象，也可以首先在 WinCC flexible 中生成和编辑项目，然后将它集成到 STEP 中去。

在 WinCC flexible 中执行菜单命令"项目"→"集成到 STEP7 项目中"，在打开的对话框中选择 STEP7 项目，就可以实现集成。

6. 实现集成后的作用

（1）实现集成后，在 WinCC flexible 中就可使用 STEP7 中的变量。

（2）在组态过程中可以增添变量。

（3）可用 WinCC flexible 和 PLCSIM 模拟控制系统的运行。

第十二章　WinCC flexible 组态

本章通过一些例子，介绍 IO 域组态、按钮与开关组态、图形输入输出对象组态、动画组态、文本列表与图形列表组态、报警组态、报表组态、历史数据组态、趋势曲线组态、配方组态、脚本组态、用户管理组态等组态技术。

第一节　IO 域组态

一、IO 域分类

I 是输入（Input）的简称，O 是（Output）的简称，输入域与输出域统称为 IO 域。IO 域分为 3 种模式，分别为输出域、输入域和输入/输出域。

输出域只显示变量的数值。输入域是操作员输入要传送到 PLC 的数字、字母或符号，将输入的数值保存到指定的变量中。输入/输出域同时具有输入和输出功能，操作员可以用它来修改变量的数值，并将修改后的数值显示出来。

二、IO 域组态

1. 组态要求

建立 2 个整型变量和 1 个字符变量，在画面中建立三个 IO 域，三个 IO 域的模式分别定义为"输入"、"输出"和"输入/输出"，过程变量分别与以上 3 个变量连接。

2. 组态过程

（1）组态变量。在变量表中创建整型（Int）变量"变量_1"、"变量_2"和 8 个字节的字符型（String）变量"变量_3"，它们都为内部变量，如图 12-1 所示。

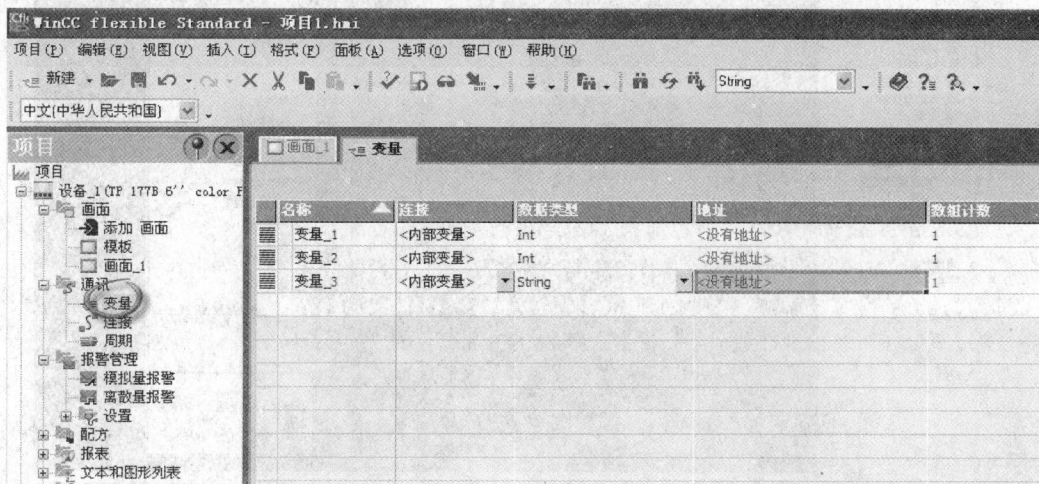

图 12-1　变量表

（2）画面组态。单击项目视图中的"项目→设备_1→画面→画面_1"，打开画面_1，如图12-2所示。

图12-2 打开画面_1

在工具视图中左键单击"简单对象"中的"IO域"，然后在画面的合适位置左键单击，即可在画面中建立一个IO域，如图12-3所示。

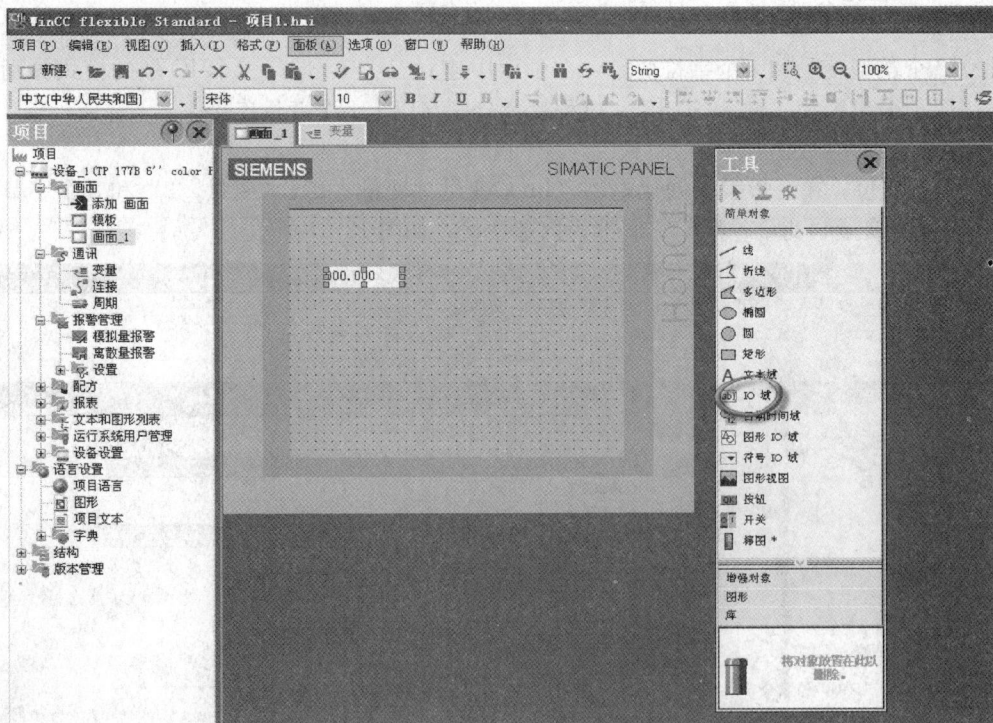

图12-3 建立IO域

把该 IO 域的属性按图 12-4 设置，模式设为"输入"，过程变量调用"变量_1"，格式为"999"（显示 3 位整数）。

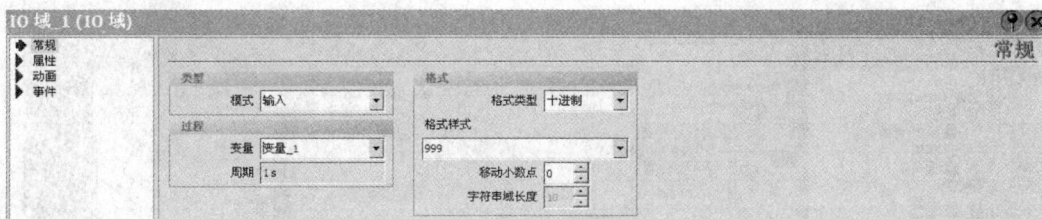

图 12-4　第一个 IO 域属性设置

用类似方法建立另外两个 IO 域，第二个 IO 域的属性设置如图 12-5 所示，模式为"输出"，过程变量调用"变量_2"。第三个 IO 域的属性设置如图 12-6 所示，模式为"输入/输出"，格式类型为"字符串"，过程变量调用"变量_3"。

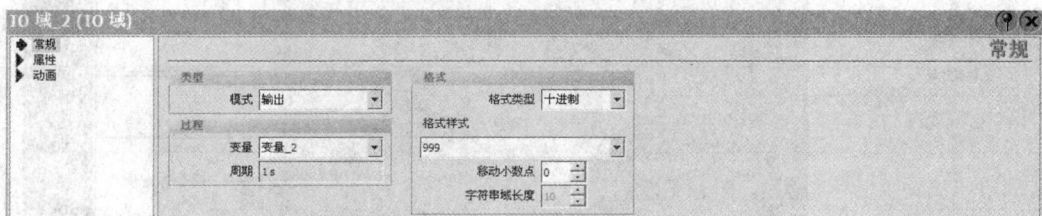

图 12-5　第二个 IO 域属性设置

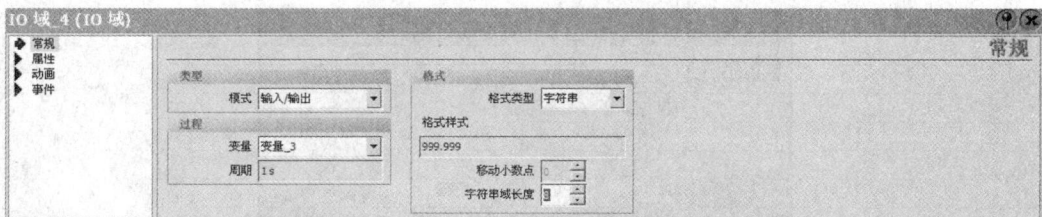

图 12-6　第三个 IO 域属性设置

组态后的画面如图 12-7 所示。

另外，根据组态的需要，还可以在 IO 域的属性窗口中设置其外观、布局、文本、闪烁、限制、其他、安全和动画，也可以由该 IO 域触发事件。

3. 项目运行

单击如图 12-8 中所示的启动运行系统按钮，系统即可运行，运行画面如图 12-9 所示，在运行画面中，可对第一个 IO 域输入数值；第二个 IO 域只能显示数值，不能输入；第三个 IO 域可以输入和输出显示字符。

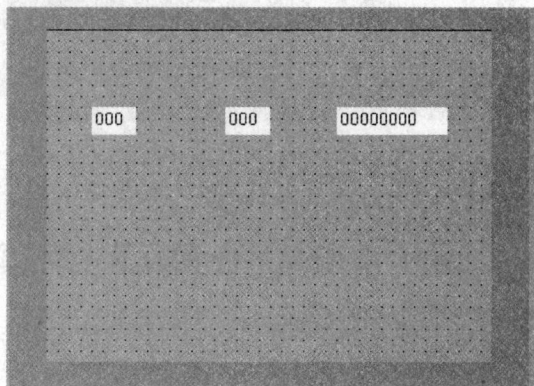

图 12-7　组态后的画面

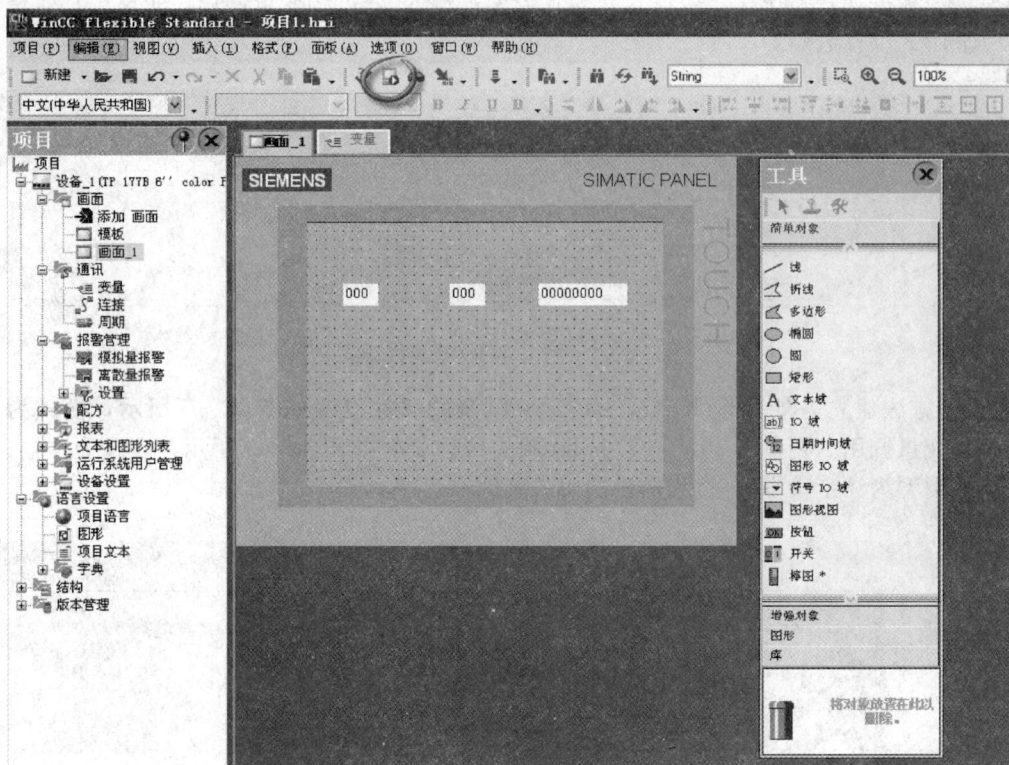

图 12-8　启动运行系统

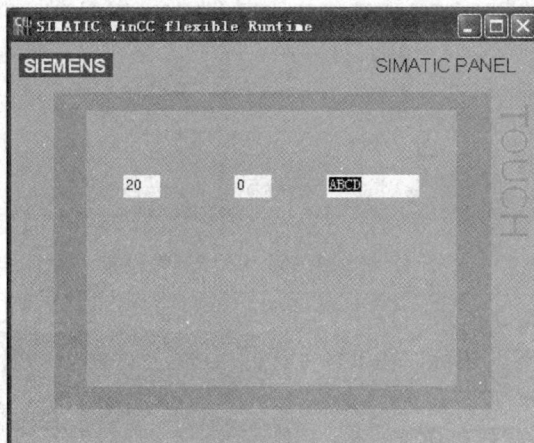

图 12-9　运行画面

第二节　按　钮　组　态

　　按钮最主要的功能是在单击它时执行事先组态好的系统函数，使用按钮可以完成很多任务。在按钮的属性视图的"常规"对话框中，可以设置按钮的模式为"文本"、"图形"或"不可见"。在第十一章中介绍了按钮用于 BOOL 变量（开关量）的组态方法，下面介绍按钮用于其他用途的组态方法。

一、组态要求

组态一个画面，如图12-10所示，画面中组态两个按钮和一个IO域，当按下"加1"按钮时，IO域中的数值就加1，当按下"减1"按钮时，IO域的数值就减1。

图12-10　组态画面

二、组态过程

1. 组态变量

首先组态一个名为"变量_1"的变量，数据类型为整数Int，如图12-11所示。

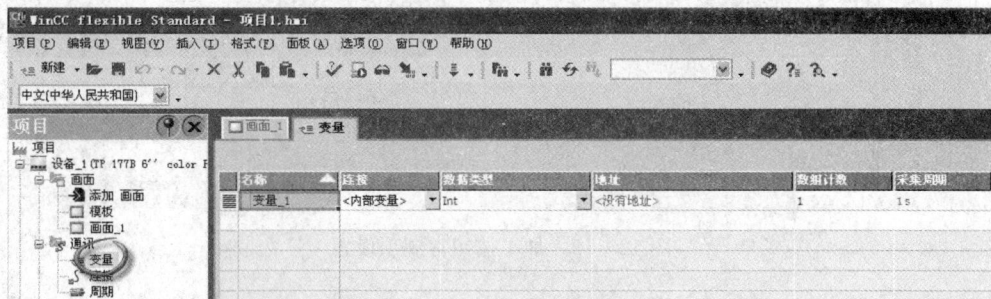

图12-11　组态变量

2. 按钮组态

单击项目视图中的"项目→设备_1→画面→画面_1"，打开画面_1。在工具视图中，单击"简单对象"中的"按钮"，然后在画面中用左键合适位置单击，新建一个按钮，如图12-12所示。在该按钮的属性窗口的"常规项"中，按图12-13所示进行设置，按钮模式选择"文本"，输入OFF状态文本为"加1"。再在"事件"项中，在单击时调用加值函数IncreaseValue，如图12-14所示。

用类似方法，建立一个减1的按钮，按钮属性设置分别如图12-15和图12-16所示。图12-15为按钮的常规项设置，图12-16为减值函数的设置。

3. IO域组态

新建一个IO域组态，其常规项属性设置如图12-17所示，调用过程变量为"变量_1"。

4. 项目运行

单击启动运行系统按钮，系统即可运行，运行画面如图12-18所示，每单击一个加1按钮，IO域中的数值就会加1；每单击一次减1按钮，IO域中的数值就会减1。

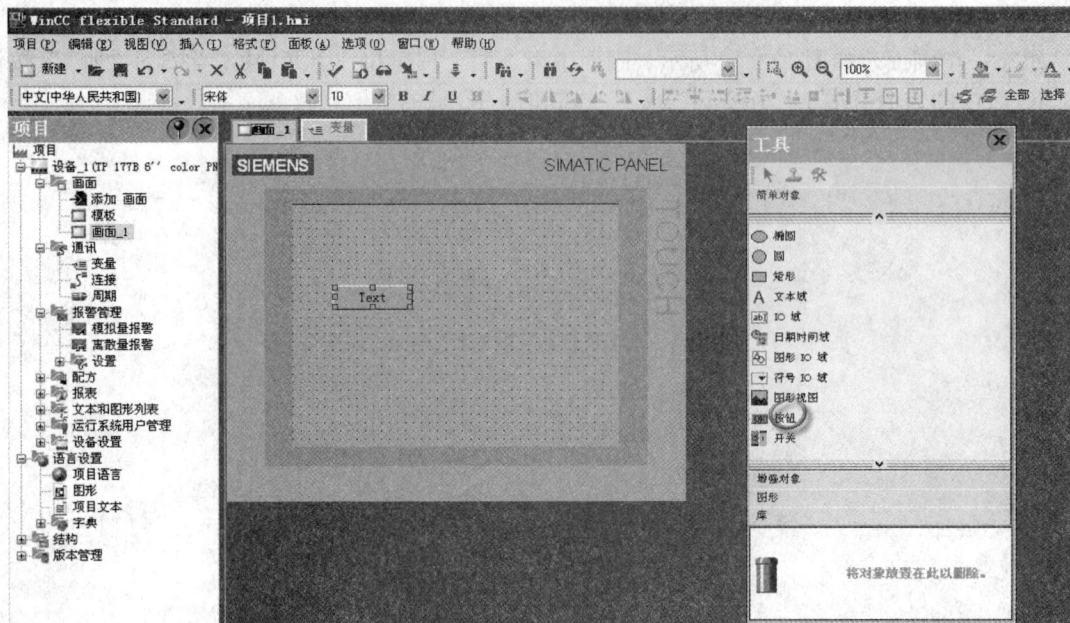

图 12-12 新建按钮

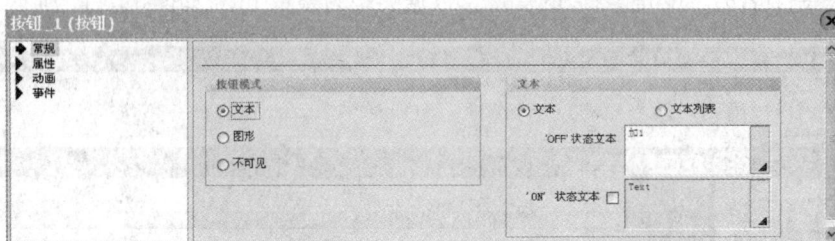

图 12-13 加1按钮常规项设置

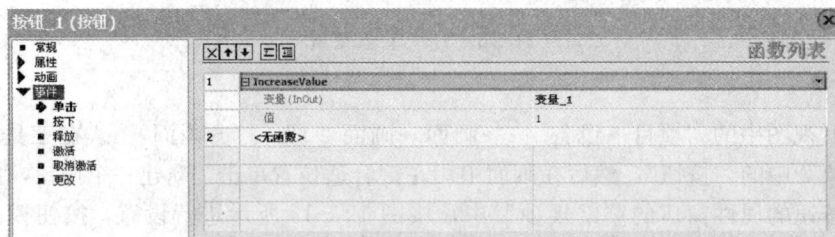

图 12-14 设置单击时变量_1加1

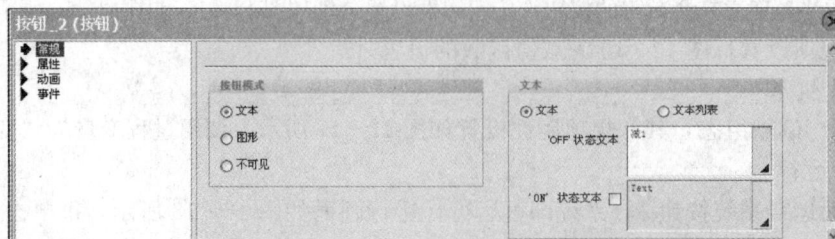

图 12-15 减1按钮常规项设置

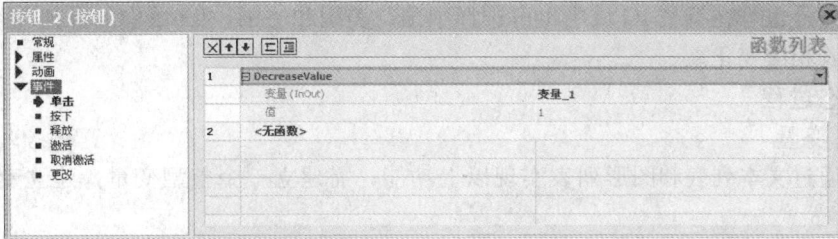

图 12 - 16 设置单击时变量 _ 1 减 1

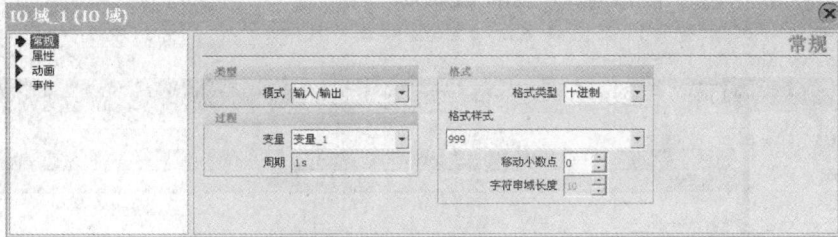

图 12 - 17 IO 域组态

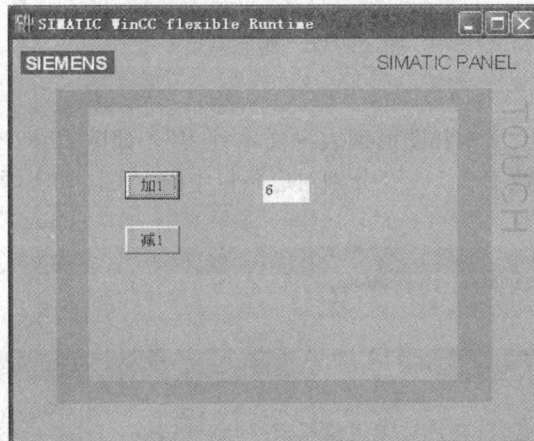

图 12 - 18 运行画面

第三节 文本列表和图形列表组态

本节介绍文本列表和图形列表的组态，另外还用到图形 IO 域和符号 IO 域等对象组态。

一、组态要求

组态如图 12 - 19 所示的画面，要求当在 IO 域中写入数字 0 时，在符号 IO 域中自动显示"中国"，在图形 IO 域中显示中国国旗。当在 IO 域中写入数字 1 时，在符号 IO 域中自动显示"美国"，在图形 IO 域中显示美国国旗。当在 IO 域中写入数字 2 时，在符号 IO 域中自动显示"法国"，在图形 IO 域中显示

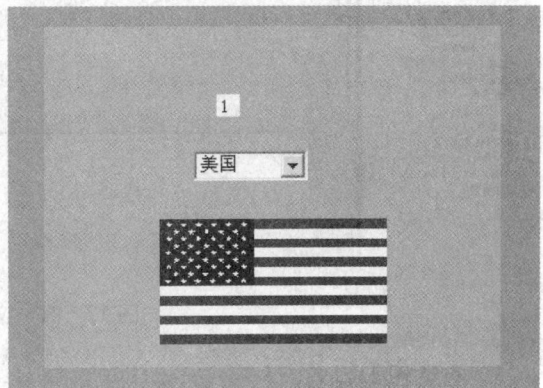

图 12 - 19 组态画面

法国国旗。另外也可在符号 IO 域中也可选择中国、美国和法国，IO 域中的数值与图形 IO 域中的国旗能跟着相应变化。

二、组态过程

1. 组态变量

为了能通过文本列表和图形列表实现以上功能，需建立一个整型变量，建立变量如图 12 - 20 所示。

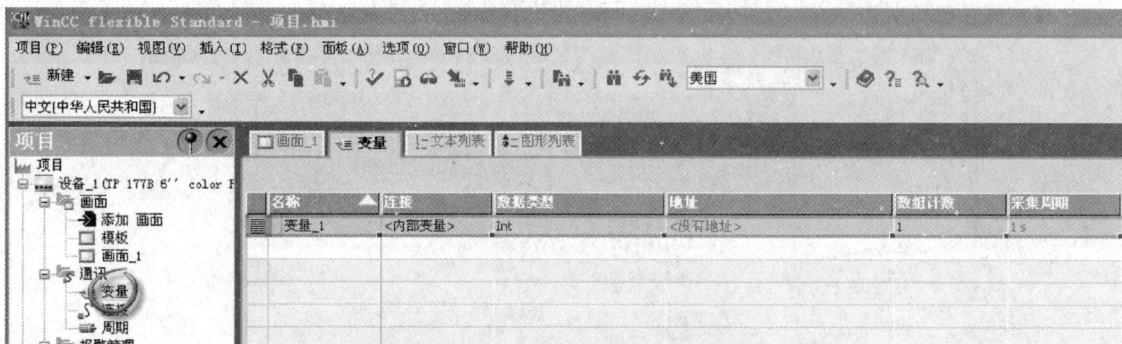

图 12 - 20　组态一个变量

2. 组态文本列表

在项目视图中，单击"文本和图形列表→文本列表"，如图 12 - 21 所示，新建一个文本列表，建立三个列表条目，数字 0、1、2 分别对应条目中国、美国和法国。

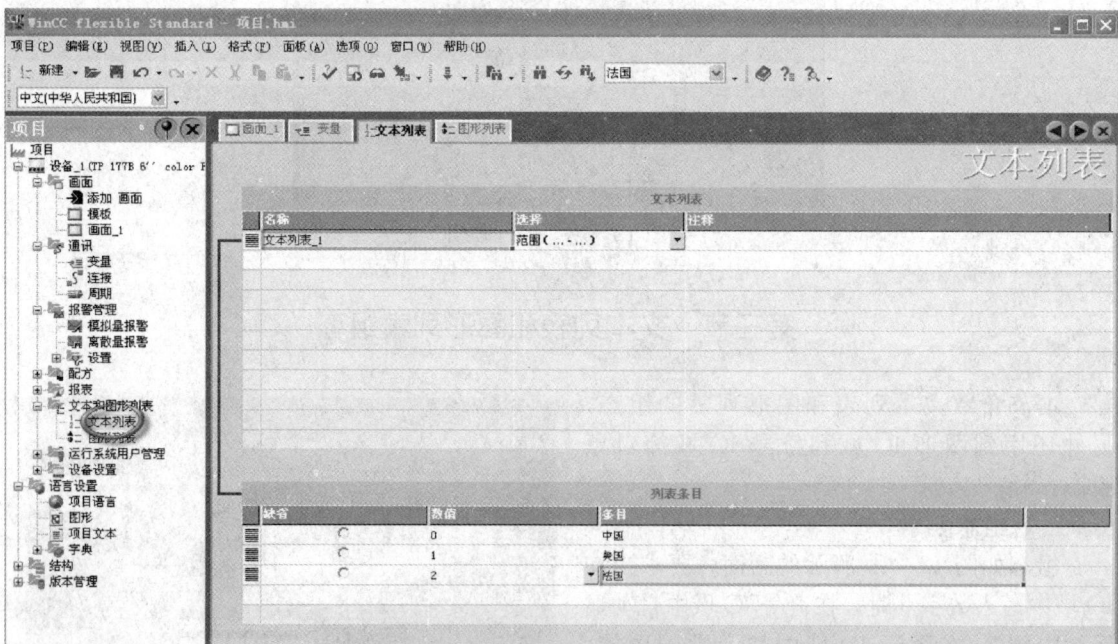

图 12 - 21　文本列表组态

3. 组态图形列表

在工具视图的"图形"中，可找到各国国旗，如图 12 - 22 所示。

　　在项目视图中，单击"文本和图形列表→图形列表"，如图 12‐23 所示，新建一个图形列表，建立三个列表条目，数字 0、1、2 分别对应条目中国国旗图形、美国国旗图形和法国国旗图形。

　　4. 画面组态

　　(1) IO 域组态。在画面中组态一个 IO 域，其属性窗口的常规项设置如图 12‐24 所示。

　　(2) 符号 IO 域组态。在工具视图的"简单视图"中单击"符号 IO 域"，在画面中组态一个符号 IO 域，如图 12‐25 所示。按图 12‐26 所示设置符号 IO 域的属性窗口中的常规项。设置模式为"输入/输出"，显示文本列表"文本列表_1"，调用过程变量"变量_1"。

　　(3) 图形 IO 域组态。在工具视图的"简单视图"中单击"图形 IO 域"，在画面中组态一个图形符号 IO 域，如图 12‐27 所示。按图 12‐28 所示设置图形 IO 域的属性窗口中的常规项。设置模式为"输入/输出"，显示图形列表"图形列表_1"，调用过程变量"变量_1"。

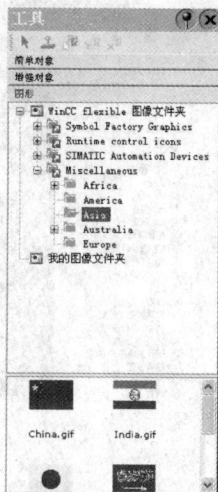

图 12‐22　国旗图形位置

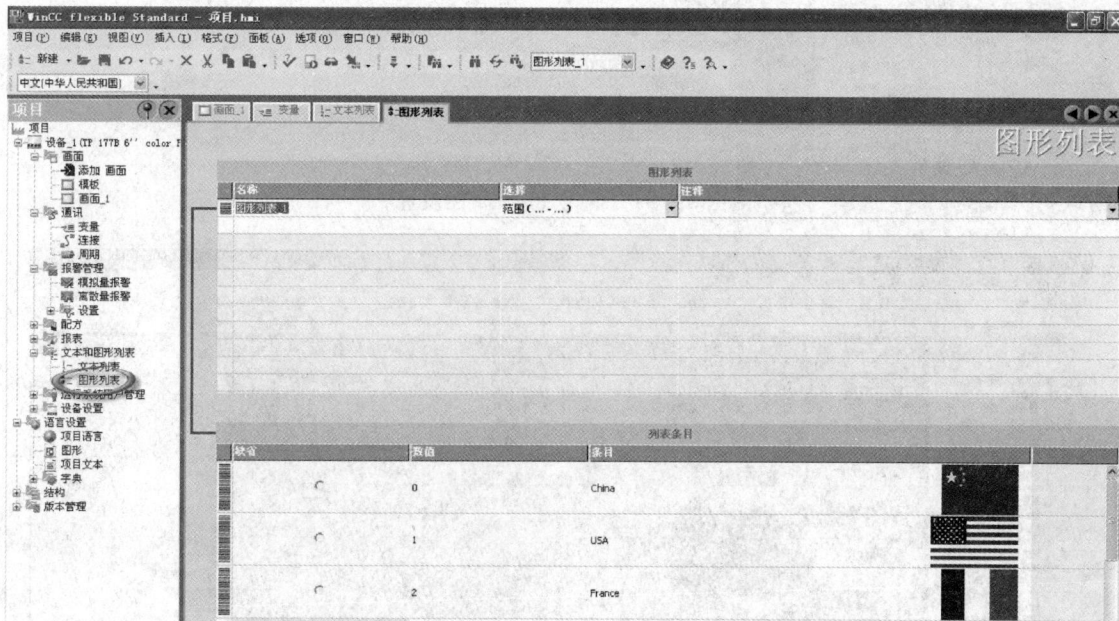

图 12‐23　组态图形列表

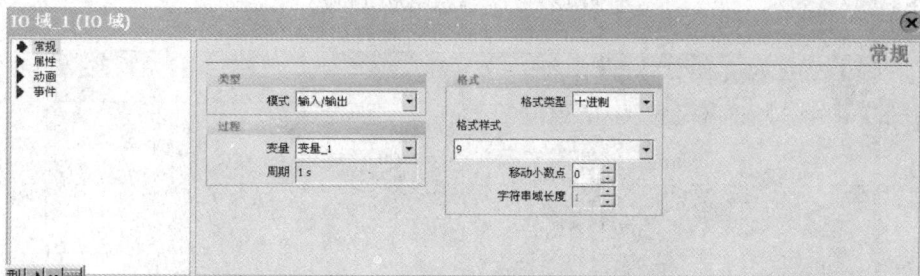

图 12‐24　IO 域属性设置

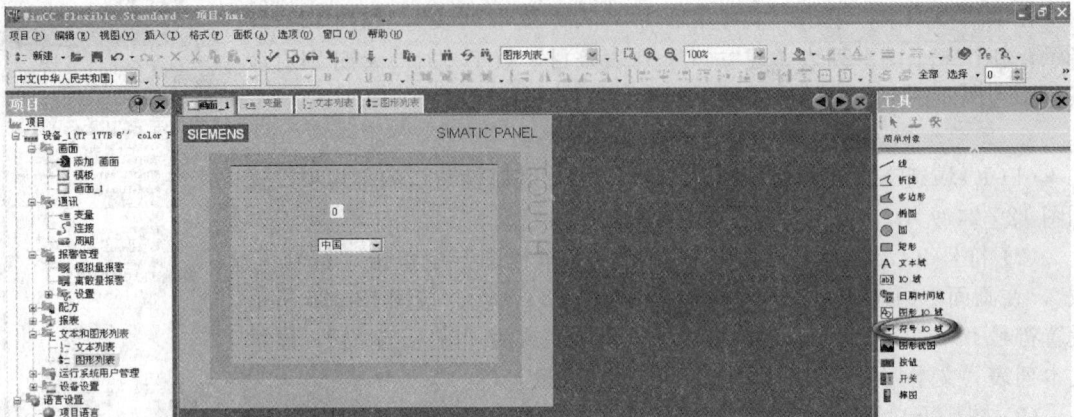

图 12-25 组态符号 IO 域

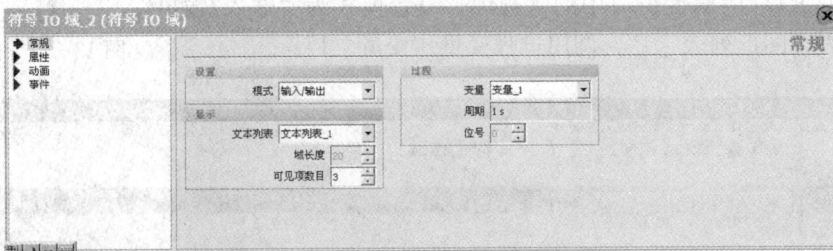

图 12-26 符号 IO 域属性设置

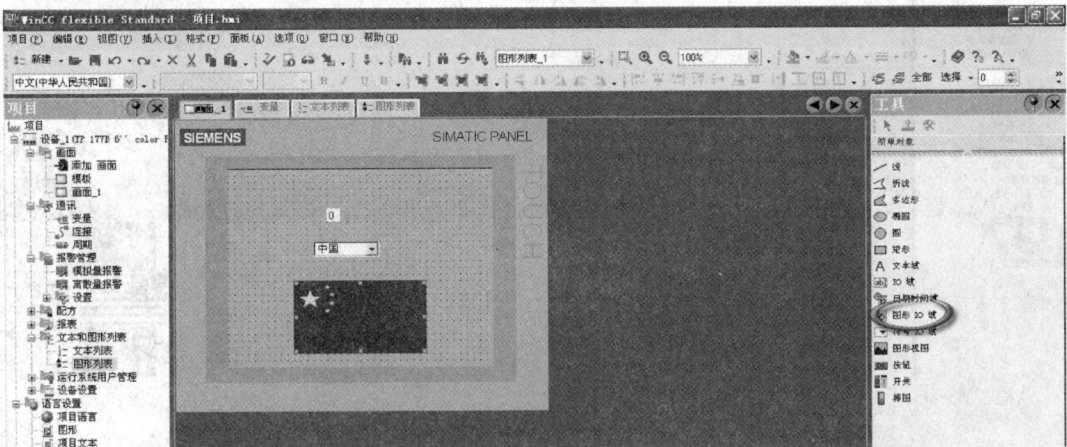

图 12-27 组态图形 IO 域

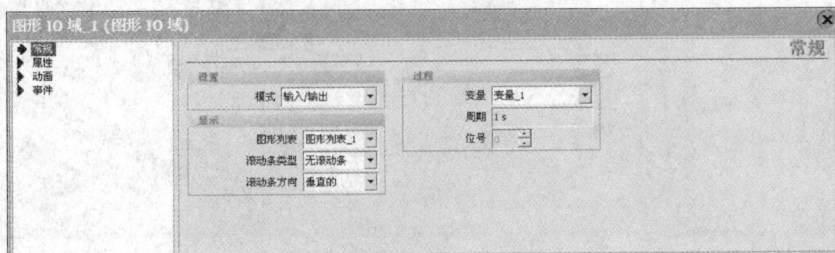

图 12-28 图形 IO 域属性设置

5. 项目运行

单击启动运行系统按钮▣，系统即可运行，可检查运行效果是否满足项目组态要求。

第四节　动　画　组　态

对象的动画组态包括外观、对角线移动、水平移动、垂直移动、直接移动和可见性组态。下面以水平移动为例对对角进行水平移动组态。

一、组态要求

如图 12-29 所示，组态 4 个矩形块，让其实现从左到右和循环移动。

二、组态过程

1. 组态变量

为了实现方块的水平移动，需建立一个整型变量。建立变量如图 12-30 所示。

图 12-29　组态画面

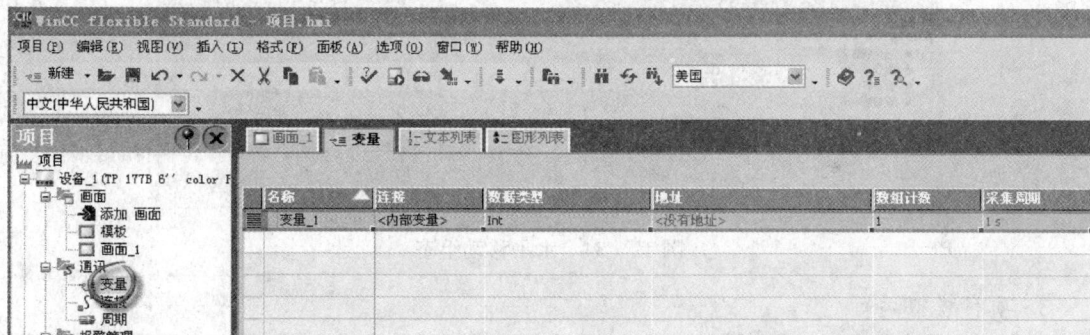

图 12-30　组态一个变量

2. 组态矩形

在工具视图的"简单视图"中单击"矩形"，如图 12-31 所示，在画面中新建一个矩形，并按图 12-32 所示在属性窗口中设定填充颜色。右键单击组态的矩形，选择"复制"→"粘贴"，得到 4 个相同的矩形，如图 12-33 所示。

图 12-31　组态矩形

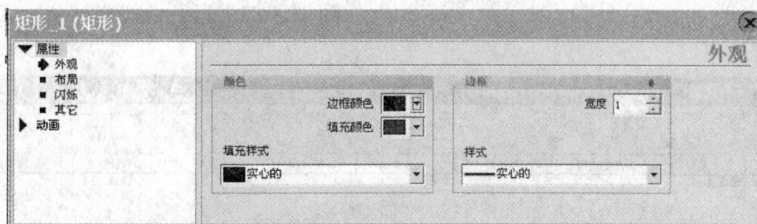

图 12-32　组态矩形颜色

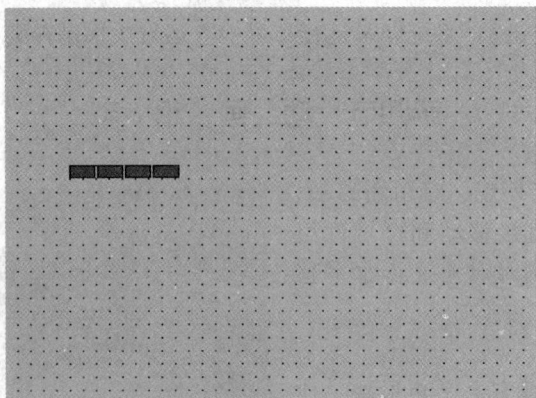

图 12-33 组态 4 个矩形

同时选中四个矩形，单击右键，选择"组合"，即可把原来的四个单独的对象合成一个对象。选中合成的对象，按如图 12-34 所示设置属性窗口中的"动画→水平移动"。启用"变量_1"范围从 0~20，起始位置和结束位置如图 12-34 所示。

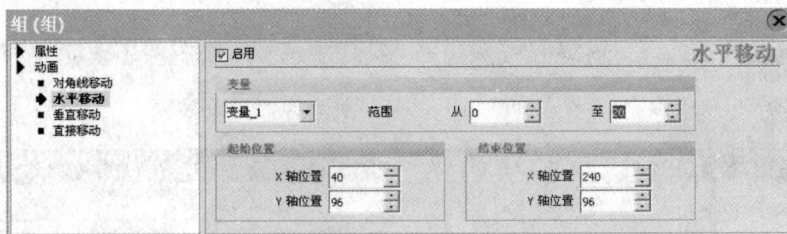

图 12-34 水平移动组态

3. 项目模拟运行

单击使用仿真器启动运行系统按钮，项目启动运行，并启动如图 12-35 所示的运行模拟器。在运行模拟器中按如图 12-36 所示设置，则变量_1 就会由 0 每隔 1s 加 2，加 10 次（即周期值）即加到 20，加到 20 后回到 0 循环执行。如此在运行画面中即可看到矩形块的水平移动。

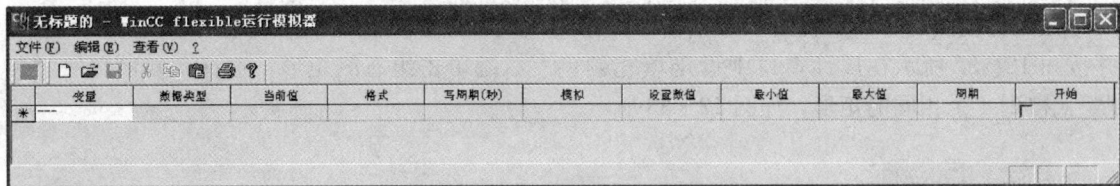

图 12-35 运行模拟器

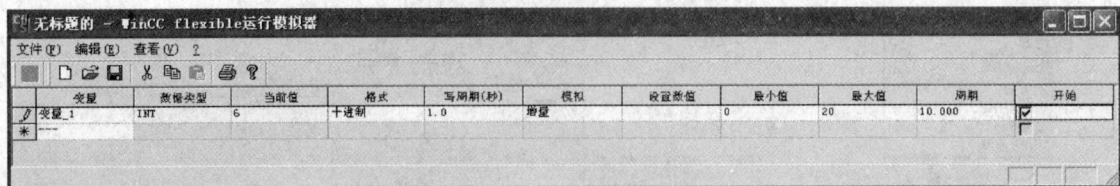

图 12-36 运行模拟器设置

第五节　变量指针组态

一、组态要求

组态如图 12-37 所示画面，在画面中可通过 IO 域分别设置 1 号、2 号、3 号水箱的液位。通过符号 IO 域来选择哪一个水箱液位，如符号 IO 域中选择 1 号水箱液位，则在下面显示 1 号水箱的液位值，并指出指针值。

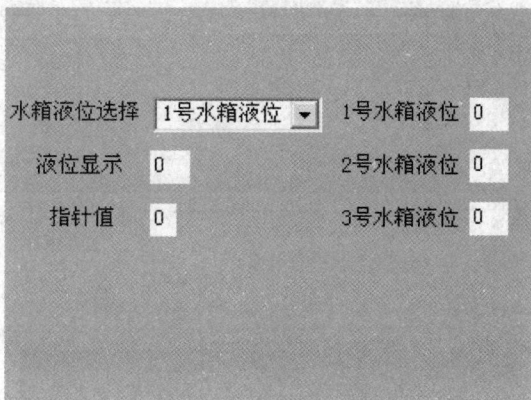

二、组态过程

1. 建立变量

建立 5 个变量，如图 12-38 所示。其中变量"液位值"的属性窗口中设置指针化项如图 12-39 所示，启用索引变量"液位指针"。索引值 0、1、2 分别对应 1 号水箱液位、2 号水箱液位和 3 号水箱液位三个变量。

图 12-37　组态画面

名称	连接	数据类型	地址
1号水箱液位	<内部变量>	Int	<没有地址>
2号水箱液位	<内部变量>	Int	<没有地址>
3号水箱液位	<内部变量>	Int	<没有地址>
液位指针	<内部变量>	Int	<没有地址>
液位值	<内部变量>	Int	<没有地址>

图 12-38　变量表

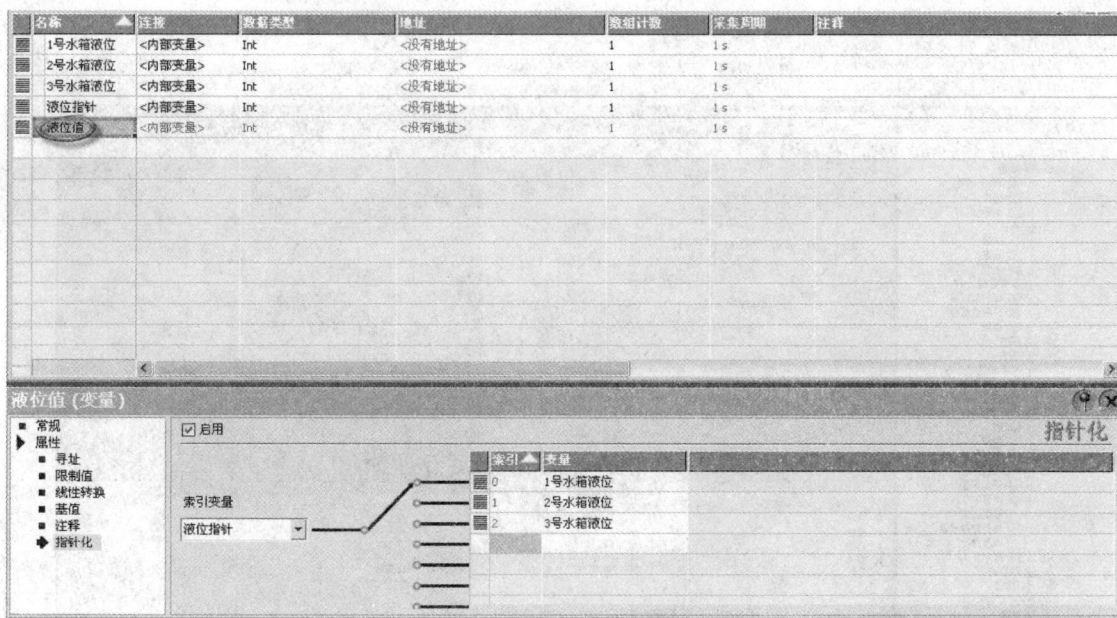

名称	连接	数据类型	地址	数组计数	采集周期	注释
1号水箱液位	<内部变量>	Int	<没有地址>	1	1 s	
2号水箱液位	<内部变量>	Int	<没有地址>	1	1 s	
3号水箱液位	<内部变量>	Int	<没有地址>	1	1 s	
液位指针	<内部变量>	Int	<没有地址>	1	1 s	
液位值	<内部变量>	Int	<没有地址>	1	1 s	

液位值 (变量)

指针化

- 常规
- 属性
  - 寻址
  - 限制值
  - 线性转换
  - 基值
  - 注释
  - 指针化

☑启用

索引变量　液位指针

索引	变量
0	1号水箱液位
1	2号水箱液位
2	3号水箱液位

图 12-39　组态索引指针

2. 组态文本列表

单击项目视图的"文本和图形列表"中的"文本列表"，创建一个名为"液位值"的文本列表，如图 12-40 所示，它的 3 个条目分别为"1 号水箱液位"、"2 号水箱液位"和"3 号水箱液位"。

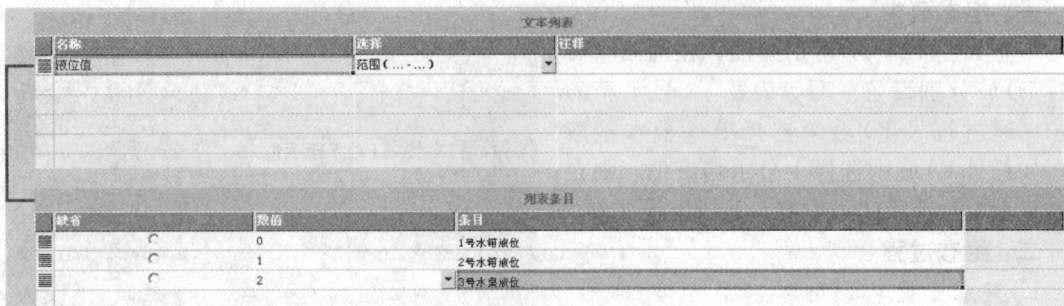

图 12-40 文本列表

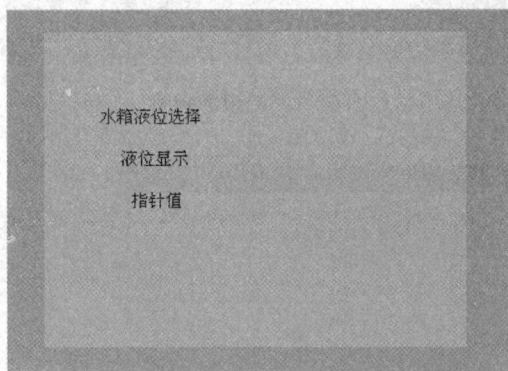

3. 组态三个文本域

组态三个文本域，分别为"水箱液位选择"、"液位显示"和"指针值"，如图 12-41 所示。

4. 组态符号 IO 域

点出画面，左键单击工具视图的简单视图中的"符号 IO 域"，然后在画面中组态一个符号 IO 域。符号 IO 域及其属性设置如图 12-42所示。在属性常规项中设置显示文本列表为"液位值"，调用过程变量"液位指针"，模式为"输入/输出"。

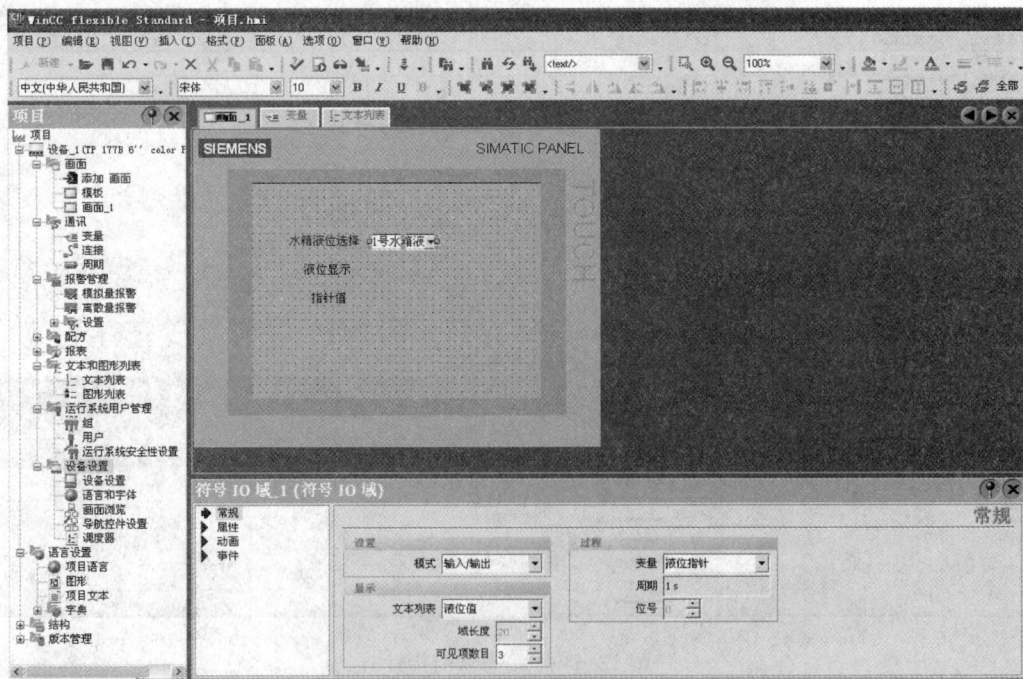

图 12-41 组态三个文本域

图 12-42 组态符号 IO 域

5. IO 域组态

组态一个液位显示的 IO 域，其属性设置如图 12-43 所示，调用过程变量"液位值"。

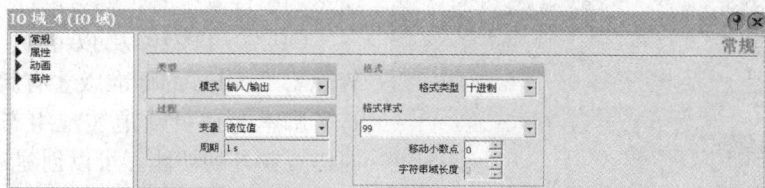

图 12-43　液位显示 IO 域

组态一个显示指针值的 IO 域，其属性设置如图 12-44 所示，调用过程变量"液位指针"。

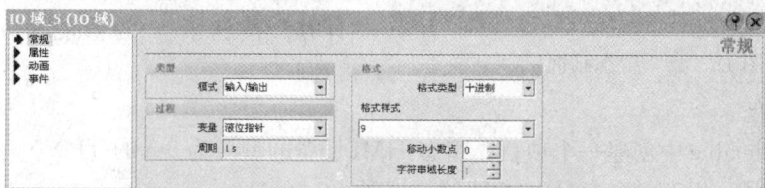

图 12-44　指针值 IO 域

6. 其他文本域和 IO 域组态

组态如图 12-45 所示的文本域和 IO 域，可用来设定 3 个水箱的液位值。

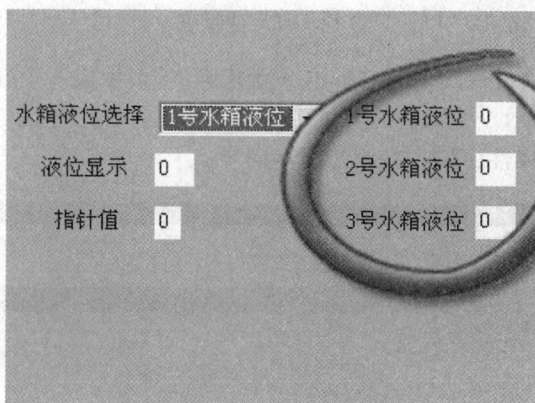

图 12-45　其他 IO 域组态

7. 项目运行

单击启动运行系统按钮，系统即可运行，可检查运行效果是否满足项目组态要求。

第六节　运行脚本组态

WinCC flexible 提供了预定义的系统函数，用于常规的组态任务。WinCC flexible 支持 VB（Visual Basic Script）脚本功能，VBS 又称为运行脚本，实际上就是用户自定义的函数，VBS 用来在 HMI 设备需要附加功能时创建脚本。运行脚本具有编程接口，可以在运行时访问部分项目数据。

可以在脚本中保存自己的 VB 脚本代码。像其他系统函数一样，可以在项目中直接调用脚本。在脚本中可以访问项目变量和 WinCC flexible 运行时的对象模块。

脚本的使用方法与系统函数相同，可以为脚本定义调用参数和返回值。

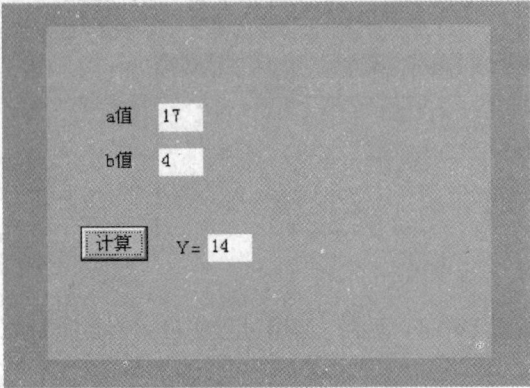

图 12-46　组态画面

与系统函数的执行相同，在运行时，当组态的事件发生时，就会执行脚本。

OP270/TP270 及以上的 HMI 设备和 WinCC flexible 的标准版才有脚本功能。使用运行脚本允许灵活地实现组态，如果在运行时需要额外的功能，可以创建运行脚本。

1. 组态要求

组态一个脚本函数 $Y = \dfrac{(a+b) \times 2}{3}$，并组态监视画面，如图 12-46 所示，在画面中按"计算"按钮后 Y 的值能由 a、b 的值计算得到。

2. 组态过程

在 WinCC flexible 中创建一个项目，组态 HMI 设备的型号为 6in 的 TP270。

(1) 组态变量。组态 3 个变量，如图 12-47 所示。

名称	连接	数据类型	地址
a	<内部变量>	Int	<没有地址>
b	<内部变量>	Int	<没有地址>
Y	<内部变量>	Int	<没有地址>

图 12-47　变量表

(2) 创建脚本。双击项目视图中的"脚本→新建脚本"，生成一个新的脚本，同时脚本编辑器被打开，如图 12-48 所示。编辑器的上半部分是工作区，在工作区编写脚本的程序代码。编辑器的下半部分是脚本的属性窗口，右侧是脚本向导。

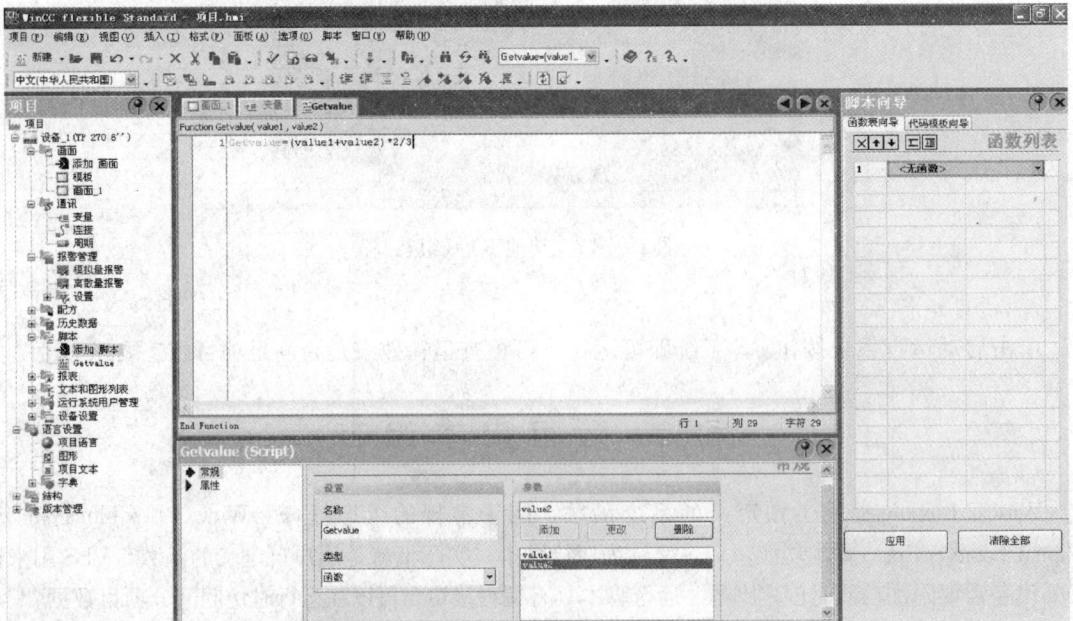

图 12-48　脚本编辑器

（3）组态脚本的名称。在脚本的属性视图中，设置生成的脚本的名称为"Getvalue"，脚本名称的第一个字符必须为大写字母，后面的字符必须是字母、数字或下划线，不能有空格和汉字。

（4）组态脚本类型。脚本类型有两种：函数和子程序（Sub）。二者的唯一区别在于函数有一个返回值，子程序类型脚本作为"过程"引用，没有返回值。本项目选择脚本类型为函数。

注意

本项目若脚本类型选择为函数，则只需建立2个接口参数，若选择为子程序，则要建立3个接口参数。

（5）组态脚本的接口参数。在属性视图的"参数"文本框中，输入脚本函数的参数"value1"，单击"添加"按钮，该参数被添加到按钮下面的参数列表中。用同样方法，加入参数"value2"。

（6）编写脚本的代码。根据计算要求，在工作区编写计算的语句如下：

$$\text{Getvalue} = \frac{(\text{value1} + \text{value2}) \times 2}{3}$$

（7）画面组态。组态如图12-46所示画面，a值的IO域属性窗口设置如图12-49所示，b值的IO域属性窗口设置如图12-50所示，Y值的IO域属性窗口设置如图12-51所示。

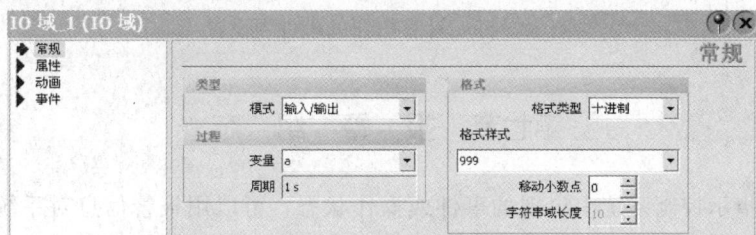

图 12-49　a值的IO域属性设置

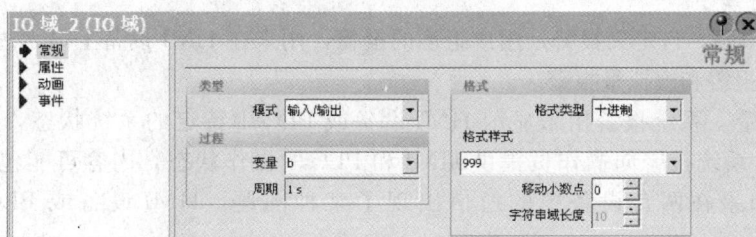

图 12-50　b值的IO域属性设置

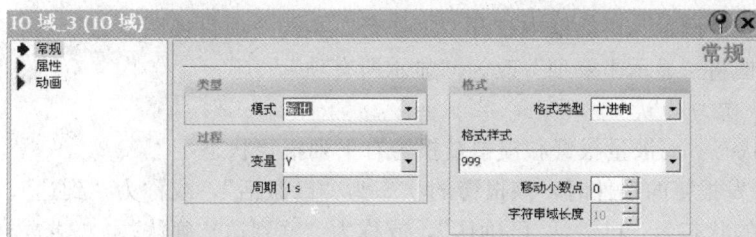

图 12-51　Y值的IO域属性设置

画面中"计算"按钮的属性窗口的常规项设置如图 12-52 所示，在事件项中调用脚本 Getvalue，如图 12-53 所示。

图 12-52　计算按钮的常规项设置

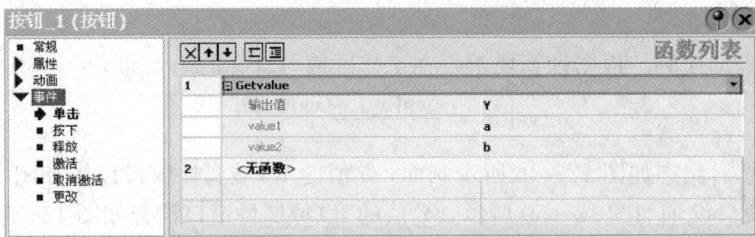

图 12-53　计算按钮的事件项设置

第七节　报　警　组　态

报警是用来指示控制系统中出现的事件或操作状态，可以用报警信息对系统进行诊断。报警事件可以在 HMI 设备上显示，或输出到打印机，也可将报警事件保存在报警记录中。

一、报警的基本概念

1. 报警的分类

（1）自定义报警。自定义报警是用户组态的报警，用来在 HMI 设备上显示过程状态，自定义报警分离散量报警和模拟量报警。

（2）系统报警。系统报警用来显示 HMI 设备或 PLC 中特定的系统状态，是在这些设备中预先定义的。系统报警向操作员提供 HMI 和 PLC 的操作状态，内容可能包括从注意事项到严重错误。如果在两台设备中的通信出现了某种问题，HMI 设备或 PLC 将触发系统报警。

有两种类型的系统报警：HMI 设备触发的系统报警和 PLC 触发的系统报警。

在 WinCC flexible 的默认设置下，看不到"系统报警"图标。为了显示，可以执行菜单命令"选项→设置"，在"设置"对话框中打开"工作台"类的"项目视图设置"，用"更改项目树显示的模式"选项框将"显示主要项"改为"显示所有项"。

2. 报警的状态与确认

（1）报警的状态。离散量报警和模拟量报警有下列报警状态：

1）满足了触发报警的条件时，该报警的状态为"已激活"，或称为"到达"。操作员确认了报警后，该报警的状态为"已激活/已确认"，或称为"（到达）确认"。

2）当触发报警的条件消失时，该报警的状态为"已激活/已取消激活"，或称为"（到达）离开"。如果操作人员确认了已取消激活的报警，该报警的状态为"已激活/已取消激活/已确认"，或为"（到达确认）离开"。

（2）报警的确认。有的报警用来提示系统处于关键性或危险性的运行状态，要求操作人员对报警进行确认。操作人员可以在 HMI 设备上确认报警，也可以由 PLC 的控制程序来置位指定的变量中的一个特定位，以确认离散量报警。在操作员确认时，指定的 PLC 变量中的特定位将被置位。操作员可以用下列元件进行确认：

1）某些操作员面板上的确认键（ACK）。

2）触摸屏画面上的按钮，或操作员面板上的功能键。

3）通过函数列表或脚本中的系统函数进行确认。

报警类型决定了是否需要确认该报警。在组态报警时，既可指定报警由操作员逐个进行确认，也可对同一报警组内的报警集中进行确认。

二、组态离散量报警

一个字有 16 位，可以组态 16 个离散量报警。离散量报警用指定的字变量内的某一位来触发。

在项目视图中单击"离散量报警"，在报警表中组态一个离散量报警，如图 12-54 所示。由变量"变量_1"的第 0 位触发该报警。

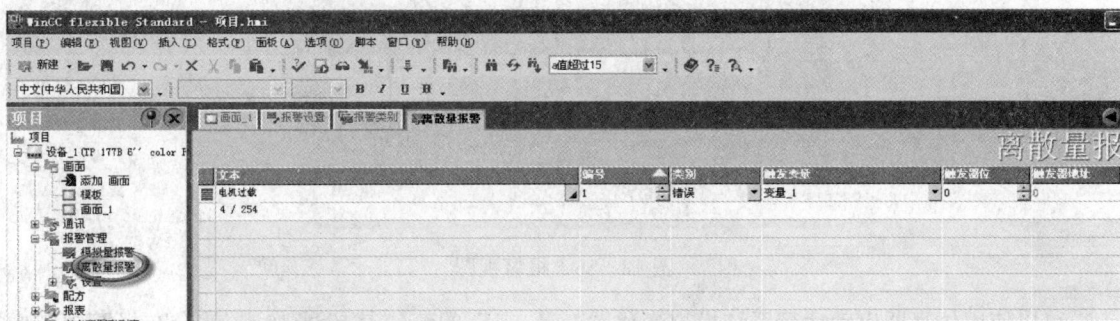

图 12-54　组态离散量报警

报警类型有以下 4 种：

（1）错误。用于离散量报警和模拟量报警，指示紧急的或危险的操作和过程状态，这类报警必须确认。

（2）诊断事件。用于离散量和模拟量报警，指示常规操作状态，过程状态和过程顺序，这类报警不需要确认。

（3）警告。用于离散量和模拟量报警，指示不是太紧急的或危险的操作和过程状态，这类报警必须确认。

（4）系统。用于系统报警，提示操作员有关 HMI 和 PLC 操作状态的信息。这类报警不能用于自定义的报警。

三、模拟量报警

模拟量报警用变量的限制值来触发。

在项目视图中单击"模拟量报警"，在报警表中组态一个模拟量报警，如图 12-55 所示。当变量"变量_1"大于 100 时，产生报警。

四、报警视图的组态

报警视图用于显示当前出现的报警。在工具视图的简单对象中，单击"报警视图"，然后在画面中组态报警视图，如图 12-56 所示。

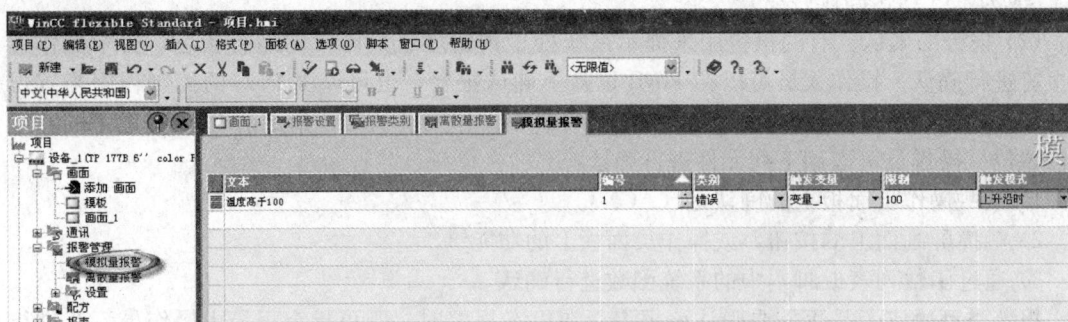

图 12 - 55　组态模拟量报警

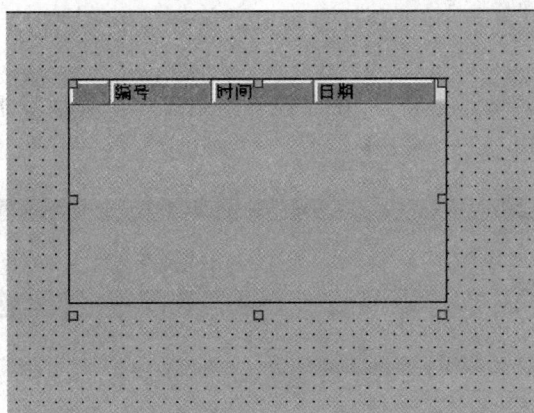

图 12 - 56　报警视图

可以使用仿真器启动运行系统模拟变化"变量_1"的值使其超过 100，就会在报警视图中输出报警。

第十三章　WinCC flexible 循环灯控制

第一节　项　目　描　述

本章通过一个循环灯控制项目，学习 WinCC flexible 基本组态技术的应用，项目要求如下：

（1）编写循环灯的 PLC 控制程序。要求按下启动触摸键后，第一只灯亮 1s 后熄灭，然后接着第二只灯亮 1s 后熄灭，再接着第三只灯亮 1s 后熄灭，如此循环。当按下停止触摸键后，三只灯都熄灭。

（2）运用 WinCC flexible 创建新项目，与 S7 - 200 PLC 建立连接，建立 5 个变量，分别对应启动按钮、停止按钮和 3 个指示灯。

（3）在项目中生成新画面，组态启动按钮、停止按钮各 1 个，指示灯 3 个。要求按下启动按钮时，实现 3 只灯的循环点亮，当按下停止按钮时实现 3 只灯的熄灭。

（4）能把 WinCC flexible 项目下载至触摸屏中，并实现与 PLC 的在线运行。

（5）项目参考画面，如图 13 - 1 所示。

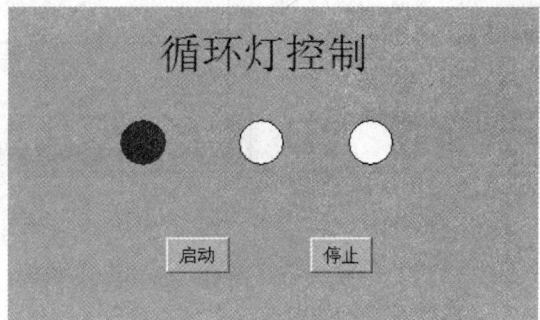

图 13 - 1　循环灯控制工程参考画面

第二节　S7 - 200 PLC 程序设计

HMI 与 PLC 要进行数据交换，首先编写 PLC 控制程序。

打开 S7 - 200 PLC 编程软件 STEP7 - Micro/WIN，界面如图 13 - 2 所示。

一、设置通信

连接好 PLC 的 USB 下载线，设置编程软件通过 USB 接口的下载线与 PLC 进行通信。

双击图 13 - 2 中左侧 View 下的 System Block，出现如图 13 - 3 画面。在该画面中把 Baud Rate 设为 187.5kbp，其他参数优质缺省设置即可，然后单击 OK 按钮。

注意

　　系统块中的通信速率必须与其通信的触摸屏的通信速率一致，否则会造成 PLC 与触摸屏通信失败。

双击图 13 - 2 中左侧 View 下的 Set PG/PC interface，出现如图 13 - 4 所示画面。在 Interface Paramenter Assignment 中选择 PC/PPI cable（PPI），然后单击 Properties 按钮，进入如图 13 - 5 所示画面。在 Transmission rate 中设置为 187.5kb/s 或其他速率，如图 13 - 6 所示。然后在图 13 - 6 单击选项 Local Connection，出现如图 13 - 7 所示画面，把 Connection to 设为 USB，如图 13 - 8

所示，然后单击 OK 按钮，回到图 13 - 2 初始界面。

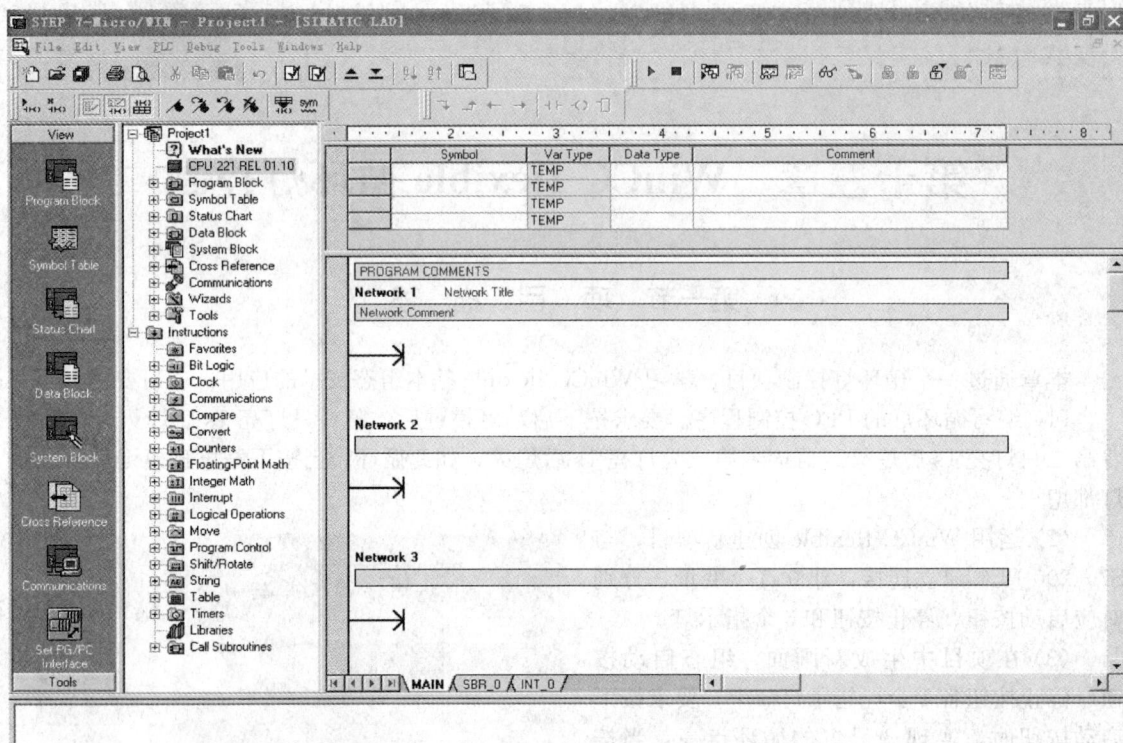

图 13 - 2　编程软件 STEP7 - Micro/WIN 界面

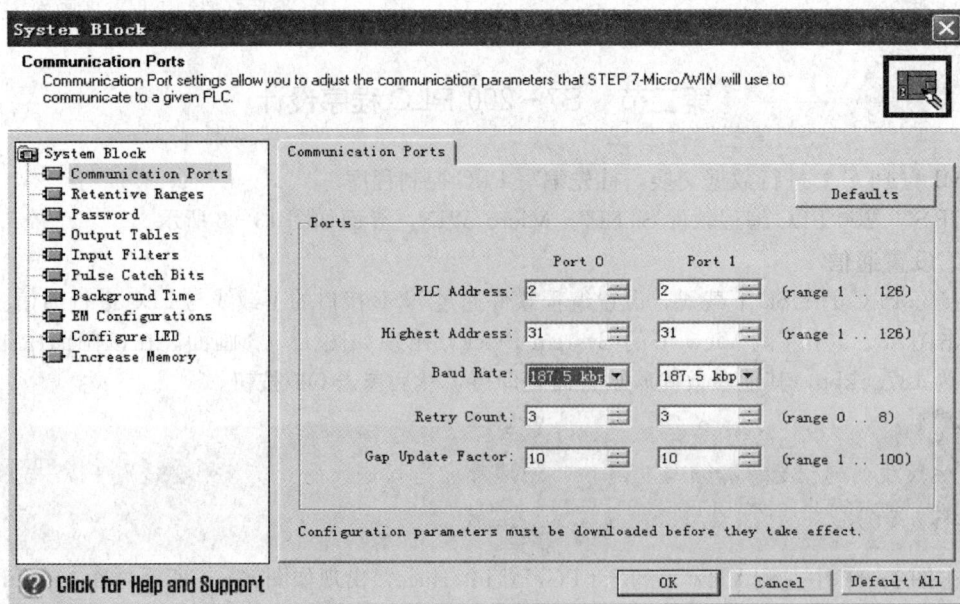

图 13 - 3　通道通信设置画面

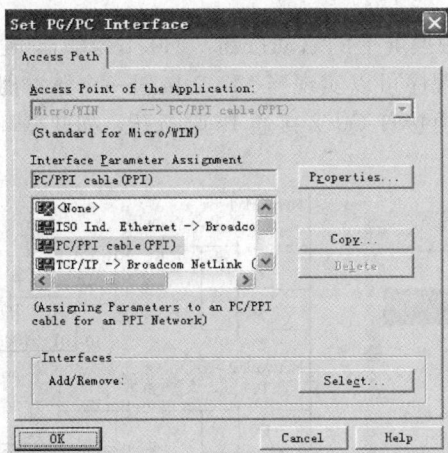

图 13-4 Set PG/PC interface 设置画面

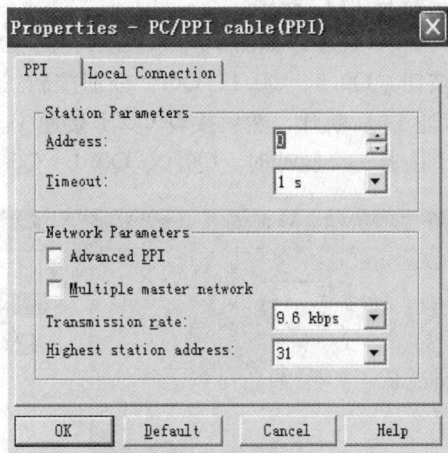

图 13-5 Properties - PC/PPI cable（PPI）画面（一）

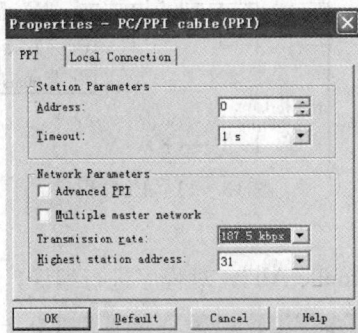

图 13-6 Properties - PC/
PPI cable（PPI）画面（二）

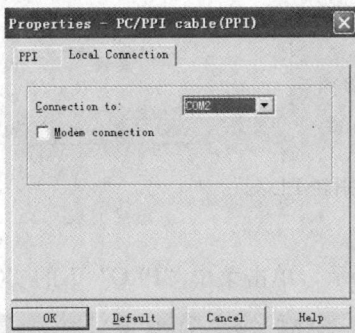

图 13-7 通信口设置（一）

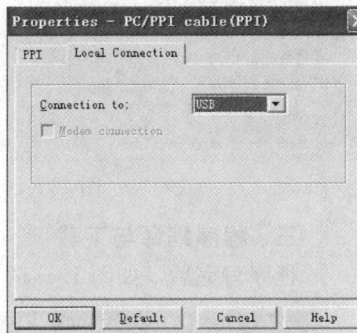

图 13-8 通信口设置（二）

　　在图 13-2 界面中，双击左侧 View 下的 Communications，出现如图 13-9 所示画面。双击右侧的"双击以刷新"刷新后如图 13-10 所示，刷新 PLC，然后单击"确认"按钮。

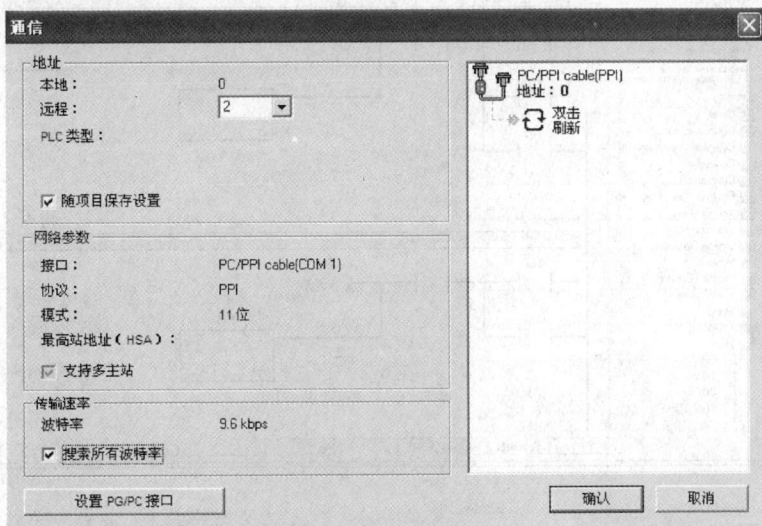

图 13-9 通信画面

二、编写 PLC 程序

编写 PLC 程序，如图 13-11 所示。其中 M0.0 为触摸屏上的启动按钮，M0.1 为触摸屏上的停止按钮，Q0.0、Q0.1、Q0.2 分别控制三只灯。此程序可以实现当 M0.0 接通一个脉冲时，Q0.0 接通 1s 后断开，然后接着 Q0.1 接通 1s 后断开，再接着 Q0.2 接通 1s 后断开，如此循环。当 M0.1 接通一个脉冲时，Q0.0、Q0.1、Q0.2 都断开。

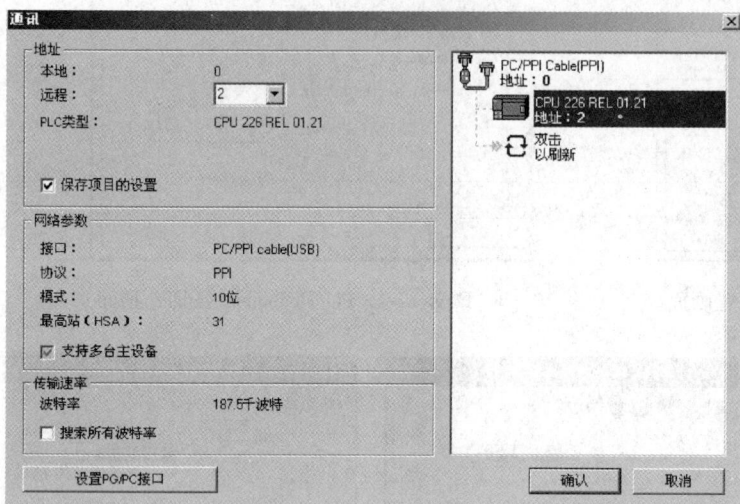

图 13-10 刷新 PLC

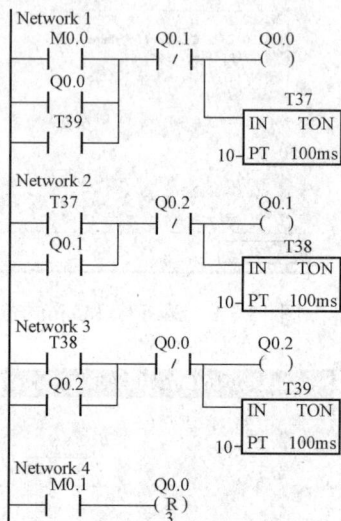

图 13-11 PLC 程序

三、程序编译与下载

程序写完后，如图 13-12 所示，单击菜单 "PLC" 下的 "Compile All"，对程序进行编译，

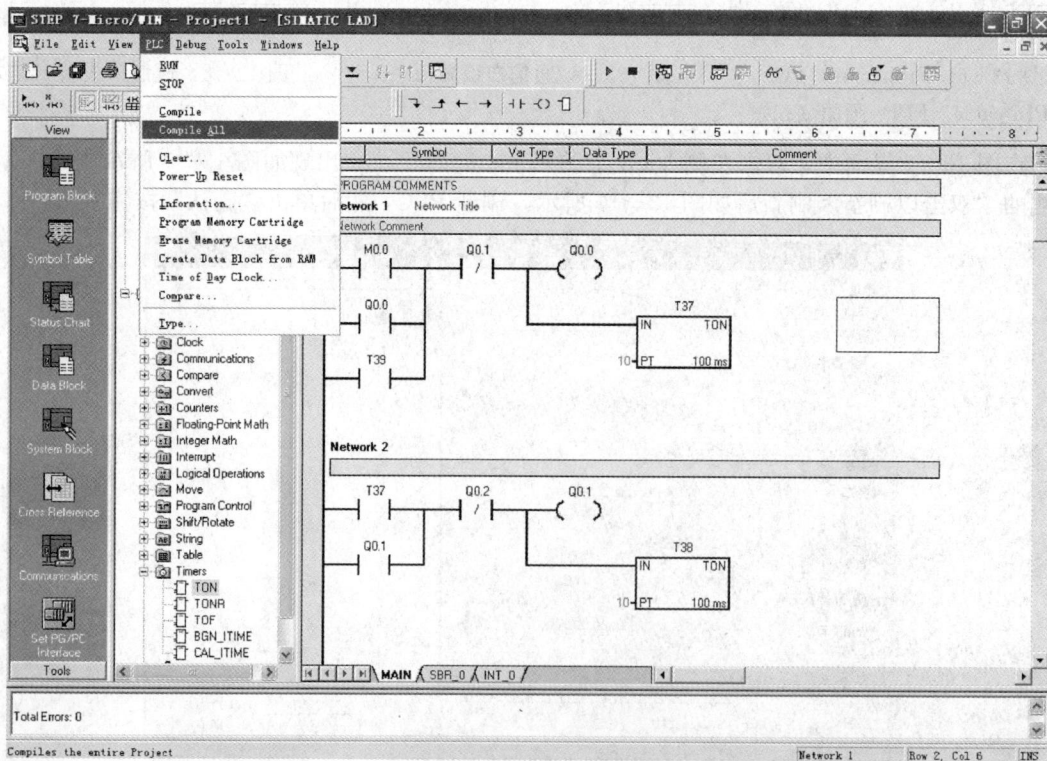

图 13-12 程序编译

编译结果会在图 13－12 中的下方显示，如"Total errors：0"表示程序编译无错误。

如图 13－12 所示，单击工具栏中二的按钮，然后在出现的画面中单击下载。就可把程序下载至 PLC 中，若无法下载，则需要重新设置通信。

第三节　WinCC flexible 创建新项目

打开 WinCC flexible 组态软件，显示如图 13－13WinCC flexible 初始界面。在此画面中有 5 个选项：打开最新编辑的项目、使用项目向导创建一个新项目、打开一个现有项目、创建一个新项目和打开一个 ProTool 项目。

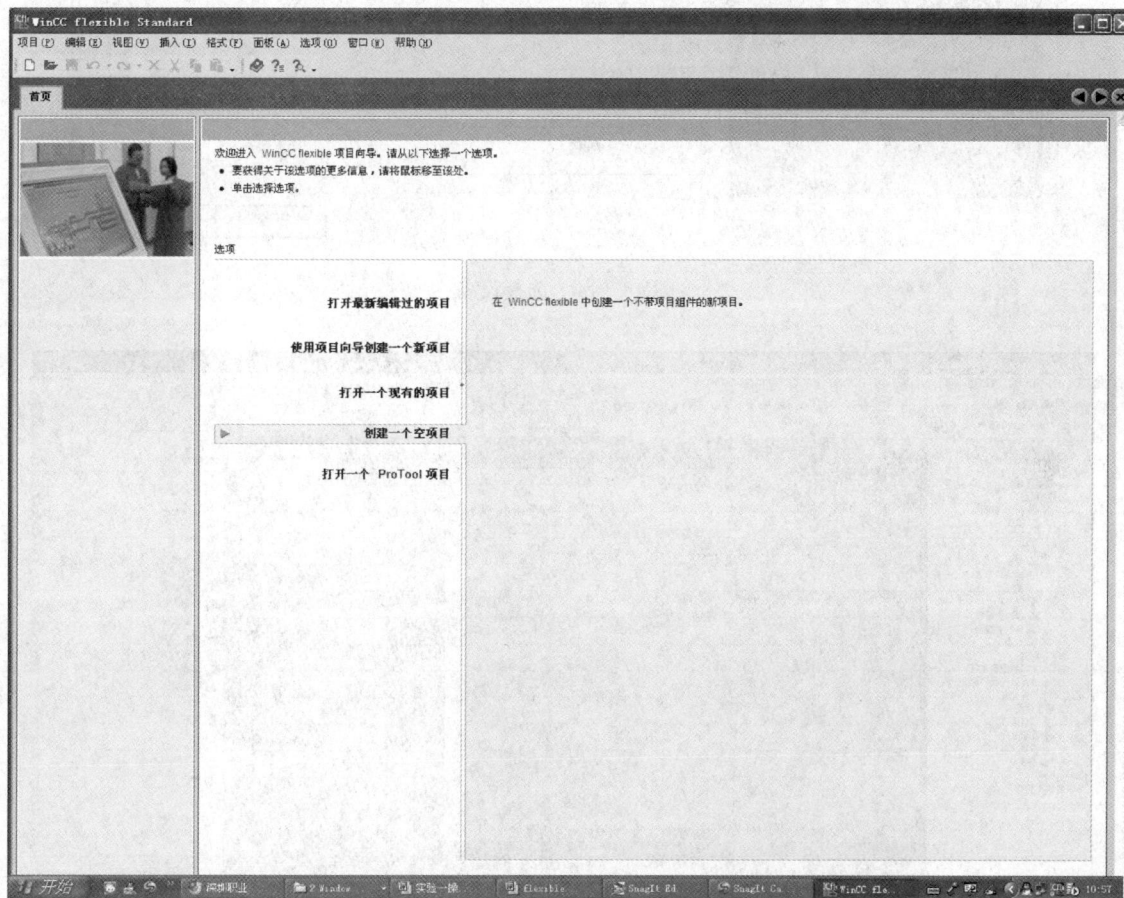

图 13－13　WinCC flexible 初始界面

在图 13－13 中，选择"创建一个空项目"，出现如图 13－14 所示画面。选择 Panels→170→TP170B color PN/DP，然后单击"确定"按钮，出现如图 13－15 所示画面。

注意

可根据现有触摸屏的型号进行选择。

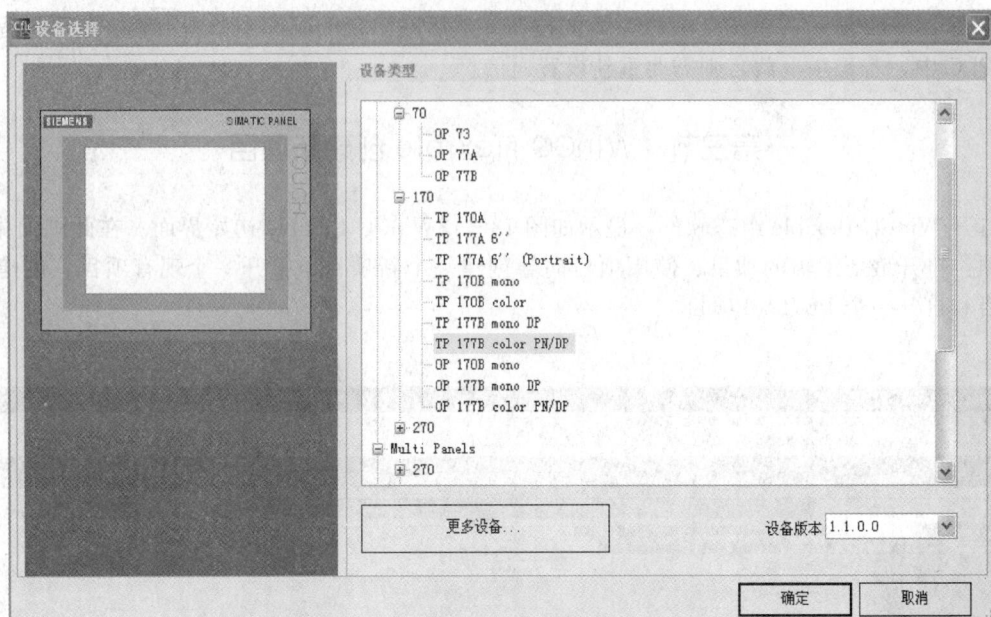

图 13 - 14　选择设备

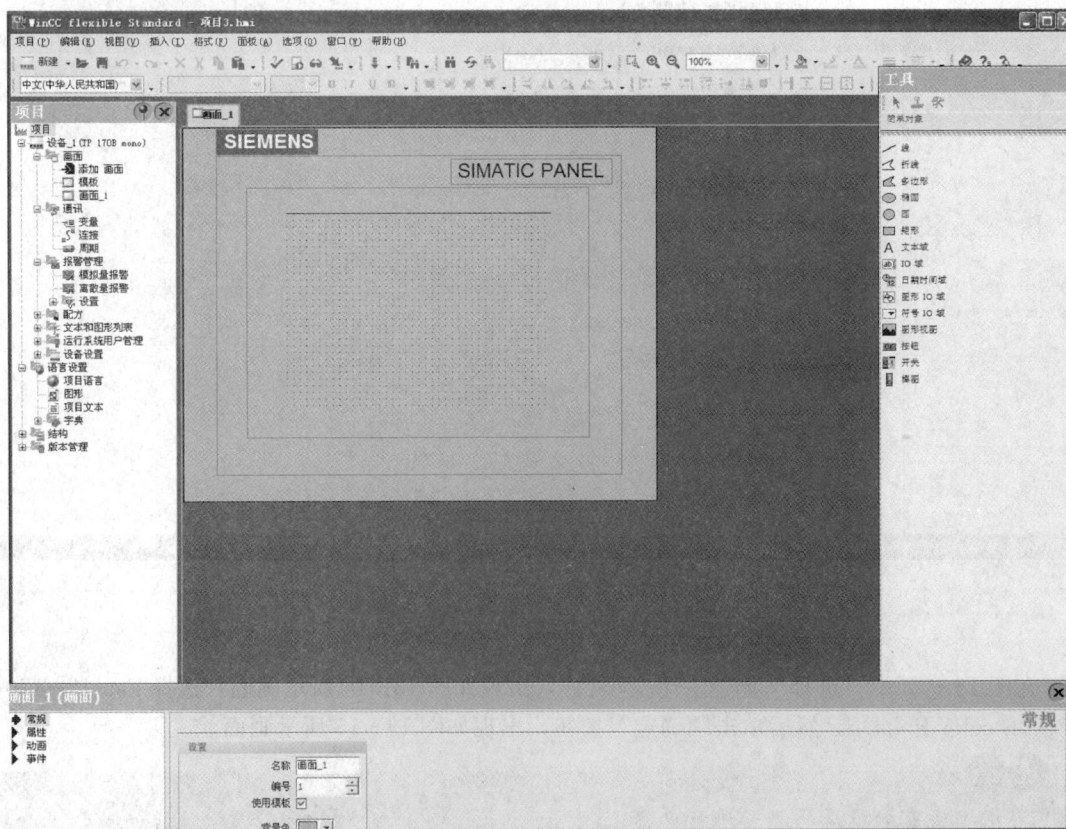

图 13 - 15　项目画面

第四节 建立与PLC的连接

在图 13-15 的项目视图中，双击"项目→设备-1→通信"下的"连接"，出现如图 13-16 所示画面。

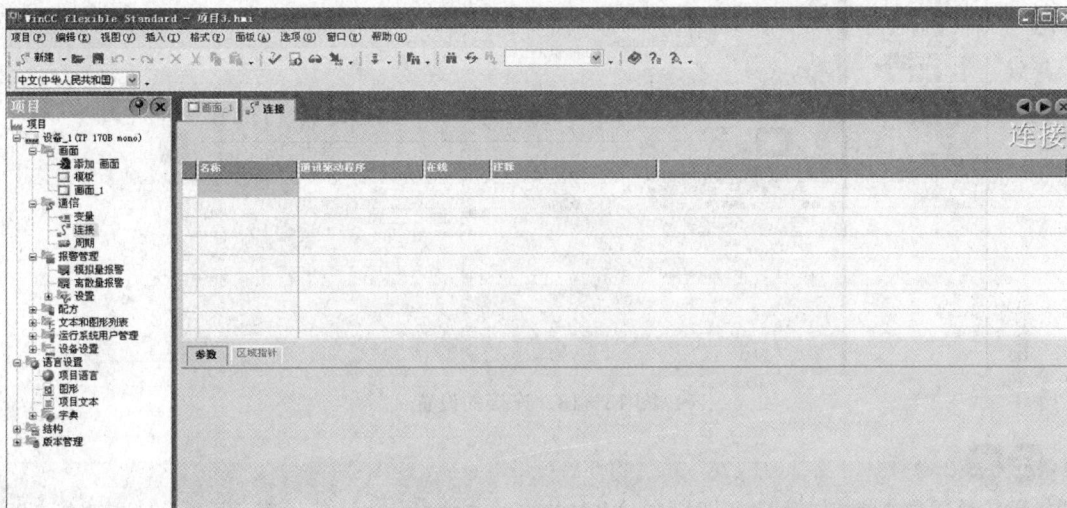

图 13-16 连接画面（一）

在连接表"名称"列的第一行用鼠标双击，出现如图 13-17 所示画面。可以对连接进行命名，连接名改为"PLC"。在这里选择 S7-200 PLC，并在下方设置触摸屏与 PLC 的通信设置。具体设置如图 13-18 所示。

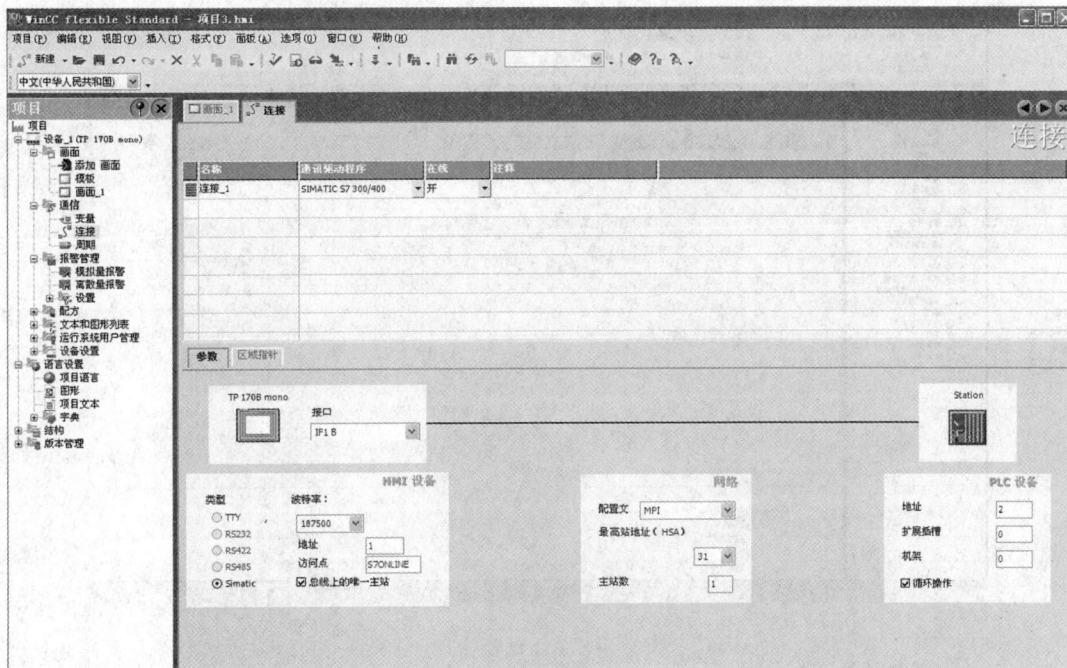

图 13-17 连接画面（二）

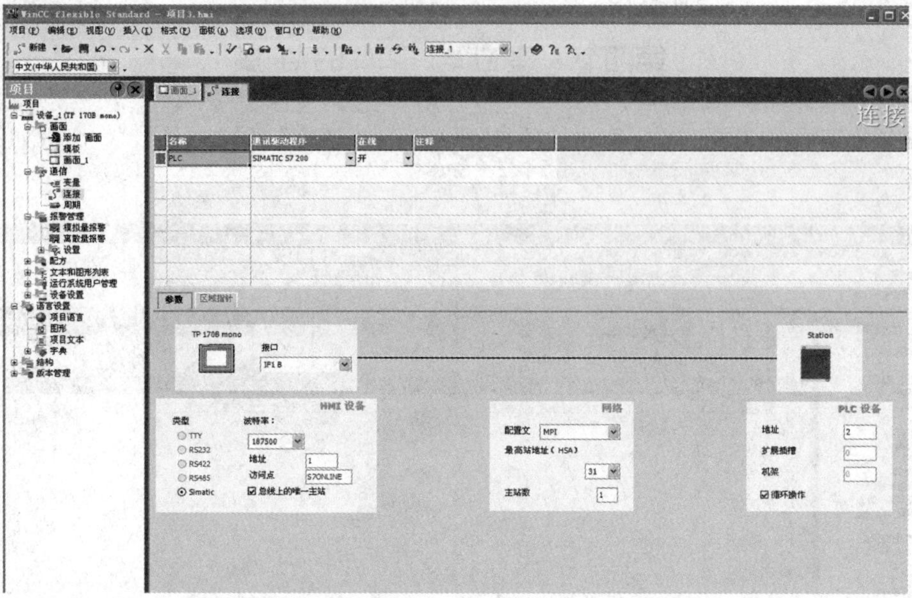

图 13-18　连接的设置

注意

　　PLC 的通信波特率与地址应与 PLC 的系统块中的波特率与地址值一致，否则会造成通信失败。

第五节　变量的生成与组态

双击项目视图中的"通信→变量"，出现如图 13-19 所示的变量窗口。

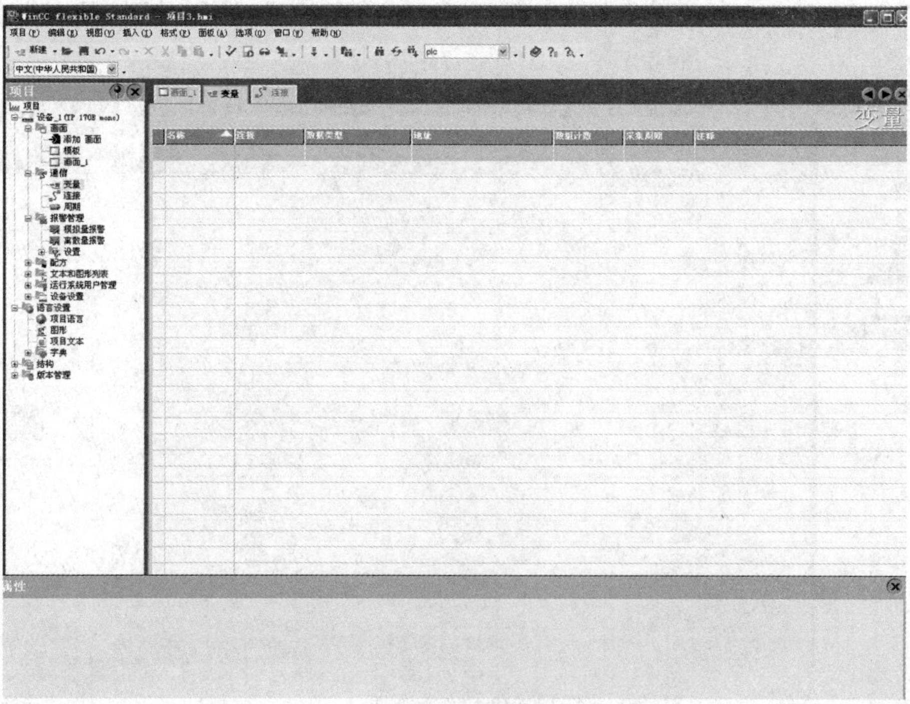

图 13-19　变量窗口

在变量窗口表的第一行处用鼠标双击，则自动建立一个新变量，如图 13-20 所示。名称项中可以定义变量的名称，在连接项中选择连接的设备或内部变量，如果是选择外部连接设备，则在地址中要选择对应的变量地址。如图 13-21 所示，用同样方法建立 5 个 IO 变量。

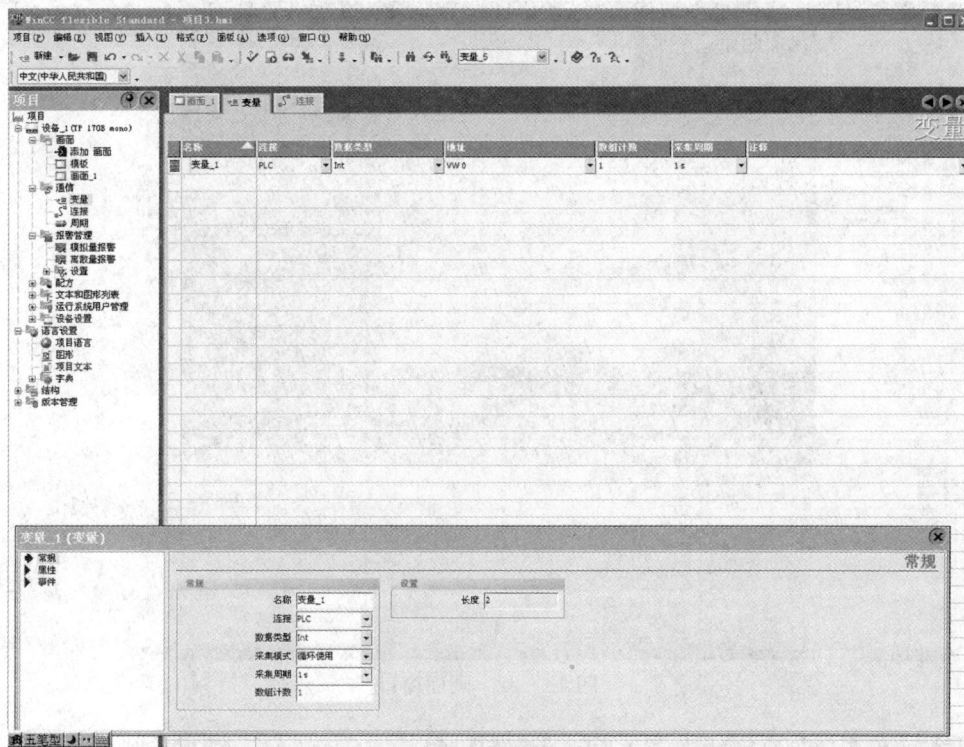

图 13-20　新建变量

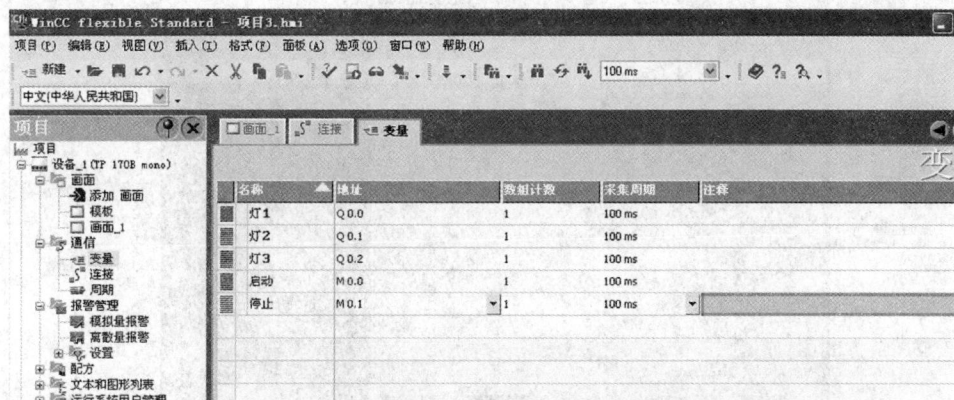

图 13-21　建立 5 个变量

第六节　画面的生成与组态

单击项目视图中的"画面→画面1"或单击编辑器标签处的"画面-1"，出现如图 13-22 所示画面窗口。

在工具窗口中的"简单对象"中单击"A 文本域"，然后在画面编辑区内用鼠标单击，或把其拖入到画面编辑区中，出现如图 13-23 所示画面。此时画面中出现文本"Text"，然后在下面的属性窗口的"常规项"中输入汉字"循环灯控制"，如图13-24所示。

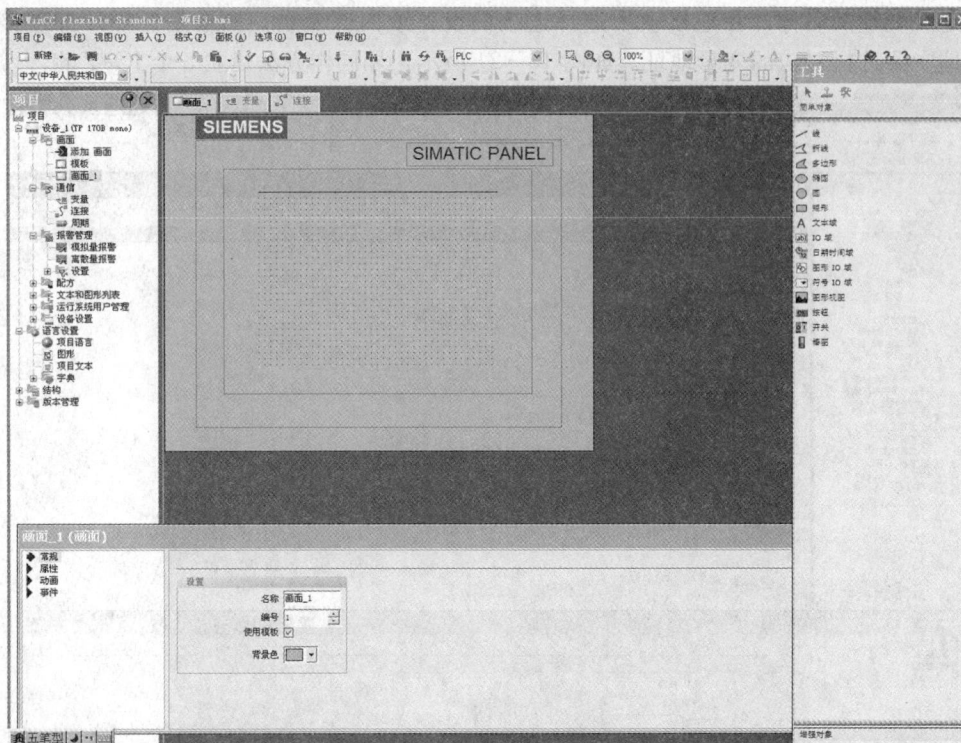

图13-22 画面窗口

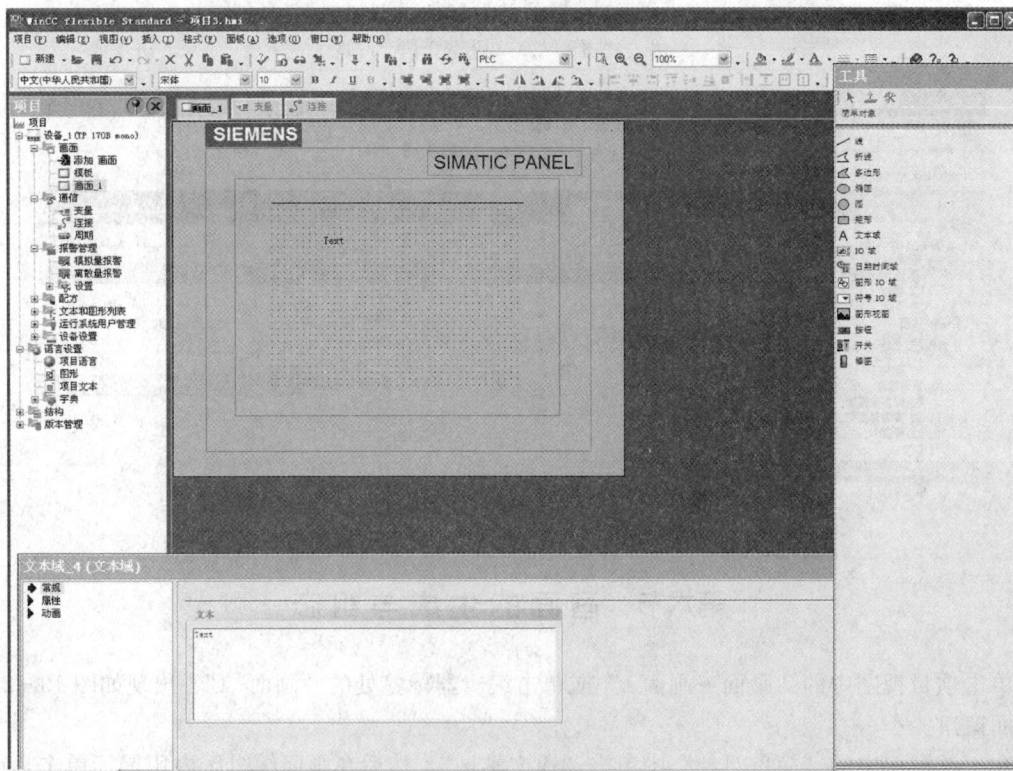

图13-23 文本域的组态（一）

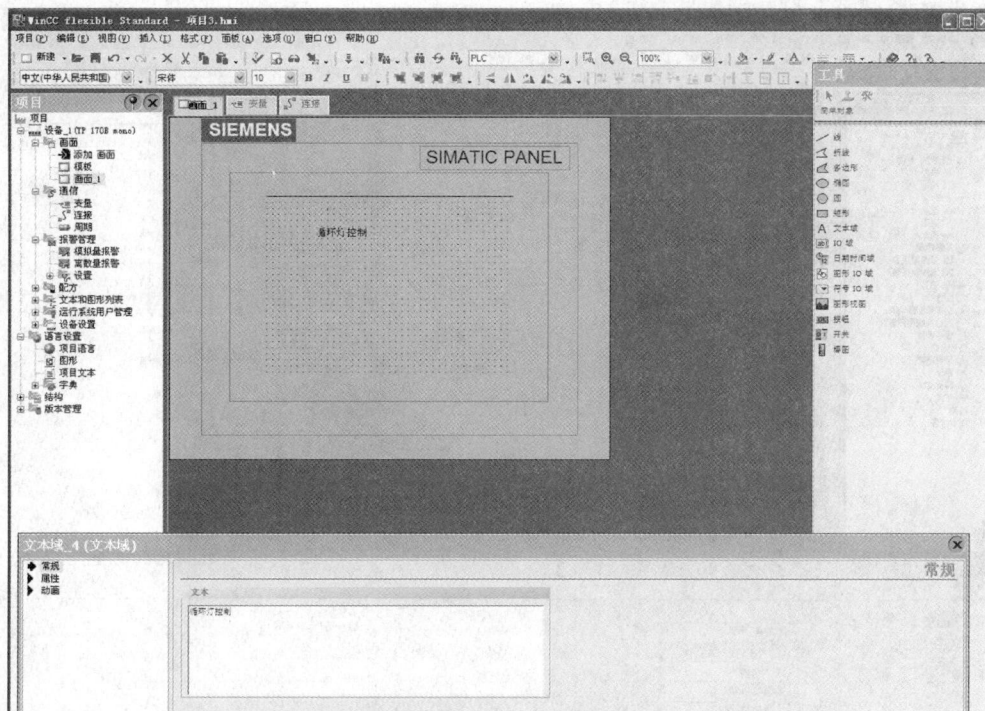

图 13－24　文本域的组态（二）

　　单击"循环灯控制"文本域，在下面的属性窗口中选择"属性→文本"，出现如图 13－25 所示画面，在该属性项中可设置文本的字体等。把其设为宋体，24pt，顶部居中，得到的效果如图 13－26 所示。

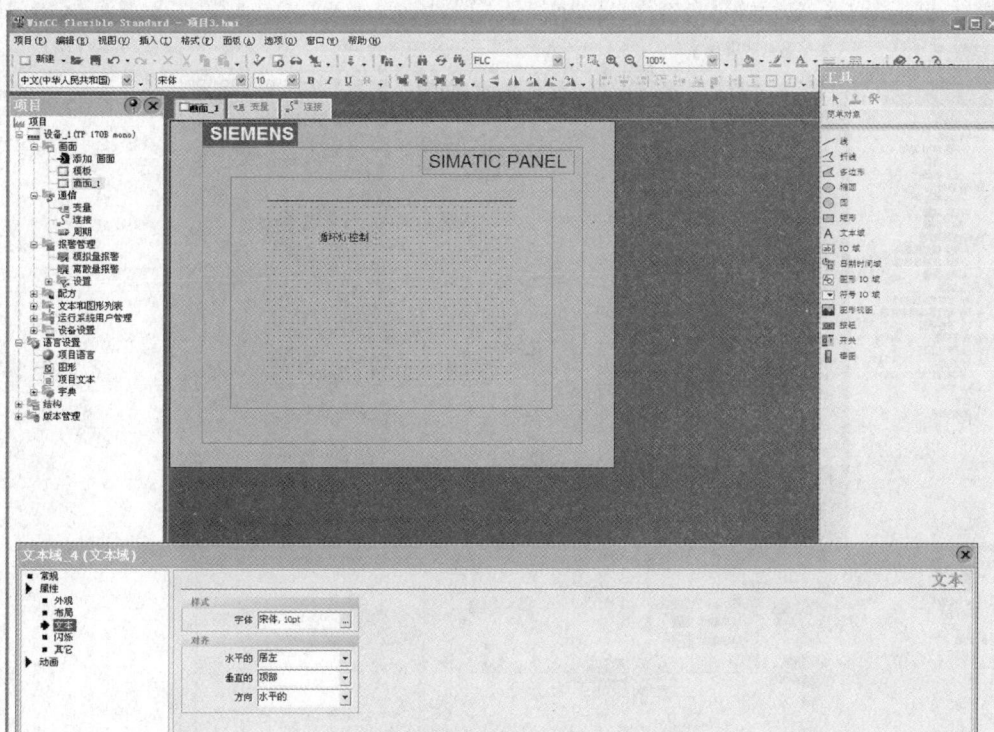

图 13－25　文本域的文本组态

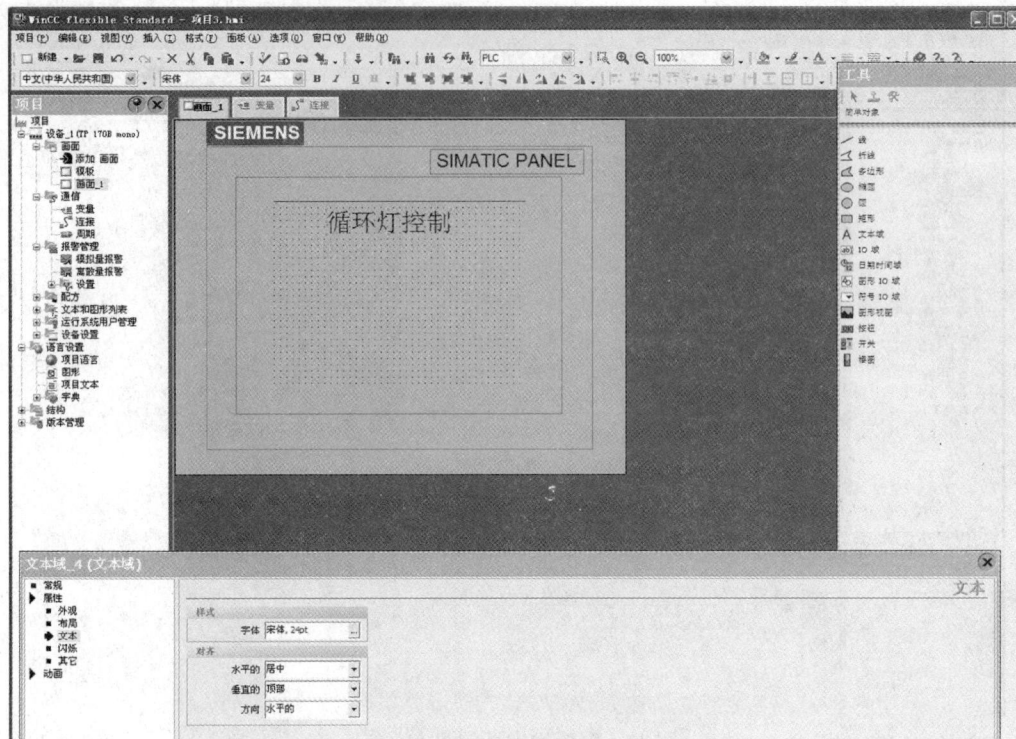

图 13-26 文本组态效果

　　选择在工具窗口的"简单对象"中的圆，然后在画面编辑区内用鼠标单击，则在画面中出现一个圆，如图 13-27 所示。在其下面的属性窗口中选择"动画"，属性窗口变为如图 13-28 所示。

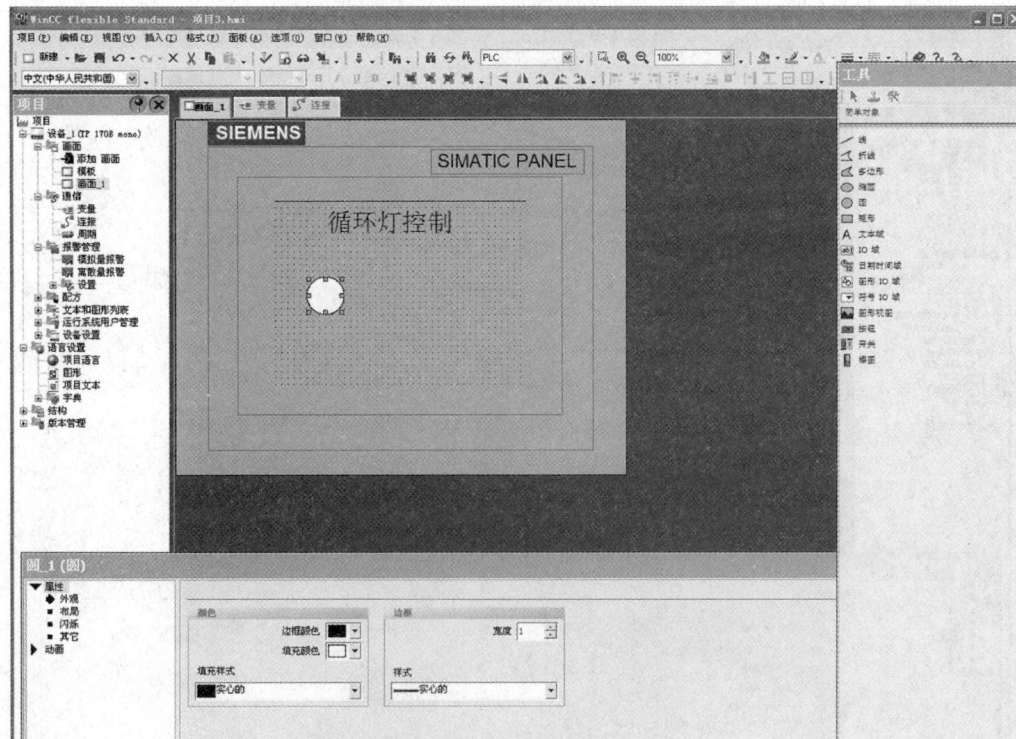

图 13-27 指示灯的组态

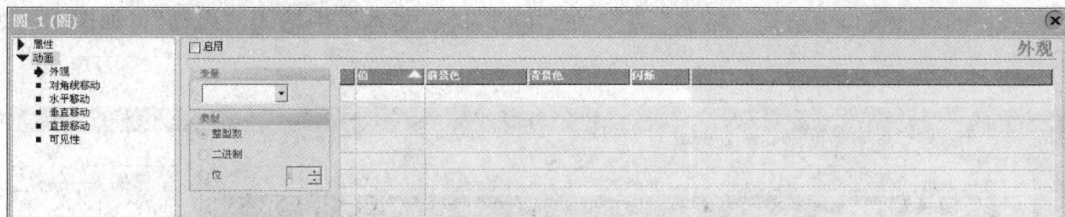

图 13-28　圆的动画属性窗口

在圆的动画属性窗口的"外观"项中启用变量"灯1"，类型选为"位"单击列表中的第一行与第二行，根据如图13-29所示进行设置。

同理，对第2、3个圆进行组态，分别对应变量"灯2"、"灯3"，组态画面如图13-30所示。

图 13-29　圆的动画设置

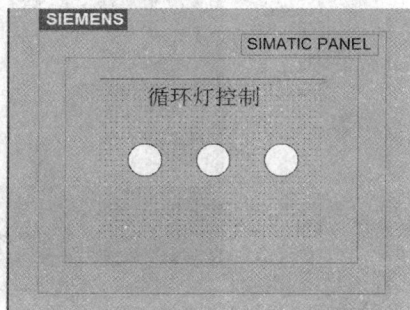

图 13-30　组态画面

在工具窗口的"简单对象"中单击"按钮"，然后在画面编辑区内用鼠标单击，出现如图13-31所示画面。

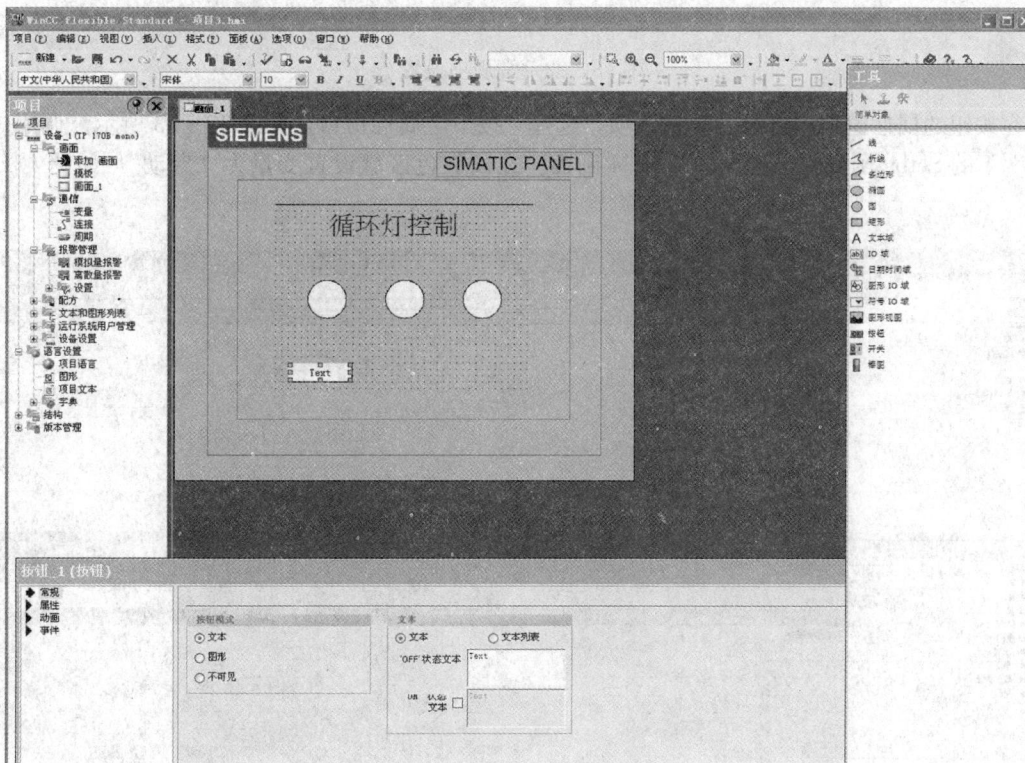

图 13-31　按钮组态画面

在按钮的属性窗口中选择"常规"项，在"OFF状态文本"中输入"启动"，如图13-32所示。

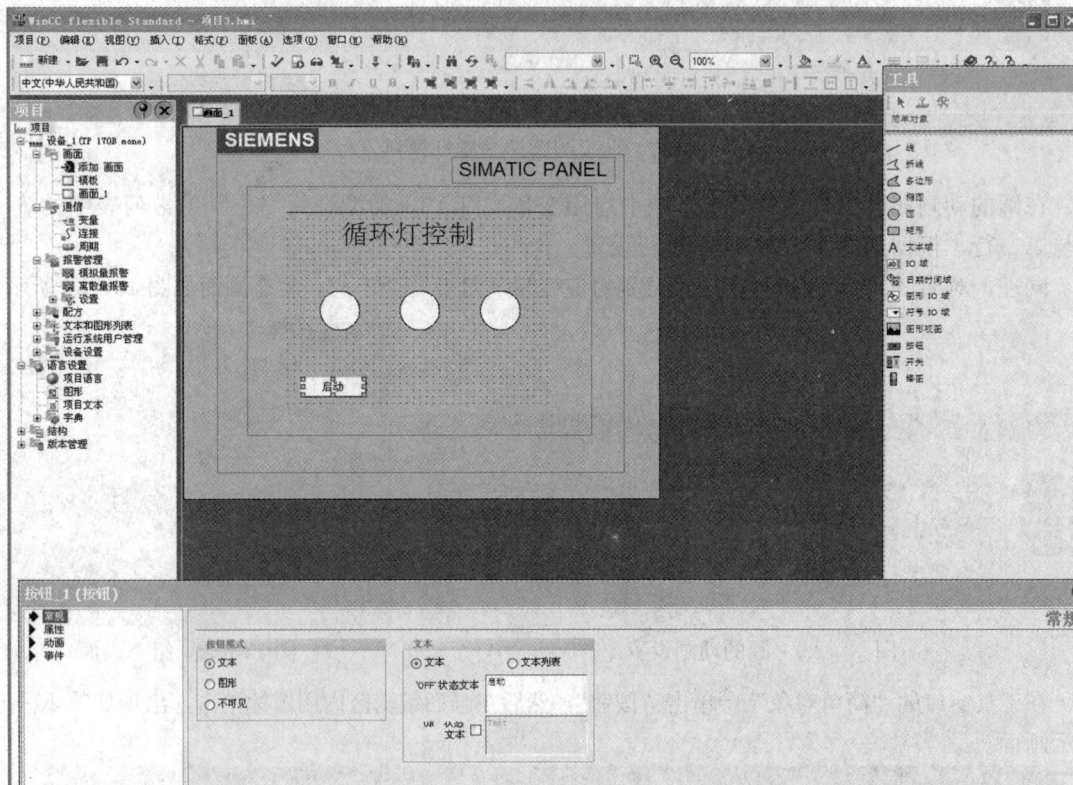

图13-32 常规项设置

在按钮的属性窗口中选择"事件"项，选择"按下"属性窗口，如图13-33所示。调用"编辑位"下的Setbit函数，出现如图13-34画面。在橘红色区域设置变量为"启动"，如图13-35所示。

图13-33 按下属性窗口

图13-34 设置函数（一）

图 13 - 35　设置函数（二）

同理，设置"事件"中的"释放"项，对应的函数为 Resetbit，变量为"启动"。此按钮组态完毕。同理，组态一停止按钮，对应的变量为"停止"。得到组态画面如图 13 - 36 所示。

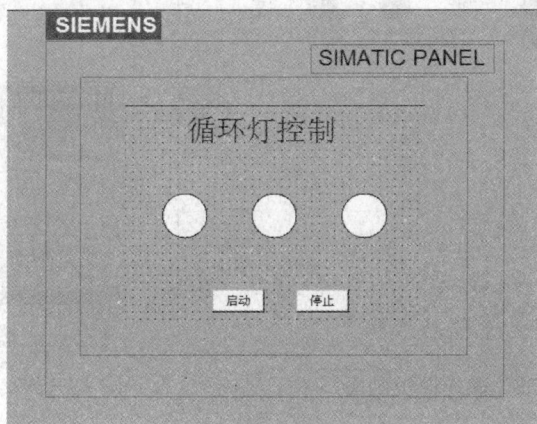

图 13 - 36　组态画面

第七节　项目文件的下载与在线运行

本节主要介绍将 WinCC flexible 组态的项目文件下载到 HMI 设备，以及实现 HMI 与 PLC 的通信和联机运行。

用一条标准的交叉网络线把电脑 PC 与触摸屏连接，用一条标准 Simatic MPI 通信线把触摸屏与 S7 - 200 PLC 连接起来。网线的作用是用来把电脑 PC 中的 WinCC flexibe 组态项目下载至触摸屏。MPI 的通信线的作用是项目运行时，触摸屏与 PLC 通过它进行数据通信。

设置 PC 与触摸屏通过以太网进行项目下载，并通过触摸屏的 IF 1B 接口和 PLC 的通信口连接运行。

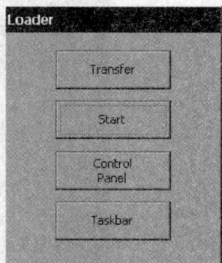

图 13 - 37　HMI 设备
装载程序画面

一、触摸屏传输模式的设置

在触摸屏上电时迅速出现的 HMI 设备装载程序画面如图 13 - 37 所示，迅速按下"Control Panel"，出现如图 13 - 38 所示画面。

注意

图 13 - 37 画面停留的时间较短，若要操作，动作要快。

装载程序画面中的按钮具有以下功能：

（1）按下"传送（Transfer）"按钮，将 HMI 按图示切换到传送模式。

（2）按下"开始（Start）"按钮，启动运行系统打开 HMI 设备上装载的项目。

（3）按下"控制面板（Control Panel）"按钮，访问 Windows CE 控制面板，可以定义其中各种不同的设置，如可以设置传送模式的各种选项。

（4）按下"任务栏（Taskbar）"按钮，以便在 Windows CE 开始菜单打开时显示 Windows 工具栏。

在图 13-38 操作面板画面中，双击"Transfer"，出现如图 13-39 所示画面。在 Channel 2 中设置成"ETHERNET"。然后单击右上角的 OK 按钮，回到图 13-38 操作面板画面。

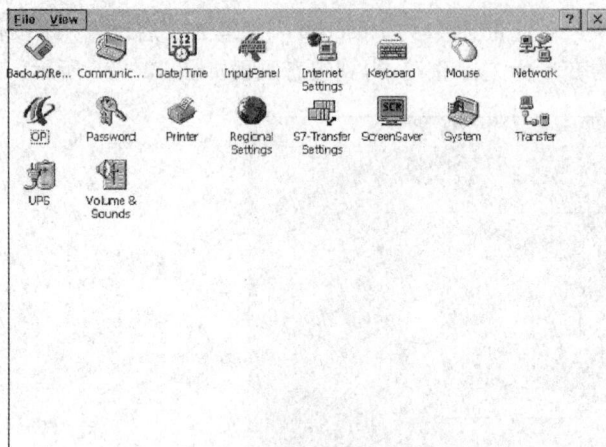

图 13-38　操作面板画面

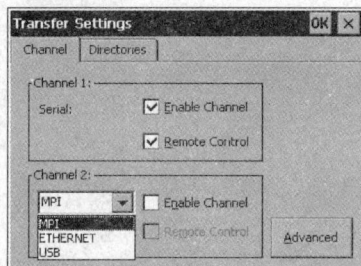

图 13-39　Transfer Settings 画面

在图 13-38 操作面板画面中，双击"Network"，修改"Properties"，设置 IP 地址（如 192.168.0.2）。关掉"控制面板"画面，在图 13-37 画面中按下 Transfer 按钮，等待 PC 传送。

二、设置 PC 的 IP 地址

在如图 13-40 所示的电脑桌面上，右键单击"网络邻居"选择"属性"，出现如图 13-41 所示画面。

图 13-40　电脑桌面

在图 13-41 中，右键单击"本地连接"，选择"属性"，出现如图 13-42 所示画面。

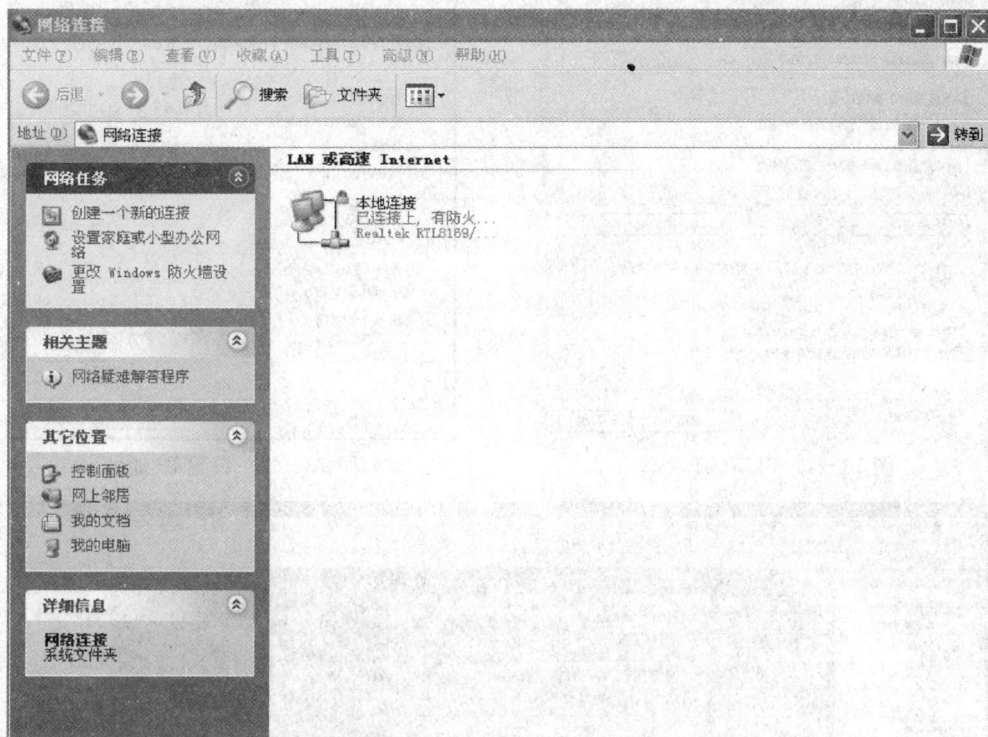

图 13-41　本地连接

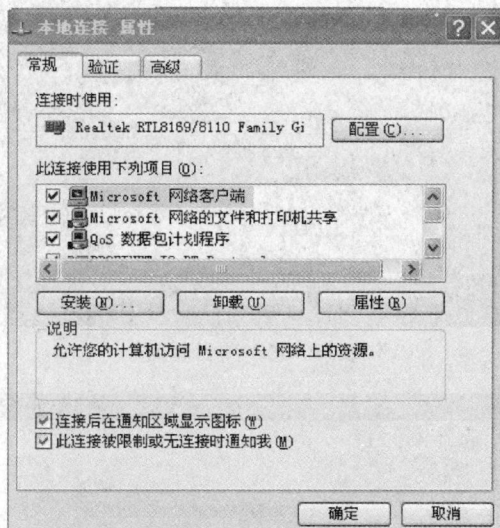

图 13-42　本地连接属性

在图 13-42 中，在项目列中选择 Internet 协议（TCP/IP），如图 13-43 所示，单击"属性"按钮，出现如图 13-44 所示画面，按图中所示设置 IP 地址（如 192.168.0.1）。

三、WinCC flexible 项目传输设置

单击图 13-45 中工具栏中的传输设置键，出现如图 13-46 所示画面。

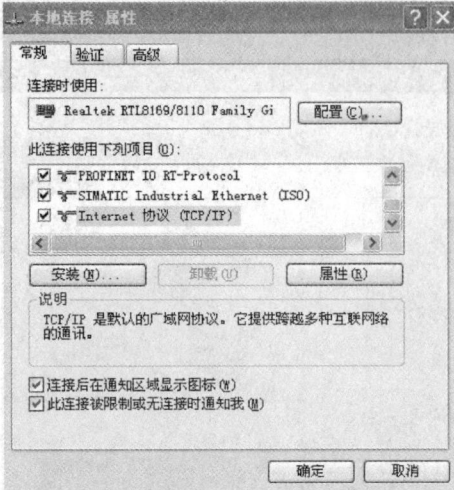

图 13-43　TCP/IP 协议

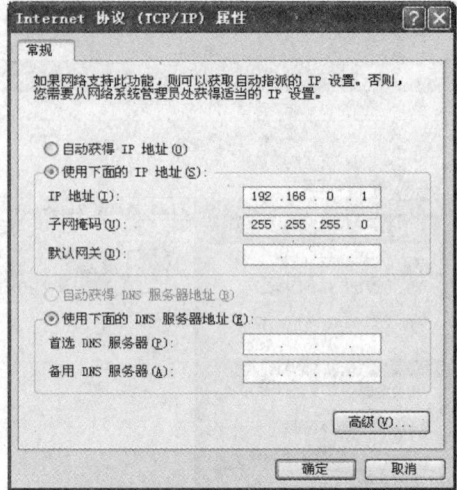

图 13-44　设置 IP 地址

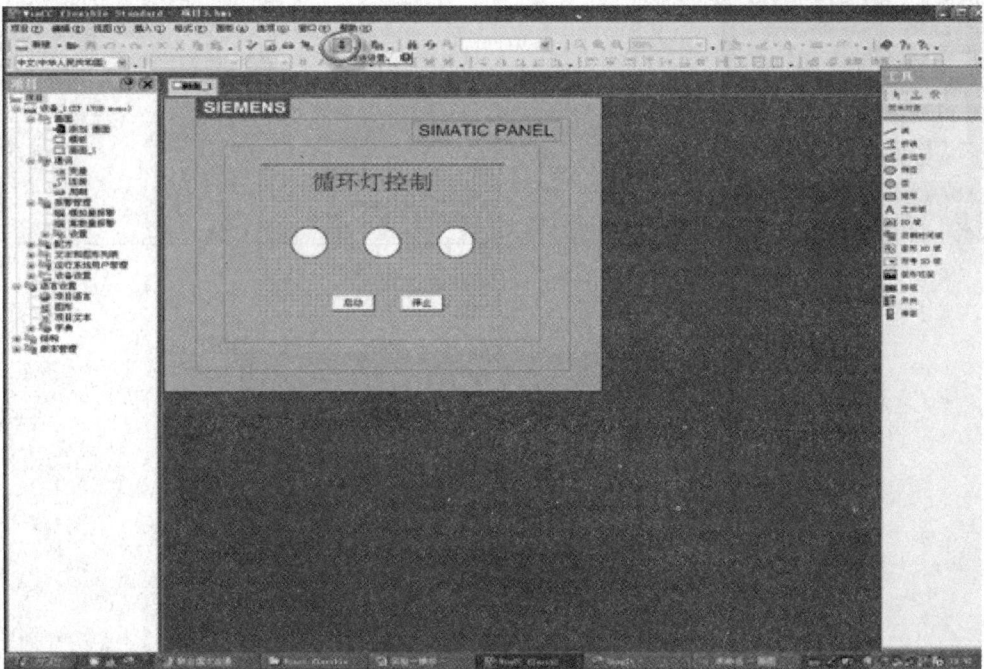

图 13-45　项目画面

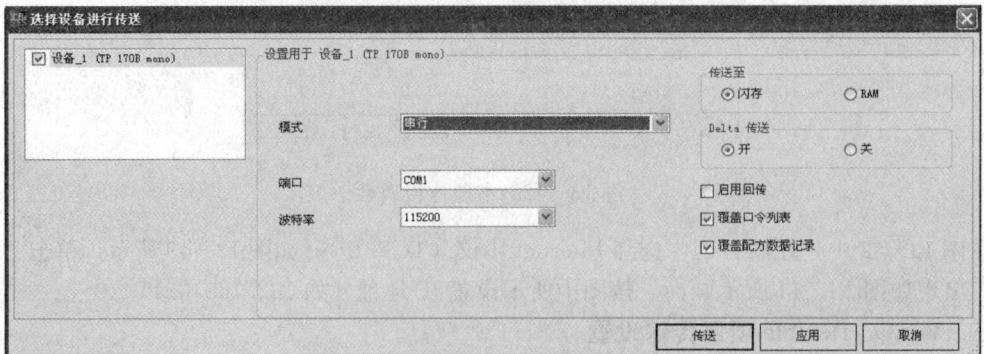

图 13-46　传送设置视窗（一）

在模式中选择以太网，则视窗如图 13－47 所示。在计算机名或 IP 地址中填入触摸屏的 IP 地址（如 192.168.0.2）。设置完后，单击"传送按钮"按钮，则把本项目传送至触摸屏中，即可进行项目的运行。

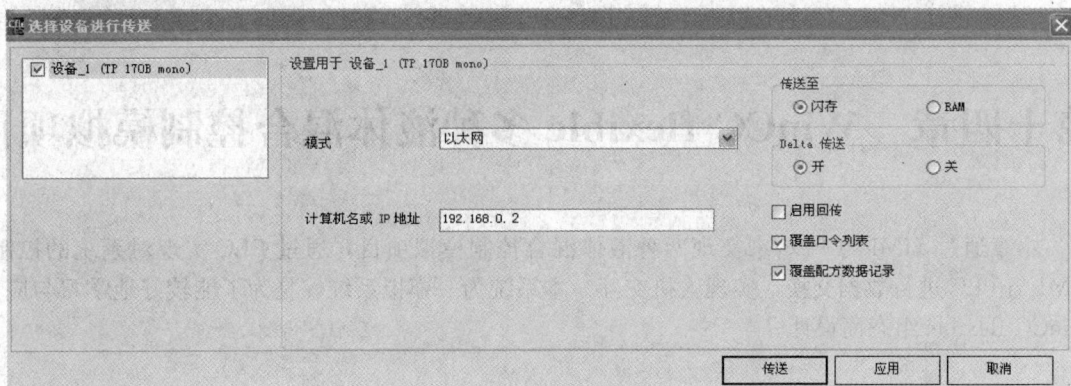

图 13－47　传送设置视窗（二）

第十四章　WinCC flexible 多种液体混合控制模拟项目

本章通过 HMI 与 PLC 来实现两种液体混合控制模拟项目，通过 PLC 实现对系统的控制，HMI 与 PLC 进行数据交换，实现人机交互。本系统为一模拟系统，是为了能较好地学习与应用 WinCC flexible 组态而设计。

第一节　项　目　描　述

WinCC flexible 多种液体混合控制模拟项目是为方便学习 WinCC flexible 组态技术而设计的一个模拟项目，与实际运行项目有区别，主要在于实际运行项目的液位检测值是用传感器检测而来的，而本例中是用模拟运算而得来的，特此说明。

项目的要求如下：

（1）制作画面模板，在模板画面中显示"多种液体混合控制系统"和日期时钟。

（2）先组态两个画面，一个为主画面，一个为系统画面。两画面之间能进行切换，参考图 14-1 和图 14-2。

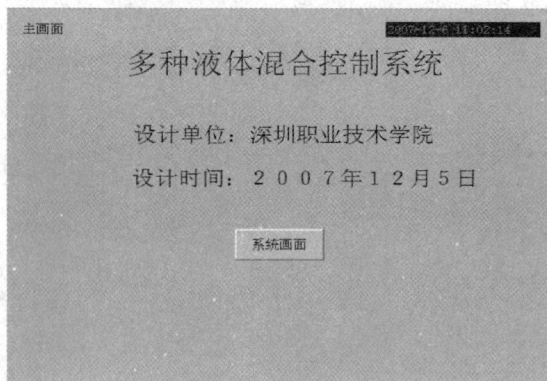

图 14-1　主画面

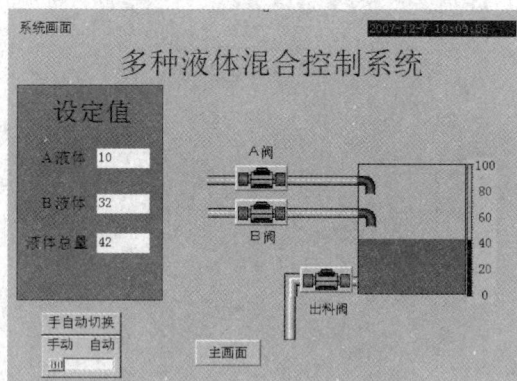

图 14-2　系统画面

（3）在系统画面中作出两种液体混合的系统图，参考图 14-2。

（4）A 液体与 B 液体的数值可在 0～99 进行设置。液体总量为 A 与 B 液体的总和，为计算结果。

（5）通过 HMI 可对模拟液体混合实现手动和自动控制。手动控制时，按下 A 阀就进 A 液体，松开就停止；B 阀与出料阀类似。设定 A 液体设定值、B 液体设定值，若容器为空，可进行自动控制。如 A 液体设定值为 15，B 液体设定值为 27，切换到自动控制时则先打开 A 阀进 A 液体到 15 停止，再接着进 27 的 B 液体；当容器中总液体数量达到 42 时，B 液体停止流入，打开出料阀开始流出到空后再循环。

（6）容器中的液体可动画显示，并通过棒图刻度标记当前数值。

（7）为了显示流畅的液位动画，可通过 PLC 编写每秒加 1 或减 1 的程序，然后把 PLC 与 flexible 做好连接（模拟显示）。

（8）组态若容器中的液位超过 100 时产生一个液位偏高的报警。

（9）组态报警画面，并能实现系统画面之间的切换，参考图 14-3。

（10）组态一个用户组"班组长"和一个用户名"user1"，"user1"属于"班组长"用户组，"user1"的密码为"000"。"班组长"用户组的权限为操作和"输入 A 设定值"。然后在系统画面中的 A 液体设定值设定安全权限。即一般用户不能进行 A 液体设定值的设定，用户"user1"可以进行设定。

（11）组态一个用户视图画面，要求该用户名作登录按钮与注销按钮，能显示当前用户名。参考图 14-4，能与系统画面进行切换。

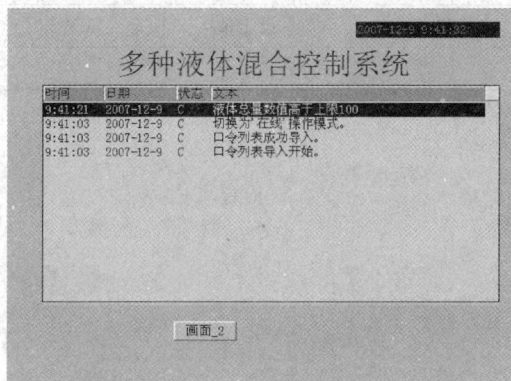

图 14-3　报警画面

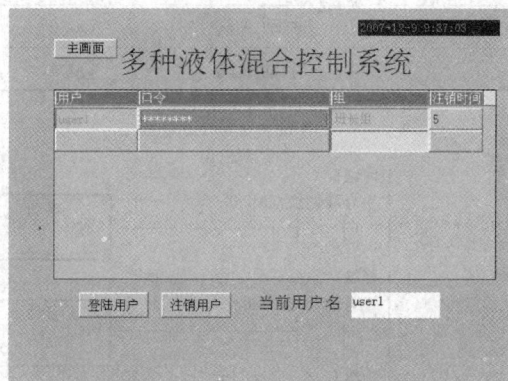

图 14-4　用户管理画面

（12）组态趋势视图画面，能显示容器中液体总量的数据趋势曲线。参考图 14-5，能与系统画面进行切换。

（13）建立配方，能实现液体 A 设定值、液体 B 设定值的各个配方。并建立配方画面运行。参考图 14-6，能与系统画面进行切换。

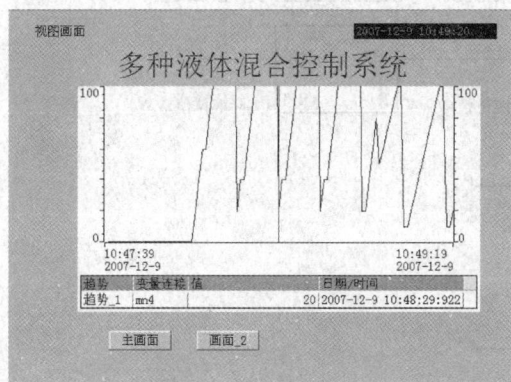

图 14-5　趋势视图画面

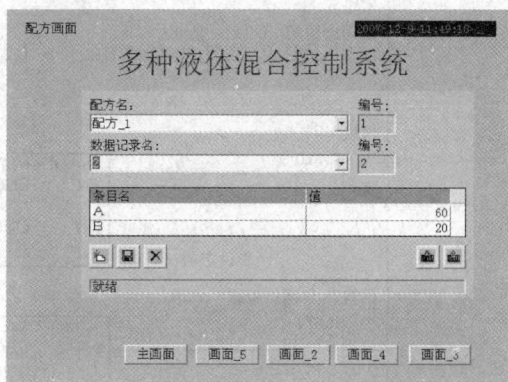

图 14-6　配方画面

第二节　PLC 控 制 程 序

首先编制 PLC 控制程序。控制程序各软元件的分配如表 14-1 所示，当 M0.0 OFF 时为手动控制，M0.0 ON 时为自动控制。手动控制时可操作手动阀控制液体的进出，自动控制时先流入 A 液体至其设定值，再流入 B 液体至其设定值，接着流出混合液至容器为空，然后再循环。PLC程序分为主程序、手动子程序和自动子程序，分别如图 14 - 7～图 14 - 9 所示。

表 14 - 1   软 元 件 分 配 表

序号	符号	地址	序号	符号	地址
1	手自动切换	M0.0	7	驱动出料阀	Q0.2
2	手动 A 进	M0.1	8	A 设定值	VW0
3	手动 B 进	M0.2	9	B 设定值	VW2
4	手动出	M0.3	10	实际液位值	VW4
5	驱动 A 阀	Q0.0	11	总设定值	VW6
6	驱动 B 阀	Q0.1			

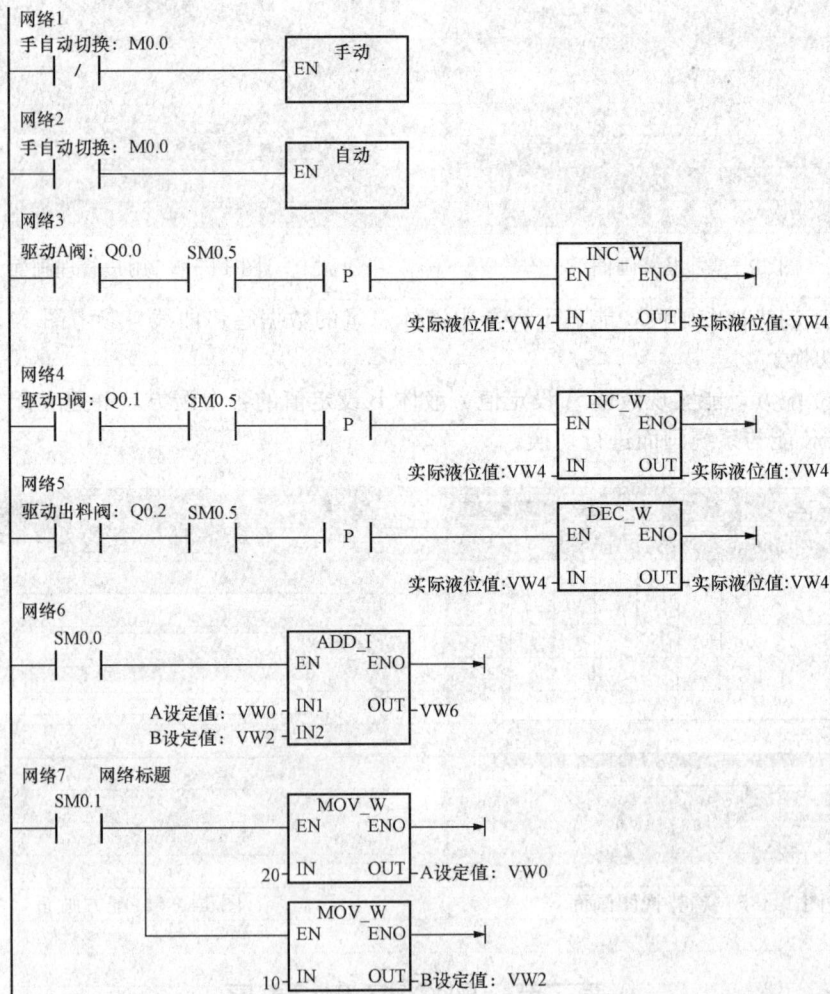

图 14 - 7   主程序

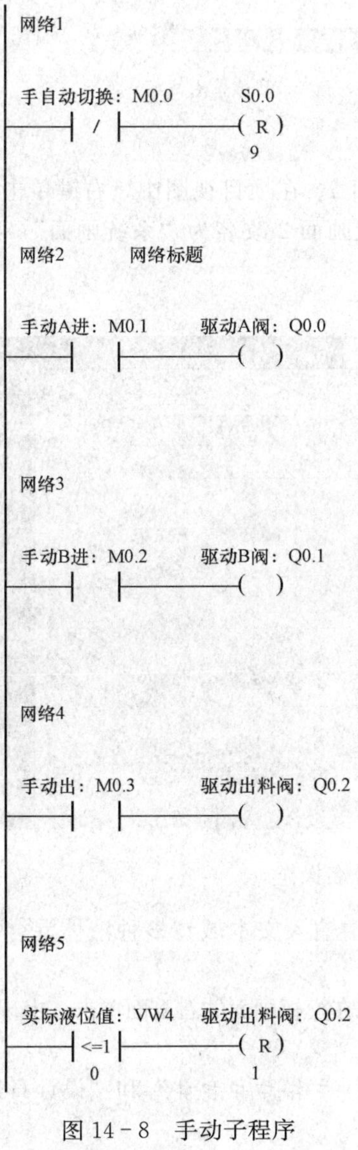

网络1

手自动切换: M0.0　实际液位值: VW4　S0.0
├──┤ ├──────┤ ├────────┤==1├────(S)
　　　　　　　　　　　　　　　　　　0　　　1

网络2

S0.0
┌─────┐
│ SCR │
└─────┘

网络3

SM0.0　　驱动A阀: Q0.0
├──┤ ├──────────( )

网络4

实际液位值: VW4　S0.1
├──┤==1├────(SCRT)
A设定值: VW0

网络5

───(SCRE)

网络6

S0.1
┌─────┐
│ SCR │
└─────┘

网络7

SM0.0　　驱动B阀: Q0.1
├──┤ ├──────────( )

网络8

实际液位值: VW4　S0.2
├──┤==1├────(SCRT)
VW6

网络9

───(SCRE)

网络10

S0.2
┌─────┐
│ SCR │
└─────┘

网络11

SM0.0　　驱动出料阀: Q0.2
├──┤ ├──────────( )

网络12

实际液位值: VW4　S0.0
├──┤==1├────(SCRT)
　　0

网络13

───(SCRE)

网络1

手自动切换: M0.0　　S0.0
├──┤ / ├──────────(R)
　　　　　　　　　　　　　9

网络2　　网络标题

手动A进: M0.1　　驱动A阀: Q0.0
├──┤ ├──────────( )

网络3

手动B进: M0.2　　驱动B阀: Q0.1
├──┤ ├──────────( )

网络4

手动出: M0.3　　驱动出料阀: Q0.2
├──┤ ├──────────( )

网络5

实际液位值: VW4　驱动出料阀: Q0.2
├──┤<=1├──────(R)
　　0　　　　　　　1

图 14-8　手动子程序 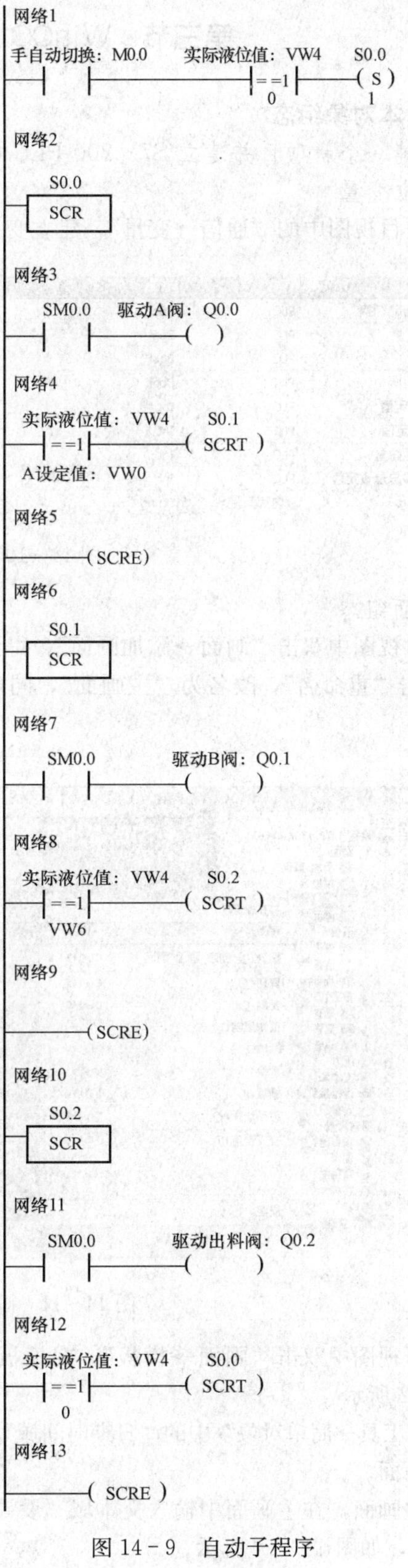　　　　　　图 14-9　自动子程序

第三节 WinCC flexible 组 态

一、基本对象组态

1. 创建一个新项目并建立 S7-200 PLC 的连接

2. 建立变量

双击项目视图中的"通信→变量"，建立变量，如图 14-10 所示。

名称	连接	数据类型	地址	数组计数	采集周期
手自动切换	PLC	Bool	M 0.0	1	1 s
A阀	PLC	Bool	M 0.1	1	1 s
B阀	PLC	Bool	M 0.2	1	1 s
出料阀	PLC	Bool	M 0.3	1	1 s
A设定值	PLC	Int	VW 0	1	1 s
B设定值	PLC	Int	VW 2	1	1 s
实际总量	PLC	Int	VW 4	1	1 s
液体总量设定值	PLC	Int	VW 6	1	1 s
string	<内部变量>	String	<没有地址>	1	1 s

图 14-10 建立变量

3. 画面组态

在项目视图中双击"画面→添加画面"，得到画面 2。在项目视图中，右键单击"画面→画面 1"，单击"重命名"，改名为"主画面"，同理，把画面 2 改名为"系统画面"，如图 14-11 所示。

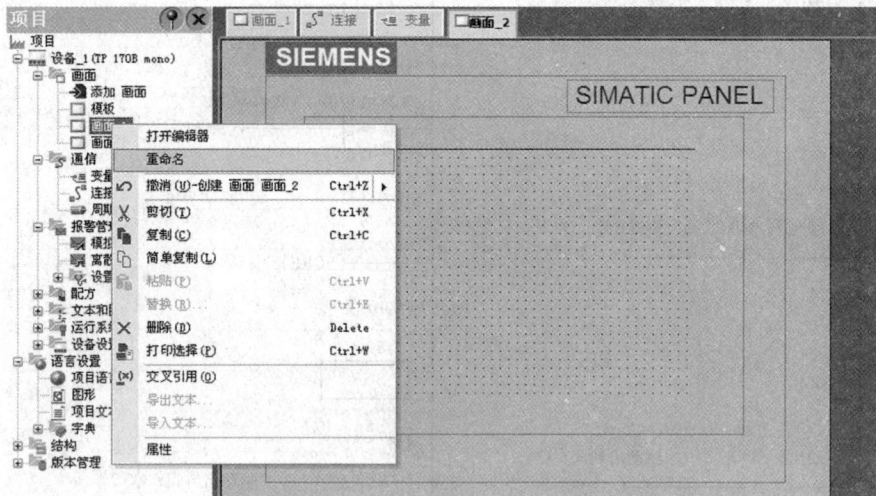

图 14-11 画面重命名操作

在项目视图中双击"画面→模板"，在模板画面中输入文本域"多种液体混合控制系统"，如图 14-12 所示。

单击"工具→简单对象"中的"日期时间域"，然后在模板画面的右上面单击，出现如图 14-13 所示模板画面。

选择主画面，在主画面中输入文本域"设计单位：＃＃＃＃＃＃"和"设计日期：2007 年 12 月 5 日"，如图 14-14 所示。

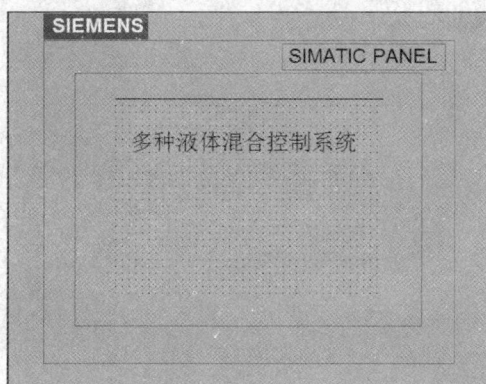

图 14-12　模板画面（一）　　　　　　　　　图 14-13　模板画面（二）

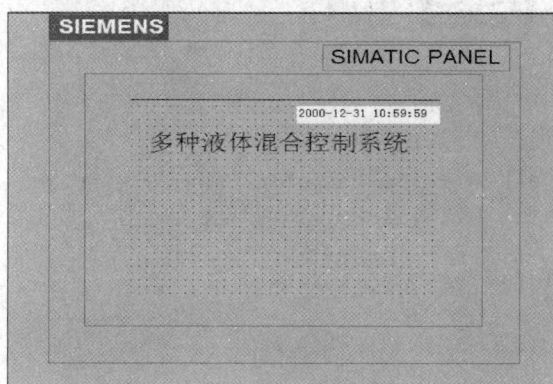

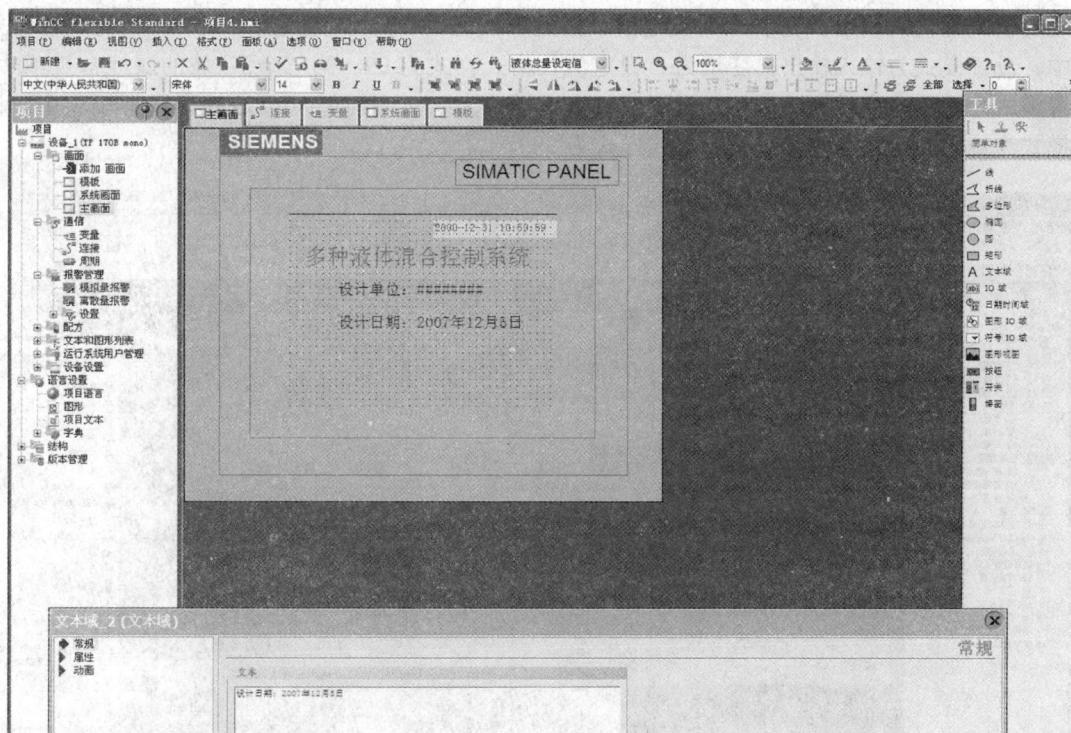

图 14-14　主画面组态

在图 14-14 中，用左键按住项目视图中的"系统画面"，拖到主画面中，自动生成一个画面切换的按钮，如图 14-15 所示。

4. 文本域与 IO 域组态

建立如图 14-16 所示的文本域"设定值"、A 液体设定值、B 液体设定值、液体总量设定值、液体总量实际值，并建立切换至主画面的按钮。

在以上四个文本域的右侧组态四个 IO 域。操作步骤如下：单击工具栏中"简单对象→IO域"，然后用鼠标在画面中的对应位置单击一下，就可建立 IO 域，如图 14-17（a）所示。用鼠标单击第一个 IO 域，如图 14-17（b）所示，在下面显示该 IO 域的属性窗口。在属性的常规项

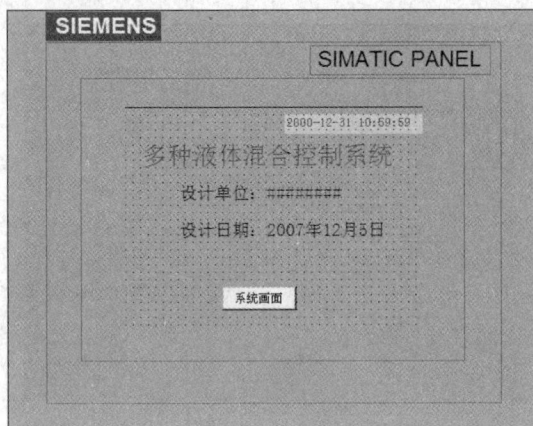

图 14 - 15   主画面

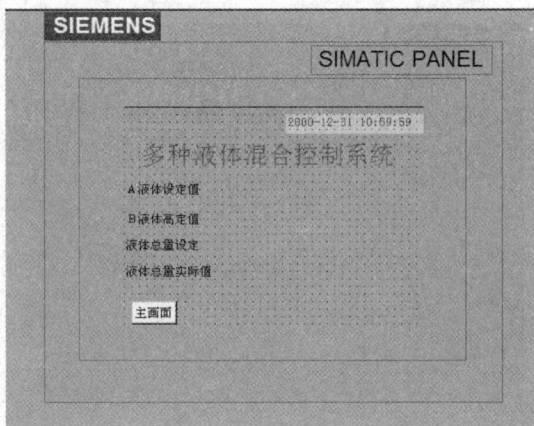

图 14 - 16   建立文本域

中设置模式为输入输出，变量为 A 设定值，格式样式为 99 等。同理在第二个 IO 域的属性常规项中，设置模式为输入输出，变量为 B 设定值，格式样式为 99。第三个 IO 域的属性常规项中，设置模式为输出，变量为液体总量设定值，格式样式为 999。第四个 IO 域的属性常规项中，设置模式为输出，变量为实际总量，格式样式为 999。

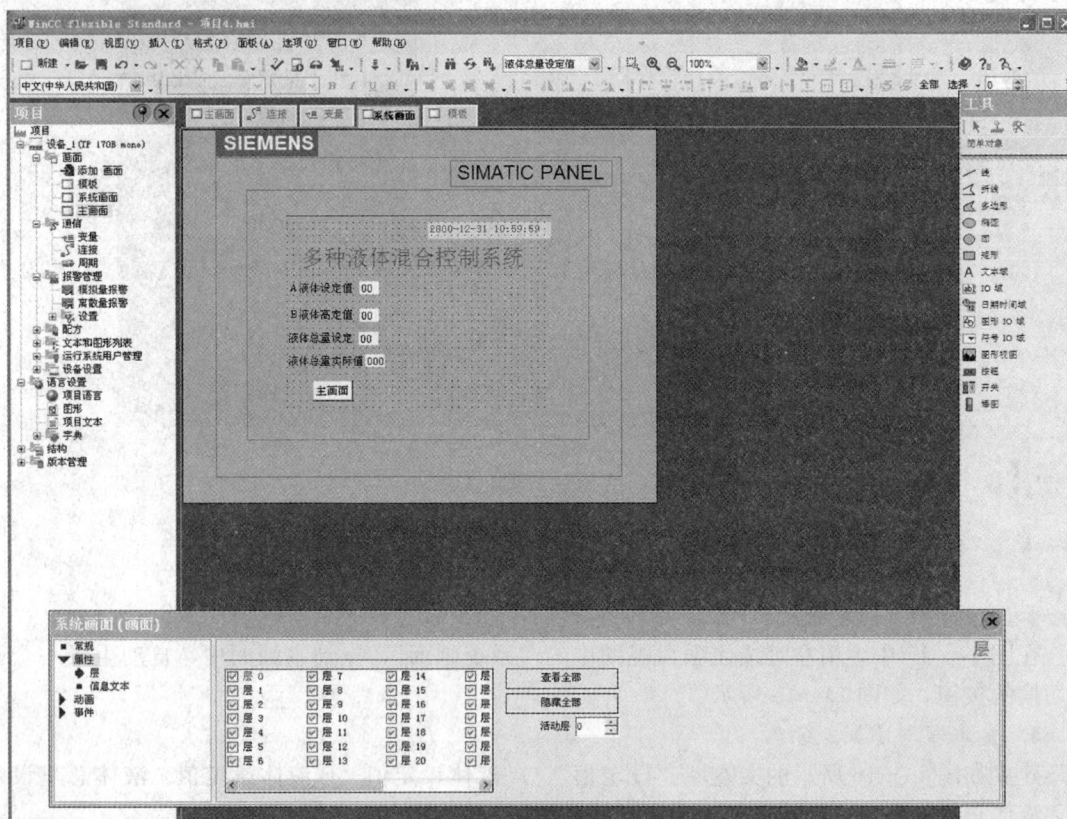

（a）

图 14 - 17   IO 域组态（一）

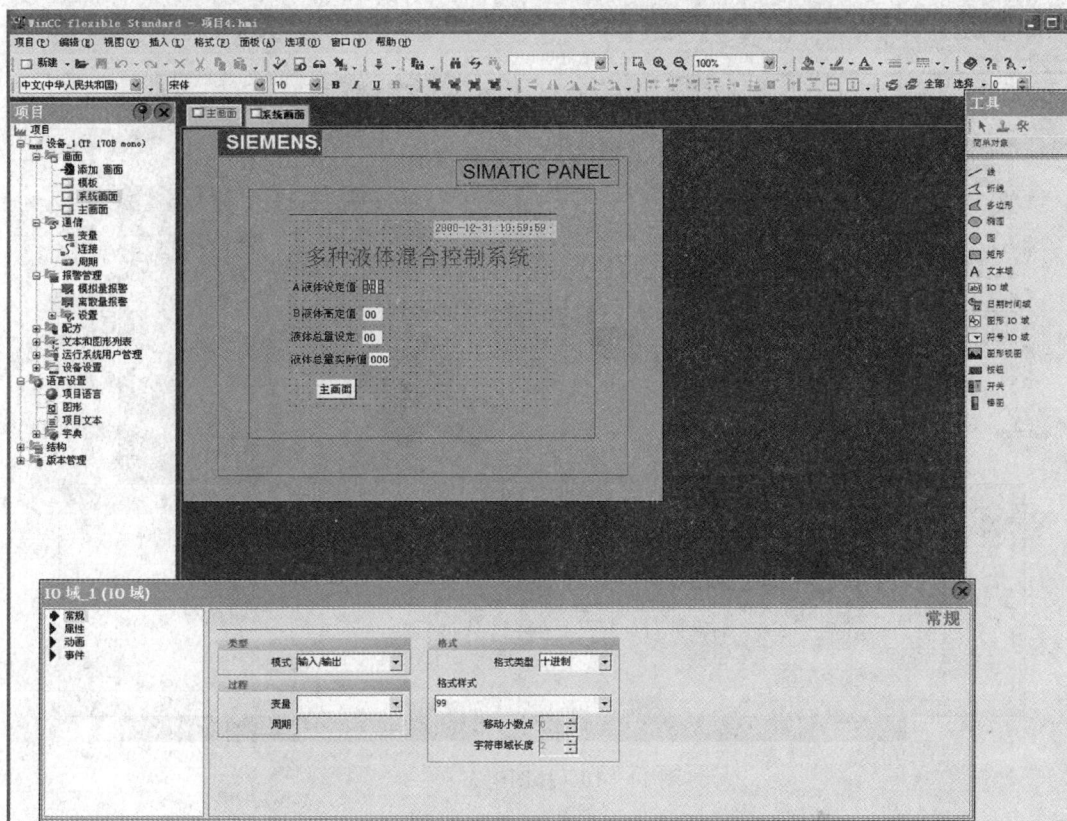

（b）

图 14 - 17　IO 域组态（二）

5. 棒图组态

单击"工具→简单对象"中的"棒图"，然后在模板画面的右边单击，出现如图 14 - 18 所示画面。在棒图的属性常规项中的过程值设置为"实际总量"，如图 14 - 19 所示。在其"属性→刻度"中设置为不显示刻度，如图 14 - 20 所示。

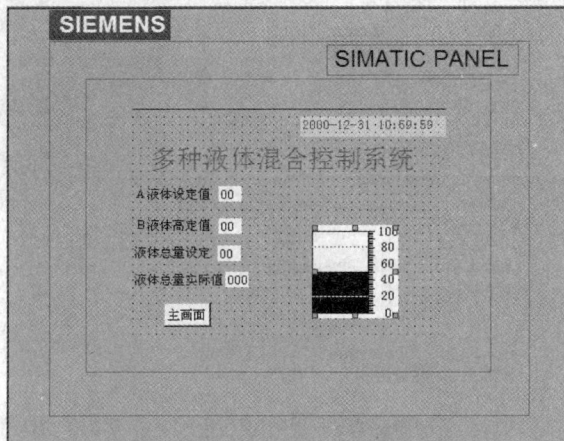

图 14 - 18　制作棒图

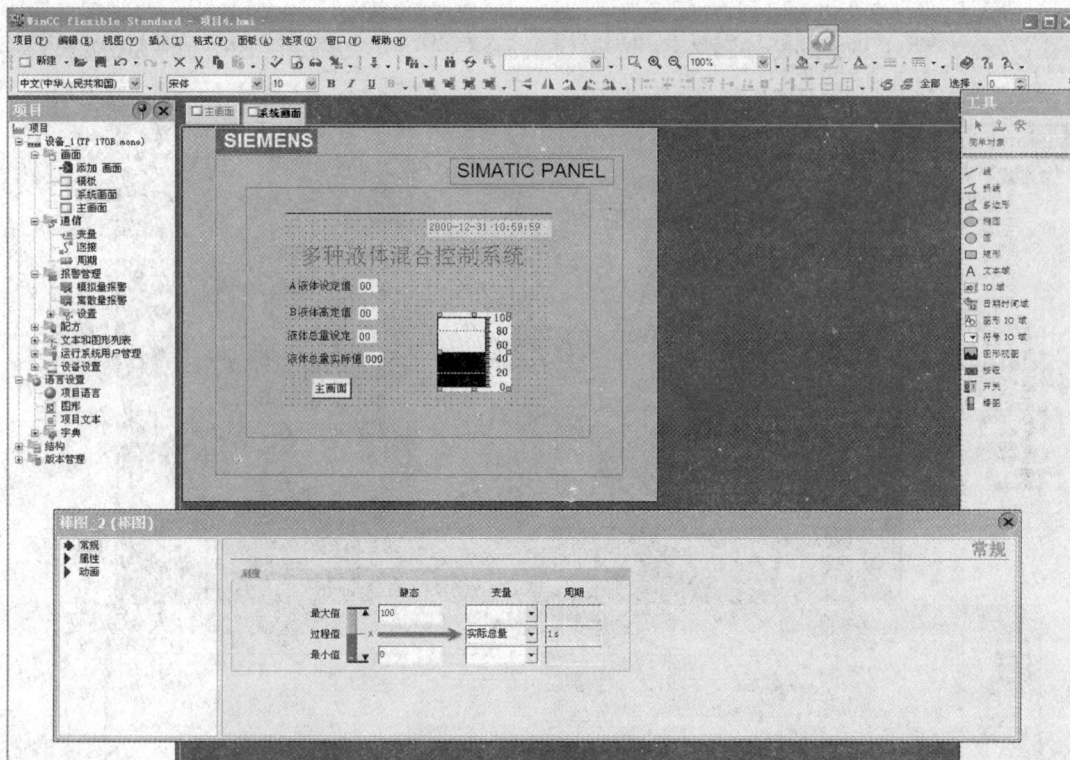

图 14-19　棒图组态（一）

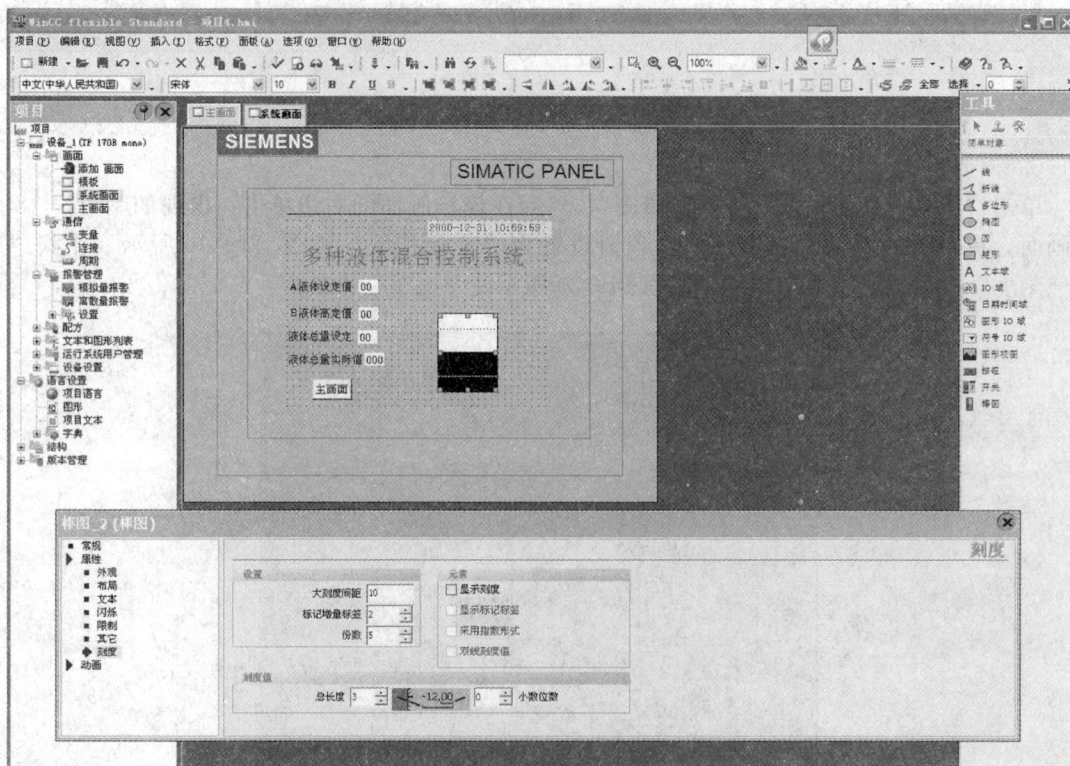

图 14-20　棒图组态（二）

另外再组态一个棒图，设置为显示刻度，其他设置与上一个棒图一致，如图14-21所示。

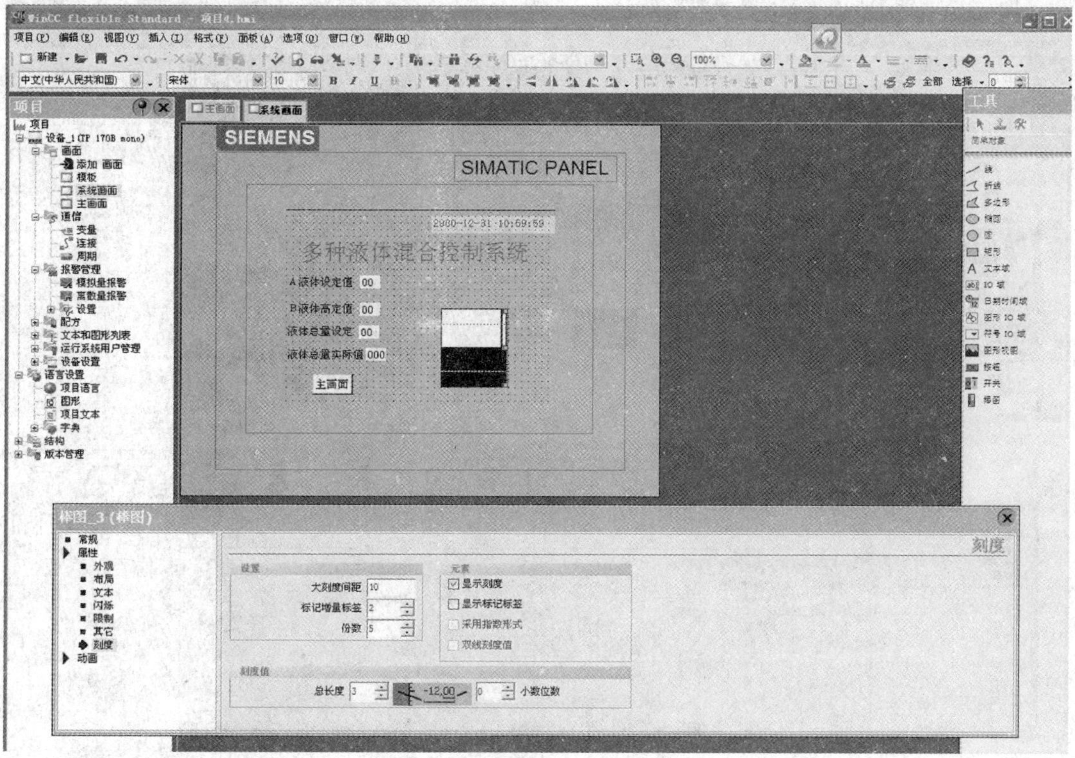

图14-21　棒图组态（三）

6. 管道与阀门组态

在工具→库的空白处单击鼠标右键，选择"库→打开→系统库"把库文件调出来，显示如图14-22所示画面。

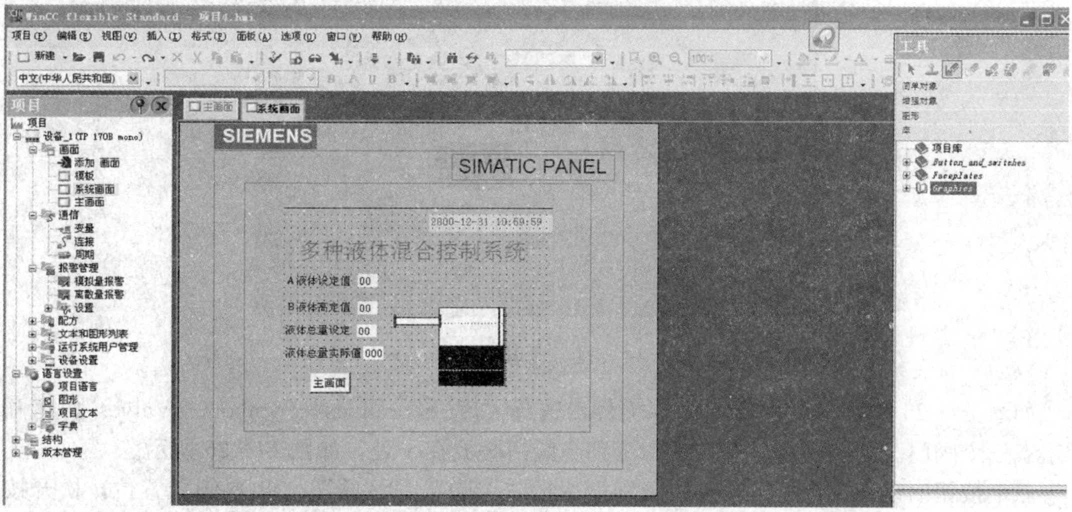

图14-22　显示库画面

如图14-23所示，选择"工具→简单工具"中的矩形，在画面中画一矩形作为管道，画多根管道得到如图14-24所示画面。

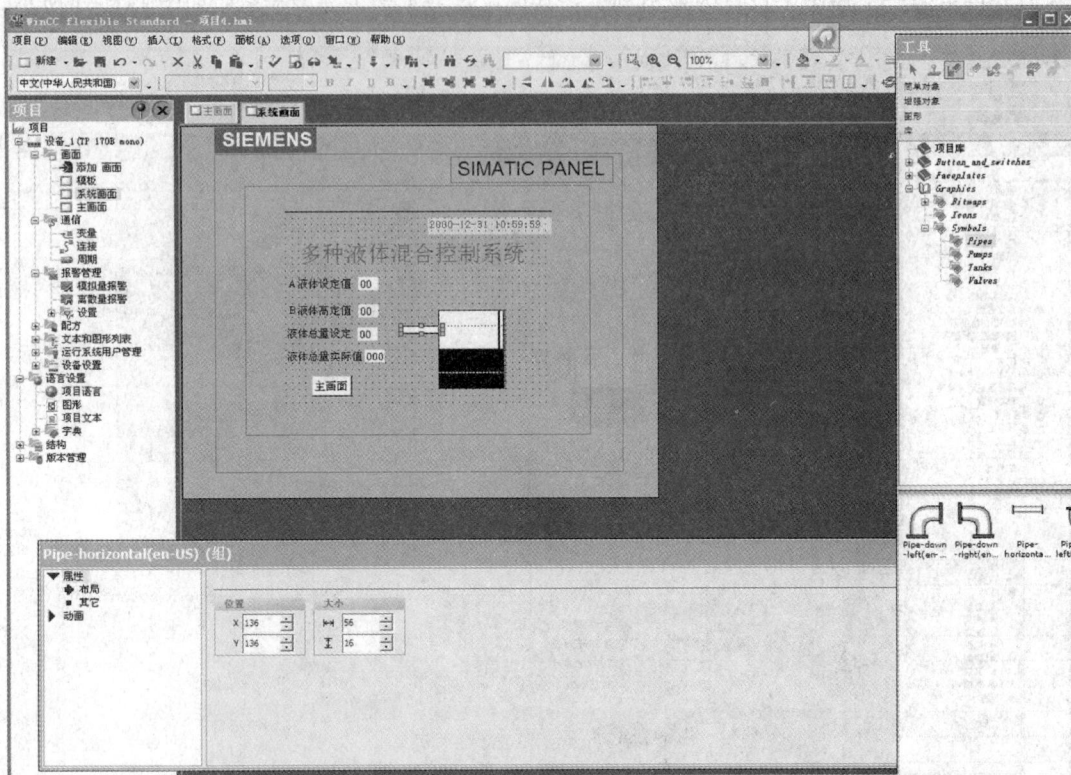

图 14-23 管道组态（一）

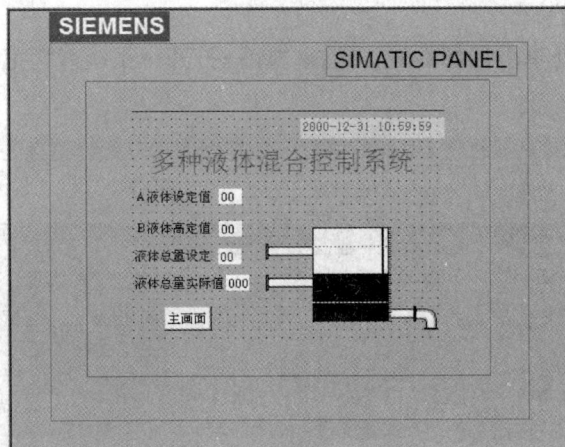

图 14-24 管道组态（二）

如图 14-25 所示，调用阀门的库文件，选择"库→Graphics→Symbols→Valves"，在画面上组态三个阀门。同时组态三个按钮，分别与阀门叠放在一处，如图 14-26 所示。

三个按钮的组态，在按下按钮时分别把变量"A 阀"、"B 阀"、"出料阀"置位，松开按钮时使其复位。

单击"工具→简单工具"中的"开关"，组态一个开关，用于手自动的切换。该开关的属性窗口设置如图 14-27 所示。

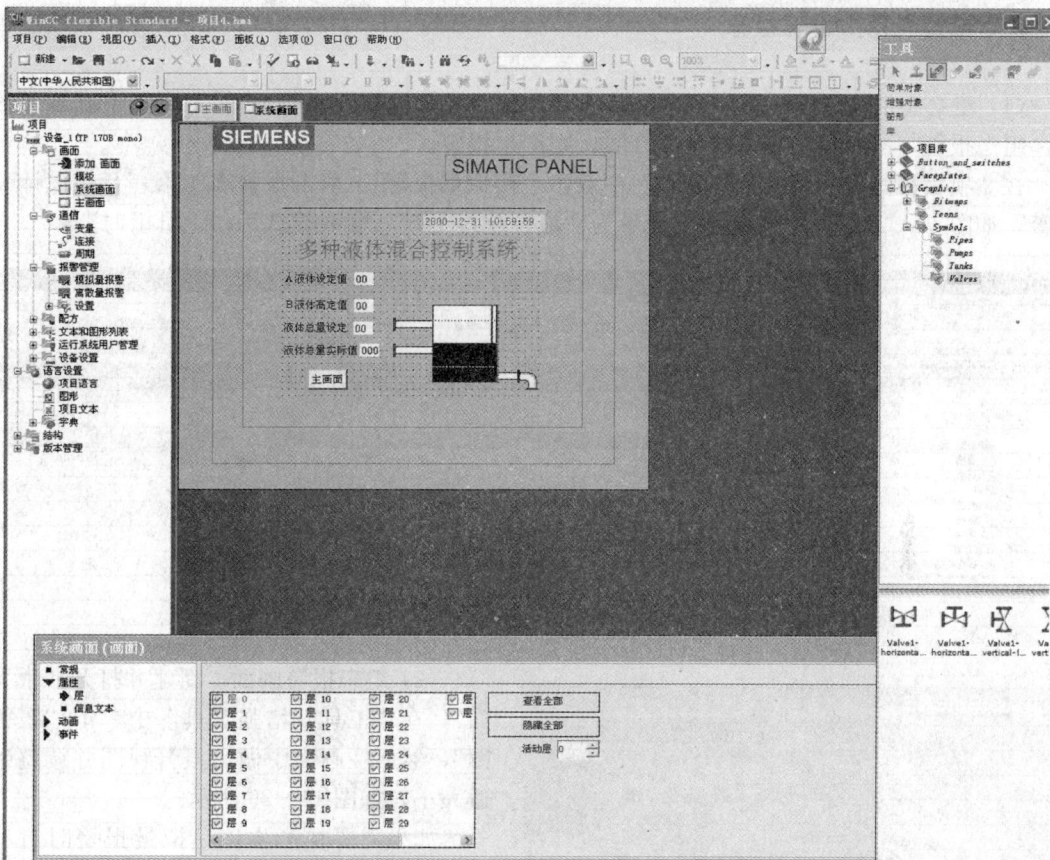

图 14 - 25　调用阀门库文件

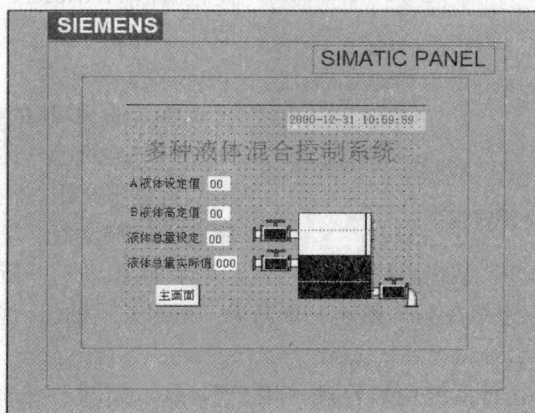

图 14 - 26　按钮与阀门组态

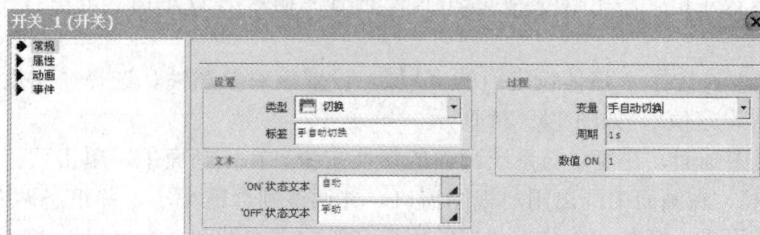

图 14 - 27　手自动切换开关属性

二、报警与用户管理组态

1. 报警组态

（1）建立模拟量报警。新建一个报警画面，命名为"报警画面"，并能实现与系统画面的切换。组态报警，当容器中液位大于 100 时，则产生报警。

在"项目视图→项目→报警管理"中双击"模拟量报警"。双击报警表的第一行，设计一个报警，如图 14-28 所示。指定触发变量为"液位超过 100"，触发模式为"上升沿时"。

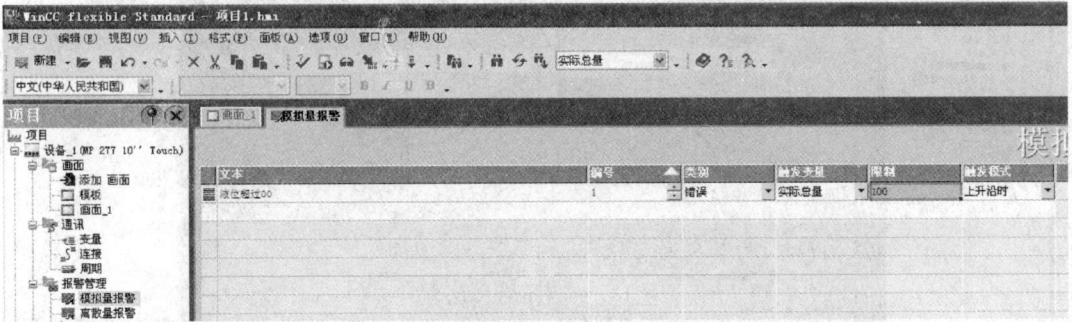

图 14-28 新建模拟量报警

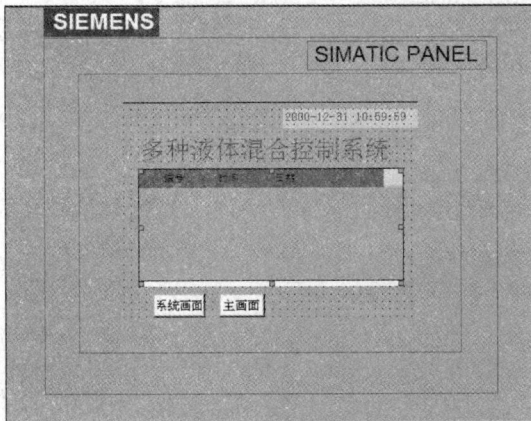

图 14-29 报警视图

（2）组态报警画面。新建并打开"报警画面"，在"工具→增强工具"中单击"报警视图"，然后在画面中做出报警视图并调整到合适大小，如图 14-29 所示。

如果需要在产生该模拟量报警时自动弹出报警画面，则只需在该报警的属性窗口中设置激活 ActivateScreen 函数，调出报警画面即可。

2. 用户组态

西门子 HMI 的用户权限由用户组决定，同一用户组的用户具有相同的权限。

新建用户组、用户及用户视图，并对 IO 域进行权限设置。

双击项目视图中的"运行系统用户管理→组"，显示如图 14-30 所示画面。

在图 14-30 组表中双击第三行，新建一个名为"班组长"的组，权限为操作，如图 14-31 所示。

双击项目视图中的"运行系统用户管理→用户"，显示如图 14-32 所示画面。双击用户表的第二行，新建一个名为"user1"用户，密码设为"000"。该用户属于用户组"班组长"。并新建名为"输入 A 设定值"的组权限，"班组长"具有"输入 A 设定值"的组权限，如图 14-33 所示。

打开系统画面，选择 A 液体设定值的 IO 域，设置该对象属性，选择"属性→安全"，设置权限为"输入 A 设定值"，如图 14-34 所示。

新建用户视图画面，并建立与系统画面的切换按钮。在该画面中，单击"工具→增强工具"中的"用户视图"，在画面中画出用户视图窗口，并调整到合适大小，并组态两个按钮，分别为登录用户与注销用户，组态一个名为"当前用户名"的文本域和一个 IO 域，如图 14-35 所示。

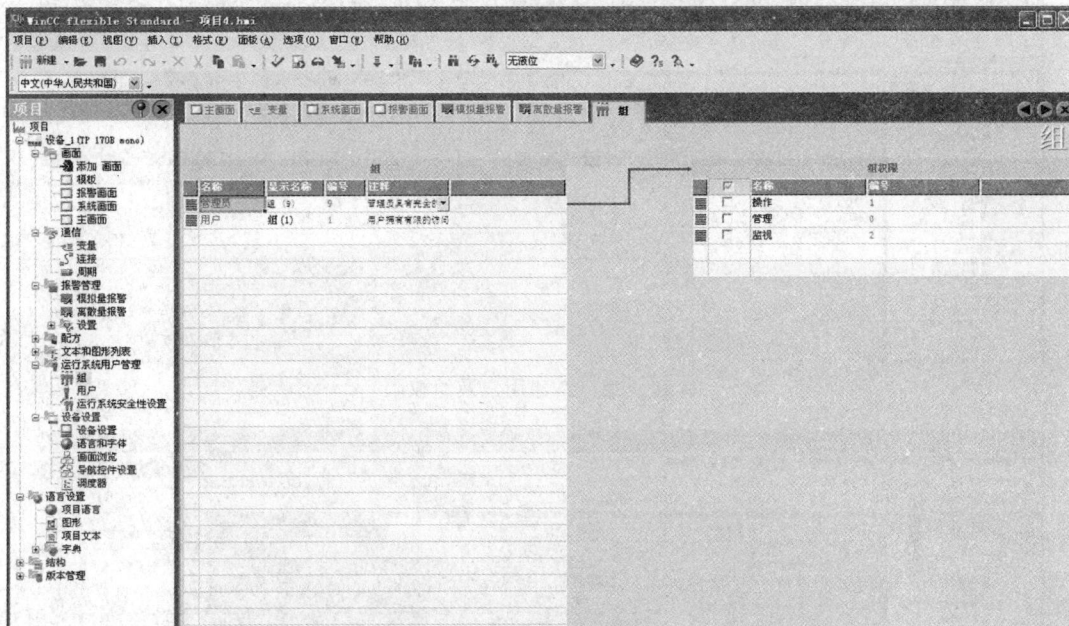

图 14 - 30 用户组组态

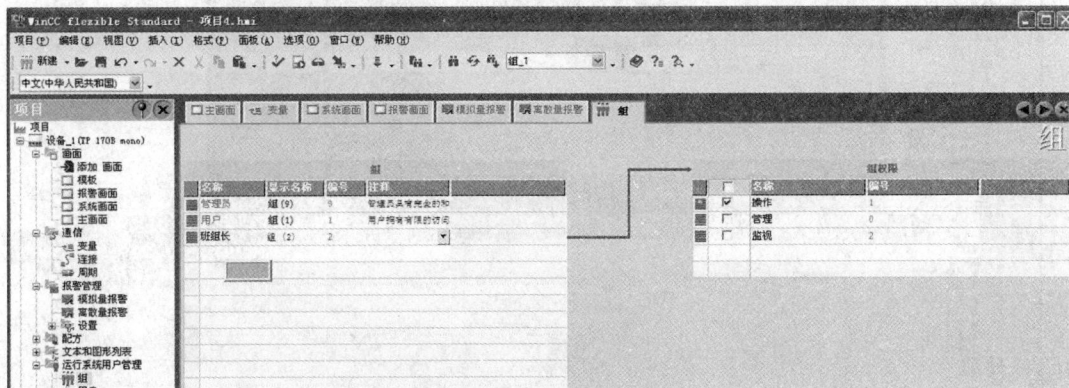

图 14 - 31 新建用户组

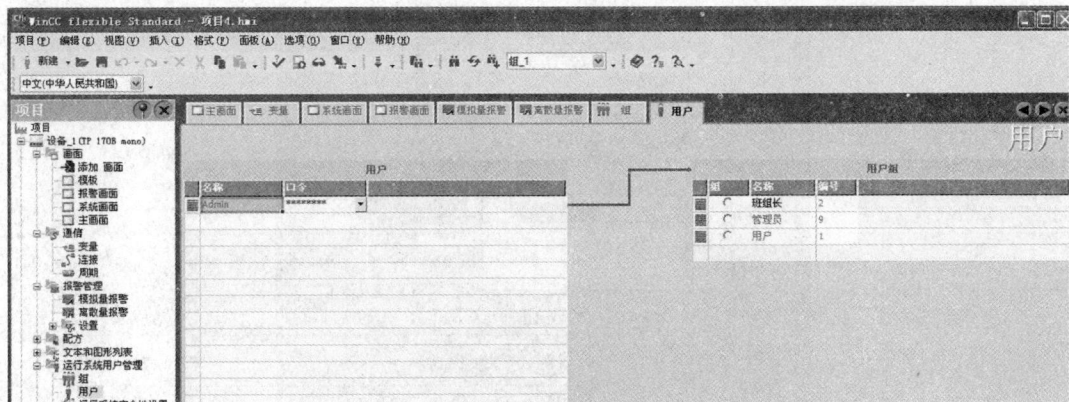

图 14 - 32 用户组态

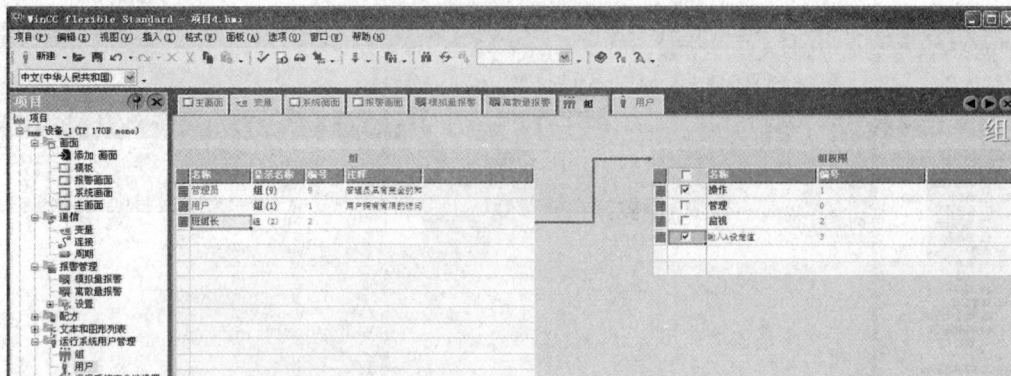

图 14 - 33　新建用户及组权限

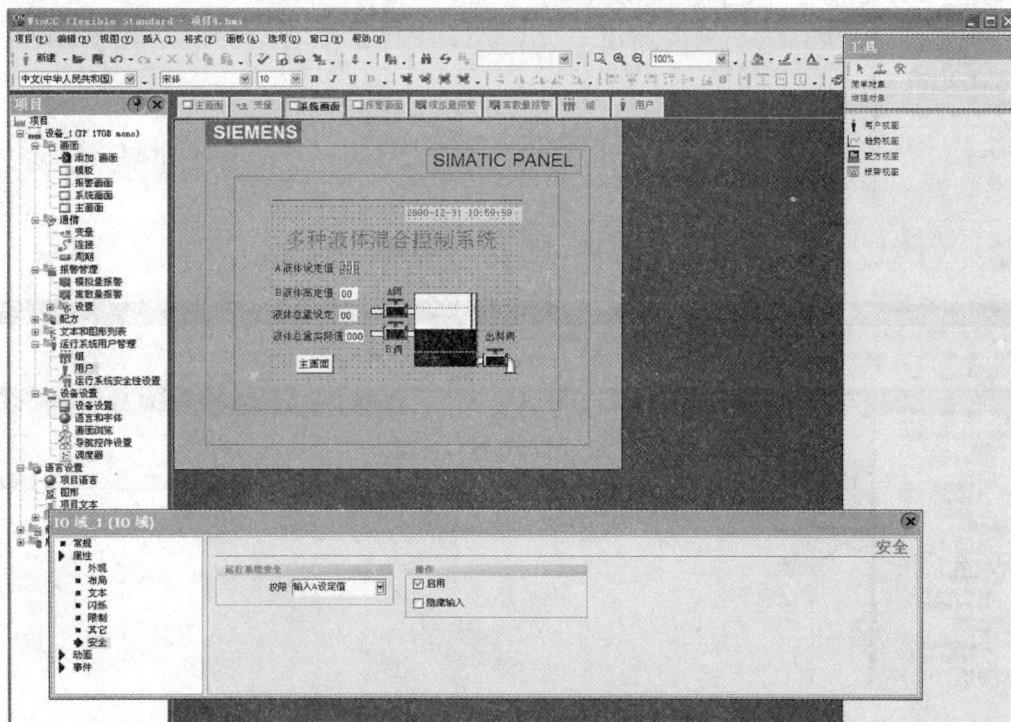

图 14 - 34　设置 IO 的权限

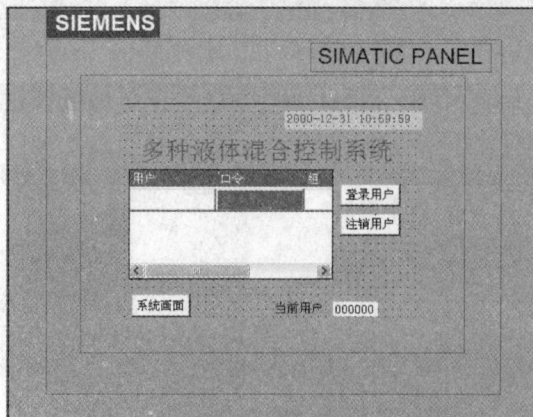

图 14 - 35　用户视图画面

单击登录用户按钮，有其属性"常规"项中，选择文本，输入"登录用户"，如图 14-36 所示。在其"事件→单击"项中执行系统函数 ShowLogonDailog，如图 14-37 所示。类似地，组态注销用户按钮时执行系统函数 Logoff。

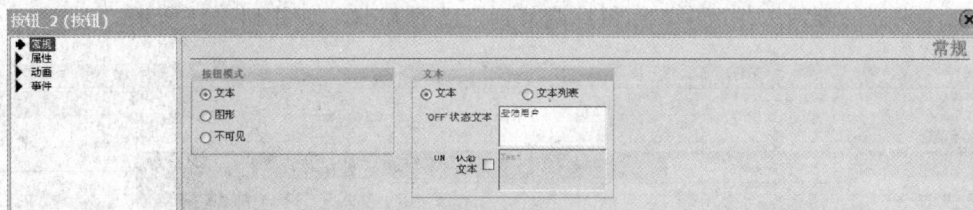

图 14-36 登录用户按钮组态（一）

图 14-37 登录用户按钮组态（二）

下面对当前用户 IO 域进行组态。新建一个名为 string 的内部变量，数据类型为 string。在图 14-35 的画面中，选择当前用户 IO 域，常规项属性按照如图 14-38 所示设置。

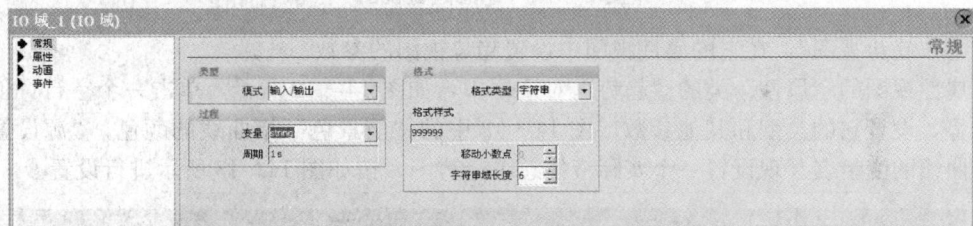

图 14-38 当前用户 IO 域组态（一）

选择属性中的"事件→激活"，如图 14-39 所示，调用函数 GetUserName，变量设为 string，如图 14-40 所示，则运行时单击该 IO 域即可刷新得到用户名。

图 14-39 当前用户 IO 域组态（二）

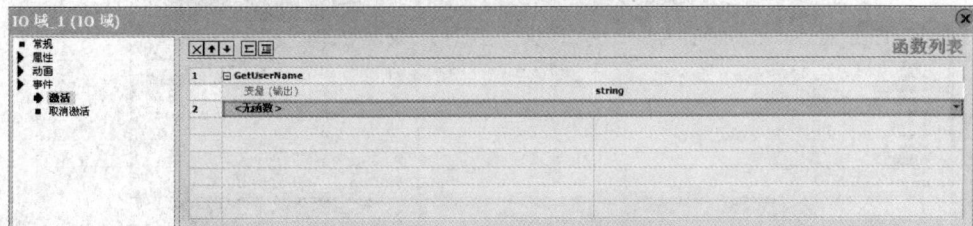

图 14-40 当前用户 IO 域组态（三）

三、趋势视图与配方组态

1. 趋势视图组态

首先生成和打开名为"趋势画面"的画面。将工具箱的"增强对象"中的"趋势视图"拖放到画面编辑器的画面工作区中，用鼠标调节到合适的大小，如图 14 - 41 所示。

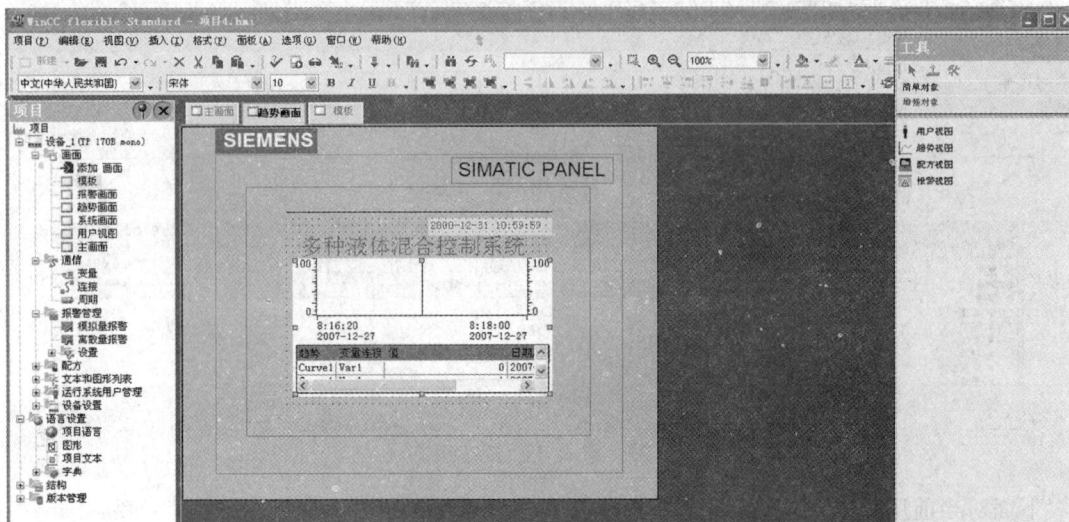

图 14 - 41 组态趋势视图

选中"趋势视图"，在它的属性视图中设置趋势视图的参数。

在属性视图的"属性"类的"趋势"对话框中，如图 14 - 42 所示，单击一个空行，创建一个新趋势，设置它的类型和其他参数。图 14 - 42 中的"前景色"指曲线的颜色，"源设置"指要显示曲线的变量名。现设置一个实际液体总量趋势图，按如图 14 - 43 所示进行设置。

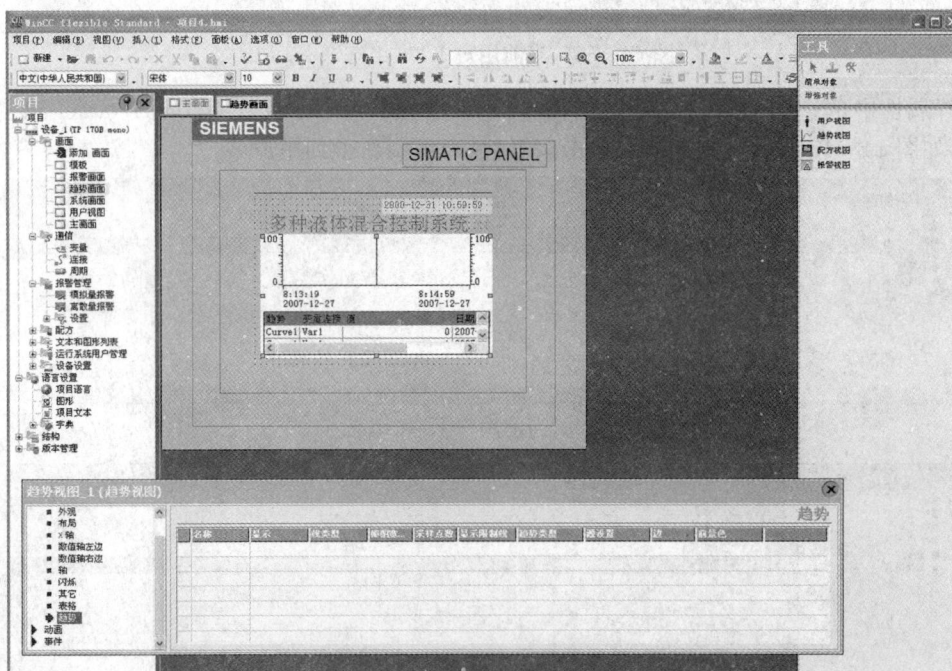

图 14 - 42 趋势视图组态（一）

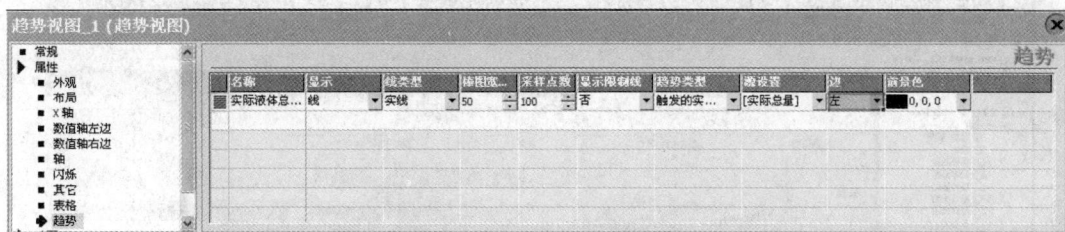

图 14-43　趋势视图组态（二）

另外，在"属性→X轴"属性项，可以设置视图 X 时间轴的时间间隔，如图 14-44 所示。

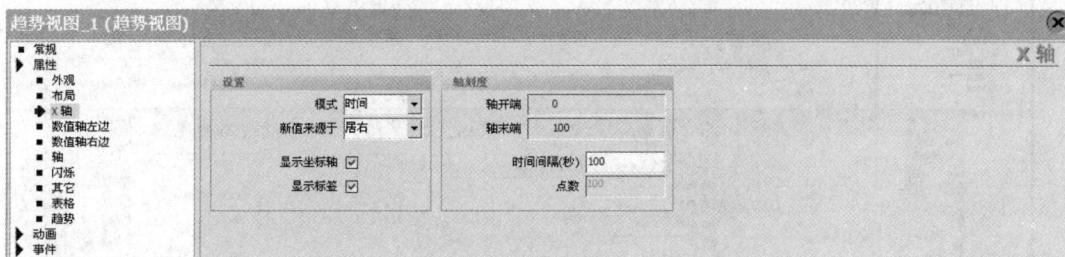

图 14-44　趋势视图组态（三）

2. 配方组态

配方是与某种生产工艺过程有关的所有参数的集合。下面组态配方，能实现液体 A 设定值、液体 B 设定值的各种数据组合。

首先建立一个配方画面，并能与系统画面进行画面切换，如图 14-45 所示。

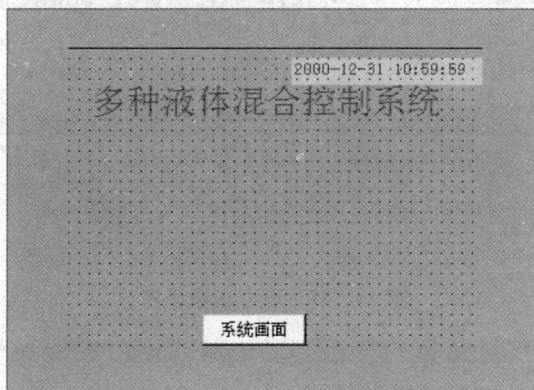

图 14-45　新建配方画面

在项目视图中双击"配方→新建配方"，出现如图 14-46 所示画面，配方名称和显示名称设为"AB混合"，并在表中设置两种成分，分别为 A 液体设定值和 B 液体设定值。

单击图 14-47 表上方的"数据记录"，设置数据记录表如图 14-48 所示。

进入配方画面，在工具箱的"增强对象"组中的"配方视图"图标放到画面中，然后适当调节配方视图的位置和大小，如图 14-49 所示。图中 🔲 为新建配方记录，🔲 为保存配方记录，❌ 为删除配方记录，🔲 为把配方记录数据下载到 PLC，🔲 为把当前 PLC 中的数据上传至配方视图中。

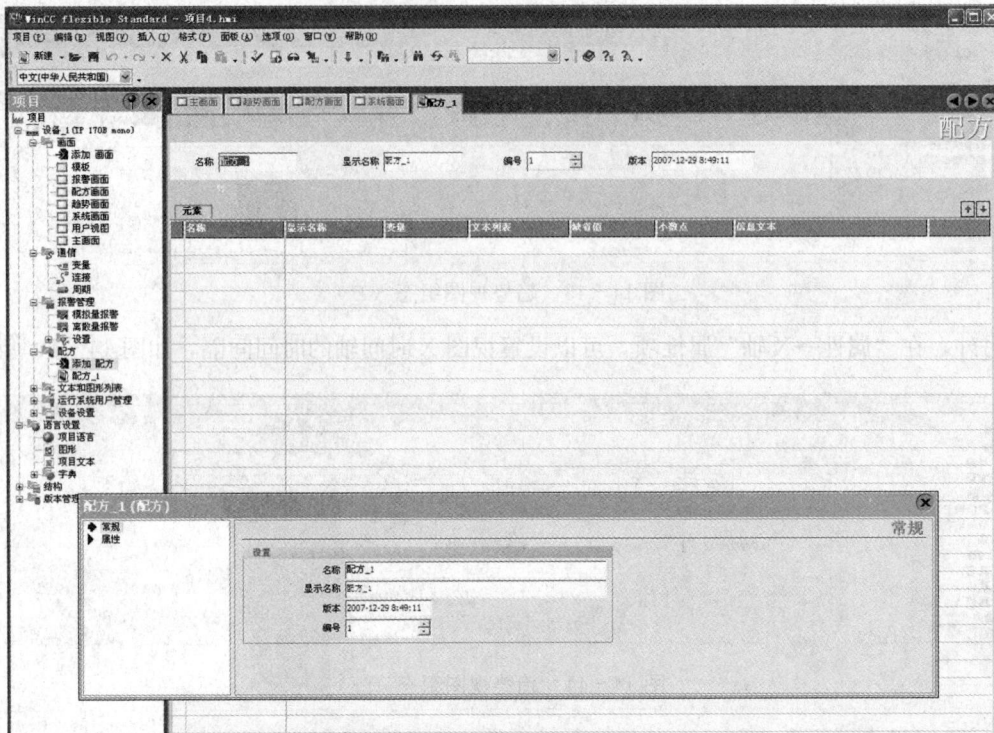

图 14-46 新建配方

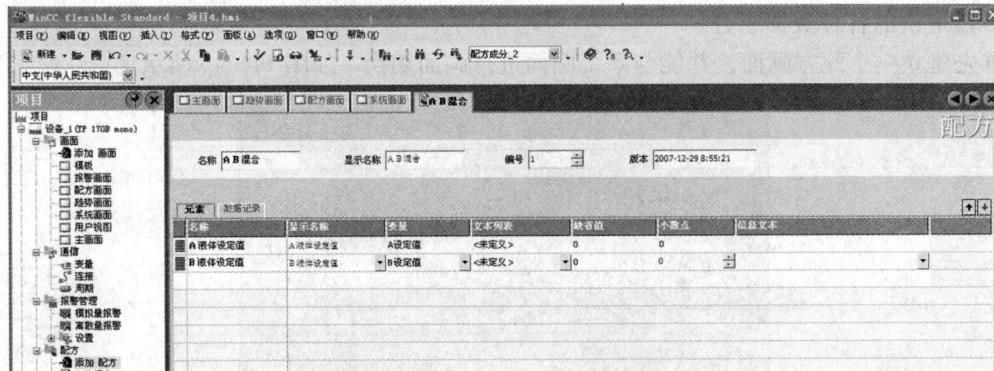

图 14-47 配方成分设置

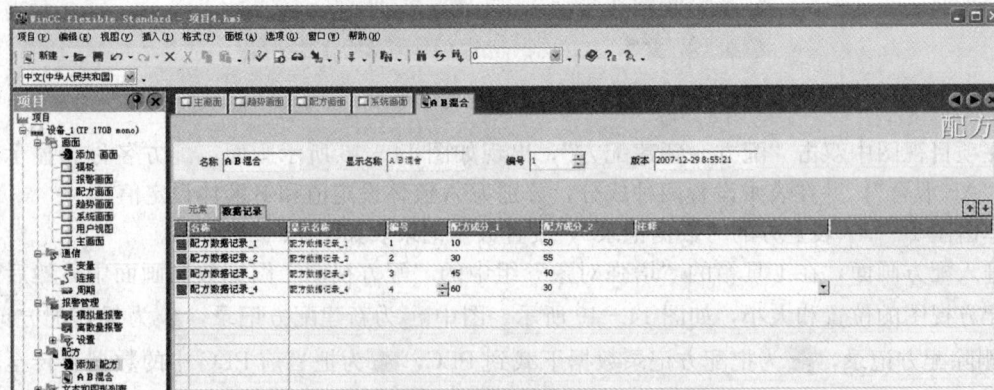

图 14-48 数据记录表

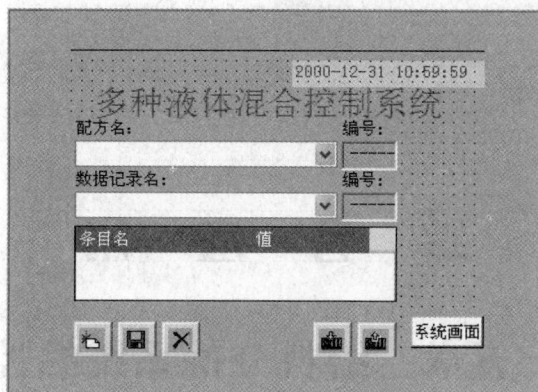

图 14 - 49　配方视图组态

注　意

　　通过以上配方设置，A、B液体的设定值可通过配方视图中进行设置，但此时系统画面中的相关IO域就只能显示数据，不能再进行设置。如要在系统画面中的IO域也可进行数据设置，则需在"AB混合"配方的属性窗口"属性→选项"中不选择"同步变量"即可，如图 14 - 50 所示。

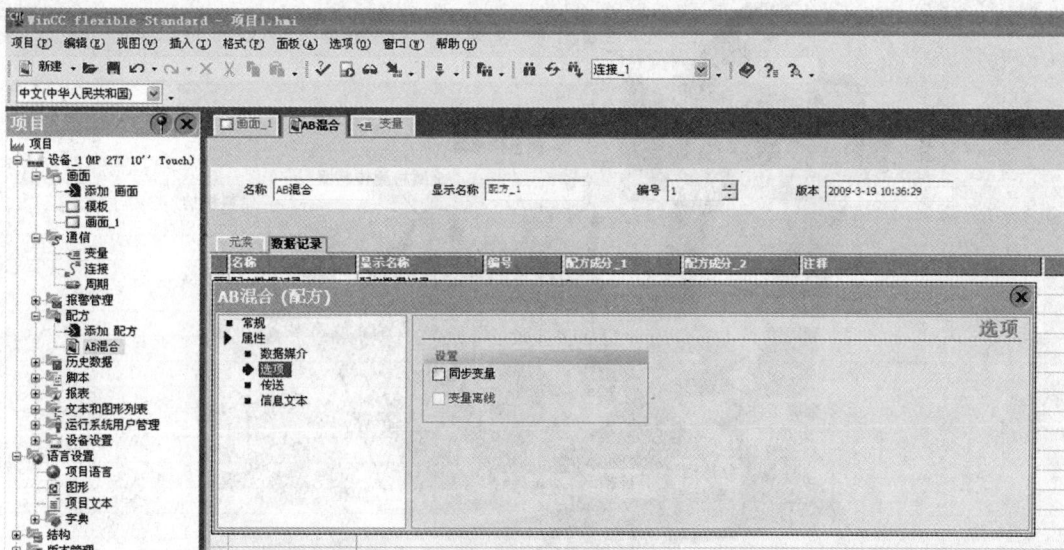

图 14 - 50　不选择同步变量

第四部分

综 合 应 用

第十五章 给料分拣系统的控制

第一节 项 目 描 述

一、系统介绍

本系统是由一个给料汽缸、三个分拣槽汽缸、一个机械手升降汽缸、机械手爪汽缸、机械手移动电机、运输带、三相异步电动机、变频器、各种材质检测传感器、限位开关、按钮组成。所用设备型号为科莱德 KLDFJ，如图 15-1 所示。

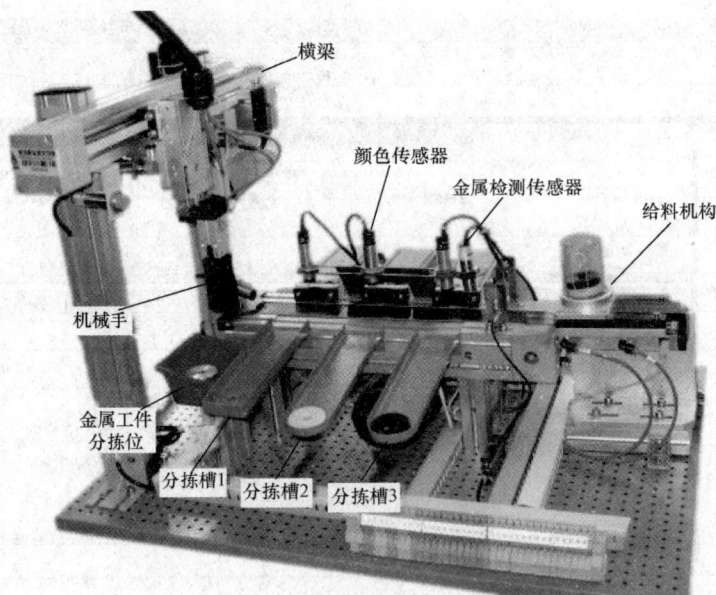

图 15-1 给料分拣装置

二、系统控制要求

系统控制要求如下：

（1）按下启动按钮（不带复位），系统开始动作，启动指示灯亮。

（2）按下停止按钮（不带复位），系统暂停，此时，若再按下启动按钮，系统继续动作，停止指示灯亮。

（3）按下急停按钮（带复位），系统全部停止。若再按下启动按钮，系统重新开始动作。

三、系统动作流程

系统动作流程如下：

（1）按下启动按钮，当送料汽缸在缩回的位置时，该电磁阀得电，将仓内的元件推出，当汽缸到达完全伸出的位置时，该电磁阀失电，送料动作完成。

（2）送料动作完成后，皮带通过变频器启动。

（3）通过安装在皮带上的各种检测传感器，将元件区分开来。

（4）黑色（非金属）的元件到达 3♯槽时，其对应的 3♯槽气缸将它推出。

（5）白色（非金属）的元件到达 2♯槽时，其对应的 2♯槽气缸将它推出。

（6）蓝色（非金属）的元件到达 1♯槽时，其对应的 1♯槽气缸将它推出。

（7）金属元件到达皮带到位开关时，机械手立即上升，上升到机械手的上限位时，右移；右移到右限位时，下降；下降到下限位时，夹住金属元件，然后上升；上升到上限位时，左移；左移到左限位时，下降；下降到下限位时，放开元件；放开元件后，上升；上升到上限位时，右移；右移到右限位时，完成金属元件的放置。

（8）每当放好一个元件后，送料汽缸动作，推出下一个元件，系统循环动作。

第二节　项　目　实　现

一、I/O 分配

I/O 分配表如表 15-1 所示，其中 Q1.2 控制皮带电动信号接至 G110 变频器的启动运行控制端子。I/O 接线图如图 15-2 所示。Q1.0 控制机械手左移，Q1.1 用来切换机械手移动的方向，即右移。

表 15-1　　　　　　　　　　I/O 分 配 表

序号	地址	描述
01	I0.0	急停按钮
02	I0.1	启动按钮
03	I0.2	停止按钮
04	I0.4	给料气缸缩回到位
05	I0.5	给料气缸伸出到位
06	I0.6	质材识别（是否金属）
07	I1.0	分拣槽 3 检测传感器
08	I1.1	分拣槽 2 检测传感器
09	I1.2	分拣槽 1 检测传感器
10	I1.3	皮带到位
11	I1.4	机械手左限位
12	I1.5	机械手右限位
13	I1.6	机械手上限位
14	I1.7	机械手下限位
15	Q0.0	启动指示灯
16	Q0.1	停止指示灯

续表

序号	地址	描述
17	Q0.2	给料气缸
18	Q0.3	分拣槽3推料气缸
19	Q0.4	分拣槽2推料气缸
20	Q0.5	分拣槽1推料气缸
21	Q0.6	机械手升降气缸
22	Q0.7	机械手夹料气缸
23	Q1.0	机械手左移启动
24	Q1.1	机械手反向移动
25	Q1.2	皮带电机启动

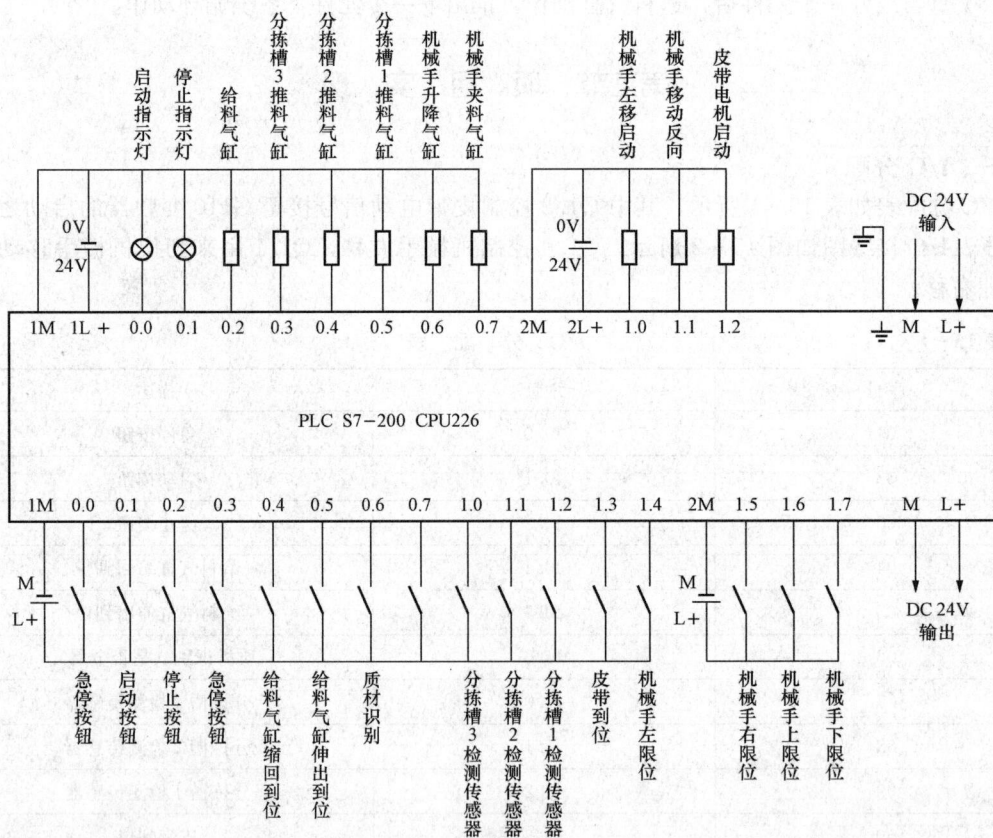

图 15-2 I/O 接线图

> **注意**
>
> 左移时 Q1.0 动作，右移时 Q1.0 和 Q1.1 都要动作。

二、PLC 程序

PLC 程序如图 15-3 所示。

网络1

按下急停按钮，复位全部的中间继电器

```
 I0.0              M0.0
──┤ ├──────────────( R )
                    100
```

网络2

按下停止按钮，触发停止的中间继电器(并自锁)，按下启动按钮后复位

```
 I0.2      I0.1      M0.0
──┤ ├──┬───┤/├───────( )
       │
 M0.0  │
──┤ ├──┘
```

网络3　网络标题

按下启动按钮，开始自动的循环动作，皮带动作

```
 I0.1                 M0.2   M0.1
──┤ ├──┬──────────────┤/├────( )
       │                    ┌──────────┐
 M0.1  │                    │    T37   │
──┤ ├──┤               ─────┤IN   TON  │
       │                    │          │
 M1.3  │ I1.5           10──┤PT  100ms │
──┤ ├──┤─┤ ├─               └──────────┘
       │
 M1.4  │ T42
──┤ ├──┤─┤ ├─
       │
 M1.5  │ T43
──┤ ├──┤─┤ ├─
       │
 M1.6  │ T44
──┤ ├──┴─┤ ├─
```

网络4

送料气缸在缩回位置时，将元件推出，电机继续运转

```
 M0.1   T37   I0.4    M0.3   M0.2
──┤ ├──┬─┤ ├───┤ ├────┤/├────( )
       │
 M0.2  │
──┤ ├──┘
```

网络5

送料气缸伸出到位时，停止送料气缸，而皮带电机继续运转

```
 M0.2   I0.5    M0.4   M1.4   M1.5   M1.6   M0.3
──┤ ├──┬─┤ ├────┤/├────┤ ├────┤/├────┤ ├────( )
       │
 M0.3  │
──┤ ├──┘
```

网络6

当金属元件到达皮带到位时，机械手电机反转

```
 M0.3   M4.0    I1.3   I1.6   M0.5   M0.4
──┤ ├──┬─┤ ├────┤/├────┤ ├────┤/├────( )
       │
 M0.4  │
──┤ ├──┘
```

网络7

机械手电机反转到达右限位时，下降机械手

```
 M0.4   I1.5    M0.6   M0.5
──┤ ├──┬─┤ ├────┤/├────( )
       │                    ┌──────────┐
 M0.5  │                    │    T38   │
──┤ ├──┘               ─────┤IN   TON  │
                            │          │
                       10──┤PT  100ms │
                            └──────────┘
```

网络8

下降机械手并夹住元件

```
 M0.5   I1.7    T38   M0.7   M0.6
──┤ ├──┬─┤ ├────┤ ├────┤/├────( )
       │                    ┌──────────┐
 M0.6  │                    │    T39   │
──┤ ├──┘               ─────┤IN   TON  │
                            │          │
                       10──┤PT  100ms │
                            └──────────┘
```

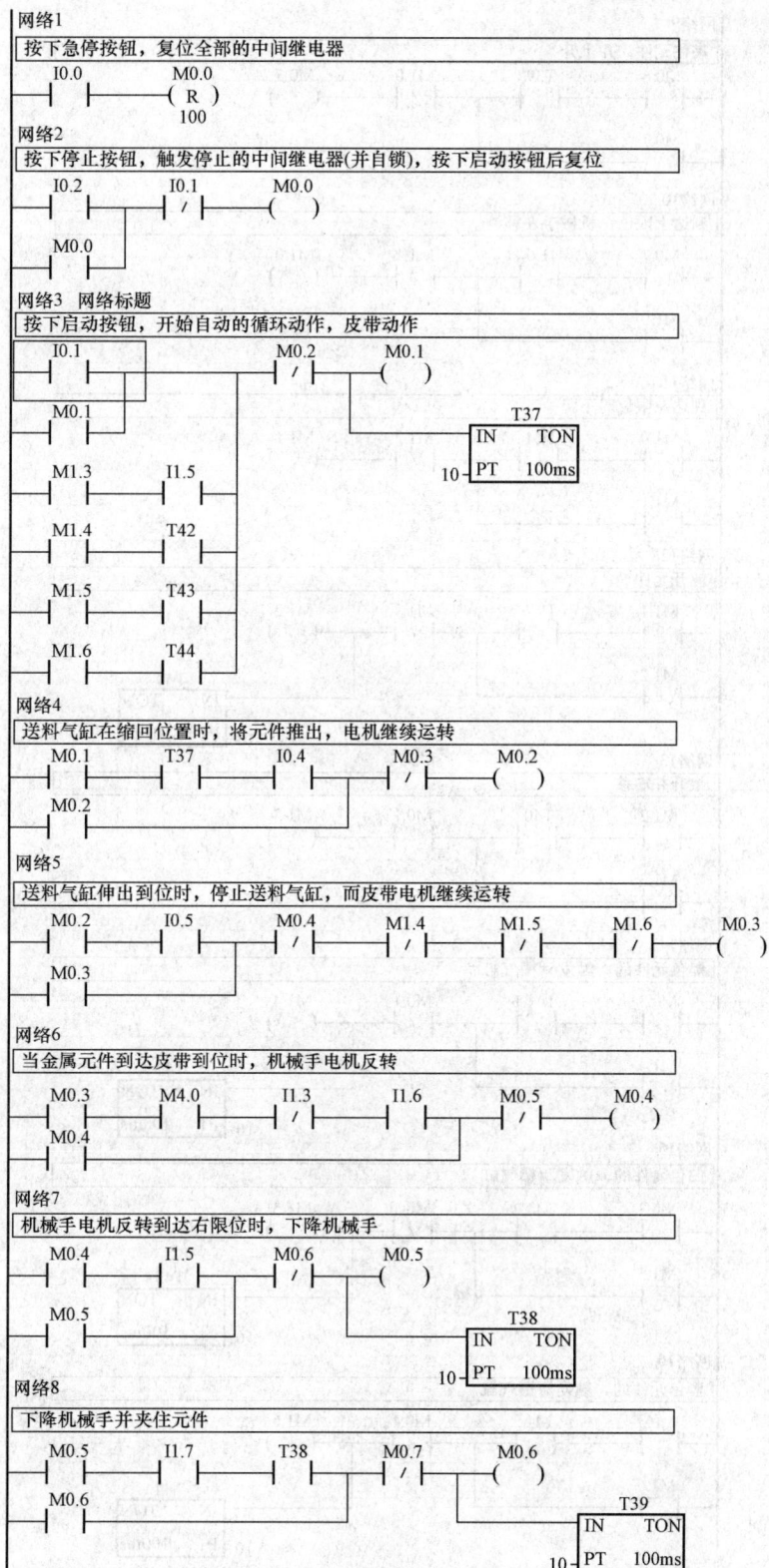

图 15-3　PLC控制程序（一）

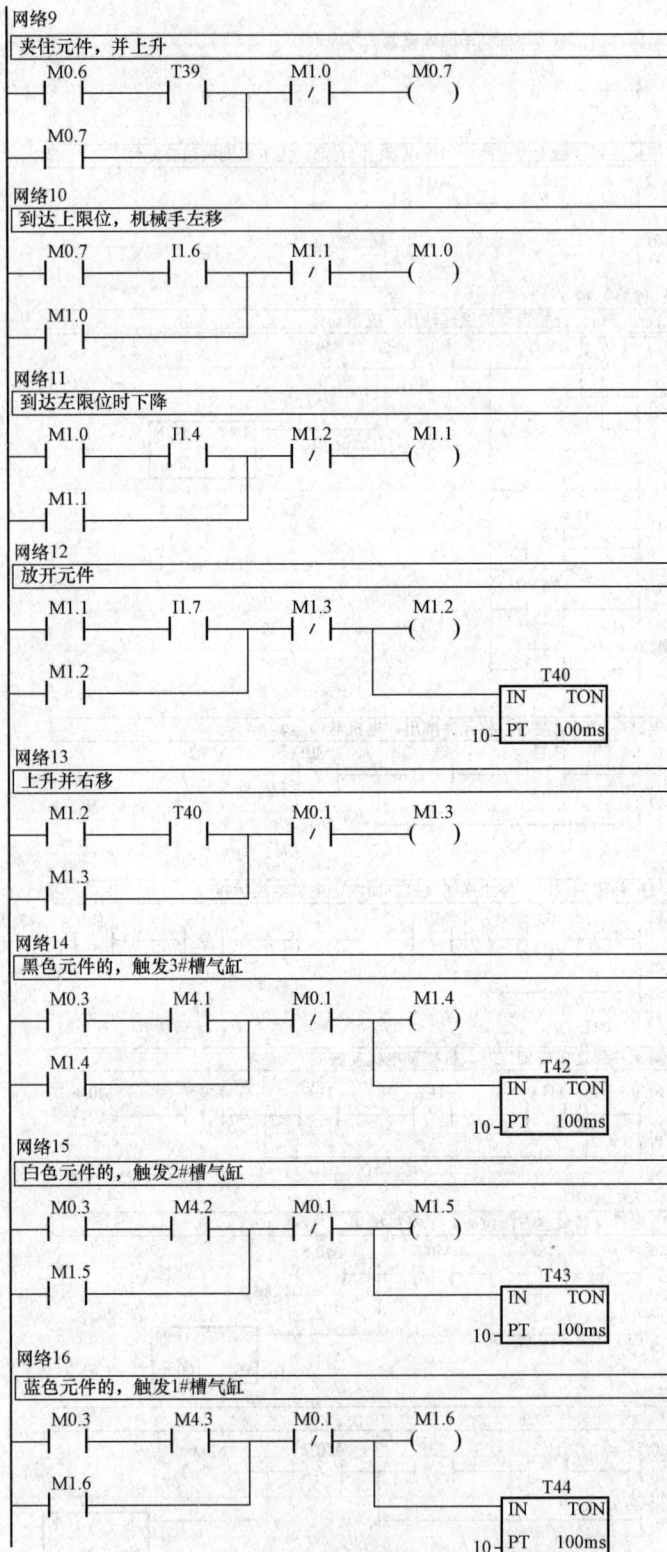

网络9

夹住元件，并上升

```
   M0.6      T39       M1.0      M0.7
 ──┤ ├──────┤ ├──────┤/├──────( )──
   M0.7
 ──┤ ├──┘
```

网络10

到达上限位，机械手左移

```
   M0.7      I1.6      M1.1      M1.0
 ──┤ ├──────┤ ├──────┤/├──────( )──
   M1.0
 ──┤ ├──┘
```

网络11

到达左限位时下降

```
   M1.0      I1.4      M1.2      M1.1
 ──┤ ├──────┤ ├──────┤/├──────( )──
   M1.1
 ──┤ ├──┘
```

网络12

放开元件

```
   M1.1      I1.7      M1.3      M1.2
 ──┤ ├──────┤ ├──────┤/├──────( )──
   M1.2                          T40
 ──┤ ├──┘                      IN  TON
                           10─ PT  100ms
```

网络13

上升并右移

```
   M1.2      T40       M0.1      M1.3
 ──┤ ├──────┤ ├──────┤/├──────( )──
   M1.3
 ──┤ ├──┘
```

网络14

黑色元件的，触发3#槽气缸

```
   M0.3      M4.1      M0.1      M1.4
 ──┤ ├──────┤ ├──────┤/├──────( )──
   M1.4                          T42
 ──┤ ├──┘                      IN  TON
                           10─ PT  100ms
```

网络15

白色元件的，触发2#槽气缸

```
   M0.3      M4.2      M0.1      M1.5
 ──┤ ├──────┤ ├──────┤/├──────( )──
   M1.5                          T43
 ──┤ ├──┘                      IN  TON
                           10─ PT  100ms
```

网络16

蓝色元件的，触发1#槽气缸

```
   M0.3      M4.3      M0.1      M1.6
 ──┤ ├──────┤ ├──────┤/├──────( )──
   M1.6                          T44
 ──┤ ├──┘                      IN  TON
                           10─ PT  100ms
```

图 15-3　PLC控制程序（二）

网络17

识别金属元件

```
     I0.6        M0.1       M4.0
    ─┤ ├──┬──────┤/├────────( )
          │
     M4.0 │
    ─┤ ├──┘
```

网络18

识别黑色元件

```
     I1.0        M0.1       M4.0       M4.1
    ─┤ ├──┬──────┤/├────────┤/├────────( )
          │
     M4.1 │
    ─┤ ├──┘
```

网络19

识别白色元件

```
     I1.1        M0.1       M4.0       M4.1       M4.2
    ─┤ ├──┬──────┤/├────────┤/├────────┤/├────────( )
          │
     M4.2 │
    ─┤ ├──┘
```

网络20

识别蓝色元件

```
     I1.2        M0.1       M4.0       M4.1       M4.2       M4.3
    ─┤ ├──┬──────┤/├────────┤/├────────┤/├────────┤/├────────( )
          │
     M4.3 │
    ─┤ ├──┘
```

网络21

启动指示灯

```
     MB0         Q0.1       Q0.0
    ─┤>=B├──┬────┤/├────────( )
       2    │
     MB1    │
    ─┤>B├───┘
       0
```

网络22

停止指示灯

```
     M0.0        Q0.1
    ─┤ ├─────────( )
```

网络23

送料气缸动作

```
     M0.2        M0.0       Q0.2
    ─┤ ├─────────┤/├────────( )
```

网络24

3#分拣槽的动作气缸动作

```
     M1.4        M0.0       Q0.3
    ─┤ ├─────────┤/├────────( )
```

网络25

2#分拣槽的动作气缸动作

```
     M1.5        M0.0       Q0.4
    ─┤ ├─────────┤/├────────( )
```

网络26

1#分拣槽的动作气缸动作

```
     M1.6        M0.0       Q0.5
    ─┤ ├─────────┤/├────────( )
```

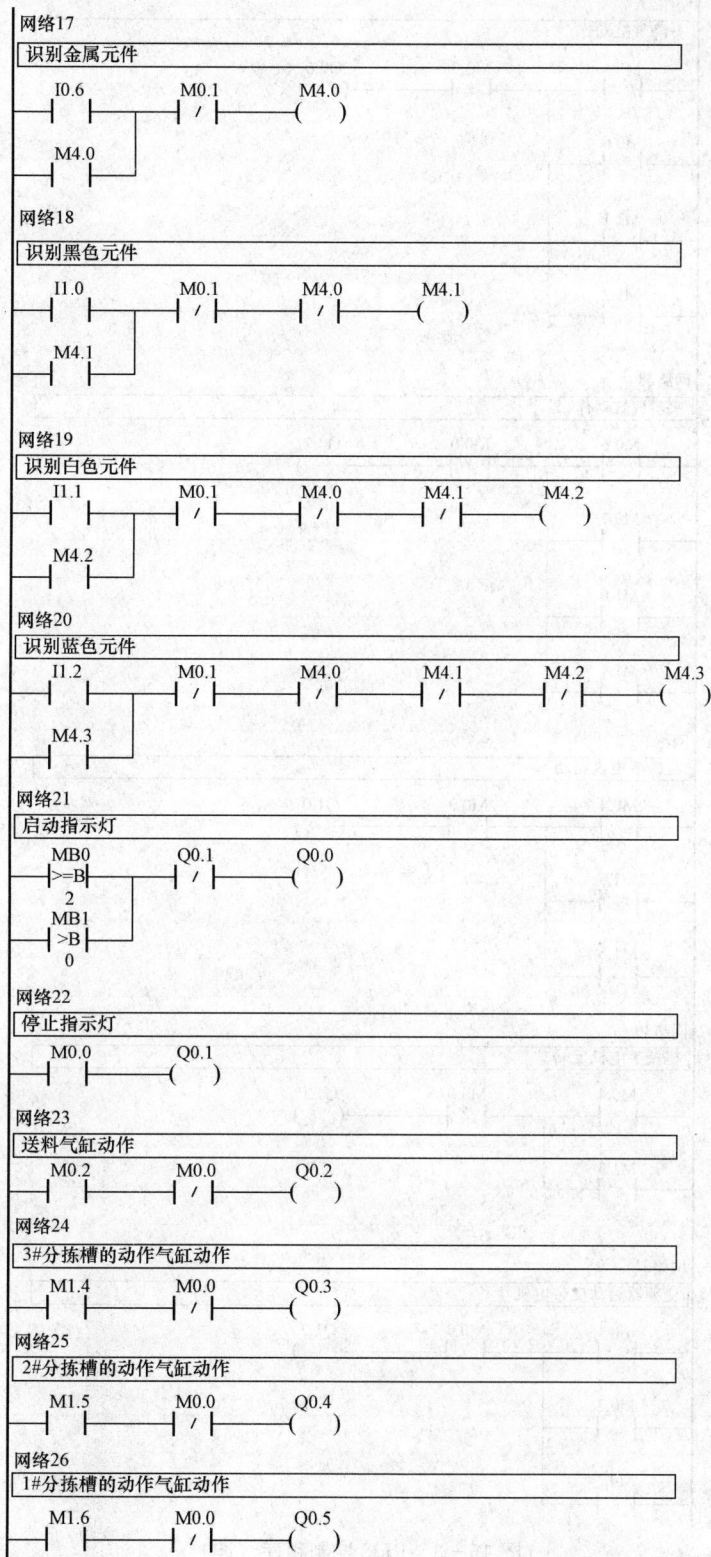

图 15-3 PLC 控制程序（三）

网络27

升降气缸动作

```
  M0.5          M0.0          Q0.6
  ┤ ├      ┬    ┤/├          ( )
               │
  M0.6         │
  ┤ ├─────────┤
               │
  M1.1         │
  ┤ ├─────────┤
               │
  M1.2         │
  ┤ ├─────────┘
```

网络28

夹料气缸动作

```
  M0.6          M0.0          Q0.7
  ┤ ├      ┬    ┤/├          ( )
               │
  M0.7         │
  ┤ ├─────────┤
               │
  M1.0         │
  ┤ ├─────────┤
               │
  M1.1         │
  ┤ ├─────────┘
```

网络29

机械手电机启动

```
  M0.4          M0.0          Q1.0
  ┤ ├      ┬    ┤/├          ( )
               │
  M1.0         │
  ┤ ├─────────┤
               │
  M1.3         │
  ┤ ├─────────┘
```

网络30

机械手电机反转

```
  M0.4          M0.0          Q1.1
  ┤ ├      ┬    ┤/├          ( )
               │
  M1.3         │
  ┤ ├─────────┘
```

网络31

变频器启动皮带电机

```
  M0.1          M0.0          Q1.2
  ┤ ├      ┬    ┤/├          ( )
               │
  M0.2         │
  ┤ ├─────────┤
               │
  M0.3         │
  ┤ ├─────────┘
```

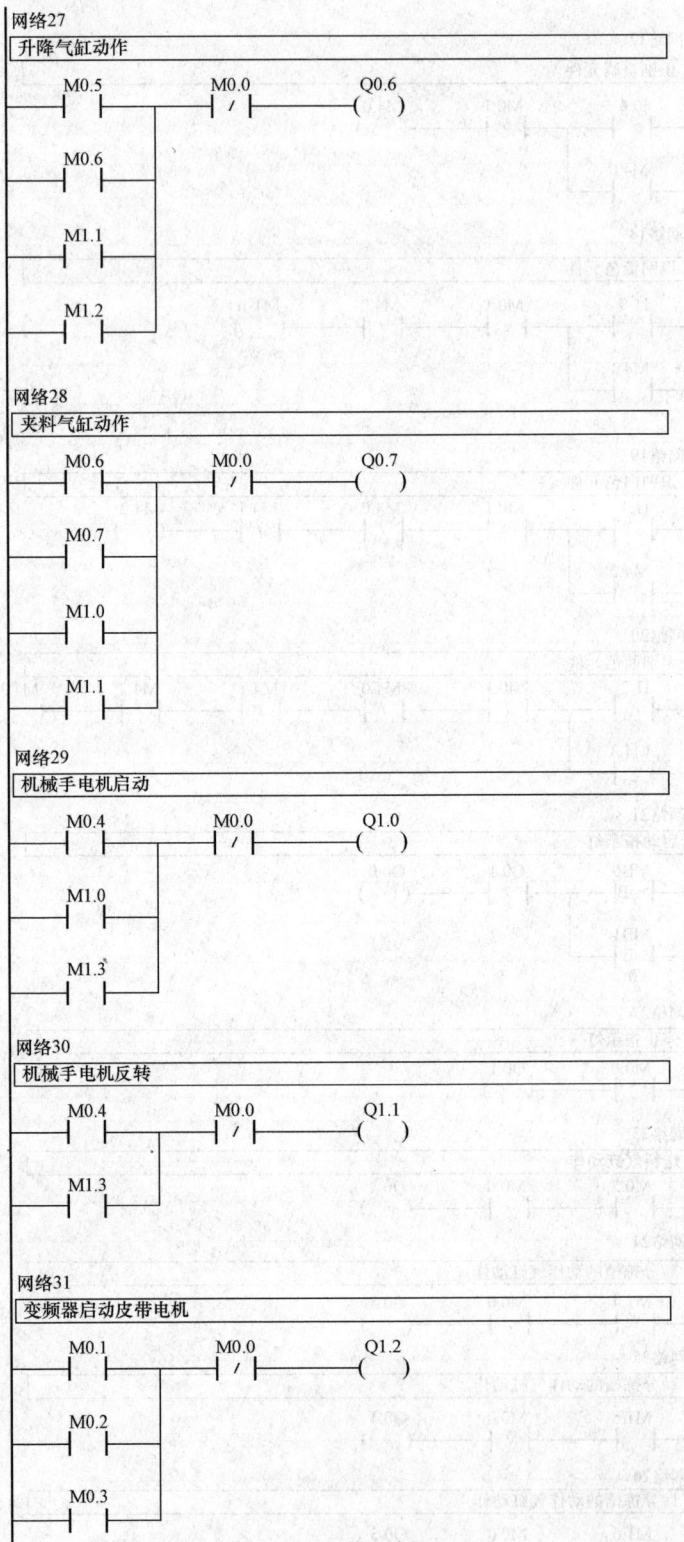

图 15 - 3　PLC 控制程序（四）

　　另外，本项目也建议用顺控指令来编写程序。可按工作要求画出状态转移图，可用选择性分支的方法来画图。再用 SCR 等顺控指令来实现对本项目的控制。

第十六章　基于 PLC、触摸屏的温度控制

本章主要介绍一个恒温箱的温度控制，温度控制范围为 25～100℃，PLC 作为控制器，触摸屏作为人机界面。通过人机界面可设定温度和其他系统运行的各参数。

第一节　项　目　描　述

在恒温箱内装有一个电加热元件和一致冷风扇，电加热元件和风扇的工作状态只有 OFF 和 ON，即不能自行调节。现要控制恒温箱的温度恒定，且能在 25～100℃ 范围内可调，如图 16 - 1 所示。

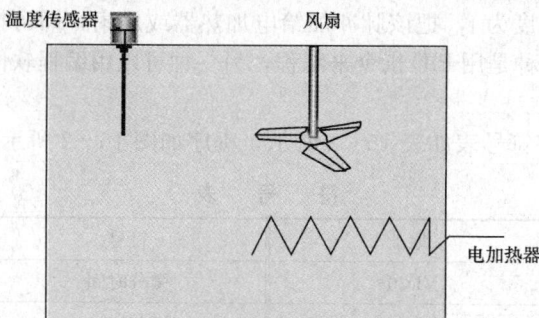

图 16 - 1　恒温箱示意图

第二节　项　目　实　现

一、元件选型

1. PLC 选型

PLC 选择 S7 - 200 CPU224 XP CN，该 PLC 上自带有模拟量的输入和输出通道，因此节省了元器件成本。CPU 224 XP 自带的模拟量 I/O 规格如表 16 - 1 所示，含有 2 个模拟量输入通道和 1 个模拟量输出通道。

表 16 - 1　　　　　　　　　　　CPU 224 XP 自带模拟量 I/O 规格

I/O信号　　　　信号类型	电压信号	电流信号
模拟量输入×2	±10V	—
模拟量输出×1	0～10V	0～20mA

在 S7 - 200 中，单极性模拟量输入/输出信号的数值范围是 0～32 000；双极性模拟量信号的数值范围是 -32 000～+32 000。

2. 触摸屏选型

触摸屏选择为 TP177B 的西门子人机界面。

3. 温度传感器选型

温度传感器选择 PT100 的热电阻,带变送器。测量范围为 0～100℃,输出信号为 4～20mA,串接电阻把电流信号转换成 0～10V 的电压信号,送入 PLC 的模拟量输入通信。

二、PLC 软元件分配

PLC 软元件分配如下:

Q1.0:控制接通加热器;

Q1.1:控制接通制冷风扇;

AIW0:接收温度传感器的温度检测值。

三、PLC 编程

对恒温箱进行恒温控制,要对温度值进行 PID 调节。PID 运算的结果去控制接通电加热器或制冷风扇,但由于电加热器或制冷风扇只能为 ON 或 OFF,不能接受模拟量调节,故采用"占空比"的调节方法。

温度传感器检测到的温度值送入 PLC 后,若经 PID 指令运算得到一个 0～1 的实数,把该实数按比例换算成一个 0～100 的整数,把该整数作为一个范围为 0～10s 的时间 t。设计一个周期为 10s 的脉冲,脉冲宽度为 t,把该脉冲加给电加热器或风扇,即可控制温度。

编程方式有两种,一种是用 PID 指令来编程,另一种可以用编程软件中的 PID 指令向导编程。

1. PID 指令编程

打开编程软件,组态符号表如表 16-2 所示,程序如图 16-2 所示。

表 16-2   符 号 表

符号	地址	符号	地址
设定值	VD204	微分时间	VD224
回路增益	VD212	控制量输出	VD208
采样时间	VD216	检测值	VD200
积分时间	VD220		

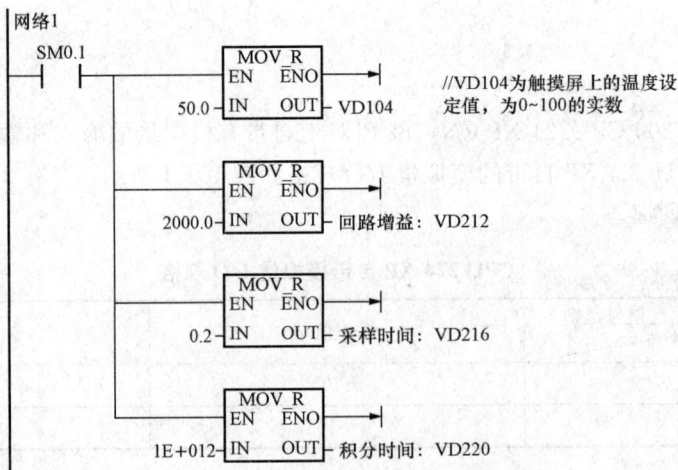

图 16-2 PLC 控制程序(一)

网络2

检测值转换

```
SM0.0                    I_DI
 ─┤├──────┬────────    EN    ENO ───
          │          
          │   AIW0─ IN    OUT ─ AC0
          │
          │              DI_R
          ├────────    EN    ENO ───
          │          
          │    AC0─ IN    OUT ─ AC0
          │
          │              DIV_R
          ├────────    EN    ENO ───
          │          
          │    AC0─ IN1   OUT ─ AC0
          │ 32000.0─ IN2
          │
          │              MOV_R
          └────────    EN    ENO ───

             AC0─ IN    OUT ─ 检测值：VD200
```

网络3

PID指令

```
SM0.0                    PID
 ─┤├──────────────    EN    ENO ───

   VB200─ TBL
       0─ LOOP
```

网络4

控制量输出转换

```
SM0.0                    MUL_R
 ─┤├──────┬────────    EN    ENO ───
          │          
  控制量输~:VD208─ IN1   OUT ─ AC1
          │  100.0─ IN2
          │
          │              ROUND
          ├────────    EN    ENO ───
          │          
          │    AC1─ IN    OUT ─ AC1
          │
          │              DI_I
          └────────    EN    ENO ───

             AC1─ IN    OUT ─ VW0
```

网络5

```
SM0.0                    SUB_I
 ─┤├──────────────    EN    ENO ───

    +100─ IN1   OUT ─ VW2
     VW0─ IN2
```

网络6

```
SM0.0    T38                    T37
 ─┤├──────┤/├────────────    IN    TON

                          VW2─ PT    100ms
```

网络7

```
 T37                          T38
 ─┤├────────────────────    IN    TON

                          VW0─ PT    100ms
```

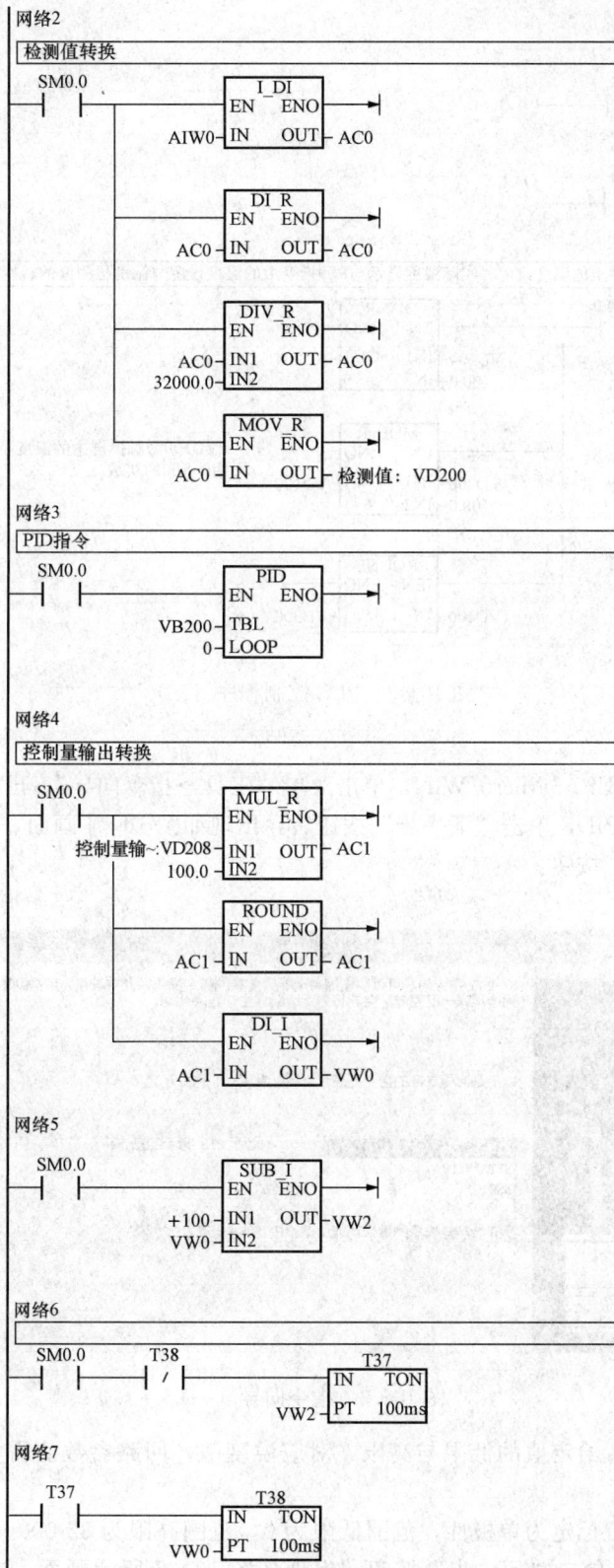

图 16-2　PLC控制程序（二）

网络8

```
    T37        Q1.0
  ──┤├──────────( )
```

网络9

```
    T37        Q .1
  ──┤/├──────────( )
```

网络10

触摸屏上的温度设定和实际温度显示与PID指令中的温度设定与温度检测值的转换

```
  SM0.0          DIV_R
  ──┤├────────┬──EN  ENO──
              │
       VD104──┤IN1  OUT──VD204
       100.0──┤IN2

                  MUL_R
              ├──EN  ENO──          //VD100为触摸屏上的温度显示值，
              │                       为0~100的实数
       VD200──┤IN1  OUT──VD100
       100.0──┤IN2

                  ROUND
              └──IEN  ENO──

       VD100──┤IN   OUT──VD300
```

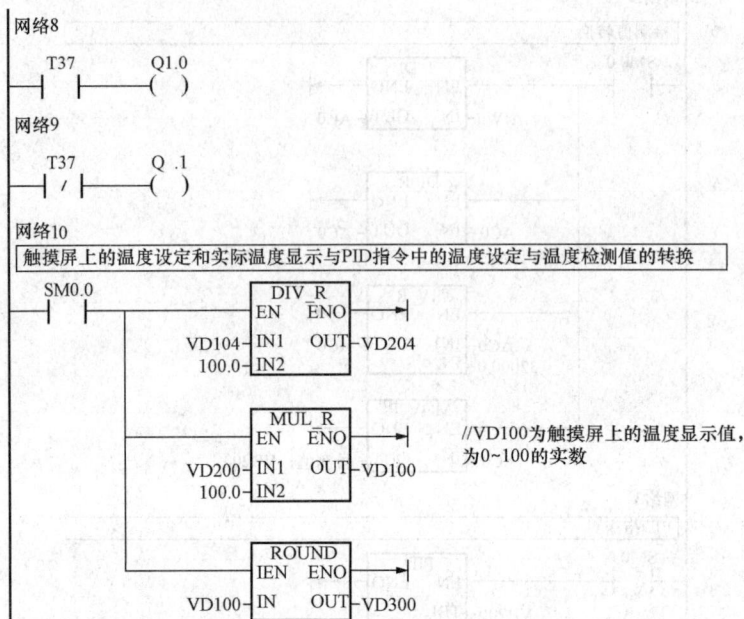

图16-2 PLC控制程序（三）

2. 指令向导编程

打开编程软件 STEP7-Micro/WIN，单击菜单"工具→指令向导"，出现如图16-3所示的指令向导画面，选择 PID，单击"下一步"按钮后，出现如图16-4画面，在该画面中配置0号回路，单击"下一步"按钮。

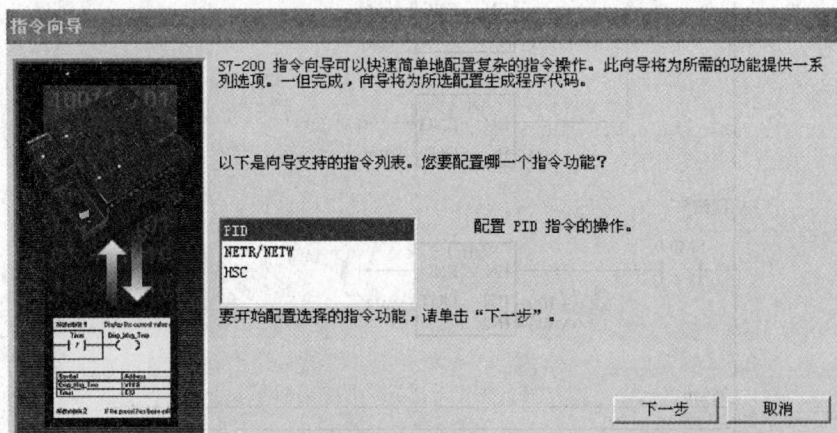

图16-3 指令向导（一）

在图16-5中设置给定值的低限与高限，对应温度值，回路参数值需整定填入，单击"下一步"按钮。

在图16-6中设置标定为单极性，范围低限为0，范围高限为32 000。输出类型为数字量，占空比周期设为10s。单击"下一步"按钮，出现如图16-7所示画面，在该图中配置分配存储区。

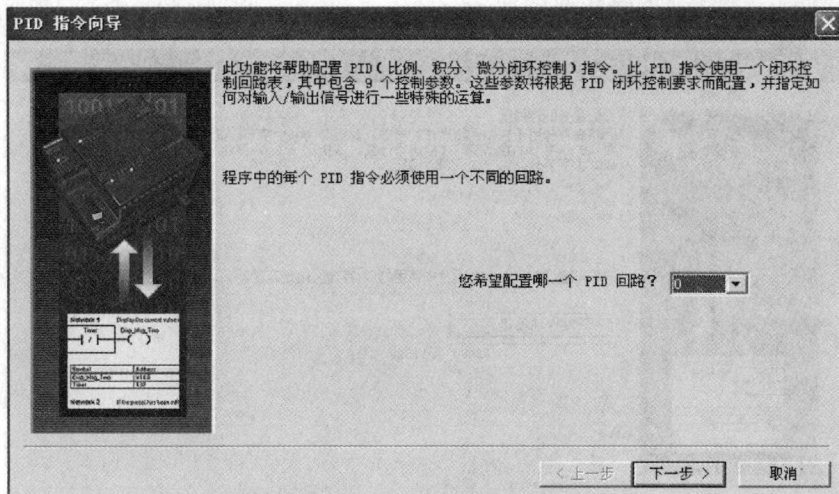

图 16-4　指令向导（二）

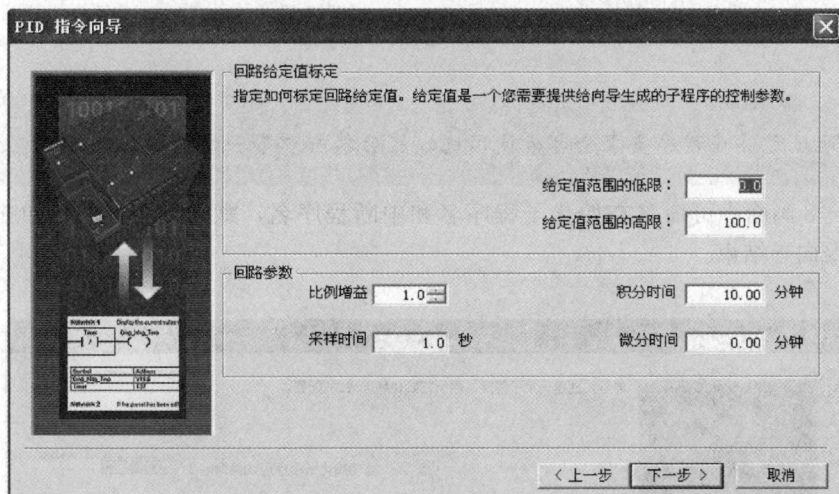

图 16-5　指令向导（三）

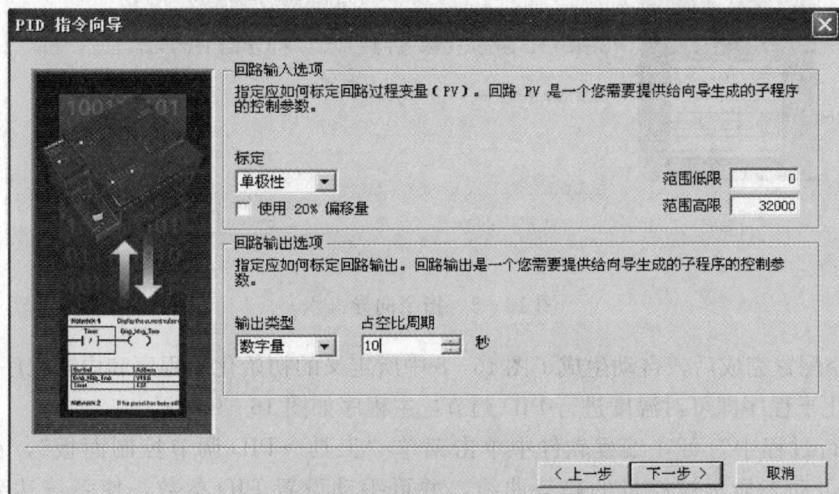

图 16-6　指令向导（四）

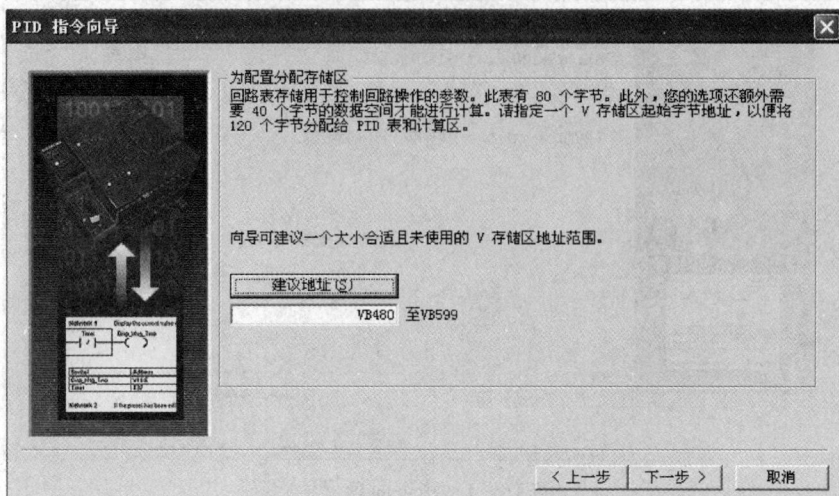

图 16-7　指令向导（五）

注意

　　配置的地址元件在程序要求全部未使用过，然后单击"下一步"按钮。

　　在图 16-8 画面中可命名初始化子程序名和中断程序名，默认即可。然后单击"下一步"按钮直至指令向导结束。

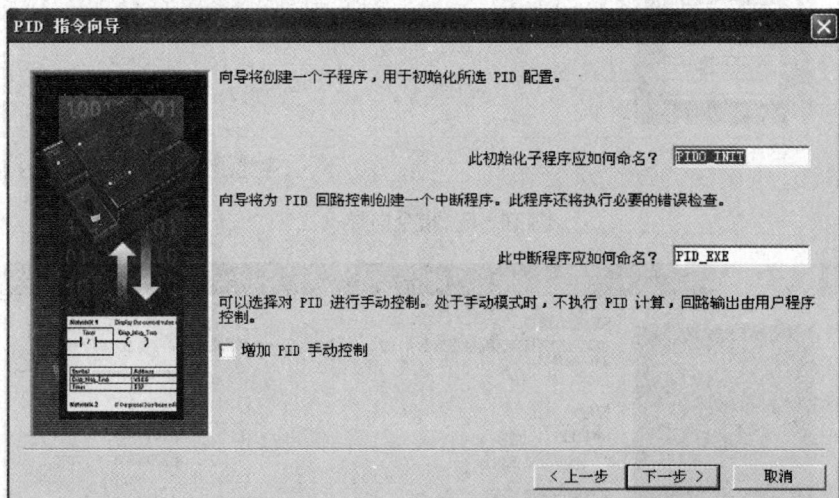

图 16-8　指令向导（六）

　　PID指令配置完成后，自动生成了图 16-8 中所定义的初始化子程序和中断程序。在主程序中调用初始化子程序即可对温度进行 PID 调节，主程序如图 16-9 所示。

　　PLC 运行过程中，可在编程软件中单击菜单"工具→PID 调节控制面板"，在 PID 调节控制面板上可动态显示被控量的趋势曲线，并可手动设置 PID 参数，使系统达到较好的控制效果。

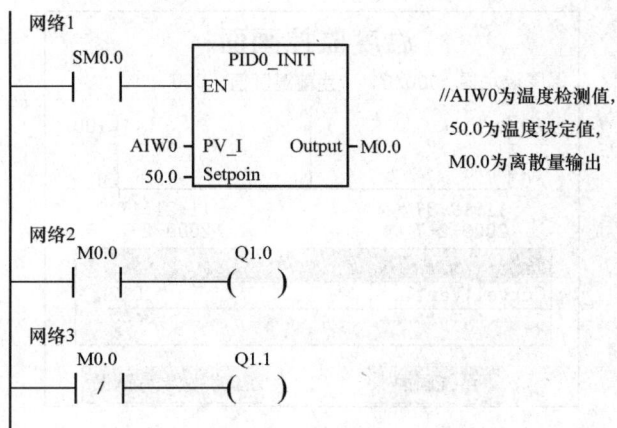

网络1

SM0.0　　　　　　PID0_INIT
　┤├　　　　　　EN

　　　　　AIW0 ─ PV_I　　Output ─ M0.0
　　　　　50.0 ─ Setpoin

//AIW0为温度检测值，
50.0为温度设定值，
M0.0为离散量输出

网络2
M0.0　　　　　　Q1.0
┤├　　　　　　（　）

网络3
M0.0　　　　　　Q1.1
┤/├　　　　　　（　）

图 16-9　主程序

四、触摸屏监控

设 PLC 采用第一种编程方式，即 PLC 指令编程方式，触摸屏的功能是能对 PID 的各参数进行设置，能对温度的设定值进行设置，还能对恒温箱的温度值进行实时监控。

组态变量表如表 16-3 所示。

表 16-3　　　　　　　　　　　变　量　表

名称	连接	数据类型	地址	数组计数	采集周期
设定值	PLC	Real	VD 104	1	1s
回路增益	PLC	Real	VD 212	1	1s
积分时间	PLC	Real	VD 220	1	1s
微分时间	PLC	Real	VD 224	1	1s
检测值	PLC	DINT	VD 300	1	1s
控制量输出	PLC	Real	VD 208	1	1s

本项目组态了 3 个画面，分别为系统画面、PID 参数设置画面和温度监控画面，分别如图 16-10～图 16-12 所示。

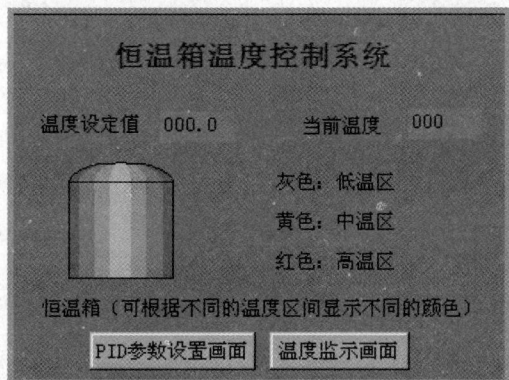

图 16-10　系统画面

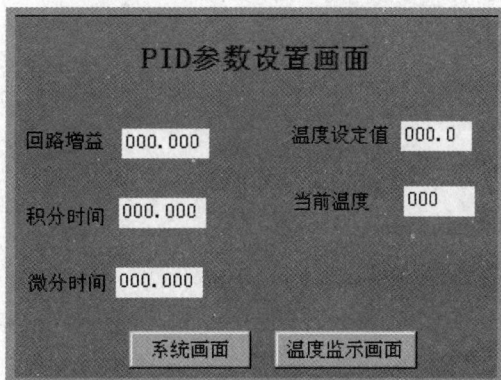

图 16-11　PID 参数设置画面

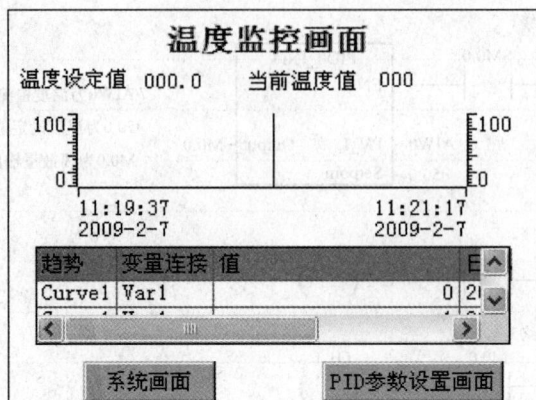

图 16－12　温度监控画面

第十七章 基于 PLC、变频器、触摸屏的水位控制

第一节 项目描述

一、项目控制要求

有一水箱可向外部用户供水，用户用水量不稳定，有时大有时少。水箱进水可由水泵泵入，现需对水箱中水位进行恒液位控制，并可在 0～200mm（最大值数据可根据水箱高度确定）范围内进行调节。如设定水箱水位值为 100mm 时，则不管水箱的出水量如何，调节进水量，都要求水箱水位能保持在 100mm 位置，如出水量少，则要控制进水量也少，如出水量大，则要控制进水量也大。水箱示意图如图 17-1 所示。

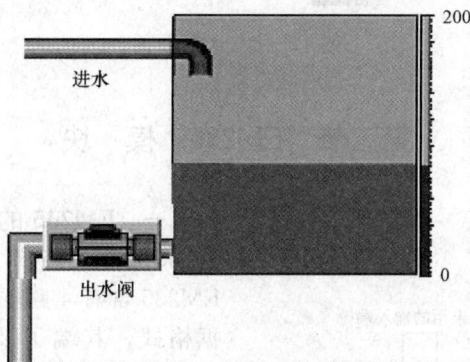

图 17-1 水箱示意图

二、控制思路

因为液位高度与水箱底部的水压成正比，故可用一个压力传感器来检测水箱底部压力，从而确定液位高度。要控制水位恒定，需用 PID 算法对水位进行自动调节。把压力传感器检测到的水位信号 4～20mA 送入至 PLC 中，在 PLC 中对设定值与检测值的偏差进行 PID 运算，运算结果输出去调节水泵电机的转速，从而调节进水量。

水泵电机的转速可由变频器来进行调速。

三、元件选型

（1）PLC 及其模块选型。PLC 可选用 S7-200 CPU224，为了能接收压力传感器的模拟量信号和调节水泵电机转速，特选择一块 EM235 的模拟量输入输出模块。

（2）变频器选型。为了能调节水泵电机转速从而调节进水量，特选择西门子 G110 的变频器。

（3）触摸屏选型。为了能对水位值进行设定其对系统运行状态的监控，特选用西门子人机界面 TP170B 触摸屏。

（4）水箱对象设备选用型号为科莱德 KLDSX 设备，如图 17-2 所示。

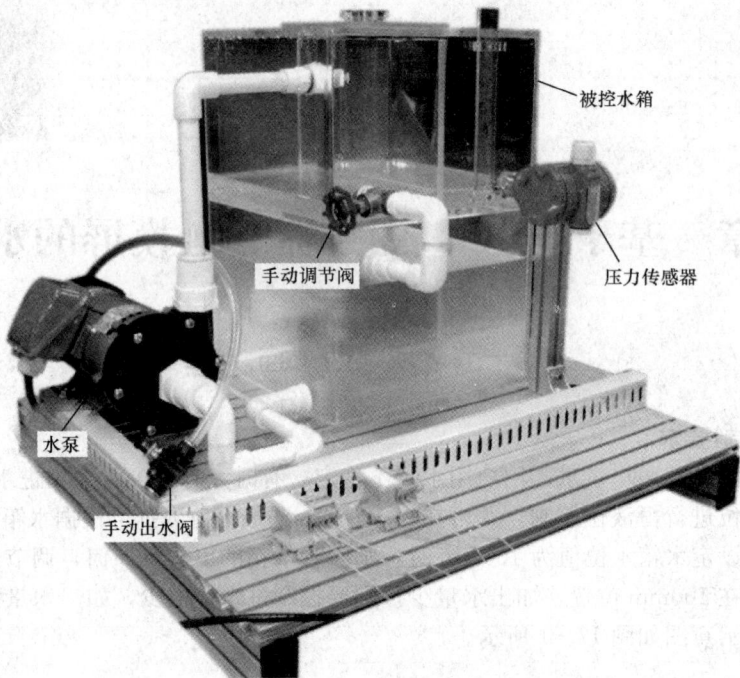

图 17-2　水箱设备

第二节　EM235 模块

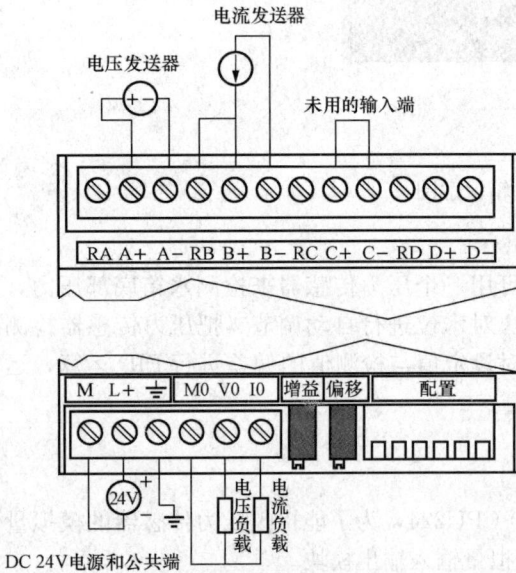

图 17-3　EM235 端子接线图

一、EM235 的端子与接线

SIEMENS S7－200 模拟量扩展模块 EM235 含有 4 路输入和 1 路输出，为 12 位数据格式，其端子及接线图如图 17-3 所示。RA、A＋、A－为第一路模拟量输入通道的端子，RB、B＋、B－为第二路模拟量输入通道的端子，RC、C＋、C－为第三路模拟量输入通道的端子，RD、D＋、D－为第四路模拟量输入通道的端子。M0、V0、I0 为模拟量输出端子，电压输出大小为－10～＋10V，电流输出大小为 0～20mA。L＋、M 接 EM235 的工作电源。

在图 17-3 中，第一路输入通道的输入为电压信号输入的接法，第二路输入通道为电流信号输入的接法。若模拟量输出为电压信号，则接端子 V0 与 M0。

二、DIP 设定开关

EM235 有 6 个 DIP 设定开关，如图 17-4 所示。通过设定开关，可选择输入信号的满量程和分辨率，所有的输入信号设置成相同的模拟量输入范围和格式，如表 17-1 所示。

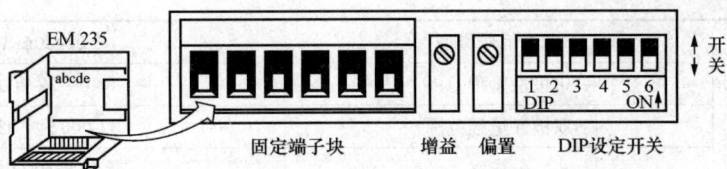

图 17-4　DIP 设定开关

表 17-1　　　　　　　　　　**DIP 开 关 设 定 表**

单极性						满量程输入	分辨率
SW1	SW2	SW3	SW4	SW5	SW6		
ON	OFF	OFF	ON	OFF	ON	0~50mV	12.5μV
OFF	ON	OFF	ON	OFF	ON	0~100mV	25μV
ON	OFF	OFF	OFF	ON	ON	0~500mV	125μV
OFF	ON	OFF	OFF	ON	ON	0~1V	250μV
ON	OFF	OFF	OFF	OFF	ON	0~5V	1.25mV
ON	OFF	OFF	OFF	OFF	ON	0~20mA	5μV
OFF	ON	OFF	OFF	OFF	ON	0~10V	2.5mV
双极性						满量程输入	分辨率
SW1	SW2	SW3	SW4	SW5	SW6		
ON	OFF	OFF	ON	OFF	OFF	±25mV	12.5μV
OFF	ON	OFF	ON	OFF	OFF	±50mV	25μV
OFF	OFF	ON	ON	OFF	OFF	±100mV	50μV
ON	OFF	OFF	OFF	ON	OFF	±250mV	125μV
OFF	ON	OFF	OFF	ON	OFF	±500	250μV
OFF	OFF	ON	OFF	ON	OFF	±1V	500μV
ON	OFF	OFF	OFF	OFF	OFF	±2.5V	1.25μV
OFF	ON	OFF	OFF	OFF	OFF	±5V	2.5mV
OFF	OFF	ON	OFF	OFF	OFF	±10V	5mV

　　如本项目中压力传感器输出 4~20mA 的信号至 EM235，该信号为单极性信号，DIP 开关应设为：ON、OFF、OFF、OFF、OFF、ON。

三、EM235 的技术规范

EM235 技术规范具体如表 17-2 所示。

表 17-2　　　　　　　　　　**EM235 技 术 规 范**

模拟量输入特性	模拟量输入点数	4
	电压（单极性）信号类型	0~10V, 0~5V, 0~1V, 0~500mV 0~100mV, 0~50mV
	电压（双极性）信号类型	±10V, ±5V, ±2.5V, ±1V, ±500mV, ±250mV, ±100mV ±50mV, ±25mV

模拟量输入特性	电流信号类型	0～20mA
	单极性量程范围	0～32 000
	双极性量程范围	−32 000～+320 000
	分辨率	12 位 A/D 转换器
模拟量输出特性	模拟量输出点数	1
	电压输出	±10
	电流输出	0～20mA
	电压数据范围	−32 000～+320 000
	电流数据范围	0～32 000

第三节 项 目 实 现

一、PLC 的 I/O 分配及电路图

1. PLC 的 I/O 分配

PLC 的 I/O 分配如下：启动按钮，I0.0；停止按钮，I0.1；Q0.0，控制水泵电机运行。

2. 电路图

PLC 与压力传感器、变频器的连接电路如图 17-5 所示。

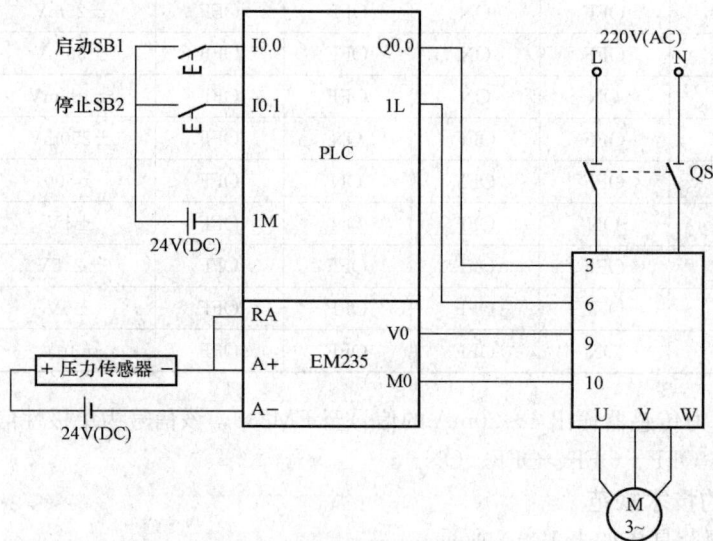

图 17-5 电路图

二、变频器参数设置

西门子 G110 变频器参数设置如表 17-3 所示。

表 17-3   G110 变 频 器 参 数 设 置

参数号	参数名称	设定值	说明
P0304	电机额定电压	220V	
P0305	电机额定电流	0.5	单位：A

参数号	参数名称	设定值	说明
P0306	电机额定功率	0.75	单位：kW
P0310	电机额定频率	50	单位：Hz
P0311	电机额定转速	1460	单位：r/min
P0700	选择命令信号源	2	由端子排输入
P1000	选择频率设定值	2	模拟设定值
P1080	最小频率	5	单位：Hz

三、PLC 编程

编程符号表如表 17 - 4 所示。

表 17 - 4　　　　　　　　　符　号　表

符号	地址	注释
设定值	VD204	范围为 0～1 的实数
回路增益	VD212	
采样时间	VD216	
积分时间	VD220	
微分时间	VD224	
控制量输出	VD208	范围为 0～1 的实数
检测值	VD200	范围为 0～1 的实数
启动	I0.0	
停止	I0.1	
触摸屏液位设定值	VD100	范围为 0～200 的实数
触摸屏显示液位值	VD110	范围为 0～200 的实数

PLC 程序如图 17 - 6 所示。

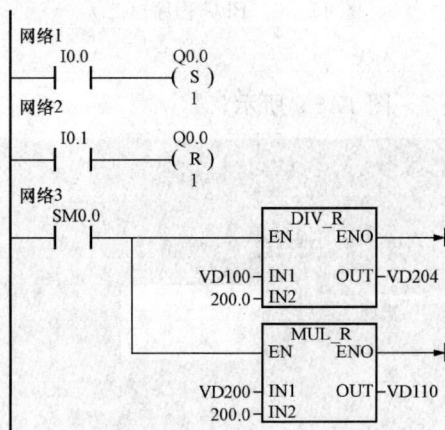

图 17 - 6　PLC 程序（一）

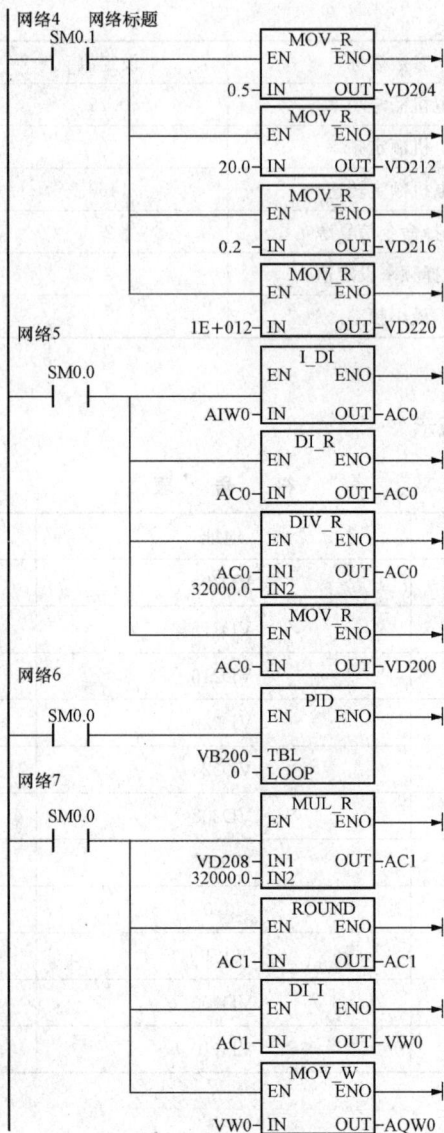

图 17-6 PLC 程序（二）

四、触摸屏监控

触摸屏监控画面如图 17-7～图 17-9 所示。

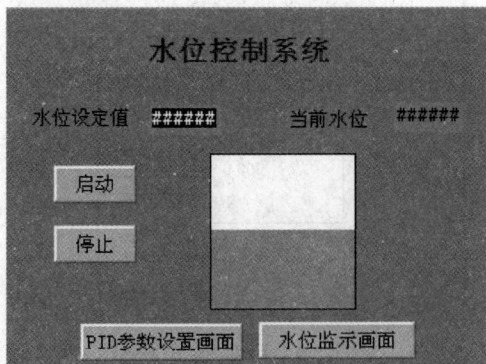

图 17-7 水位控制画面

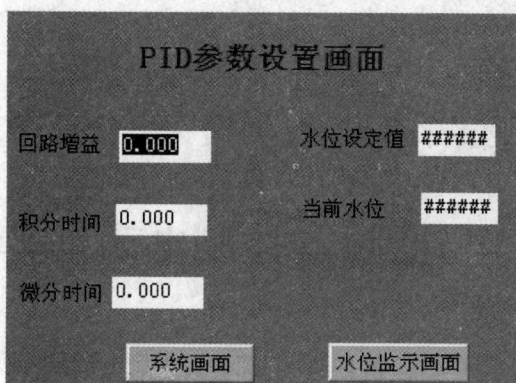

图 17-8 PID 参数设置画面

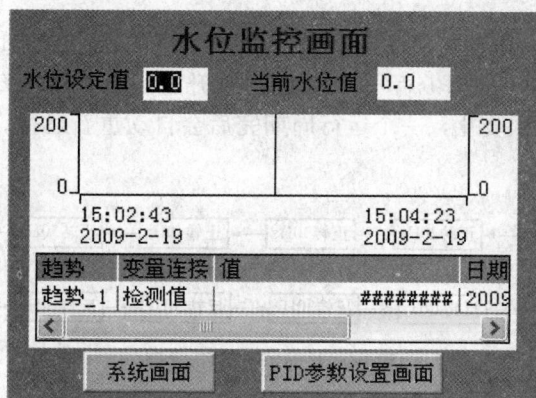

图 17-9 水位监控曲线画面

第十八章　PLC 与变频器控制电动机实现 15 段速运行

本章主要介绍通过 S7‐200 PLC 和 MM440 变频器控制电动机实现 15 段速运行。

第一节　项　目　描　述

按下电动机启动按钮，电动机启动运行在 5Hz 所对应的转速；延时 10s 后，电动机升速运行在 10Hz 对应的转速，再延时 10s 后，电动机继续升速运行在 20Hz 对应的转速；以后每隔 10s，则速度按图 18‐1 依次变化，一个运行周期完后会自动重新运行。按下停止按钮，电动机停止运行。

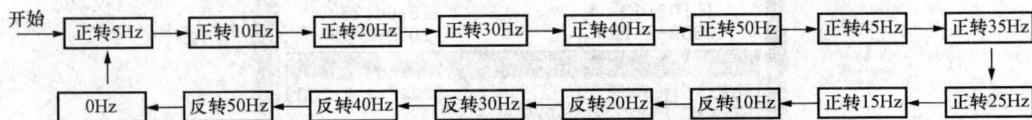

图 18‐1　电动运行过程

第二节　项　目　实　现

一、MM440 变频器的设置

MM440 变频器数字输入"5"、"6"、"7"、"8"端子通过 P0701、P0702、P0703、P0704 参数设为 15 段固定频率控制端，每一频段的频率分别由 P1001～P1015 参数设置。变频器数字输入"16"端子设为电动机运行、停止控制端，可由 P0705 参数设置。

二、PLC 的 I/O 分配

PLC 的 I/O 分配如下：

I0.0，电动机运行，对应电动机运行按钮 SB1；

I0.1，电动机停止，对应电动机停止按钮 SB2；

Q0.0，固定频率设置，接 MM440 数字输入端子"5"；

Q0.1，固定频率设置，接 MM440 数字输入端子"6"；

Q0.2，固定频率设置，接 MM440 数字输入端子"7"；

Q0.3，固定频率设置，接 MM440 数字输入端子"8"；

Q0.4，电动机运行/停止控制，接 MM440 数字输入端子"16"。

PLC 和 MM440 实现 15 段速控制电路图如图 18‐2 所示。

三、PLC 程序设计

PLC 程序应包括以下控制：

（1）当按下正转启动按钮 SB1 时，PLC 的 Q0.4 应置位为 ON，允许电动机运行。

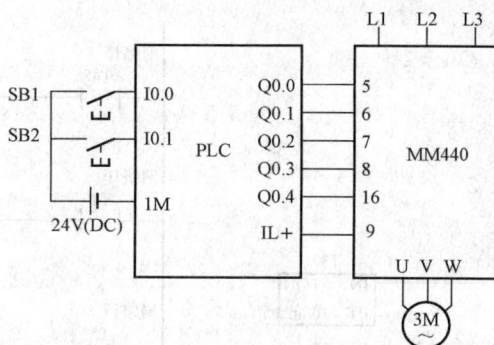

图 18-2　PLC与变频器实现 15 段速控制电路

（2）PLC输出接口状态、变频器输出频率、电动机转速变化如表 18-1 所示。

表 18-1　　　　　　　　　　　　　15 段 速 控 制 状 态 表

Q0.4	Q0.3	Q0.2	Q0.1	Q0.0	运行频率
1	0	0	0	1	5
1	0	0	1	0	10
1	0	0	1	1	20
1	0	1	0	0	30
1	0	1	0	1	40
1	0	1	1	0	50
1	0	1	1	1	45
1	1	0	0	0	35
1	1	0	0	1	25
1	1	0	1	0	15
1	1	0	1	1	-10
1	1	1	0	0	-20
1	1	1	0	1	-30
1	1	1	1	0	-40
1	1	1	1	1	-50
0	0	0	0	0	0

（3）当按下停止按钮 SB2 时，PLC 的 Q0.4 应复位为 OFF，电动机停止运行。

PLC程序如图 18-3 所示。

四、操作步骤

（1）按图 18-2 连接电路图，检查接线正确后，接通 PLC 和变频器电源。

（2）恢复变频器工厂默认值，P0010 设为 30，P0970 设为 1。按下变频器操作面板上的"P"键，变频器开始复位到工厂默认值。

（3）电动机参数按如下所示设置，电动机参数设置完后，设 P0010 为 0，变频器当前处于准备状态，可正常运行。

P0003 设为 1，访问级为标准级；

P0010 设为 1，快速调试；

网络1
```
I0.0        M0.0
├┤├────────( S )
              1
```

网络2
```
I0.1        M0.0
├┤├────────( R )
              1
```

网络3
```
M0.0    T52         ┌─────────T37
├┤├─────┤/├─────────┤IN    TON │
                 100─┤PT   100ms│
                    └──────────┘
```

网络4
```
T37         ┌─────────T38
├┤├─────────┤IN    TON │
          100─┤PT   100ms│
             └──────────┘
```

网络5
```
T38         ┌─────────T39
├┤├─────────┤IN    TON │
          100─┤PT   100ms│
             └──────────┘
```

网络6
```
T39         ┌─────────T40
├┤├─────────┤IN    TON │
          100─┤PT   100ms│
             └──────────┘
```

网络7
```
T40         ┌─────────T41
├┤├─────────┤IN    TON │
          100─┤PT   100ms│
             └──────────┘
```

网络8
```
T41         ┌─────────T42
├┤├─────────┤IN    TON │
          100─┤PT   100ms│
             └──────────┘
```

网络9
```
T42         ┌─────────T43
├┤├─────────┤IN    TON │
          100─┤PT   100ms│
             └──────────┘
```

网络10
```
T43         ┌─────────T44
├┤├─────────┤IN    TON │
          100─┤PT   100ms│
             └──────────┘
```

网络11
```
T44         ┌─────────T45
├┤├─────────┤IN    TON │
          100─┤PT   100ms│
             └──────────┘
```

网络12
```
T45         ┌─────────T46
├┤├─────────┤IN    TON │
          100─┤PT   100ms│
             └──────────┘
```

网络13
```
T46         ┌─────────T47
├┤├─────────┤IN    TON │
          100─┤PT   100ms│
             └──────────┘
```

网络14
```
T47         ┌─────────T48
├┤├─────────┤IN    TON │
          100─┤PT   100ms│
             └──────────┘
```

网络15
```
T48         ┌─────────T49
├┤├─────────┤IN    TON │
          100─┤PT   100ms│
             └──────────┘
```

网络16
```
T49         ┌─────────T50
├┤├─────────┤IN    TON │
          100─┤PT   100ms│
             └──────────┘
```

网络17
```
T51         ┌─────────T52
├┤├─────────┤IN    TON │
          100─┤PT   100ms│
             └──────────┘
```

网络18
```
M0.0    T51         Q0.4
├┤├─────┤/├────────( )
```

网络19
```
T43     T51         Q0.3
├┤├─────┤/├────────( )
```

网络20
```
T39     T43         Q0.2
├┤├─────┤/├────────( )
 T47     T51
├┤├─────┤/├──────────┘
```

网络21
```
T37     T39         Q0.1
├┤├─────┤/├────────( )
 T41     T43
├┤├─────┤/├
 T45     T47
├┤├─────┤/├
 T49     T51
├┤├─────┤/├──────────┘
```

网络22
```
M0.0    T37         Q0.0
├┤├─────┤/├────────( )
 T38     T39
├┤├─────┤/├
 T40     T41
├┤├─────┤/├
 T42     T43
├┤├─────┤/├
 T44     T45
├┤├─────┤/├
 T46     T47
├┤├─────┤/├
 T48     T49
├┤├─────┤/├
 T50     T51
├┤├─────┤/├──────────┘
```

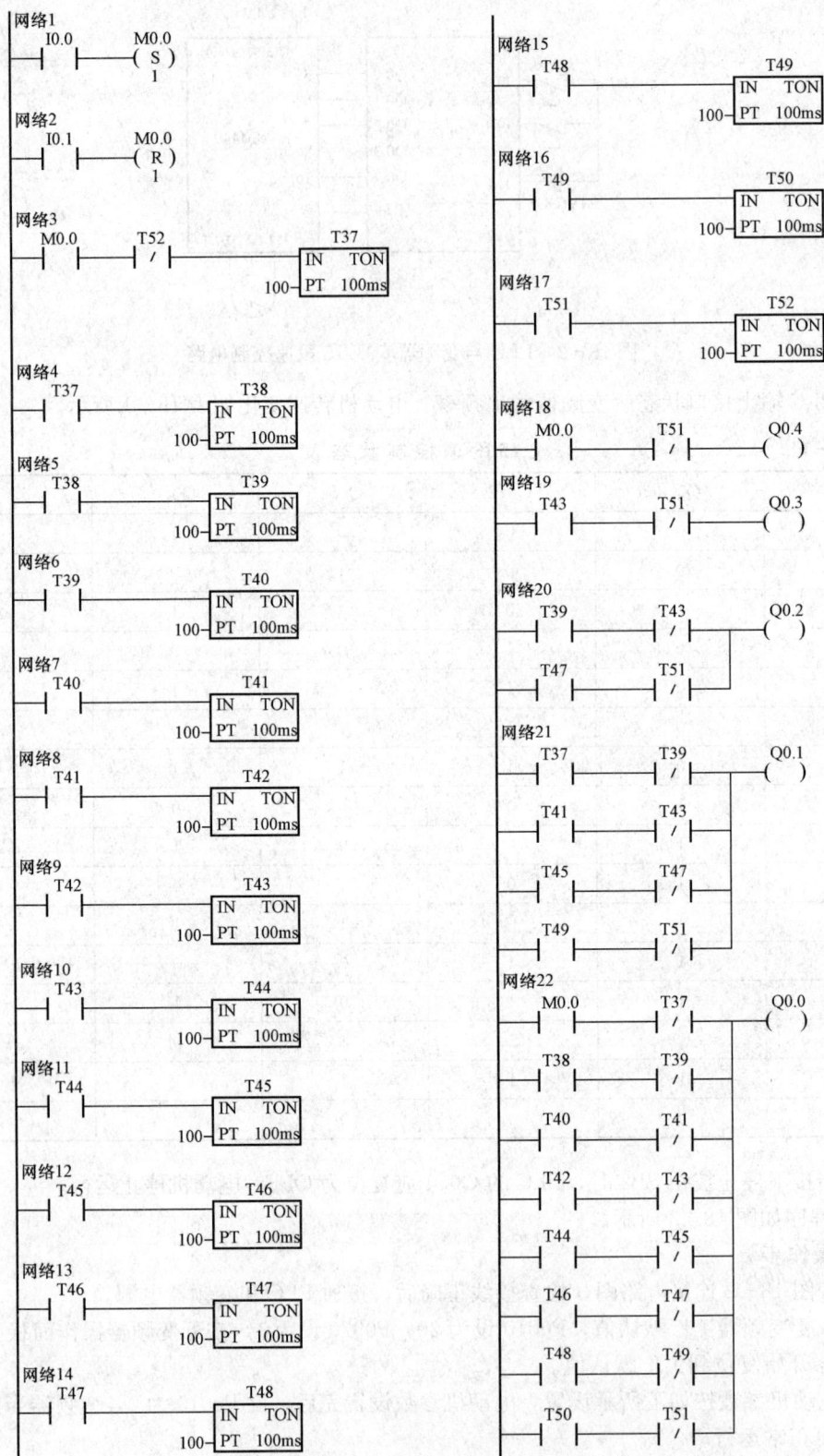

图 18-3　PLC 程序

P0100 设为 0，功率以 kW 表示，频率为 50Hz；

P0304 设为 230，电动机额定电压；

P0305 设为 1，电动机额定电流；

P0307 设为 0.75，电动机额定功率；

P0310 设为 50，电动机额定频率；

P0311 设为 1460，电动机额定转速；

P3900 设为 1，结束快速调试，进入"运行准备就绪"。

这些参数根据电动机的实际参数进行设置。

（4）设置 MM440 的 15 段固定频率控制参数，如表 18 - 2 所示。

表 18 - 2　　　　　　　　　　　　　15 段固定频率控制参数表

参数号	出厂值	设置值	说明
P0003	1	3	设用户访问级为专家
P0004	1	7	命令和数字 I/O
P0700	2	2	命令源选择"由端子排输入"
P0701	1	17	选择固定频率
P0702	12	17	选择固定频率
P0703	9	17	选择固定频率
P0704	15	17	选择固定频率
P0705	15	1	启动/停止
P0004	1	10	设定值通道
P1000	2	3	选择固定频率设定值
P1001	0	5	选择固定频率 1
P1002	5	10	选择固定频率 2
P1003	10	20	选择固定频率 3
P1004	15	30	选择固定频率 4
P1005	20	40	选择固定频率 5
P1006	25	50	选择固定频率 6
P1007	30	45	选择固定频率 7
P1008	35	35	选择固定频率 8
P1009	40	25	选择固定频率 9
P1010	45	15	选择固定频率 10
P1011	50	－10	选择固定频率 11
P1012	55	－20	选择固定频率 12
P1013	60	－30	选择固定频率 13
P1014	65	－40	选择固定频率 14
P1015	65	－50	选择固定频率 15

第十九章 PLC与步进电机的运动控制

本章主要介绍基于S7-200 PLC与步进电机的小车运动控制，以小车的自动往返控制和位置闭环控制两个实例，介绍PLC、步进电机、位置检测光栅尺的综合应用。

第一节 运动小车装置介绍

运动小车装置如图19-1所示，该装置型号为科莱德KLDYD，由丝杠、运动托盘、光栅尺、步进电机、多个位置检测传感器等组成。运动托盘由步进电机通过丝杠传动。位置检测传感器可检测到运动托盘运动至该位置时检测到一个开关量信号。光栅尺用来对运动托盘进行位置的精确检测。

此外，要实现对该设备的控制，还需用到晶体管输出型的S7-200 PLC，步进电机驱动器等器件。

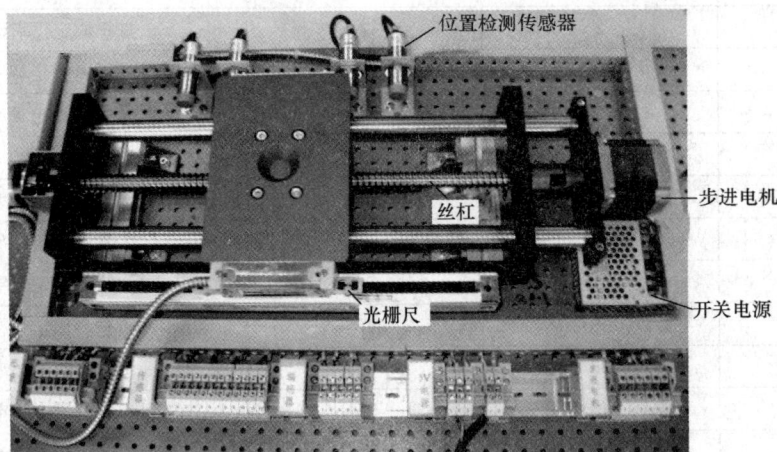

图 19-1 运动小车装置

第二节 运动控制与步进电机

一、运动控制

1. 运动控制系统简介

运动控制系统是一门有关如何对物体位置和速度进行精密控制的技术，典型的运动控制系统由三部分组成：控制部分、驱动部分和执行部分。

其中，运动执行部件通常为步进电机或伺服电机。步进电机是一种将电脉冲转化为角位移的执行机构，其特点是没有积累误差，因而广泛用于各种开环控制。当步进驱动器接收到一个脉冲信号，它就驱动步进电机按设定的方向转动一个固定的角度，它的旋转是以固定步长运行的。可以通过控制脉冲个数来控制角位移量，从而达到准确定位的目的；同时可以通过控制脉冲频率来控制电机转动的速度和加速度，从而达到调速的目的。

步进电机的运行要有一电子装置进行驱动，这种装置就是步进电机驱动器，它是把控制系统发出的脉冲信号，加以放大以驱动步进电机。步进电机的转速与脉冲信号的频率成正比，控制步进电机脉冲信号的频率，可以对电机精确调速；控制步进脉冲的个数，可以对电机精确定位。因此典型的步进电机驱动控制系统主要由三部分组成：

（1）控制器：由单片机或 PLC 实现。

（2）驱动器：把控制器输出的脉冲加以放大，以驱动步进电机。

（3）步进电机。

2. 常用术语

（1）步进角：每输入一个电脉冲信号时转子转过的角度称为步进角。步进角的大小可直接影响电机的运行精度。

（2）整步：最基本的驱动方式，这种驱动方式的每个脉冲使电机移动一个基本步矩角。例如：标准两相电机的一圈共有 200 个步矩角，则整步驱动方式下，每个脉冲使电机移动 $1.8°$。

（3）半步：在单相激磁时，电机转轴停至整步位置上，驱动器收到下一个脉冲后，如给另一相激磁且保持原来相继续处在激磁状态，则电机转轴将移动半个基本步矩角，停在相邻两个整步位置的中间。如此循环地对两相线圈进行单相然后两相激磁，步进电机将以每个脉冲半个基本步矩角的方式转动。

（4）细分：细分就是指电机运行时的实际步矩角是基本步矩角的几分之一。如：驱动器工作在 10 细分状态时，其步矩角只为电机固有步矩角的十分之一，也就是说：当驱动器工作在不细分的整步状态时，控制系统每发一个步进脉冲，电机转动 $1.8°$，而用细分驱动器工作在 10 细分状态时，电机只转动了 $0.18°$。细分功能完全是由驱动器靠精度控制电机的相电流所产生的，与电机无关。

（5）保持转矩：是指步进电机通电但没有转动时，定子锁住转子的力矩。它是步进电机最重要的参数之一，通常步进电机在低速时的力矩接近保持转矩。由于步进电机的输出力矩随速度的增大而不断衰减，输出功率也随速度的增大而变化，所以保持力矩就成为衡量步进电机的最重要参数之一。如当人们说：$2N \cdot M$ 的步进电机，是在没有特殊说明的情况下指保持转矩为 $2N \cdot M$ 的步进电机。

（6）制动转矩：是指步进电机在没有通电的情况下，定子锁住转子的力矩。在国内没有统一的翻译方式，容易使大家产生误解。

（7）启动矩频特性：在给定驱动的情况下，负载的转动惯量一定时，启动频率同负载转矩之间的关系称为启动矩频特性，又称牵入特性。

（8）运行矩频特性：在负载的转动惯量不变时，运行频率同负载转矩之间的关系称为运行矩频特性，又称牵出特性。

（9）空载启动频率：指步进电机能够不失步启动的最高脉冲频率。

（10）静态相电流：电机不动时每相绕组允许通过的电流，即额定电流。

二、步进电机

1. 步进电机的选型

步进电机的选型原则如下：

（1）驱动器的电流。电流是判断驱动器能力大小的依据，是选择驱动器的重要指标之一，通常驱动器的最大额定电流要略大于电机的额定电流，通常驱动器有2.0、35、6.0A和8.0A。

（2）驱动器的供电电压。供电电压是判断驱动器升速能力的标志，常规电压供给有24V（DC）、40V（DC）、60V（DC）、80V（DC）、110V（AC）、220V（AC）等。

（3）驱动器的细分。细分是控制精度的标志，通过增大细分能改善精度。步进电机都有低频振荡的特点，如果电机需要工作在低频共振区工作，细分驱动器是很好的选择。此外，细分和不细分相比，输出转矩对各种电机都有不同程度的提升。

2. 步进电机驱动器

本系统中采用两相混合式步进电机驱动器 YKA2404MC 细分驱动器，其外形如图 19-2 所示。该步进电机驱动器的先进特点如下：

（1）低噪声、平稳性极好；

（2）高性能、低价格；

（3）设有 12/8 挡等角度恒力矩细分，最高 200 细分，使运转平滑，分辨率提高；

（4）采用独特的控制电路，有效地降低了噪音，增加了转动平稳性；

（5）最高反应频率可达 200kpps；

（6）步进脉冲停止超过 100ms 时，线圈电流自动减半，减小了许多场合的电机过热；

（7）双极恒流斩波方式，使得相同的电机可以输出更大的速度和功率；

（8）光电隔离信号输入/输出；

（9）驱动电流从 0.1～4.0A/相连续可调；

（10）可以驱动任何 4.0A 相电流以下两相混合式步进电机；

（11）单电源输入，电压范围：DC 12～40V；

（12）出错保护，过热保护，过流、电压过低保护。

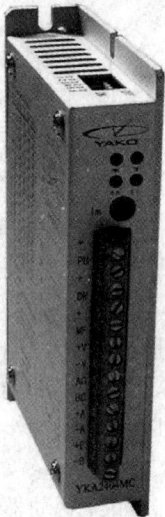

图 19-2 步进电机驱动器

YKA2404MC 是等角度恒力矩细分型高性能步进驱动器，驱动电压为 DC 12～40V，采用单电源供电。适配电流在 4.0A 以下，外径 42～86mm 的各种型号的二相混合式步进电机。该驱动器内部采用双极恒流斩波方式，使电机噪声减小，电机运行更平稳；驱动电源电压的增加使得电机的高速性能和驱动能力大为提高；而步进脉冲停止超过 100ms 时，线圈电流自动减半，使驱动器的发热可减少 50%，也使得电机的发热减少。用户在脉冲频率不高的时候使用低速高细分，使步进电机运转精度提高，最高可达 200 细分，振动减小，噪声降低。

3. 步进电机驱动器的端子与接线

YKA2404MC 步进电机驱动器的指示灯和接线端子如图 19-3 所示。驱动器接线示意图如图 19-4 所示。该步进电机驱动器与控制部件之间的连接方法如图 19-4 所示，如把 5V 直流电源脉冲加至＋端与 PU 端，即可把控制部件输出的脉冲信号送至步进电机驱动器，步进电机驱动器就按此脉冲的频率去控制步进电机的转速。＋端与 DR 端子用来控制步进电机的转动方向，设该两端子未加上 5V 的直流电压，电机转动方向为正转，则在两端子上加上 5V 的直流电压，则电机转动方向变为反转。MF 用来控制电机制动停止。各端子的具体说明如表 19-1 所示。

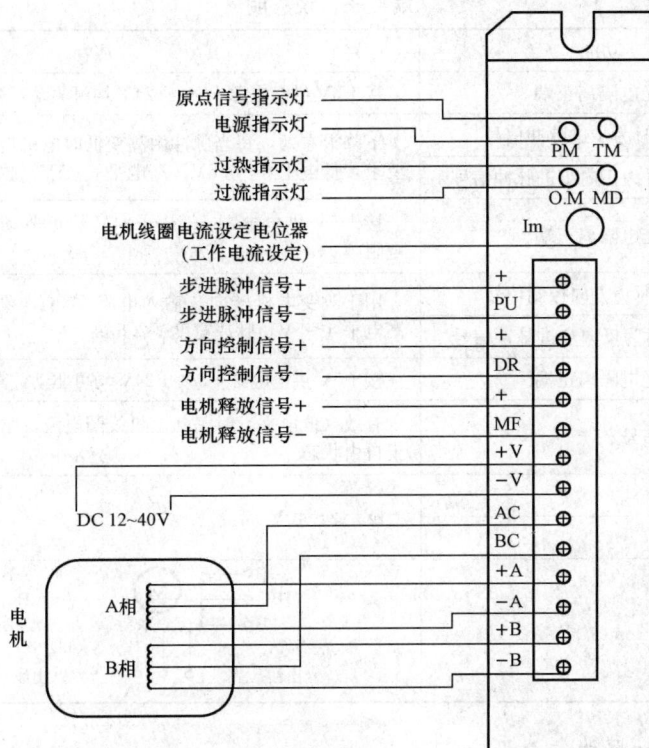

原点信号指示灯
电源指示灯
过热指示灯
过流指示灯
电机线圈电流设定电位器
（工作电流设定）
步进脉冲信号+
步进脉冲信号−
方向控制信号+
方向控制信号−
电机释放信号+
电机释放信号−

PM　TM
O.M　MD
Im

+
PU
+
DR
+
MF
+V
−V
AC
BC
+A
−A
+B
−B

DC 12~40V

电机

A相

B相

图 19 - 3　步进电机驱动器的指示灯和接线端子

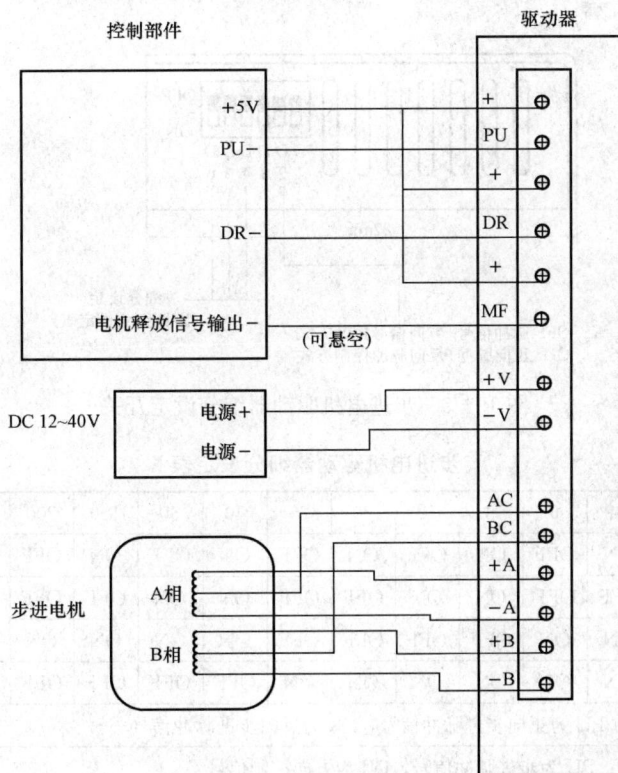

控制部件

驱动器

+5V
PU−
DR−
电机释放信号输出−

+
PU
+
DR
+
MF

（可悬空）

+V
−V

DC 12~40V
电源+
电源−

AC
BC
+A
−A
+B
−B

步进电机

A相

B相

图 19 - 4　驱动器示意图

表 19 - 1　　　　　　　　　　　　　端 子 说 明

标记符号	功能	注释
+	输入信号光电隔离正端	接+5V供电电源+5～+24V均可驱动，高于+5V需接限流电阻
PU	D2＝OFF 时为步进脉冲信号	下降沿有效，每当脉冲由高变低时电机走一步。输入电阻220Ω，要求：低电平 0～0.5V，高电平 4～5V，脉冲宽度>2.5μs
	D2＝ON 时为正向步进脉冲信号	
+	输入信号光电隔离正端	接+5V供电电源+5～+24V均可驱动，高于+5V需接限流电阻
DR	D2＝OFF 时为方向控制信号	用于改变电机转向。输入电阻220Ω，要求：低电平 0～0.5V，高电平 4～5V，脉冲宽度>2.5μs
	D2＝ON 时为反向步进脉冲信号	
+	输入信号光电隔离正端	接+5V供电电源+5～+24V均可驱动，高于+5V需接限流电阻
MF	电机释放信号	有效（低电平）时关断电机线圈电流，驱动器停止工作，电机处于自由状态
+V	电源正极	DC 12～40V
−V	电源负极	
AC、BC	电机接线	
+A、−A		
+B、−B		

4. 步进电机驱动器的细分设定

　　YKA2404MC 步进电机驱动器共有 6 个细分设定开关，如图 19 - 5 所示。步进电机驱动器的细分设定按表 19 - 2 所示。

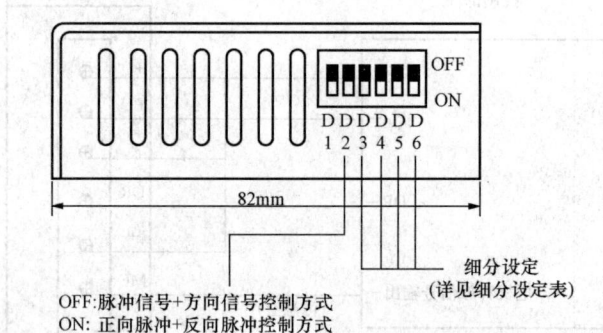

图 19 - 5　步进电机驱动器细分设定开关

表 19 - 2　　　　　　　　　　　　　步进电机驱动器细分设定表

细分数	1	2	4	5	8	10	20	25	40	50	100	200	200	200	200	200
D6	ON	OFF	ON	OFF	ON	OFF	ON	OFF	ON	OFF	ON	OFF	ON	OFF	ON	OFF
D5	ON	ON	OFF	OFF	ON	ON	OFF	OFF	ON	ON	OFF	OFF	ON	ON	OFF	OFF
D4	ON	ON	ON	ON	OFF	OFF	OFF	OFF	ON	ON	ON	ON	OFF	OFF	OFF	OFF
D3	ON	ON	ON	ON	ON	ON	ON	ON	OFF	OFF	OFF	OFF	OFF	OFF	OFF	OFF
D2	ON，双脉冲：PU 为正向步进脉冲信号，DR 为反向步进脉冲信号															
	OFF，单脉冲：PU 为步进脉冲信号，DR 为方向控制信号															
D1	无效															

5. 步进电机驱动器使用注意事项

步进电机驱动器使用注意事项如下：

（1）不要将电源接反，输入电压不要超过 DC 40V。

（2）输入控制信号电平为 5V，当高于 5V 时需要接限流电阻。

（3）此型号驱动器采用特殊的控制电路，故必须使用 6 出线或者 8 出线电机。

（4）驱动器温度超过 70°时停止工作，故障 O. H 指示灯亮，直到驱动器温度降到 50°，驱动器自动恢复工作。出现过热保护请加装散热器。

（5）过流（电流过大或电压过小）时故障指示灯 O. C 灯亮，请检查电机接线及其他短路故障或是否电压过低，若是电机接线及其他短路故障，排除后需要重新上电恢复。

（6）驱动器通电时绿色指示灯 PWR 亮。

（7）过零点时，TM 指示灯在脉冲输入时亮。

第三节　光　栅　尺

光栅尺是用来检测位移的元件，下面以型号为 KA-300 为例介绍光栅尺的使用。该光栅尺输出信号为脉冲信号，通过 PLC 对该高速脉冲进行高速计数即可实现位移的检测。KA-300 光栅尺的七芯 TTL 信号端子输出图如图 19-6 所示，各芯的作用如表 19-3 所示。

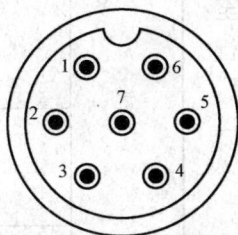

七芯排列图

图 19-6　七芯 TTL 信号输出端子

表 19-3　　　　　　　　　　　　　七芯 TTL 信号输出图

脚位	1	2	3	4	5	6	7
信号	0V	空	A	B	+5V	Z	地线

KA-300 光栅尺的参数，该光栅尺在物理位置上有三个 Z 相脉冲输出点，相临两点的距离为 50mm，Z 相每发出一个脉冲，A 相或 B 相就发出 2500 个脉冲。可通过 A 相与 B 相的超前与滞后来分析物体运行的方向。通过 PLC 对 A 相或 B 相的脉冲计数就可以计算出物体所在的位置。A 相、B 相正交脉冲与 Z 相脉冲波形图如图 19-7 所示，在该图中，A 相脉冲超前于 B 相脉冲。

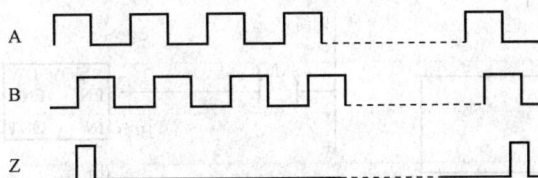

图 19-7　光栅尺输出脉冲波形图

光栅尺与 PLC 的连接如图 19-8 所示，其中蓝色线输出 B 相脉冲信号，绿色线输出 A 相脉冲信号，黄色线输出 Z 相脉冲信号，白色线为三相输出脉冲的公共端，黑色线与红色线接光栅尺的 5V（DC）工作电源。因光栅尺输出的脉冲信号为 5V，通过 PLC 转换板把 5V 的脉冲信号变换成 24V 的脉冲信号送到 PLC 的输入点。

例：光栅尺参数调试。若已知两个 Z 相脉冲输出点的物理距离为 50mm，试通过程序调试出 A、B 相每输出一个脉冲对应的位移数量。

光栅尺与 PLC 按如图 19-8 进行连接。调试方法为 PLC 发出高速脉冲使小车运行，用高速计数器 HSC0 对 A、B 相正交脉冲计数，再把 Z 相脉冲作为一个高速计数器的复位信号，再调用中断事件号 28（HSC0 外部复位中断），通过中断程序把 HSC0 的计数值 HC0 传送至 AC0，则 AC0 中的数据即为小车运行 50mm 对应的 A、B 相正交脉冲的数量，根据此数值即可算出 A、B 相每输出一个脉冲，对应的位移数量。

调试程序如图 19-9 所示。

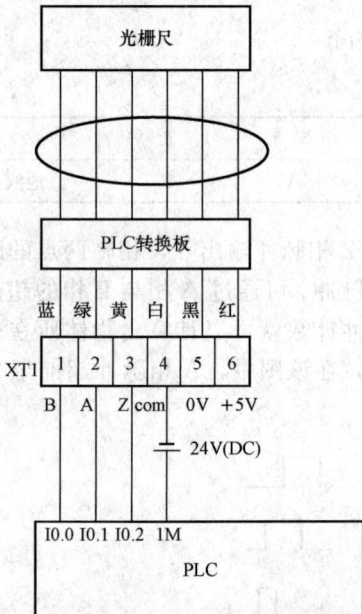

网络1
设置从Q0.0输出脉冲PT0功能与周期值，并启动输出高速脉冲

网络2
停止从Q0.0输出高速脉冲

网络3
初始化高速计数器HSC0

网络4
启动事件号为28的中断

(a)

网络1

(b)

图 19-8 光栅尺与 PLC 的连接图

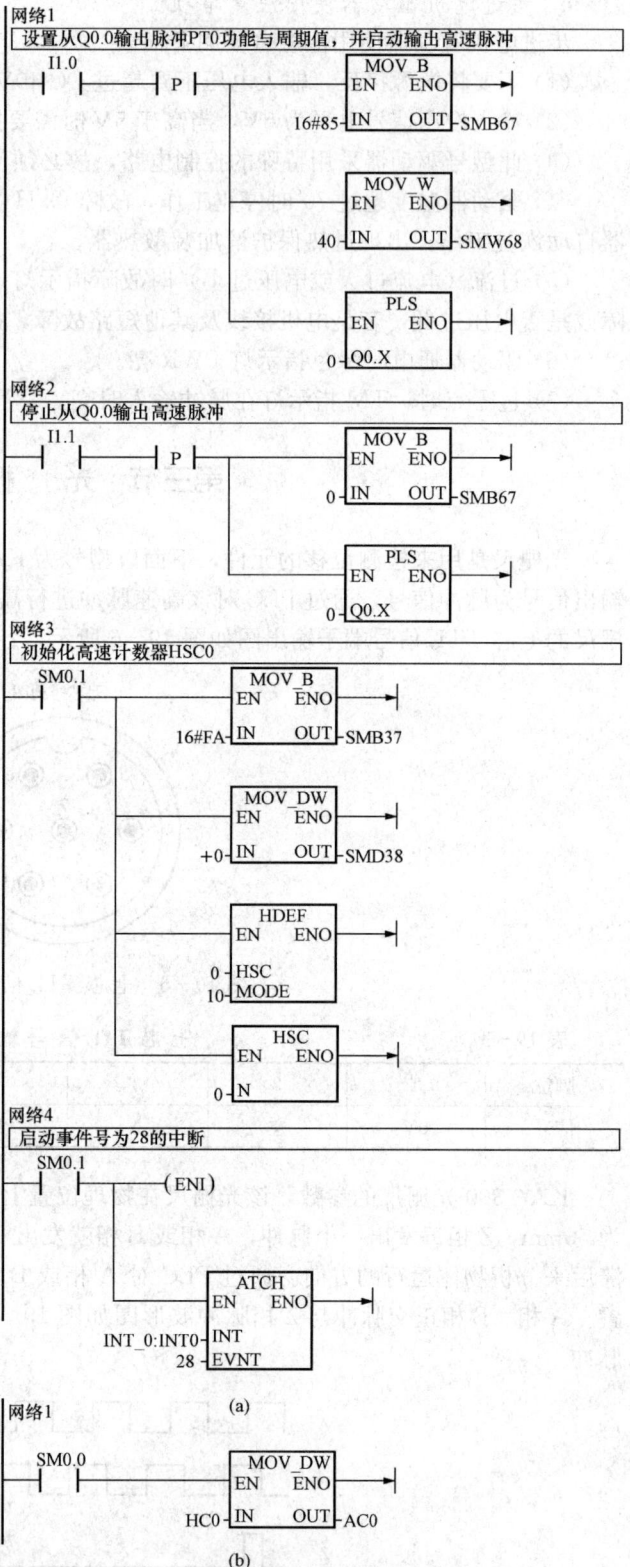

图 19-9 调试程序
(a) 主程序；(b) 中断程序

第四节　基于 PLC 与步进电机的小车自动往返控制

项目一：步进电机正反转控制。

用 S7-200 PLC 控制步进电机正转与反转。把步进电机驱动器的 D2 设置为 OFF，即 PU 为步进脉冲信号，DR 为方向控制信号。如图 19-10 所示，PLC 的 Q0.0 输出高速脉冲至步进电机驱动器的 PU 端，Q0.1 控制步进电机反转。对应小车的运行各输出点分配如下：

正转启动，I0.0；

反转启动，I0.1；

向左运行，Q0.0 发脉冲，Q0.1 为 OFF；

向右运行，Q0.0 发脉冲，Q0.1 为 ON；

停止，Q0.0 停止发脉冲，Q0.1 为 OFF。

I/O 接线图如图 19-10 所示。

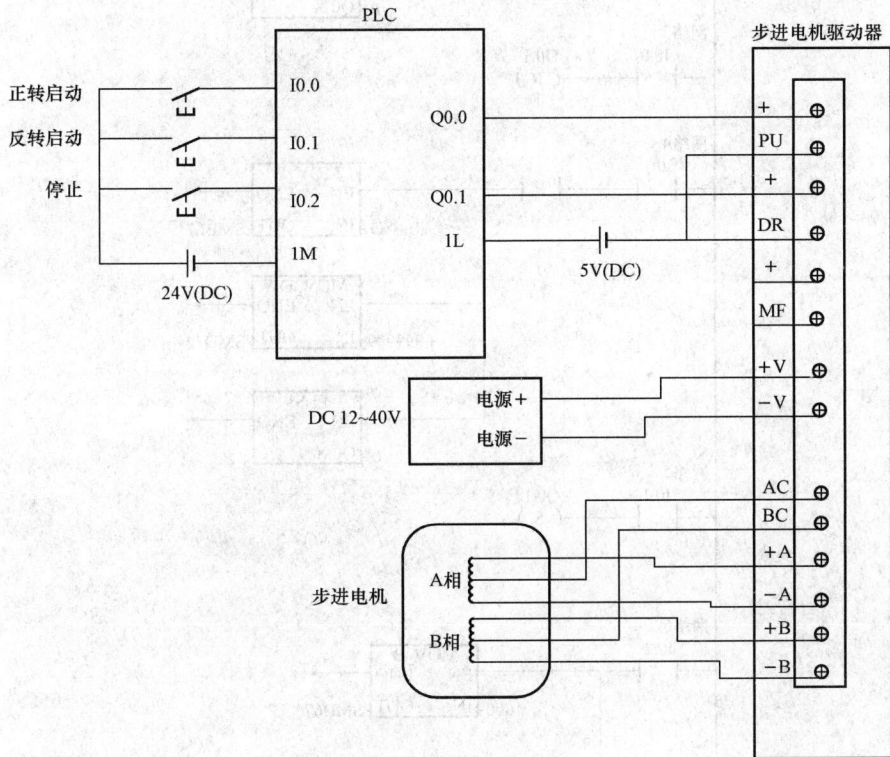

图 19-10　I/O 接线图

控制程序如图 19-11 所示。

项目二：运动小车自动往返控制。

按下启动按钮后，要求小车能自动往返运行。按下停止按钮或碰到左右极限开关，小车自动停止。

I/O 分配如表 19-4 所示。设 Q0.1 为 OFF 时小车往左运行，为 ON 时小车往右运行，编写 PLC 控制程序如图 19-12。

网络1

```
SM0.1        Q0.0
─┤├──┤├──────( R )
               1

                      ┌──────────┐
                      │  MOV_W   │
                      │ EN    ENO├──
                      │          │
               1000 ──┤IN    OUT ├─ SMW68
                      └──────────┘
```

网络2

```
I0.0                  ┌──────────┐
─┤├──────┤P├───┬──────│  MOV_B   │
               │      │ EN    ENO├──
               │      │          │
               │ 16#8D┤IN    OUT ├─ SMB67
               │      └──────────┘
               │
               │      ┌──────────┐
               ├──────│  MOV_DW  │
               │      │ EN    ENO├──
               │      │          │
               │+999999┤IN   OUT ├─ SMD72
               │      └──────────┘
               │
               │      ┌──────────┐
               └──────│   PLS    │
                      │ EN    ENO├──
                      │          │
                    0 ┤Q0.X      │
                      └──────────┘
```

网络3

```
I0.0         Q0.1
─┤├──┤├──────( R )
               1
```

网络4

```
I0.1                  ┌──────────┐
─┤├──────┤P├───┬──────│  MOV_B   │
               │      │ EN    ENO├──
               │      │          │
               │ 16#8D┤IN    OUT ├─ SMB67
               │      └──────────┘
               │
               │      ┌──────────┐
               ├──────│  MOV_DW  │
               │      │ EN    ENO├──
               │      │          │
               │+999999┤IN   OUT ├─ SMD72
               │      └──────────┘
               │
               │      ┌──────────┐
               └──────│   PLS    │
                      │ EN    ENO├──
                      │          │
                    0 ┤Q0.X      │
                      └──────────┘
```

网络5

```
I0.1         Q0.1
─┤├──┤├──────( S )
               1
```

网络6

```
I0.2           ┌──────────┐
─┤├───────┬────│  MOV_B   │
          │    │ EN    ENO├──
          │    │          │
          │16#0┤IN    OUT ├─ SMB67
          │    └──────────┘
          │
          │    ┌──────────┐
          ├────│  MOV_DW  │
          │    │ EN    ENO├──
          │    │          │
          │ +0 ┤IN    OUT ├─ SMD72
          │    └──────────┘
          │
          │    ┌──────────┐
          ├────│   PLS    │
          │    │ EN    ENO├──
          │    │          │
          │  0 ┤Q0.X      │
          │    └──────────┘
          │
          │    Q0.1
          └────( R )
                 1
```

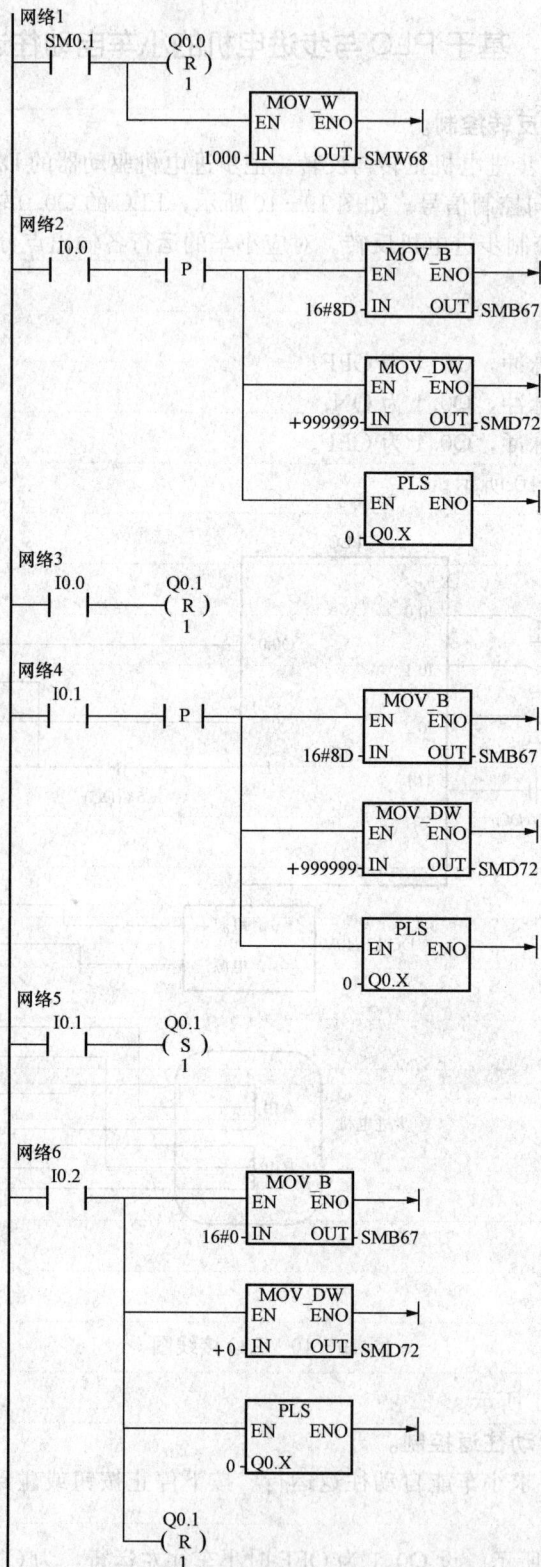

图 19-11 步进电机正反转控制程序

表 19-4　　　　　　　　　　　　I/O 分 配 表

输 入 点		输 出 点	
启动按钮	I0.0	Q0.0	输出高速脉冲
停止按钮	I0.1	Q0.1	控制运行方向
左侧返回检测开关	I0.2		
右侧返回检测开关	I0.3		
左限位开关	I0.4		
右限位开关	I0.5		

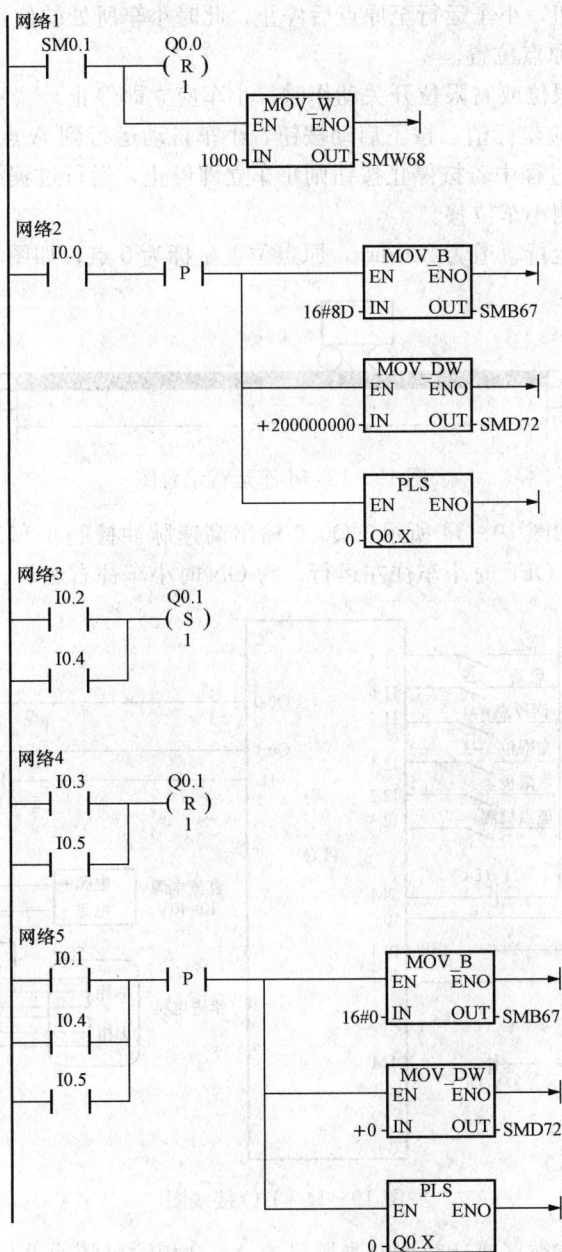

图 19-12　小车自动往返控制程序

第五节 基于 PLC 与步进电机的位置闭环控制

利用光栅尺对小车的位置进行检测，即可构建位置闭环控制系统，可达到较高的控制精度。

项目：基于 PLC 与步进电机的位置闭环控制。

用 PLC 的 Q0.0 向步进电机发出高速脉冲串，步进电机驱动器驱动步进电机带动小车运行。小车运行轨迹上安装有位移检测的 DA－300 光栅尺，在轨道上安装有左、右限位开关和原点开关，从原点至右行程限位开关距离小于光栅尺的测量距离。编程实现以下功能：

（1）按下回原点按钮，小车运行至原点后停止，此时小车所处的位置坐标为 0。系统启动运行时，首先必须找一次原点位置。

（2）当小车碰到左限位或右限位开关动作时，小车应立即停止。

（3）设定 A 位置对应坐标值。按下启动按钮，小车自动运行到 A 点后停止 5s，再自动返回到原点位置结束。运行过程中若按停止按钮则小车立即停止，运行过程结束。

（4）用光栅尺来检测小车位移。

（5）设小车的有效运行轨道为 200mm，原点位置坐标为 0 点，如图 19－13 所示。

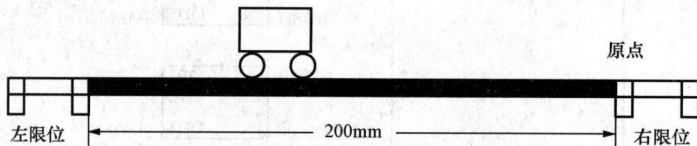

图 19－13 小车运行示意图

I/O 分配及接线图如图 19－14 所示。Q0.0 输出高速脉冲控制小车运行速度，Q0.1 控制小车的运行方向。Q0.1 为 OFF 时小车往左运行，为 ON 时小车往右运行。

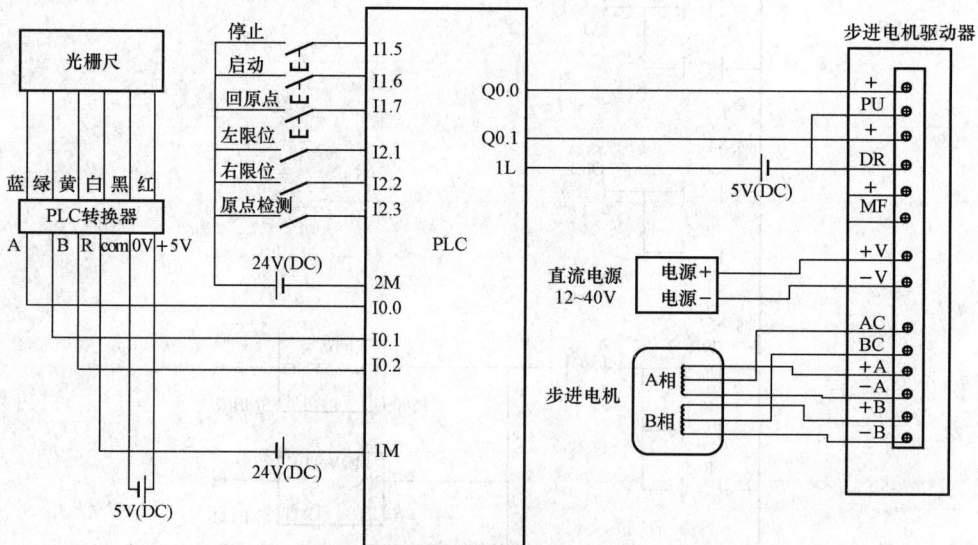

图 19－14 I/O接线图

分析：用 A、B 相正交高速计数器对光栅尺的 A、B 相输出脉冲进行高速计数。对高速计数器选择4X计数速率。则高速计数器从 0 计数到 10 000 个脉冲对应的位移变化为 50mm，所以

1mm 对应的脉冲数为 200 个。若设定 A 位置的坐标值为 60mm，则对应的高速计数器的当前值为 12 000。

设 A 点位置通过元件 VD0 设定，数据范围为 0～200mm。按下启动按钮，比较小车当前所在位置和 A 点位置坐标，若小车当前所在位置大于 A 点位置坐标，则控制小车向右运行，运行到两个位置值相等时产生一个中断，使小车立即停止。若小车当前所在位置小于 A 点位置坐标，则控制小车向左运行，运行到两个位置值相等时产生一个中断，使小车立即停止。若小车当前位置与 A 点位置相同，则按下启动按钮后，小车停止 5s 后返回到原点。

PLC 程序如图 19 - 15 所示。

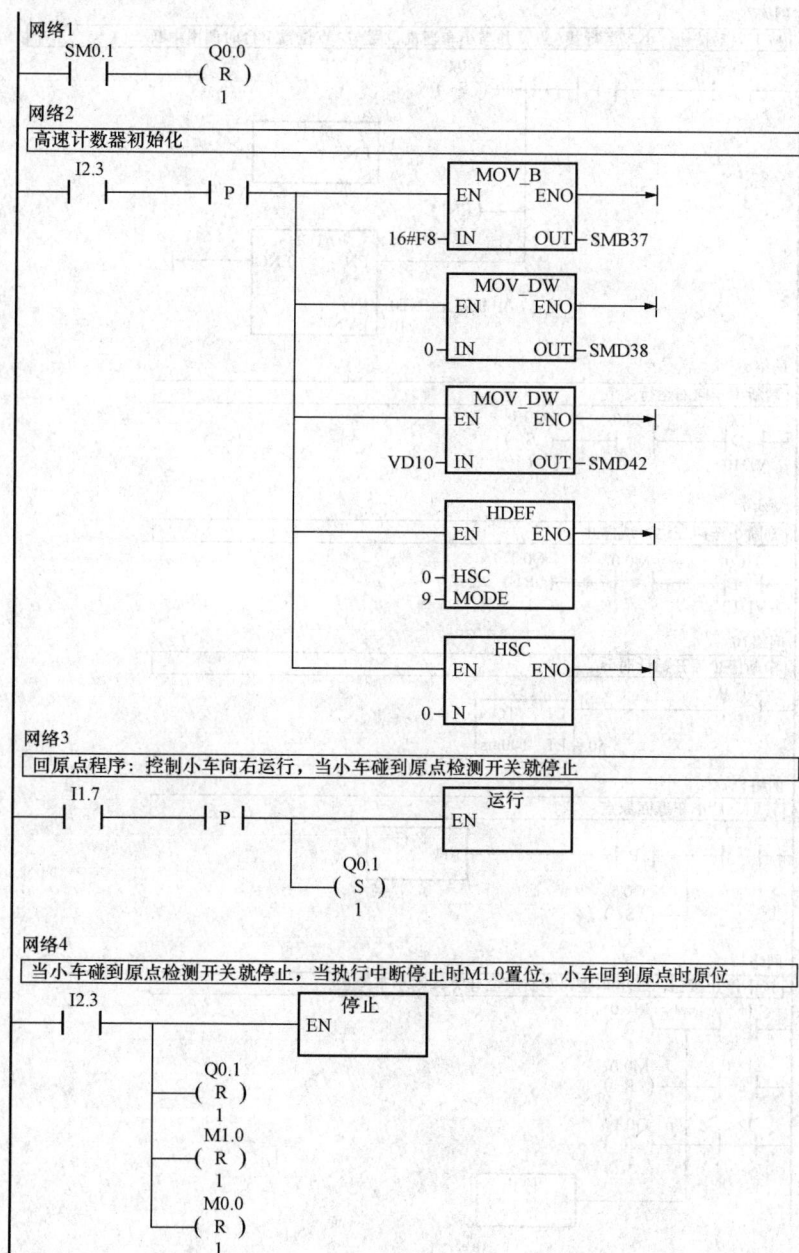

图 19 - 15 PLC 控制程序（一）

网络5

设A点位置坐标为100mm

```
SM0.1           MOV_DW
 ┤├          EN       ENO
           
        100 ─IN        OUT ─VD0
```

网络6

把A点坐标换算成脉冲数

```
SM0.0           MUL_DI
 ┤├          EN       ENO

        VD0 ─IN1       OUT ─VD10
       +200 ─IN2
```

网络7

按下启动按钮，小车运行找A点，并当小车当前位置与A点位置重合时调用中断

```
 I1.6                M0.0
 ┤├──────┤P├──────( S )
                     1
                          ┌─────────┐
                          │   运行   │
                          │EN       │
                          └─────────┘
         ──( ENI )
                          ┌─────────┐
                          │  ATCH   │
                          │EN    ENO│
                          └─────────┘
       中断停止:INT0 ─INT
               10 ─EVNT
```

网络8

判断小车向右运行

```
 HC0        M0.0      Q0.1
 ┤>D├────────┤├──────( S )
 VD10                  1
```

网络9

判断小车向左运行或停止

```
 HC0        M0.0      Q0.1
 ┤<=D├───────┤├──────( R )
 VD10                  1
```

网络10

中断停止后开始计时5s

```
 M1.0              T37
 ┤├            IN    TON

          50 ─PT   100ms
```

网络11

计时5s后小车返回原点

```
 T37                   ┌─────────┐
 ┤├──────┤P├──────     │   运行   │
                       │EN       │
              Q0.1     └─────────┘
             ( S )
               1
```

网络12

按下停止按钮，或小车碰到左右限位开关，则小车停止

```
 I1.5       M1.0
 ┤├────────( R )
              1
 I2.1       M0.0
 ┤├────────( R )
              1
 I2.2       Q0.1
 ┤├────────( R )
              1
                 ┌─────────┐
                 │      停止 │
                 │EN       │
                 └─────────┘
```

(a)

图 19-15 PLC控制程序（二）

(a) 主程序

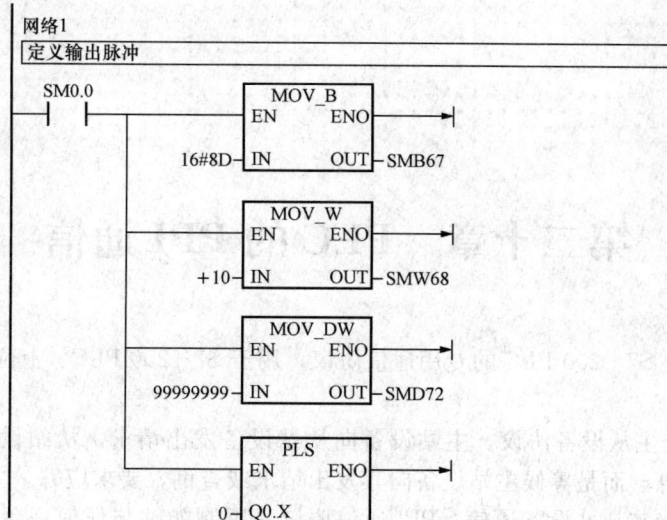

(b)

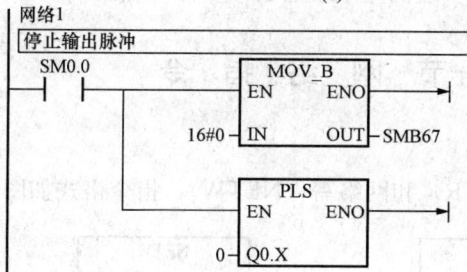

(c)

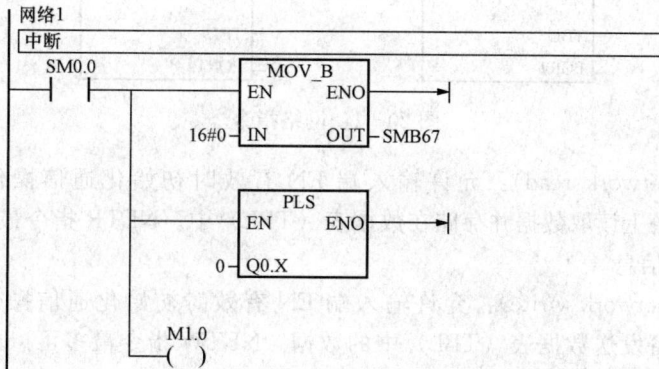

(d)

图 19-15　PLC 控制程序（三）

（b）运行子程序；（c）停止子程序；（d）中断停止程序

第二十章　PLC 的 PPI 通信

PPI 通信协议是 S7-200 PLC 的专用通信协议，用于 S7-200 PLC、上位机和文本器之间的串行通信。

PPI 协议是一个主从设备协议，主站设备向从站设备发出请求，从站设备做出应答。从站设备不主动发出信息，而是等候主站设备向其发出请求或查询，要求应答。主站设备通过由 PPI 协议管理的共享连接与从站设备通信。PPI 通信协议不限制能够与任何一台从站设备通信的主站设备数量，但在硬件上整个网络中安装的主站设备必须少于 32 台。

第一节　网　络　指　令

一、网络指令

网络指令有两条：网络读（NETR）和网络写（NETW），指令格式如图 20-1 所示。

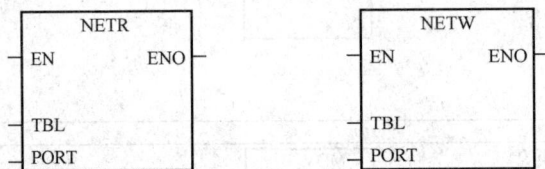

图 20-1　网络指令

网络读指令（network read）：允许输入端 EN 有效时初始化通信操作，通过指定端口（PORT）从远程设备上读取数据并存储在数据表（TBL）中。NETR 指令最多可以从远程站点上读取 16 个字节的信息。

网络写指令（network write）：允许输入端 EN 有效时初始化通信操作，通过指定端口（PORT）向远程设备发送数据表（TBL）中的数据。NETW 指令最多可以向远程站点写入 16 个字节的信息。

注意

在程序中 NETR 和 NETW 指令总数最多 8 条。

NETR、NETW 指令中的合法的操作数：TBL 可以是 VB、MB、*VD、*AC、*LD，数据类型为字节；PORT 是常数 0 或 1，数据类型为字节。

二、控制字节和传送数据表

1. 端口控制字节

将端口控制字节 SMB30（端口 0）和 SMB130（端口 1）的低 2 位设置为 2#10，其他位为 0，则可将 S7-200 设置为 PPI 主站模式。当 PLC 设置成 PPI 主站，就可以执行 NETR 和

NETW 指令。控制字节的各位意义如表 20-1 所示，PPI 模式下忽略 2～7 位。

表 20-1　　　　　　　　　　　　　　**控制字节 SMB30 或 SMB130**

位	作用	说明
LSB7	校验位	00＝不校验；01＝偶校验；10＝不校验；11＝奇校验
LSB6		
LSB5	每个字符的数据位	0＝8 位/字节；1＝7 位/字符
LSB4	自由口波特率选择（kb/s）	000＝38.4；001＝19.2；010＝9.6；011＝4.8；100＝2.4；101＝1.2；110＝115.2；111＝57.6
LSB3		
LSB2		
LSB1	协议选择	00＝PPI 从站模式；01＝自由口协议；10＝PPI 主站模式；11＝保留
LSB0		

2. 数据传送表

S7-200 执行网络读写指令时，PPI 主站与从站之间的数据以数据表（TBL）传送。主站数据表的参数定义如表 20-2 所示。

表 20-2　　　　　　　　　　　　　　**传送数据表的参数定义**

字节偏移量	名称	描述							
0	状态字节	D	A	E	0	E1	E2	E3	E4
1	远程站地址	被访问网络的 PLC 从站地址							
2	指向远程站数据区的指针	存放被访问数据区（I、Q、M 和 V 数据区）的首地址							
3									
4									
5									
6	数据长度	远程站上被访问数据区的长度							
7	数据字节 0	对 NETR 指令，执行后，从远程站读到的数据存放到这个区域；对 NETW 指令，执行后，要发送到远程站的数据存放在这个区域							
8 ⋮ 22	数据字节 1 ⋮ 数据字节 15								

传送数据表中的第一个字节为状态字节，状态字节的各位含义说明如下。

（1）D 位：操作完成位。0：未完成；1：已完成。

（2）A 位：有效位，操作已被排队。0：无效；1：有效。

（3）E 位：错误标志位。0：无错误；1：有错误。

（4）E1、E2、E3、E4 位：错误码。如果执行读写指令后 E 位为 1，则由这 4 位返回一个错误码。这 4 位组成的错误编码及含义如表 20-3 所示。

表 20-3　　　　　　　　　　　　　　**错 误 代 码 表**

E1 E2 E3 E4	错误码	说　明
0000	0	无错误
0001	1	时间溢出错误，远程站点不响应
0010	2	接收错误：奇偶校验错，响应时帧或检查时出错
0011	3	离线错误：相同的站地址或无效的硬件引发冲突

E1 E2 E3 E4	错误码	说　明
0100	4	队列溢出错误：激活了超过 8 个 NETR 和 NETW 指令
0101	5	违反通信协议：没有在 SMB30 中允许 PPI 协议而执行网络指令
0110	6	非法参数：NETR 和 NETW 指令中包含非法或无效的值
0111	7	没有资源：远程站点正在忙中，如上装或下装顺序正在处理中
1000	8	第 7 层错误，违反应用协议
1001	9	信息错误：错误的数据地址或不正确的数据长度
1010～1111	A～F	未用，为将来的使用保留

第二节　两台 S7-200 PLC 的 PPI 通信

项目：两台 S7-200 PLC 的 PPI 通信。

实现两台 S7-200 PLC 的 PPI 通信，分别定义为 2 号站和 6 号站，2 号站为主站，6 号站为从站。要求编程实现由 2 号主站的 IB0 控制 6 号从站的 QB0，6 号从站的 IB0 控制 2 号主站的 QB0。

编程思路：在主站 PLC 上设置地址为 2，在从站 PLC 上设置地址为 6。在主站上用 NETW 指令把数据 IB0 传送到 6 号从站的 QB0 中，再用 NETR 指令把 6 号从站的数据 IB0 读入到主站的 QB0 中。

注意

两台 PLC 的通信速率要相同。

一、硬件连接

图 20-2 所示为一简单 PPI 网络，共中计算机为 0 号站，在 RUN 方式下，CPU224（2 号站）在应用程序中允许 PPI 主站模式，可以利用 NETR 和 NETW 指令来不断读写另一 CPU224（6 号站）中的数据。为了设置方便，可在为各台 PLC 单独设置完地址后再组建 PPI 网络。

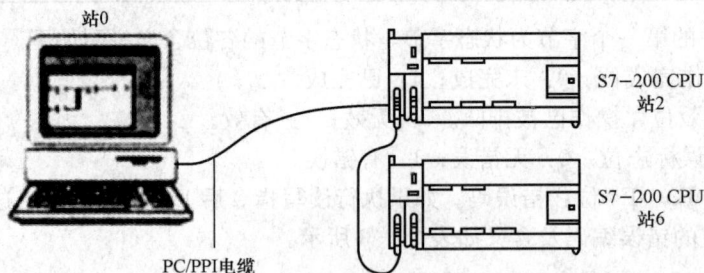

图 20-2　网络结构

二、编程

有两种方法实现以上编程，一是用指令编程方法；二是用指令向导方法。

1. 指令编程

2 号主站程序如图 20-3 所示，6 号从站程序如图 20-4 所示。

网络1　　网络标题

主站通信初始化

```
SM0.1
 ┤├──┬──────────┌─────────────┐
     │          │    MOV_B     │
     │          │ EN       ENO │
     │          │              │
     │   16#0A ─┤ IN      OUT  ├─ SMB30
     │          └─────────────┘
     │
     └──────────┌─────────────┐
                │   FILL_N     │
                │ EN       ENO │
                │              │
           +0 ─┤ IN      OUT  ├─ VW200
          200 ─┤ N            │
                └─────────────┘
```

网络2

写网络

```
SM0.0
 ┤├──┬──────────┌─────────────┐
     │          │    MOV_B     │
     │          │ EN       ENO │
     │          │              │
     │       2 ─┤ IN      OUT  ├─ VB301
     │          └─────────────┘
     │
     ├──────────┌─────────────┐
     │          │   MOV_DW     │
     │          │ EN       ENO │
     │          │              │
     │  &VB101 ─┤ IN      OUT  ├─ VD302
     │          └─────────────┘
     │
     ├──────────┌─────────────┐
     │          │    MOV_B     │
     │          │ EN       ENO │
     │          │              │
     │       1 ─┤ IN      OUT  ├─ VB306
     │          └─────────────┘
     │
     ├──────────┌─────────────┐
     │          │    MOV_B     │
     │          │ EN       ENO │
     │          │              │
     │     IB0 ─┤ IN      OUT  ├─ VB307
     │          └─────────────┘
     │
     └──────────┌─────────────┐
                │    NETW      │
                │ EN       ENO │
                │              │
         VB300 ─┤ TBL          │
             0 ─┤ PORT         │
                └─────────────┘
```

网络3

读网络

```
SM0.0
 ┤├──┬──────────┌─────────────┐
     │          │    MOV_B     │
     │          │ EN       ENO │
     │          │              │
     │       6 ─┤ IN      OUT  ├─ VB801
     │          └─────────────┘
     │
     ├──────────┌─────────────┐
     │          │   MOV_DW     │
     │          │ EN       ENO │
     │          │              │
     │  &VB400 ─┤ IN      OUT  ├─ VD802
     │          └─────────────┘
     │
     ├──────────┌─────────────┐
     │          │    MOV_B     │
     │          │ EN       ENO │
     │          │              │
     │       1 ─┤ IN      OUT  ├─ VB806
     │          └─────────────┘
     │
     └──────────┌─────────────┐
                │    NETR      │
                │ EN       ENO │
                │              │
         VB800 ─┤ TBL          │
             0 ─┤ PORT         │
                └─────────────┘
```

网络4

读网络的数据在QB0输出

```
SM0.0
 ┤├──┬──────────┌─────────────┐
                │    MOV_B     │
                │ EN       ENO │
                │              │
         VB807 ─┤ IN      OUT  ├─ QB0
                └─────────────┘
```

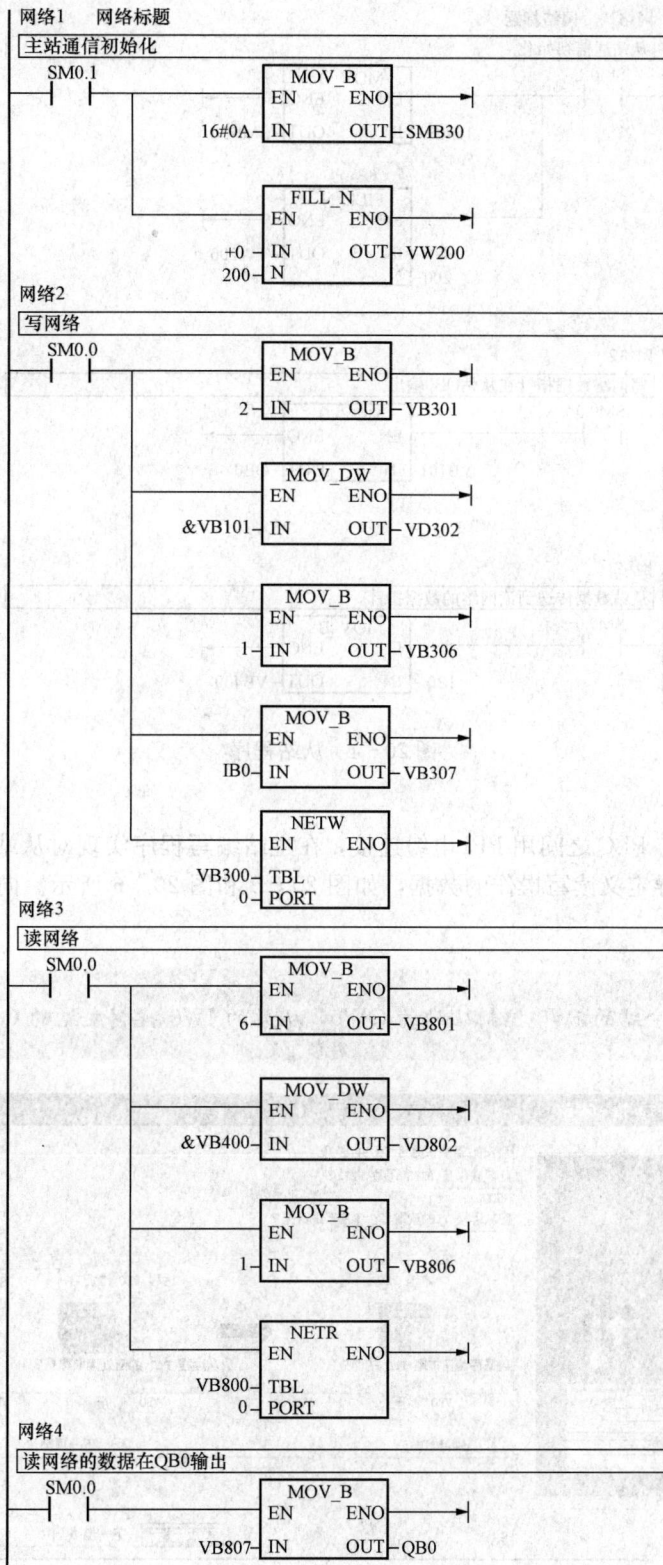

图 20－3　主站程序

网络1 网络标题

从站通信初始化

```
SM0.1              MOV_B
 ┤ ├            ┌──────────┐
                │EN     ENO│
                │          │
        16#08 ──┤IN     OUT├── SMB30
                └──────────┘

                   FILL_N
                ┌──────────┐
                │EN     ENO│
                │          │
          +0 ──┤IN     OUT├── VW200
         200 ──┤N         │
                └──────────┘
```

网络2

写网络数据指针在从站QB0输出

```
SM0.0              MOV_B
 ┤ ├            ┌──────────┐
                │EN     ENO│
                │          │
       VB101 ──┤IN     OUT├── QB0
                └──────────┘
```

网络3

从站数据传送到读网络的数据指针

```
SM0.0              MOV_B
 ┤ ├            ┌──────────┐
                │EN     ENO│
                │          │
         IB0 ──┤IN     OUT├── VB400
                └──────────┘
```

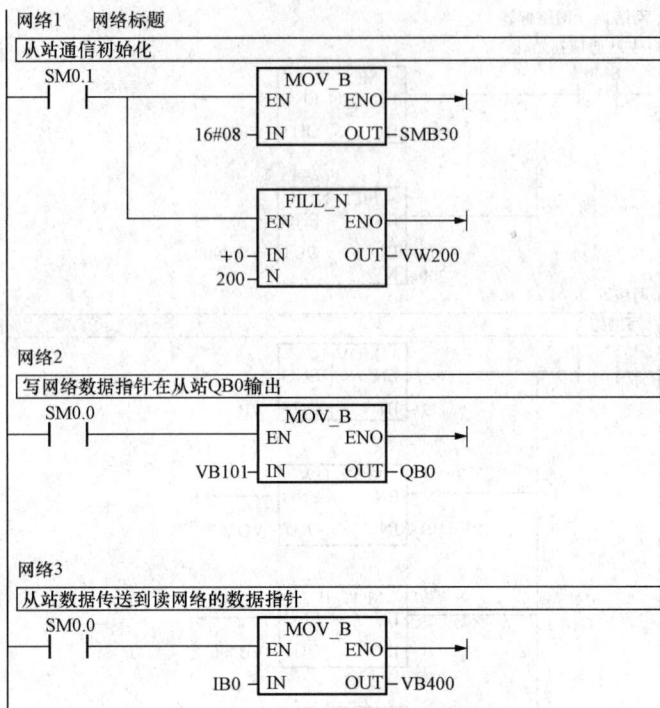

图 20-4　从站程序

2. 指令向导

S7-200 PLC 与 PLC 之间用 PPI 电缆连接，在主站编写程序实现对从站的读写操作。程序编写中，用指令向导定义读写操作的数据，如图 20-5 和图 20-6 所示。向导完成后，将生成 NET_EXE 子程序。

注意

该程序实现了主站的 IW0 控制从站的 QW0，从站的 IW0 控制主站的 QW0。

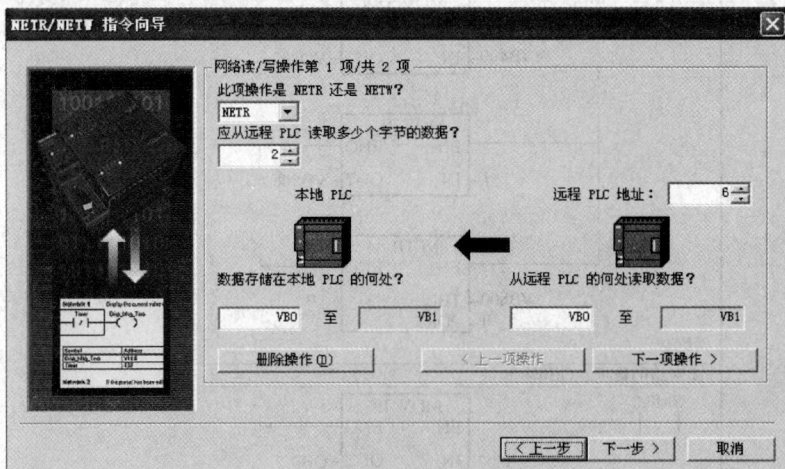

图 20-5　主站读设置

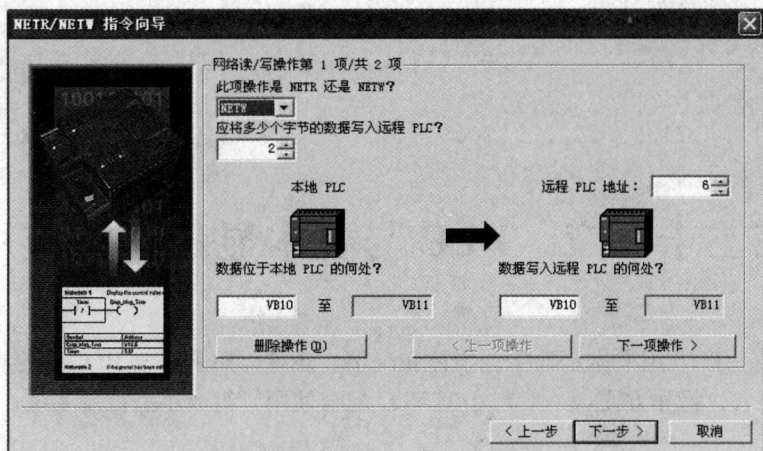

图 20-6　网络写设置

主站程序如图 20-7 所示，从站程序如图 20-8 所示。

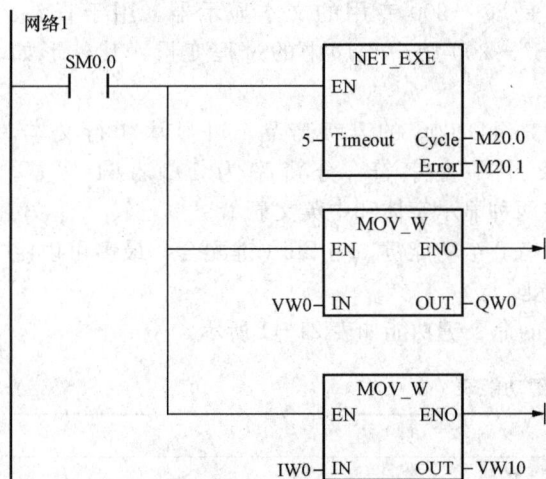

图 20-7　从站程序

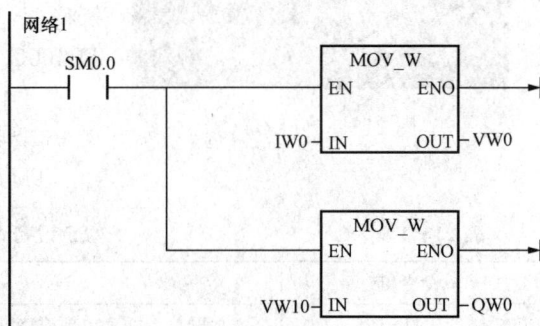

图 20-8　主站程序

第二十一章 PLC 与文本显示器的应用

文本显示器（TD）用来显示数字、字符和汉字，还可以用来修改 PLC 中的参数设定值。文本显示器价格便宜、操作方便，一般与小型 PLC 配合使用，组成小型控制系统。

第一节 TD400C

一、TD400C 简介

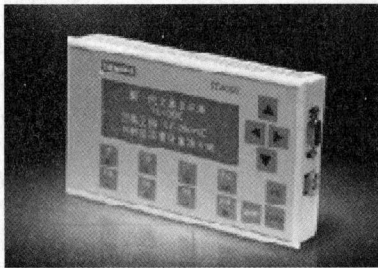

图 21-1 TD400C

TD400C 是 S7-200 专用的文本显示器，用于查看、监控和修改 S7-200 用户程序中的过程变量，其外形如图 21-1 所示。

TD400C 是 TD200C 的升级产品，可显示 4 行文本，每行最多 12 个中文字符，分辨率为 192×64 像素。TD400C 支持两种显示字体和中英文显示。

TD400C 有 8 个功能键，与 Shift 键配合，最多可以定义 16 个功能键。

TD 设备的命令键功能如表 21-1 所示。

表 21-1　　　　　　　　　　　　　　TD 设备命令键功能表

命令键	说　　明
ENTER	选择屏幕上的菜单项或确认屏幕上的值
ESC	切换显示信息模式和菜单模式，返回上一级菜单或前一个屏幕
▲键	可编辑的数值加 1，或显示上一条信息
▼键	可编辑的数值减 1，或显示下一条信息
▶键	在 TD 设备的信息内右移光标
◀键	在 TD 设备的信息内左移光标
功能键 F1~F8	完成用文本显示向导组态的任务（TD 200C 仅有 F1~F4）
SHIFT	与功能键配合完成用文本显示向导组态的任务

二、TD 设备与 S7-200 的连接

TD 设备通过 TD/CPU 电缆与 S7-200 CPU 连接，当 TD 设备与 S7-200 CPU 之间的距离小于 2.5m（TD/CPU 电缆的长度）时，可以由 S7-200 CPU 模块通过 TD/CPU 电缆供电。当 TD 设备与 S7-200 CPU 之间的距离大于 2.5m 时，用外接 DC 24V 电源单独供电。

在 TD 设备与一台或几台 PLC 连接构成的网络中，TD 设备作为主站使用。多台 TD 设备可以和一个或多个连在同一网络上的 S7-200 CPU 模块一起使用。

1. 一对一配置

一对一配置用 TD/CPU 电缆连接一台 TD 设备与一台 CPU 的通信口。TD 设备的默认地址为 1，CPU 的默认地址为 2。

2. TD 设备连接到网络中的 CPU 通信口

多台 S7 - 200 CPU 联网时，某个 CPU 的通信口使用带编程口的网络连接器，来自 TD 设备的电缆连接到该编程口。此时 TD 设备的 DC24V 电源由 CPU 提供。

3. TD 设备接入通信网络

可用网络连接器和 PROFIBUS 电缆将 TD 设备连入网络。此时，只连接了通信信号线（3 针和 8 针），没有连接电源线（2 针和 7 针），此时需要 DC 24V 电源为 TD 设备供电。

第二节　应　用　举　例

项目：S7 - 200 CPU 与 TD400C 的连接应用。

要求：当按下 TD400C 的 F1 键时，Q0.0 置位为 ON，并在 TD400C 的屏幕上显示"指示灯状态：ON"；当按下 TD400C 的 F2 键时，Q0.0 复位为 OFF，并在 TD400 的屏幕上显示："指示灯状态：OFF"。

第一步：组态文本显示向导。

打开 STEP7 - Micro/Win 软件，单击菜单"工具→文本显示向导"，如图 21 - 2 所示，选择 TD 型号为 TD400C，单击"下一步"按钮。

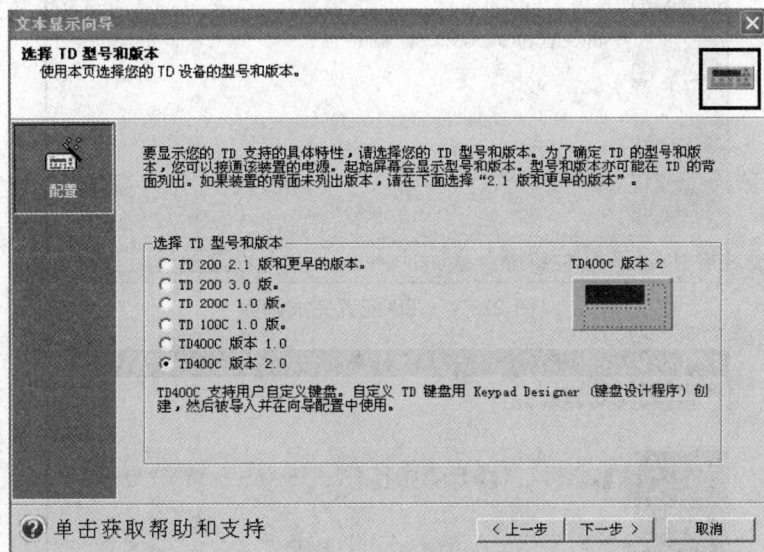

图 21 - 2　组态 TD 型号

配置 TD 键盘按键控制的设置位，如图 21 - 3 所示，把键 F1 和 F2 设置为"瞬动触点"，单击"下一步"按钮，出现如图 21 - 4 所示 TD 配置完成画面。

在图 21 - 4 中，单击"用户菜单"，然后单击"下一步"按钮，出现如图 21 - 5 所示定义用户菜单画面，按图中所示命名用户菜单名为"1"，然后单击"添加屏幕"。在屏幕中输入文本"指示灯状态："，如图 21 - 6 所示。然后单击"插入 PLC 数据"，在图 21 - 7 中组态数据地址为"VB10"，数据格式为"字符串"。确认后，按图 21 - 8 所示分配存储区。

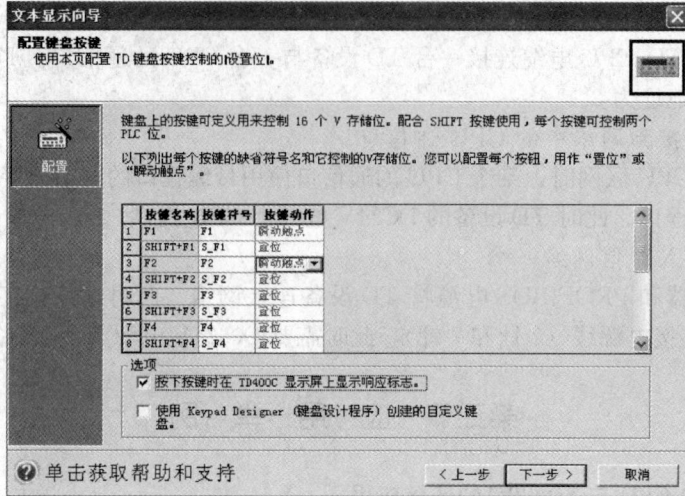

图 21-3　配角按键控制的设置位

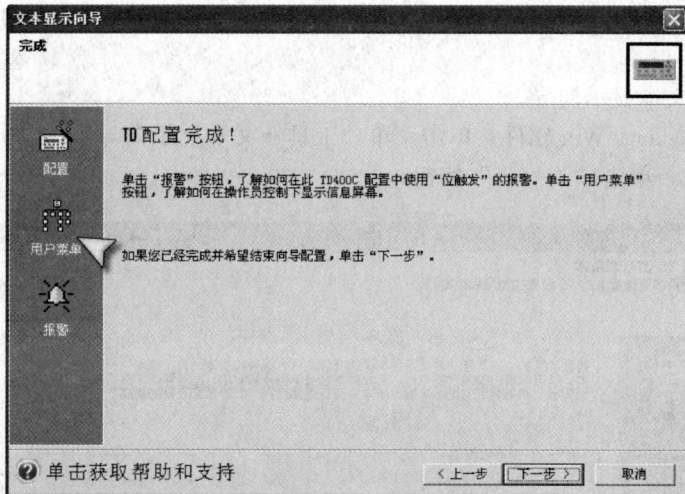

图 21-4　TD配置完成画面

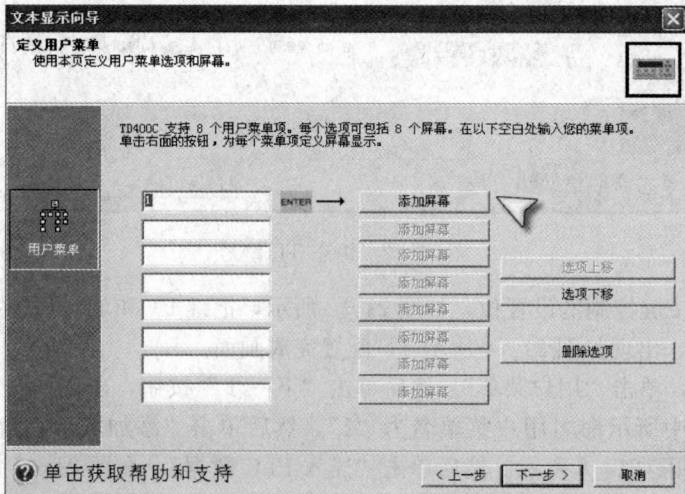

图 21-5　定义用户菜单画面

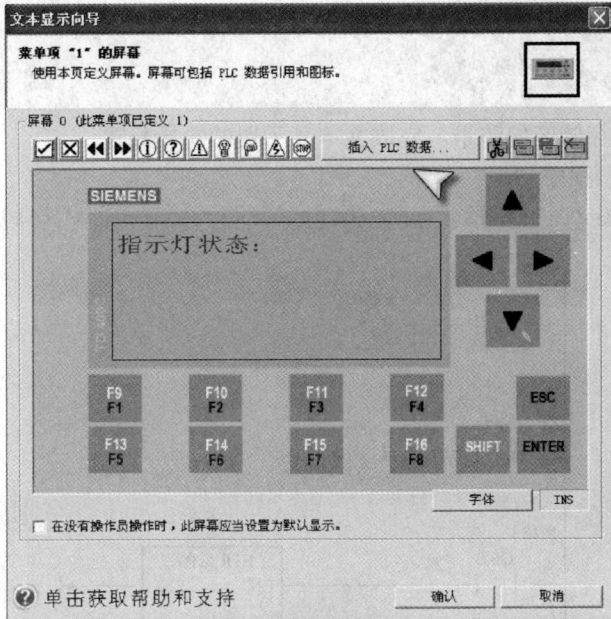

图 21-6　输入文本

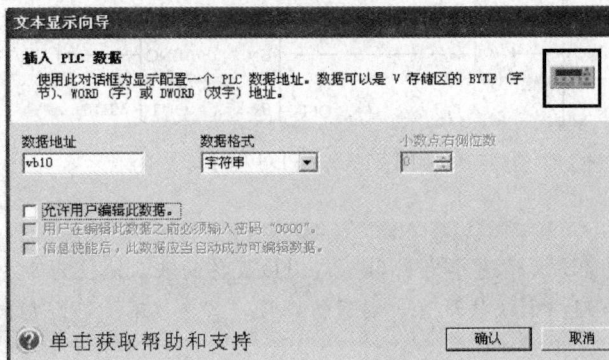

图 21-7　插入 PLC 数据

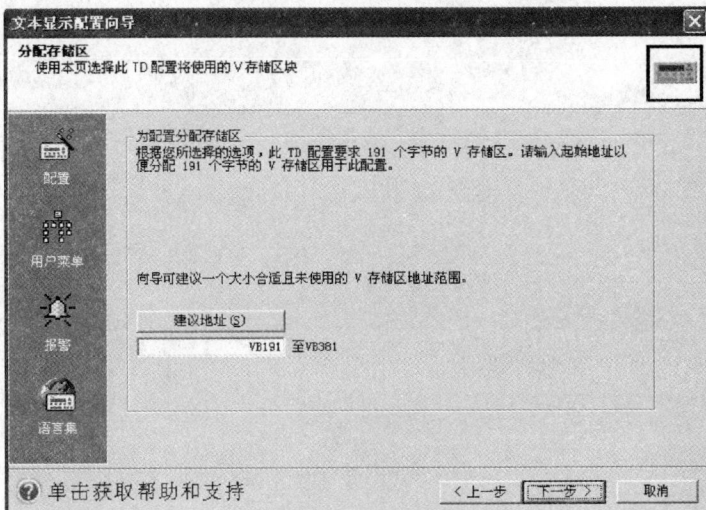

图 21-8　分配存储区地址

> **注意**
>
> 存储区地址程序中不能用到。

最后确认 VW0 为存储区偏移量，完成文本显示器的向导配置。

第二步：编写 PLC 程序。

编写 PLC 程序如图 21-9 所示。

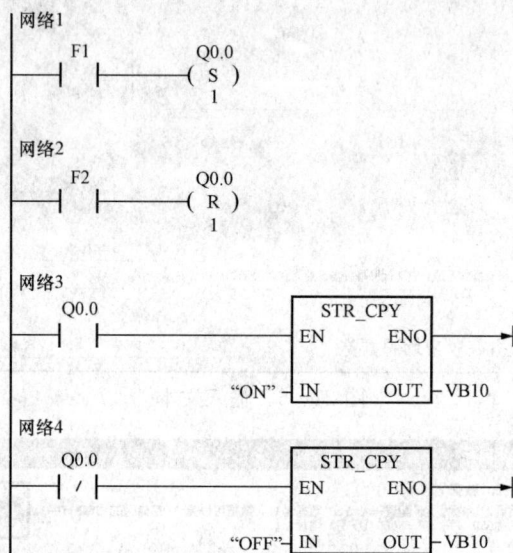

图 21-9　PLC 程序

> **注意**
>
> PLC 的默认地址为 2，通信速率为 9.6kb/s。TD 设备的默认地址为 1，通信速率为 9.6kb/s。若 PLC 和 TD 设备均采用以上默认设置，则通信正常。若连接不上，则需检查地址与通信速率。

第二十二章　四层电梯模型的控制

电梯是一种比较复杂的机电结合的建筑物运输设备。随着高层建筑的发展，对电梯的控制性能的要求也越来越高。传统的电梯逻辑控制系统由继电器组成，由于继电器组成的控制系统存在故障较高、维护困难、控制装置体积大等问题，近年来由微机或 PLC 组成的电梯逻辑控制已成为发展方向。

第一节　项　目　描　述

四层电梯模型如图 22-1 所示，电梯由直流电动机驱动可上升或下降。电梯门通过一直流电动机改变转向来控制门开和关，开门结束和关门结束各有行程开关检测。每层的平层信号用行程开关检测，附有电梯内选层按钮，每层外部附有选择上升或下降按钮其对应指示灯，基本与真实电梯运行相似。

控制要求如下：

（1）开始时，电梯处于任意一层。

（2）当有外呼电梯信号到来是，轿厢响应该呼梯信号，达到该楼层时，轿厢停止运行，轿厢门打开，再延时 3s 后自动关门。

（3）当有内呼电梯信号到来是，轿厢响应该呼梯信号，达到该楼层时，轿厢停止运行，轿厢门打开，延时 3s 后自动关门。

（4）在电梯轿厢运行过程中，即轿厢上升（或下降）途中，任何反方向下降（或上升）的外呼信号均不响应，但如果反方向外呼梯信号前方再无其他内、外呼梯信号时，则电梯响应该外呼梯信号。

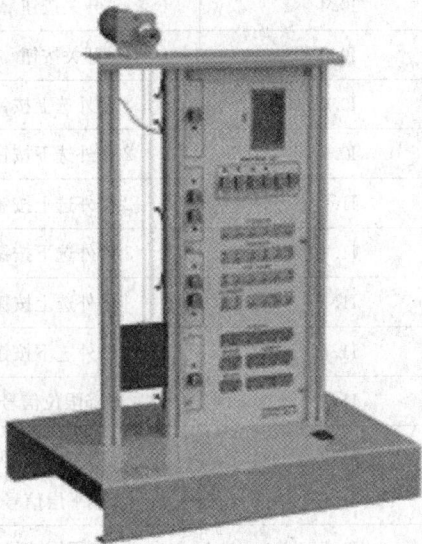

图 22-1　四层电梯模型

例如，电梯轿厢在一楼，将要运行到三楼，在运行过程中可以响应二层向上的外呼梯信号，但不响应二层向下的外呼梯信号。当到达三层，如果四层没有任何呼梯信号，则电梯可以响应三层向下外呼梯信号。否则，电梯将继续运行至四楼，然后向下运行响应三层向下外呼梯信号。

（5）电梯具有最远反向外呼梯功能。例如，电梯轿厢在一楼，而同时有二层向下呼梯，三层向下呼梯，四层向下外呼梯，则电梯轿厢先去四楼响应四层向下外呼梯信号。

（6）电梯未平层或运行时，开门按钮和关门按钮均不起作用。平层且电梯轿厢停止运行后，按开门按钮轿厢开门，按关门按钮轿厢关门（不按关门按钮，则轿厢过 3s 自动关门）。

（7）电梯必须在关门之后才能运行，利用指示灯显示轿厢外召唤信号，厢内指令信号和电梯到达信号。例如，电梯轿厢在一楼，将要运行到四楼，在此过程中，有二层向上的外呼梯信号和二层向下的外呼梯信号。当到达二层，向上的指示灯灭，向下的指示灯则保持亮。

第二节 项 目 实 现

一、I/O 分配

对 PLC 的各 I/O 点分配如表 22-1 所示。

表 22-1   I/O 分 配 表

输入点分配		输出点分配	
I0.0	1 楼内选按钮	Q0.0	1 楼向上外呼指示灯
I0.1	2 楼内选按钮	Q0.1	2 楼向下外呼指示灯
I0.2	3 楼内选按钮	Q0.2	2 楼向上外呼指示灯
I0.3	4 楼内选按钮	Q0.3	3 楼向下外呼指示灯
I0.4	开关按钮	Q0.4	3 楼向上外呼指示灯
I0.5	开关按钮	Q0.5	4 楼向下外呼指示灯
I0.6	1 楼外选上按钮	Q0.6	轿厢上行控制
I0.7	2 楼外选下按钮	Q0.7	轿厢下行控制
I1.0	2 楼外选上按钮	Q1.0	1 楼内选指示灯
I1.1	3 楼外选下按钮	Q1.1	2 楼内选指示灯
I1.2	3 楼外选上按钮	Q1.2	3 楼内选指示灯
I1.3	4 楼外选下按钮	Q1.3	4 楼内选指示灯
I1.4	下降限位信号	Q1.4	轿厢开门控制
I1.5	1 楼平层信号	Q1.5	轿厢关门控制
I1.6	2 楼平层信号		
I1.7	3 楼平层信号		
I2.0	4 楼平层信号		
I2.1	上升限位信号		
I2.2	轿厢开门限位信号		
I2.3	轿厢关门限位信号		

二、PLC 程序

编写 PLC 控制程序如图 22-2 所示。

网络1 轿内1楼指示灯部分

```
  I0.0        I1.5       Q1.0
--| |----+----|/|--------( )--
         |
  Q1.0   |
--| |----+
```

网络2 轿内2楼指示灯部分

```
  I0.1        I1.6       Q1.1
--| |----+----|/|--------( )--
         |
  Q1.1   |
--| |----+
```

网络3 轿内3楼指示灯部分

```
  I0.2        I1.7       Q1.2
--| |----+----|/|--------( )--
         |
  Q1.2   |
--| |----+
```

网络4 轿内4楼指示灯部分

```
  I0.3        I2.0       Q1.3
--| |----+----|/|--------( )--
         |
  Q1.3   |
--| |----+
```

网络5 轿外1楼指示灯部分

```
  I0.6        I1.5       Q0.0
--| |----+----|/|--------( )--
         |
  Q0.0   |
--| |----+
```

网络6 轿外2楼下指示灯部分

```
  I0.7        I1.6                    Q0.1
--| |----+----|/|-------------------( )--
         |
  Q0.1   |    M0.0       M0.1
--| |----+----| |--------|/|--
```

网络7 轿外2楼上指示灯部分

```
  I1.0        I1.6                    Q0.2
--| |----+----|/|-------------------( )--
         |
  Q0.2   |    M0.1       M0.0
--| |----+----| |--------|/|--
```

网络8 轿外3楼下指示灯部分

```
  I1.1        I1.7                    Q0.3
--| |----+----|/|-------------------( )--
         |
  Q0.3   |    M0.0       M0.1
--| |----+----| |--------|/|--
```

网络9 轿外3楼上指示灯部分

```
  I1.2        I1.7                    Q0.4
--| |----+----|/|-------------------( )--
         |
  Q0.4   |    M0.1       M0.0
--| |----+----| |--------|/|--
```

网络10 轿外4楼下指示灯部分

```
  I1.3        I2.0       Q0.5
--| |----+----|/|--------( )--
         |
  Q0.5   |
--| |----+
```

网络11 定向程序：上行

```
  Q0.1          I1.6       I1.7       I2.0       M0.1       M0.0
--| |----+------|/|--------|/|--------|/|--------|/|--------( )--
         |
  Q0.2   |
--| |----+
         |
  Q1.1   |
--| |----+
         |
  Q0.3   |
--| |----+
         |
  Q0.4   |
--| |----+
         |
  Q1.2   |
--| |----+
         |
  Q0.5   |
--| |----+
         |
  Q1.3   |
--| |----+
```

网络12 定向程序：下行

```
  Q0.3          I1.7       I1.6       I1.5       M0.0       M0.1
--| |----+------|/|--------|/|--------|/|--------|/|--------( )--
         |
  Q0.4   |
--| |----+
         |
  Q1.2   |
--| |----+
         |
  Q0.1   |
--| |----+
         |
  Q0.2   |
--| |----+
         |
  Q1.1   |
--| |----+
         |
  Q0.0   |
--| |----+
         |
  Q1.0   |
--| |----+
```

网络13 平层自动开门控制

```
  Q1.0                                Q1.4
--| |--------| N |---+--------------( S )--
                     |                 1
  Q0.0               |
--| |--------| N |---+
                     |
  Q0.1               |
--| |--------| N |---+
                     |
  Q0.2               |
--| |--------| N |---+
                     |
  Q1.1               |
--| |--------| N |---+
                     |
  Q0.3               |
--| |--------| N |---+
                     |
  Q0.4               |
--| |--------| N |---+
                     |
  Q1.2               |
--| |--------| N |---+
                     |
  Q0.5               |
--| |--------| N |---+
                     |
  Q1.3               |
--| |--------| N |---+
```

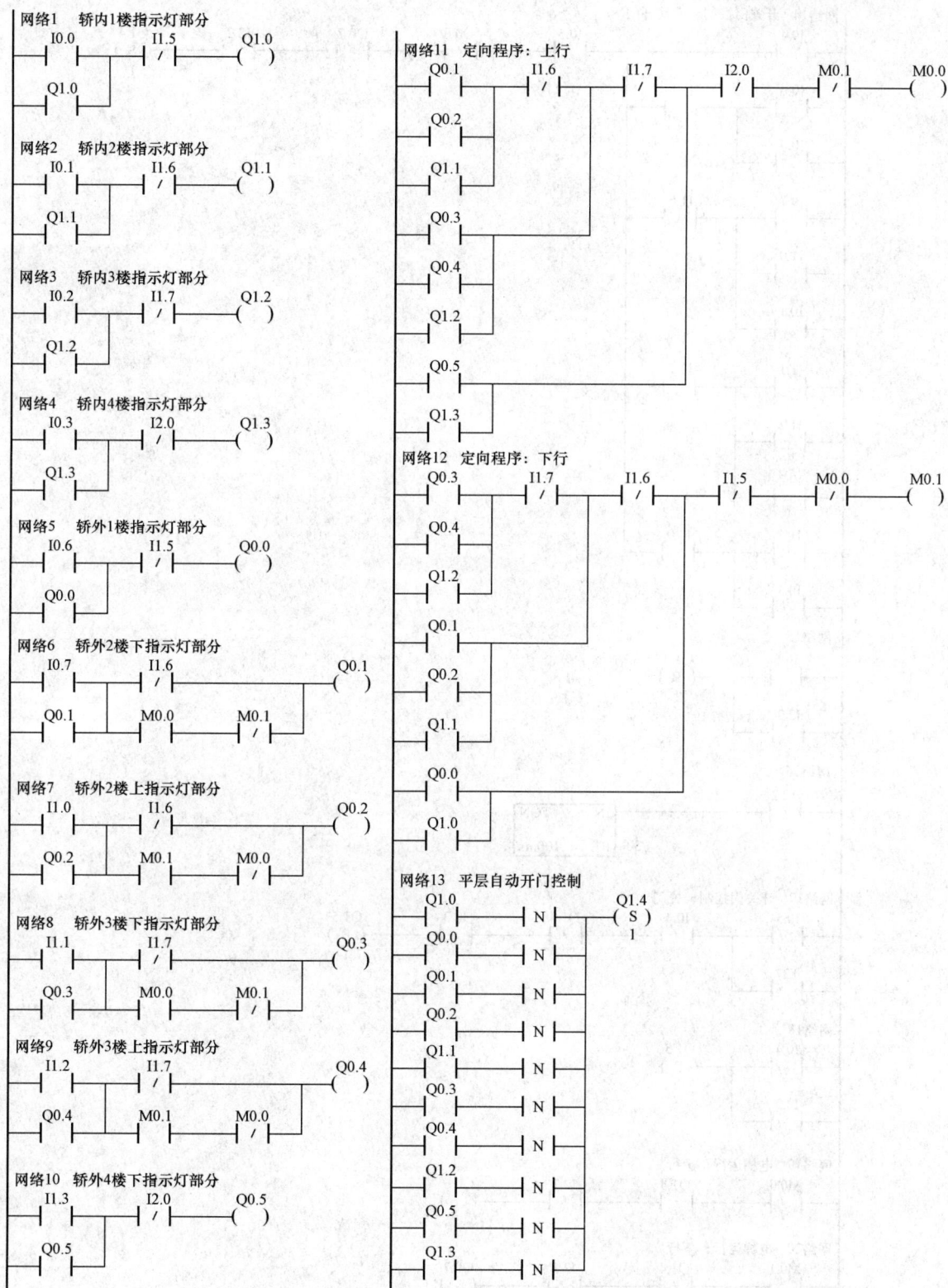

图 22-2 四层电梯模型控制程序（一）

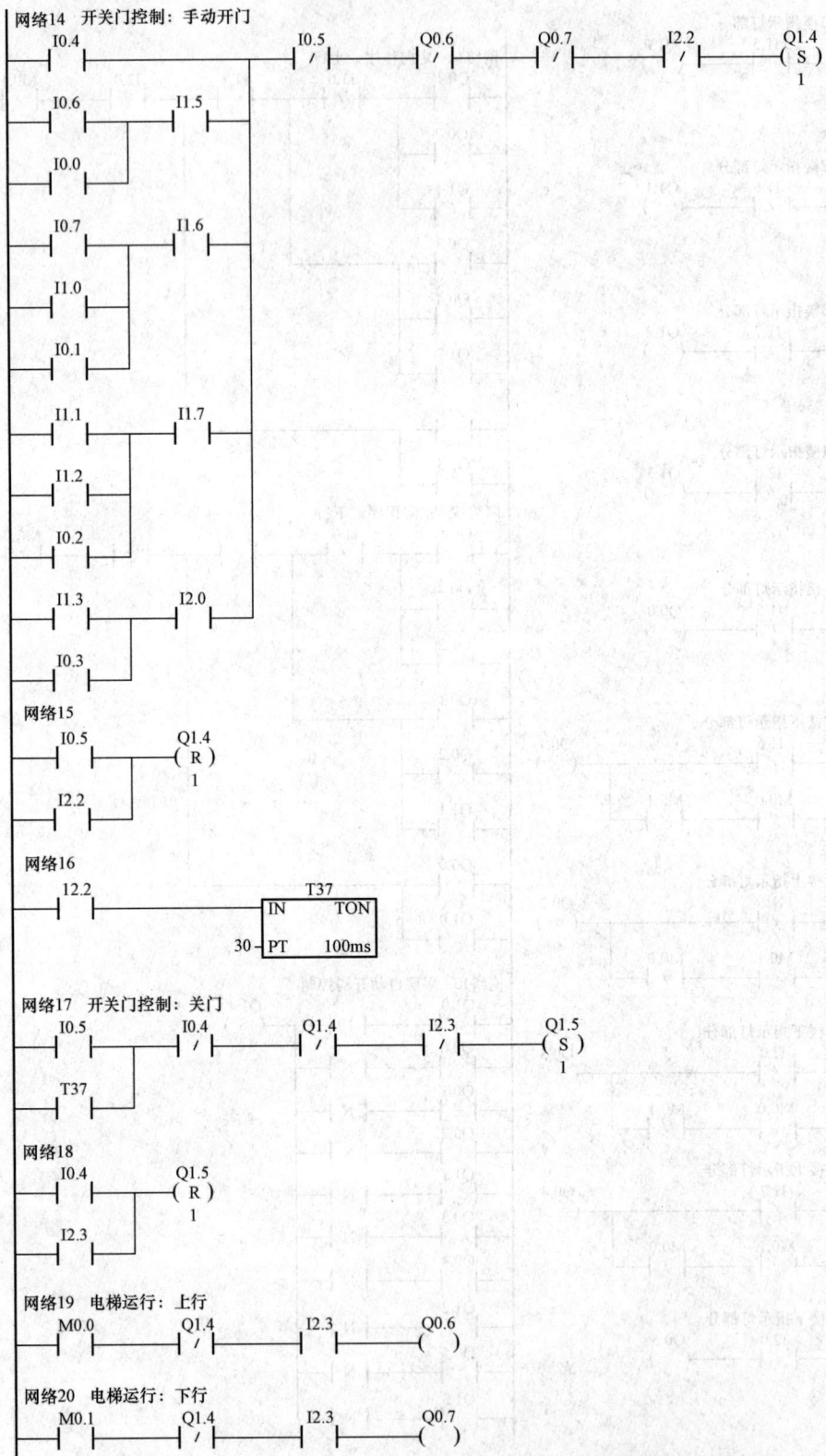

网络14 开关门控制：手动开门

网络15

网络16

网络17 开关门控制：关门

网络18

网络19 电梯运行：上行

网络20 电梯运行：下行

图 22-2 四层电梯模型控制程序（二）

第五部分

自由口通信技术

第二十三章　S7－200 PLC 的自由口通信技术

第一节　通信基础知识

一、通信的基本概念

1. 并行通信和串行通信

（1）并行通信。并行通信是将一个 8 位数据（或 16 位、32 位）的每一位二进制位采用单独的导线进行传输，并将传送方和接收方进行并行连接，一个数据的各二进制位可以在同一时间内一次传送。如老式打印机的打印口与计算机的通信口即并行通信。

传送特点：一个周期里可以一次传输多位数据，其连接的电缆多，长距离传送成本高。

（2）串行通信。串行通信就是通过一对导线将发送方与接收方进行连接，传输数据的每个二进制位，按照规定顺序在同一导线上依次发送与接收。如 USB 接口就是串行通信，电脑上的 9 针串。

传送特点：通信控制复杂，通信电缆少，成本低。

串行通信是一种趋势，随着串行通信速率的提高，以往使用并行通信的场合，现在部分已被串行通信取代，如打印机的通信等。

2. 单工和双工

（1）单工通信方式。单工通信是指信息的传送始终保持同一个方向，而不能进行反向传送。如图 23－1 所示，其中 A 端只能作为发送端发送数据，B 端只能作为接收端接收数据。

（2）半双工通信方式。半双工通信方式是指信息流可以在两个方向上传送，但同一时刻只限于一个方向传送，如图 23－2 所示，其中 A 端和 B 端都具有发送和接收的功能，但传送线路只有一条，某一时刻只能 A 端发送 B 端接收，或者 B 端发送 A 端接收。

（3）全双工通信方式。全双工通信方式能在两上方向上同时发送和接收数据，如图 23－3 所示，其中 A 端和 B 端都可以一边发送数据，一边接收数据。

图 23－1　单工通信方式 　　　图 23－2　半双工通信方式 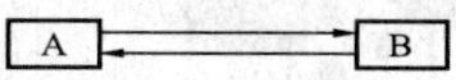　　　图 23－3　全双式通信方式

3. 串行通信接口标准

（1）RS－232C 串行接口标准。RS－232C 是 1969 年由美国电子工业协会公布的串行通信接口标准。RS－232C 既是一种协议标准，又是一种电气标准，它规定了终端和通信设备之间信息交换的方式和功能。S7－200 PLC 与计算机间的通信可以通过 RS－232C 标准接口来实现的。它

采用按位串行通信的方式。在通信距离较短、波特率要求不高的场合可以直接采用，既简单、又方便。但由于其接口采用单端发送、单端接收，因此在使用中有数据通信速率低、通信距离短、抗共模干扰能力差等缺点。RS-232C可实现点对点通信。

（2）RS-422A串行接口标准。RS-422A采用平衡驱动、差分接收电路，从根本上取消了信号地线。其在最大传输速率10Mb/s时，允许的最大通信距离为12m。传输速率为100kb/s时，最大通信距离为1200m。一台驱动器可以连接10台接收器，可实现点对多通信。

（3）RS-485串行接口标准。RS-485是从RS-422基础上发展而来的，所以RS-485许多电气规定与RS-422相似，如采用平衡传输方式，都需要在传输线上接终端电阻。RS-485可以采用二线四线方式。二线方式可实现真正的多点双向通信。

计算机目前都有RS-232通信口（不含笔记本电脑），西门子系列PLC大都采用RS-485通信口，西门子触摸屏也有RS-485。如图23-4中S7-200PLC CPU224XP有两个RS-485通信口，其端口针脚分配如表23-1所示。

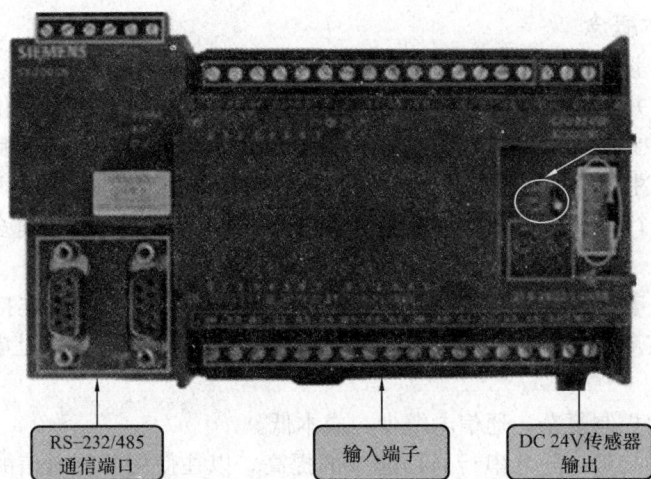

RS-232/485
通信端口

输入端子

DC 24V传感器
输出

图23-4 S7-200 CPU224X

表23-1   S7-200 CPU通信接口的引脚分配

连接器	针	PROFIBUS名称	端口0/端口1
	1	屏蔽	机壳接地
	2	24V返回逻辑地	逻辑地
	3	RS-485信号B	RS-485信号B
	4	发送申请	RTS（TTL）
	5	5V返回	逻辑地
	6	+5V	+5V、100Ω串联电阻
	7	+24V	+24V
	8	RS-485信号A	RS-485信号A
	9	不用	10位协议选择（输入）
	连接器外壳	屏蔽	机壳接地

S7-200 PLC可以通过自由口通信控制各种变频器的运行，如图23-5所示，也可以控制各

种支持串口通信的设备，如图 23-6 所示，如串口打印机、条形码阅读器等。

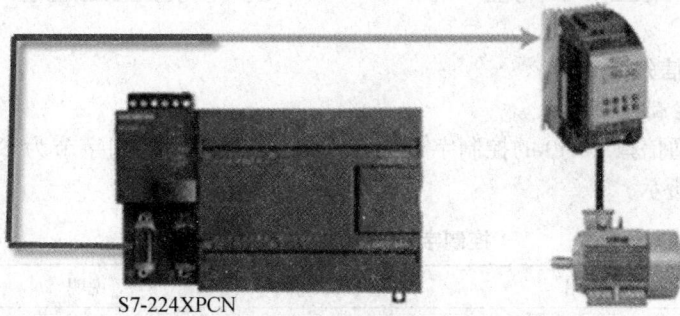

S7-224XPCN

图 23-5　S7-200 PLC 自由口通制变频器

说明：

（1）由于 S7-200 CPU 通信端口是半双工通信口，所以发送和接收不能同时进行。

（2）S7-200 CPU 通信口处于自由口模式下时，该通信口不能同时工作在其他通信模式下。如不能端口 1 在进行自由口通信时，又使用端口 1 进行 PPI 编程。

（3）S7-200 CPU 通信端口是 RS-485 标准，因此如果通信对象是 RS-232 设备，则需要使用 RS-232/PPI 电缆。

（4）自由口通信只有在 S7-200 CPU 处于 RUN 模式下才能被激活，如果将 S7-200 CPU 设置为 STOP 模式，则通信端口将根据 S7-200 CPU 系统块中的配置转换到 PPI 协议。

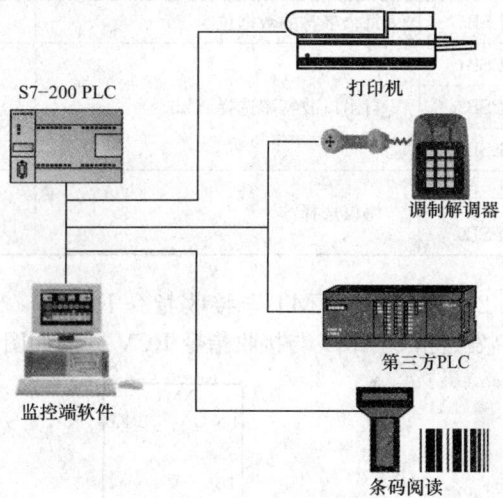

图 23-6　S7-200 PLC 可通过自由口
控制其他的串口设备

二、自由口通信概述

S7-200 PLC 的自由口通信是基于 RS-485 通信基础的半双工通信，西门子 S7-200 系列 PLC 拥有自由口通信功能。

自由口通信，顾名思义，就是没有标准的通信协议，用户可以自己规定协议。第三方设备大都支持 RS-485 串口通信，西门子 S7-200 PLC 可以通过自由口通信模式控制串口通信。如用发送指令（XMT）向打印机或变频器等第三方设备发送信息。

自由口通信的核心就是发送（XMT）和接收（RCV）两条指令，以及相应的特殊寄存器控制。由于 S7-200 CPU 通信端口是 RS-485 半双工通信口，因此发送和接收不能同时处于激活状态。

RS-485 半双工通信串行字符通信的格式可以包括一个起始位、7 或 8 位字符（数据字节）、一个奇/偶校验位（或没有校验位）、一个停止位。

自由口通信的波特率可以设置为 1200、2400、4800、9600、19 200、38 400、57 600b/s 或 115 200b/s。凡是符合这些格式的串行通信设备，理论上都可以和 S7-200 CPU 通信。另外，STEP7 Micro/WIN 的两个指令库 USS 和 Modbus 就是使用自由口模式编程实现的。

第二节 两台 S7-200 PLC 的单向自由口通信

一、自由口通信知识点

1. 通信端口控制字节

S7-200 PLC 通信口 Port0 的控制字节为 SMB30，Port1 的控制字节为 SMB130，控制字节的设置如表 23-2 所示。

表 23-2   控制字节 SMB30 或 SMB130

位	作用	说明
LSB7	校验位	00＝不校验；01＝偶校验；10＝不校验；11＝奇校验；
LSB6		
LSB5	每个字符的数据位	0＝8位字节；1＝7位/字符
LSB4	自由口波特率选择（kb/s）	000＝38.4；001＝19.2；010＝9.6；011＝4.8；100＝2.4；101＝1.2；110＝115.2；111＝57.6
LSB3		
LSB2		
LSB1	协议选择	00＝PPI从站模式；01＝自由口协议，10＝PPI主站模式；11＝保留
LSB0		

2. 发送指令 XMT 与接收指令 RCV

发送指令 XMT 与接收指令 RCV 分别如图 23-7 和图 23-8 所示。

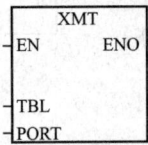

图 23-7 发送指令   图 23-8 接收指令

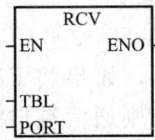

说明：

（1）发送指令与接收指令可以方便地发送或接收最多 255 个字节的数据。

（2）PORT 指定发送或接收的端口。

（3）TBL 指定发送或接收数据缓冲区，第一个数据指定发送或接收的字节数。

（4）发送完成时可以调用中断。接收完成时也可调用中断。

发送指令 XMT 缓冲区格式如表 23-3 所示，其中 T 字节编号表示发送字节的个数，T+1 及后面的字节为发送的具体数据字节。

表 23-3   XMT 指令缓冲区格式

序号	字节编号	内容
1	T+0	发送字节的个数
2	T+1	数据字节
3	T+2	数据字节
⋮	⋮	⋮
256	T+256	数据字节

接收指令 RCV 缓冲区格式如表 23-4 所示，其中 T 字节编号表示接收字节的个数，T+1 及后面的字节为接收的具体数据字节。

表 23-4 RCV 指令缓冲区格式

序号	字节编号	内容
1	T+0	接收字节的个数
2	T+1	起始字符（如果有）
3	T+2	数据字节
⋮	⋮	⋮
256	T+256	结束字符（如果有）

当使用接收指令 RCV 时，可分析接收状态字节 SMB86（对应 Port0）或 SMB186（对应 Port1）来分析数据接收到的状况，状态字节各位的含义如表 23-5 所示。

表 23-5 接收状态字节 SMB86/SMB186 含义

对于 Port0	对于 Port1	状态字节各位的含义
SMB86.0	SMB186.0	为 1 说明奇偶校验错误而终止接收
SMB86.1	SMB186.1	为 1 说明接收字符超长而终止接收
SMB86.2	SMB186.2	为 1 说明接收超时而终止接收
SMB86.3	SMB186.3	为 0
SMB86.4	SMB186.4	为 0
SMB86.5	SMB186.5	为 1 说明是正常收到结束字符
SMB86.6	SMB186.6	为 1 说明输入参数错误或缺少起始和终止条件而结束接收
SMB86.7	SMB186.7	为 1 说明用户通过禁止命令结束接收

使用接收指令 RCV 时，需设置通讯端口接收控制字节 SMB87（对应 Port0）或 SMB187（对应 Port1）。控制字节各位的含义如表 23-6 所示。

表 23-6 接收控制字节 SMB87/SMB187 含义

对于 Port0	对于 Port1	状态字节各位的含义
SMB87.0	SMB187.0	0
SMB87.1	SMB187.1	1 使用中断条件，0 不使用中断条件
SMB87.2	SMB187.2	1 使用 SMW92 或者 SMW92 时间段结束接收 0 不使用 SMW92 或 SM192
SMB87.3	SMB187.3	1 定时器是信息定时器，0 定时器是内部字符定时器
SMB87.4	SMB187.4	1 具使用 SMW90 或者 SM190 检测空闲时间 0 不使用 SMW90 或 SM190
SMB87.5	SMB187.5	1 使用 SMB89 或 SMB190 终止符检测终止信息 0 不使用
SMB87.6	SMB187.6	1 使用 SMB88 或者 SMB188 起始符检测起始信息 0 不使用
SMB87.7	SMB187.7	0 禁止接收，1 允许接收

另外，使用自由口通信，还有一些相关的特殊元件可能会用到，如 SMB88、SMB89、

SMW90、SMW92、SMB94 等。具体含义如表 23 - 7 所示。

表 23 - 7　　　　　　　　　　　　　自由口通信相关特殊元件

对于 Port0	对于 Port1	控制字节或控制字的含义
SMB88	SMB188	信息字符的开始
SMB89	SMB189	信息字符的结束
SMW90	SMW190	空闲线时间段，按毫秒设定。空闲线时间用完后接收的第一个字符是新消息的开始
SMW92	SMW192	中间字符/消息定时器溢出值，按毫秒设定。如果超过这个时间段，则终止接收信息
SMB94	SMB194	要接收的最大字符数（1~255 字节）。此范围必须设置为期望的最大缓冲区大小，即使不使用字符计数消息终端

二、项目要求

【例 23 - 1】　有两台设备，控制器都是 S7 - 200 CPU，两者之间为自由口通信，实现设备 1 的 IW0 控制设备 2 的 QW0，如图 23 - 9 所示。

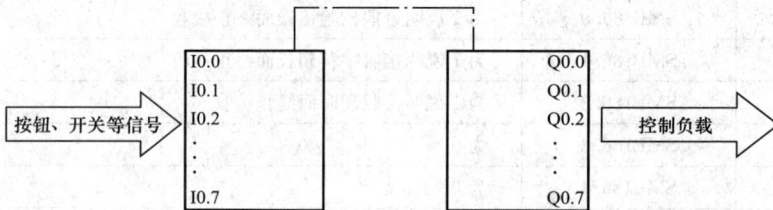

图 23 - 9　控制示意图

三、软、硬件选择

(1) 软件 STEP7 - Micro/WIN V4.0 SP6 或 SP7。

(2) 两台 S7 - 200 CPU，如 CPU224XP，CPU226。

(3) 一根 PROFIBUS 网格电缆（带两个网络总线连接线）。

(4) 一根 PC/PPI 电缆。

两台 PLC 通过 Port0 口相连，如图 23 - 10 所示。Port1 口可接电脑实现 PPI 通信程序下载或监控。通信连接端器如图 23 - 11 所示。

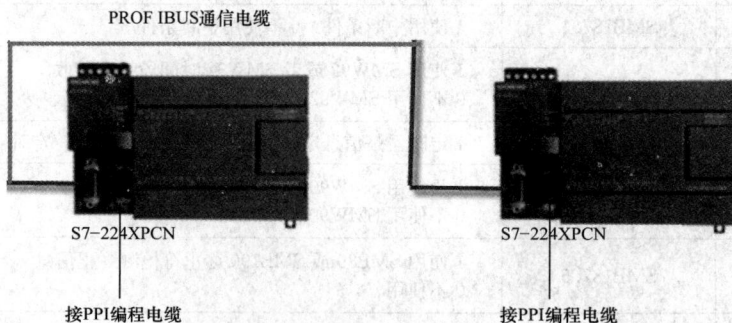

图 23 - 10　PLC 的连接

自由口通信的通信电缆最好使用 PROFIBUS 网络电缆和网络连接器，若要求不高，为了节省成本可购买 DB9 接插件，再将两个接插件的 3 和 8 角对应连接即可。

图 23-11　通信连接器

（a）具有 PG 接口的标准连接器；（b）无 PG 接口的连接器

四、通信程序

1. 发送站程序

主程序如图 23-12 所示。

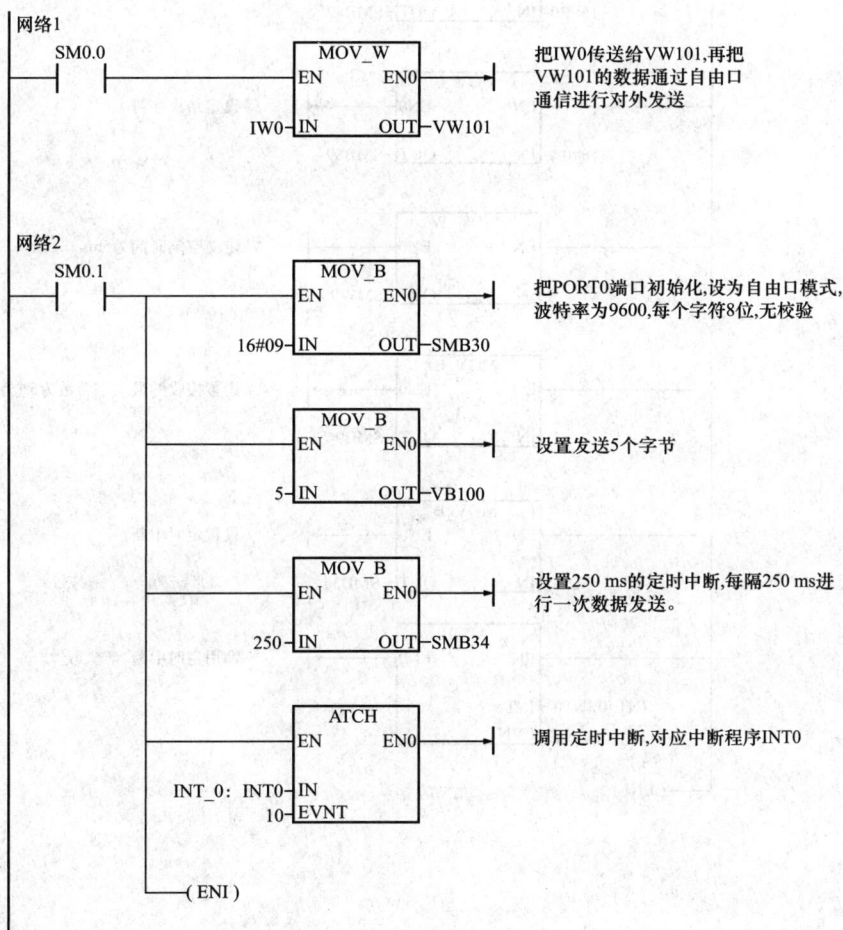

图 23-12　发送站主程序

中断子程序 INT0 如图 23-13 所示。

2. 接收站程序

主程序如图 23-14 所示。

网络1　网络标题

SM0.0

```
          ┌──────────────┐
          │     XMT      │
      ────┤ EN       EN0 ├────/ ──  //中断发送程序
          │              │
  VB100 ──┤ TBL          │
      0 ──┤ PORT         │
          └──────────────┘
```

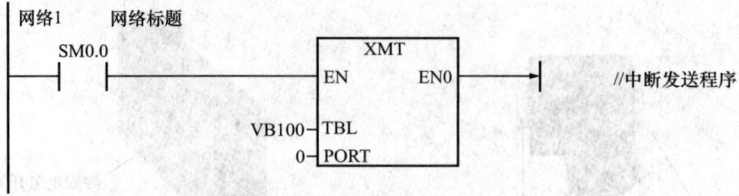

图 23 - 13　发送站中断子程序

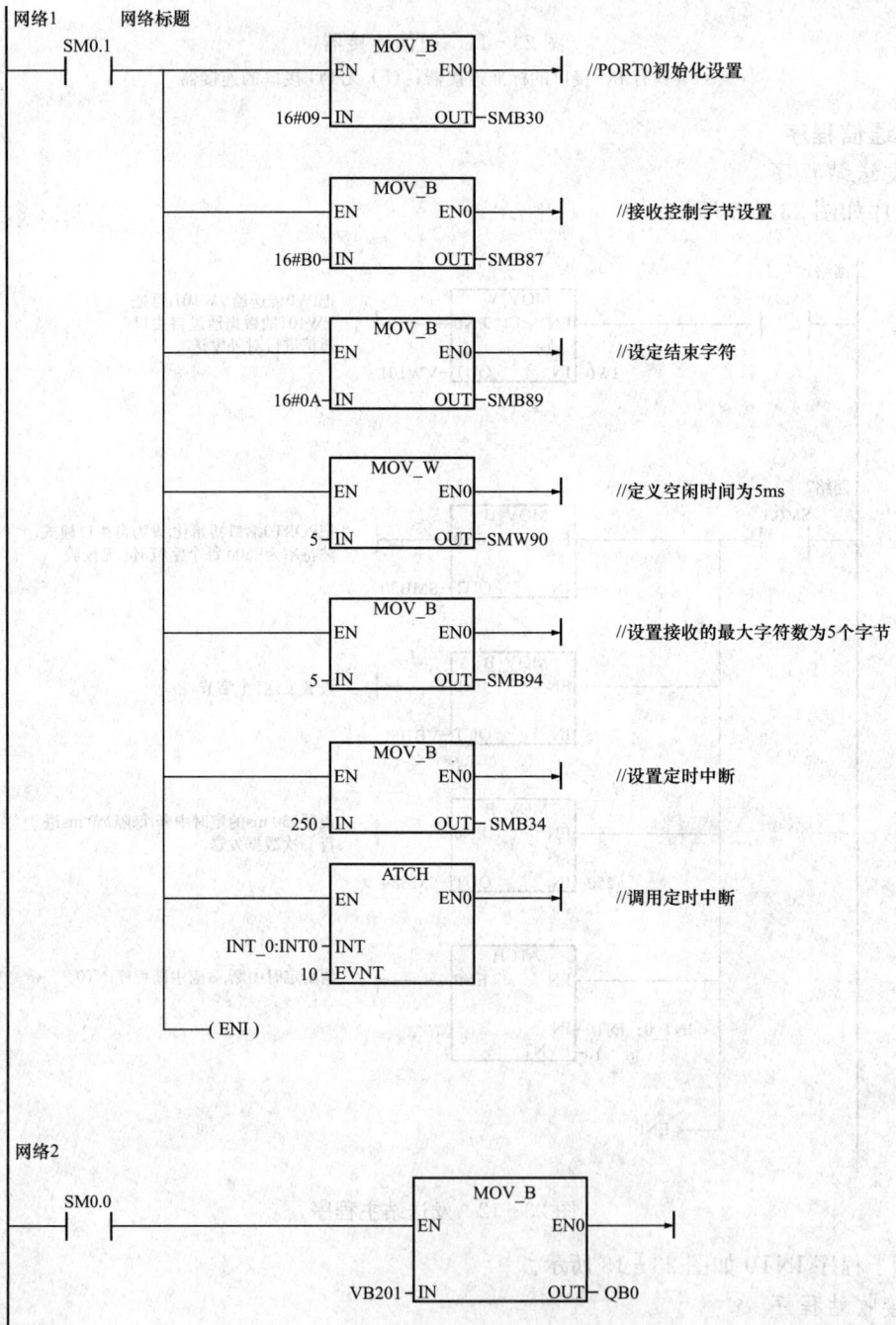

网络1　网络标题

SM0.1

```
          ┌──────────────┐
          │    MOV_B     │
      ────┤ EN       EN0 ├────    //PORT0初始化设置
          │              │
 16#09 ──┤ IN      OUT ├── SMB30
          └──────────────┘

          ┌──────────────┐
          │    MOV_B     │
      ────┤ EN       EN0 ├────    //接收控制字节设置
          │              │
 16#B0 ──┤ IN      OUT ├── SMB87
          └──────────────┘

          ┌──────────────┐
          │    MOV_B     │
      ────┤ EN       EN0 ├────    //设定结束字符
          │              │
 16#0A ──┤ IN      OUT ├── SMB89
          └──────────────┘

          ┌──────────────┐
          │    MOV_W     │
      ────┤ EN       EN0 ├────    //定义空闲时间为5ms
          │              │
     5 ──┤ IN      OUT ├── SMW90
          └──────────────┘

          ┌──────────────┐
          │    MOV_B     │
      ────┤ EN       EN0 ├────    //设置接收的最大字符数为5个字节
          │              │
     5 ──┤ IN      OUT ├── SMB94
          └──────────────┘

          ┌──────────────┐
          │    MOV_B     │
      ────┤ EN       EN0 ├────    //设置定时中断
          │              │
   250 ──┤ IN      OUT ├── SMB34
          └──────────────┘

          ┌──────────────┐
          │    ATCH      │
      ────┤ EN       EN0 ├────    //调用定时中断
          │              │
INT_0:INT0──┤ INT         │
    10 ──┤ EVNT         │
          └──────────────┘

  ──( ENI )
```

网络2

SM0.0

```
          ┌──────────────┐
          │    MOV_B     │
      ────┤ EN       EN0 ├────
          │              │
  VB201 ──┤ IN      OUT ├── QB0
          └──────────────┘
```

图 23-14　接收站主程序

接收站中断程序 INT0 如图 23-15 所示。

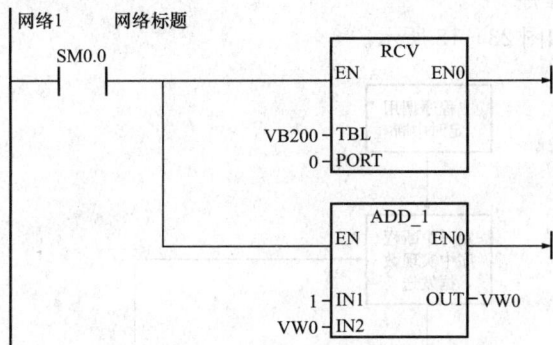

图 23-15　接收站中断程序

第三节　两台 S7-200 PLC 的自由口双向通信

一、项目要求

【例 23-2】　有两台设备，控制器都是 S7-200 CPU，两者之间为自由口通信，实现设备 1 的 IB0 控制设备 2 的 QB0，同时设备 2 的 IB0 控制设备 1 的 QB0。示意图如图 23-16 所示。

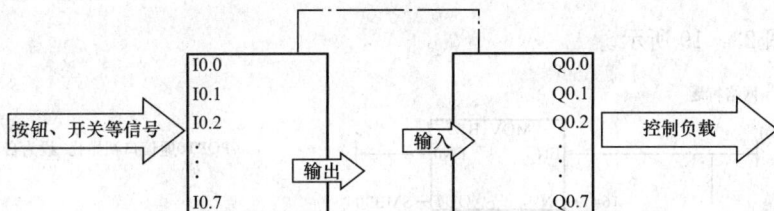

图 23-16　控制示意图

二、软、硬件选择

(1) 软件 STEP7-Micro/WIN V4.0 SP6 或 SP7。

(2) 两台 S7-200 CPU，如 CPU224XP，CPU226。

(3) 一根 PROFIBUS 网格电缆（带两个网络总线连接线）。

(4) 一根 PC/PPI 电缆。

两台 PLC 的连接如图 23-17 所示。用 Port0 把两台 PLC 连接起来实现自由口通信。

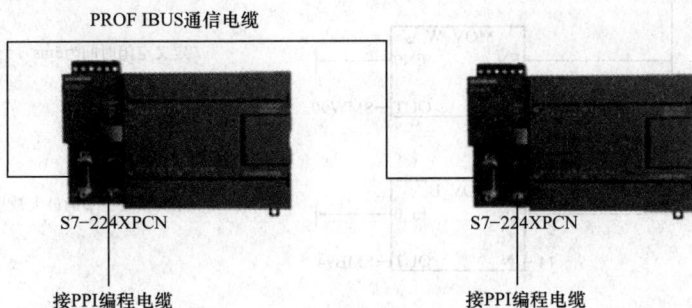

图 23-17　两台 PLC 的连接

三、通信程序

1. 设备1的PLC程序

设备1的程序结构如图23-18所示。

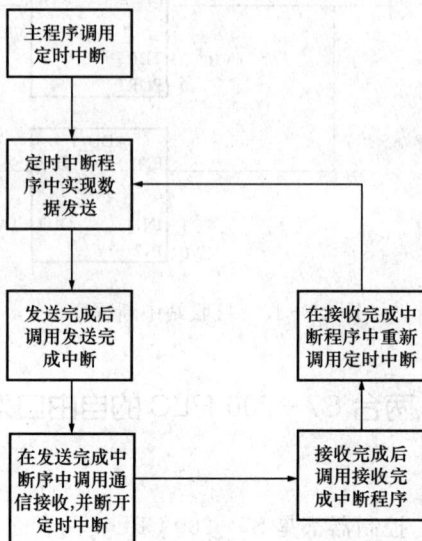

图 23-18 程序结构

主程序如图23-19所示。

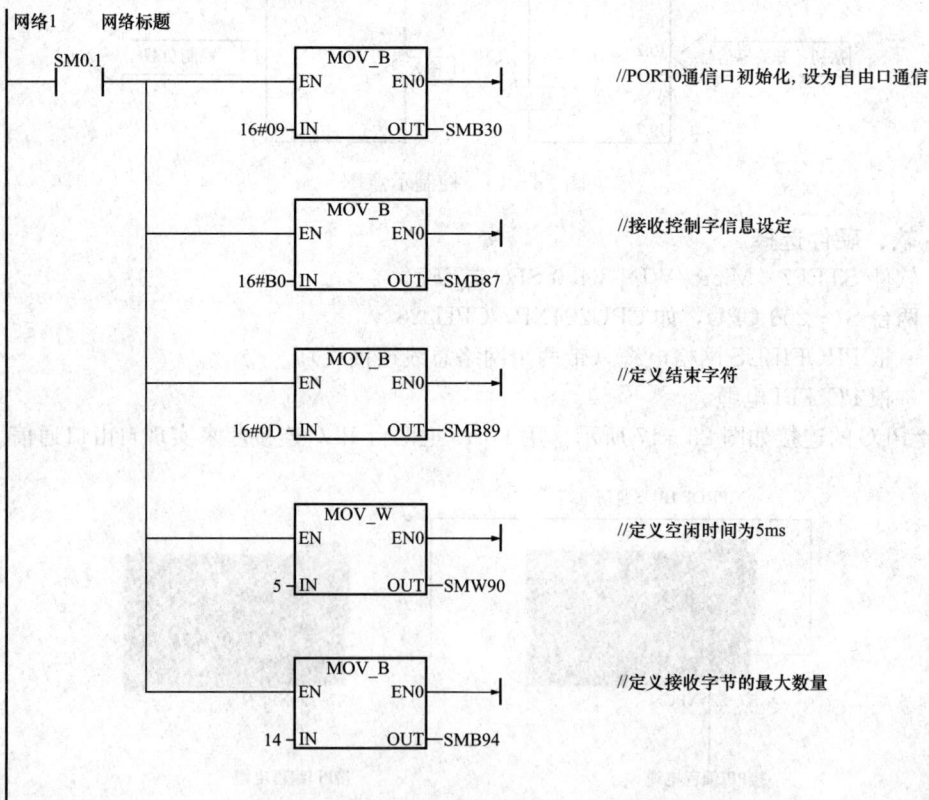

图 23-19 主程序（一）

网络2

SM0.1		MOV_B	

```
              MOV_B
        EN          EN0        //定义定时中断的时间
   50 - IN          OUT - SMB34
```

```
              ATCH
        EN          EN0        //调用定时中断
INT_0:INT0 - INT
        10 - EVNT
```

```
              ATCH
        EN          EN0        //调用发送完中断
INT_1:INT1 - INT
         9 - EVNT
```

```
              ATCH
        EN          EN0        //调用接收完中断
INT_2:INT2 - INT
        23 - EVNT
```

(ENI)   //开中断

网络3

```
 SM0.0         MOV_B
        EN          EN0        //把IB0数据发送到MB10
  IB0 - IN          OUT - MB10
```

```
              MOV_B
        EN          EN0        //把VB201发送到QB0
VB201 - IN          OUT - QB0
```

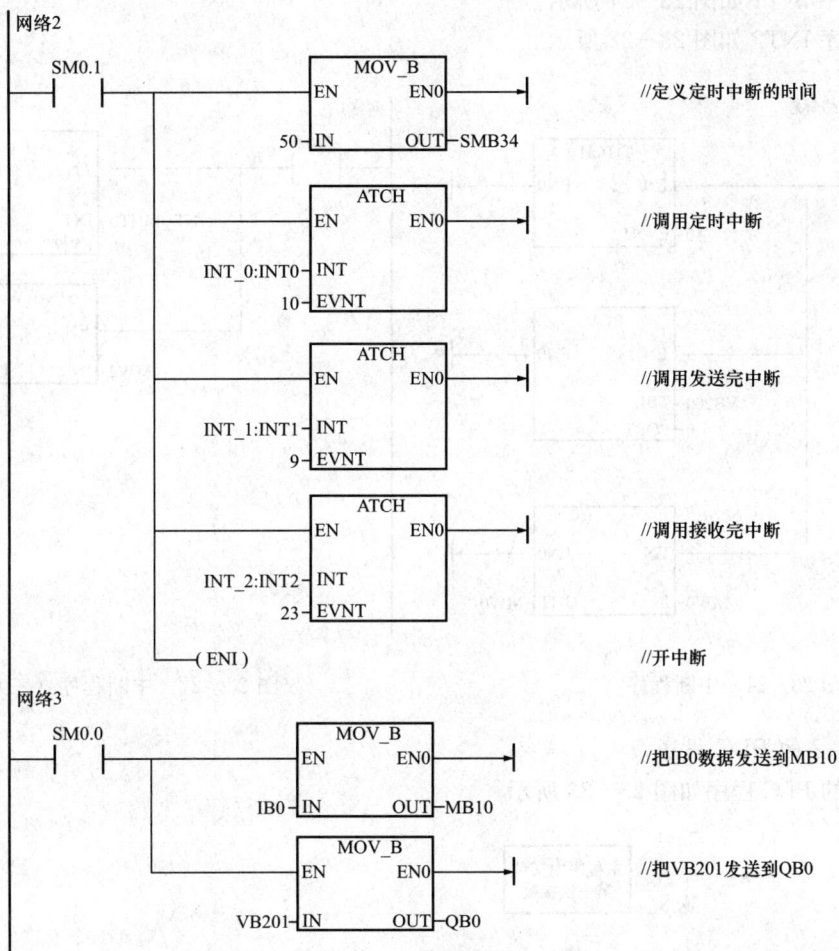

图23-19　主程序（二）

中断程序 INT0 如图23-20所示。

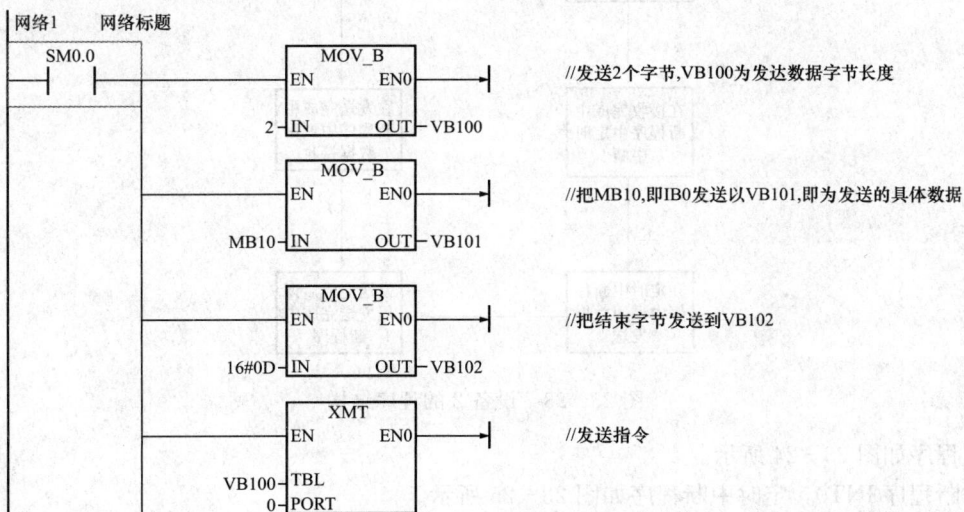

网络1　　网络标题

```
 SM0.0         MOV_B
        EN          EN0        //发送2个字节,VB100为发达数据字节长度
    2 - IN          OUT - VB100
```

```
              MOV_B
        EN          EN0        //把MB10,即IB0发送以VB101,即为发送的具体数据
 MB10 - IN          OUT - VB101
```

```
              MOV_B
        EN          EN0        //把结束字节发送到VB102
16#0D - IN          OUT - VB102
```

```
               XMT
        EN          EN0        //发送指令
VB100 - TBL
    0 - PORT
```

图23-20　中断程序（一）

中断程序 INT1 如图 23-21 所示。

中断程序 INT2 如图 23-22 所示。

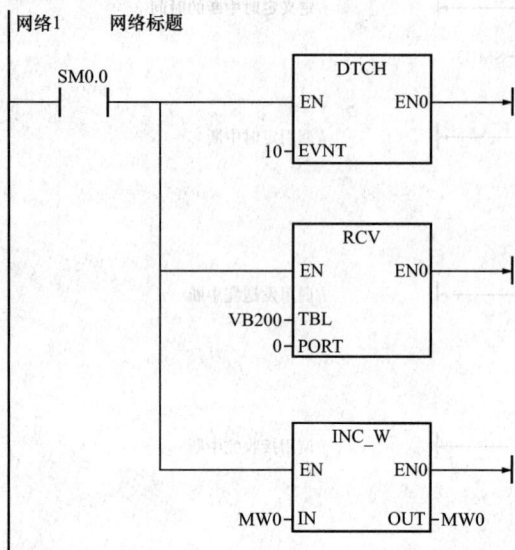

图 23-21 中断程序（二）

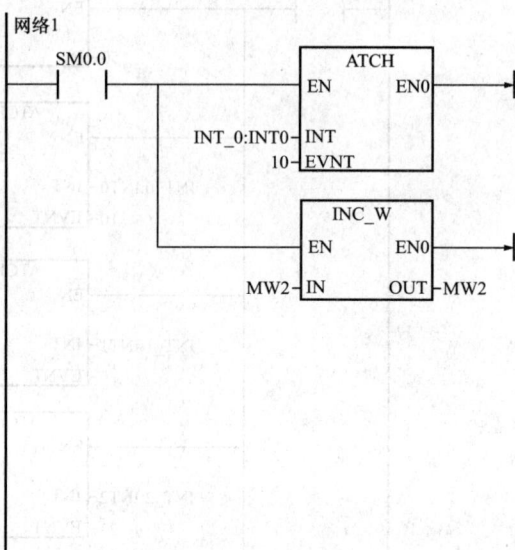

图 23-22 中断程序（三）

2. 设备 2 的 PLC 程序

设备 2 的 PLC 程序如图 23-23 所示。

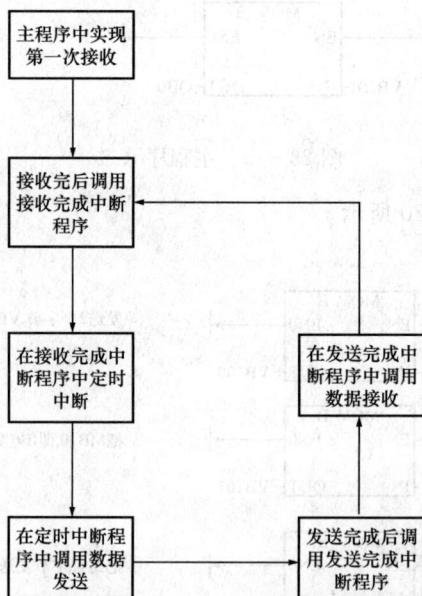

图 23-23 设备 2 的程序结构

主程序如图 23-24 所示。

中断程序 INT0，定时中断程序如图 23-25 所示。

中断程序 INT1，接收完成中断程序如图 23-26 所示。

网络1

SM0.1

```
        MOV_B
    EN        EN0
16#09 IN       OUT SMB30
```
//通信口PORT0控制字节设定

```
        MOV_B
    EN        EN0
16#B0 IN       OUT SMB87
```
//接收控制字节设定

```
        MOV_B
    EN        EN0
16#0D IN       OUT SMB89
```
//定义结束字符

```
        MOV_W
    EN        EN0
   5 IN       OUT SMW90
```
//定义空闲时间

```
        MOV_B
    EN        EN0
  14 IN       OUT SMB94
```
//定义最大接收字节

网络2

SM0.1

```
            ATCH
        EN        EN0
INT_2:INT2 INT
        3 EVNT
```
//调用发送完中断

```
            ATCH
        EN        EN0
INT_1:INT1 INT
       23 EVNT
```
//调用接收完中断

——(ENI)

```
           RCO_H
       EN        EN0
VB200 TBL
    0 PORT
```
//接收数据

网络3

SM0.0

```
        MOV_B
    EN        EN0
 IB0 IN       OUT MB10
```
//把IB0数据发送到MB10

```
         MOV_B
     EN        EN0
VB201 IN       OUT QB0
```
//把VB201发送到QB0

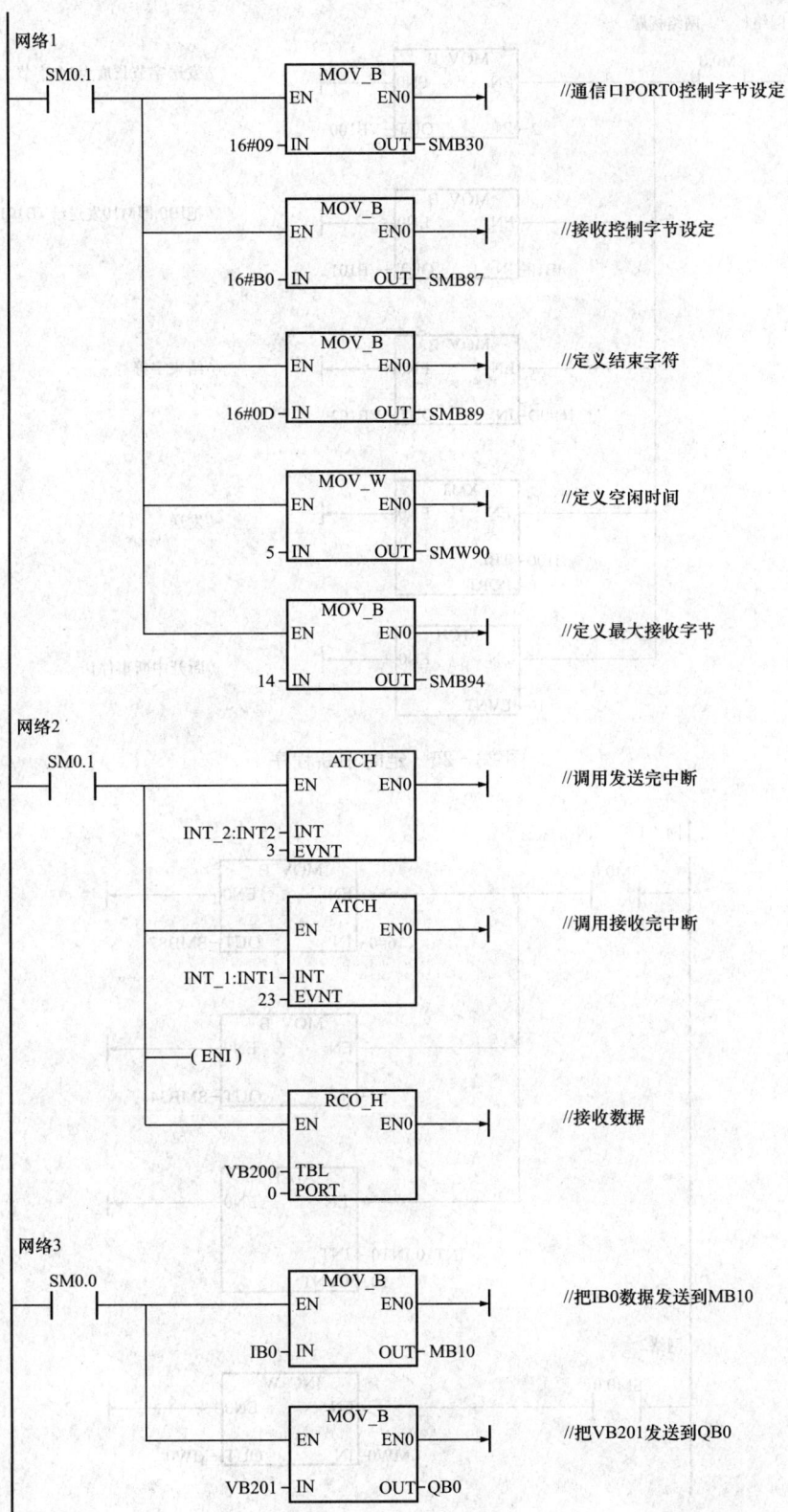

图 23-24　主程序

网络1   网络标题

SM0.0

```
      MOV_B
   ┌──────────┐
   │EN     EN0│        //发送字节长度为2个字节
   │          │
 2─┤IN    OUT ├─VB100
   └──────────┘
```

```
      MOV_B
   ┌──────────┐
   │EN     EN0│        //把IB0,即M10发送给VB101
   │          │
MB10─┤IN   OUT ├─VB101
   └──────────┘
```

```
      MOV_B
   ┌──────────┐
   │EN     EN0│        //结束字符
   │          │
16#0D─┤IN  OUT ├─VB102
   └──────────┘
```

```
       XMT
   ┌──────────┐
   │EN     EN0│
   │          │        //发送
VB100─┤TBL     │
   0─┤PORT     │
   └──────────┘
```

```
      DTCH
   ┌──────────┐
   │EN     EN0│        //断开中断事件10
   │          │
 10─┤EVNT     │
   └──────────┘
```

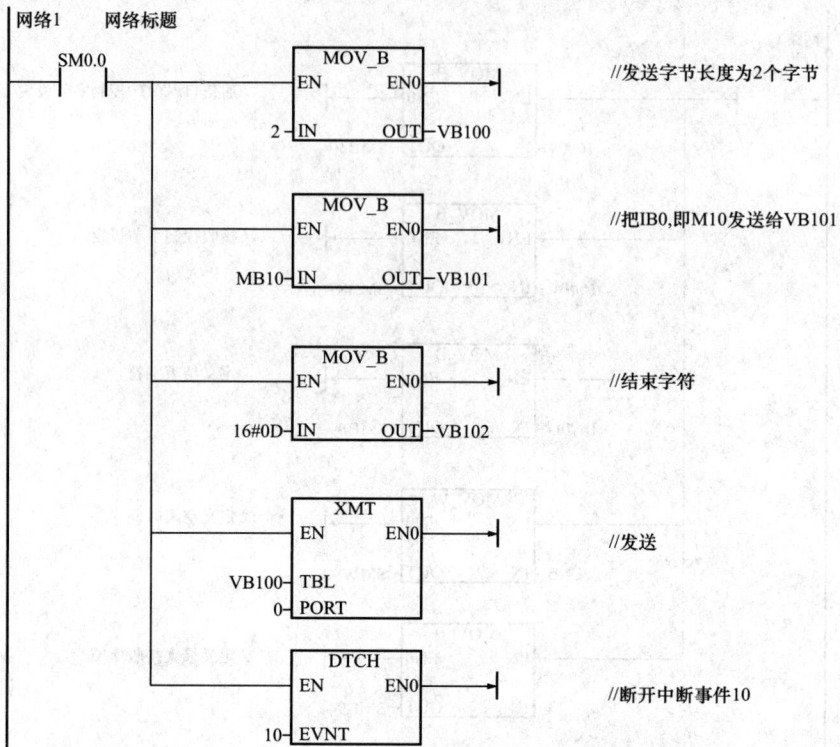

图23-25 定时中断程序

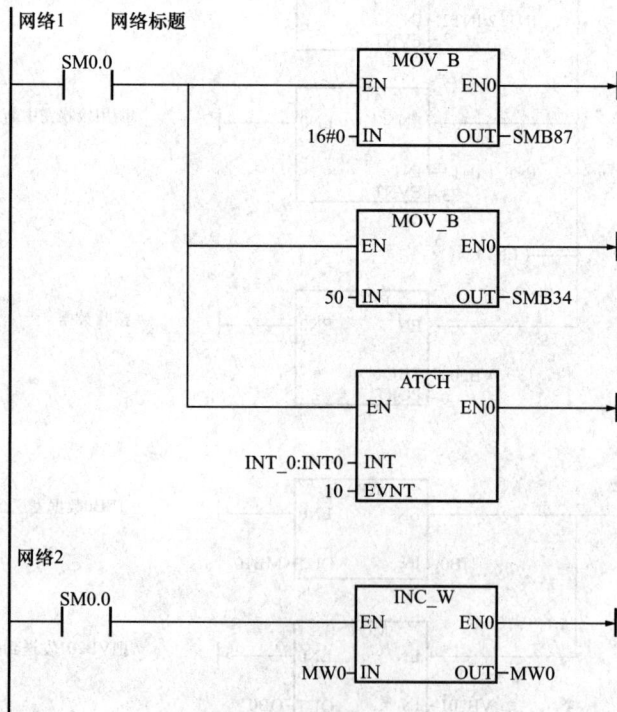

网络1   网络标题

SM0.0

```
       MOV_B
    ┌──────────┐
    │EN     EN0│
    │          │
16#0─┤IN   OUT ├─SMB87
    └──────────┘
```

```
       MOV_B
    ┌──────────┐
    │EN     EN0│
    │          │
  50─┤IN   OUT ├─SMB34
    └──────────┘
```

```
        ATCH
    ┌──────────┐
    │EN     EN0│
INT_0:INT0─┤INT │
   10─┤EVNT     │
    └──────────┘
```

网络2

SM0.0

```
       INC_W
    ┌──────────┐
    │EN     EN0│
    │          │
 MW0─┤IN   OUT ├─MW0
    └──────────┘
```

图23-26 接收完成中断程序

中断程序 INT2，发送完成中断程序如图 23-27 所示。

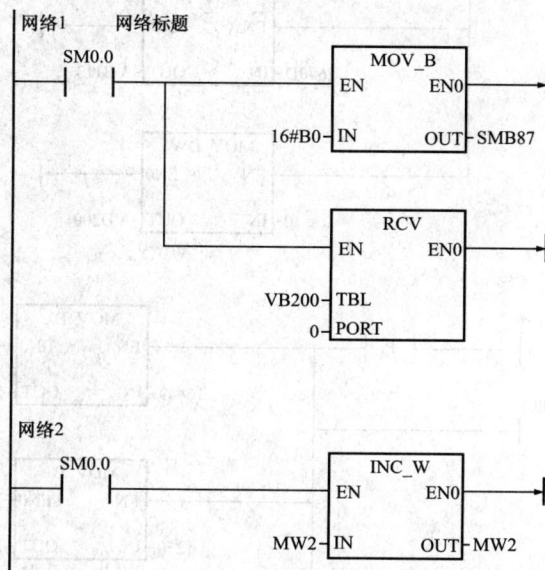

图 23-27　发送完成中断程序

第四节　S7-200 PLC 与 PC 超级终端的自由口通信

一、项目要求

用一台个人计算机的 Hyper Terminal（超级终端）接收来自一台 S7-200 CPU 发送过来的数据，并进行显示。

在 PLC 中用程序实现每 250ms 对 VW200 加 1，然后把它变为 ASCII 码发送到计算机上的超级终端进行显示。

二、硬件配置

（1）PC 一台，上面装有 S7-200 的编程软件 STEP7-Micro/WIN。

（2）一台 S7-200 PLC。

（3）一根 PC/PPI 电缆（要求连接计算机端为 RS-232 接口）。

三、PLC 程序

主程序如图 23-28 所示。

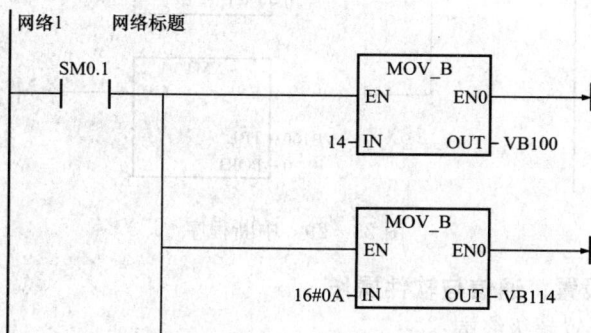

图 23-28　主程序（一）

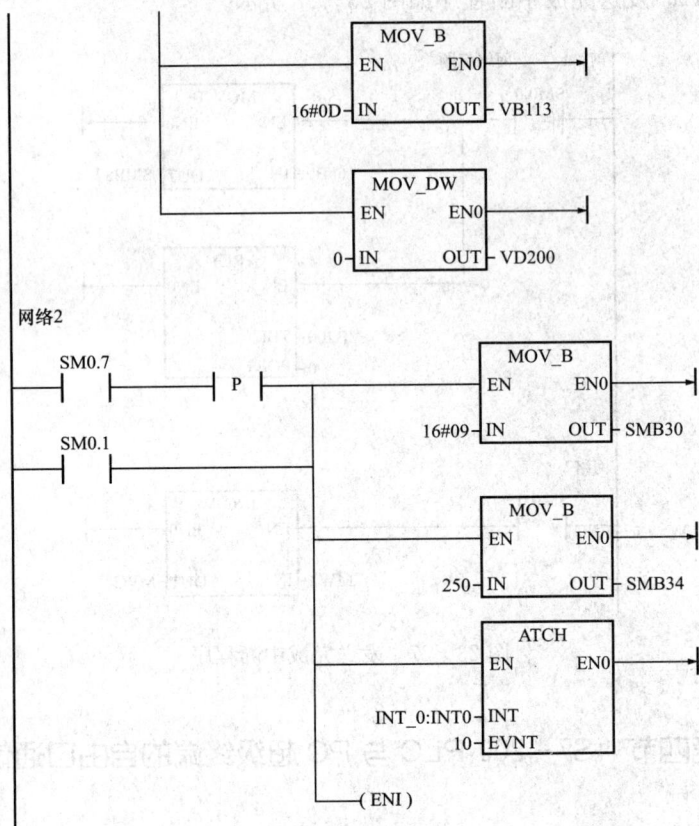

图 23-28 主程序（二）

中断程序 INT_0 如图 23-29 所示。

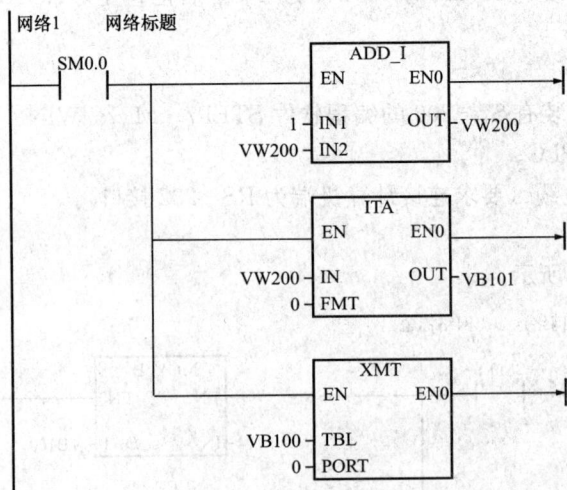

图 23-29 中断程序

四、超级终端的设置、通信与软件操作

可以按以下步骤设置超级终端：

（1）打开超级终端。在电脑桌面按如图 23-30 所示的操作打开超级终端。

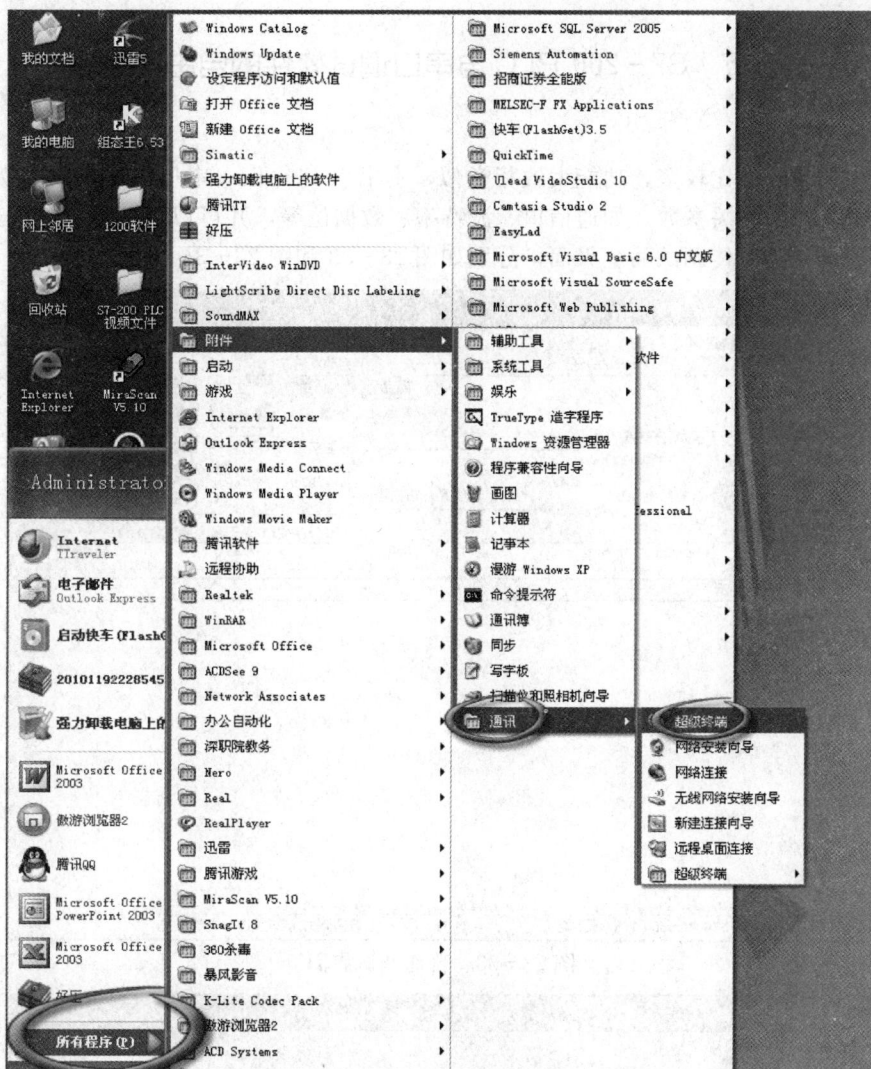

图 23-30　打开超级终端

（2）选择串行通信接口，如图 23-31 所示。

（3）设置通信参数，如图 23-32 所示。

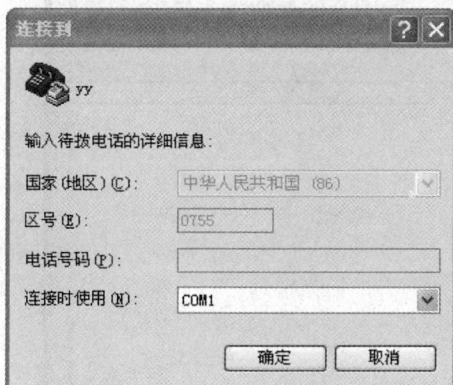

图 23-31　选择串行通信接口

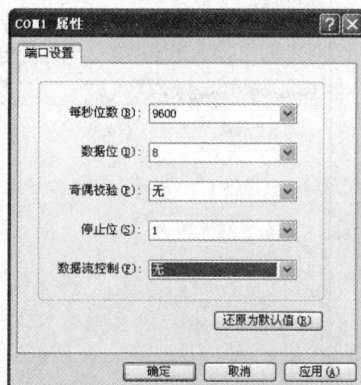

图 23-32　设置通信参数

按如上步骤操作即可建立连接。

第五节 S7 - 200 PLC 与串口调试软件的自由口通信

一、串口调试软件

现在串口调试软件比较多,功能大致相类似,本书以 PortTest 串口调试软件为例介绍,该软件可以设置串口的相关参数,如通信口、波特率、数据位等,并可以设置数据的发送与接收。该软件有普通调试和对传调试两个界面,分别如图 23 - 33 和图 23 - 34 所示。

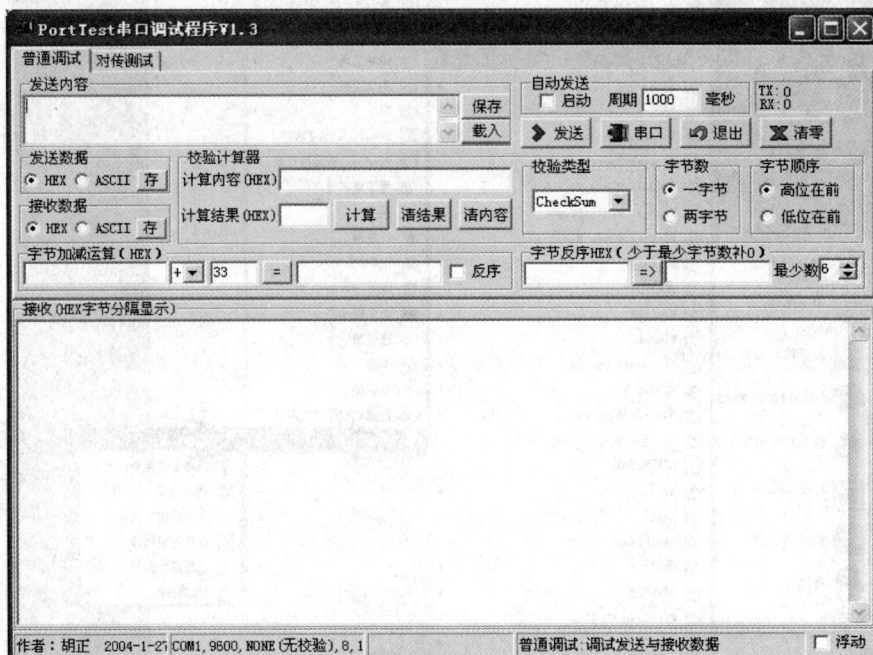

图 23 - 33 普通调试界面

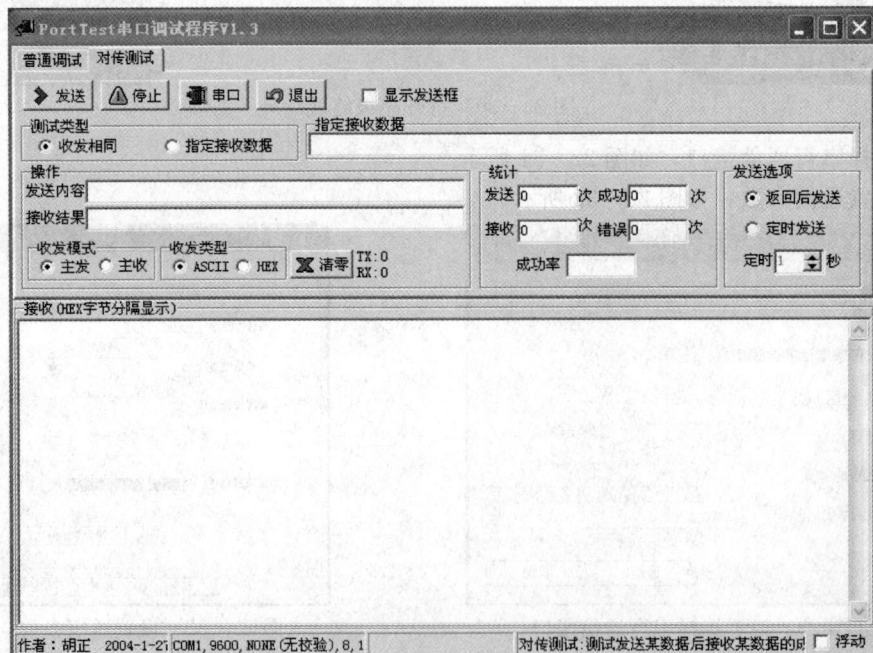

图 23 - 34 对传调试界面

通过串口调试软件收发数据可以是 ASCII 码，也可以是 16 进制数（HEX），常用数字与字母的 ASCII 码如表 23-8 所示。

表 23-8 　　　　　　　　　　　　　　**数字字符 ASCII 码表**

字符	ASCII 码	字符	ASCII 码	字符	ASCII 码	字符	ASCII 码
0	30H	4	34H	8	38H	C	43H
1	31H	5	35H	9	39H	D	44H
2	32H	6	36H	A	41H	E	45H
3	33H	7	37H	B	42H	F	46H

二、调试项目举例

1. 要求

（1）把 PLC 的 IB1 的数据通过自由口通信送到串口调试软件上显示；

（2）在串口调试软件上写入一个数字，通过通信送到 PLC 的 QB0 中显示。

2. PLC 程序

PLC 程序可以仿照第 3 节中的程序编写。

（1）主程序。

主程序如图 23-35 所示。

（2）中断程序 INT0 如图 23-36 所示。

（3）中断程序 INT1 如图 23-37 所示。

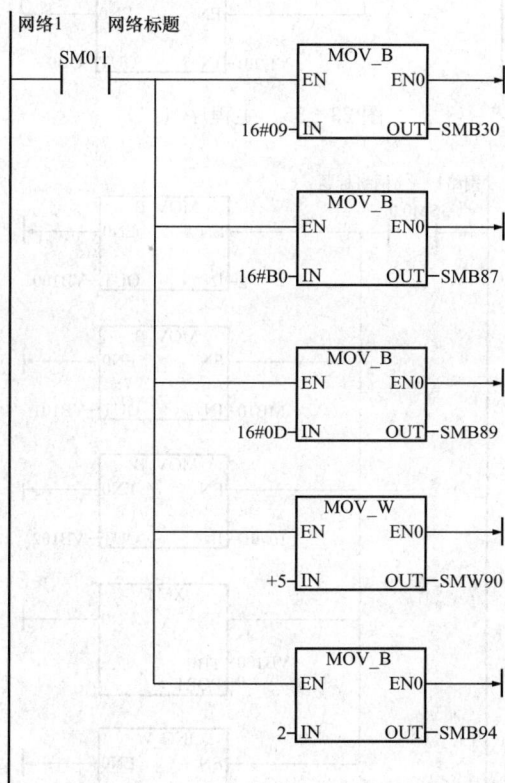

图 23-35　主程序（一）

网络2

```
SM0.1              ┌──────MOV_B──────┐
──┤ ├──┤ ├────────┤EN           EN0├──
                   │                 │
               50──┤IN          OUT├──SMB34
                   └─────────────────┘

                   ┌──────ATCH───────┐
                   ┤EN           EN0├──
                   │                 │
        INT_0:INT0─┤INT              │
               10──┤EVNT             │
                   └─────────────────┘

                   ┌──────ATCH───────┐
                   ┤EN           EN0├──
                   │                 │
        INT_1:INT1─┤INT              │
                9──┤EVNT             │
                   └─────────────────┘

                   ┌──────ATCH───────┐
                   ┤EN           EN0├──
                   │                 │
        INT_2:INT2─┤INT              │
               23──┤EVNT             │
                   └─────────────────┘

                 ──( ENI )
```

网络3

```
SM0.0              ┌──────MOV_B──────┐
──┤ ├──┤ ├────────┤EN           EN0├──
                   │                 │
              IB1──┤IN          OUT├──MB10
                   └─────────────────┘

                   ┌──────MOV_B──────┐
                   ┤EN           EN0├──
                   │                 │
            VB201──┤IN          OUT├──QB0
                   └─────────────────┘
```

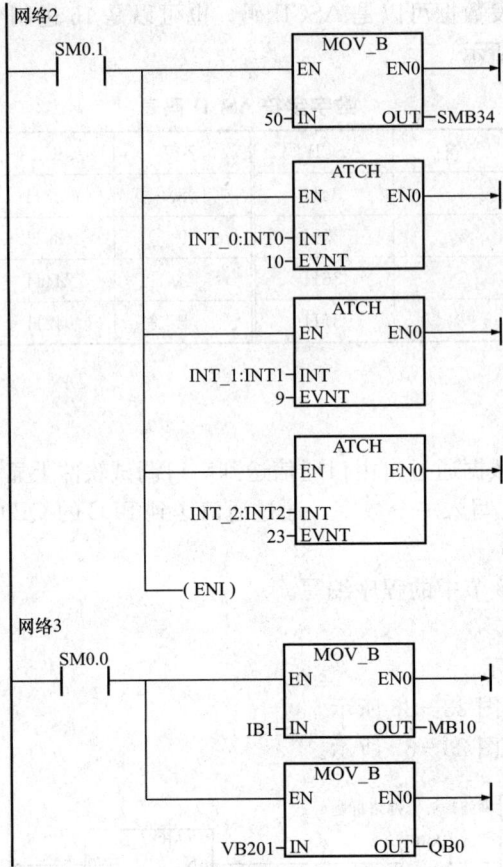

图 23 - 35　主程序（二）

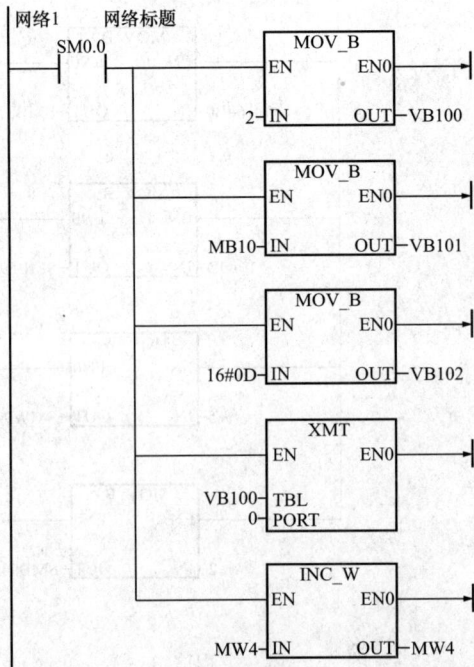

网络1　　网络标题

```
SM0.0              ┌──────MOV_B──────┐
──┤ ├──┤ ├────────┤EN           EN0├──
                   │                 │
                2──┤IN          OUT├──VB100
                   └─────────────────┘

                   ┌──────MOV_B──────┐
                   ┤EN           EN0├──
                   │                 │
             MB10──┤IN          OUT├──VB101
                   └─────────────────┘

                   ┌──────MOV_B──────┐
                   ┤EN           EN0├──
                   │                 │
           16#0D──┤IN          OUT├──VB102
                   └─────────────────┘

                   ┌──────XMT────────┐
                   ┤EN           EN0├──
                   │                 │
           VB100──┤TBL              │
                0──┤PORT             │
                   └─────────────────┘

                   ┌──────INC_W──────┐
                   ┤EN           EN0├──
                   │                 │
             MW4──┤IN          OUT├──MW4
                   └─────────────────┘
```

图 23 - 36　中断程序 INT0

（4）中断程序 INT2 如图 23-38 所示。

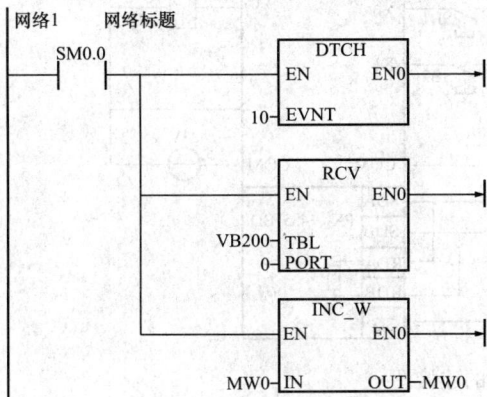

图 23-37　中断程序 INT1

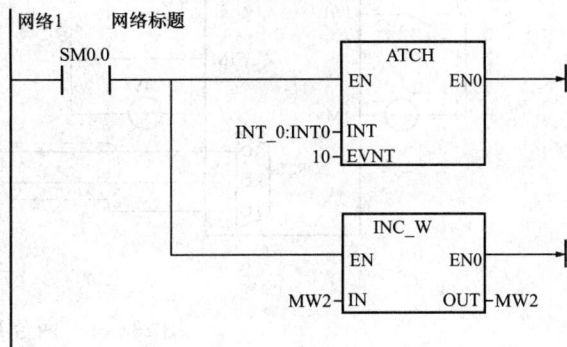

图 23-38　中断程序 INT2

第六节　S7-200 PLC 与三菱 FX 系列 PLC 之间的自由口通信

S7-200 PLC 之间可以进行自由口通信，S7-200 PLC 还可以与其他品牌的 PLC、变频器、仪表和打印机等进行通信，要完成通信，这些设备应用 RS-232C 或 RS-485 等形式的串口。

西门子 S7-200 PLC 与三菱的 FX 系列 PLC 通信时，采用自由口通信，但三菱公司称这种协议为"无协议通信"，内涵实际上是一样的。

一、项目要求

【例 23-3】　有两台设备，设备 1 的控制器是 S7-200 的 CPU 226，设备 2 的控制器是 FX$_{2N}$，两者之间为自由口通信，实现设备 1 的 I0.0 控制启动设备 2 的电动机，设备 1 的 I0.1 控制停止设备 2 的电动机，试设计解决方案。

二、软、硬件配置

（1）编程软件：STEP7-Micro/WINC V4.0 和 GX Developer。

（2）一台 CPU 226 和一台 FX$_{2N}$。

（3）一根屏蔽双绞电缆（含一个网络总线连接器）。

（4）一块 FX$_{2N}$-485-BD。

（5）一条 PC/PPI 电缆。

（6）一条 FX 系列 PLC 下载线。

三、通信网络连接

网络的正确接线至关重要，接线图如图 23-39 所示。具体如下：

（1）S7-200 CPU 的 PORT0 可以进行自由口通信，其 9 针的接头中，1 号管脚接地，3 号管脚 RXD+/TXD+（发送+/接收+）公用，8 号管脚 RXD-/TXD-（发送-/接收-）公用。

（2）FX 系列 PLC 的编程口不能进行自由口通信或无协议通信，因此需配置一块 FX$_{2N}$-485-BD 模块，此模块可以进行双向 RS-485 通信（可以与两对双绞线相连），但由于 S7-200 CPU 只能与一对双绞线相连，因此 FX$_{2N}$-485-BD 模块的 RDA（接收+）和 SDA（发送+）相连，SDB（接收-）和 RDB（发送-）相连。

（3）由于本例采用的是 RS-485 通信，所以两端需要接终端电阻，均为 110Ω，若传输距离短，终端电阻可不接入。

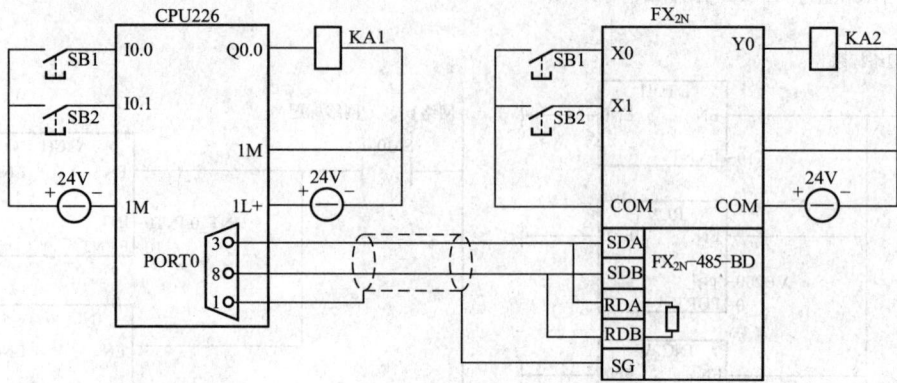

图 23 - 39 两台 PLC 的连接图

四、PLC 程序

1. S7 - 200 CPU 程序

主程序如图 23 - 40 所示。

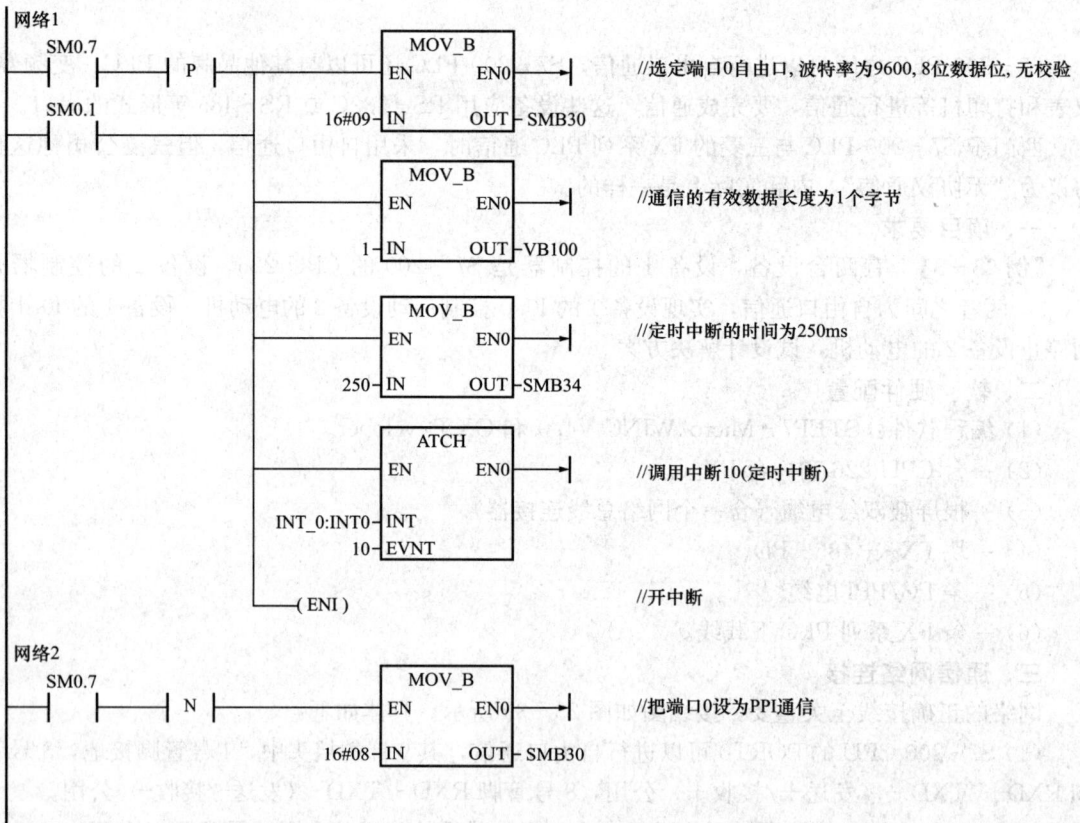

图 23 - 40 主程序

中断程序 INT_0 如图 23 - 41 所示。

2. 三菱 FX 系列 PLC 程序

（1）无协议通信简介。

RS 指令如图 23 - 42 所示。

网络1　网络标题

```
      I0.0        I0.1        V101.0
      ┤├──────────┤/├─────────( )           //控制电动机启动与停止程序
      V101.0
      ┤├
```

网络2

```
      SM0.0                ┌──────────┐
      ┤├───────────────────┤ EN   XMT  EN0├──────        //对VB101的数据进行发送
                           │          │
                 VB100─────┤TBL       │
                     0─────┤PORT      │
                           └──────────┘
```

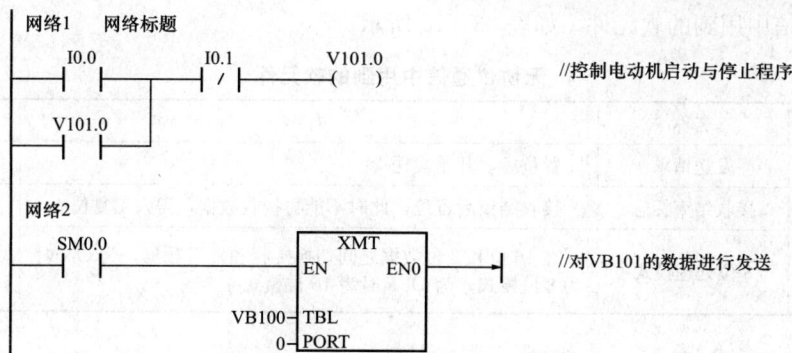

图 23-41　中断程序 INT_0

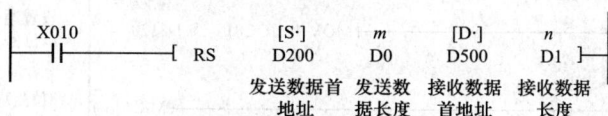

```
      X010                  [S·]     m      [D·]     n
      ┤├────────────┤ RS     D200    D0     D500     D1 ├─┤
                           发送数据首  发送数   接收数据  接收数据
                           地址      据长度    首地址    长度
```

图 23-42　RS 指令

通信控制字 D8120，如表 23-9 所示。

表 23-9　　　　　　　　　　　　　　　　**D8120 通信格式表**

位号	名称	内容	
		0（位 OFF）	1（位 ON）
b0	数据长	7 位	8 位
b1 b2	奇偶性	b2，b1 (0，0)：无 (0，1)：奇数（ODD） (1，1)：偶数（EVEN）	
b3	停止位	1 位	2 位
b4 b5 b6 b7	传送速率（bit/s）	b7，b6，b5，b4 (0，0，1，1)：300 (0，1，0，0)：600 (0，1，0，1)：1，200 (0，1，1，0)：2，400	b7，b6，b5，b4 (0，1，1，1)：4，800 (1，0，0，0)：9，600 (1，0，0，1)：19，200
b8	起始位	无	有（D8124）初始值：STX（02H）
b9	终止符	无	有（D8125）初始值：ETX（03H）
b10 b11	控制线	无顺序 b11，b10 (0，0)：无＜RS-232C 接口＞ (0，1)：普通模式＜RS-232C 接口＞ (1，0)：互锁模式＜RS-232C 接口＞ (1，1)：调制解调器模式＜RS-232C 接口＞，RS-485 接口	
		计算机 连接通信 b11，b10 (0，0)：RS-485 接口 (1，0)：RS-232 接口	
b12		不可使用	
b13			
b14			
b15			

无协议通信中用到的软元件，如表23-10所示。

表23-10 无协议通信中用到的软元件

元件编号	名称	内容	属性
M8122	发送请求	置位后，开始发送	读/写
M8123	接收结束标志	接收结束后置位，此时不能再接收数据，需人工复位	读/写
M8161	8位处理模式	在16位和8位数据之间切换接收和发送数据，为ON时为8位模式，为OFF时为16位模式	写

（2）编写程序，如图23-43所示。

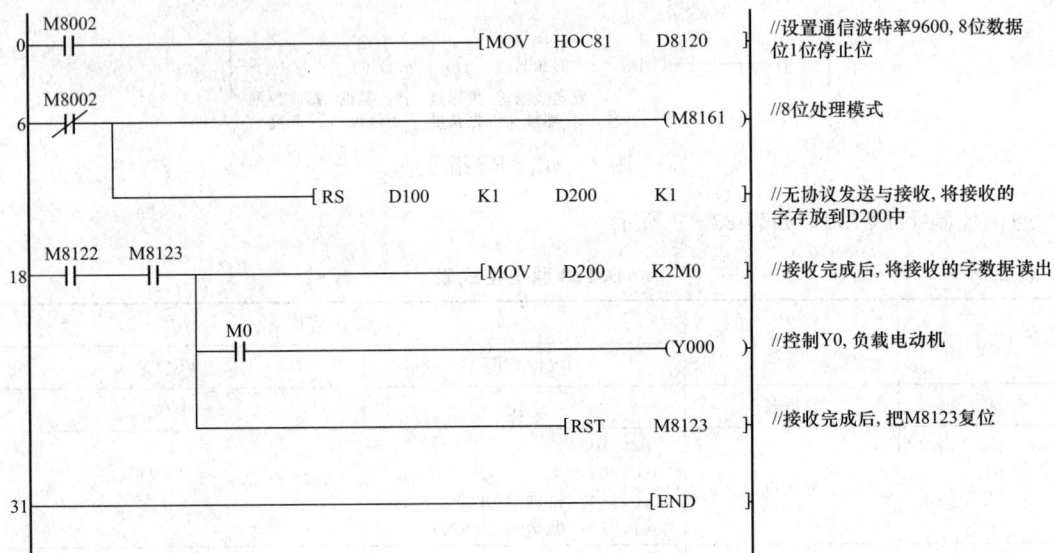

图23-43 梯形图

实现不同品牌的PLC的通信，确实比较麻烦，要求读者对两种品牌的PLC通信都比较熟悉，其中关键之处有以下两点：

（1）通信线连接。

（2）自由口（无协议）通信的相关指令必须弄清楚。

以上程序是单向传递数据，若要数据双向传递，则必须注意RS-485通信是半双工的，编写程序时要保证：在同一时刻同一个站点只能接收或者发送数据。

第七节 S7-200 PLC 与 VB 的通信监控

一、项目要求

用Visual Basic编写程序实现个人计算机与S7-200 CPU的自由口通信，并实现用启动按钮和停止按钮控制三只灯的循环运行。参考界面如图23-44所示。

二、PLC程序

1. 主程序

主程序如图23-45所示。

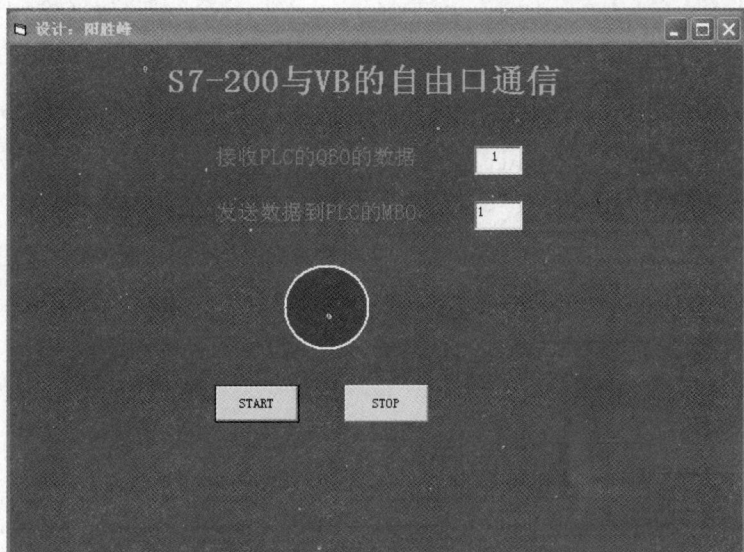

图 23-44　参考界面

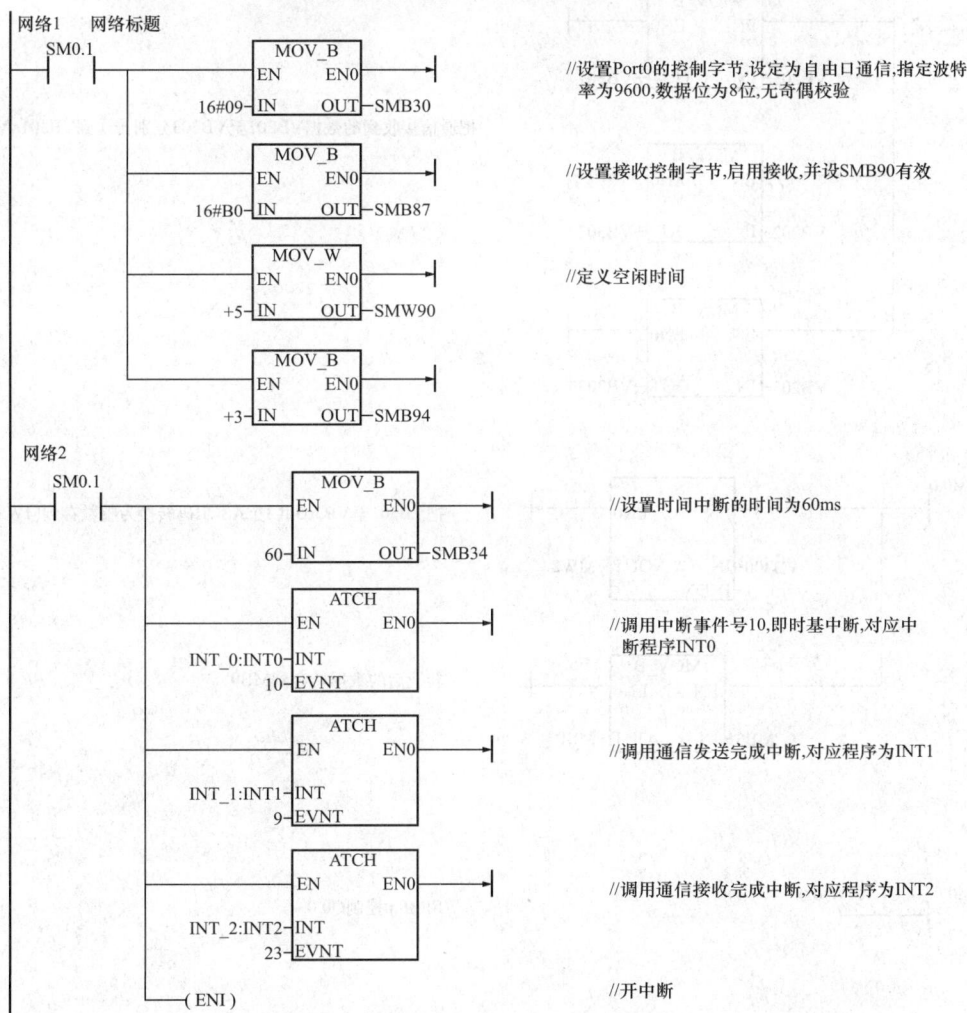

图 23-45　主程序（一）

网络3

```
  SM0.0          ┌─────────────┐
───┤├────┬────────┤    MOV_B    │
          │       │ EN      EN0 ├──►
          │       │             │
          │   QB0─┤IN      OUT  ├─AC0
          │       └─────────────┘
          │
          │       ┌─────────────┐
          └────────┤     ITA     │     //把QB0(整数)转换为ASCII码, 存到VB20~VB27中
                  │ EN      EN0 ├──►
                  │             │
              AC0─┤IN      OUT  ├─VB20
                0─┤FMT          │
                  └─────────────┘
```

网络4

```
  SM0.0          ┌─────────────┐
───┤├────┬────────┤    MOV_B    │
          │       │ EN      EN0 ├──►
          │       │             │
          │     3─┤IN      OUT  ├─VB300
          │       └─────────────┘
          │
          │       ┌─────────────┐
          ├────────┤    MOV_B    │
          │       │ EN      EN0 ├──►
          │       │             │
          │  VB201─┤IN      OUT  ├─VB301
          │       └─────────────┘
          │                            //把通信接收到的数据VB201至VB203分别传送到VB301~VB303
          │       ┌─────────────┐
          ├────────┤    MOV_B    │
          │       │ EN      EN0 ├──►
          │       │             │
          │  VB202─┤IN      OUT  ├─VB302
          │       └─────────────┘
          │
          │       ┌─────────────┐
          └────────┤    MOV_B    │
                  │ EN      EN0 ├──►
                  │             │
              VB203─┤IN      OUT  ├─VB303
                  └─────────────┘
```

网络5

```
  SM0.0          ┌─────────────┐
───┤├────┬────────┤     S_I     │
          │       │ EN      EN0 ├──►    //把VB301至VB303共3个ASCII码转换为整数存到MW2中
          │       │             │
          │  VB300─┤IN      OUT ├─MW2
          │      1─┤INDX         │
          │       └─────────────┘
          │
          │       ┌─────────────┐
          └────────┤    MOV_B    │      //转换后的数据转存到MB0
                  │ EN      EN0 ├──►
                  │             │
               MB3─┤IN      OUT  ├─MB0
                  └─────────────┘
```

网络6

```
   M0.0          Q0.0
───┤├──────────( )              //用M0.0控制Q0.0
```

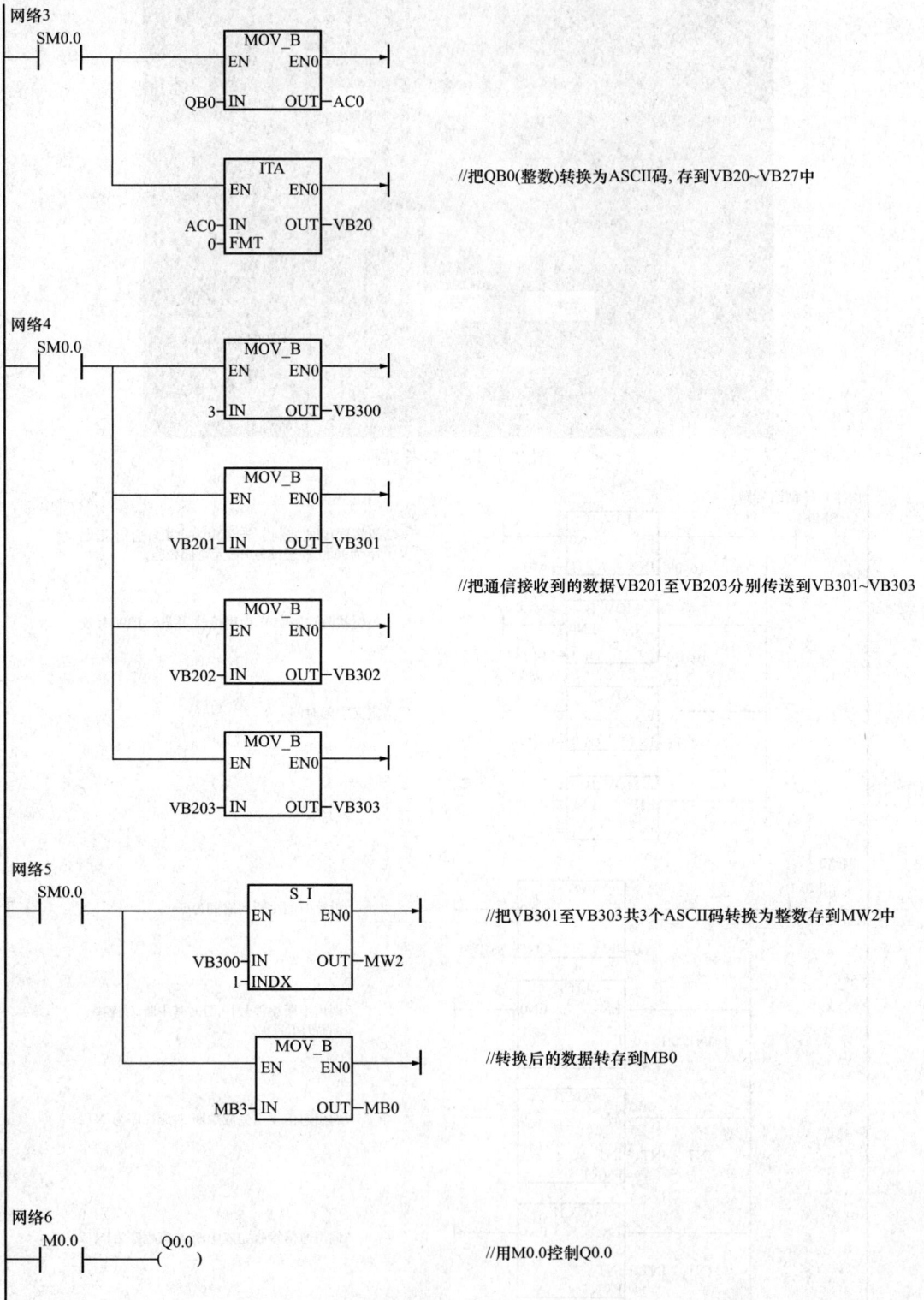

图 23-45 主程序（二）

2. 中断程序 INT0（见图 23 - 46）

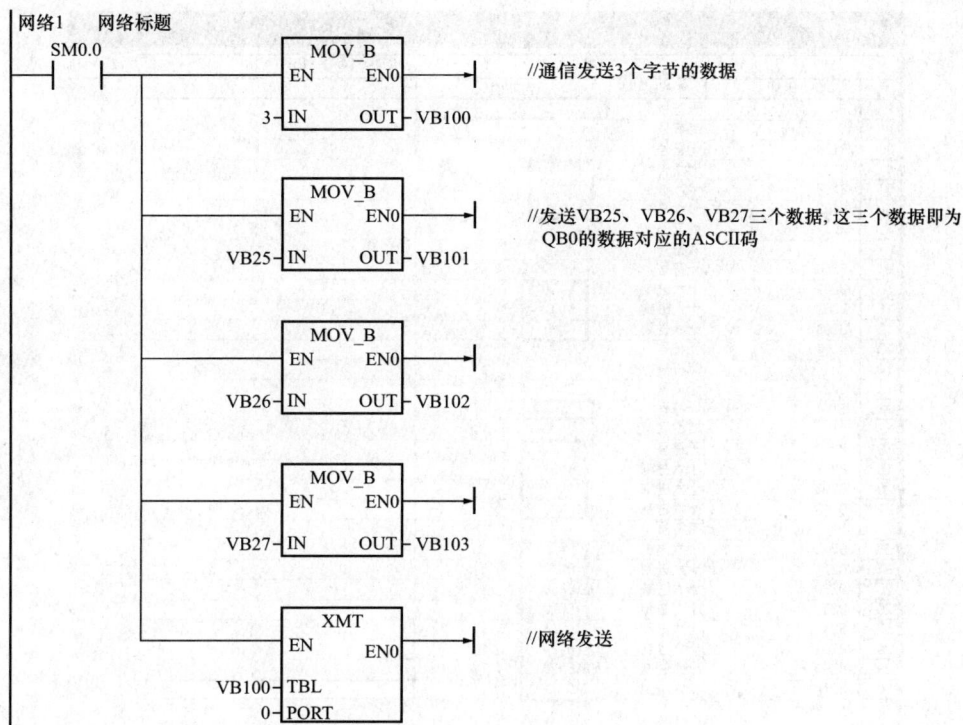

网络1   网络标题

SM0.0

MOV_B
EN EN0
3—IN OUT—VB100

//通信发送3个字节的数据

MOV_B
EN EN0
VB25—IN OUT—VB101

//发送VB25、VB26、VB27三个数据，这三个数据即为
QB0的数据对应的ASCII码

MOV_B
EN EN0
VB26—IN OUT—VB102

MOV_B
EN EN0
VB27—IN OUT—VB103

XMT
EN EN0
VB100—TBL
0—PORT

//网络发送

图 23 - 46   中断程序 INT0

3. 中断程序 INT1（见图 23 - 47）

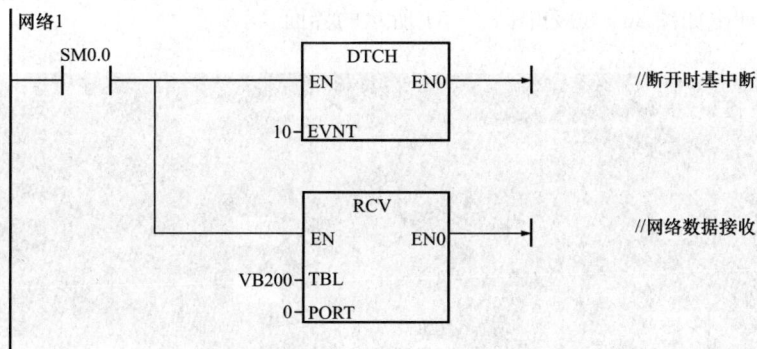

网络1

SM0.0

DTCH
EN EN0
10—EVNT

//断开时基中断

RCV
EN EN0
VB200—TBL
0—PORT

//网络数据接收

图 23 - 47   中断程序 INT1

4. 中断程序 INT2（见图 23 - 48）

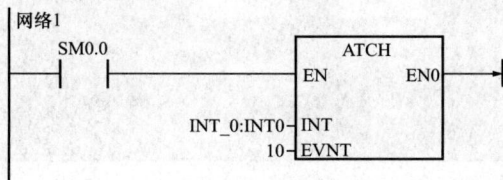

网络1

SM0.0

ATCH
EN EN0
INT_0:INT0—INT
10—EVNT

图 23 - 48   中断程序 INT2

程序运行监控效果如图 23－49 所示。

状态表

	地址	格式	当前值	新值
1	QB0	无符号	1	
2		有符号		
3	VB100	无符号	3	
4	VB101	十六进制	16#20	
5	VB102	十六进制	16#20	
6	VB103	十六进制	16#31	
7		有符号		
8		有符号		
9	VB200	无符号	3	
10	VB201	十六进制	16#31	
11	VB202	十六进制	16#32	
12	VB203	十六进制	16#35	
13	VB204	无符号	0	
14		有符号		
15	MW2	无符号	125	
16	MB0	无符号	125	
17		有符号		
18	VB300	无符号	3	
19	VB301	十六进制	16#31	
20	VB302	十六进制	16#32	
21	VB303	十六进制	16#35	
22		有符号		
23	VB20	十六进制	16#20	
24	VB21	十六进制	16#20	
25	VB22	十六进制	16#20	
26	VB23	十六进制	16#20	
27	VB24	十六进制	16#20	
28	VB25	十六进制	16#20	
29	VB26	十六进制	16#20	
30	VB27	十六进制	16#31	

图 23－49　程序运行监控效果

三、VB 程序编写

1. 设计画面

在 VB 上设计出如图 23－50 和图 23－51 所示的界面。

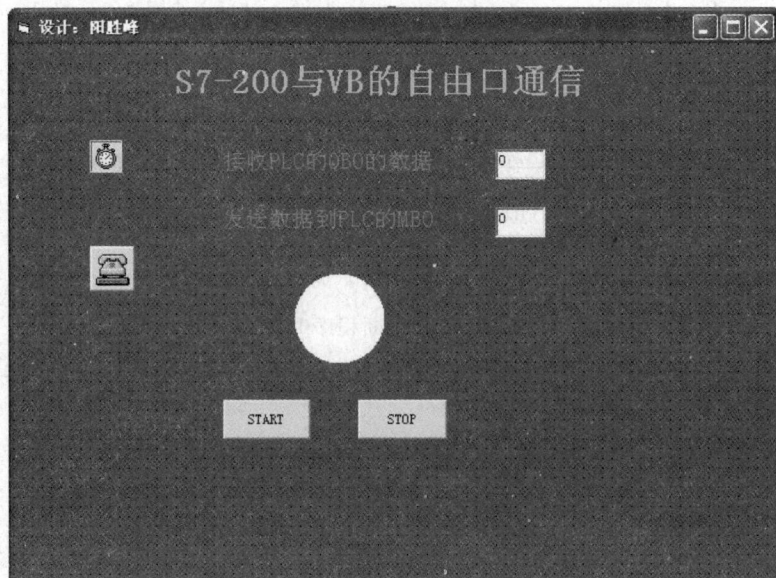

图 23－50　设计画面（一）

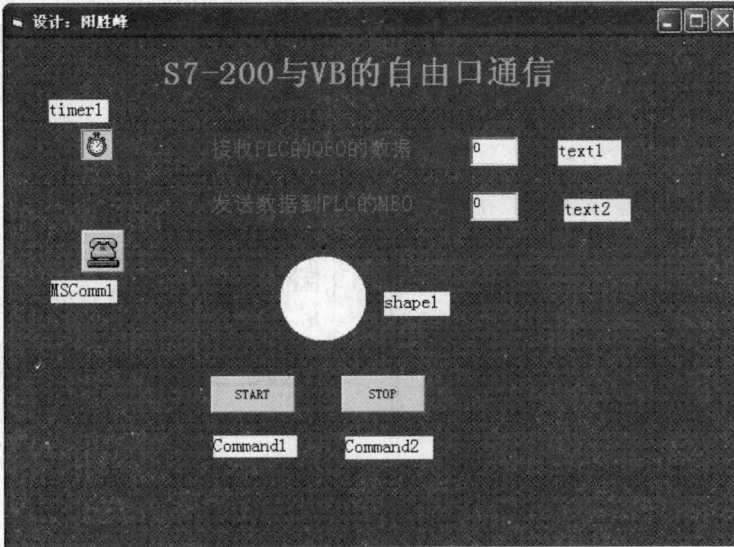

图 23-51　设计画面（二）

2. 对象属性

各个对象的属性如图 23-52～图 23-57 所示。

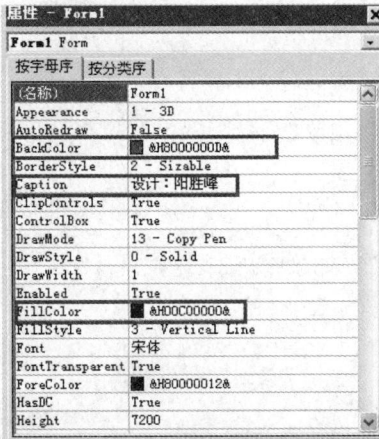

图 23-52　对象属性（一）

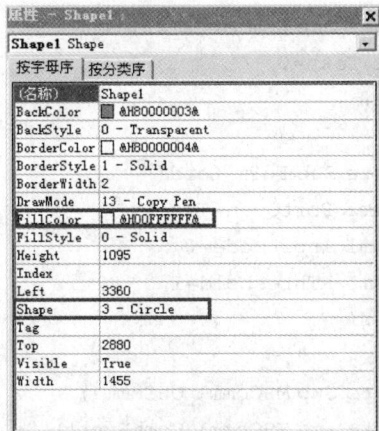

图 23-53　对象属性（二）

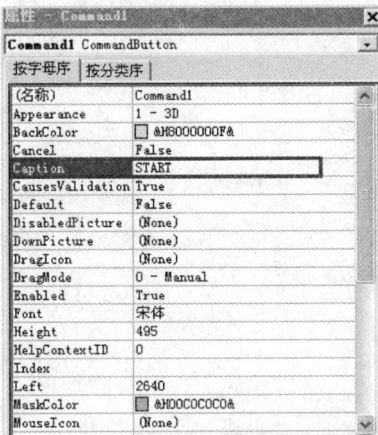

图 23-54　对象属性（三）

图 23-55　对象属性（四）

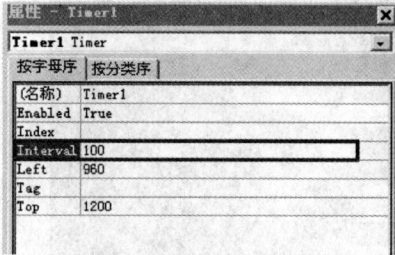

图 23-56 对象属性（五）   图 23-57 对象属性（六）

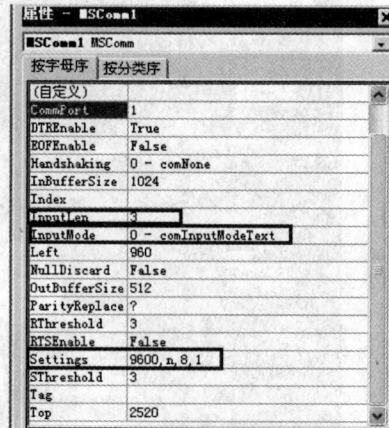

项目代码如下：

```
Private Sub Command1_Click()
Text2.Text=1
End Sub


Private Sub Command2_Click()
Text2.Text=0
End Sub


Private Sub Form_Load()
MSComm1.PortOpen=True
MSComm1.InputMode=0
MSComm1.RThreshold=1
End Sub


Private Sub MSComm1_OnComm()
Select Case MSComm1.CommEvent
Case comEvReceive
Text1.Text=MSComm1.Input
End Select
End Sub


Private Sub Timer1_Timer()
If Len(Text2.Text)=3 Then
MSComm1.Output=Trim(Text2.Text)
End If
If Len(Text2.Text)=2 Then
MSComm1.Output="0"&Trim(Text2.Text)
End If
If Len(Text2.Text)=1 Then
MSComm1.Output="0"&"0"&Trim(Text2.Text)
```

```
End If
Dim a As Byte
a=Val(Text1.Text)
If a Mod 2=1 Then
Shape1.FillColor=vbRed
Else
Shape1.FillColor=vbWhite
End If
End Sub
```

第八节　S7-200 PLC USS 控制 MM440 变频器

一、USS 通信及硬件连接

1. 使用 USS 协议的优点

使用 USS 协议的优点如下：

（1）USS 协议对硬件设备要求低，减少了设备之间布线的数量。

（2）无需重新布线就可以改变控制功能。

（3）可通过串行接口设置来修改变频器的参数。

（4）可连续对变频器的特性进行监测和控制。

（5）利用 S7-200 CPU 组成 USS 通信的控制网络具有较高的性价比。

2. S7-200 CPU 通信接口的引脚分配

S7-200 CPU 通信接口的引脚分配如表 23-11 所示。

表 23-11　　　　　　　　　　**S7-200 CPU 通信接口的引脚分配**

连接器	针	PROFIBUS 名称	端口 0/端口 1
	1	屏蔽	机壳接地
	2	24V 返回逻辑地	逻辑地
	3	RS-485 信号 B	RS-485 信号 B
	4	发送申请	RTS（TTL）
	5	5V 返回	逻辑地
	6	+5V	+5V、100Ω 串联电阻
	7	+24V	+24V
	8	RS-485 信号 A	RS-485 信号 A
	9	不用	10 位协议选择（输入）
连接器外壳	屏蔽	机壳接地

3. USS 通信硬件连接

（1）通信注意事项。

1）条件许可的情况下，USS 主站尽量选用直流型的 CPU。当使用交流型的 CPU22X 和单相变频器进行 USS 通信时，CPU22X 和变频器的电源必须接成同相位的。

2）一般情况下，USS 通信电缆采用双绞线即可，如果干扰比较大，可采用屏蔽双绞线。

3）在采用屏蔽双绞线作为通信电缆时，把具有不同电位参考点的设备互联后在连接电缆中形成不应有的电流，这些电流导致通信错误或设备损坏。要确保通信电缆连接的所有设备公用一个公共电路参考点，或是相互隔离以防止干扰电流产生。屏蔽层必须接到外壳地或9针连接器的1脚上。

4）尽量采用较高的波特率，通信速率只与通信距离有关，与干扰没有直接关系。

5）终端电阻的作用是用来防止信号反射的，并不用来抗干扰。如果通信距离很近，波特率较低或点对点的通信情况下，可不用终端电阻。

6）不要带电插拔通信电缆，尤其是正在通信过程中，这样极易损坏传动装置和PLC的通信端口。

（2）S7-200 PLC与MM440变频器的连接。将MM440的通信端子为P+（29）和N-（30）分别接至S7-200 PLC通信口的3号与8号针即可。

二、USS协议专用指令

使用USS指令，首先要安装指令库，正确安装结束后，打开指令树中的"库"项，出现多个USS协议指令，如图23-58所示，且会自动添加一个或几个相关的子程序。

1. USS_INT指令

USS_INT指令如图23-59所示。

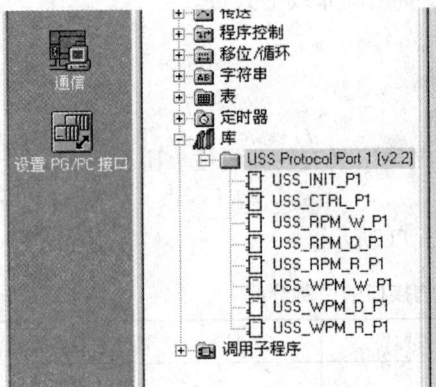

图23-58 USS子程序　　　　图23-59 USS_INT指令

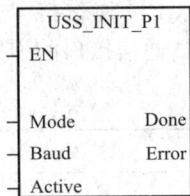

（1）仅限为通信状态的每次改动执行一次USS_INT指令。使用边缘检测指令，以脉冲方式打开EN输入。欲改动初始化参数，执行一条新的USS_INT指令。

（2）"Mode"输入数值选择通信协议：输入值1将端口分配给USS协议，并启用该协议；输入值0将端口分配给PPI，并禁止USS协议。

（3）"Baud"将波特率设为1200、2400、4800、9600、19 200、38 400、57 600或115 200。

（4）"Active"表示激活驱动器。某些驱动器仅支持地址0～31。每一位对应一台变频器，如第0位为1表示激活0号变频器，激活的变频器自动地被轮询，以控制其运行和采集其状态。

2. USS_CTRL指令

USS_CTRL指令用于控制处于激活状态的变频器，每台变频器只能使用一条该指令，如图23-60所示。

指令说明：

（1）USS_CTRL（端口0）或USS_CTRL_P1（端口1）指令被用于控制ACTIVE（激活）驱动器。USS_CTRL指令将选择的命令放在通信缓冲区中，然后送至编址的驱动器DRIVE（驱动器）参数，条件是已在USS_INT指令的ACTIVE（激活）参数中选择该驱动器。

(2) 仅限为每台驱动器指定一条 USS_CTRL 指令。

(3) 某些驱动器仅将速度作为正值报告。如果速度为负值，驱动器将速度作为正值报告，但逆转 D_Dir（方向）位。

(4) EN 位必须为 ON，才能启用 USS_CTRL 指令。该指令应当始终启用。

(5) RUN 表示驱动器是 ON 还是 OFF。当 RUN（运行）位为 ON 时，驱动器收到一条命令，按指定的速度和方向开始运行。为了使驱动器运行，必须符合以下条件：

1）DRIVE（驱动器）在 USS_INIT 中必须被选为 ACTIVE（激活）。

2）OFF2 和 OFF3 必须被设为 0。

3）Fault（故障）和 Inhibit（禁止）必须为 0。

(6) 当 RUN 为 OFF 时，会向驱动器发出一条命令，将速度降低，直至电动机停止。OFF2 位被用于允许驱动器自由降速至停止。OFF2 被用于命令驱动器迅速停止。

(7) Resp_R（收到应答）位确认从驱动器收到应答。对所有的激活驱动器进行轮询，查找最新驱动器状态信息。每次 S7-200 PLC 从驱动器收到应答时，Resp_R 位均会打开，进行一次扫描，所有数值均被更新。

(8) F_ACK（故障确认）位被用于确认驱动器中的故障。当 F_ACK 从 0 转为 1 时，驱动器清除故障。

(9) DIR（方向）位用来控制电动机转动方向。

(10) Drive（驱动器地址）输入是 MicroMaster 驱动器的地址，向该地址发送 USS_CTRL 命令，有效地址：0～31。

(11) Type（驱动器类型）输入选择驱动器的类型。将 MicroMaster 3（或更早版本）驱动器的类型设为 0，将 MicroMaster 4 驱动器的类型设为 1。

(12) Speed_SP（速度设定值）是作为全速百分比的驱动器速度。Speed_SP 的负值会使驱动器反向旋转方向，其范围为 -200.0% ～200.0%。

(13) "Fault" 表示故障位的状态（0—无错误，1—有错误），驱动器显示故障代码（有关驱动器信息，请参阅用户手册）。欲清除故障位，纠正引起故障的原因，并打开 F_ACK 位。

(14) Inhibit 表示驱动器上的禁止位状态（0—不禁止，1—禁止）。欲清除禁止位，故障位必须为 OFF，运行、OFF2 和 OFF3 输入也必须为 OFF。

(15) D_Dir 表示驱动器的旋转方向。

(16) Run_EN（运行启用）表示驱动器是在运行（1）还是停止（0）。

(17) Speed 是以全速百分比表示的驱动器速度，其范围为：-200.0% ～200.0%。

(18) Staus 是驱动器返回的状态字原始数值。

(19) Error 是一个包含对驱动器最新通信请求结果的错误字节。USS 指令执行错误主题定义了可能因执行指令而导致的错误条件。

(20) Resp_R（收到的响应）位确认来自驱动器的响应。对所有的激活驱动器都要轮询最新的驱动器状态信息。每次 S7-200 PLC 接收到来自驱动器的响应时，每扫描一次，Resp_R 位就会接通一次并更新所有相应的值，如图 23-61 所示。

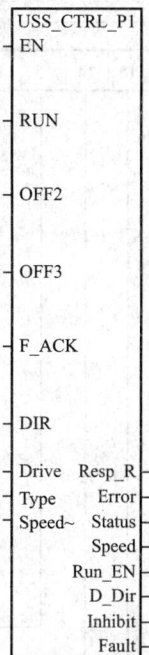

图 23-60 USS_CTRL 指令

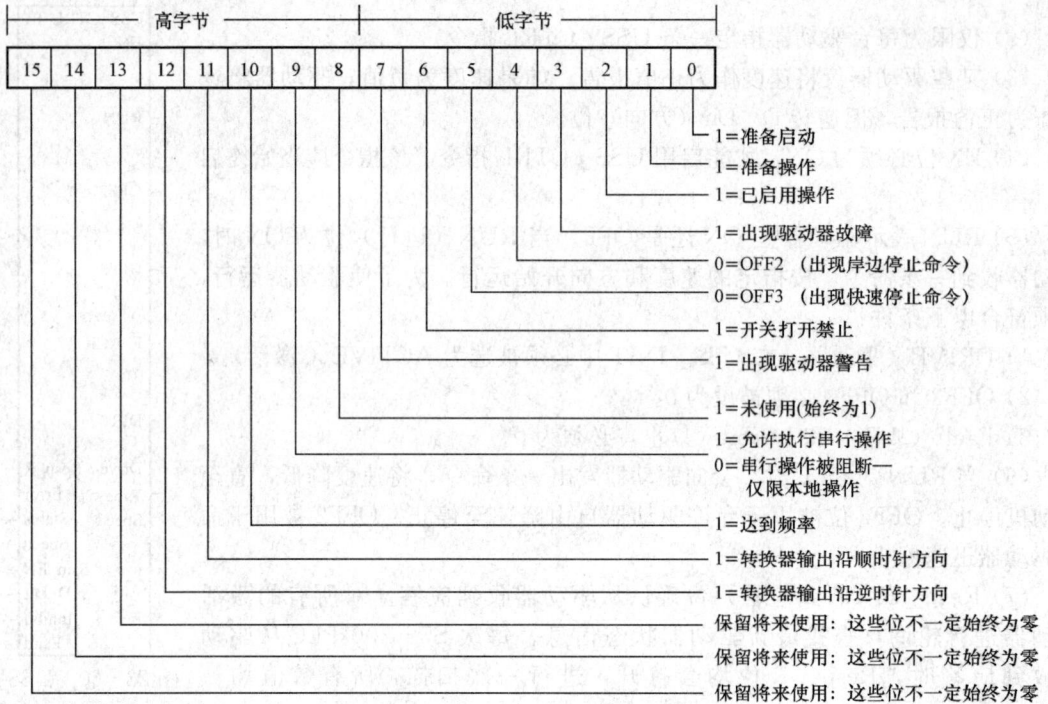

图 23-61　更新位

3. USS_RPM

USS_RPM 指令用于读取变频器的参数，USS 协议有 3 条读指令，如图 23-62 所示。

(1) USS_RPM_W 指令读取一个无符号字类型的参数。

(2) USS_RPM_D 指令读取一个无符号双字类型的参数。

(3) USS_RPM_R 指令读取一个浮点数类型的参数。

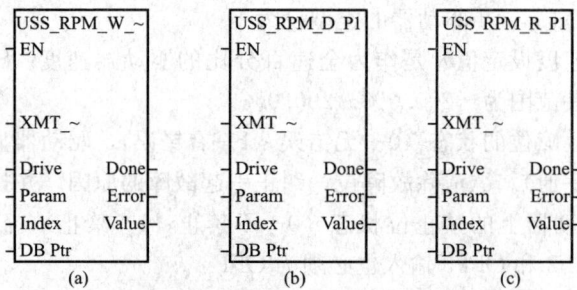

图 23-62　USS_RPM 指令

(a) 无符号字类型；(b) 无符号双字类型；(c) 浮点数类型

指令说明：

(1) 一次仅限将一条读取（USS_RPM_x）或写入（USS_WPM_x）指令设为激活。

(2) EN 位必须为 ON，才能启用请求传送，并应当保持 ON，直至设置"完成"位，表示进程完成。例如，当 XMT_REQ 输入为 ON，在每次扫描时向 MicroMaster 传送一条 USS_RPM_x 请求。因此，XMT_REQ 输入应当通过一个脉冲方式打开。

(3) "Drive" 输入是 MicroMaster 驱动器的地址，USS_RPM_x 指令被发送至该地址。单台驱动器的有效地址是 0～31。

（4）"Param"是参数号码。"Index"是需要读取参数的索引值。"数值"是返回的参数值。必须向 DB_Ptr 输入提供 16 个字节的缓冲区地址。该缓冲区被 USS_RPM_x 指令用于存储向 MicroMaster 驱动器发出的命令结果。

（5）当 USS_RPM_x 指令完成时，"Done"输出 ON，"Error"输出字节和"Value"输出包含执行指令的结果。"Error"和"Value"输出在"Done"输出打开之前无效。

4. USS_WPM

USS_WPM 指令用于读取变频器的参数，USS 协议共有 3 种写入指令，如图 23-63 所示。

（1）USS_WPM_W（端口 0）或 USS_WPM_W_P1（端口 1）指令写入不带符号的字参数。

（2）USS_WPM_D（端口 0）或 USS_WPM_D_P1（端口 1）指令写入不带符号的双字参数。

（3）USS_WPM_R（端口 0）或 USS_WPM_R_P1（端口 1）指令写入浮点。

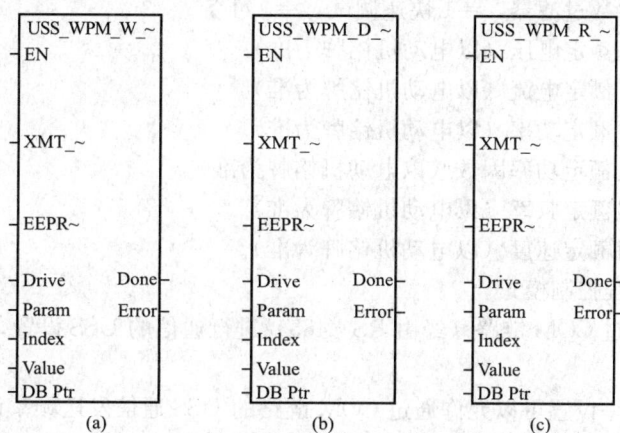

图 23-63 USS_WPM 指令
（a）写入不带符号字；（b）写入不带符号双字；（c）写入浮点

指令说明：

（1）一次仅限将一条读取（USS_RPM_x）或写入（USS_WPM_x）指令设为激活。

（2）当 MicroMaster 驱动器确认收到命令或发送一则错误条件时，USS_WPM_x 事项完成。当该进程等待应答时，逻辑扫描继续执行。

（3）EN 位必须为 ON，才能启用请求传送，并应当保持打开，直至设置"Done"位，表示进程完成。例如，当 XMT_REQ 输入为 ON，在每次扫描时向 MicroMaster 传送一条 USS_WPM_x 请求。因此，XMT_REQ 输入应当通过一个脉冲方式打开。

（4）当驱动器打开时，EEPROM 输入启用对驱动器的 RAM 和 EEPROM 的写入，当驱动器关闭时，仅启用对 RAM 的写入。请注意，该功能不受 MM3 驱动器支持，因此该输入必须关闭。

（5）其他参数的含义及使用方法参考 USS_RPM 指令。

三、PLC 通过 USS 协议网络控制变频器的运行

1. 项目要求

S7-200 PLC 通过 USS 协议网络控制 MicroMaster MM440 变频器，控制电动机的启动、制动停止、自由停止和正反转，并能够通过 PLC 读取变频器参数、设置变频器参数。

2. 变频器的设置

在将变频器连至 S7-200 PLC 之前，必须确保变频器具有以下系统参数，即使用变频器上的基本操作面板的按键设置参数。

（1）复位为出厂默认设置值（可选）：P0010＝30（出厂的设定值），P0970＝1（参数复位）。

（2）如果忽略该步骤，确保以下参数的设置：P2012＝USS的PZD长度。常规的PZD长度是2个字长。这一参数允许用户选择不同的PZD长度，以便对目标进行控制和监测。例如，3个字的PZD长度时，可以有第2个设定值和实际值。实际值可以是变频器的输出电流（P2016或P2019［下标3］＝r0027）。

P2013＝USS的PKW长度，默认值设定为127（可变长度）。也就是说，被发送的PKW长度是可变的，应答报文的长度也是可变的，这将影响USS报文的总长度。如果要写一个控制程序，并采用固定长度的报文，那么，应答状态字（ZSW）总是出现在同样的位置。MicroMaster4变频器最常用的PKW固定长度是4个字长，因为它可以读写所有的参数。

（3）设置电动机参数如下：

1）P0003＝3，用户访问级为专家级，使能读/写所有参数。

2）P0010＝调试参数过滤器，＝1快速调试，＝0准备。

3）P0304＝电动机额定电压（以电动机铭牌为准）。

4）P0305＝电动机额定电流（以电动机铭牌为准）。

5）P0307＝电动机额定功率（以电动机铭牌为准）。

6）P0308＝电动机额定功率因数（以电动机铭牌为准）。

7）P0310＝电动机额定频率（以电动机铭牌为准）。

8）P0311＝电动机额定速度（以电动机铭牌为准）。

（4）设置本地/远程控制模式。

1）P0700＝5，通过COM链路（经由RS-485）进行通信的USS设置，即通过USS对变频器进行控制。

2）P1000＝5，这一设置可以允许通过COM链路的USS通信发送频率设定值。

（5）设置RS-485串口USS波特率。P2010在不同值有不同的波特率，即P2010＝4（2400b/s）；P2010＝5（4800b/s）；P2010＝6（9600b/s）；P2010＝7（19 200b/s）；P2010＝8（38 400b/s）；P2010＝9（57 600b/s）；这一参数必须与PLC主站采用的波特率相一致，如本项目中PLC和变频器的波特率都设为9600b/s。

（6）输入从站地址。P2011＝USS节点地址（0～31），这是为变频器指定的唯一从站地址。

（7）斜坡上升时间（可选）。P1120＝0～650.00，这是一个以秒（s）为单位的时间，在这个时间内，电动机加速到最高频率。

（8）斜坡下降时间（可选）。P1121＝0～650.00，单位为秒（s），在这个时间内，电动机减速到完全停止。

（9）设置串行链接参考频率。P2000＝1～650，单位为Hz，默认值为50。

（10）设置USS的规格化。P2009＝USS规格化（具有兼容性）。

设置值为0时，根据P2000的基准频率进行频率设定值的规格化。设置值为1时，允许设定值以绝对十进制数的形式发送。如在规格化时设置基准频率为50.00Hz，则所对应的十六进制数是4 000，十进制数值是16 384。

（11）P2016和P2019。允许用户确定，在RS-232C和RS-485串行接口的情况下，答应报文PZD中应该返回哪些状态字和实际值，其下标参数设定如下：

下标0＝状态字1（ZSW）（默认值＝r0052＝变频器的状态字）；

下标1＝实际值1（HIW）（默认值＝r0021＝输出频率）；

下标2＝实际值2（HIW2）（默认值＝0）；

下标3＝状态字2（ZSW2）（默认值＝0）。

PZD控制字：信号047FH使变频器正向运行，而信号0C7FH使变频器反向运行。

3. 电路图

PLC与变频器的接线图如图23-64所示，其中I0.0为电动机运行启动开关，I0.1为电动机正反转切换开关，I0.7为向变频器写入参数开关，I1.0为电动机制动停止开关，I1.1为电动机自由停止开关。

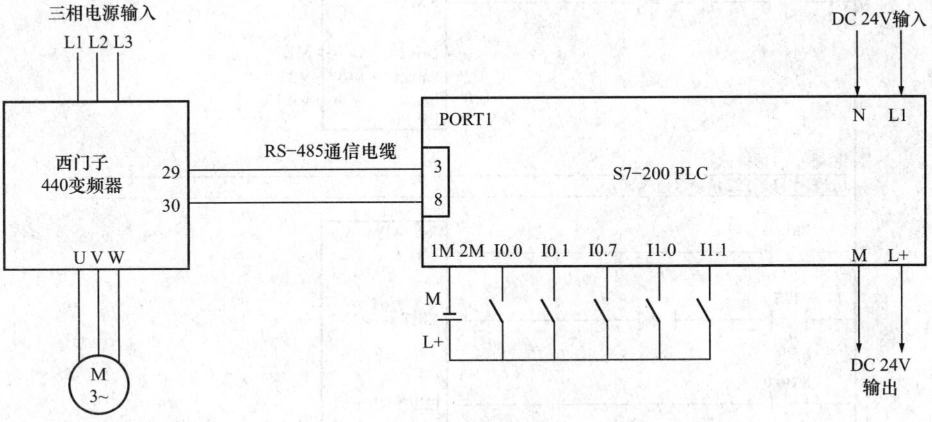

图23-64　PLC与变频器接线图

4. PLC控制程序

PLC控制程序如图23-65所示。

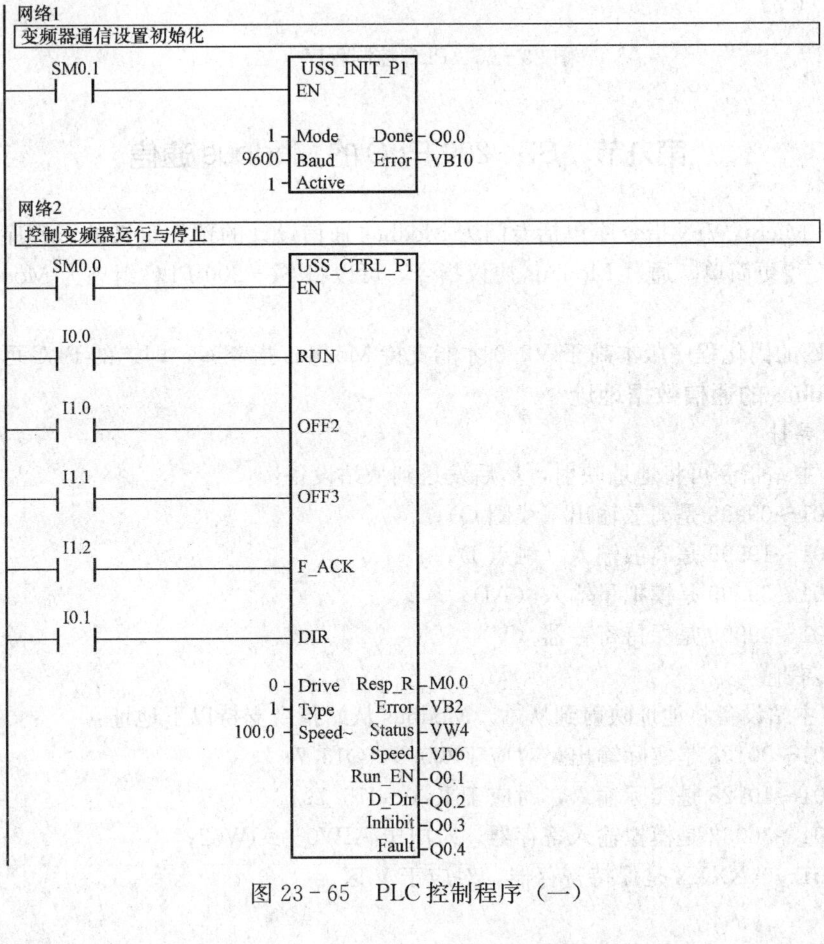

图23-65　PLC控制程序（一）

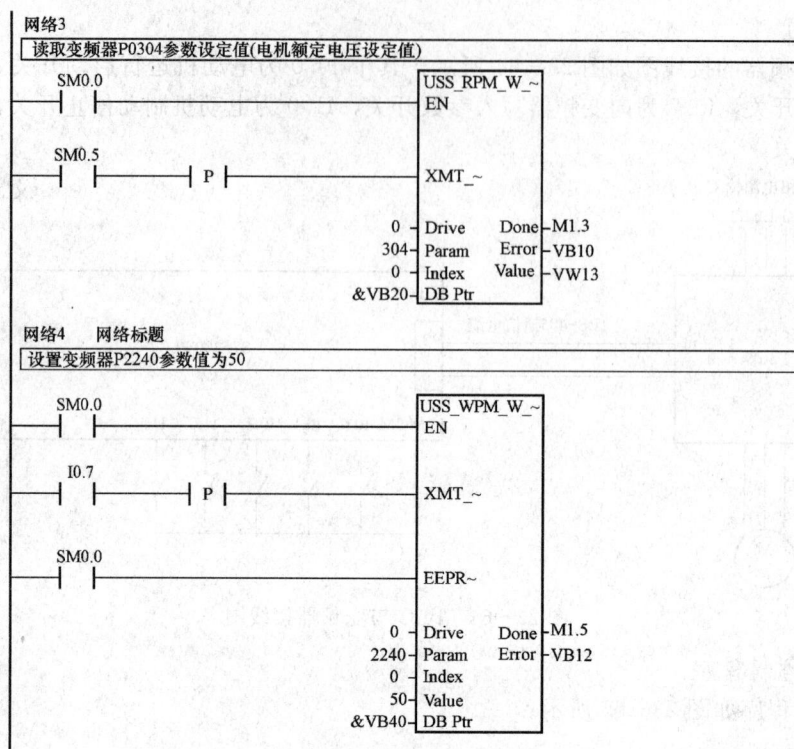

图 23-65　PLC控制程序（二）

第九节　S7-200 PLC 的 Modbus 通信

STEP7-Micro/WIN 指令库包括专门为 Modbus 通信设计的预先定义的子程序，使 Modbus 设备的通信变得更简单。通过 Modbus 协议指令，可以将 S7-200 PLC 组态为 Modbus 主站或从站设备。

注：CPU 的固化程序版本高于 V2.0 才能支持 Modbus 指令库，即老的 PLC 可能不支持。

一、Modbus 的通信数据地址

1. 主站寻址

Modbus 主站指令可将地址映射，然后发送到从站设备：

(1) 00001～09999 是离散输出（线圈 Q）；

(2) 10001～19999 是离散输入（触点 I）；

(3) 30001～39999 是模拟量输入（AI）；

(4) 40001～49999 是保持寄存器（V）。

2. 从站寻址

Modbus 主站设备将地址映射到从站。Modbus 从站指令支持以下地址：

(1) 00001～00128 是实际输出，对应于 Q0.0～Q15.7；

(2) 10001～10128 是实际输入，对应于 I0.0～I15.7；

(3) 30001～30032 是模拟输入寄存器，对应于 AIW0～AIW62；

(4) 40001～04XXXX 是保持寄存器，对应于 V 区。

3. Modbus 地址与 S7-200 PLC 地址的对应关系（见表 23-12）

表 23-12　　　　　　　　　　　**Modbus 地址与 S7-200 PLC 地址的对应关系**

序号	Modbus 地址	S7-200 地址
1	00001	Q0.0
	00002	Q0.1
	⋮	⋮
	00127	Q15.6
	00128	Q15.7
2	10001	I0.0
	10002	I0.1
	⋮	⋮
	10127	I15.6
	10128	I15.7
3	30001	AIW0
	30002	AIW2
	⋮	⋮
	30032	AIW62
4	40001	HoldStart
	40002	HoldStart+2
	⋮	⋮
	4××××	HoldStart+2（××××−1）

　　Modbus 从站协议允许对 Modbus 主站可访问的输入、输出、模拟量输入和保存器 V 的数量进行限定。例如，若 HoldStart 是 VB0，则 Modbus 地址 40001 对应 S7-200 PLC 的地址是 VB0。

二、项目要求与软硬件配置

以两台 S7-200 PLC 之间的 Modbus 通信为例来介绍本内容。

【例 23-4】　两台 S7-200 PLC，一台为 Modbus 主站，另一台为 Modbus 从站，主站发出启动与停止信号，控制从站电动机的启停。

软硬件配置如下：

（1）软件：STEP7-Micro/WIN V4.0 SP6。

（2）一条 S7-200 PLC 编程电缆。

（3）两台 S7-200 PLC。

（4）一根 PROFIBUS 网络电缆（含两个网络总线连接器），如图 23-66 所示。

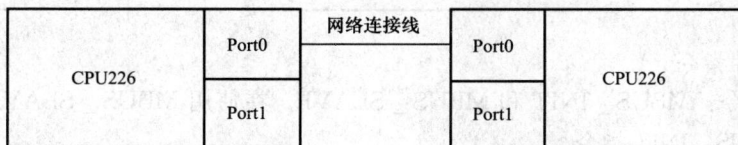

图 23-66　含两个网络总线的连接器

三、相关指令介绍

1. 主站设备指令

主站设备指令有两条：MBUS_CTRL 和 MBUS_MSG。MBUS_CTRL 用于初始化、监视或禁用 Modbus 通信，MBUS_MSG 用于启动对 Modbus 从站的请求，并处理应答。

（1）MBUS_CTRL 指令。MBUS_CTRL 指令是初始化主设备指令，用于 S7-200 PLC 端口 0 或 1 可初始化、监视或禁用 Modbus 通信，如表 23-13 所示。

表 23-13　　　　　　　　　　　MBUS_CTRL 指令

指令	输入/输出	说明	数据类型
MBUS_CTRL EN Mode Baud　　Done Rarity　Error Timeout	EN	使能（应一直为 ON）	BOOL
	Mode	为 1 将 CPU 端口分配给 Modbus 协议并启用。为 0 将 CPU 端口分配给 PPI，并禁止 Modbus 协议	BOOL
	Baud	将波特率可设为 1200、2400、9600、19200、38400、57600 或 115200	DWORD
	Rarity	0—无奇偶校验；1—奇校验；2—偶校验	BYTE
	Timeout	等待来自从站应答的毫秒时间数	WORD
	ERROR	出错时返回错误代码	BYTE

（2）MBUS_MSG 指令。MBUS_MSG 指令用于启动对 Modbus 从站的请求，并处理应答。当 EN 输入和"First"输入为 ON 时，MBUS_MSG 指令启动对 Modbus 从站的请求。发送请求、等待应答、并处理应答，如表 23-14 所示。

表 23-14　　　　　　　　　　　MBUS_MSG 指令

指令	输入/输出	说明	数据类型
MBUS_MSG EN First Slave　Done RW　　Error Addr Count DataPtr	EN	使能（应一直为 ON）	BOOL
	First	本参数应在有新请求要发送时才打开，进行一次扫描。First 应当通过一个脉冲打开，这将保证请求被发送一次	BOOL
	Slave	本参数是设置 Modbus 从站地址，范围是 0～247	BYIE
	RW	0—读，1—写	BYTE
	Addr	设置 Modbus 的起始地址	DWORD
	Count	设置读取或写入的数据元素的数量	INT
	DataPtr	S7-200CPU 的 V 存储器中与读取或写入请求相关数据的间接地址指针	DWORD
	ERROR	出错时返回错误代码	BYTE

2. 从站设备指令

从站设备指令：MBUS_INIT 和 MBUS_SLAVE。在使用 MBUS_SLAVE 指令之前，应先正确执行 MBUS_INIT 指令。

（1）MBUS_INIT 指令。MBUS_INIT 指令用于启用、初始化或禁止 Modbus 通信，如表 23-15所示。

表 23 - 15   **MBUS _ INIT 指令**

指令	输入/输出	说明	数据类型
	EN	使能（用脉冲打开）	BOOL
	Mode	为 1 将 CPU 端口分配给 Modbus 协议并启用；为 0 将端口分配给 PPI 协议，并禁止 Modbus 协议	BYTE
MBUS_INIT	Baud	将波特率可设为 1200、2400、9600、19200、38400、57600 或 115200	DWORD
EN	Rarity	0—无奇偶校验；1—奇校验；2—偶校验	BYTE
	Addr	Modbus 站地址	BYTE
Mode Done	Delay	延时参数，通过将指定的毫秒数增加到标准 Modbus 信息超时的方法，延长标准 Modbus 信息结束超时条件	WORD
Addr Error			
Baud	MaxIQ	参数将 Modbus 地址 0xxxx 和 1xxxx 使用的 I 和 Q 点数设为 0~128 的数值	WORD
Rarity			
Delay	MaxAI	参数将 Modbus 地址 3xxxx 使用的字输入 AI 寄存器数目设为 0~32 的数值	WORD
MaxIQ			
MaxAI	MaxHold	参数将 Modbus 地址 4xxxx 使用的 V 存储器中的字保持寄存器数目	WORD
MaxHold			
HoldSt⁻	HoldStart	参数是 V 存储器中保持寄存器的起始地址	DWORD
	Error	出错时返回错误代码	BYTE

(2) MBUS _ SLAVE 指令。MBUS _ SLAVE 指令用于为 Modbus 主站设备发出的请求服务，并且必须在每次扫描时执行，以便允许该指令检查和回答 Modbus 请求。在每次扫描 EN 输入开启时，执行该指令，如表 23 - 16 所示。

表 23 - 16   **MBUS _ SLAVE 指令**

指令	输入/输出	说明	数据类型
MBUS_SLAVE	EN	使能（一直为 ON）	BOOL
EN	Done	当 MBUS _ SLAVE 指令对 Modbus 请求作出应答时，"Done" 输出为 ON。如果没有需要服务请求时，输出 OFF	BOOL
Done Error	Error	出错时返回错误代码	BYTE

四、编写 PLC 程序

1. 主站程序（见图 23 - 67）

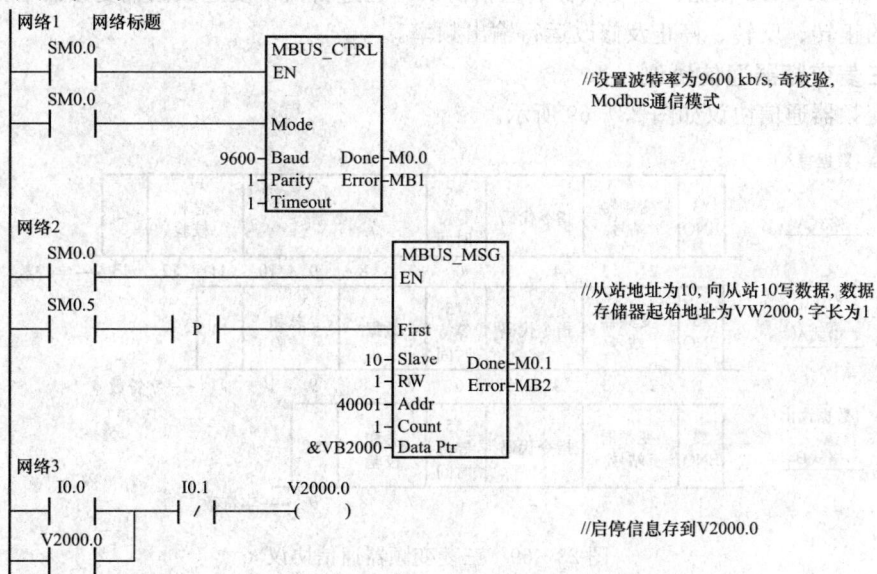

图 23 - 67 主站程序

2. 从站程序（见图 23 - 68）

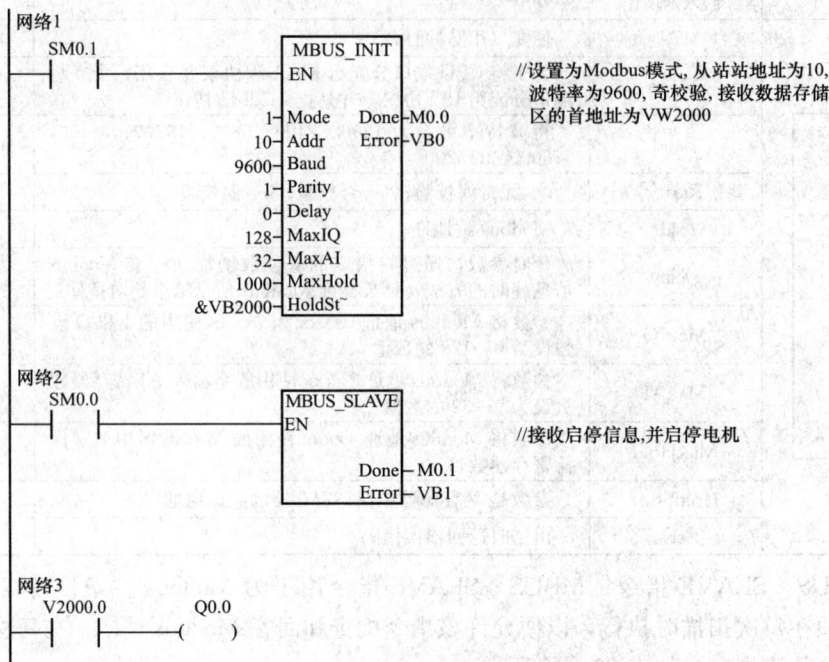

网络1
SM0.1

MBUS_INIT
EN

1─Mode   Done─M0.0
10─Addr   Error─VB0
9600─Baud
1─Parity
0─Delay
128─MaxIQ
32─MaxAI
1000─MaxHold
&VB2000─HoldSt⁻

//设置为Modbus模式,从站站地址为10,
波特率为9600,奇校验,接收数据存储
区的首地址为VW2000

网络2
SM0.0

MBUS_SLAVE
EN

Done─M0.1
Error─VB1

//接收启停信息,并启停电机

网络3
V2000.0   Q0.0
─| |──( )

图 23 - 68　从站程序

第十节　S7 - 200 PLC 与三菱变频器之间的自由口通信

一、S7 - 200 PLC 如何通过自由口通信控制三菱变频器的运行

（1）三菱变频器的通信协议是固定的。如 A、A′格式。控制电机的启停用 A′格式，要改变变频器的运行频率，使用 A 格式。

（2）S7 - 200 PLC 根据三菱变频器的通信协议，通过自由口发送数据到变频器中，实现对三菱变频器的正转、反转、停止及修改运行输出频率。

二、三菱变频器通信协议

三菱变频器通信协议如图 23 - 69 所示。

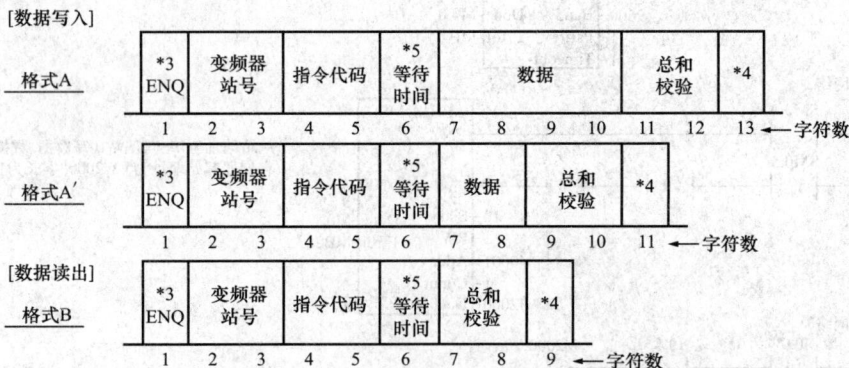

[数据写入]

	*3 ENQ	变频器站号	指令代码		*5 等待时间	数据				总和校验		*4
格式A												
字符数	1	2	3	4	5	6	7	8	9	10	11	12	13

	*3 ENQ	变频器站号	指令代码		*5 等待时间	数据		总和校验		*4
格式A′										
字符数	1	2	3	4	5	6	7	8	9	10	11

[数据读出]

	*3 ENQ	变频器站号	指令代码		*5 等待时间	总和校验		*4
格式B								
字符数	1	2	3	4	5	6	7	8	9

图 23 - 69　三菱变频器通信协议

总和校验计算如图 23 - 70 所示。

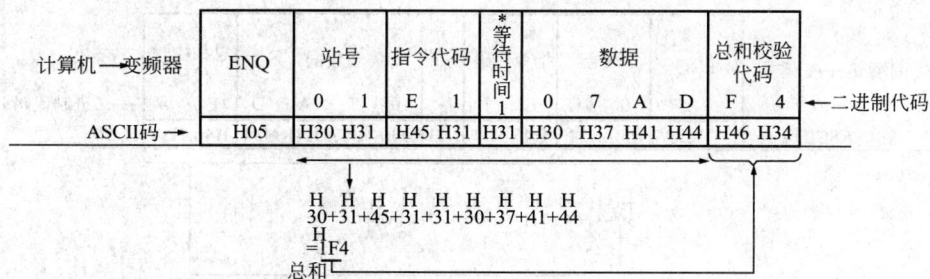

计算机—变频器	ENQ	站号	指令代码	*等待时间1	数据	总和校验代码	
		0 1	E 1	1	0 7 A D	F 4	← 二进制代码
ASCII码→	H05	H30 H31	H45 H31	H31	H30 H37 H41 H44	H46 H34	

H H H H H H H H H
30+31+45+31+31+30+37+41+44
H
=1F4
总和

图 23 - 70 总和校验计算

控制代码表如表 23 - 17 所示。

表 23 - 17 控制代码表

信号	ASCII 码	说明
STX	H02	正文开始（数据开始）
ETX	H03	正文开始（数据结束）
ENQ	H05	查寻（通信请求）
ACK	H06	承认（没有发现数据错误）
LF	H0A	换行
CR	H0D	回车
NAK	H15	不承认（发现数据错误）

数字字符 ASCII 码表，如表 23 - 18 所示。

表 23 - 18 数字字符 ASCII 码表

字符	ASCII 码	字符	ASCII 码	字符	ASCII 码	字符	ASCII 码
0	30H	4	34H	8	38H	C	43H
1	31H	5	35H	9	39H	D	44H
2	32H	6	36H	A	41H	E	45H
3	33H	7	37H	B	42H	F	46H

三菱 FR - 540 变频器数据代码，如表 23 - 19 所示。

表 23 - 19 三菱 FR - 540 变频器数据代码表

操作指令	指令代码	数据内容	操作指令	指令代码	数据内容
正转	HFA	H02	运行频率写入	HED	H0000～H2EE0
反转	HFA	H04	频率读取	H6F	H0000～H2EE0
停止	HFA	H00			

频率值对应的 ASCII 码：频率数据内容 H0000～H2EE0 变成十进制即为 0～120Hz，最小单位为 0.01 Hz。如现在要表示数据 10Hz，即为 1000（单位为 0.01 Hz），1000 转换成十六进制为 H03E8，再转换成 ASCII 码为 H30 H33 H45 H38。

总和校验代码是由被检验的 ASCII 码数据的总和（二进制）的最低一个字节（8 位）表示

的两个 ASCII 码数字（十六进制），如图 23-71 所示。

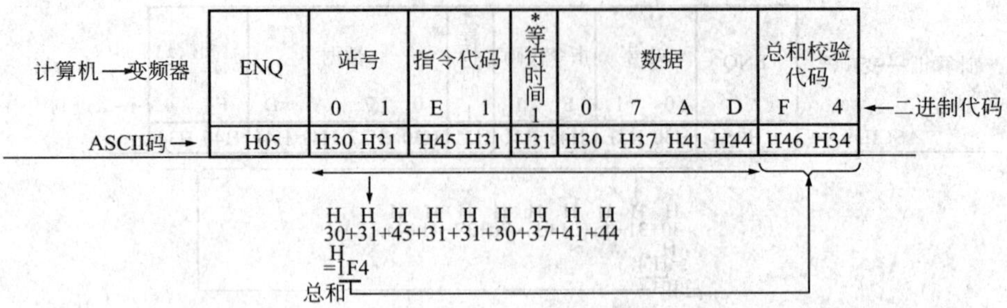

图 23-71 总和校验代码

三、S7-200 PLC 的自由口通信

1. 通信端口控制字节

通信端口控制字节如表 23-20 所示。

表 23-20 　　　　　　　　　　控制字节 SMB30 或 SMB130

位	作用	说明
LSB7	校验位	00=不校验；01=偶校验；10=不校验；11=奇校验
LSB6		
LSB5	每个字符的数据位	0=8 位/字节；1=7 位/字符
LSB4	自由口波特率选择（kb/s）	000=38.4；001=19.2；010=9.6；011=4.8；100=2.4；101=1.2；110=115.2；111=57.6
LSB3		
LSB2		
LSB1	协议选择	00=PPI 从站模式；01=自由口协议；10=PPI 主站模式；11=保留
LSB0		

2. 发送指令 XMT 与接收指令 RCV

发送指令 XMT 如图 23-72 所示，接收指令 RCV 如图 23-73 所示。

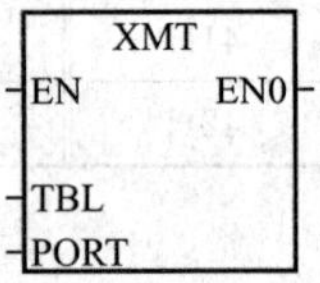

图 23-72 发送指令 XMT 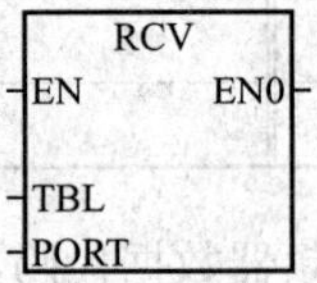 　　　　　　图 23-73 接收指令 RCV

说明：

(1) 发送指令与接收指令可以方便地发送或接收最多 255 个字节的数据。

(2) PORT 指定发送或接收的端口。

(3) TBL 指定发送或接收数据缓冲区，第一个数据指定发送或接收的字节数。

(4) 发送完成时可以调用中断，接收完成时也可调用中断。

四、项目实现

用 S7-200 PLC 自由口通信方式控制三菱变频器，拖动电动机正转启动与停止，并能改变变频器的运行频率，设变频器站号为 1。

正转启动的代码是：H05　H30 H31 H46 H41 H31 H30 H32 H37 H42

停止的代码是：H05　H30 H31 H46 H41 H31 H30 H30 H37 H39

把变频器运行输出频率改为20Hz的代码是：H05　H30 H31 H45 H44 H31 H30 H37 H44 H30　H46 H36

1. 设置变频器参数

变频器参数设置参见表23-21。

表 23-21　　　　　　　　　　　变频器参数设置

参数号	通信参数名称	设定值	备注
Pr. 117	变频器站号	1	变频器站号为1
Pr. 118	通信速度	192	通信波特率为19.2kb/s
Pr. 119	停止位长度	10	7位/停止位是1位
Pr. 120	是否奇偶校验	2	偶检验
Pr. 121	通信重试次数	9999	
Pr. 122	通信检查时间间隔	9999	
Pr. 123	等待时间设置	9999	变频器不设定
Pr. 124	CR、LF 选择	0	无CR、无LF
Pr. 79	操作模式	1	计算机通信模式

2. 编写 PLC 自由口通信控制程序

子程序 SBR_0 如图 23-74 所示。

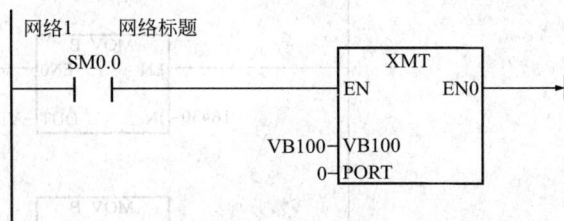

图 23-74　子程序

主程序如图 23-75 所示。

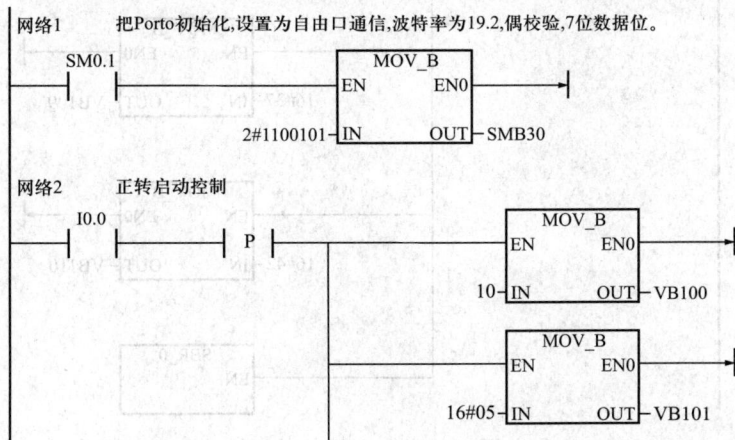

图 23-75　主程序（一）

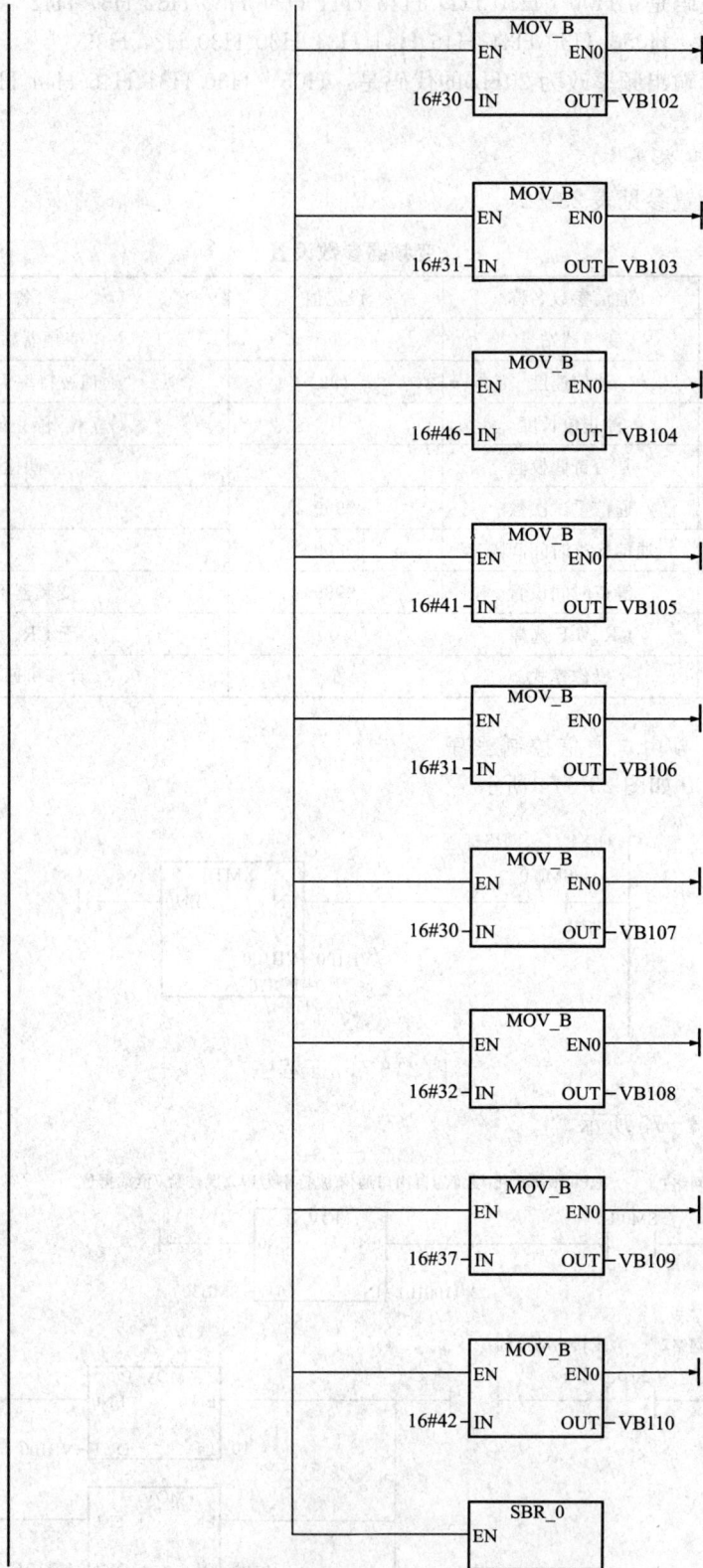

图 23-75 主程序（二）

网络3　　停止控制

I0.1

P

```
      MOV_B
   EN      EN0
10-IN     OUT -VB100
```

```
      MOV_B
   EN      EN0
16#05-IN  OUT -VB101
```

```
       MOV_B
   EN       EN0
16#30-IN   OUT -VB102
```

```
       MOV_B
   EN       EN0
16#31-IN   OUT -VB103
```

```
       MOV_B
   EN       EN0
16#46-IN   OUT -VB104
```

```
       MOV_B
   EN       EN0
16#41-IN   OUT -VB105
```

```
       MOV_B
   EN       EN0
16#31-IN   OUT -VB106
```

```
       MOV_B
   EN       EN0
16#30-IN   OUT -VB107
```

```
       MOV_B
   EN       EN0
16#30-IN   OUT -VB108
```

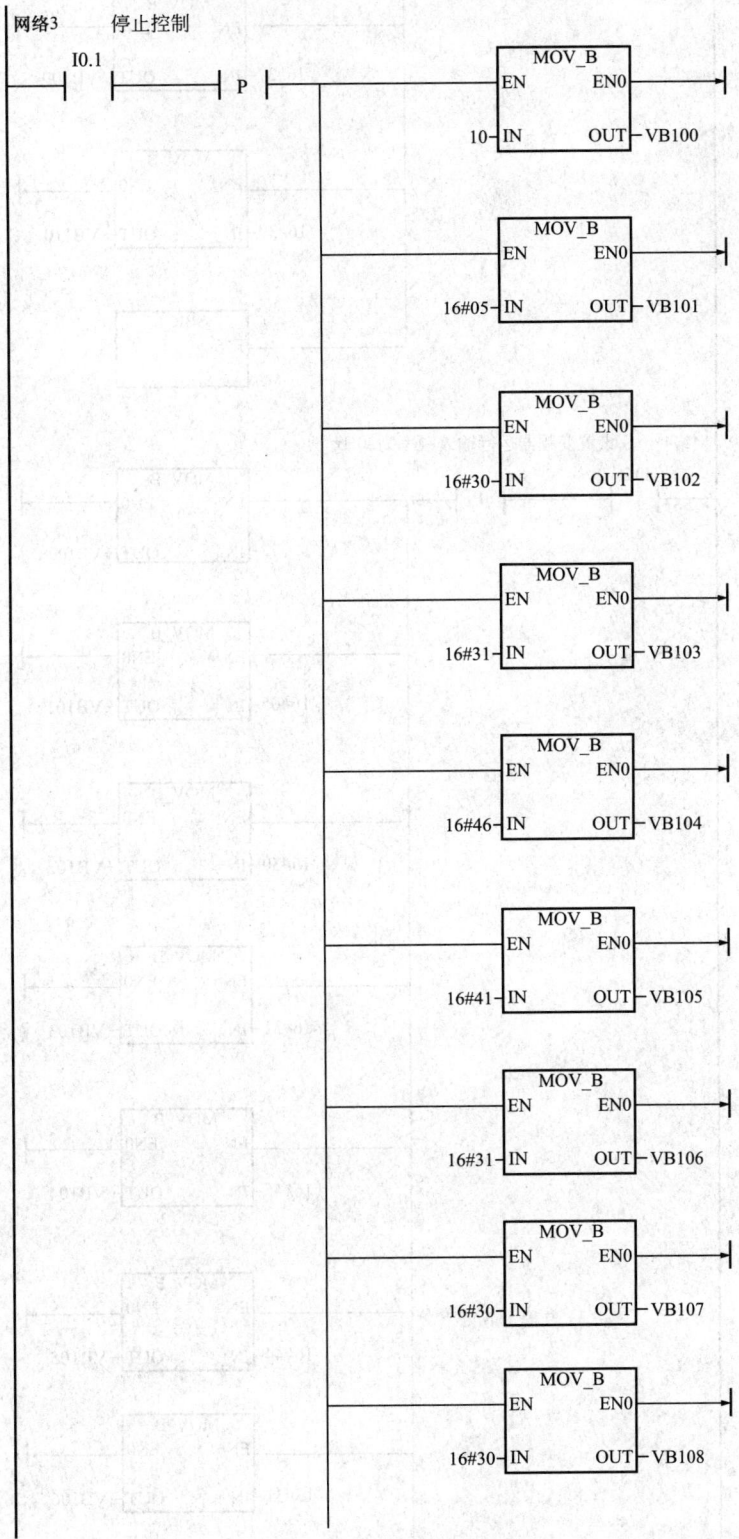

图 23-75　主程序（三）

```
                                    ┌──────────────┐
                                    │    MOV_B     │
                                    │ EN       EN0 ├──┤
                                    │              │
                            16#37 ──┤ IN      OUT  ├─ VB109
                                    └──────────────┘

                                    ┌──────────────┐
                                    │    MOV_B     │
                                    │ EN       EN0 ├──┤
                                    │              │
                            16#39 ──┤ IN      OUT  ├─ VB110
                                    └──────────────┘

                                    ┌──────────────┐
                                    │    SBR_0     │
                                    │ EN           │
                                    │              │
                                    └──────────────┘
```

网络4　　设置变频器运行输入频率为20Hz

```
  I0.2
───┤ ├──────────────┤P├──┬──────────┌──────────────┐
                         │          │    MOV_B     │
                         │          │ EN       EN0 ├──┤
                         │          │              │
                         │    12 ───┤ IN      OUT  ├─ VB100
                         │          └──────────────┘
                         │
                         ├──────────┌──────────────┐
                         │          │    MOV_B     │
                         │          │ EN       EN0 ├──┤
                         │          │              │
                         │  16#05 ──┤ IN      OUT  ├─ VB101
                         │          └──────────────┘
                         │
                         ├──────────┌──────────────┐
                         │          │    MOV_B     │
                         │          │ EN       EN0 ├──┤
                         │          │              │
                         │  16#30 ──┤ IN      OUT  ├─ VB102
                         │          └──────────────┘
                         │
                         ├──────────┌──────────────┐
                         │          │    MOV_B     │
                         │          │ EN       EN0 ├──┤
                         │          │              │
                         │  16#31 ──┤ IN      OUT  ├─ VB103
                         │          └──────────────┘
                         │
                         ├──────────┌──────────────┐
                         │          │    MOV_B     │
                         │          │ EN       EN0 ├──┤
                         │          │              │
                         │  16#45 ──┤ IN      OUT  ├─ VB104
                         │          └──────────────┘
                         │
                         ├──────────┌──────────────┐
                         │          │    MOV_B     │
                         │          │ EN       EN0 ├──┤
                         │          │              │
                         │  16#44 ──┤ IN      OUT  ├─ VB105
                         │          └──────────────┘
                         │
                         └──────────┌──────────────┐
                                    │    MOV_B     │
                                    │ EN       EN0 ├──┤
                                    │              │
                            16#31 ──┤ IN      OUT  ├─ VB106
                                    └──────────────┘
```

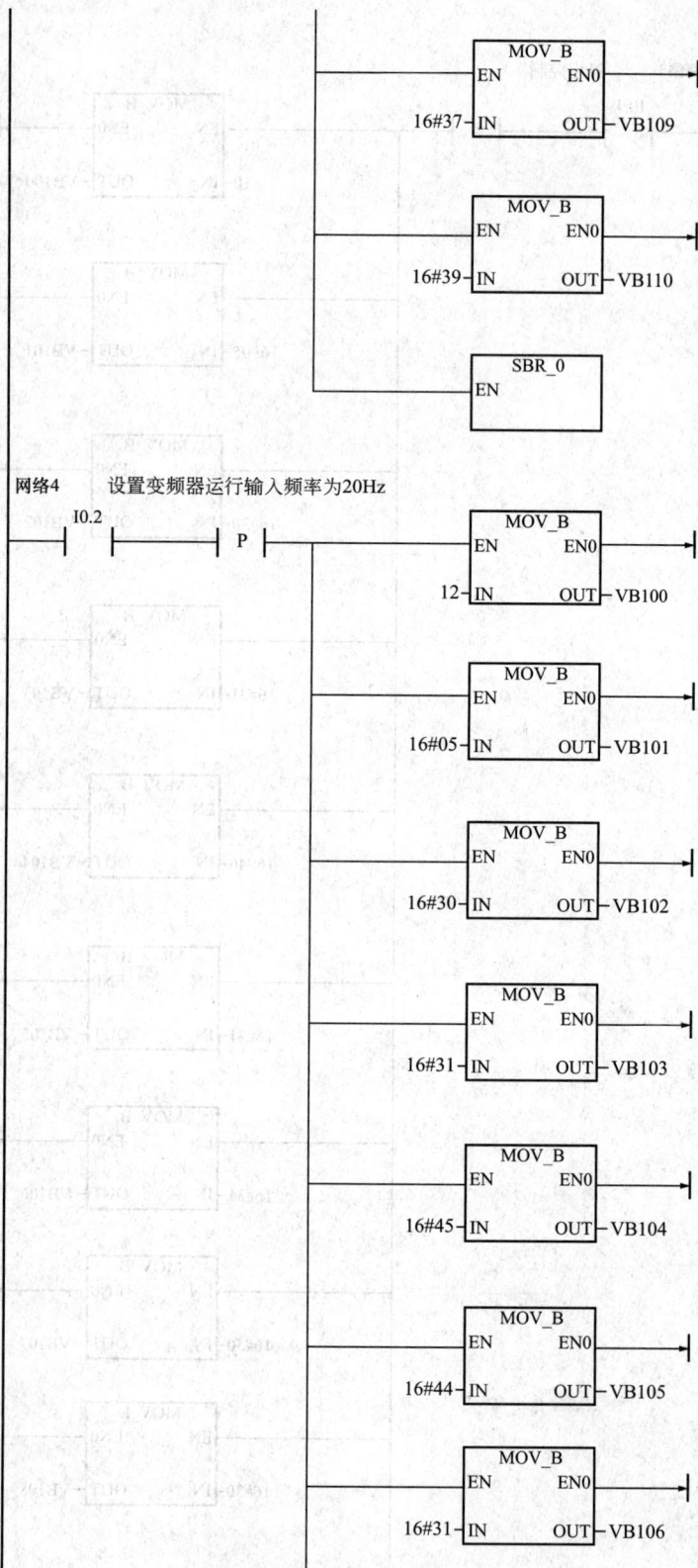

图 23-75　主程序（四）

```
              ┌─────────────┐
              │   MOV_B     │
            ──┤EN        EN0├──►
              │             │
       16#30──┤IN        OUT├─ VB107
              └─────────────┘

              ┌─────────────┐
              │   MOV_B     │
            ──┤EN        EN0├──►
              │             │
       16#57──┤IN        OUT├─ VB108
              └─────────────┘

              ┌─────────────┐
              │   MOV_B     │
            ──┤EN        EN0├──►
              │             │
       16#44──┤IN        OUT├─ VB109
              └─────────────┘

              ┌─────────────┐
              │   MOV_B     │
            ──┤EN        EN0├──►
              │             │
       16#30──┤IN        OUT├─ VB110
              └─────────────┘

              ┌─────────────┐
              │   MOV_B     │
            ──┤EN        EN0├──►
              │             │
       16#46──┤IN        OUT├─ VB111
              └─────────────┘

              ┌─────────────┐
              │   MOV_B     │
            ──┤EN        EN0├──►
              │             │
       16#36──┤IN        OUT├─ VB112
              └─────────────┘

              ┌─────────────┐
              │   SBR_0     │
            ──┤EN           │
              └─────────────┘
```

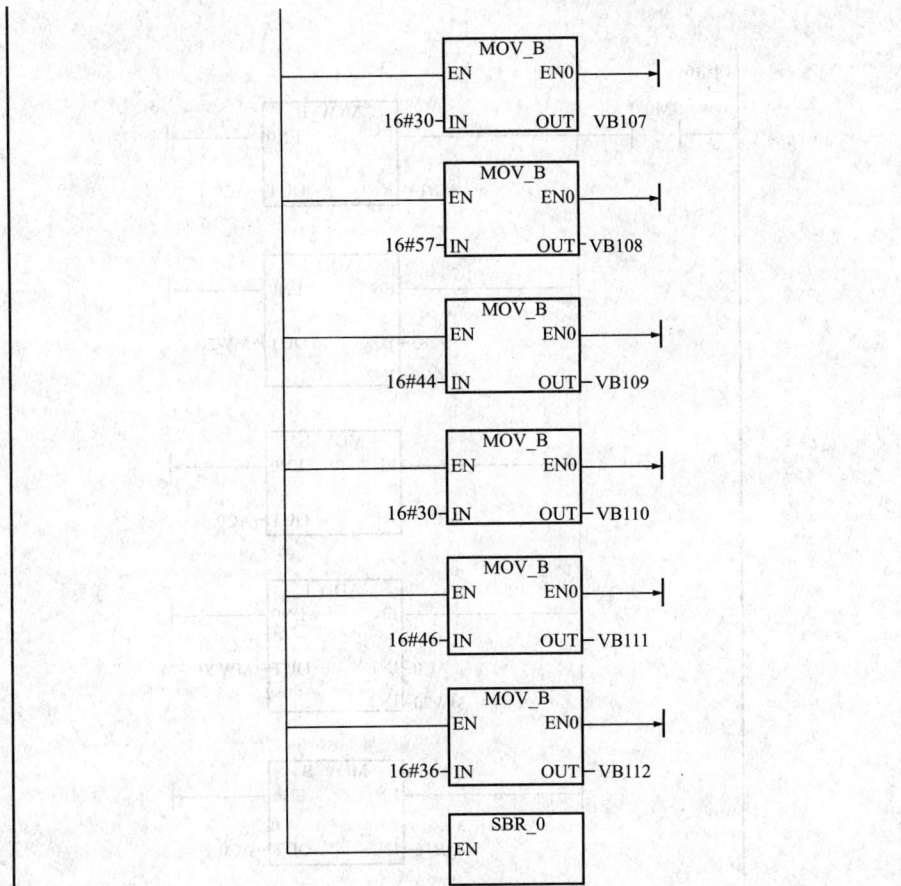

网络5　设MW0存储设置变频器的运行输出频率,范围是0~5000,对应0~50Hz。

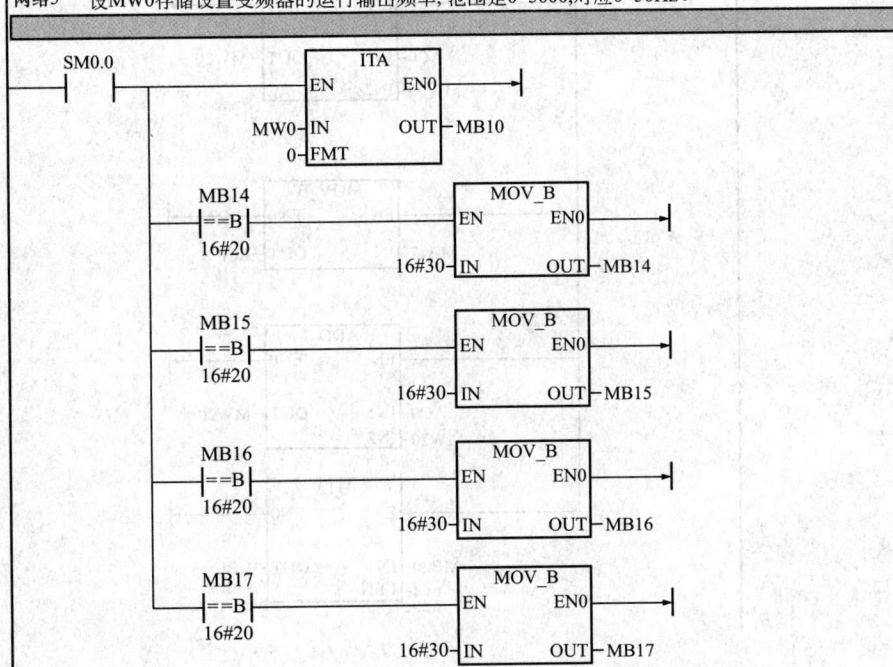

```
 SM0.0              ┌─────────────┐
 ──┤ ├──────────────┤   ITA       │
                    │EN        EN0├──►
                    │             │
             MW0────┤IN        OUT├─ MB10
               0────┤FMT          │
                    └─────────────┘

  MB14                           ┌─────────────┐
  ─┤==B├─────────────────────────┤   MOV_B     │
  16#20                          │EN        EN0├──►
                                 │             │
                          16#30──┤IN        OUT├─ MB14
                                 └─────────────┘

  MB15                           ┌─────────────┐
  ─┤==B├─────────────────────────┤   MOV_B     │
  16#20                          │EN        EN0├──►
                                 │             │
                          16#30──┤IN        OUT├─ MB15
                                 └─────────────┘

  MB16                           ┌─────────────┐
  ─┤==B├─────────────────────────┤   MOV_B     │
  16#20                          │EN        EN0├──►
                                 │             │
                          16#30──┤IN        OUT├─ MB16
                                 └─────────────┘

  MB17                           ┌─────────────┐
  ─┤==B├─────────────────────────┤   MOV_B     │
  16#20                          │EN        EN0├──►
                                 │             │
                          16#30──┤IN        OUT├─ MB17
                                 └─────────────┘
```

图 23-75　主程序（五）

网络6

```
  SM0.0                                    MOV_B
───┤ ├────────┬─────────────────────┤EN      ENO├───────┤
            │                       │              │
            │                  MB14─┤IN      OUT├─AC0
            │
            │                            ADD_I
            ├─────────────────────┤EN      ENO├───────┤
            │                       │              │
            │                 +283─┤IN1     OUT├─MW20
            │                  AC0─┤IN2            │
            │
            │                            MOV_B
            ├─────────────────────┤EN      ENO├───────┤
            │                       │              │
            │                  MB15─┤IN      OUT├─AC0
            │
            │                            ADD_I
            ├─────────────────────┤EN      ENO├───────┤
            │                       │              │
            │                  AC0─┤IN1     OUT├─MW20
            │                 MW20─┤IN2            │
            │
            │                            MOV_B
            ├─────────────────────┤EN      ENO├───────┤
            │                       │              │
            │                  MB16─┤IN      OUT├─AC0
            │
            │                            ADD_I
            ├─────────────────────┤EN      ENO├───────┤
            │                       │              │
            │                  AC0─┤IN1     OUT├─MW20
            │                 MW20─┤IN2            │
            │
            │                            MOV_B
            ├─────────────────────┤EN      ENO├───────┤
            │                       │              │
            │                  MB17─┤IN      OUT├─AC0
            │
            │                            ADD_I
            ├─────────────────────┤EN      ENO├───────┤
            │                       │              │
            │                  AC0─┤IN1     OUT├─MW20
            │                 MW20─┤IN2            │
            │
            │                             HTA
            └─────────────────────┤EN      ENO├───────┤
                                    │              │
                               MB20─┤IN      OUT├─VB0
                                  4─┤LEN            │
```

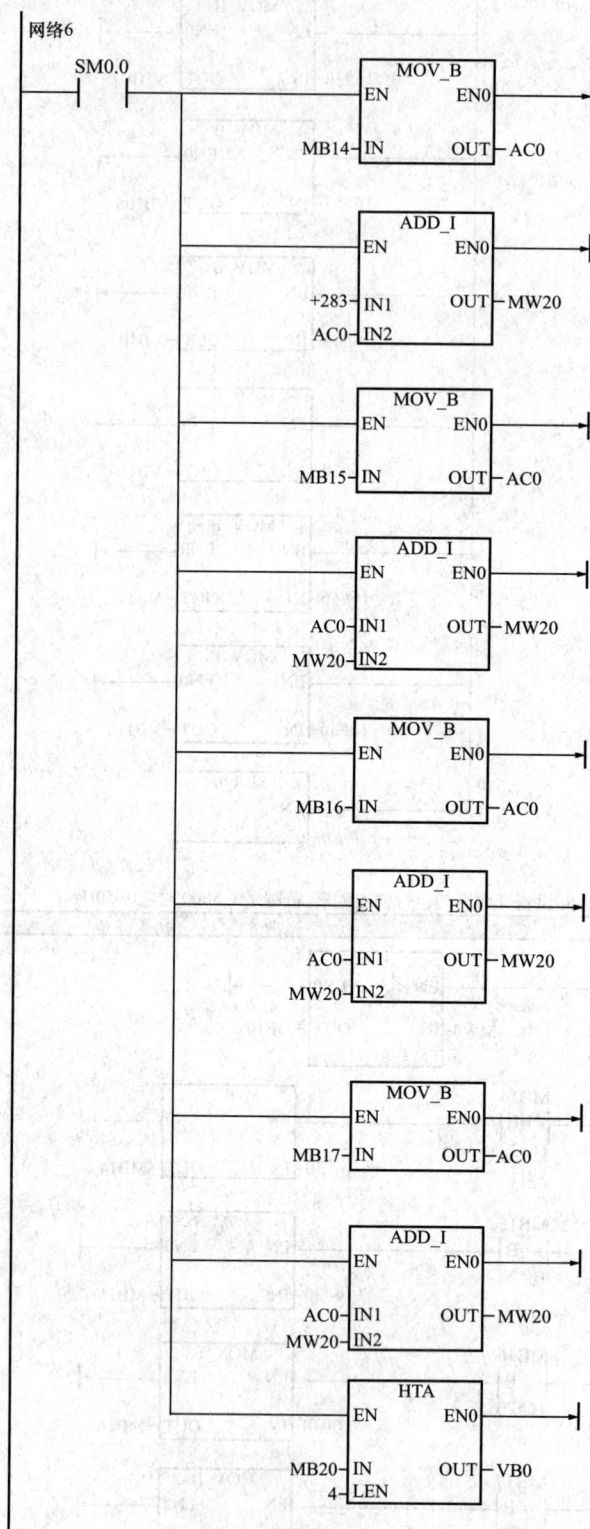

图 23-75 主程序（六）

网络7　　设置变频器运行输入频率为MW0中的数据

```
   I0.3              P          ┌─────────────┐
───┤├──────────────┤├──────────┤   MOV_B     ├───
                               │EN        EN0│
                               │             │
                          12 ─ IN        OUT ├─ VB100
                               └─────────────┘

                               ┌─────────────┐
                               │   MOV_B     ├───
                               │EN        EN0│
                               │             │
                       16#05 ─ IN        OUT ├─ VB101
                               └─────────────┘

                               ┌─────────────┐
                               │   MOV_B     ├───
                               │EN        EN0│
                               │             │
                       16#30 ─ IN        OUT ├─ VB102
                               └─────────────┘

                               ┌─────────────┐
                               │   MOV_B     ├───
                               │EN        EN0│
                               │             │
                       16#31 ─ IN        OUT ├─ VB103
                               └─────────────┘

                               ┌─────────────┐
                               │   MOV_B     ├───
                               │EN        EN0│
                               │             │
                       16#45 ─ IN        OUT ├─ VB104
                               └─────────────┘

                               ┌─────────────┐
                               │   MOV_B     ├───
                               │EN        EN0│
                               │             │
                       16#44 ─ IN        OUT ├─ VB105
                               └─────────────┘

                               ┌─────────────┐
                               │   MOV_B     ├───
                               │EN        EN0│
                               │             │
                       16#31 ─ IN        OUT ├─ VB106
                               └─────────────┘

                               ┌─────────────┐
                               │   MOV_B     ├───
                               │EN        EN0│
                               │             │
                        MB14 ─ IN        OUT ├─ VB107
                               └─────────────┘

                               ┌─────────────┐
                               │   MOV_B     ├───
                               │EN        EN0│
                               │             │
                        MB15 ─ IN        OUT ├─ VB108
                               └─────────────┘

                               ┌─────────────┐
                               │   MOV_B     ├───
                               │EN        EN0│
                               │             │
                        MB16 ─ IN        OUT ├─ VB109
                               └─────────────┘

                               ┌─────────────┐
                               │   MOV_B     ├───
                               │EN        EN0│
                               │             │
                        MB17 ─ IN        OUT ├─ VB110
                               └─────────────┘
```

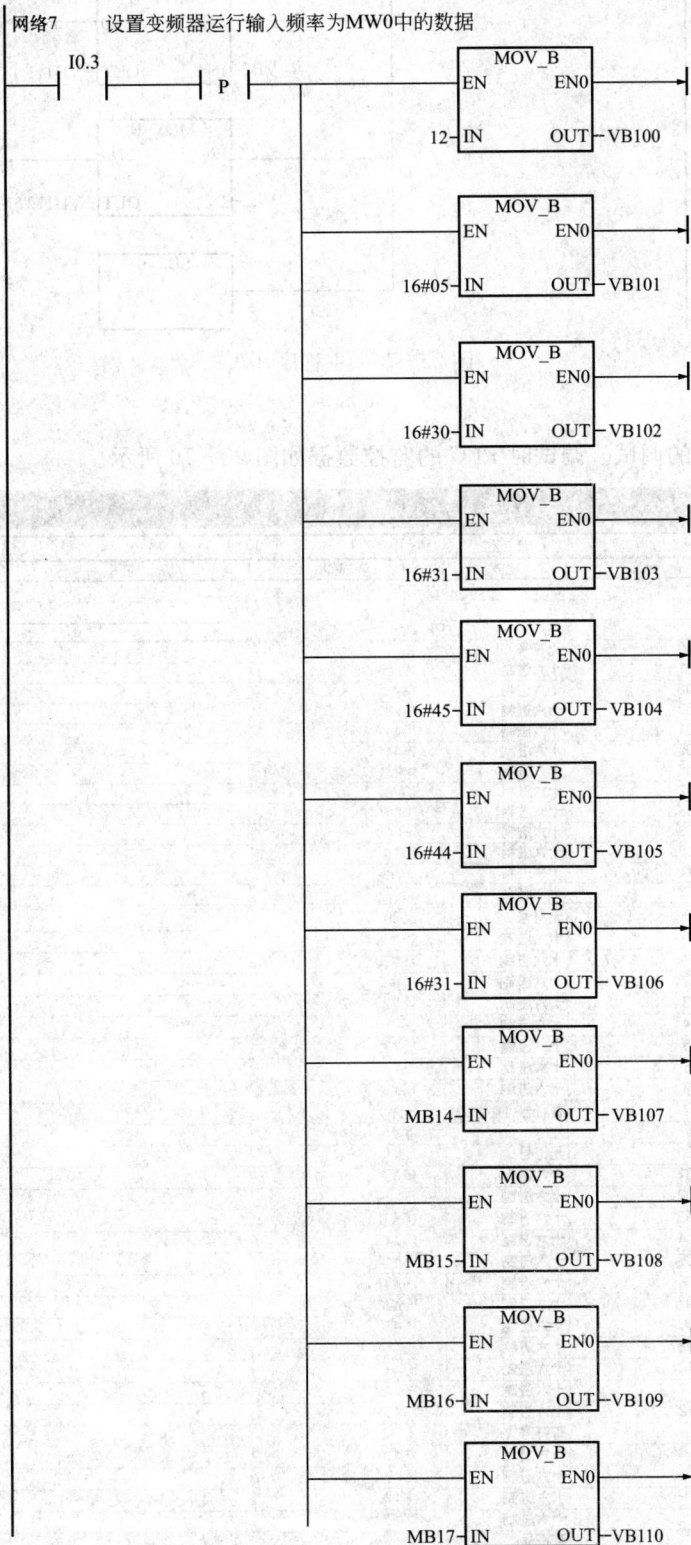

图 23 - 75　主程序（七）

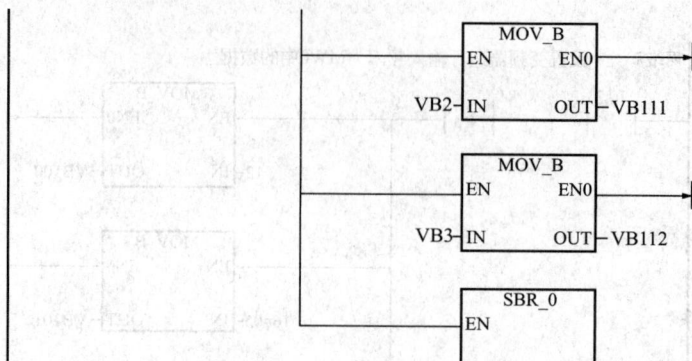

图 23-75　主程序（八）

3. 调试

(1) PLC 程序的调试。调试时 PLC 的监控数据如图 23-76 所示。

	地址	格式	当前值	新值
1	I0.0	位	2#0	
2	I0.1	位	2#0	
3	I0.2	位	2#1	
4	VB100	无符号	12	
5	VB101	十六进制	16#05	
6	VB102	十六进制	16#30	
7	VB103	十六进制	16#31	
8	VB104	十六进制	16#45	
9	VB105	十六进制	16#44	
10	VB106	十六进制	16#31	
11	VB107	十六进制	16#30	
12	VB108	十六进制	16#37	
13	VB109	十六进制	16#44	
14	VB110	十六进制	16#30	
15	VB111	十六进制	16#46	
16	VB112	十六进制	16#36	
19	MW0	无符号	3598	
20	MB10	十六进制	16#20	
21	MB11	十六进制	16#20	
22	MB12	十六进制	16#20	
23	MB13	十六进制	16#20	
24	MB14	十六进制	16#33	
25	MB15	十六进制	16#35	
26	MB16	十六进制	16#39	
27	MB17	十六进制	16#38	
28		有符号		
29	I0.3	位	2#0	
30	VB100	无符号	12	
31	VB101	十六进制	16#05	
32	VB102	十六进制	16#30	
33	VB103	十六进制	16#31	
34	VB104	十六进制	16#45	
35	VB105	十六进制	16#44	
36	VB106	十六进制	16#31	
37	VB107	十六进制	16#30	
38	VB108	十六进制	16#37	
39	VB109	十六进制	16#44	
40	VB110	十六进制	16#30	
41	VB111	十六进制	16#46	
42	VB112	十六进制	16#36	
43		有符号		
44	VB0	十六进制	16#30	
45	VB1	十六进制	16#31	
46	VB2	十六进制	16#46	
47	VB3	十六进制	16#34	
48		有符号		
49	MW20	十六进制	16#01F4	

图 23-76　监控数据

（2）PLC与变频器通信的调试。因为调试PLC与变频器通信，当调试不成功时，变频器端的通信数据不方便读出来分析，所以可选用前面所讲的串口调试软件来进行调试与分析，如图23-77所示是调试软件的串口设置，图23-78所示是串口调试程序时的接收数据。

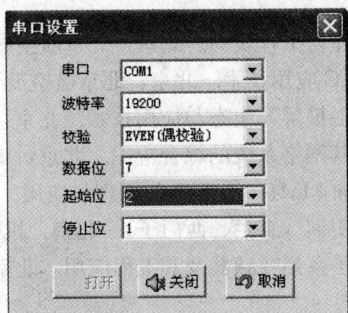

图23-77　调试软件的串口设置

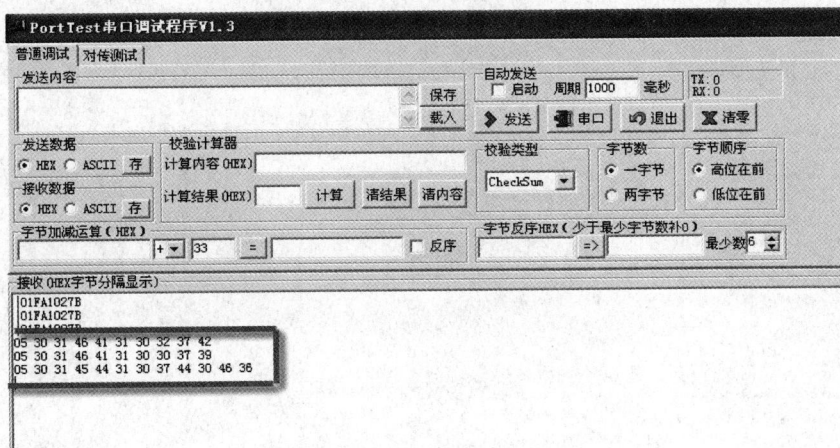

图23-78　串口调试程序时的接收数据

参 考 文 献

［1］李辉. S7－200 PLC 编程原理与工程实训. 北京：北京航空航天大学出版社，2008.

［2］王永华. 现代电气控制及 PLC 应用技术. 北京：北京航空航天大学出版社，2008.

［3］廖常初. 西门子人机界面（触摸屏）组态与应用技术. 北京：机械工业出版社，2009.

［4］阳胜峰. 可编程序控制器及其网络系统的综合应用. 北京：中国电力出版社，2009.

［5］马宁，孔红. S7－300 PLC 和 MM440 变频器的原理与应用. 北京：机械工业出版社，2006.

［6］施利春，李伟. 变频器操作实训（森兰、西门子）. 北京：机械工业出版社，2007.

［7］孟晓芳，李策，王珏. 西门子系列变频器及其工程应用. 北京：机械工业出版社，2008.